CITY REGION
Towards Scientific Development

走向科学发展的城市区域

天津滨海新区城市总体规划发展演进

The Evolution of City Master Plan of
Binhai New Area, Tianjin

《天津滨海新区规划设计丛书》编委会　编

霍　兵　主编

江苏凤凰科学技术出版社

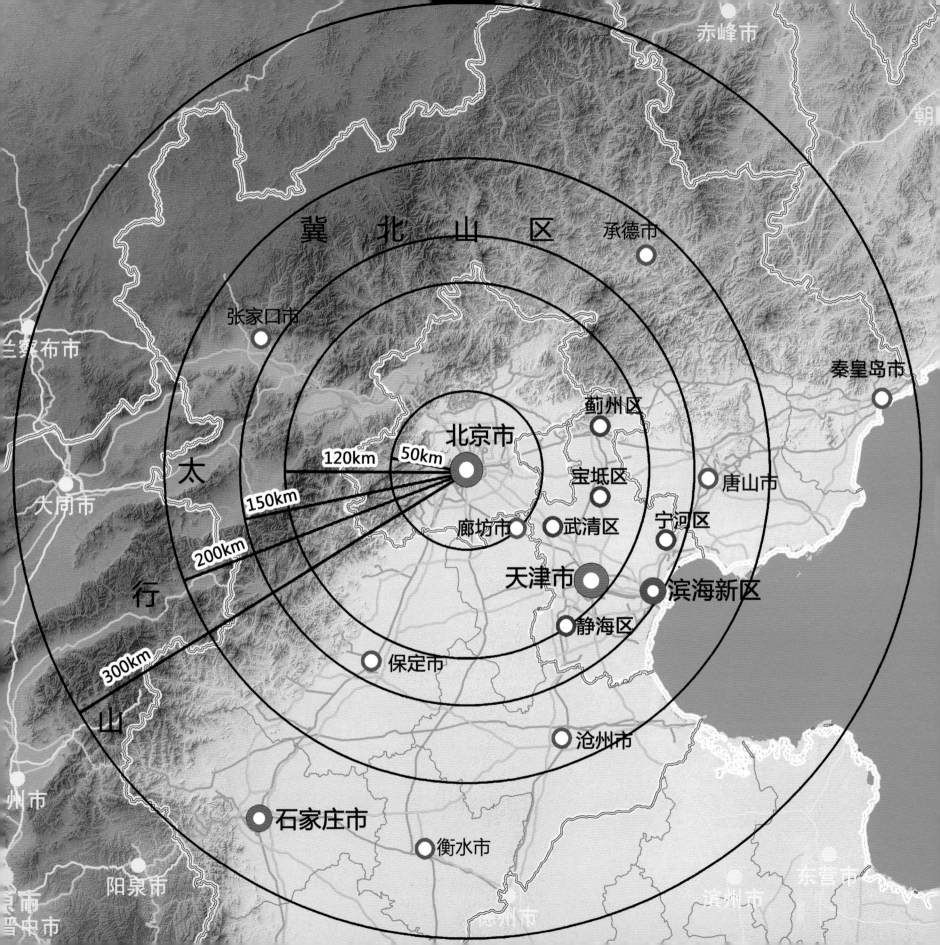

赤峰市

朝

冀　北　山　区

承德市

张家口市

秦皇岛市

兰察布市

太

蓟州区

北京市

120km　50km

宝坻区

唐山市

大同市

150km

行

200km

廊坊市　武清区

宁河区

天津市　滨海新区

300km

静海区

山

保定市

沧州市

阳泉市

石家庄市

衡水市

州市

东营市

晋

滨州市

中市

德州市

序
Preface

　　2006 年 5 月，国务院下发《关于推进天津滨海新区开发开放有关问题的意见》（国发〔2006〕20 号），滨海新区正式被纳入国家发展战略，成为综合配套改革试验区。按照党中央、国务院的部署，在国家各部委的大力支持下，天津市委市政府举全市之力建设滨海新区。经过艰苦的奋斗和不懈的努力，滨海新区的开发开放取得了令人瞩目的成绩。今天的滨海新区与十年前相比有了天翻地覆的变化，经济总量和八大支柱产业规模不断壮大，改革创新不断取得新进展，城市功能和生态环境质量不断改善，社会事业不断进步，居民生活水平不断提高，科学发展的滨海新区正在形成。

　　回顾和总结十年来的成功经验，其中最重要的就是坚持高水平规划引领。我们深刻地体会到，规划是指南针，是城市发展建设的龙头。要高度重视规划工作，树立国际一流的标准，运用先进的规划理念和方法，与实际情况相结合，探索具有中国特色的城镇化道路，使滨海新区社会经济发展和城乡规划建设达到高水平。为了纪念滨海新区被纳入国家发展战略十周年，滨海新区规划和国土资源管理局组织编写了这套《天津滨海新区规划设计丛书》，内容包括滨海新区总体规划、规划设计国际征集、城市设计探索、控制性详细规划全覆盖、于家堡金融区规划设计、滨海新区文化中心规划设计、城市社区规划设计、保障房规划设计、城市道路交通基础设施和建设成就等，共十册。这是一种非常有意义的纪念方式，目的是总结新区十年来在城市规划设计方面的成功经验，寻找差距和不足，树立新的目标，实现更好的发展。

　　未来五到十年，是滨海新区实现国家定位的关键时期。在新的历史时期，在"一带一路"、京津冀协同发展国家战略及自贸区的背景下，在我国经济发展进入新常态的情形下，滨海新区作为国家级新区和综合配套改革试验区，要在深化改革开放方面进行先行先试探索，期待用高水平的规划引导经济社会发展和城市规划建设，实现转型升级，为其他国家级新区和我国新型城镇化提供可推广、可复制的经验，为全面建成小康社会、实现中华民族的伟大复兴做出应有的贡献。

天津市委常委
滨海新区区委书记

2016 年 2 月

滨海新区用地规划图
资料来源：天津市城市规划设计研究院

前 言
Foreword

　　天津市委市政府历来高度重视滨海新区城市规划工作。2007年，天津市第九次党代会提出：全面提升城市规划水平，使新区的规划设计达到国际一流水平。2008年，天津市政府设立重点规划指挥部，开展119项规划编制工作，其中新区38项，内容包括滨海新区空间发展战略和城市总体规划、中新天津生态城等功能区规划、于家堡金融区等重点地区规划，占全市任务的三分之一。在天津市空间发展战略的指导下，滨海新区空间发展战略规划和城市总体规划明确了新区发展的空间格局，满足了新区快速建设的迫切需求，为建立完善的新区规划体系奠定了基础。

　　天津市规划局多年来一直将滨海新区规划工作作为重点。1986年，天津城市总体规划提出"工业东移"的发展战略，大力发展滨海地区。1994年，开始组织编制滨海新区总体规划。1996年，成立滨海新区规划分局，配合滨海新区领导小组办公室和管委会做好新区规划工作，为新区的规划打下良好的基础，并培养锻炼一支务实的规划管理人员队伍。2009年滨海新区政府成立后，按照市委市政府的要求，天津市规划局率先将除城市总体规划和分区规划之外的规划审批权和行政许可权依法下放给滨海新区政府；同时，与滨海新区政府共同组织新区各委局、各功能区管委会，再次设立新区规划提升指挥部，统筹编制50余项规划，进一步完善规划体系，提高规划设计水平。市委市政府和新区区委区政府主要领导对新区规划工作不断提出要求，通过设立规划指挥部和开展专题会等方式对新区重大规划给予审查。市规划局各位局领导和各部门积极支持新区工作，市有关部门也对新区规划工作给予指导支持，以保证新区各项规划建设的高水平。

　　滨海新区区委区政府十分重视规划工作。滨海新区行政体制改革后，以原市规划局滨海分局和市国土房屋管理局滨海分局为班底组建了新区规划和国土资源管理局。五年来，在新区区委区政府的正确领导下，新区规划和国土资源管理局认真贯彻落实中央和市委市政府、区委区政府的工作部署，以规划为龙头，不断提高规划设计和管理水平；通过实施全区控规全覆盖，实现新区各功能区统一的规划管理；通过推广城市设计和城市设计规范化法定化改革，不断提高规划管理水平，较好地完成本职工作。在滨海新区被纳入国家发展战略十周年之际，新区规划和国土资源管理局组织编写这套《天津滨海新区规划设计丛书》，对过去的工作进行总结，非常有意义；希望以此为契机，再接再厉，进一步提高规划设计和管理水平，为新区在新的历史时期再次腾飞作出更大的贡献。

天津市规划局局长　　　　天津市滨海新区区长

2016年3月

滨海新区城市规划的十年历程
Ten Years Development Course of Binhai Urban Planning

白驹过隙，在持续的艰苦奋斗和改革创新中，滨海新区迎来了被纳入国家发展战略后的第一个十年。作为中国经济增长的第三极，在快速城市化的进程中，滨海新区的城市规划建设以改革创新为引领，尝试在一些关键环节先行先试，成绩斐然。组织编写这套《天津滨海新区规划设计丛书》，对过去十年的工作进行回顾总结，是纪念新区十周年一种很有意义的方式，希望为国内外城市提供经验借鉴，也为新区未来发展和规划的进一步提升夯实基础。这里，我们把滨海新区的历史沿革、开发开放的基本情况以及在城市规划编制、管理方面的主要思路和做法介绍给大家，作为丛书的背景资料，方便读者更好地阅读。

一、滨海新区十年来的发展变化

1. 滨海新区重要的战略地位

滨海新区位于天津东部、渤海之滨，是北京的出海口，战略位置十分重要。历史上，在明万历年间，塘沽已成为沿海军事重镇。到清末，随着京杭大运河淤积，南北漕运改为海运，塘沽逐步成为河、海联运的中转站和货物集散地。大沽炮台是我国近代史上重要的海防屏障。

1860 年第二次鸦片战争，八国联军从北塘登陆，中国的大门向西方打开。天津被迫开埠，海河两岸修建起八国租界。塘沽成为当时军工和民族工业发展的一个重要基地。光绪十一年 (1885 年)，清政府在大沽创建"北洋水师大沽船坞"。光绪十四年 (1888 年)，开滦矿务局唐 (山) 胥 (各庄) 铁路延长至塘沽。1914 年，实业家范旭东在塘沽创办久大精盐厂和中国第一

个纯碱厂——永利碱厂，使这里成为中国民族化工业的发源地。抗战爆发后，日本侵略者出于掠夺的目的于 1939 年在海河口开建人工海港。

新中国成立后，天津市获得新生。1951 年，天津港正式开港。凭借良好的工业传统，在第一个"五年计划"期间，我国许多自主生产的工业产品，如第一台电视机、第一辆自行车、第一辆汽车等，都在天津诞生，天津逐步从商贸城市转型为生产型城市。1978 年改革开放，天津迎来了新的机遇。1986 年城市总体规划确定了"一条扁担挑两头"的城市布局，在塘沽城区东北部盐场选址规划建设天津经济技术开发区 (Tianjin Economic-Technological Development Area—TEDA)——泰达，一批外向型工业兴起，开发区成为天津走向世界的一个窗口。1986 年，被称为"中国改革开放总设计师"的邓小平高瞻远瞩地指出："你们在港口和市区之间有这么多荒地，这是个很大的优势，我看你们潜力很大"，并欣然题词："开发区大有希望"。

1992 年小平同志南行后，中国的改革开放进入新的历史时期。1994 年，天津市委市政府加大实施"工业东移"战略，提出：用十年的时间基本建成滨海新区，把饱受发展限制的天津老城区的工业转移至地域广阔的滨海新区，转型升级。1999 年，时任中央总书记的江泽民充分肯定了滨海新区的发展："滨海新区的战略布局思路正确，肯定大有希望。"经过十多年的努力奋斗，进入 21 世纪以来，天津滨海新区已经具备了一定的发展基础，取得了一定的成绩，为被纳入国家发展战略奠定了坚实的基础。

2. 中国经济增长的第三极

2005年10月，党的十六届五中全会在《中共中央关于制定国民经济和社会发展第十一个五年规划的建议》中提出：继续发挥经济特区、上海浦东新区的作用，推进天津滨海新区等条件较好地区的开发开放，带动区域经济发展。2006年，滨海新区被纳入国家"十一五"规划。2006年6月，国务院下发《关于推进天津滨海新区开发开放有关问题的意见》（国发〔2006〕20号），滨海新区被正式纳入国家发展战略，成为综合配套改革试验区。

20世纪80年代深圳经济特区设立的目的是在改革开放的初期，打开一扇看世界的窗。20世纪90年代上海浦东新区的设立正处于我国改革开放取得重大成绩的历史时期，其目的是扩大开放、深化改革。21世纪天津滨海新区设立的目的是在我国初步建成小康社会的条件下，按照科学发展观的要求，做进一步深化改革的试验区、先行区。国务院对滨海新区的定位是：依托京津冀、服务环渤海、辐射"三北"、面向东北亚，努力建设成为我国北方对外开放的门户、高水平的现代制造业和研发转化基地、北方国际航运中心和国际物流中心，逐步成为经济繁荣、社会和谐、环境优美的宜居生态型新城区。

滨海新区距北京只有1小时车程，有北方最大的港口天津港。有国外记者预测，"未来20年，滨海新区将成为中国经济增长的第三极——中国经济增长的新引擎"。这片有着深厚历史积淀和基础、充满活力和激情的盐田滩涂将成为新一代领导人政治理论和政策举措的示范窗口和试验田，要通过"科学发展"建设一个"和谐社会"，以带动北方经济的振兴。与此同时，滨海新区也处于金融改革、技术创新、环境保护和城市规划建设等政策试验的最前沿。

3. 滨海新区十年来取得的成绩

按照党中央、国务院的部署，天津市委市政府举全市之力建设滨海新区。经过不懈的努力，滨海新区开发开放取得了令人瞩目的成绩，以行政体制改革引领的综合配套改革不断推进，经济高速增长，产业转型升级，今天的滨海新区与十年前相比有了沧海桑田般的变化。

2015年，滨海新区国内生产总值达到9300万亿左右，是2006年的5倍，占天津全市比重56%。航空航天等八大支柱产业初步形成，空中客车A-320客机组装厂、新一代运载火箭、天河一号超级计算机等国际一流的产业生产研发基地建成运营。1000万吨炼油和120万吨乙烯厂建成投产。丰田、长城汽车年产量提高至100万辆，三星等手机生产商生产手机1亿部。天津港吞吐量达到5.4亿吨，集装箱1400万标箱，邮轮母港的客流量超过40万人次，天津滨海国际机场年吞吐量突破1400万人次。京津塘城际高速铁路延伸线、津秦客运专线投入运营。滨海新区作为高水平的现代制造业和研发转化基地、北方国际航运中心和国际物流中心的功能正在逐步形成。

十年来，滨海新区的城市规划建设也取得了令人瞩目的成绩，城市建成区面积扩大了130平方千米，人口增加了130万。完善的城市道路交通、市政基础设施骨架和生态廊道初步建立，产业布局得以优化，特别是各具特色的功能区竞相发展，一个既符合新区地域特点又适应国际城市发展趋势、富有竞争优势、多组团网络化的城市区域格局正在形成。中心商务区于家堡金融区海河两岸、开发区现代产业服务区（MSD）、中新天津生态城以及空港商务区、高新区渤龙湖地区、东疆港、北塘等区域的规划建设都体现了国际水准，滨海新区现代化港口城市的轮廓和面貌初露端倪。

二、滨海新区十年城市规划编制的经验总结

回顾十年来滨海新区取得的成绩，城市规划发挥了重要的引领作用，许多领导、国内外专家学者和外省市的同行到新区考察时都对新区的城市规划予以肯定。作为中国经济增长的第三极，新区以深圳特区和浦东新区为榜样，力争城市规划建设达到更高水平。要实现这一目标，规划设计必须具有超前性，且树立国际一流的标准。在快速发展的情形下，做到规划先行，切实提高规划设计水平，不是一件容易的事情。归纳起来，我们主要有以下几方面的做法。

1. 高度重视城市规划工作，花大力气开展规划编制，持之以恒，建立完善的规划体系

城市规划要发挥引导作用，首先必须有完整的规划体系。天津市委市政府历来高度重视城市规划工作。2006年，滨海新区被纳入国家发展战略，市政府立即组织开展了城市总体规划、功能区分区规划、重点地区城市设计等规划编制工作。但是，要在短时间内建立完善的规划体系，提高规划设计水平，特别是像滨海新区这样的新区，在"等规划如等米下锅"的情形下，必须采取非常规的措施。

2007年，天津市第九次党代会提出了全面提升规划水平的要求。2008年，天津全市成立了重点规划指挥部，开展了119项规划编制工作，其中新区38项，占全市任务的1/3。重点规划指挥部采用市主要领导亲自抓、规划局和政府相关部门集中办公的形式，新区和各区县成立重点规划编制分指挥部。为解决当地规划设计力量不足的问题，我们进一步开放规划设计市场，吸引国内外高水平的规划设计单位参与天津的规划编制。规划编制内容充分考虑城市长远发展，完善规划体系，同时以近五年建设项目策划为重点。新区38项规划内容包括滨海新区空间发展战略规划和城市总体规划、中新天津生态城、南港工业区等分区规划，于家堡金融区、响螺湾商务区和开发区现代产业服务区（MSD）等重点地区，涵盖总体规划、分区规划、城市设计、控制性详细规划等层面。改变过去习惯的先编制上位规划、再顺次编制下位规划的做法，改串联为并联，压缩规划编制审批的时间，促进上下层规划的互动。起初，大家对重点规划指挥部这种形式有怀疑和议论。实际上，规划编制有时需要特殊的组织形式，如编制城市总体规划一般的做法都需要采取成立领导小组、集中规划编制组等形式。重点规划指挥部这种集中突击式的规划编制是规划编制各种组织形式中的一种。实践证明，它对于一个城市在短时期内规划体系完善和水平的提高十分有效。

经过大干150天的努力和"五加二、白加黑"的奋战，38项规划成果编制完成。在天津市空间发展战略的指导下，滨海新区空间发展战略规划和城市总体规划明确了新区发展大的空间格局。在总体规划、分区规划和城市设计指导下，近期重点建设区的控制性详细规划先行批复，满足了新区实施国家战略伊始加速建设的迫切要求。可以说，重点规划指挥部38项规划的编制完成保证了当前的建设，更重要的是夯实了新区城市规划体系的根基。

除城市总体规划外，控制性详细规划不可或缺。控制性详细规划作为对城市总体规划、分区规划和专项规划的深化和落实，是规划管理的法规性文件和土地出让的依据，在规划体系中起着承上启下的关键作用。2007年以前，滨海新区控制性详细规划仅完成了建成区的30%。控规覆盖率低必然造成规划的被动。因此，我们将新区控规全覆盖作为一项重点工作。经过

近一年的扎实准备，2008 年初，滨海新区和市规划局统一组织开展了滨海新区控规全覆盖工作，规划依照统一的技术标准、统一的成果形式和统一的审查程序进行。按照全覆盖和无缝拼接的原则，将滨海新区 2270 平方千米的土地划分为 38 个分区 250 个规划单元，同时编制。要实现控规全覆盖，工作量巨大，按照国家指导标准，仅规划编制经费就需巨额投入，因此有人对这项工作持怀疑态度。新区管委会高度重视，利用国家开发银行的技术援助贷款，解决了规划编制经费问题。新区规划分局统筹全区控规编制，各功能区管委会和塘沽、汉沽、大港政府认真组织实施。除天津规划院、渤海规划院之外，国内十多家规划设计单位也参与了控规编制。这项工作也被列入 2008 年重点规划指挥部的任务并延续下来。到 2009 年底，历时两年多的奋斗，新区控规全覆盖基本编制完成，经过专家审议、征求部门意见以及向社会公示等程序后，2010 年 3 月，新区政府第七次常务会审议通过并下发执行。滨海新区历史上第一次实现了控规全覆盖，实现了每一寸土地上都有规划，使规划成为经济发展和城市建设的先行官，从此再没有出现招商和项目建设等无规划的情况。控规全覆盖奠定了滨海新区完整规划体系的牢固底盘。

当然，完善的城市规划体系不是一次设立重点规划指挥部、一次控规全覆盖就可以全方位建立的。所以，2010 年 4 月，在滨海新区政府成立后，按照市委市政府要求，滨海新区人民政府和市规划局组织新区规划和国土资源管理局与新区各委局、各功能区管委会，再次设立新区规划提升指挥部，统筹编制新区总体规划提升在内的 50 余项各层次规划，进一步完善规划体系，提高规划设计水平。另外，除了设立重点规划指挥部和控规全覆盖这种特殊的组织形式外，新区政府在每年年度预算中都设立了规划业务经费，确定一定数量的指令性任务，有计划地长期开展规划编制和研究工作，持之以恒，这一点也很重要。

十年后的今天，经过两次设立重点规划指挥部、控规全覆

盖和多年持续的努力，滨海新区建立了包括总体规划和详细规划两大阶段，涉及空间发展战略、总体规划、分区规划、专项规划、控制性详细规划、城市设计和城市设计导则等七个层面的完善的规划体系。这个规划体系是一个庞大的体系，由数百项规划组成，各层次、各片区规划具有各自的作用，不可或缺。空间发展战略和总体规划明确了新区的空间布局和总体发展方向；分区规划明确了各功能区主导产业和空间布局特色；专项规划明确了各项道路交通、市政和社会事业发展布局。控制性详细规划做到全覆盖，确保每一寸土地都有规划，实现全区一张图管理。城市设计细化了城市功能和空间形象特色，重点地区城市设计及导则保证了城市环境品质的提升。我们深刻地体会到，一个完善的规划体系，不仅是资金投入的累积，更是各级领导干部、专家学者、技术人员和广大群众的时间、精力、心血和智慧的结晶。建立一套完善的规划体系不容易，保证规划体系的高品质更加重要，要在维护规划稳定和延续的基础上，紧跟时代的步伐，使规划具有先进性，这是城市规划的历史使命。

2. 坚持继承发展和改革创新，保证规划的延续性和时代感

城市空间战略和总体规划是对未来发展的预测和布局，关系城市未来几十年、上百年发展的方向和品质，必须符合城市发展的客观规律，具有科学性和稳定性。同时，21 世纪科学技术日新月异，不断进步，所以，城市规划也要有一定弹性，以适应发展的变化，并正确认识城市规划不变与变的辩证关系。多年来，继承发展和改革创新并重是天津及滨海新区城市规划的主要特征和成功经验。

早在 1986 年经国务院批准的第一个天津市城市总体规划中，天津市提出了"工业战略东移"的总体思路，确定了"一条扁担挑两头"的城市总体格局。这个规划符合港口城市由内河港向海口港转移和大工业沿海布置发展的客观规律和天津城

市的实际情况。30 年来，天津几版城市总体规划修编一直坚持城市大的格局不变，城市总体规划一直突出天津港口和滨海新区的重要性，保持规划的延续性，这是天津城市规划非常重要的传统。正是因为多年来坚持了这样一个符合城市发展规律和城市实际情况的总体规划，没有"翻烧饼"，才为多年后天津的再次腾飞和滨海新区的开发开放奠定了坚实的基础。

当今世界日新月异，在保持规划传统和延续性的同时，我们也更加注重城市规划的改革创新和时代性。2008 年，考虑到滨海新区开发开放和落实国家对天津城市定位等实际情况，市委市政府组织编制天津市空间发展战略，在 2006 年国务院批准的新一版城市总体规划布局的基础上，以问题为导向，确定了"双城双港、相向拓展、一轴两带、南北生态"的格局，突出了滨海新区和港口的重要作用，同时着力解决港城矛盾，这是对天津历版城市总体规划布局的继承和发展。在天津市空间发展战略的指导下，结合新区的实际情况和历史沿革，在上版新区总体规划以塘沽、汉沽、大港老城区为主的"一轴一带三区"布局结构的基础上，考虑众多新兴产业功能区作为新区发展主体的实际，滨海新区确定了"一城双港、九区支撑、龙头带动"的空间发展战略。在空间战略的指导下，新区的城市总体规划充分考虑历史演变和生态本底，依托天津港和天津国际机场核心资源，强调功能区与城区协调发展和生态环境保护，规划形成"一城双港三片区"的空间格局，确定了"东港口、西高新、南重化、北旅游、中服务"的产业发展布局，改变了过去开发区、保税区、塘沽区、汉沽区、大港区各自为政、小而全的做法，强调统筹协调和相互配合。规划明确了各功能区的功能和产业特色，以产业族群和产业链延伸发展，避免重复建设和恶性竞争。规划明确提出：原塘沽区、汉沽区、大港区与城区临近的石化产业，包括新上石化项目，统一向南港工业区集中，真正改变了多少年来财政分灶吃饭体制所造成的一直难以克服的城市环境保护和城市安全的难题，使滨海新区走上健康发展的轨道。

改革开放 30 年来，城市规划改革创新的重点仍然是转换传统计划经济的思维，真正适应社会主义市场经济和政府职能转变要求，改变规划计划式的编制方式和内容。目前城市空间发展战略虽然还不是法定规划，但与城市总体规划相比，更加注重以问题为导向，明确城市总体长远发展的结构和布局，统筹功能更强。天津市人大在国内率先将天津空间发展战略升级为地方性法规，具有重要的示范作用。在空间发展战略的指导下，城市总体规划的编制也要改变传统上以 10 ~ 20 年规划期经济规模、人口规模和人均建设用地指标为终点式的规划和每 5 ~ 10 年修编一次的做法，避免"规划修编一次、城市摊大一次"，造成"城市摊大饼发展"的局面。滨海新区空间发展战略重点研究区域统筹发展、港城协调发展、海空两港及重大交通体系、产业布局、生态保护、海岸线使用、填海造陆和盐田资源利用等重大问题，统一思想认识，提出发展策略。新区城市总体规划按照城市空间发展战略，以 50 年远景规划为出发点，确定整体空间骨架，预测不同阶段的城市规模和形态，通过滚动编制近期建设规划，引导和控制近期发展，适应发展的不确定性，真正做到"一张蓝图干到底"。

改革开放 30 年以来，我国的城市建设取得了巨大的成绩，但如何克服"城市千城一面"的问题，避免城市病，提高规划设计和管理水平一直是一个重要课题。我们把城市设计作为提升规划设计水平和管理水平的主要抓手。在城市总体规划编制过程中，邀请清华大学开展了新区总体城市设计研究，探讨新区的总体空间形态和城市特色。在功能区规划中，首先通过城市设计方案确定功能区的总体布局和形态，然后再编制分区规划和控制性详细规划。自 2006 年以来，我们共开展了 100 余项城市设计。其中，新区核心区实现了城市设计全覆盖，于家堡金融区、响螺湾商务区、开发区现代产业服务区（MSD）、空港经济区核心区、滨海高新区渤龙湖总部区、北塘特色旅游区、东疆港配套服务区等 20 余个城市重点地区，以及海河两岸和历史街区都编制了高水平的城市设计，各具特色。鉴于目前城市设计在我国还不是法定规划，作为国家综合配套改革试验区，我们开展了城市设计规范化和法定化专题研究和改革试点，在城市设计的基础上，编制城市设计导则，作为区域规划管理和建筑设计审批的依据。城市设计导则不仅规定开发地块的开发强度、建筑高度和密度等，而且确定建筑的体量位置、贴线率、建筑风格、色彩等要求，包括地下空间设计的指引，直至街道景观家具的设置等内容。于家堡金融区、北塘、渤龙湖、空港核心区等新区重点区域均完成了城市设计导则的编制，并已付诸实施，效果明显。实践证明，与控制性详细规划相比，城市设计导则在规划管理上可更准确地指导建筑设计，保证规划、建筑设计和景观设计的统一，塑造高水准的城市形象和建成环境。

规划的改革创新是个持续的过程。控规最早是借鉴美国区划和中国香港法定图则，结合我国实际情况在深圳、上海等地先行先试的。我们在实践中一直在对控规进行完善。针对大城市地区城乡统筹发展的趋势，滨海新区控规从传统的城市规划范围拓展到整个新区2270平方千米的范围，实现了控制性详细规划城乡全覆盖。250个规划单元分为城区和生态区两类，按照不同的标准分别编制。生态区以农村地区的生产和生态环境保护为主，同时认真规划和严格控制"六线"，包括道路红线、轨道黑线、绿化绿线、市政黄线、河流蓝线以及文物保护紫线，一方面保证城市交通基础设施建设的控制预留，另一方面避免对土地不合理地随意切割，达到合理利用土地和保护生态资源的目的。同时，可以避免深圳由于当年只对围网内特区城市规划区进行控制，造成外围村庄无序发展，形成今天难以解决的城中村问题。另外，规划近、远期结合，考虑到新区处于快速发展期，有一定的不确定性，因此，将控规成果按照编制深度分成两个层面，即控制性详细规划和土地细分导则，重点地区还将同步编制城市设计导则，按照"一控规、两导则"来实施

规划管理，规划具有一定弹性，重点对保障城市公共利益、涉及国计民生的公共设施进行预留控制，包括教育、文化、体育、医疗卫生、社会福利、社区服务、菜市场等，保证规划布局均衡便捷、建设标准与配套水平适度超前。

3. 树立正确的指导思想，采纳先进的理念，开放规划设计市场，加强自身队伍建设，确保规划编制的高起点、高水平

如果建筑设计的最高境界是技术与艺术的完美结合，那么城市规划则被赋予更多的责任和期许。城市规划不仅仅是制度体系，其本身的内容和水平更加重要。规划不仅仅要指引城市发展建设，营造优美的人居环境，还试图要解决城市许多的经济、社会和环境问题，避免交通拥堵、环境污染、住房短缺等城市病。现代城市规划100多年的发展历程，涵盖了世界各国、众多城市为理想愿景奋斗的历史、成功的经验、失败的教训，为我们提供了丰富的案例。经过100多年从理论到实践的循环往复和螺旋上升，城市规划发展成为经济、社会、环境多学科融合的学科，涌现出多种多样的理论和方法。但是，面对中国改革开放和快速城市化，目前仍然没有成熟的理论方法和模式可以套用。因此，要使规划编制达到高水平，必须加强理论研究和理论的指引，树立正确的指导思想，总结国内外案例的经验教训，应用先进的规划理念和方法，探索适合自身特点的城市发展道路，避免规划灾难。在新区的规划编制过程中，我们始终努力开拓国际视野，加强理论研究，坚持高起步、高标准，以滨海新区的规划设计达到国际一流水平为努力的方向和目标。

新区总体规划编制伊始，我们邀请中国城市规划设计研究院、清华大学开展了深圳特区和浦东新区规划借鉴、京津冀产业协同和新区总体城市设计等专题研究，向周干峙院士、建设部唐凯总规划师等知名专家咨询，以期站在巨人的肩膀上，登高望远，看清自身发展的道路和方向，少走弯路。21世纪，

在经济全球化和信息化高度发达的情形下，当代世界城市发展已经呈现出多中心网络化的趋势。滨海新区城市总体规划，借鉴荷兰兰斯塔特（Randstad）、美国旧金山硅谷湾区（Bay Area）、深圳市域等国内外同类城市区域的成功经验，在继承城市历史沿革的同时，结合新区多个特色功能区快速发展的实际情况，应用国际上城市区域（City Region）等最新理论，形成滨海新区多中心组团式的城市区域总体规划结构，改变了传统的城镇体系规划和以中心城市为主的等级结构，适应了产业创新发展的要求，呼应了城市生态保护的形势，顺应了未来城市发展的方向，符合滨海新区的实际。规划产业、功能和空间各具特色的功能区作为城市组团，由生态廊道分隔，以快速轨道交通串联，形成城市网络，实现区域功能共享，避免各自独立发展所带来的重复建设问题。多组团城市区域布局改变了单中心聚集、"摊大饼"式蔓延发展模式，也可避免出现深圳当年对全区域缺失规划控制的问题。深圳最初的规划以关内300平方千米为主，"带状组团式布局"的城市总体规划是一个高水平的规划，但由于忽略了关外1600平方千米的土地，造成了外围"城中村"蔓延发展，后期改造难度很大。

生态城市和绿色发展理念是新区城市总体规划的一个突出特征。通过对城市未来50年甚至更长远发展的考虑，确定了城市增长边界，与此同时，划定了城市永久的生态保护控制范围，新区的生态用地规模确保在总用地的50%以上。根据新区河湖水系丰富和土地盐碱的特征，规划开挖部分河道水面、连通水系，存蓄雨洪水，实现湿地恢复，并通过水流起到排碱和改良土壤、改善植被的作用。在绿色交通方面，除以大运量快速轨道交通串联各功能区组团外，各组团内规划电车与快速轨道交通换乘，如开发区和中新天津生态城，提高公交覆盖率，增加绿色出行比重，形成公交都市。同时，组团内产业和生活均衡布局，减少不必要的出行。在资源利用方面，开发再生水和海水利用，实现非常规水源约占比50%以上。结合海水淡化，大力发展热

电联产，实现淡水、盐、热、电的综合产出。鼓励开发利用地热、风能及太阳能等清洁能源。自2008年以来，中新天津生态城的规划建设已经提供了在盐碱地上建设生态城市可推广、可复制的成功经验。

有历史学家说，城市是人类历史上最伟大的发明，是人类文明集中的诞生地。在21世纪信息化高度发达的今天，城市的聚集功能依然非常重要，特别是高度密集的城市中心。陆家嘴金融区、罗湖和福田中心区，对上海浦东新区和深圳特区的快速发展起到了至关重要的作用。被纳入国家发展战略伊始，滨海新区就开始研究如何选址和规划建设新区的核心——中心商务区。这是一个急迫需要确定的课题，而困难在于滨海新区并不是一张白纸，实际上是一个经过100多年发展的老区。经过深入的前期研究和多方案比选，最终确定在海河下游沿岸规划建设新区的中心。这片区域由码头、仓库、油库、工厂、村庄、荒地和一部分质量不高的多层住宅组成，包括于家堡、响螺湾、天津碱厂等区域，毗邻开发区现代产业服务区（MSD）。在如此衰败的区域中规划高水平的中心商务区，在真正建成前会一直有怀疑和议论，就像十多年前我们规划把海河建设成为世界名河所受到的非议一样，是很正常的事情。规划需要远见卓识，更需要深入的工作。滨海新区中心商务区规划明确了在区域中的功能定位，明确了与天津老城区城市中心的关系。通过对国内外有关城市中心商务区的经验比较，确定了新区中心商务区的规划范围和建设规模。大家发现，于家堡金融区半岛与伦敦泰晤士河畔的道克兰金融区形态上很相似，这冥冥之中揭示了滨河城市发展的共同规律。为提升新区中心商务区海河两岸和于家堡金融区规划设计水平，我们邀请国内顶级专家吴良镛、齐康、彭一刚、邹德慈四位院士以及国际城市设计名家、美国宾夕法尼亚大学乔纳森·巴奈特（Jonathan Barnett）教授等专家作为顾问，为规划出谋划策。邀请美国SOM设计公司、易道公司（EDAW Inc.）、清华大学和英国沃特曼国际工程公司（Waterman Inc.）开展了

两次工作营，召开了四次重大课题的咨询论证会，确定了高铁车站位置、海河防洪和基地高度、起步区选址等重大问题，并会同国际建协进行了于家堡城市设计方案国际竞赛。于家堡地区的规划设计，汲取纽约曼哈顿、芝加哥一英里、上海浦东陆家嘴等的成功经验，通过众多规划设计单位的共同参与和群策群力，多方案比选，最终采用了窄街廊、密路网和立体化的规划布局，将京津城际铁路车站延伸到金融区地下，与地铁共同构成了交通枢纽。规划以人为主，形成了完善的地下和地面人行步道系统。规划建设了中央大道隧道和地下车行路，以及市政共同沟。规划沿海河布置绿带，形成了美丽的滨河景观和城市天际线。于家堡的规划设计充分体现了功能、人文、生态和技术相结合，达到了较高水平，具有时代性，为充满活力的金融创新中心的发展打下了坚实的空间基础，营造了美好的场所，成为带动新区发展的"滨海芯"。

人类经济社会发展的最终目的是为了人，为人提供良好的生活、工作、游憩环境，提高生活质量。住房和城市社区是构成城市最基本的细胞，是城市的本底。城市规划突出和谐社会构建、强调以人为本就是要更加注重住房和社区规划设计。目前，虽然我国住房制度改革取得一定成绩，房地产市场规模巨大，但我国在保障性住房政策、居住区规划设计和住宅建筑设计和规划管理上一直存在比较多的问题，大众对居住质量和环境并不十分满意。居住区规划设计存在的问题也是造成城市病的主要根源之一。近几年来，结合滨海新区十大改革之一的保障房制度改革，我们在进行新型住房制度探索的同时，一直在进行住房和社区规划设计体系的创新研究，委托美国著名的公共住房专家丹尼尔·所罗门（Daniel Solomon），并与华汇公司和天津规划院合作，进行新区和谐新城社区的规划设计。邀请国内著名的住宅专家，举办研讨会，在保障房政策、社区规划、住宅单体设计到停车、物业管理、社区邻里中心设计、网络时代社区商业运营和生态社区建设等方面不断深化研究。规划尝

试建立均衡普惠的社区、邻里、街坊三级公益性公共设施网络与和谐、宜人、高品质、多样化的住宅，满足人们不断提高的对生活质量的追求，从根本上提高我国城市的品质，解决城市病。

要编制高水平的规划，最重要的还是要邀请国内外高水平、具有国际视野和成功经验的专家和规划设计公司。在新区规划编制过程中，我们一直邀请国内外知名专家给予指导，坚持重大项目采用规划设计方案咨询和国际征集等形式，全方位开放规划设计市场，邀请国内外一流规划设计单位参与规划编制。自2006年以来，新区共组织了10余次、20余项城市设计、建筑设计和景观设计方案国际征集活动，几十家来自美国、英国、德国、新加坡、澳大利亚、法国、荷兰、加拿大以及中国香港等国家和地区的国际知名规划设计单位报名参与，将国际先进的规划设计理念和技术与滨海新区具体情况相结合，努力打造最好的规划设计作品。总体来看，新区各项重要规划均由著名的规划设计公司完成，如于家堡金融区城市设计为国际著名的美国SOM设计公司领衔，海河两岸景观概念规划是著名景观设计公司易道公司完成的，彩带岛景观设计由设计伦敦奥运会景观的美国哈格里夫斯事务所（Hargreaves Associates.）主笔，文化中心由世界著名建筑师伯纳德·屈米（Bernard Tschumi）等国际设计大师领衔。针对规划设计项目任务不同的特点，在规划编制组织形式上灵活地采用不同的方式。在国际合作上，既采用以征集规划思路和方案为目的的方案征集方式，也采用旨在研究并解决重大问题的工作营和咨询方式。

城市规划是一项长期持续和不断积累的工作，包括使国际视野转化为地方行动，需要本地规划设计队伍的支撑和保证。滨海新区有两支甲级规划队伍长期在新区工作，包括2005年天津市城市规划设计研究院成立的滨海分院以及渤海城市规划设计研究院。2008年，渤海城市规划设计研究院升格为甲级。这两个甲级规划设计院，100多名规划师，不间断地在新区从事规划编制和研究工作。另外，还有滨海新区规划国土局所属的信

息中心、城建档案馆等单位，伴随新区成长，为新区规划达到高水平奠定了坚实的基础。我们组织的重点规划设计，如滨海新区中心商务区海河两岸、于家堡金融区规划设计方案国际征集等，事先都由天津市城市规划设计研究院和渤海城市规划设计研究院进行前期研究和试做，发挥他们对现实情况、存在问题和国内技术规范比较清楚的优势，对诸如海河防洪、通航、道路交通等方面存在的关键问题进行深入研究，提出不同的解决方案。通过试做可以保证规划设计征集出对题目，有的放矢，保证国际设计大师集中精力于规划设计的创作和主要问题的解决，这样既可提高效率和资金使用的效益，又可保证后期规划设计顺利落地，且可操作性强，避免"方案国际征集经常落得花了很多钱但最后仅仅是得到一张画得十分绚丽的效果图"的结局。同时，利用这些机会，天津市城市规划设计研究院和渤海城市规划设计研究院经常与国外的规划设计公司合作，在此过程中学习，进而提升自己。在规划实施过程中，在可能的情况下，也尽力为国内优秀建筑师提供舞台。于家堡金融区起步区"9+3"地块建筑设计，邀请了崔愷院士、周恺设计大师等九名国内著名青年建筑师操刀，与城市设计导则编制负责人、美国 SOM 设计公司合伙人菲尔·恩奎斯特（Philip Enquist）联手，组成联合规划和建筑设计团队共同工作，既保证了建筑单体方案建筑设计的高水平，又保证了城市街道、广场的整体形象和绿地、公园等公共空间的品质。

4.加强公众参与，实现规划科学民主管理

城市规划要体现全体居民的共同意志和愿景。我们在整个规划编制和管理过程中，一贯坚持以"政府组织、专家领衔、部门合作、公众参与、科学决策"的原则指导具体规划工作，将达成"学术共识、社会共识、领导共识"三个共识作为工作的基本要求，保证规划科学和民主真正得到落实。将公众参与作为法定程序，按照"审批前公示、审批后公告"的原则，新区各项规划在编制过程均利用报刊、网站、规划展览馆等方式，对公众进行公

示，听取公众意见。2009 年，在天津市空间发展战略向市民征求意见中，我们将滨海新区空间发展战略、城市总体规划以及于家堡金融区、响螺湾商务区和中新天津生态城规划在《天津日报》上进行了公示。2010 年，在控规全覆盖编制中，每个控规单元的规划都严格按照审查程序经控规技术组审核、部门审核、专家审议等程序，以报纸、网络、公示牌等形式，向社会公示，公开征询市民意见，由设计单位对市民意见进行整理，并反馈采纳情况。一些重要的道路交通市政基础设施规划和实施方案按有关要求同样进行公示。2011 年我们在《滨海时报》及相关网站上，就新区轨道网规划进行公开征求意见，针对收到的 200 余条意见，进行认真整理，根据意见对规划方案进行深化完善，并再次公告。2015 年，在国家批准新区地铁近期建设规划后，我们将近期实施地铁线的更准确的定线规划再次在政务网公示，广泛征求市民的意见，让大家了解和参与到城市规划和建设中，传承"人民城市人民建"的优良传统。

三、滨海新区十年城市规划管理体制改革的经验总结

城市规划不仅是一套规范的技术体系，也是一套严密的管理体系。城市规划建设要达到高水平，规划管理体制上也必须相适应。与国内许多新区一样，滨海新区设立之初不是完整的行政区，是由塘沽、汉沽、大港三个行政区和东丽、津南部分区域构成，面积达 2270 平方千米，在这个范围内，还有由天津港务局演变来的天津港集团公司、大港油田管理局演变而来的中国石油大港油田公司、中海油渤海公司等正局级大型国有企业，以及新设立的天津经济技术开发区、天津港保税区等。国务院《关于推进天津滨海新区开发开放有关问题的意见》提出：滨海新区要进行行政体制改革，建立"统一、协调、精简、高效、廉洁"的管理体制，这是非常重要的改革内容，对国内众多新

区具有示范意义。十年来，结合行政管理体制的改革，新区的规划管理体制也一直在调整优化中。

1. 结合新区不断进行的行政管理体制改革，完善新区的规划管理体制

1994年，天津市委市政府提出"用十年时间基本建成滨海新区"的战略，成立了滨海新区领导小组。1995年设立领导小组专职办公室，协调新区的规划和基础设施建设。2000年，在领导小组办公室的基础上成立了滨海新区工委和管委会，作为市委市政府的派出机构，主要职能是加强领导、统筹规划、组织推动、综合协调、增强合力、加快发展。2006年滨海新区被纳入国家发展战略后，一直在探讨行政管理体制的改革。十年来，滨海新区的行政管理体制经历了2009年和2013年两次大的改革，从新区工委管委会加3个行政区政府和3大功能区管委会，到滨海新区政府加3个城区管委会和9大功能区管委会，再到完整的滨海新区政府加7大功能区管委19街镇政府。在这一演变过程中，规划管理体制经历2009年的改革整合，目前相对比较稳定，但面临的改革任务仍然很艰巨。

天津市规划局（天津市土地局）早在1996年即成立滨海新区分局，长期从事新区的规划工作，为新区统一规划打下了良好的基础，也培养锻炼了一支务实的规划管理队伍，成为新区规划管理力量的班底。在新区领导小组办公室和管委会期间，规划分局与管委会下设的3局2室配合密切。随着天津市机构改革，2007年，市编办下达市规划局滨海新区规划分局三定方案，为滨海新区管委会和市规划局双重领导，以市局为主。2009年底滨海新区行政体制改革后，以原市规划局滨海分局和市国土房屋管理局滨海分局为班底组建了新区规划国土资源局。按照市委批准的三定方案，新区规划国土资源局受新区政府和市局双重领导，以新区为主，市规划局领导兼任新区规划国土局局长。这次改革，撤销了原塘沽、汉沽、大港三个行政区的规划局和市国土房管局直属的塘沽、汉沽、大港土地分局，整合为新区规划国土资源局三个直属分局。同时，考虑到功能区在新区加快发展中的重要作用和天津市人大颁布的《开发区条例》等法规，新区各功能区的规划仍然由功能区管理。

滨海新区政府成立后，天津市规划局率先将除城市总体规划和分区规划之外的规划审批权和行政许可权下放给滨海新区政府。市委市政府主要领导不断对新区规划工作提出要求，分管副市长通过规划指挥部和专题会等形式对新区重大规划给予审查指导。市规划局各部门和各位局领导积极支持新区工作，市有关部门也都对新区规划工作给予指导和支持。按照新区政府的统一部署，新区规划国土局向功能区放权，具体项目审批都由各功能区办理。当然，放权不等于放任不管。除业务上积极给予指导外，新区规划国土局对功能区招商引资中遇到的规划问题给予尽可能的支持。同时，对功能区进行监管，包括控制性详细规划实施、建筑设计项目的审批等，如果存在问题，则严格要求予以纠正。

目前，现行的规划管理体制适应了新区当前行政管理的特点，但与国家提出的规划应向开发区放权的要求还存在着差距，而有些功能区扩展比较快，还存在规划管理人员不足、管理区域分散的问题。随着新区社会经济的发展和行政管理体制的进一步改革，最终还是应该建立新区规划国土房管局、功能区规划国土房管局和街镇规划国土房管所三级全覆盖、衔接完整的规划行政管理体制。

2. 以规划编制和审批为抓手，实现全区统一规划管理

滨海新区作为一个面积达2270平方千米的新区，市委市政府要求新区做到规划、土地、财政、人事、产业、社会管理等方面的"六统一"，统一的规划是非常重要的环节。如何对功能区简政放权、扁平化管理的同时实现全区的统一和统筹管理，一直是新区政府面对的一个主要课题。我们通过实施全区统一的规划编制和审批，实现了新区统一规划管理的目标。同时，保留功能区对具体项目

的规划审批和行政许可，提高行政效率。

　　滨海新区被纳入国家发展战略后，市委市政府组织新区管委会、各功能区管委会共同统一编制新区空间发展战略和城市总体规划是第一要务，起到了统一思想、统一重大项目和产业布局、统一重大交通和基础设施布局以及统一保护生态格局的重要作用。作为国家级新区，各个产业功能区是新区发展的主力军，经济总量大，水平高，规划的引导作用更重要。因此，市政府要求，在新区总体规划指导下，各功能区都要编制分区规划。分区规划经新区政府同意后，报市政府常务会议批准。目前，新区的每个功能区都有经过市政府批准的分区规划，而且各具产业特色和空间特色，如中心商务区以商务和金融创新功能为主，中新天津生态城以生态、创意和旅游产业为主，东疆保税港区以融资租赁等涉外开放创新为主，开发区以电子信息和汽车产业为主，保税区以航空航天产业为主，高新区以新技术产业为主，临港工业区以重型装备制造为主，南港工业区以石化产业为主。分区规划的编制一方面使总体规划提出的功能定位、产业布局得到落实，另一方面切实指导各功能区开发建设，避免招商引资过程中的恶性竞争和产业雷同等问题，推动了功能区的快速发展，为滨海新区实现功能定位和经济快速发展奠定了坚实的基础。

　　虽然有了城市总体规划和功能区分区规划，但规划实施管理的具体依据是控制性详细规划。在 2007 年以前，滨海新区的塘沽、汉沽、大港 3 个行政区和开发、保税、高新 3 大功能区各自组织编制自身区域的控制性详细规划，各自审批，缺乏协调和衔接，经常造成矛盾，突出表现在规划布局和道路交通、市政设施等方面。2008 年，我们组织开展了新区控规全覆盖工作，目的是解决控规覆盖率低的问题，适应发展的要求，更重要的是解决各功能区及原塘沽、汉沽、大港 3 个行政区规划各自为政这一关键问题。通过控规全覆盖的统一编制和审批，实现新区统一的规划管理。虽然控规全覆盖任务浩大，但经过 3

年的艰苦奋斗，2010 年初滨海新区政府成立后，编制完成并按程序批复，恰如其时，实现了新区控规的统一管理。事实证明，在控规统一编制、审批及日后管理的前提下，可以把具体项目的规划审批权放给各个功能区，既提高了行政许可效率，也保证了全区规划的完整统一。

3. 深化改革，强化服务，提高规划管理的效率

　　在实现规划统一管理、提高城市规划管理水平的同时，不断提高工作效率和行政许可审批效率一直是我国城市规划管理普遍面临的突出问题，也是一个长期的课题。这不仅涉及政府各个部门，还涵盖整个社会服务能力和水平的提高。作为政府机关，城市规划管理部门要强化服务意识和宗旨，简化程序，提高效率。同样，深化改革是有效的措施。

　　2010 年，随着控规下发执行，新区政府同时下发了《滨海新区控制性规划调整管理暂行办法》，明确规定控规调整的主体、调整程序和审批程序，保证规划的严肃性和权威性。在管理办法实施过程中发现，由于新区范围大，发展速度快，在招商引资过程中会出现许多新情况。如果所有控规调整不论大小都报原审批单位、新区政府审批，那么会产生大量的程序问题，效率比较低。因此，根据各功能区的意见，2011 年 11 月新区政府转发了新区规国局拟定的《滨海新区控制性详细规划调整管理办法》，将控规调整细分为局部调整、一般调整和重大调整3 类。局部调整主要包括工业用地、仓储用地、公益性用地规划指标微调等，由各功能区管委会审批，报新区规国局备案。一般调整主要指在控规单元内不改变主导属性、开发总量、绿地总量等情况下的调整，由新区规国局审批。重大调整是指改变控规主导属性、开发总量、重大基础设施调整以及居住用地容积率提高等，报区政府审批。事实证明，新的做法是比较成功的，既保证了控规的严肃性和统一性，也提高了规划调整审批的效率。

2014 年 5 月，新区深化行政审批制度改革，成立审批局，政府 18 个审批部门的审批职能集合成一个局，"一颗印章管审批"，降低门槛，提高效率，方便企业，激发了社会活力。新区规国局组成 50 余人的审批处入驻审批局，改变过去多年来"前店后厂"式的审批方式，真正做到现场审批。一年多来的实践证明，集中审批确实大大提高了审批效率，审批处的干部和办公人员付出了辛勤的劳动，规划工作的长期积累为其提供了保障。运行中虽然还存在一定的问题和困难，这恰恰说明行政审批制度改革对规划工作提出了更高的要求，并指明了下一步规划编制、管理和许可改革的方向。

四、滨海新区城市规划的未来展望

回顾过去十年滨海新区城市规划的历程，一幕幕难忘的经历浮现脑海，"五加二、白加黑"的热情和挑灯夜战的场景历历在目。这套城市规划丛书，由滨海新区城市规划亲历者们组织编写，真实地记载了滨海新区十年来城市规划故事的全貌。丛书内容包括滨海新区城市总体规划、规划设计国际征集、城市设计探索、控制性详细规划全覆盖、于家堡金融区规划设计、滨海新区文化中心规划设计、城市社区规划设计、保障房规划设计、城市道路交通基础设施和建设成就等，共十册，比较全面地涵盖了滨海新区规划的主要方面和改革创新的重点内容，希望为全国其他新区提供借鉴，也欢迎大家批评指正。

总体来看，经过十年的努力奋斗，滨海新区城市规划建设取得了显著的成绩。但是，与国内外先进城市相比，滨海新区目前仍然处在发展的初期，未来的任务还很艰巨，还有许多课题需要解决，如人口增长相比经济增速缓慢，城市功能还不够完善，港城矛盾问题依然十分突出，化工产业布局调整还没有到位，轨道交通建设刚刚起步，绿化和生态环境建设任务依然艰巨，城乡规划管理水平亟待提高。"十三五"期间，在我国

经济新常态情形下，要实现由速度向质量的转变，滨海新区正处在关键时期。未来 5 年，新区核心区、海河两岸环境景观要得到根本转变，城市功能进一步提升，公共交通体系初步建成，居住和建筑质量不断提高，环境质量和水平显著改善，新区实现从工地向宜居城区的转变。要达成这样的目标，任务艰巨，唯有改革创新。滨海新区的最大优势就是改革创新，作为国家综合配套改革试验区，城市规划改革创新的使命要时刻牢记，城市规划设计师和管理者必须有这样的胸襟、情怀和理想，要不断深化改革，不停探索，勇于先行先试，积累成功经验，为全面建成小康社会、实现中华民族的伟大复兴做出贡献。

自 2014 年底，在京津冀协同发展和"一带一路"国家战略及自贸区的背景下，天津市委市政府进一步强化规划编制工作，突出规划的引领作用，再次成立重点规划指挥部。这是在新的历史时期，我国经济发展进入新常态的情形下的一次重点规划编制，期待用高水平的规划引导经济社会转型升级，包括城市规划建设。我们将继续发挥规划引领、改革创新的优良传统，立足当前、着眼长远，全面提升规划设计水平，使滨海新区整体规划设计真正达到国内领先和国际一流水平，为促进滨海新区产业发展、提升载体功能、建设宜居生态城区、实现国家定位提供坚实的规划保障。

天津市规划局副局长、滨海新区规划和国土资源管理局局长

2016 年 2 月

目 录

序

前　言

滨海新区城市规划的十年历程

026　走向科学发展的城市区域
　　　　——天津滨海新区城市总体规划发展演进

第一部分　滨海新区发展历程与规划演进

086　第一章　滨海新区发展沿革

086 ｜ 第一节　滨海地区区位及地理特征
090 ｜ 第二节　滨海地区建设史（改革开放前）
098 ｜ 第三节　滨海新区发展概况（改革开放后至 2006 年）
102 ｜ 第四节　滨海新区近十年来取得的成绩

108　第二章　滨海新区城市总体规划的历程（2006 年之前）

108 ｜ 第一节　新中国成立前天津与滨海地区的规划
116 ｜ 第二节　新中国成立后至改革开放前天津与滨海地区的城市总体规划
122 ｜ 第三节　改革开放后天津与滨海新区总体规划

136 | 第三章　被纳入国家战略后规划编制

136 | 第一节　新一轮滨海新区城市总体规划修编的前期准备
138 | 第二节　2009 年版滨海新区城市总体规划
141 | 第三节　建立以城市总体规划为龙头的规划体系
143 | 第四节　城市总体规划提升和修编

第二部分　滨海新区城市总体规划成果（2009—2020 年）

148 | 第四章　滨海新区城市总体规划前期研究成果

148 | 第一节　深圳特区、浦东新区对天津滨海新区的借鉴
157 | 第二节　渤海湾视野下滨海新区产业功能定位的再思考
161 | 第三节　滨海新区综合交通研究
166 | 第四节　天津滨海新区总体城市设计研究
176 | 第五节　天津滨海新区生态系统研究

180 | 第五章　《滨海新区城市总体规划优化与实施研究》课题

180 | 第一节　区域合作与发展研究
188 | 第二节　滨海愿景与空间理想
198 | 第三节　滨海新区管理体制的现状与改革思路
209 | 第四节　滨海金融街发展研究
218 | 第五节　生态修复与利用
230 | 第六节　现代交通模式

242 第六章　滨海新区城市空间发展战略

242 | 第一节　天津市城市空间发展战略
249 | 第二节　天津滨海新区城市空间发展战略

257 第七章　滨海新区城市总体规划（2009—2020 年）

257 | 第一节　滨海新区规划范围
257 | 第二节　定位规模
257 | 第三节　规划指标体系
261 | 第四节　空间布局
267 | 第五节　港口布局与岸线利用
268 | 第六节　道路交通
274 | 第七节　产业发展
277 | 第八节　城市宜居
278 | 第九节　市政设施配置
279 | 第十节　生态结构
281 | 第十一节　城市防灾

284 第八章　总体规划修编与动态维护

284 | 第一节　2010 年滨海新区城市总体规划提升
329 | 第二节　2012 年总规修编

第三部分　先进理念与城市总体规划编制实践相结合

336 | 第九章　当前国际最新的规划理论与新区实践结合

336 | 第一节　从"规划期规划"到"终极蓝图规划"
340 | 第二节　从单中心拓展城市到网络化多组团城市区域
343 | 第三节　公交主导的城市
345 | 第四节　产业簇群与功能区建设
352 | 第五节　可持续发展的绿色生态人文城市
356 | 第六节　城市保障性住房的创新

361 | 第十章　滨海新区城市总体规划的特色内容

361 | 第一节　港口发展与布局 / 港城关系
366 | 第二节　滨海新区综合交通发展模式
368 | 第三节　功能区规划建设
376 | 第四节　海岸线与盐田规划
379 | 第五节　生态型基础设施
384 | 第六节　城市防灾与减灾

第四部分　分区规划、专项规划与街镇规划

388 | 第十一章　分区规划

389 | 第一节　临空经济区分区规划（2005—2020 年）

392　第二节　东疆保税港区分区规划（2006—2020 年）

395　第三节　滨海高新技术产业区总体规划（2007—2020 年）

399　第四节　中新天津生态城总体规划（2008—2020 年）

403　第五节　滨海旅游区分区规划（2009—2020 年）

407　第六节　南港工业区分区规划（2009—2020 年）

410　第七节　临港经济区分区规划（2010—2020 年）

413　第八节　中心商务区分区规划（2010—2020 年）

416　第九节　滨海新区盐田利用和中部新城规划

420　第十二章　专项规划

420　第一节　滨海新区住房建设"十二五"规划

423　第二节　滨海新区轨道交通专项规划

427　第三节　滨海新区骨架路网布局专项规划

430　第四节　滨海新区市政综合设施专项规划

433　第五节　滨海新区基础教育设施专项规划

435　第六节　滨海新区体育设施专项规划

437　第七节　滨海新区医疗卫生设施专项规划

440　第八节　滨海新区商业布局专项规划

443　第九节　滨海新区社区服务中心（站）专项规划

446　第十节　滨海新区绿地系统专项规划

449 第十三章 街镇规划

449 | 第一节 核心区街镇规划

457 | 第二节 北片区街镇规划

461 | 第三节 南片区街镇规划

第五部分 实施评估与新一轮规划修编

470 第十四章 滨海新区城市总体规划实施评估

470 | 第一节 滨海新区城市总体规划实施评估（2009—2011 年）

474 | 第二节 滨海新区城市总体规划实施评估（2009—2014 年）

481 第十五章 新一轮总体规划修编的思考

481 | 第一节 滨海新区发展与京津冀协同发展

485 | 第二节 港城关系与港城交通

489 | 第三节 功能区整合与空间结构优化

497 | 第四节 城市居住生活方式的创新

502 | 第五节 滨海新区人口、土地、住房发展研究

508 | 第六节 城市安全专题

513 后 记

515 参考文献

走向科学发展的城市区域
——天津滨海新区城市总体规划发展演进

City Region Towards Scientific Development
—The Evolution of City Master Plan of Binhai New Area, Tianjin

霍兵　吴昊天　王腾飞

自 2006 年，天津滨海新区被纳入国家发展战略，成为综合配套改革试验区已十年整。回顾这十年来滨海新区取得的成绩，城市的总体规划发挥了重要的引领和指导作用。滨海新区作为中国经济增长的第三极，以深圳特区和浦东新区为榜样，力求达到更高的水平。要实现这一目标，城市总体规划不仅需要具有超前性，还要适应世界城市发展的潮流和趋势，再依照滨海新区的具体情况改革创新。

作为一个面积 2270 平方千米的新城市区域、中国经济增长的第三极，滨海新区城市总体规划以科学发展观为引领，学习借鉴国内外城市区域规划的成功经验，结合自身的实际情况，努力改革创新，不断进行深化完善。滨海新区现行城市总体规划（2008—2020）是 2006 年启动修编，2009 年完成的。归纳起来，2008 版滨海新区城市总体规划有以下几个突出特点：一是应用战略空间规划的理论和方法，改变过去以 20 年为规划周期的惯例，因为这样的惯例造成了规划修编的一次又一次扩张，城市摊大饼式发展的被动局面，突出解决城市港城关系等重大问题，以长远空间发展为中心考虑合理的城市总体布局，并滚动实施。二是将滨海新区作为一个城市区域，改变了传统城市总体规划集中在中心城市忽略周边城镇乡村的做法，也改变了滨海地区以塘沽为主的形成塘沽、汉沽、大港和海河下游组合布局的旧模式，针对多个功能区竞相发展的形势，规划形成了适应 21 世纪城市发展趋势的多组团网络化的滨海

城市区域。三是优化自主创新的产业规划，建设各具特色的城市功能区。四是形成以公共交通为主的城市综合交通体系，建设公交都市。五是促进生态环境的改善，建设生态城市。六是强调城市总体规划重点是美丽人居环境的塑造，除考虑经济发展、城市生态、都市公交的理念外，将城市美的空间景观环境和特色的创造作为重点规划的内容，推广"小街廓、密路网"，努力实现建设高品质宜居新城的目标。以上改革的内容也是我国目前在新型城镇化过程中城市规划要解决的问题。2013 年底召开的中央新型城镇化会议，2015 年底召开的中央城市工作会议，2016 年 2 月发布的《中共中央、国务院关于进一步加强城市规划建设管理工作的若干意见》，均对城市规划体制改革、建立空间规划体系、加强城市设计、塑造开放的社区、解决城市病等方面提出了明确的要求。

21 世纪是城市的世纪。今天，50% 的世界人口都居住在城市，随着城市规模扩大，数量增加，大都市连绵区的作用越来越重要，依然保持着全球政治经济中心的地位。同时，随着高速轨道交通、信息通信和互联网技术的突破式发展，城市区域（City Region）这种新的形态开始出现，并越来越显示出其优势。21 世纪是城市的世纪，更是规划区的世纪，新区域主义（New Regionalism）已经成为重要的经济社会思潮，影响着各个方面的发展。改革开放 30 年来，我国社会经济取得了飞速的发展，城市规划建设也取得了巨大的进步，人口城镇化率超过 50%。但是，总体看城市形

态依然以传统的、孤立的单中心城市为主。近年来，我国在特大城市建设、城市群规划研究、城市空间发展战略和"多规合一"实践方面取得了丰硕的成果，但是如果要在城市规划建设管理方面有所突破，治愈城市病，急需尝试新形势下的新城市区域形态，对城市总体规划的编制和实施管理进行大胆的改革创新，着重抓好城市设计，塑造优美的城市形象。

《走向科学发展的城市区域——天津滨海新区城市总体规划的演进》是滨海新区城市规划设计丛书的首册，是对滨海新区城市规划总体的系统介绍，包括对城市总体规划的历史沿革、2008 年版新区空间战略规划和城市总体规划的主要内容和特色、规划的实施评估、2013 年以来修编工作的回顾总结，以及各功能区分区规划、专项规划、街镇规划进行介绍，对正在开展的新一轮规划修编的思考。希望可以为国内外城市规划提供经验借鉴，也为新区未来发展和规划修编的进一步提升夯实基础。

一、滨海新区及其城市总体规划的历史演进

滨海新区位于渤海湾、海河流域冲击地带。海河是我国七大河流之一，历史上由于黄河入海口的不断变化，海河和海岸线的形态也一直在变化。伴随着隋朝南北大运河的建设，为了防洪修建了一些水利工程，海河的地理位置、形状和海岸线基本固定下来。据有关研究，到元代，滨海地区基本形成现在的样子。由于滨海地区

大部分是退海形成的土地，淤泥质海滩，十分平缓，又位于九河下梢，历史上河网纵横，坑洼湿地密布，盐田面积近 400 平方千米，滩涂面积 300 多平方千米，具有良好的生态和自然条件。据有关研究，元代的文献资料有"临海捕鱼""置灶煮盐"的记载，说明该地区在元代就有人居住并从事生产活动。

如果说天津因海河而兴、因"卫"而发达，则滨海地区也是因海河而兴、因海运和海港而发展。秦始皇统一中国后，首都一直在南方，直到金朝定都北京，天津作为京畿卫辅开始发展。隋朝修通南北大运河，天津成为南北运河交汇处，直沽寨兴盛。明永乐年间（1404 年），在海河上游三岔河口建城设卫，天津因此兴起。清末开始，随着局势变化和京杭大运河淤积，南北漕运主要改为海运，从天津大沽口进入海河，再到市区的三岔河口，进入北运河通达北京。随着海运的开通，大沽口海域成为漕运的必经之路，助推了滨海地区商贸的发展。实际上，早在 1276 年，元兵攻破南宋都城临安（杭州），将所得库藏图书令朱清、张瑄二人由崇明岛沿海北上，经大沽口至天津，转运到元大都，便开辟了这条天津与江浙沪地区的海运航线。1403 年前后，也就是明朝永乐初年，大沽、宁车沽、邓善沽、北塘、新河等村落先后形成。明嘉靖年间，为防倭寇，在大沽口南岸驻守重兵，建炮台。万历年间，大沽、北塘成为沿海军事重镇。清末南北漕运改为海运后，大沽逐步成为河、海联运的中转站和货物集散地，也成为我国近代史上重大事件的发生地。1860

City
Region
Towards Scientific
Development
走向科学发展的城市区域

天津滨海新区城市总体规划发展演进
The Evolution of City Master Plan of Binhai New Area, Tianjin

年第二次鸦片战争就发生在大沽炮台。战争后，中国政府与列强签订不平等条约，天津被迫成为通商口岸，帝国主义列强在海河上游两岸开辟租界，海河两岸及下游的滨海地区逐步成为民族工业的摇篮。如果从近代中国看天津，则滨海新区在我国近代发展的历史上也有重要的一笔。

1. 新中国成立前滨海新区的城市总体规划

作为天津市东部濒临渤海的区域，滨海新区的城市规划一直是在天津这个大的概念下进行的，而且港口和工业一直是作为重点的内容。第二次鸦片战争后，塘沽地区因其独特的地理优势和通航能力成为天然的内河良港、交通枢纽和码头仓库区，也成为军事重镇。光绪十一年（1885年），清直隶总督李鸿章为修理一手建立的北洋水师舰船，在于家堡对岸的大沽海神庙东沽、西沽一带购地创建"北洋水师大沽船坞"，把大沽作为北洋舰队的补给大本营。光绪十四年（1888年），清末洋务运动中，李鸿章以"便商贾，利军用"为由，奏准组建开平铁路公司，把中国第一条标准轨铁路唐胥铁路从芦台延伸到天津，在于家堡西北海河岸边建塘沽车站，即现塘沽南站，形成铁路与海河的联运。19世纪末，海河淤塞，"塘沽以上48.28千米的河道几乎不能航行"，中外航商，诸如美孚石油、东印度公司、亚细亚公司等世界企业纷纷在大沽海河沿岸建立码头、仓库、油库、办公基地。为利用铁路交通条件，码头都建在海河北岸。到20世纪初，民族工业兴起。1914年，实业家范旭东在距离于家堡半岛北部不远的地方创办了久大精盐厂，1917年又创办了中国第一个纯碱厂——永利碱厂。塘沽成为当时我国民族工业发展和军工发展的一个重要基地。

从现有资料看，从1930年开始，天津就开始编制现代的城市规划。作为天津的一部分，特别是沿海地区，滨海地区就成为规划的重要内容，有许多版本，如1930年梁思成、张锐主持的《天津特别市物质建设方案》。1937年抗战爆发后，日本侵略者出于掠夺的目的在滨海地区建设工厂、港口。1938年在汉沽建设东洋化学工业株式会社，今天的汉沽化工厂。1939年在海河口开建人工海港，同年在海河南岸建设了大沽化工厂。日本殖民统治时期，华北建设总署编制的《天津都市计划大纲》和《大天津都市计划》，也独立编制了《塘沽都市计划大纲》。1945年抗日胜利后，天津临时议会编制的《扩大天津市计划》，所有这些规划的共同特点是都提出过在天津滨海地区规划新的港口和城区。

2. 新中国成立后滨海新区的城市总体规划

新中国成立后，1953—1986年间，天津市先后编制完成了二十一稿天津市城市总体规划方案。塘沽也编制了许多版本城市总体规划。总体看来，滨海地区仍然是天津市重点规划发展的地区。

在这一段时期，滨海地区主要是海河、港口等大型基础设施的变化和油田的发展。1949年前后，为了保证3000吨船只不受落潮的影响可进入海河，修建了海河船闸。1952年天津新港重新开港。海河的洪水一直对天津和滨海地区造成影响。据历史文献和洪水调查分析，1368（明洪武年间）—1948年的五百八十年间，海河流域共发生洪灾387次。自16世纪以来，以1569年、1801年特大洪水灾情最为突出。流域有水文记载以来，大洪水年有1917年、1924年、1939年等。新中国成立后，为防止海河泛滥，1954年毛主席提出根治海河。海河治理后，有效防止了洪水，同时减少上游来水，为防止海水上溯，河水和两岸土地盐化，1958年建设了海河防潮闸。1963年海河流域发生特大洪水，在国家统一调度和各地方支持下，保住了天津市和津浦铁路的安全。1964年大港油田会战拉开了滨海地区石油勘探生产的序幕。1965年，"上山、下海、大战平原"的号召发出，渤海石油勘探开始。大批石油工人来到塘沽，在东沽一带建立渤海石油公司生产生活基地。1966年随之而来的"文化大革命"，滨海地区的发展停滞。1970年天津港压船、压货、压港问题严重，1973年，为适应国际贸易的发展，周恩来总理向全国发出"三年改变港口面貌"的号召。当年3月，天津市成立了建港指挥部，天津港第三期大规模扩建工程开工。至1976年，建成八个万吨级泊位，改造两个五千吨级泊位及部分库场、铁路、公路等，天津港第三期建港工程的建设使天津港面貌得到改观。1976年唐山大地震对天津和滨海地区造成严重影响，汉沽最为严重。

3. 改革开放后滨海新区的城市总体规划

1978年改革开放后，天津市首先面对的任务是震后重建。国家专家组帮助天津进行灾后重建规划和城市总体规划编制。在国家支持下，天津震后重建取得了很好的成绩，"三环十四射"路网形成骨架，引滦入津建成通水，一批城市基础设施项目启动建设，城市面貌和环境得到很大改善。天津成为国内学习的样板。

1984年国家确定十四个沿海开放城市规划建设经济技术开发区。经过多方案比选，最终选址在塘沽东北盐田上，规划建设天津经济技术开发区，拉开了天津改革开放和滨海新区大发展的序幕。1985年，大港天津石化14万吨乙烯项目全面开工。1986年，国务院批复天津市城市总体规划，这是天津历史上第一个经国务院批准的城市总体规划，规划确定了"工业东移"的发展战略和"一条扁担挑两头"的城市总体格局。这个规划符合港口城市由内河港向海

口港转移和大工业沿海布置发展的客观规律和天津城市的实际情况，明确发展以塘沽为中心的滨海地区。1989年，在经过长时间的选址后，天津大无缝钢管厂在海河中游动工兴建，1992年热试成功，1996年正式投产。

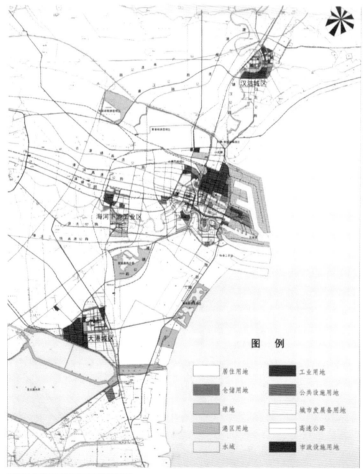

1999年版滨海新区总体规划图
资料来源：天津市城市规划研究院

滨海新区作为一个整体开始编制总体规划始于 1994 年。1994 年，天津市委市政府提出用十年时间基本建成滨海新区，成立了滨海新区领导小组。1995 年设立领导小组专职办公室，协调新区的规划和基础设施建设。2000 年，在领导小组专职办公室的基础上成立了滨海新区工委和管委会，作为市委市政府的派出机构，主要职能是加强领导、统筹规划、组织推动、综合协调、增强合力、加快发展。天津市规划局组织编制滨海新区城市总体规划。1999 年版滨海新区城市总体规划在 2001 年获得市政府批复。规划提出以天津港为中心，由塘沽、汉沽、大港和海河中游工业区组成的组团式结构。

1994 年，天津市启动了城市总体规划的修编工作，在延续 1986 年版规划大格局的基础上，强调提升滨海新区的作用，提出"双心轴向"的规划布局。1999 年获得国务院批复。在这个时候，值得一提的是 1999 年清华大学吴良镛院士主持的京津冀北城乡空间发展规划研究启动，开始从区域的进度探讨京津冀空间发展问题。

从 1984 年建设天津经济技术开发区开始到 1994 年，天津市委市政府提出用十年时间基本建成滨海新区，滨海新区发展速度越来越快。到 2004 年，滨海新区完成国内生产总值 1250 亿元，占天津全市的比重近 50%，已经具备了一定的发展条件，为被纳入国家发展战略奠定了坚实的基础。

4. 被纳入国家发展战略后滨海新区的城市总体规划

2005 年 10 月，党的十七届五中全会在《中共中央关于制定国民经济和社会发展第十一个五年规划的建议》中提出：继续发挥经济特区、上海浦东新区的作用，推进天津滨海新区等条件较好地区的开发开放，带动区域经济发展。2005 年，天津市规划局组织编

制了新一轮滨海新区城市总体规划。规划提出"一轴一带三城区"的规划结构，仍然沿用了传统城镇体系规划的思路，没有反映滨海新区城市区域特点和发展趋势，没有反映港口城市的特点，缺少对众多产业功能区的考虑，对港城矛盾等问题也没有提出解决的办法。2006 年初经过市政府常务会议审议，原则通过。考虑到天津城市总体规划正在修编的关系，没有正式批复。

2006 年 3 月，全国人大十届四次会议审议通过国家"十一五"

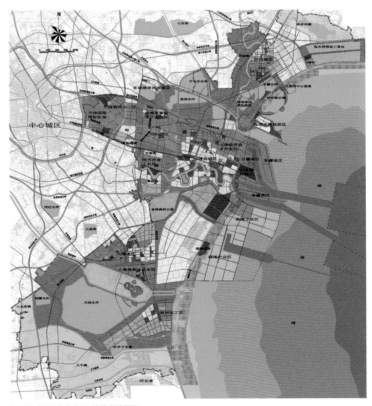

2006 年版滨海新区总体规划图
资料来源：天津市空间发展战发展略规划

规划，滨海新区正式被纳入国家发展战略。2006 年 6 月，国务院下发《关于推进天津滨海新区开发开放有关问题的意见》（国发〔2006〕20 号），即"20 号文件"，明确天津滨海新区作为国家级新区，批准天津滨海新区为全国综合配套改革试验区。2006 年 7 月 27 日，国务院批复同意修编后的《天津市城市总体规划（2005—2020 年）》，明确了天津是国际港口城市，北方经济中心和生态城市的城市定位。天津迎来加快发展的新的历史时期。

20 世纪 80 年代深圳经济特区设立的目的是在改革开放的初期，打开一扇看世界的窗。20 世纪 90 年代浦东新区的设立处于我国改革开放取得重大成绩的历史时期，其目的是扩大开放、深化改革。21 世纪滨海新区设立的目的是在我国初步建成小康社会的条件下，按照科学发展观的要求，做进一步深化改革的试验区、先行区。国务院对滨海新区的定位是：依托京津冀、服务环渤海、辐射"三北"、面向东北亚，努力建设成为我国北方对外开放的门户、高水平的现代制造业和研发转化基地、北方国际航运中心和国际物流中心，逐步成为经济繁荣、社会和谐、环境优美的宜居生态型新城区。

2006 年，滨海新区被纳入国家发展战略之后，发展速度加快，空客 A320、大火箭、大乙烯等大项目聚集，国家也对滨海新区提出了更高的要求。市政府立即组织开展了滨海新区城市总体规划、功能区分区规划、重点地区城市设计等规划编制工作。为了适应发展形势的要求，全面提升规划水平，我们开展了一系列专题研究和战略空间规划，总体规划修编等工作。委托对深圳和曹妃甸、黄骅规划熟悉的中国城市规划设计研究院开展了《深圳特区、浦东新区开发对天津滨海新区的借鉴》《渤海湾视野下滨海新区产业功能定位的再思考》《滨海新区交通研究》等三个专题，以及《天津临港

产业区发展战略研究》。委托清华大学开展了《天津滨海新区总体城市设计研究》，委托易道设计公司开展了《天津滨海新区生态系统研究》。这些专题研究得出了许多有意义的结论和建议，比如，中规院的研究指出，滨海新区产业发展中缺乏重型装备产业，发展过于集中于京津塘走廊，提出了应在南部建立新的产业走廊，带动河北南部的发展等有益的建议。

虽然做了很多工作，但是，要在短时间内建立完善的规划体系，提高规划设计水平，特别是像滨海新区这样的新区，等规划如等米下锅的情形下，必须采取非常规的措施。2007 年，天津市第九次党代会提出了全面提升规划水平的要求。2008 年，天津市成立了重点规划指挥部，开展了 119 项规划编制工作，其中新区 38 项，占全市任务的三分之一。新区 38 项规划内容包括滨海新区空间发展战略规划和城市总体规划、中新天津生态城、南港工业区等分区规划，于家堡金融区、响螺湾商务区和开发区现代产业服务区（MSD）等重点地区，涵盖总体规划、分区规划、城市设计、控制性详细规划等层面。改变了过去习惯的先编制上位规划、再顺次编制下位规划的做法，改串联为并联，压缩了规划编制审批的时间，促进了上下层规划的互动。经过大干 150 天的努力和"五加二、白加黑"的奋战，38 项规划成果编制完成。在天津市空间发展战略指导下，滨海新区空间发展战略规划和城市总体规划明确了新区发展大的空间格局。在总体规划、分区规划和城市设计指导下，近期重点建设区的控制性详细规划先行批复，满足了新区实施国家战略伊始、加速建设的迫切要求。可以说，重点规划指挥部 38 项规划的编制完成保证了当前的建设，更重要的是明确了滨海新区的空间发展战略和城市总体规划，夯实了新区建立完善规划体系的根基。

City
Region
Towards Scientific
Development
走向科学发展的城市区域

天津滨海新区城市总体规划发展演进
The Evolution of City Master Plan of Binhai New Area, Tianjin

二、2008 年版滨海新区城市总体规划

1. 天津市空间发展战略规划

2008 年，考虑到滨海新区开发开放和落实国家对天津城市定位等实际情况，市委市政府组织编制天津市空间发展战略，委托中国城市规划设计研究院开展了《天津城市空间发展战略研究》工作。在 2006 年国务院批准的新一版城市总体规划布局的基础上，以问题为导向，确定了"双城双港、相向拓展、一轴两带、南北生态"的格局，突出了滨海新区和港口的重要作用，同时着力解决港城矛盾，这是对天津历版城市总体规划布局的继承和发展。规划提升了滨海新区核心区的地位和作用，在现在天津港的基础上，在大港区规划新建南港区，发展石化工业和煤炭、矿石等散杂货运输，既解决港口与滨海核心区港城矛盾，又通过将分散布局的石化项目向南港工业区集中，将煤炭矿石等货物向南港区集中，从根本上整体改善了滨海新区的发展环境。"双城双港"的总体战略和布局思路得到各方面的认可。

2. 滨海新区空间战略规划

在中规院编制天津城市空间发展战略研究工作的同时，我们组织天津市城市规划设计研究院开展了天津滨海新区空间发展战略编制工作。在天津市空间发展战略的指导下，结合新区的实际情况和历史沿革，在上版新区总体规划以塘沽、汉沽、大港老城区为主的"一轴一带三区"布局结构的基础上，考虑众多新兴产业功能区作为新区发展主体的实际，滨海新区确定了"一核双港、九区支撑、龙头带动"的空间发展战略。

"一核"指滨海新区核心区，由塘沽城区和开发区的生活区组成；"双港"指南北两个港区，北港为老天津港老港区，南港

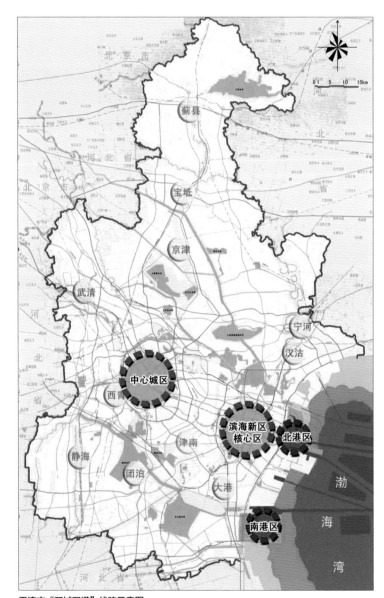

天津市"双城双港"战略示意图
资料来源：天津市城市规划设计研究院

为新规划的位于大港的南港港区；"九区支撑"指东疆保税港区、临空产业区、滨海高新、先进制造业产业区、中新天津生态城、滨海旅游区、中心商务区、南港工业区、临港工业区等九大功能区在新区发展中的关键支撑作用；"龙头带动"呼应全市提出的"滨海新区龙头带动，中心城区全面提升，各区县加快发展"的协同发展战略。

3.滨海新区城市总体规划（2008—2020）

在空间战略的指导下，新区的城市总体规划充分考虑历史演变和生态本底，依托天津港和天津国际机场核心资源，强调功能区与城区协调发展和生态环境保护，打破现有行政界限的束缚，结合新区轴带发展格局，按照强化优势、突出特色、产业集聚、城市宜居的原则，规划形成"一城双港三片区"的空间格局。"一城"为滨海新区核心区，"三片"为北部宜居旅游片区、西部临空高新片区和南部石化产业片区。同时，确定了"东港口、西高新、南重化、北旅游、中服务"的产业发展布局，改变了过去开发区、保税区、塘沽区、汉沽区、大港区各自为政、小而全的做法，强调统筹协调和相互配合。规划明确了各功能区的功能和产业特色，以产业族群和产业链延伸发展，避免重复建设和恶性竞争。规划明确提出：原塘沽区、汉沽区、大港区与城区临近的石化产业，包括新上石化项目，统一向南港工业区集中，真正改变了多年来财政分灶吃饭体制所造成的一直难以改变的城市环境保护和城市安全的难题，使滨海新区走上了健康发展的轨道。

本次滨海新区空间发展战略和城市总体规划解决了关系新区发展的许多重大课题，在新区开发开放和经济社会发展中发挥了重要的规划引导作用。

滨海新区"一城双港三片区"空间结构图
资料来源：天津市城市规划设计研究院

4.滨海新区城市总体规划的审查审批

滨海新区城市总体规划于 2009 年初编完成，进入了审查审批程序。2009 年 4 月，天津市加快滨海新区开发开放领导小组召开专题会议，听取了滨海新区城市总体规划修编成果的汇报，原则同意，要求继续深化完善。2009 年 6 月，在天津市空间发展战略向市民征求意见中，我们将滨海新区空间发展战略、滨海新区城市总体规划以及于家堡金融区、响螺湾商务区和中新天津生态城规划在《天津日报》上进行了公示。2009 年 6 月，市规划局会同滨海委召开专家评审会，邀请周干峙院士、建设部唐凯总规划师、天津规划局（原）副局长冯容等国内知名专家参会。当年8月经新区工委、管委会审议同意，同时征求了部分市人大代表、政协委员的意见，征求了市各委办局意见，2009年9月上报市政府审批。考虑到新区即将启动行政体制改革，市政府提出结合新区行政体制改革进一步深化完善城市总体规划。

2009年底经党中央国务院批准，滨海新区实施了行政体制改革，撤销塘沽、汉沽、大港三个行政区，组建滨海新区。2010年1月滨海新区政府成立。同年4月，新区政府批准了按照2008年版滨海新区城市总体规划编制的控制性详细规划全覆盖，保证了滨海新区城市总体规划的实施。2011年，国务院批准天津城市总体规划进行修改，修改的理由之一就是滨海新区实施行政体制改革。滨海新区城市总体规划纳入天津市总体规划修改工作中。

三、2008年版滨海新区城市总体规划的主要特色和创新

当今世界日新月异，滨海新区城市总体规划在保持规划传统延续性和依法编制的同时，更加注重规划改革的创新性和时代性。首先，严格按照国家《城乡规划法》和《城市规划编制办法》的要求，编制完善滨海新区城市总体规划。在此基础上，应用人居环境科学理论和战略空间的规划方法，按照城市区域的模式，进行产业、交通、生态环境的规划，特别将塑造宜居美丽的城市人居环境作为城市总体规划必须解决的内容。由此，创新规划方法和理念，确立具有前瞻性的空间发展战略、形成体现新区特点和发展要求的布局模式、构建科学合理的城市支撑体系，引导和促进滨海新区实现科学发展。

1. 应用战略空间规划的方法编制滨海新区城市总体规划

（1）战略空间规划：

空间规划（Spatial Planning）是当今世界城市和区域规划发展的前沿，20世纪后半叶在欧洲兴起，并成为全球规划实践和学术研究的热点。在我国，空间规划或城市空间发展战略，虽然还不是法定规划，但是正成为重要的规划实践，并广泛开展起来，对改进传统城市总体规划编制起到很好的促进作用。

改革开放30年来，我国城市规划需要改革创新的重点仍然是改革传统计划经济的思维，要真正适应社会主义市场经济和政府职能转变的要求，需要改变规划计划式的编制方式和内容。按照传统城市总体规划的编制方法，总体规划年限为20年，是以20年规划期经济规模、人口规模和人均建设用地指标为终点的规划。由于规划比较全面，用地划分比较细，造成规划编制和审批时间过长。往往规划批下来了，形势已经发生了根本性的变化。按照规划法和实际工作经验，城市总体规划每5—10年修编一次，经常是"规划修编一次、城市摊大一次"，客观造成"城市摊大饼式发展"的局面。基于以上问题，自20世纪90年代开始，以广州为代表的许多城市开始编制城市空间发展战略，取得了很好的效果。城市空间发展战略，与城市总体规划相比，更加注重以问题和目标为导向，突出重点，明确城市总体长远发展的结构和布局，解决存在的主要问题，统筹功能更强。在空间发展战略的指导下，城市总体规划的编制也要改变传统做法，考虑长远，解决重大问题。

滨海新区空间发展战略在天津市空间发展战略规划的指导下，重点研究区域统筹发展、港城协调发展、海空两港及重大交通体系、

产业布局、生态保护、海岸线使用、填海造陆和盐田资源利用等重大问题，统一思想认识，提出发展策略。新区城市总体规划按照城市空间发展战略，以50年远景规划为出发点，确定整体空间骨架，预测不同阶段的城市规模和形态，通过滚动编制近期建设规划，引导和控制近期发展，适应发展的不确定性，真正做到"一张蓝图干到底"。

（2）战略空间规划一定要长远，有序拓展。

滨海新区作为一个2270平方千米的超大尺度的城市区域，不同区域同步快速发展，都是"百年大计"，既有传统的塘沽、汉沽、大港三个城区，又有大量新规划建设的功能区，如果总体规划在人口、用地规模、交通量等方面只考虑20年，必定会造成规划缺少远见等问题。

深圳市面积1900多平方千米，与滨海新区在空间形态上十分相似，是一次性规划的新的城市。20世纪80年代，深圳最初的城市总体规划以深圳特区300多平方千米围网内为主，规划沿深南大道形成"带状组团式"布局。规划既考虑到深圳的自然和地理条件，又相对紧凑，适应了特区最初集中力量、快速发展的要求，城市总体规划是一个高水平的规划。经过20多年的建设，深圳由一个渔村快速演变成一个国际性的特大城市。但是，到了发展后期，当特区围网内的300多平方千米土地基本建设完成时，围网外1000多平方千米的土地，也在快速开发建设。由于规划仅仅把注意力放在围网内的300多平方千米的范围上，忽视了对关外1600平方千米范围更广大空间土地的规划和控制，造成村庄建设、工业区建设和城市化建设交织在一起，最终形成了目前难以解决的外围"城中村"蔓延发展问题，后期改造难度很大。深圳并没有按照原来的总体规

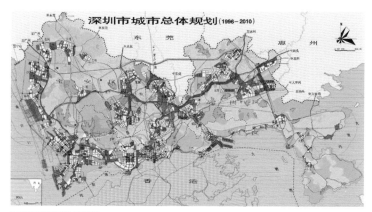

深圳市城市总体规划图
资料来源：天津市城市规划设计研究院

深圳市城中村的"握手楼"
资料来源：天津市城市规划设计研究院

划形成一个带状组团城市，而是最终形成了一个典型的城市区域。

总结深圳的教训使我们认识到，如果空间规划不能考虑的更长远，不考虑在当前全球经济一体化形势下城市区域新的发展趋势，仍然坚持20年规划期、几十年不变的中心城市加外围城镇的

City
Region
走向科学发展的城市区域

Towards Scientific
Development

天津滨海新区城市总体规划发展演进
The Evolution of City Master Plan of Binhai New Area, Tianjin

规划模式和方法，必然会产生众多的问题。因此，规划必须考虑长远，必须注重与新经济相适应的规划结构，探索新的空间发展模式。

为使滨海新区总体规划具有前瞻性、可持续性，我们提出"立足长远、有序拓展"的规划理念，建立起由理想到现实、由远景到近期，放眼未来、持续转化的规划思维秩序，规划不仅仅考虑到2020年，而是考虑未来50年的远景发展，甚至更长远的可能性。一次确定规划布局的主要骨架，使规划具有前瞻性、可持续性，战略意义十分重大。以远景规划确定新区整体空间骨架、发展远景和发展秩序，在合理保护自然环境的情况下，在远景规划布局的指导下，结合经济发展阶段，规划好建设分期，分别提出2015年、2020年、2030年各阶段的发展目标、城市规模和城市布局，像画素描一样，时刻把握整体，虽然没有完成，但始终是一张完整的画，而不是拼图。在此基础上，逐年滚动编制近期建设规划，引导和控制近期发展，动态适应发展的不确定性，统筹协调好人财物力资源和市场，引导城市有序拓展。

（3）坚持继承发展和改革创新，保证规划的延续性和时代感。

城市空间战略和总体规划是对未来发展的预测和布局，关系城市未来几十年、上百年发展的方向和品质，必须符合城市发展的客观规律，具有科学性和稳定性。同时，21世纪科学技术日新月异，不断进步，所以城市规划也要有一定弹性，以适应发展的变化，并正确认识城市规划不变与变的辩证关系。多年来，继承发展和改革创新并重是天津及滨海新区城市规划的主要特征和成功经验。

30年来，天津各版城市总体规划修编一直坚持城市"工业东移"和"一条扁担挑两头"的大格局不变，城市总体规划一直突出天津港口和滨海新区的重要性，这是天津城市规划非常重要的传统。同时，结合新的形势对规划不断完善充实，保证了规划的连续性和时代性。正是因为多年来坚持了这样一个符合城市发展规律和城市实际情况的总体规划，没有"翻烧饼"，才为多年后天津的再次腾飞，为滨海新区开发开放奠定了坚实的基础。

2. 天津滨海新区作为城市区域

（1）城市区域的认知。

城市区域（City Region），是介于城市群（Megalopolis）和单一城市之间的重要形态。爱伦·斯科特（Allen Scott）指出，城市区域有两种典型的形态，一种是以一个强大的核心城市为主的大都市聚集区，如伦敦、墨西哥城等；一种是多中心的城市网络，如荷兰兰斯塔德（Randstod）和意大利艾米利亚-罗马涅（Emilia-Romagna）。由于具有通信、资本、公司和消费者等优势，在全球化的情形下，城市区域将是未来最佳的空间发展模式。

帕齐·希利（Patsy Healey）对城市区域的定义是：城市区域是指这样一个地区，在这个地区内日常生活的相互作用延伸开来，与商务活动相互联系，表现出"核心关系"，如交通和市政公用设施网络、土地和劳动力市场。它可以是指一个大都市（Metropolis），一个都市节点的密集聚居城市综合体或一个通勤休闲的腹地，它或与行政界限不一致。拉维兹（J. Ravetz）以城市区域的概念对2020年英国大曼彻斯特的发展前景进行深入研究，认为大曼彻斯特城市区域是一个以曼彻斯特为核心的"城市—腹地"地域系统，内部具有行政、产业、通勤、流域等联系，可以成为一个有效的功能区域。

（2）天津滨海新区具有城市区域的空间特点。

天津滨海新区陆地面积2270平方千米，是一个南北长约90

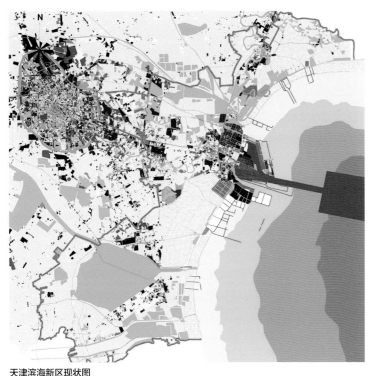

天津滨海新区现状图
资料来源：天津市城市规划设计研究院

千米，东西最宽处约50千米的T形滨海地域。2008年，滨海新区国民生产总值超过3000亿，常住人口达到202万人，建成区面积约280平方千米，形成主要包括塘沽、汉沽、大港3个城区和天津经济技术开发区、天津港保税区、滨海高新区、临空产业区、滨海高新区、中新天津生态城、滨海旅游区、中心商务区、南港工业区、临港工业区等众多功能区的格局。随着经济社会的不断发展，各区的经济关联性越来越强。到2020年，按照城市总体规划，滨海新区规划人口达到600万人左右，总的建设用地面积达到1000平方千米左右。总体看，滨海新区的空间尺度已经超过一般的城市规模，

空间区划已经形成多样的行政主体，经济发展不平衡，自然和历史遗产具有多样性和地方性，空间发展上呈现出多个城市、城镇和功能区齐头并进的态势，已经具备了城市区域的基本特征和条件。而且，滨海新区与天津中心城区相邻，两者实际组成一个面积3000平方千米，规划人口1000万人左右的更大的城市区域。

（3）多中心组团式网络化海湾城市区域。

滨海新区超大的空间尺度、多极核的生长状态、多样的自然历史特征、多元的行政及空间区划、不平衡的经济发展状况，决定了其不是一般意义上的城市，而是一个城市区域。这就要求我们以新的规划理念，探索适应新区发展要求的空间布局模式、结构和形态，引导滨海新区的科学发展。

一个好的城市区域需要一个好的城市区域规划结构和形态。21世纪，在经济全球化和信息化高度发达的情形下，当代世界城市发展已经呈现出多中心网络化的趋势。2000年，罗杰·西蒙兹（Roger Simmonds）和加里·赫克（Gary Hack）在他们编著的《全球城市区域：正在演进的形式》（ *Global City Regions: Their Emerging Forms*. London, Spon Press, 2000. ）一书中，对全球11个重要的城市区域进行了研究，对包括新经济、新的区域政治和新的交通通信方式对城市带来的影响进行了分析，对未来城市区域发展的趋势进行了预测，认为城市区域的未来形态更多的应该是多中心网络化。

历史上，以美国为代表的郊区化蔓延式发展，均是高耗能、高排放的模式。以洛杉矶为例，连绵的独立住宅一望无际、城市高快速路密布如织，以小汽车为主导的交通模式造成了城市交通拥堵和空气污染。以欧洲为代表的单中心城市加卫星城的发展模式，比

郊区化蔓延式发挥相对紧凑，但也存在许多问题。以伦敦为例，伦敦城单中心集聚，城市"摊大饼"式蔓延，虽然有绿带隔离，但城市尺寸已经巨大，而卫星城的布局模式也造成通勤时间长、交通潮汐现象严重等问题。我国大部分城市过去都在追寻单中心城市加卫星城的发展模式。结果是卫星城没有发展起来，又遇到郊区化的问题。北京既"摊大饼"又郊区化的问题暴露得很严重。

分析荷兰兰斯塔德城市区域的有益经验，能给我们启示。数座城市星状地围绕中心绿核布局，形成环带状、组团式发展的网络化布局，以生态绿化分隔城市，并通过有序的交通体系实现城市间便捷联系，城市互相分工协作，避免了单中心城市＋卫星城和郊区化蔓延发展两种模式的许多问题。

在天津滨海新区城市总体规划修编（2008—2020）过程中，依据天津城市空间发展战略研究和天津滨海新区空间发展战略，借

鉴荷兰兰斯塔德、美国旧金山湾区（San Francisco Bay Area）、深圳市域等国内外同类城市区域的成功经验，在继承城市历史沿革的同时，结合新区多个特色功能区快速发展的实际情况，应用国际上城市区域等最新理论，在"一城双港三片区"的基础上，提出新区为"多中心、多组团、网络化海湾城市区域"的空间布局结构。

滨海新区沿海岸线带状展开，具有鲜明的海湾型城市区域特征。区域范围内，有海河、独流减河、永定新河、蓟运河等大的河流，加上铁路、高速公路和市政廊道，对城市区域分割严重。规划通过各城区和功能区的空间整合，形成功能相对独立完善同时又紧密联系的城市组团。结合绿廊、河道、交通和市政廊道形成复合廊道网络，分隔城市组团。通过完善的快速轨道交通体系串联城市组团，实现各组团间的便捷联系，形成城市网络。规划统筹产业和生活配套设施建设，统筹交通和市政基础设施建设，实现区域功能共享，

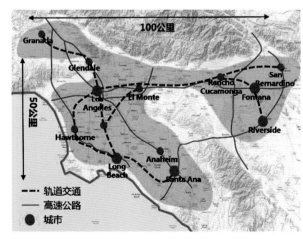

洛杉矶地区的城市蔓延模式
资料来源：深圳市城市规划设计研究院

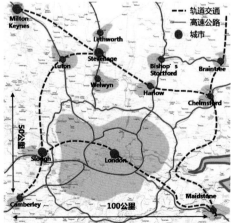

伦敦的"中心城市＋卫星城"模式
资料来源：深圳市城市规划设计研究院

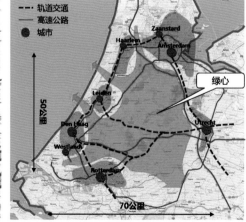

兰斯塔德城市区域多中心模式
资料来源：深圳市城市规划设计研究院

滨海新区"多中心、多组团、网络化海湾城市区域"空间布局结构图
资料来源：天津市城市规划设计研究院

有利于解决城区和功能区各自独立发展所带来的生活服务功能和基础设施重复建设，以及交通压力、资源浪费、环境破坏等问题。

滨海新区"多中心、多组团、网络化海湾城市区域"空间布局规划改变了单中心聚集、"摊大饼"式蔓延发展模式，改变了传统的城镇体系规划和以中心城市为主的等级结构，适应了产业创新发

展的要求，呼应了城市生态保护的形势，顺应了未来城市的发展方向，符合滨海新区的实际。

3. 优化产业发展布局，建设各具特色的功能区

科学发展观第一要义是发展，通过发展才能解决复杂的矛盾和问题。因此，经济和产业发展，特别是合理的产业布局是城市总体规划需要解决的核心问题之一。滨海新区是港口城市，历史上是我国民族工业的发源地，有工业传统。改革开放以来，以天津经济技术开发区为代表的工业园区吸引了一批世界高水平的生产制造企业落户，城市工业东移战略使天津一批老的企业获得新生。按照国家的定位，建设高水平的研发制造基地和国际物流航运中心是滨海新区的历史使命。

（1）产业发展和布局规划的空间经济学基础。

从欧盟的战略空间规划，包括美国的各种区域规划，可以看出，促进经济加快发展、均衡发展、持续发展，是战略空间规划的主要诉求。诺贝尔经济学奖获得者保罗·克鲁格曼（Paul Krugman）在与藤田昌久（Fujita Masahisa）和安东尼·丁·维纳布尔斯（Anthony J. Venables）合著的《空间经济学：城市、区域和国际贸易》（*The Spatial Economy: Cities, Regions, and International Trade.* Cambridge, MA: MIT Press. 1999）一书中指出，近年来，随着新贸易、新增长理论的发展，特别是经济学研究手段的提高，经济地理成为硕果颇丰的热点，从经济地理发展到空间经济学。空间经济学的研究指出，除传统的区位、级差地租和运输成本理论外，收益递增（Increasing Returns）是产业聚集的主要原因，其中垄断性竞争强化了产业的进一步聚集，平衡的经济最终难以稳定。空间经济学的研究正成为产业发展和布局规划的经济学基础。

（2）区域内分工协作和产业合理布局。

在我国，城市产业雷同和恶性竞争的问题突出。合理的产业分工协作和布局不仅是城市之间的课题，也是一个城市区域内不同部分之间要解决的主要问题。滨海新区内部各行政区和功能区之间长期存在产业雷同、吸引项目上恶性竞争等问题。更为严重的是，由于历史等方面的原因，形成了化工企业在塘沽、汉沽和大港"遍地开花"的局面，与新区的整体发展产生很大的矛盾。

改革开放以来，出于各种各样的原因，历史上形成的产业布局不合的理局面没有在工业东移战略中得以改变，而且又进一步造成滨海新区产业布局的不合理。20 世纪 80 年代建设的大无缝钢管是个世界领先的项目，但由于地质条件和投入成本等问题，没有在沿海港口附近建设，而选址在海河中游，包括天津钢铁厂从中心城区海河岸边也搬迁到海河中游。由于需要海运转内河航运，造成交通运输成本高，对周边城市发展也带来影响。天津石化产业布局分散造成的问题更加突出。乙烯和炼油企业也不靠近港口，原油和成品油及化工产品需要距离 40—50 千米的化工原料的管道运输，超高压气体的运输，对企业增加成本也许能够承受，但是对城市空间的切割和发展的影响巨大。位于塘沽城市中心的天碱化工厂是中国民族化工工业的摇篮，企业生产和排放的碱渣污染严重。20 世纪 90 年代，对废弃碱渣进行了治理，建设了碱渣山公园，此项目获得建设部人居环境奖。滨海新区开发开放列入国家战略以来，规划在海河两岸形成新区的中心商务区，位于商务区内的天碱开始搬迁。因当时的条件，也处于塘沽区想把税收留在自己区的主要目的，天碱搬迁新址选在临港工业区。随着招商引资，又引入中石油百万吨乙烯项目，原落户大港的蓝星化工新材料项目，临港工业区成为

滨海化工区的重要组成部分。虽然是比较先进合理的临港工业布局模式，可其距滨海中心商务区仅 4 千米。这些企业和项目发展所带来的负面外部效应对城市的影响是深远的，是城市空间发展战略和城市总体规划需要考虑和解决的主要问题之一。

2004 年，清华大学在编制天津城市空间发展战略时提出，汉沽区依据临海的自然条件和良好的区位条件，应规划建设成为服务北京、唐山和曹妃甸以生活为主的滨海宜居新城。天津市政府认识到其重要意义，开始严格限制有污染的企业落户汉沽。随着中新天津生态城落户汉沽和塘沽交界处，位于汉沽的原开发区化工小区的发展也受到限制，不能再做新的化工项目，老的项目也不容许扩建。2008 年，中规院在天津空间发展战略中提出：建设南港工业区，将临港的化工项目和其他区域的化工项目转到南港工业区，优化新区产业布局，建设世界级化工区，同时保证城市核心区的安全和环境质量，保证中心商务区建设的大胆思路。市委市政府果断决策，将中石油百万吨乙烯项目，蓝星化工新材料项目移址到南港工业区。通过做工作，获得中石油和蓝星化工的理解支持。临港工业区转为重型装备制造业基地。通过以上重大项目的调整，滨海新区基本形成了"南重化、北旅游、西高新、中服务、东港口"的较为合理的总体产业发展布局。从实践经验看，要实现这样的目标，对主导产业大项目的控制是十分重要的。因此，产业布局及其主导产业大项目的选址要作为十分重要的内容，必须放在城市总体规划的突出位置体现。

当然，产业的合理分工必须要考虑地方的就业和财政收入情况。如规划汉沽及新区北部以生态和旅游为主导产业，搬迁天津化工厂等老的化工企业，这一规划调整对原本就不富裕的汉沽财政带

来影响，特别是近期会有许多困难。为了解决这个难题，市政府协调把效益较好、国家级循环经济项目北疆电厂放在汉沽。当然，单凭这一个项目和旅游产业，也不可能养活一个规划百万人的城市持续发展。因此，在主导产业上，增加了部分与旅游相关、没有污染的制造业，以及对环境要求较高但对区位要求不苛刻的动漫、创意等产业。同时，在管理机制方面，要保证产业规划的实现，需要区域统一的规划和至少一定比例的统一财政，也需要政府各部门采取各种手段，如生态转移支付、环境影响评价等，共同推动落实。

（3）滨海新区城市区域的产业布局规划。

滨海新区按照高端、高新、高质的产业发展方向和集聚集约发展的原则，规划建立由航空航天、石油化工、装备制造、电子信息、生物医药、新能源新材料、轻工纺织、国防科技等八大支柱产业和金融、物流和旅游为重点的现代服务业所构成的产业体系。在产业布局上，一方面在新区范围内按照南重化、北旅游、西高新、中服务、东港口的格局进行产业发展布局。另一方面从区域协同发展的角度进行考虑。滨海新区总体产业发展轴线比较明确，一条是从天津中心城区到港口、东西向的京津塘高新技术发展轴，一条是南北向的沿海发展带，与北京、河北省黄骅和曹妃甸产业发展上形成联动。在此基础上，按照国务院20号文件中提出"建设各具特色产业功能区"的要求，规划形成产业布局相对集中、各功能区分工明确、布局合理的九大产业功能区的空间格局，明确了各功能区产业发展的方向。

在京津塘高新技术发展轴和沿海发展带这两轴带的交会处是滨海新区核心区和天津港。滨海新区核心区，作为天津市双城区之一，重点建设中心商务区、海港物流区、临港工业区、先进制造业

产业区。中心商务区范围53平方千米，其中于家堡、响螺湾建成以金融创新功能为主的商务办公区；开发区商务区建成以生产者服务业为主的现代服务区，形成"双核"格局。海港物流区重点发展集装箱运输。将以煤炭集散的散货物流区调整到南港工业区，减少对环境的污染。整合原临港工业区和临港产业区形成新的临港工业区，打造临港重型装备制造业高地，规划用地规模200平方千米。

西部片区重点建设滨海高新区、临空产业区、先进制造业产业区等三个功能区，构成高新技术产业集聚区，引领区域产业升级。

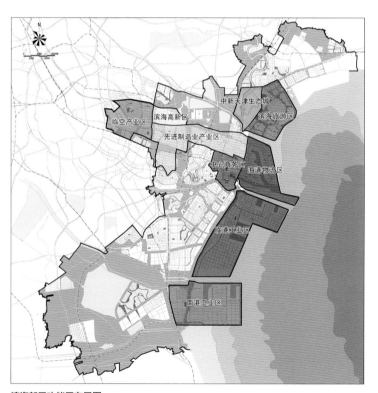

滨海新区功能区布局图
资料来源：天津市城市规划设计研究院

临空产业区重点发展航空运输、航空设备制造和维修、物流加工、民航科技等。滨海高新区重点发展生物技术与创新药物、高端信息技术、纳米及新材料、新能源和可再生能源。开发区西区重点发展航天设备制造、汽车制造、电子信息等，建成高水平的现代制造业基地。

南部片区重点建设南港工业区。将重化工业向南港工业区集聚，建成世界级重化工业基地。南港工业区为港口和重化产业的复合体。远景规划规模 160 平方千米。配合南港工业区建设，大港城区向东侧盐田拓展，形成南港工业区配套的生活区。南港工业区与大港城区之间建立生态及产业隔离带，实现重化产业与城区的分离。以南港工业区为核心，以大港民营经济园、纺织工业园为节点，依托龙头企业，延伸下游产业链，做大做强精细化工、化纤、橡胶、塑料等行业。

北部片区重点建设中新天津生态城和滨海旅游区，建设成为以宜居旅游为特色的环渤海地区休闲旅游基地、国际生态示范城市。海滨旅游区建设成以世界级主题公园和海上休闲总部为核心的国际旅游目的地，京津共享的海洋之城。中新天津生态城规划定位为国家级生态宜居的示范新城。汉沽城区利用盐田和填海向东拓展。配合功能区建设，推进汉沽天津化工厂和开发区现代产业区化工企业的南迁和产业结构调整。

通过以上产业布局规划调整，为滨海新区的产业发展提供了空间，为产业升级提供了有力的支撑。首先，优化了传统的京津塘高科技走廊，突出了机场和港口对航空航天等高新技术企业的比较优势，配套完善了生产性服务业、企业经营、研发总部和生活服务设施的建设，为企业发展和创新提供更好的环境。同时，强化了沿海发展带，更加合理地利用岸线资源，在发展港口和港口工业的同时，为生态和旅游留出空间。通过南港工业区的规划，在新区南部增加了产业发展向西的第二通道，也能更好地与河北内地衔接。

（4）滨海新区城市区域的大项目布局和产业链建设。

虽然有了功能区和产业用地的布局规划，要实现这样的规划，还需要解决产业发展深层次的问题，比如一个产业龙头企业用地的条件、产业链的形成、创新环境的培养等。迈克尔·波特教授发表的《产业链和新竞争经济》以及 2001 年发表的《区域和新竞争经济》等文章中指出，产业链和产业簇群需要专业化和高品质，包括劳动力、资本市场、技术基础和基础设施等，需要当地市场，需要有竞争力的对手，需要有高水准的相关配套行业。同时，政府的角色定位要准确，要把经济政策和社会政策结合起来。经验表明，产业链和产业簇群是自主创新的源泉。

滨海新区以摩托罗拉和三星为代表，形成了移动通信的产业聚集，曾占据中国产能和市场的一大部分，但由于没有形成企业、人才、研发机构、资金，包括市场的聚集，难以持续发展创新，遇到困难容易发生问题。汽车产业的布局也相对分散，难以形成更好的聚集效益和创新的环境。而以空客 A320 天津总装线为龙头的航空产业，在短时间内形成了从机翼、发动机等部件、总装、物流、航空金融租赁、航空运营、航空研发的产业链，形成新区新的支柱产业和良好发展的形势。

一个产业的龙头项目对产业的发展和产业链的形成十分重要，而且龙头企业对项目用地规模和区位一般都有严格的要求，这样的资源十分紧缺，是战略资源，规划中必须控制预留，并给予特殊需求的交通、市政基础设施和环境的保障。如航空航天产业，天津空客 A320 总装线要求试飞跑道和空域，超长超宽的大部件需要从国外海运，港口上岸，需要从港口到工厂的大件路运输通道；我国新一代运载火箭，超长超宽的大部件需要从港口外运；风力发电、海水淡化等大件设备也需要与港口和内地市场的大件路运输通道；汽车工厂大量成品需要运输，最便宜量大的也是海运，也需要靠近港口。电子行业的龙头企业，如芯片、液晶平板、模组等则对空气、震动、地磁等有严格的要求。

产业链能否在一个小的空间上高度聚集，是规划需要考虑的另外一个问题。曹妃甸首钢新的 1000 万吨炼钢和薄板项目是循环经济，也是最集约、最节约成本的规划设计项目。但要形成一个理想的产业链园区，是相当困难的。比如，同一行业的龙头企业，一般都是竞争对手，因此坚决不在空间上相邻。少部分配套企业对工业流程或产品的特殊性要求，如空客机翼项目，其产品尺寸过大，不便于运输，因此要紧靠在龙头企业的旁边。大部分配套企业没有极特殊的对工业流程或产品的特殊要求，一般也不一定紧靠在龙头企业的旁边。因此，产业链一般是在一个城市区域内相对聚集。

同时，产业链的发展需要优惠政策、财政等方面的支持，关键还需要配套和创新的环境。近年来，我国风电产业进入了发展的快车道。天津市风电产业从无到有，随着维斯塔斯、苏斯兰、歌美萨等多家国际知名公司在津投资生产风力发电设备，天津成为中国重要的风力发电设备制造基地，国内风机零部件产品的重要供应地，被称为中国风能产业"发动机"。目前，天津滨海新区已经聚集了近 30 家风电整机生产商、主要部件以及为主机配套的企业。此外，天津还成立了全国第一家地方性风能协会，会员单位涉及风电设备设计、制造、安装、运输、发电和风电投资、工厂设计等领域。

总体看，风力发电设备生产企业需要占有的土地比较多，需要大件运输通道通向港口和腹地市场，因此在空间布局上应该围绕大件通道相对集中建设。同时，要获得持续发展，还必须营造研发和创新环境，这应该是产业布局规划和总体规划中要深化落实的内容。

4. 港口发展和新的城市区域交通方式

港口是天津和滨海新区的核心资源和竞争力所在。要建设国际航运中心和物流中心，成为对外开放的门户，必须加快天津港的发展，完善疏港交通，延伸腹地，同时，处理好港口与城市的关系，建设综合交通体系，大力发展公共交通，保证"多中心、多组团、网络化海湾城市区域"理想的空间布局模式的实现。

（1）滨海新区港口与疏港交通规划。

港口是城市重要的资源，是重要的基础设施。港口本身的布局及其配套的疏港交通等设施对城市的影响是巨大的。历史上天津港作为海河口开挖的人工港，与塘沽区的发展重叠，形成港后城市的格局，形成港城矛盾。随着开发、保税区的建设和发展这一矛盾变得更加突出。天津港吞吐量从 1990 年 2400 万吨达到 2007 年 3 亿吨，疏港道路交通基本没有大的变化。港口后方城市的布局决定了大量疏港交通从城市中心穿越，交通拥挤、环境污染、混乱的局面大大影响了城市的品质。因此，天津城市空间发展战略和城市总体规划提出建设南港区，疏解部分港口功能，可以逐步改变港后城市这一矛盾。

滨海新区城市总体规划落实天津市双港战略，结合双港布局，在城市外围规划疏港专用通道，减少对城市的影响，提高疏港能力，城市形象环境和疏港交通都会得到改善，形成港城交通有效分离、客货运输协调有序的现代港口城市交通体系。针对对外交通特别是

City
Region
走向科学发展的城市区域

Towards Scientific
Development

天津滨海新区城市总体规划发展演进
The Evolution of City Master Plan of Binhai New Area, Tianjin

疏港交通，规划沿城市组团和片区边缘，结合生态廊道构筑由高速公路与普通铁路组成的复合疏港通道直接入港，尽端式疏港交通、扇形发散通往腹地的疏港格局，避免与城市直接发生矛盾。在城市片区边缘形成联通疏港通道的货运联络线，并建有区域过境货运通道功能，形成疏港绕城的格局，破解港城矛盾，实现交通的内外分离、客货分离。

（2）滨海新区轨道交通规划。

为实现滨海新区"生态宜居城市"的发展目标，结合"多中心、多组团、网络化海湾城市区域"的空间布局，构筑以大运量轨道交通为骨干，以常规公交为主体，以出租车等为补充的公交系统，统筹交通体系，打造畅达新区，使中心城区与滨海新区、滨海新区核心区与各功能区组团之间快速通达。

轨道交通分为铁路和城市轨道两种类型，随着高铁技术的发展，城际铁路和城市轨道紧密结合，形成一个整体。结合不同轨道的交通特征，滨海新区形成快慢结合、长短有序、层级分明的轨道交通布局结构体系。规划将京津城际铁路延伸到新区中心商务区于家堡与三条地铁无缝衔接，形成新区的公共交通枢纽，从枢纽步行可到达商务区的核心和海河岸边。城际铁路从北京南站到于家堡枢纽只需要45分钟，与天津滨海国际机场相连，远期要与北京首都国际机场相连，方便和北京、和世界的联系。考虑到滨海新区对外交通联系，经过努力将原规划从新区外通过的津秦客运专线引入新区，在新区核心区设站，成为新区对外客运的高铁车站，也成为天津沟通东北、华北和华东的铁路客运枢纽。规划三条地铁线与津秦高铁站无缝衔接，形成换乘枢纽。同时，优化确定环渤海城际铁路线位和车站，使一城三片区都有城际高铁车站和公共交通枢纽。布

局利用城际铁路线，开行公交化城铁，服务城区之间长距离点对点客运出行，实现15分钟直达。

滨海新区确立了比较高的城市轨道交通规划目标：滨海新区要建设成为体现生态、节能、环保的公交城市，2020年公共交通占总交通出行的比例达到40%以上，其中轨道交通承担新区核心区60%以上的公共交通客流；服务于中距离、重要组团的客运出行要求，建设市域快线，实现新区核心区至中心城及主要多个功能区之间30分钟快速通达，实现滨海新区核心区60%以上居民步行10分钟内到达轨道交通车站。同时做好各组团站点规划和组团内喂给线的链接，提高公共交通的效用，真正形成公交为导向的城市区域。考虑滨海新区地质条件较差的情况，轨道线尽量沿生态廊道采用地面或高架形式建设，减少工程造价，保证安全。做好站点规划和"喂给"线路，与轨道线网共同构成新区完善的公共交通网络。

根据新区城市组团型的布局特点，轨道线路分为市域线、城区线两级线网。其中，市域线服务新区及市域内长距离交通出行，运行速度达到80千米/时以上。通过市域骨干线串联各组团、对外交通枢纽及城市中心，带动城市外围地区发展。城区线主要在滨海新区核心区布设，规划形成结构完整的线网。通过枢纽与市域线衔接，为骨干网收集客流，并满足城区内居民出行需要。其他功能区内设置接驳线通过换乘枢纽与市域骨干网衔接，满足城区内居民对外出行需求。区内线根据各片区需求选取地铁、轻轨、有轨电车等多种模式。根据功能及服务范围，轨道交通枢纽分为两级，其中三条及三条以上轨道线路相交的轨道车站为轨道交通一级枢纽站。

四条市域线规划构成"两横两纵"布局结构，其中两横为Z1、Z2线，与城市发展主轴一致，分别位于海河南北两岸；两纵

滨海新区轨道交通网络图
资料来源：天津市城市规划设计研究院

旅游区、中心渔港、汉沽新城等重点发展区域，可实现新区与中心城区西站副中心的联通，全长 115 千米。Z3 线线路连接了重要的旅游宜居组团、新城与海河中游地区，构成城市中轴线，新区内经过东丽湖、航空城、军粮城城际站、大港新城、南港生活区等地区，全长 170 千米。Z4 线为沿海发展带布设的南北向线路，促进南北两翼与滨海核心区之间的协调发展，沿线主要经过北塘、开发区、于家堡、南部盐田新城、大港新城及南港区等重要地区，全长 65 千米。

滨海新区核心区范围内，以市域线及现状津滨轻轨为基础，以于家堡城际站、高铁站、北塘站等综合换乘枢纽为核心，布设核心区区域线网，形成覆盖核心区的轨道交通网络，实现核心区 60% 的居民步行 10 分钟到达轨道车站的目标。在核心区范围内规划轨道线路总规模 220 千米，三线以上的一级换乘枢纽 4 座，两线换乘枢纽 24 座，各个换乘枢纽均位于核心区各城市功能版块的中心地区。

随着规划工作的深入，将在生态城、空港经济区、高新区及旅游区等功能区内规划布设区内线路，结合实际情况选取地铁、轻轨、有轨电车及 BRT 等多种模式，通过枢纽车站纳入市域快线和城区线轨道交通网络。

根据预测，新区近期轨道交通线网将承担 100 万人次的轨道客流量，直接服务沿线 130 万的居民及工作岗位。按照满足新区城市居民出行需求、支持城市重点地区建设的原则，考虑到轨道交通建设投资大、周期长等特点，安排滨海新区范围内轨道交通近期建设线路 Z1 线中心城区文化中心至于家堡段、Z2 线滨海机场至汉沽段、Z4 线于家堡城际枢纽至北塘段和 B1 线全线，共计

为 Z3、Z4 线，Z3 线沿城市南北中轴方向布设，拓展城市未来发展空间，Z4 线有效促进沿海城市发展带的发展。Z1 线连接南部新城及双城区，形成海河南岸的快速客运主通道，在新区内经过响螺湾、于家堡、开发区现代产业服务区（MSD）等重点发展区域，线路可实现新区与中心城区天钢柳林副中心、友谊路行政文化中心直达联系，全长 115 千米。Z2 线沿京津塘发展主轴布设，串联了双城区之间北侧产业组团，新区内经过机场、航空城、高新区、开发区西区、滨海西站、滨海海洋高新区、北塘、生态城、滨海

152 千米，争取在 2015 年形成滨海新区轨道交通基本骨架。配套建设区内接驳线，生态城正在组织编制区内轨道环线规划建设方案，将实现与市域 Z4、Z2 线的换乘，确保生态城与滨海新区核心区和市中心城区的快速通达。

在各组团中心设置轨道枢纽，以枢纽组织市域线和城区线，实现多种交通方式"零换乘"。规划了于家堡城际站、滨海西高铁站、胡家园和东海路站等多处综合交通换乘枢纽。结合京津城际延伸线于家堡站的建设，同步编制了站区三条轨道交通线路预留工程方案；结合津秦客专高速铁路滨海西站的建设，同步编制了站区三条轨道交通线路预留工程方案，实现城市轨道交通与高速铁路、常规公交、出租车等多种交通方式的"零换乘"。新区轨道的建成投入使用，将改善交通环境，使市民切实享受到轨道交通的便利，拉近新区各组团空间距离，实现宜居的滨海生活。更重要的是改变传统上以机动车拉动城市发展的老的模式，从开始就让人们习惯公交出行，绿色出行。

（3）滨海新区规划对职住平衡的考虑。

马克思指出，"劳动力的再生产是经济发展的核心问题"。适宜的居住条件是提高劳动力再生产质量的重要因素，而住房质量、区位、配套设施是影响居住条件的三个相互交织的因素，也使得住房的选择成为一个人、一个家庭重要的问题，在不同的阶段会对三个因素有不同的次序要求。个人的需求最终形成复杂的社会需求和问题，规划必须给予足够的重视。同时，就近工作、职住平衡也是解决交通拥挤问题的根本出路。

改革开放初期，我国各种各样的开发区不停涌现并成为城市发展的重点地区。当时我们认为开发区应该以工业为主，因此在规划中生活配套缺乏。农民工绝大部分住在工厂内，条件较差。而城市户口的工人、管理人员大部分仍然住在老城区，造成长距离的通勤。目前虽然人们的生活水平和居住条件了有极大的改善，但规划中对产业工人的居住问题、通勤问题考虑得还是不够。

天津滨海新区面临着同样的问题，而且更加突出。虽然有塘沽城区作为依托，但天津经济技术开发区距中心城区 40 千米，许多管理人员和技术工人仍然住在中心城区，每天约 10 万人长距离通勤成为影响滨海新区企业发展的一个主要问题。交通成本高，而且有时受气候影响，造成高速公路封路或堵车，会严重影响到企业生产线的正常运转。随着开发区的生活区建设和环境的改善，一些年轻夫妇开始在开发区安家置业，但到了孩子上学的年纪，为了让孩子有更好的教育，又搬回了中心城区；一些外来工人，经过多年的努力，已经成为企业的技术骨干，结婚生子，由于房价高，许多人在开发区买不起住房，在房价合适的地方置业，又造成长距离通勤，成为影响骨干职工稳定的不利因素。

职住平衡看似是一个小问题，但是影响大的规划、交通和人们的生活。针对新区多组团布局，在规划中认真考虑职住平衡问题，每个组团努力做到职住相对平衡，一些特殊的工业组团不宜居住，也在其附近规划居住为主的组团与之配套，尽量减少大量长距离通勤。对传统的产业区，如开发区、开发区西区、空港加工区、滨海高新区等，在保证产业发展用地、蓝白领住宅用地的前提下，尽可能多地安排居住用地，提高配套标准，营造良好的自然环境。而且在其周边布置城市生活区，与产业区功能互补，弥补住宅量的不足。对于用地规模巨大、以重型装备制造业为主、区内不适宜规划大面积住宅的临港工业区，规划利用其西侧盐田建设配套城市生活组团，实现生产、生活的均衡发展，也提供城市开发高收益与填海造陆高投入、产业用地低地价的综合平衡。对于以石化产业为主、且有一定污染可能的南港工业区，规划结合大港老城区，规划南港生活区，在空间上保证良好隔离的同时，规划快速公交等，保证便捷的通勤需求。另一方面，在以生活居住用地为主的中新天津生态城和滨海旅游区，规划了一定比例的产业用地，为区域的发展提供产业的支撑，也利于取得职住平衡。即使在于家堡、响锣湾中央商务区，也规划了一定比例的住宅和公寓用地，取得职住平衡，也避免晚上"鬼城"现象的出现，保证城市中心夜间的繁华。在天津港东疆保税港区 30 平方千米的范围内，也规划了 10 平方千米的生活配套用地，尽可能做到职住平衡，并且体现滨海城市的特点。

5. 统筹生态建设、生态环境改善、资源节约与技术进步，打造生态新区

生态城市和绿色发展理念是新区城市总体规划的一个突出特征。生态环境的改善是我国城镇化过程中所面临的突出问题。近年来，我国人居环境总体得到改善，但普遍存在水体污染、大气污染、垃圾围城等环境问题。有许多城市，中心区环境越来越好，而区域环境不断恶化。尽管城市中公园绿地逐步增加，但是在城市外围垃圾围城，污水横流。大的环境不改善，小的环境又从何谈起。滨海新区作为一个城市区域，就不得不突破城市的小圈子，统筹考虑整个城市区域生态环境的改善。由于自然条件原本比较恶劣，生态环境本底较差，加上多年来的积累，滨海新区形成了许多非常棘手的生态环境问题。要成为实践科学发展观的排头兵，滨海新区必须要在资源节约、环境友好的发展方式转变上取得突破，必须使整个城市区域的生态环境，包括区域内流域的河流水体、海水水质、区域

空气质量、绿化水平、固体废弃物无害化处理、动植物生态多样性、生态安全等都得到根本改善。城市总体规划在以下几方面结合新区自身的特点和问题进行尝试。

（1）滨海新区城市区域环境改善的总体思路。

环境是一个整体，滨海新区依托京津冀和天津整体生态系统，形成新区"两区七廊"的生态网络骨架，构建生态与城市互动的生态安全和可持续发展格局，实现城市高水平建设与生态环境持续改善的统一。

首先，通过对城市未来 50 年甚至更长远发展的考虑，结合"多中心、多组团、网络化海湾城市区域"的空间布局结构，确定了城市增长边界，划定城市永久的生态保护控制范围，新区的生态用地规模确保在总用地的 50% 以上。结合新区自然特征，构建多层级网络化的生态空间体系，生态区与生态廊道结合构成主骨架。大型生态区突出湿地特征，恢复自然属性。在城市内部与边缘因地制宜地密植乔灌木，从根本上改善新区人居环境。根据新区河网密集、水库众多和土地盐碱的特点，规划疏通、清理现状河道水库与开挖河道、湖泊水面相结合，通过水系连通、完善水网系统，起到存蓄雨洪水的作用，促进湿地恢复。同时，通过水流排碱起到改良土壤、改善植被的作用。

强化资源节约和节能减排。开发再生水和海水利用，实现非常规水源约占比 50% 以上。结合滨海新区的资源特点，发展海水淡化、热电联产，建设淡水、电、热、盐综合产出的循环经济示范区。淘汰燃煤锅炉房和小型热电机组，减少二氧化硫排放，实现节能减排、循环经济。结合资源优势推动天然气利用，鼓励开发利用地热、风能及太阳能等清洁能源，建设生态城市。以中新天津生态城为试

City
Region
Towards Scientific
Development
走向科学发展的城市区域

天津滨海新区城市总体规划发展演进
The Evolution of City Master Plan of Binhai New Area, Tianjin

点，探索生态和谐社区、绿色建筑标准、生态环保产业、绿色交通体系、生态基础设施等建设模式。

在绿色交通方面，除以大运量快速轨道交通串联各功能区组团外，各组团内规划电车与快速轨道交通换乘，提高公交覆盖率，增加绿色出行比重，形成公交都市。同时，组团内产业和生活均衡布局，职住平衡，减少不必要的出行。

要实现以上的目标，必须采用系统的方法。首先，要继续贯彻可持续发展的理念，大力发展循环经济、低碳经济，严格执行节能减排，不再形成新的污染。其次，严格保护农田、河流湿地等自然环境，通过合理利用盐田和填海造陆，满足城市发展的空间需求。第三，发展新能源、新材料，既是节能减排的要求，也是技术进步和产业创新的要求。第四，应用海水淡化和中水深处理等新的技术，提高水资源综合利用水平，通过海河流域和环渤海湾的区域协调，使整个城市区域的水环境和渤海的海洋环境不再恶化，并开始逐步改善。第五，改善空气质量和大气环境。第六，改善土壤，提高绿化水平。当然，要完成以上的工作任务是艰巨的并且是长期的，需要公众生态环境意识的提升、管理体制和制度的完善、技术和资金的支持等，统筹的总体规划设计也是非常必要的。自 2008 年以来，中新天津生态城的规划建设已经提供了在盐碱地上建设生态城市可推广、可复制的成功经验。

（2）滨海新区循环经济和节能减排。

因地制宜，发展循环经济，是转变经济增长方式，节能减排最有效的途径。利用海水、盐田等自然资源，综合解决滨海新区缺水和需要大规模发展空间等关键问题，滨海新区在发展发电—海水淡化—浓海水制盐这一循环经济方面已经取得了初步成效。

列入国家第一批循环经济试点的北疆发电厂，位于汉沽蔡家堡汉沽盐场盐田中，临海岸布置，是国内首家采用世界最先进的"高参数、大容量、高效率、低污染"的百万千瓦等级超临界发电机组。同时，采用目前国际最高标准的除尘和脱硫装置，各项环保指标均高于国家标准，废弃物全部资源化再利用和全面的零排放。在发电的同时，采用"发电—海水淡化—浓海水制盐—土地节约整理—废弃物资源化再利用"循环经济项目模式，建设四台 100 万千瓦燃煤发电超临界机组和 40 万吨 / 日海水淡化装置，年发电量将达 110 亿千瓦时。建设年产 115 万吨真空制盐项目和年产 23 万吨盐化工产品的苦卤综合利用项目。海水制盐将采用工厂化制盐方式，节约盐田用地。通过粉煤灰再利用，电厂每年还可生产 150 万平方米建材，成为资源利用最大化、废弃物排放最小化、经济效益最优化，符合节能减排要求的循环经济示范项目。北疆发电厂 1 号发电机组日前投产发电，海水淡化水输出管道建成，海水淡化水将进入城市水厂，与天然水混合后向城市供水管网供水。海水淡化所产生的浓盐水用于制盐生产，避免了排海对海洋的污染，同时也提高了盐田的生产效率，为减少盐田面积用于城市建设提供了保证。

（3）滨海新区盐田利用、围海造陆与自然环境保护。

滨海新区有大面积的盐田，是"长芦盐"的主要产地，有一千余年的历史。20 世纪 80 年代，天津经济技术开发区就是在一片盐田上建立起来的。20 多年来，已经有 80 平方千米的盐田为城市占用。而且随着经济的发展，城市和大型基础设施建设占用盐田越来越多。目前，滨海新区还有现状盐田 338 平方千米，其中塘沽盐场 204 平方千米，汉沽盐场 134 平方千米，年产原盐 225 万吨，是天津化工企业的主要原料来源。结合海水淡化、浓盐水制盐技术的发展，规划针对盐场利用效益低下、不利于城市整体协调发展等问题，将盐场纳入城市建设用地范围统筹考虑，进行整体规划、分步开发。

盐田区位条件优越，与围海造地相比建设成本低廉，是不可多得的建设空间。塘沽盐场，整合南部城市空间结构，主要职能是为南港和临港 80 万人口提供生活和生产配套，为大港城区和滨海新区核心区提供城市拓展空间。南部结合海水淡化厂和制盐业，形成循环工业区。汉沽盐场西南部规划为汉沽城区东拓和海滨旅游区建设用地，东北部，结合北疆电厂海水淡化和浓盐水制盐，规划保留 54 平方千米盐田，继续盐业生产，延续历史。

滨海新区是滨海城市，有 153 千米的海岸线，但由于是淤泥质海岸，沿海全部为滩涂，坡度只有千分之一，海水含沙量也很大，因此环境景观条件较差，一直有"临海不见海"的说法。天津港作为我国最大的人工港，通过挖港池航道和造陆形成，随着航道加深，特别是东疆港区的建设，水质得到很大的改善，除码头岸线外，还建设了生活旅游岸线，有景观平台、人造沙滩等景区，充分展现海湾城市魅力，改变了天津传统"临海不见海"的遗憾。目前，临港工业区、中心渔港和滨海旅游区都开始填海造陆，海水在变蓝变清，近海的生态环境也在改善。

海岸线是体现滨海新区城市魅力和特色的重要资源。针对岸线资源利用不充分、缺乏生活岸线、岸线质量和环境比较差等问题，规划根据海洋功能区划和海域使用规划，结合港口布局调整，对岸线利用规划进行调整，在满足港口工业岸线需求的前提下，优化海滨旅游区岸线形态，逐渐将海河入海口两侧的北疆港区和南疆港区的部分岸线转变为生活岸线。规划海岸线总长度达到 325 千米，其中港口工业岸线 160 千米，生活岸线 80 千米，其他岸线 85 千米，比例为 2：1：1。同时，结合海洋保护区，考虑填海成本，在水深 2 米至 3 米形成一条连绵优美并富于成长秩序的海湾轮廓线。包括现状，规划填海共计 400 平方千米。尽量采取岛式填海，留出通海的生态廊道，结合围挡建设生态林带。

以上盐田利用和填海造陆两项工作，可以为滨海新区提供新的建设用地约 600 平方千米，而且完全不占用农田、湿地等自然资源。规划既满足了人口增加、产业发展对用地的需求，又保持了生态环境用地在 2270 平方千米陆地中的比例不少于 50%。当然，对盐田利用和填海造陆造成的影响，除按照正常的行政许可程序完成各种评估和论证外，还需要长期的观测和评估，并进行相应的规划和政策调整。

（4）滨海新区海水淡化和水环境改善。

天津是严重缺水城市，人均水资源占有量仅为 160 立方米，而且水质较差，滨海新区目前所有河流都是劣五类水质。要改善滨海新区的生态环境，改善水环境是前提。规划采取节流与开源并重的策略，采用南水北调、海水淡化、雨水收集、中水深处理等系统的方法，来解决缺水问题，改善水环境。

海水淡化目前逐步成为一项成熟的技术，经济上也具有可行性。20 世纪 70 年代，世界上一些沿海国家由于水资源匮乏而加快了海水淡化的产业化。例如，沙特阿拉伯、以色列等中东国家 70% 的淡水资源来自于海水淡化。美国、日本、西班牙等发达国家为了保护本国的淡水资源也竞相发展海水淡化产业。目前，海水淡化已遍及全世界 125 个国家和地区，淡化水大约养活世界 5% 的人口。随着成本下降，估计全世界的淡化水产量在未来 20 年里将增加一倍。

随着滨海新区的开发开放，大力发展海水淡化产业已成为解决水资源短缺的必然途径。伴随着北疆电厂 20 万吨／日、大港新泉 10 万吨／日等一批海水淡化及综合利用项目的建成投产，滨海新区淡化海水产量将达到 30 多万吨／日，约占全国每天淡化海水产量的三分之一以上。滨海新区将成为全国海水淡化领域的"巨无霸"，为实现可持续发展打下坚实基础。

与海水淡化相比，对已经污染河流、水体的治理是一个更加困难艰巨的任务，也是无法回避的挑战。中新天津生态城位于永定新河、蓟运河和潮白河三河交汇处，区内有蓟运河故河道和已形成几十年的容留天津化工厂等企业污水的污水库。中新天津生态城对汉沽污水库投入巨资开展了治理。而三条河流的治理则是流域治理的问题，需要上游的区县截流，建设完备的污水处理厂，这会是一个比较长期的过程。

同时，规划加快污水处理厂的建设，达到国家要求的每个开发区域必须有污水处理厂的标准。通过对污水处理厂规模的论证，结合滨海新区城市区域的特点，规划采用集中与分散相结合的布局，也便于中水的回用。学习新加坡的经验，对中水进行深处理，生产新生水，达到饮用水的标准，为滨海新区的水资源提供一个新的渠道和保证措施。

（5）滨海新区空气质量和大气环境的改善。

煤炭和矿石一直是天津港的主要货类，盐化工和石化是传统支柱工业，多年来，滨海新区的空气质量和大气环境一直是老大难问题，历史上出现过严重的空气扬尘和飘尘污染，人们形象地称为"黑白红"污染，黑是煤炭，白是碱渣，红是矿石。为治理空气污染，

改善大气环境，长期以来，各方面付出了极大的努力。为治理煤炭污染，对天津港码头布局进行重大调整，将原位于北港区的煤炭矿石码头调整到南疆，在海河南岸规划建设散货物流中心，将煤炭矿石储运集中在一起，建设了皮带运输长廊，采取隔网喷淋等措施，减少污染。这些措施对塘沽和天津经济技术开发区大气环境的改善十分明显。

天津碱厂位于塘沽城中心，几十年生产排放的碱渣形成了碱渣山，在大风天气对城市的污染十分严重。塘沽区在 20 世纪 90 年代，下决心对碱渣实施了综合治理，成效显著，获得了国家人居环境奖。2006 年，又对位于塘沽城中心的天津碱厂进行了搬迁改造。虽然投入了大量的财力治理空气污染，并取得了很大的成绩，但像大沽化工厂、天碱热电厂和一批锅炉房等污染源依然存在。

为改善滨海新区的空气环境质量。首先，规划建设南疆、北塘等热电厂，替代天碱等小机组热电厂。规划拆除位于滨海新区中心商务区的天碱热电厂，同时拆除 50 个左右的小锅炉房，在实现节能减排的同时，极大地改善滨海新区的空气质量和环境质量。其次，对有空气污染、位于城市中心的大沽化工厂、位于汉沽城区的天津化工厂和位于海河南岸的散货物流中心适时实施搬迁到南港工业区。第三，大力发展公共交通，减少汽车尾气排放。规划近期建设汉沽、大港垃圾焚烧厂，做好垃圾等固体废弃物处理，包括污水处理厂污泥的焚烧处理，做好污水处理厂气味的处理。通过以上规划的实施，力争使滨海新区的大气环境和空气质量得到根本改善。

（6）滨海新区的绿化和土壤环境的改善。

绿化是宜居环境的必要条件，乔木和灌木等植被对改善小气候环境也起着很重要的作用。由于是退海成陆，所以滨海新区土壤

的盐碱度非常高。历史上，滨海新区有众多的河流坑淀，年均降雨量远大于蒸发量，同时上游有大量的来水，能够起到冲咸压碱的作用。随着 20 世纪 50 年代根治海河，上游来水逐步减少，直至断流。坑淀水面不断减少，气候也逐步改变，现在天津的年均降雨量远小于蒸发量。因此，土壤的盐碱化程度很高，树木难以成活，即使成活也难以长大，所以绿化十分困难。近 30 多年来，通过不断的探索，天津经济技术开发区成功发明了在盐碱地上绿化的成熟技术，虽然成本较高，但开发区的整体绿化已经达到较高水平。因此，总体规划在滨海新区沿高速公路和主要的道路、河道等规划了大规模的绿化，包括规划建设森林公园等。

在滨海新区一些有淡水水面的区域，绿化相对要好一些，如官港森林公园，湖面周遍由于水体起到压盐碱的作用，树木生长相对较为茂盛。应用这一经验，在面积达 200 平方千米的塘沽盐场规划中，确立延续天津水面众多的空间特质，规划结合生态体系构建、土方平衡、水管理等因素，在盐田中沿中央大道开挖河道连通海河和独流减河形成生态景观廊道，结合城市组团开挖面积数平方千米的主题湖面，滨湖形成城市活力中心，河、湖和水库相连形成完整的水系。利用北大港水库，储蓄丰水年的雨水和外调水，使水系循环起来，通过长期的冲咸压碱，逐步改善土壤环境。国内外的实践证明，只要长期坚持下去，城市区域的绿化和土壤环境是可以改善的。

6. 滨海新区城市区域艺术骨架的创造

城市总体规划是城市发展的蓝图，除去指导城市社会经济发展和城市建设外，其最主要的作用是指导城市美的塑造。从城市规划诞生那天起，建设美的城市是城市规划的最高追求和境界。虽然，

伴随着现代城市的快速发展，城市越来越复杂，规划要考虑的问题越来越多，但不能因此忽视了城市总体规划最根本的目的和内容。我们在滨海新区的规划工作中，特别是在新区城市总体规划中，一直强调滨海新区优美人居环境的创造。

（1）人居环境科学和城市美学理想。

30 年前，针对当时国内对天津城市环境整治的议论，吴良镛先生发表了《城市美的创造》一文，指出：美好的城市应具备舒适、清晰、可达性、多样性、选择性、灵活性、卫生等要素，人在其中生活，要有私密感、邻里感、乡土感、繁荣感。城市美包括城市自然环境之美，城市历史文物、环境之美，现代建筑之美，园林绿化之美，城市中建筑、雕塑、壁画、工艺之美等诸多方面。城市美的艺术规律包括整体之美、特色之美、发展变化之美、空间尺度韵律之美等方面。

美是人居环境建设的最终目标，也是手段。美是人类最高的精神体验，人居环境是美学的物质和空间体现。人们建设了城市，城市环境改变着人们。要创造美好的人居环境，除经济发展、生活水平提高、社会进步和环境改善外，还需要人居环境美的设计和创造。有人说我们的规划是传统工艺美术的规划，过于注重于物质形体空间的创造。实际上，国际经验和最新的理论研究表明，城市和城市区域物质环境的创造越来越重要，这也是从我国近几十年城市规划建设的深刻经验教训中得来的结论。城市总体规划应该，而且必须把城市美的塑造作为规划的重点内容之一。

（2）区域美学和总体城市规划设计。

新区域主义理论倡导者、加州大学伯克莱分校的斯蒂芬·威勒（Stephen M. Wheeler）认为，近几十年来，区域规划过于

City
Region
Towards Scientific
Development
走向科学发展的城市区域

天津滨海新区城市总体规划发展演进
The Evolution of City Master Plan of Binhai New Area, Tianjin

注重经济地理和经济发展（Economic Geography and Economic Development），以忽略区域科学的其他内涵作为代价，损失很大。21 世纪城市区域物质形体的快速演进，区域在可居住性、可持续性和社会公平方面面临更大的挑战。未来的区域规划因此需要更加整体的方法和观点，例如新区域主义（New Regionalism），除考虑经济发展外，应该包括城市设计（Urban Design）、物质形体规划（Physical Planning）、场所创造（Place-making）、社会公平（Social Equity）等主要内容，并作为研究的重点。不仅要定量分析，还要定性分析，要建立在更加注重直接的区域观察和区域经验的基础上。之所以这样，最根本的原因是要重新评价区域发展的重要目标，找到经济发展目标、社会发展目标和优美人居环境的平衡点。

如何克服城市千城一面的问题，避免城市病，提高城市总体规划、城市设计、控制性详细规划水平和管理水平是一个重要课题。我们把控制性详细规划全覆盖编制作为提高城市规划水平的基础，把城市设计作为提升城市美的主要抓手。在城市总体规划编制过程中，邀请清华大学开展了新区总体城市设计研究，探讨新区的总体空间形态和城市特色，共同探讨城市美的课题。同时，在滨海新区城市总体规划修编的过程中，我们同步开展了分区规划、专项规划、控制性详细规划全覆盖、行政区与功能区总体城市设计和重点地区城市设计等一系列规划工作，形成了自上而下、自下而上相融的局面，规划工作在深度和广度上都取得了很大的进展。

自 2006 年以来，共开展了 100 余项城市设计。其中，新区核心区实现了城市设计全覆盖，于家堡金融区、响螺湾商务区、开发区现代产业服务区（MSD）、空港经济区核心区、滨海高新区渤龙湖总部区、北塘特色旅游区、东疆港配套服务区等 20 余个城市重

点地区，以及海河两岸和历史街区都编制了高水平的城市设计和城市设计导则，各具特色。城市设计导则在规划管理上可更准确地指导建筑设计，保证城市规划、建筑设计和景观设计的统一，塑造高水准的城市形象和建成环境。

滨海新区的控制性详细规划工作过去由各行政区和功能区各自编制，各自审批。在相邻的区域出现了许多道路"穿袖"、用地和环境相互影响的问题。同时，控制性详细规划覆盖率比较低，一般只是当前建成区的范围，城市外围地区缺少规划控制，使得许多大型基础设施和走廊的建设非常随意，结果是混乱的市政高压走廊和破碎的土地。这也是造成城市不美的重要原因。

从 2007 年开始，为了改变这种状况，由滨海新区管委会和市规划局统一组织开展了滨海新区控制性详细规划全覆盖编制工作。经过两年的时间，滨海新区控制性详细规划全覆盖编制工作基本完成，滨海新区历史上第一次有了覆盖全区的统一的规划道路控制网。对于滨海新区这样一个大尺度、多头管理的城市区域来说，控制性详细规划在统一规划方面发挥了重要作用，也在城市设计的实施上发挥了作用。许多城市设计成果最终还是需要控制性详细规划来落实。

如果我们仍然按照传统的城市总体规划、控制性详细规划的方法编制和实施管理规划、管理城市区域发展，可以预见最后的结果也一定是一样的，千篇一律毫无特色的城市和混乱的郊区。我们真正需要的是一种改变，改变传统的规划、编制和管理模式，改变我们已经习以为常的建筑和空间的理念，开展城市区域整体的城市设计，建立城市区域的艺术骨架，必须从城市总体规划和城市设计的手段和理念上改革创新。

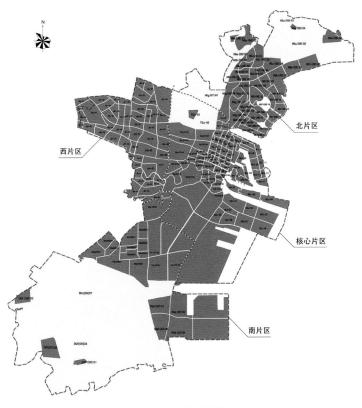

北片区

西片区

核心片区

南片区

天津滨海新区控制性详细规划单元划分和规划道路控制网图
资料来源：天津市城市规划设计研究院

（3）滨海新区城市区域设计的主要思路。

2007年底，我们委托清华大学开展了《天津滨海新区总体城市设计研究》的讨论和研究。多年来，清华大学以吴良镛先生为主的团队，对京津冀地区做了大量研究工作，包括战略空间规划和一些大尺度的城市设计，如京津走廊等。其中很多研究和设计近几年都变成了现实。为了做好天津滨海新区总体城市设计研究，清华大学设计团队进行了认真细致的现场调查，参与了滨海新区空间发展

战略规划工作，对规划空间结构的优化提出了建议，对城市区域大尺度的城市设计进行了有益的探索。

滨海新区城市区域设计范围2600平方千米，超过了传统几个或几十平方千米的城市设计尺度，也超过了城市总体规划阶段所谓总体城市设计的范畴，是个新课题。滨海新区总体城市设计研究主要是在对区域现状情况进行详细调查研究的基础上，考虑从整个区域的结构、艺术骨架、形态、城市肌理、城市文化、城市历史风貌特色、心理认知等方面进行深入的研究，寻找一个城市发展的愿景和规划控制引导的城市区域艺术骨架。

清华大学设计团队经过研究认为，通常意义上的城市设计以人可感知空间为研究范围，关注空间品质的提升，特色元素的呈现，艺术骨架的创造。而城市总体设计的研究范围超出感知空间的界限，要求在超大空间尺度层面上，提出艺术骨架，整合空间元素，创造整体特色。依据抽象的整体空间艺术架构划定识别区，成为城市总体设计的一般方法。分级识别区体现了城市总体设计与城市设计的本质区别。通过确定分级识别区中的识别点、识别线和识别面，形成各分级识别区之间的空间形态关系。由此，提出了通过制定滨海新区城市设计导则，创造由分级识别划定、主导元素指引，以及量化指标体系构成的城市总体设计理论和方法。

形态元素分为象征级、新区级、分区级三个级别。通过对滨海新区历史和现状全面深入的调研和对人类宜居环境未来形态的探索，总结提炼出部分元素，作为滨海新区城市形态的引导因素，构成"三类九种"形态元素体系，包括特色文化因素（民俗、科技、时尚），建成环境因素（色彩、风格、质地），自然环境因素（动物、植物、地貌）。空间识别架构由识别强度、识别点分布、识别边界、

City
Region Towards Scientific
Development
走向科学发展的城市区域

天津滨海新区城市总体规划发展演进
The Evolution of City Master Plan of Binhai New Area, Tianjin

识别节点和识别路径组成。

按照天津市空间发展战略和滨海新区空间发展战略，项目组提出"海河城"的设计构思，以及"一城两带多中心"的城市空间架构，"一河一海多通廊"的开敞空间架构，两者相互叠加，形成滨海新区整体空间结构和"两轴两边"的钻石总体设计意象。进而，以钻石意象为导向，构筑滨海新区空间艺术架构。结合城市主干道路网，形成滨海新区"两轴两边"的空间识别架构。空间识别架构控制和引导体现滨海新区特色的空间位置，形成覆盖滨海新区既均衡又突出重点的空间走势。

根据滨海新区空间艺术架构，将滨海新区划分为八个形态元素分区，形态元素分区控制和引导滨海新区的色彩、风格和类型，形成滨海新区既具有整体风貌，又体现各自特色的城市区域形态。清华大学设计团队还对海河外滩改造、大沽船坞改造、天津碱厂改造等具体的城市设计项目和主要节点进行了研究。

总体看，滨海新区总体城市设计研究有许多创新之处。当然，与传统尺度的城市设计相比，还有许多不足和欠缺，因为是第一次尝试，这很正常。主要表现在规划设计方法上还需要创新，表现手段上也需要创新。关键是要加强理论研究，理清思路，把握住城市区域艺术骨架的创造和清晰表达这个关键问题。

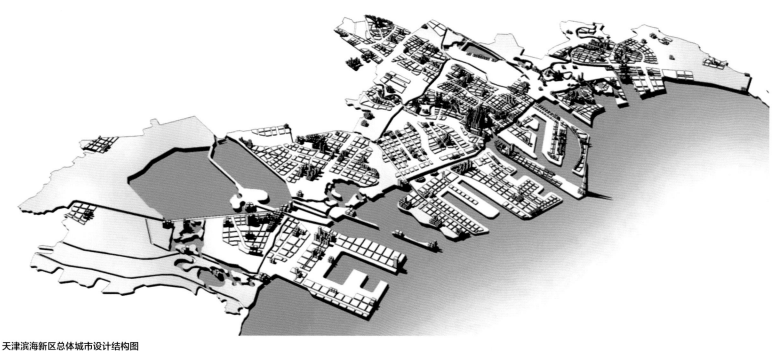

天津滨海新区总体城市设计结构图
资料来源：天津市城市规划设计研究院

（4）新的建筑和空间理念的探索。

在进行总体城市规划和设计研究的同时，结合城市具体项目的规划建设，我们也从具体的城市设计和建筑设计中探索滨海新区的建筑和空间特色。在不断的交流和实践过程中，我们逐步形成了滨海新区具有天津传统的新的建筑和空间理念。

历史上天津是一个比较温和的城市，中国传统的老城厢、河北新区，以及舶来的各国租界区，建筑和街道的尺度非常宜人，使天津这座城市具有良好的建筑和城市空间传统，城市的发展一直在默默地变化过程中演变。多年来，天津一直在历史街区保护上下功夫，除保护好文物和风貌建筑外，也较好地保持了历史街区的空间尺度和完整性。随着近期环境综合治理和旅游工作的推进，历史街区重现活力，人们越发地认识和热爱宜人的建筑和城市空间环境，成为天津的一大特色。

回顾历史，人类城市一直有着良好的建筑和城市空间关系。20世纪的现代主义运动和美国的郊区化蔓延式发展，打破了这个悠久的传统。勒·柯布西耶技术至上的高层花园住宅让城市成为孤独塔楼的停车场、汽车的天堂；而美国郊区的低密度住宅和"棒棒糖式"的道路系统让城市空间消失掉了。《寻找失的空间——城市设计的理论》（*Finding Lost Space: Theories of Urban Design*）一书的描述成为20世纪城市发展的真实写照。

21世纪，在新奇各异的建筑不断涌现的情形下，美国出现新都市主义思潮，试图从蔓延的郊区中寻找美好的城市记忆。在中国，在经过"世界建筑实验场"的揶揄后，开始寻求新的建筑方向，探索注重城市空间、人的感受的新的建筑设计和空间设计模式。随着滨海新区设计市场的开放，这些理念被逐步地带入滨海新区的规划

设计中，逐步形成了"小街廊、密路网，注重城市街道、广场空间，建筑高度适宜的空间模式"。

空港加工区生活区，由美国RTKL公司进行城市设计。因为有机场空域限高，大部分不能超过43米，客观上导致设计方案高度上非常整齐，设计师在平面布局上也非常规整，形成了良好的整体效果，大家并没有因为缺乏高低错落和曲折变化而感到困惑。

滨海高新区的总体城市设计由美国WRT建筑事务所和天津华汇建筑设计有限公司编制。基地原来是一个空军的靶场，后来成为中海油的农业基地，地势比较开阔，地上有一些水系和一些农田肌理。规划方案巧妙结合这种肌理，设计出"小街廊、密路网"的格局，同时，用绿色廊道把旁边的湖和水库连接起来，营造出反映高新技术特点的宜人环境。整个区域虽然没有控高的要求，但规划原则上建筑高度不超过50米。围绕中心的渤龙湖，建筑从12米到24米再到32米过渡，在外围有一些80米左右的高层建筑。在湖的西侧规划了一条15米宽、体现高科技特色的商业街，也保持了宜人的尺度。

北塘片区由天津华汇建筑设计有限公司编制城市设计及其导则。规划保留了历史上北塘炮台、小镇和蓟运河古道的格局，恢复新建小镇和包含新的旅游功能的炮台。沿蓟运河古道形成水面，布置会议中心和酒店。在南部，布置了"小街廊、密路网、建筑以多层和低层为主"格局的总部和配套联排住宅区，形成了北塘小镇的整体风格。出于平衡经济的考虑，在外围布置了一些高层住宅。

在滨海新区的核心区，于家堡金融区、响螺湾商务区，包括开发区现在产业服务区（MSD），是滨海新区高层聚集区，但也采用了"小街廊、密路网"的布局。美国SOM建筑设计事务所（Skidmore，

City
Region
Towards Scientific Development
走向科学发展的城市区域

天津滨海新区城市总体规划发展演进
The Evolution of City Master Plan of Binhai New Area, Tianjin

Owings and Merrill)曾经给开发区生活区做了一个很好的"小街廓、密路网"的规划设计方案。随着开发区房价的飞涨，高层住宅越来越多。出于多种原因，在 MSD 的核心区，规划了一组高层建筑，最高的主楼达到 500 多米。于家堡金融区、响螺湾商务区位于新区核心区海河两岸，拆迁前是一些仓库、码头用地。规划初始，把于家堡、响螺湾建设成为滨海新区的标志区。响螺湾在不到 1 平方千米的用地上，规划了 30 余栋高层建筑，其中三个标志性建筑都达到 300 米以上。于家堡金融区规划设计经过反复论证和多轮方案，最终也形成了一个"小街廓、密路网"的规划设计方案，地标建筑的高度达到 600 米。规划解决了海河防洪标高、通航、高铁车站选址、海河隧道等一系列难题，打造了以公交为导向且充满活力的中心商务区，形成了宜人的城市街道、广场和滨水地带，突出了生态环保的滨水城市设计理念。规划将京津城际高速铁路车站引入于家堡中心，形成与 3 条地铁线换乘的交通枢纽，与天津机场、铁路车站都有便捷的联系。总体看，于家堡金融区规划设计达到一个较高的水平。

实践证明，"小街廓、密路网"的格局与滨海新区城市区域的特点相适应，所以可以在滨海新区全区较快地推广，包括汉沽东扩的新城区，说明对城市空间的思考已逐步深入人心。采用"小街廓、密路网"的布局，建筑设计要相适应。许多规划设计人员期望，许多领导同志多次表示，滨海新区不要太高，不要像浦东一样全部是混凝土森林，要体现生态宜居。但是，目前的情况是，许多新的住宅区开发项目，受拆迁成本或地价高的影响，容积率过高。20 至 30 栋 30 层的百米高层堆积在一起，对滨海新区核心区的城市空间环境造成破坏，包括小气候、地理环境和景观安全等方面，需要及时改正，避免出现更多类似的问题。这里有许多需要深入研究的问题，需要通过规划的智慧来解决。要改变单纯以经济效益为首的观点，把规划的重点集中到城市公共空间的品质上去，强调城市空间和城市文化的塑造。

滨海新区虽然是个新区，但对传统街区和工业遗产的保护非常重要。塘沽区具有很长的历史，随着京杭大运河的淤积，南粮北运由河道改为海道，塘沽作为集散地发展起来，也成为军事要塞，像大沽炮台、北塘炮台。第二次鸦片战争后，随着开埠，一些民族工业开始在塘沽发展，像北洋水师的大沽船坞，塘沽碱厂是中国第一个化工厂。塘沽铁路南站也是我国最早的铁路车站之一。目前，对历史文化遗产的保护已经形成共识，它们会成为现代化滨海新区中最令人心动的一道风景线。

四、滨海新区城市总体规划的实施评估和修编

2008 年版城市总体规划提出了"一城双港三片区"的空间布局，以及"东港口、南重化、北旅游、西高新、中服务"的总体产业布局，2009 年开始实施至 2016 年已经过了 7 年多的时间，在新区开发开放经济发展中发挥了重要的规划引导作用。从总体看，滨海新区城市总体规划（2008—2020）是一个好的规划。

1. 现行总体规划的实施评估

（1）建立了完善的规划体系。

城市总体规划实施的一个重要内容是以城市总体规划指导下一层次规划的编制，建立完善的规划体系，保证总体规划的落实。以 2008 年版城市总体规划为基础，滨海新区推动各项规划的编制。一是推动了各功能区分区规划的编制，均上报市政府审查批复，分

区规划明确了各功能区主导产业和空间布局特色。二是有效指导了新区控制性详细规划全覆盖编制工作，确保每一寸土地都有规划，实现全区一张图管理，为新区大项目、好项目的落地和统一规划管理提供了规划保障。三是编制完成了一批城市设计，城市设计细化了城市功能和空间形象特色，重点地区城市设计及导则保证了城市环境品质的提升。四是完成了一批重要专项规划，明确了各项道路交通、市政和社会事业发展布局，支撑了新区民生事业发展，保障了各类民生设施用地需求。经过两次重点规划指挥部、控规全覆盖和多年持续的努力，滨海新区建立了包括总体规划和详细规划两大阶段，其中涉及空间发展战略、总体规划、分区规划、专项规划、控制性详细规划、城市设计和城市设计导则等七个层面的完善的规划体系，各层次、各片区规划具有各自的作用，不可或缺，也保证了城市总体规划的实施。

（2）城市总体规划实施取得的成就。

依据现行城市总体规划，围绕国家对新区的发展定位，近年来新区经济社会发展和城市建设取得显著成绩，主要体现在以下几个方面。

一是实现了产业的快速发展。从 2006 年被纳入国家战略以来，滨海新区经济规模增速年均高达 20% 以上。现行总体规划对于核心区的界定，对各片区、功能区产业方向的引导，有效促进了产业集聚。2015 年，滨海新区国内生产总值达到 9300 万亿左右，是 2006 年的 5 倍，占天津全市比重的 56%。航空航天等八大支柱产业初步形成，空中客车 A-320 客机组装厂、新一代运载火箭、天河一号超算计算机等国际一流的产业生产研发基地建成运营。1000 万吨炼油和 120 万吨乙烯厂建成投产。丰田、长城汽车年产量提高至 100 万辆，三星等手机生产商生产手机一亿部。滨海新区作为高水平的现代制造业和研发转化基地的功能初步形成。

二是加快了港口与基础设施的实施。2015 年，天津港吞吐量达到 5.4 亿吨，集装箱 1400 万标箱，邮轮母港的客流量超过 40 万人次，天津滨海国际机场年吞吐量突破 1400 万人次。京津塘城际高速铁路延伸线、津秦客运专线投入运营。南港工业区作为全市"双城双港"重要战略的载体，实施以来已完成围填海成陆 90 平方千米，5 万吨航道已经通航，具备了承接北港区功能转移的条件。新区新建和拓宽了津港、津汉、西外环、海滨大道、津滨等多条高速公路，以西中环、天津大道等构成的五横五纵的城市快速交通体系已经形成。B1、Z2、Z4 三条贯穿核心区的轨道线均已开工建设。此外，自贸区的成立，进一步扩大了新区的开发开放，标志着新区在一定程度上实现了北方国际航运中心和国际物流中心的功能定位。

三是生态建设成效显著。按照总体规划确定的城市生态绿地系统，规划建设了北三河、官港、独流减河三大郊野公园，实现了城区 10 千米内有大型郊野公园的规划目标。实施美丽滨海一号工程，持续进行城市环境综合整治，启动了街心公园的建设，有效改善新区空气环境质量。中新天津生态城起步区基本建成，形成可复制、可推广的经验。

四是民生设施建设取得重大进展。按滨海总规确定的总体布局，新区开展了保障性住房、教育、医疗等"十大改革"，加大保障房建设力度，于 2012 年起启动"十大民生工程"，基本实现社区服务中心（站）全覆盖，高水平基础教育和医疗卫生设施开工建设、投入使用，新区文化中心、国家海洋博物馆等具有重大影响力的文化设施在建设中。

五是城市建设取得进展，核心区建设初见成效。十年来，滨海新区的城市规划建设也取得了令人瞩目的成绩，城市建成区面积扩大了130平方千米，人口增加130万。完善的城市道路交通、市政基础设施骨架和生态廊道初步建立，产业布局得以优化，特别是各具特色的功能区竞相发展，一个既符合新区地域特点又适应国际城市发展趋势、富有竞争优势、多组团网络化的城市区域格局正在形成。中心商务区于家堡金融区海河两岸、开发区MSD、中新天津生态城以及空港商务区、高新区渤龙湖地区、东疆港、北塘等区域的规划建设都体现了国际水准，滨海新区现代化港口城市的轮廓和面貌初露端倪。按照区委区政府"三步走"战略，滨海新区核心区城市形象在不断提升，目前响螺湾商务区基本建成，于家堡金融区起步区和中央公园正在建设，于家堡高铁站建成通车，新区核心标志区已经显现。

（3）总结城市总体规划的不足之处。

现行总体规划制定了城市发展指标体系。通过与指标体系的对比，新区在城市功能定位、港城关系、存量房屋和土地、功能区发展思路、城市安全等方面还有一定的差距，也说明城市总体规划在这些方面还存在不足，需要修编完善。

一是要进一步深化城市定位认识。在"一带一路"和京津冀协同发展等国家战略的背景下，国家对全市"一基地三区"的定位与国家赋予新区的功能定位高度接近，体现了新区在全国和京津冀协同发展中的地位。目前，新区三次产业结构还不够合理，以金融业为代表的生产性服务业发展水平偏低，难以支撑新区体现"金融创新运营示范区"的国家要求。要结合新的形势和国家战略，进一步深化城市定位，明确发展的总体思路。

二是港城关系有待进一步优化。现行总体规划确定了南北双港的发展格局，经过近年来的努力，南港及南港工业区已经具备了充足的发展空间，但南港后方集疏运通道不成体系，散货尚未按照计划搬迁至南港，双港功能优化没有完全实现，港城矛盾没有得到明显的改善。

三是新区存量房屋土地有待消化。去库存和闲置土地处理形势不容乐观。现行总规规划至2015年人口400万，实际未达到规划目标。同时，核心区轨道交通建设滞后，刚启动建设，使得在北塘、中部新城、港东新城、欣嘉园等地均出现一定程度的房屋库存。在土地方面，部分产业园区土地批而未供、供而未建的现象仍有存在。需要通过完善配套设施，加快项目建设和投产，实施房地产供给侧改革，吸引更多的人到新区落户，去库存，实现新区房地产业的持续健康发展。

四是功能区发展思路需进一步明确。功能区是新区经济社会发展的主力，2013年实施整合，由九大功能区和三个功能小区整合为7大功能区。经整合后，原分区规划存在诸多不适应之处。如开发区多个园区之间如何梯次发展、生态城三区合并后如何统筹、临港经济区三期与南港如何协同发展等问题亟待解决，特别是在管理体制上如何与现行法律法规相适应，对新区总体发展和深化改革有重大影响。

五是新区城市安全需进一步强调。目前重化工业仍是新区的支柱产业。虽然按照城市总体规划建设了南港工业区，但位于城区附近的大沽化工厂、天津化工厂、南疆油库等危化企业没有按照规划完成搬迁，对城市安全造成很大隐患。此外，新区范围内工业园区众多，从港口通向大企业和工业园区的各类工业管廊和市政管廊也存在一定隐患。

六是城乡统筹进展缓慢。虽然新区经济总量、人均国内生产总值很大，但发展不平衡，功能区与城区之间、城区与乡镇、乡村之间发展差距巨大。虽然新区只有140多个村庄，25万农民，但示范小城镇建设进展比较缓慢，历史遗留问题比较多。新农村建设刚刚起步，还有大量的工作要做。

2. 滨海新区"两规修编"的必要性

在我国快速城镇化的过程中，虽然城市总体规划规划期20年左右，同时要考虑未来50年的长远发展。但一般情况下，一个城市的城市总体规划5年就会进行局部修改，10年会进行全面修编。《中华人民共和国城乡规划法》规定，有以下情形可以进行城市总体规划修编，如上位规划发生变化，行政体制调整，重大项目建设等。2010年1月，滨海新区完成了行政管理体制改革，撤销塘沽、汉沽、大港三个行政区，组建滨海新区。滨海新区区委区政府成立，改变了过去多头、分散的发展局面，建立了统一、协调、精简、高效的新管理体制，新区进入新的发展阶段。2011年，经国务院批准，天津城市总体规划开始修改。基于以上情况，在新区行政体制改革基本稳定后，2012年我们提出修编城市总体规划。2012年底，经新区区委区政府同意，开始了新区城市总体规划修编工作。在修编过程中，2013年下半年，滨海新区进行新一轮行政体制改革，撤销塘沽、汉沽、大港工委管委会，将原9个功能区组合形成了7大功能区，将27个街镇整合为19个街镇。按照区委部署，在总体规划修编的同时，开展了19个街镇发展规划的编制。2015年，结合"十三五"规划编制，天津市开展了"十三五"规划、城市总体规划和土地利用总体规划"三规统筹"工作，要求各区县同步开展。

"十三五"伊始，在经济新常态的形势下，天津和滨海新区又迎来了"一带一路"、京津冀协同发展、自贸区等多重国家发展战略的窗口机遇期，对规划提出了更高、更新的要求，滨海新区城市总体规划修编和土地利用总体规划修编，"两规修编"迫在眉睫。

3. 结合现实问题梳理总规修编重点工作

本次"两规修编"工作，要落实国家、天津市和滨海新区"十三五"规划确定的目标和任务，落实中央新型城镇化会议、中央经济工作会议、中央城市工作会议的精神，落实国家新型城镇化规划和《中共中央国务院关于进一步加强城市规划建设管理工作的若干意见》的要求，除完成规划法定内容修编外，以问题和目标为导向，重点解决以下五个方面的问题：

一是丰富城市定位内涵。积极融入"一带一路"和京津冀协同发展大局，做好与北京非首都功能疏解工作的平台对接，吸引首都优质资源落户。调整优化产业布局，完善城市功能，加快新区人口规模集聚。

二是进一步明确港城关系，推动北港区功能向南港区转移。加快南港集聚，提高南港航道利用效率，促进北港区转型升级，发挥天津港在京津冀港口群中的核心作用，为自贸区发展腾挪空间。构建新区物流体系，完善综合交通体系，特别是疏港交通体系，确保双港集疏运通道的畅通得到充分保障。

三是支撑功能区和街镇发展，优化城市结构和空间布局。功能区是新区发展的主力军，在经济新常态的情况下，面临着转型升级的压力。街镇是新区的社会载体，促进街镇经济发展，是实现新区均衡协调发展的重要环节。新区总体规划作为功能区分区规划和街镇总体规划的上位规划，需要及时发现问题，提出解决方案，体

City
Region
Towards Scientific
Development
走向科学发展的城市区域

天津滨海新区城市总体规划发展演进
The Evolution of City Master Plan of Binhai New Area, Tianjin

现各发展主体的要求，将各功能区和街镇的发展设想纳入新区总规，确保在新区层面获得规划和土地保障。

四是消化房屋和土地库存，增加有效供给。本次规划将重点针对存量房屋去库存的任务要求，与新区轨道线建设和民生设施建设充分结合，科学制定未来一段时期土地供地计划和规划策略，确定重点消化的存量房屋和闲置土地位置与规模，争取在"十三五"期末消化绝大部分库存住房和土地，发挥轨道上盖开发优势，带动周边土地和房屋的有效供给。

五是进一步梳理城市安全问题。加快规划确定搬迁石化企业的实施。通过全面梳理，摸清现状，划出城市安全区和专业园区，保障城市安全。理清现有城市工业管廊，提出通道优化方案，提升全区域城市安全水平。

4. 改革城市总体规划修编内容和审批机制，进一步完善全区统一规划，形成上下联动的良好局面，提高规划效率

城市总体规划既是一项专业性的技术活动，也是一项广泛参与的社会实践，是一项制度体系。城市总体规划的编制和实施都涉及政府的行政管理体制和城市区域管制。虽然滨海新区已经实施了两轮行政体制改革，新区政府成立后，改变了不同行政区、功能区各自为政的局面，解决了规划编制管理不衔接、规划体系不健全的问题，初步实现了市委市政府要求新区做到规划、土地等方面的"六统一"，但距离比较理想的统一协调的滨海新区的管理体制机制还存在差距，需要通过加快发展和深化改革来解决。城市总体规划，不论是编制的相关内容，还是编制和实施方式，也要与这一实际情况相适应。2008年版新区城市总体规划是在工委管委会的体制下编制的，新区政府各委办局还没有成立，各专项规划缺少主管部门

的参与和主导。目前，滨海新区作为一个面积达2270平方千米的区级政府，按照简政放权、扁平化管理的大趋势，必须要发挥各功能区、各街镇的主观能动性。因此，本次总体规划修编作为全区的一项重要工作，各委办局、各功能区管委会、各街镇政府都要参与，各项规划、各层次规划同步有序展开，上下联动，做好衔接。同时，深化总体规划编制和审批的改革创新。

一是需要各委局主导开展专项规划修编工作，落实"十三五"规划要求和主要内容。区经信委、区商务委、区教体委、区卫计委、区建交局、区环容局等部门在各部门"十三五"规划的基础上，组织开展产业、商贸、教育、卫生、公路、轨道、可再生能源、供热等专项规划，相关成果纳入城市总体规划。待总体规划市政府批复后，专项规划成果继续深化完善，报新区政府批复，作为今后开展控制性详细规划修编的依据。

二是需要各功能区启动分区规划修编。2006—2013年，新区各功能区的分区规划都经过市政府常务会议审定并正式批复。期间，滨海旅游区和中心商务区分区规划进行了修编，有较大的调整。分区规划是功能区开发建设的主要依据，上衔接滨海新区总体规划，下衔接功能区控制性详细规划，十分重要。2013年新区进行行政体制改革，将九大功能区和三个小功能区整合为七大功能区。有些功能区分区规划，如东疆保税港区，已经实施了十年。总体看，形势有较大的变化，因此，功能区分区规划应开展修编工作。从2014年开始，生态城、临港经济区等已经开展了各自区域分区规划的修编。分区规划与总体规划同步修编，分区规划的重点内容纳入总体规划修编，待总体规划市政府批复后，各功能区分区规划修编成果上报审批，做到上下联动。

三是需要涉农街镇开展街镇域总体规划。2013年，新区各街镇已开展了发展规划编制工作，形成了工作基础。在此基础上，各涉农街镇要启动编制街镇总体规划，摸清辖区内土地利用现状，明确区域发展方向和用地需求。目前杨家泊和太平镇已完成了镇域总体规划方案。街镇域总体规划重点内容纳入城市总体规划和土地利用总体规划修编，待总体规划市政府批复后，街镇域总体规划上报新区政府批复，作为街镇开展控制性详细规划修编的法定依据。

新区本次总体规划修编，应该说城市大的布局结构不会改变。在城市总体布局基本不变、控规已经实现全覆盖和统一动态调整管理的情况下，如何进行城市总体规划和土地利用总体规划的修编，是我们需要思考的问题，也是在我国经济发展新常态的情形下必须进行的思考。从国外发达国家空间规划的经验看，由于大的城市区域布局形态已经稳定，因此，规划更加集中在促进经济均衡发展、社会公平及生态和历史遗产的保护政策和布局上，包括提供信息培训的可达性和平等的机会，促进区域发展的大型基础设施建设、区域人口和住房套数的预测和分布、交通的预测、垃圾处理场的预测和规划布局等具体涉及城市区域总体性的问题。在管理上，也实施分级管制，如在美国，城市规划就是地方事物，联邦政府不直接管理，而是通过各种政策引导各城市编制城市总体规划。改革开放30多年来，我国的城市总体规划工作取得了巨大的成绩，但也面临着一些问题，如计划单列市级以上城市的总体规划都要报国务院审批，审批时间过长。总体规划编制内容过细，如土地利用总体规划具体到地块界线，依照总体规划进行项目审批管理。按照中央深化城市规划体制改革的要求，借鉴国内对城市总体规划的大量研究成果，结合新区的实际情况，为了适应滨海新区在新阶段、新形势下的要

求，滨海新区城市总体规划修编要进行改革尝试，一是在编制内容上，抓住两头，一头是城市定位、宏观政策、长远发展和系统的问题；一头是具体发展时序和近期实施建设内容，近期规划做扎实。放开中间，即功能区层面的规划以功能区为主。也就是我们习惯说的城市总体规划不能只是集中在中段，要向两头延伸。在这种情形下，真正可以做到提高城市规划的相对科学性和准确性。在规划审批上，分开层级。新区城市总体规划如果继续由市政府审批，则功能区分区规划，在目前的形势下，应该由市政府下放新区政府审批，包括土地利用总体规划的审批和调整，这样既可以保证新区规划的统一，也可以提高效率，发挥功能区发展的积极性和主观能动性。

5. 加强总体规划编制的公众参与，实现规划科学民主管理

城市总体规划要体现全体居民的共同意志和愿景，需要进一步加强公众参与。多年来，在整个规划编制和实施管理过程中，我们一贯坚持以"政府组织、专家领衔、部门合作、公众参与、科学决策"的原则指导具体工作，将达成"学术共识、社会共识、领导共识"三个共识作为规划工作的基本要求，保证规划的科学和民主真正得到落实。从实际工作看，政府组织、专家领衔、部门合作等几方面一般做得比较到位，但公众参与作为总体规划层面，还有欠缺。虽然将公众参与作为法定程序，按照"审批前公示、审批后公告"的原则，新区各项规划在编制过程均利用报刊、网站、规划展览馆等方式，对公众进行公示，听取公众意见。其中2009年，在天津市空间发展战略向市民征求意见中，我们将滨海新区空间发展战略、城市总体规划等在《天津日报》上进行了公示，但从收到的反馈意见看，公众对城市总体规划提出的意见不如对某个具体的专项规划或具体项目提出的意见多，说明需要进一步改善公众参与城市总体

规划编制这项工作。一方面，要改善总体规划编制的内容和说明文本、图纸表现方式，让公众更容易也愿意理解；另一方面，要利用互联网等各种新的方式，拓展市民参与的渠道，增加规划编制和管理人员与公众对话的习惯和机制。公众参与不是一次性的公示，而是一个全程参与的持续过程。要认真对待公众意见，要根据意见对规划方案不断进行深化完善，并再次公示。对于批准后的城市总体规划要依法进行宣传。1986年天津市城市总体规划经国务院批准，市规划局在原工业展览馆举办天津总体规划展览，参观人数众多，效果很好，给人留下深刻印象。现在，各城市都有了城市规划展览馆，可以在规划展览馆展出，并作为长期展览。同时，可以利用互联网站等新的手段进行更广泛的宣传。通过宣传，让市民了解城市总体规划，并对城市总体规划的实施起到监督作用。总之，要使用各种办法，让大家了解和参与到城市总体规划工作中，传承"人民城市人民建，人民城市人民管"的优良传统。

6. 加强总体规划编制和管理队伍建设

我们深深体会到，一个城市的总体规划，是需要时间的检验和经验的累积，是城市共同的宝贵财富，更是各级领导干部、专家学者、规划编制技术人员、规划管理人员和广大人民群众的时间、精力、心血和智慧的结晶。要维护规划的稳定性和延续性，保证高品质的规划。要通过修编，紧跟时代的步伐，使规划具有先进性，这是城市规划的历史使命。一个城市需要一支高水平、长期从事城市总体规划编制和管理的队伍，要保证人才的延续和不断档。要加强人才培养，特别是结合总体规划编制工作的机会。我们都知道，作为规划编制人员和规划管理人员，至少参与编制过一个完善的城市总体规划，才会对城市、对城市规划有真正的理解。

城市规划，特别是城市总体规划，是一项需要长期持续和不断积累的工作，需要本地规划设计队伍的支持和保证。滨海新区有两支甲级规划队伍长期在新区工作——天津市城市规划设计研究院和天津市城市规划设计研究院滨海分院。天津市城市规划设计研究院一直负责新区的城市总体规划编制工作。2005年，天津市城市规划设计研究院成立滨海分院。2008年，渤海城市规划设计研究院升格为甲级研究院。到2016年，天津市城市规划设计研究院及其滨海分院主要负责新区城市总体规划和交通专项规划，渤海城市规划设计研究院负责市政基础设施专项规划。两个甲级规划院，近百名规划师，已经形成比较稳定的队伍和机制。持续进行新区的城市总体规划及其他规划工作，他们对新区的现实情况、存在问题和国内现行技术规范比较清楚，需要不断研究诸如海河防洪、通航、道路交通等方面存在的关键问题，目前缺乏的是人才的迅速成长，以及对新的理论方法的学习研究，并在实践中尝试探索。要结合新的新区城市总体规划修编，强化人才培养和对新理论技术的学习和应用。

城市规划不仅是一套规范的技术体系，也是一套严密的管理体系，需要高水平的城市规划管理队伍。天津市规划局（天津市土地局）早在1996年成立滨海新区分局，长期从事新区的规划工作，为新区统一规划打下了良好的基础，也培养锻炼了一支务实的规划管理人员队伍，成为新区规划管理力量的班底。2009年年底滨海新区行政体制改革后，以原市规划局滨海分局和市国土房屋管理局滨海分局为班底组建了新区规划国土资源局。这次改革，撤销了原塘沽、汉沽、大港三个行政区的规划局和市国土房管局直属的塘沽、汉沽、大港土地分局，整合为新区规划国土资源局三个直属分局。

同时，考虑到功能区在新区加快发展中的重要作用和天津市人大颁布的《开发区条例》等法规，新区各功能区的规划仍然由功能区管理，一般是"大部制"的规划建设局。目前，七个功能区管委会的规划建设局普遍存在人员少、断档等问题。这次新区城市总体规划修编，也是培养城市规划管理人员的一次难得的机会。要组织各功能区规划管理人员参与全区的规划修编综合工作中，一方面保证各功能区的情况能够准确地落实到新区的总体规划中，另一方面也起到各功能区与新区规划部门加强交流协作的作用。

五、滨海新区城市总体规划修编重点的思考

总体来看，经过十年的努力奋斗，滨海新区城市规划建设取得了显著的成绩。但是，与国内外先进城市相比，滨海新区目前仍然处在发展的初期，虽然奠定了比较好的基础和骨架，但未来的任务还很艰巨，还有许多课题需要解决，如滨海新区如何在京津冀协同发展中发挥作用、人口增长相比经济增速缓慢、城市功能还不够完善、港城矛盾问题依然十分突出、化工产业布局调整还没有到位、轨道交通建设刚刚起步、绿化和生态环境建设任务依然艰巨，市城乡规划管理水平需进一步提高等。本次修编在保持上版规划总体结构不变的基础上，将以下这些问题作为本次总体规划修编的重点。

1. 京津冀协同发展与大滨海新区

著名城市规划理论大师刘易斯·芒福德在20世纪30年代指出：真正的城市规划是区域规划。在21世纪的今天，城市与区域已经成为一体，而且区域的范围扩展到跨国和大陆的水平，如欧盟的空间规划。内向看，我们说滨海新区是一个城市区域；外向看，滨海新区所处的京津冀城镇群是我国新型城镇化的最重要的区域之一。

在新的历史时期，中央审时度势，提出"一带一路"和京津冀协同发展等国家战略。滨海新区城市总体规划，要在国家对新区原有定位的基础上，从"一带一路"和京津冀协同发展等国家战略高度，按照国家对北京、天津和河北的定位，从区域协同发展的角度，来进行深入研究，进一步明确大滨海新区的区域发展战略。

京津冀协同发展规划符合城市和区域发展的客观规律，更加注重发挥滨海地区的重要作用。清华大学吴良镛教授自1999年开始主持京津冀空间发展战略研究，到2016年历时17年。研究提出：北京、天津共建世界城市，京津冀地区的空间结构可以概括为"一轴三带"，北京、廊坊、武清到天津中心城区再到滨海新区为"一轴"，初步形成了大城市带和高新技术走廊。"三带"中的"第一带"是指北部山区地带，包括北京北部区县、天津蓟县、河北张家口、河北承德等，有很多历史遗迹，以保护自然环境、发展旅游休闲产业为主。"第二带"指山前平原地带，包括北京、天津、石家庄、保定、唐山等大城市密集区，人口和产业需要疏解。"第三带"是指滨海地带，包括天津滨海新区、河北曹妃甸、河北黄骅和河北秦皇岛等沿海地区，海岸线长度500多千米，陆域面积约2万平方千米，占京津冀22万平方千米的10%。这片区域沿海有许多滩涂、荒地可以加以利用，发展空间很大，是承接产业转移、人口疏解、城市发展任务的主要区域。近年来，天津滨海新区作为国家战略基地区，取得了长足发展。河北省也将沿海作为重要的发展战略重点地区，曹妃甸和黄骅港发展快速。总的来看，投入已经比较大，形成了可加快发展的基础。《京津冀协同发展规划纲要》提出"一核、双城、三轴、四区、多节点"的规划结构，"四区"之一明确为东部滨海发展区，即天津滨海新区、河北曹妃甸、黄骅等沿海地带，

也就是我们所说的大滨海新区。

按照惯例，海岸线向内陆延伸50千米左右为滨海地区。所谓"大滨海新区"即指环渤海湾之京津冀的滨海地区。从目前的发展形势看，大滨海新区将成为我国新时期发展最为快速的前沿区域，天津滨海新区则是引领大滨海新区，带动整个京津冀乃至环渤海区域整体高速发展的引擎。对于大滨海新区，多年来，我们进行了一些初步的研究。在《京津冀协同发展规划纲要》指引下，要进一步加大对天津滨海新区、河北曹妃甸和河北黄骅等地的政策支持力度，落实滨海新区金融创新改革方案，批准实施环渤海城际铁路线建设，加大区域基础设施建设力度，加大区域生态环境保护力度，合理港口分工协作，完善城市功能等，使大滨海地区成为京津冀协同发展的突破点。

20世纪80年代，天津跳出中心城区看天津，确定了"工业东移"的空间发展战略，滨海新区成为天津城市发展的处女地。2006年，跳出天津看天津，天津融入区域协调发展，滨海新区上升为国家战略。2016年，要跳出滨海新区，从大滨海新区和京津冀协同发展、东北亚合作发展的角度，完善滨海新区的城市总体规划。

2. 港城关系再论——港口城市的文明

2008年版滨海新区城市总体规划实施以来，天津港发展迅速。2015年港口吞吐量达到5.4亿吨，集装箱1400万标准箱，完成了规划预定的目标。同时，按照规划南港启动建设。但是，南港港口和航道建设速度与规划预期有较大的差距。虽然临港经济区港口发展比较快，2015年港口吞吐量达到2000多万吨，但天津港2008年以来新增加的1.8亿吨吞吐量仍然绝大部分集中在老的北港区，港城矛盾反而更加突出。要真正将滨海新区建设成为国际一流的新

区，必须彻底解决好滨海新区港口和城市的矛盾关系，需要进一步分析港口和港口城市发展的客观规律，找到未来发展的正确路径。

（1）港口和大型基础设施作为城市文化。

汉·梅耶（Han Meyer）在《城市和港口：伦敦、巴塞罗那、纽约、鹿特丹的城市规划作为文化探险：城市公共开放空间与大型基础设施不断变化的相互关系》（*City and Port: Urban Planning as a Cultural Venture in London, Barcelona, New York, and Rotterdam: Changing Relations Between Public Urban Space and Large-scale Infrastructure*）一书中指出，港口等道路交通和市政等大型基础设施是城市文化的一部分，甚至在一定程度上起到决定性的作用。有历史学家说，城市是人类历史上最伟大的发明，是人类文明的集中诞生地，也是城市文明的集中展现地。从历史发展的经验看，港口等大型基础设施一旦建成，对城市的影响是巨大而深远的，成为城市文化的一部分，难以改变。因此，大型基础设施的规划建设十分重要，需要规划设计和工程设计人员的高度重视，提高认识，转变传统的单纯作为市政工程的观念。

港口是城市重要的资源，是战略性核心资源，也是重大基础设施。港口本身的布局及其配套的疏港交通等设施对城市的影响是巨大的，不仅仅体现在城市物质空间环境上。天津是港口城市，1404年天津在三岔河口建城，源于南粮北运的漕运，在北运河和海河码头边形成热闹的码头和市井文化。第二次鸦片战争之后，帝国主义在海河沿线建设码头货栈和租界，外来文化由此进入。到清末民初，海河沿岸民族工业发展，租界内遗老遗少汇集。租界割据，各个国家人员杂处，这些景象都给天津留下了深深的烙印，冯骥才称天津的文化是码头文化，是有深刻道理的。

世界上许多著名的重要城市均是或曾是港口城市。随着城市的发展和航运大型化，河港向海港转移；大型工业临近港口建设，形成临港工业；随着产业的升级，大型工业的发展从发达国家向发展中国家转移，海港从发达国家的中心城市逐步向其他城市和海外城市转移，海岸成为服务业发展的聚集区。商贸、办公、旅游等成为海滨城市重要的景点，这是世界城市和港口发展的客观规律，天津也正在经历着这样的过程。

由于城市和航运的发展以及海河上游来水减少，海河中游建设了二道闸。1986年天津城市总体规划确定海河"闸上保水，闸下通航"，同时明确了"工业东移"的发展战略，是符合城市和港口发展规律的。在20世纪80年代后，出现了几个情况。一是由于各种原因，天津大无缝钢管厂在海河中游建设，天津大乙烯在大港城区西侧建设，临港工业没有发展起来。二是港城关系考虑不足，1984年在港口西侧选址经济技术开发区，后在天津港内选址建设保税区，加剧港后城市矛盾。历史上天津港作为海河口开挖的人工港，与塘沽老城区虽然有一段距离，塘沽区的规划也曾经提出向西扩展的规划，但疏港交通一直超越塘沽区。随着开发区、保税区的发展，港城完全重叠，更加突出了这一问题。天津港吞吐量从解放初的3000万吨发展到2008年的3.8亿吨，疏港交通基本没有大的变化。港口后方城市的布局结构决定了大量疏港交通对城市中心的穿越，混乱的局面大大影响了城市的品质。因此，2008年天津城市发展战略提出"双城双港"战略，规划开发建设南港区，以疏解老港区的部分港口功能，逐步改善港后城市这一矛盾。在城市外围规划疏港专用通道，减少对城市的影响，提高疏港能力，城市形象环境和疏港交通条件都会得到改善。当时，也认识到港口转移后，

沿海发展旅游等，因此东疆规划沿岸线是居住和生活用地。但是，从几年来实施的实际情况看，效果并不理想。

首先，"双城双港"战略没有按期实现。南港建设速度慢，既有客观因素，也有主观问题。客观上，新规划建设的南港距老的北港近30千米，距离过远，无后方依托；南港工业区项目建设慢，需求不足；渤西管线切改慢，影响航道建设；后方疏港铁路和高速公路进展相对比较慢等。主观上，虽然天津港总体规划确定了"一港八区"的布局，但管理体制不顺，天津港依然以北港作为自己的大本营，对南港建设重视不够。其次，天津老的北部港区转型升级缓慢。虽然汽车进出口发展迅速，但煤炭、矿石传统货类仍然占很大比重。20世纪90年代钢铁大发展，也曾经出现红色矿石围城的局面，在新区核心区周边主要道路两侧，矿石堆场，严重污染了环境。运输煤炭和矿石的超载大货车严重影响城市交通安全，对道路交通设施造成损坏。同时，港口新兴的物流产业没有发展起来，港区的房地产由于港口对环境的影响没有消除，难以发展。归纳起来看，造成这样结果的原因主要是对港口的认识不到位，仍然停留在传统港口装卸的层次上，没有认识到港口之于城市文化的重要意义。天津的城市文化，随着海河综合开发改造，中心城区的文化越来越看不到所谓的"码头文化"的痕迹；滨海新区的城市文化也要从以装卸和运输为主的码头文化向以航运服务为主的现代港口文明和海滨城市文化进步。做到这一点，滨海新区才有可能成为21世纪现代化的港口和海滨城市。

除去港口之外，对城市大型基础设施的认识同样要转变。在第二次世界大战开始后的50年间，世界城市化进程加速，基础设施建设空前迅速，高速公路、立交桥、高架桥如雨后春笋，改变了

城市景观和区域的大地景观。许多大型基础设施规划建设以专业工程师为主导，单纯强调技术至上和经济可行性，出现了许多"工程师的规划"。在市政基础设施条件得到改善的同时，却对城市空间、历史文脉和生态环境带来负面影响。到20世纪60年代，整个社会对生态环境和城市文化越来越重视，即使是工程规划设计也开始考虑环境景观因素，如高速公路在选线时会考虑到驾驶人员的感受，给生物留出生态廊道，保持生态的安全性和多样性。对一些对城市景观和环境有影响的高架桥等工程开始拆除，如波士顿"大开挖（Big Dig）"工程，将通过市中心的高架路全部拆除，转入地下，投入了数百亿美元，历时近10年，是一个典型的案例。说明城市景观对于城市的重要性。

当前，我国普遍存在着"工程师规划"，过分强调工程设计，对城市空间和景观、生态环境和社会文化等方面考虑不足，造成我们城市整体环境建设水平受到很大的影响，形成建设性的破坏。因此，必须转变观念，树立港口和大型基础设施建设就是城市文化重要组成部分的理念，建立以人为本和生态环境的美学理念，才能使基础设施的规划建设不仅满足功能需求，更成为人居环境中一道靓丽的风景。

（2）港口和岸线规划的再调整——海滨城市和滨河空间。

通过实施评估分析，我们发现2008年版滨海新区城市总体规划在港口和岸线规划上存在几方面的不足。一是对港口发展规模预测过于乐观，设计2020年港口吞吐量7亿吨，集装箱2800万标箱。为此规划了太多的码头岸线和用地。二是对南北港区关系分析不充分，对北港区转型升级缺乏深入研究，对南港建设难度考虑不足。三是虽然认识到天津港"一港八区"的问题，也曾经试图调整，但最后还是承认了现实，没有深入研究港口管理体制的问题。四是岸线利用上，虽然考虑尽可能多的提供生活岸线，但规划没有落实。这些问题经过几年发展后开始暴露出来。

本次城市总体规划修编要深入研究港口规划和岸线布局，在坚持"双城双港"战略的基础上，研究近期实施的策略和可行性。要保证已经建成的进港铁路三线尽快投入使用，改变疏港运输模式结构，根据疏港通道的能力确定北港区的吞吐量。研究启动北疆港区散杂货码头向临港搬迁的计划，腾出空间，发展汽车、进出口商品贸易和物流，发挥自贸区的作用。要进一步发展邮轮经济，发展服务海洋经济的港口服务业。要对北港区的转型升级、对散货物流中心搬迁提出明确要求，制定时间表和路线图。不管国际航运形势如何变化，保证未来5—10年间滨海核心区港城矛盾、南疆石化库区安全、矿石煤炭污染和货车超载问题得到根本解决，实现港口城市的文明进步。通过北港区的转型推动南港区加快发展。要研究多航道和港区布局的经济性，理顺港口管理体制。对于航道港区过多的问题，当断则断，避免形成更大的问题。

港口和岸线的规划设计也很重要。港口不应是单纯作为一个满足作业的码头，也要有良好的形象，因为码头是城市面向世界的门户。在天津东疆港的规划设计中很好地考虑到了这个内容，效果明显。随着位于海河口的天津新港船厂全部迁到临港工业区新址，老厂址作为城市功能所用，在海河口规划设计形成城市港湾，使滨海新区的核心区真正成为看得到海的滨海城区。本次修编要进一步对岸线利用深入设计，特别是北部，要规划建设成为服务京津冀和三北地区的黄金海岸，使滨海新区成为著名的海滨城区。

海河等河流的通航与否服从于城市发展。滨海新区海河两岸中心商务区规划与通航产生矛盾时，明确以城市使用功能为主，货运功能随两岸产业布局的调整应逐步取消，建设滨河"亲水岸线"，大力发展海河旅游功能。

（3）滨海新区大型基础设施规划设计的新原则。

滨海新区为港口城区，不单是一个集中的城市，而且是一个城市区域，所以有很多大型基础设施，包括高速公路、高速铁路、快速路、高压走廊、化工管线等穿越这个地区。过去由于一直缺少统筹规划，新建的高速公路、电力走廊、化工管线等怎么方便怎么走，造成对土地的切割，对环境的影响。高速公路、铁路、高压走廊及运输管线对城市和区域的分割影响是巨大的。在2008年版新区城市总体规划中，结合多中心组团式布局，将大量长距离的道路、市政基础设施与生态绿化廊道相结合，从组团外围通过，既不穿越城市，又为城市组团提供方便的服务，取得一定效果。在本次总体规划修编中，要树立大型基础设施是城市文化的观念，要在城市总体规划中有所体现。

要实现大型基础设施建设作为城市文化重要组成部分的目标，使时髦的口号成为真实的行动，要在城市总体规划中制定新的规划设计原则，在具体规划设计工作过程中贯彻执行。首先，在总体规划阶段，道路交通和市政基础设施就必须与土地利用和城市总体设计紧密结合，土地利用、城市总体设计与大型基础设施是相互配合的整体，也是大型基础设施取得最佳效益的前提。快速路和轨道交通沿绿化廊道布置，要注意线形设计，保证有良好的视野和景观。滨海新区大型河道、水库、大坝、大堤等，应该与城市区域郊野绿化结合，成为绿色环境的整体组成部分。城市内部重要河道的建设不仅要满足防洪、排水等功能要求，更要成为城市景观的中心。河

上的桥梁设计不仅满足使用功能和结构要求，更应体现设计的艺术和文化水平。

其次，在总体规划结构确定的情况下，对大型基础设施具体的规划设计也十分重要，要在注重工程设计的同时，对城市空间环境给予足够的重视。规划在城市中心区取消高架路和立交桥。对重要交通走廊的选线，除地质、场地等条件外，历史遗迹、生态环境和景观作为选线的重要考虑，使得其既是交通走廊，同时也是景观走廊，是展示城市区域美的通道。如滨海新区贯穿南北的中央大道，在海河隧道选线时，考虑到对大沽船坞的保护，进行了避让，增加一部分长度，线形弯曲后，使得交通的体验产生了变化。

大型基础设施的规划设计与景观设计同步进行，同步建设。大型热电厂、污水处理厂、垃圾处理厂和垃圾发电厂等的选址尽量放在城市边缘，结合大型绿地设置，具体设计方案要尽可能减少对环境的负面影响。市政场站等设施不容许选址在道路交叉口等显著位置，停车设施也要隐蔽在建筑之中或绿化后面，避免临主要街道。部分变电站、泵站等设施要隐入地下，这可能会增加规划设计的复杂程度和少量的投资，但为了城市的美，一切都是值得的。

3. 滨海新区功能区的整合和城乡统筹发展——和谐滨海

2006年，当滨海新区被纳入国家发展战略伊始，我们就研究深圳和浦东的规划经验。到2016年，我们再次研究深圳和浦东经验，又有很多的收获和启示，特别是在行政管理体制和城乡统筹发展等方面，这是滨海新区目前面临的主要问题。

（1）滨海新区行政管理体制的发展方向。

深圳曾经是"宝安县"里的一个渔村。今天，经过30年高速发展，形成一个全国排名前四的特大城市。2015年深圳实现国内

生产总值 17 500 亿，常住人口约 1100 万，面积 1900 平方千米，下辖六个行政区、四个功能区的管理格局。与 30 年前的"宝安县"相比，增加了行政区划。虽然增加了大量的政府机构和编制，但与发展的规模相适应，是合理的体制改革。目前，滨海新区的突出矛盾是行政体制不顺。2015 年，滨海新区国内生产总值达到 9300 亿，常住人口近 300 万，由 7 个功能区管委会和 19 个街镇组成。一般情况下，功能区管委会又管理几个区域，管理比较分散、成本高、难度大。有些区域与街镇部分重叠，造成管理责任不清。功能区与街镇经济发展差距巨大，功能区收入比街镇包括区政府高很多，而功能区不是一级政府。虽然市、区政府向功能区放权，但在许多事项上依然需要区政府审批，与作为国家级开发区相比，增加了环节。浦东新区与滨海新区相似，曾经将功能区和街镇整合成六个综合功能区域，但实践证明不成功。南汇区并入后，浦东新区又恢复到功能区和街镇并存的体制，说明单纯靠行政命令进行功能区与街镇整合存在矛盾和问题。

分析深圳的经验，可以看出，深圳的体制改革发展也是一个过程。从最初的 300 平方千米的关内 6 个企业与管理合一的功能区为主，到"宝安县"改区，再到后来新的行政区逐步建立，水到渠成。其成功的主要基础应该有两个主要方面，一是深圳作为市的建制，可以设区，而且深圳作为特区，有地方立法权。二是深圳社会经济发展到一定程度，功能区与街镇经济水平相当，可以整合为行政区，不影响产业和招商引资发展，不存在城乡差别。虽然行政体制改革不是城市规划能决定的，但是，在深圳行政体制发展过程中，城市规划发挥了重要的先导作用。早在 1996 年，深圳城市总体规划扩展到市域范围，恰逢宝安县改区。随后开始

编制分区规划，并不断调整完善。最后成立的十个区的行政界限与分区规划十分接近，说明规划的预见性和引导作用。

滨海新区面积 2270 平方千米，行政区面积 1900 平方千米，不包括填海成陆面积，与深圳相当。2008 年版新区城市总体规划提出"多组团网络化城市区域"的布局结构，有少数功能区，如生态城、空港经济区、高新区等，作为一个相对完整的组团，但大部分组团无法与相应的行政体制对应。本次修编，要从长远行政体制改革发展的角度，重新划分组团边界，为未来功能区整合和行政体制改革奠定基础。

（2）滨海新区功能区进一步整合和转型。

滨海新区按照"高端、高新、高质"的产业发展方向和集聚集约发展的原则，规划建立由航空航天、石油化工、装备制造、电子信息、生物医药、新能源新材料、轻工纺织、国防科技等八大支柱产业和金融、物流和旅游为重点的现代服务业所构成的产业体系。2008 年版城市总体规划确定了九大产业功能区的布局。随着发展又组建了轻纺经济区、北塘经济区和中心渔港经济区。

2013 年进行总规修编时，针对新区产业布局分散、各功能区分工不明确、产业链短、企业配套和创新环境差等问题，探讨对现行的九大产业功能区进行整合的思路。曾提出整合为五个功能区的方案，即核心区为中心商务区、东部为天津港和临港重型装备制造业区、南部为南港和石化产业区、西部为临空高新技术产业区、北部为生态旅游区。这样，新区的功能区就形成了分工明确、边界清晰、布局合理的空间格局。虽然，由于体制和机制等多方面的因素没有落实，但提出了发展的一个方向。2013 年底，滨海新区实施了新一轮行政管理体制改革，将九大功能区和三个小经济区整合为

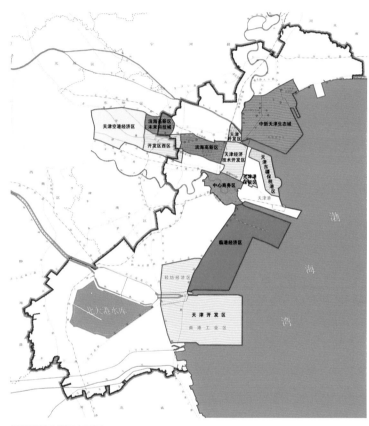

滨海新区功能区布局图
资料来源：天津市城市规划设计研究院

七个功能区，延续开发区、保税区、高新区等传统功能区，保留了东疆保税港区、中新天津生态城、中心商务区和临港经济区等特殊的功能区。整合后的七个功能区实际是七个管委会，有的管委会有几个园区，像开发区是一区十园，其中新区范围内7个，在其他区县3个。之所以形成这样的局面，是因为开发区等功能区有政策和体制优势，要寻求发展空间，而区县希望借助功能区拉动发展。

造成的问题也很明显，一个功能区管委会受编制限制，人力有限，管理太多的区域很难到位，造成这些飞地难以发展，现实也证明了这一点。而且，功能区与街镇交叉，职责不清。2013年新区行政体制改革，将27个街镇整合为19个，没有做到行政辖区全覆盖，与功能区有交叉。因此，功能区整合、向综合性功能区和城区转型是最终的方向。

本次修编，借鉴深圳的经验，结合新区的实际，从长远发展的角度，考虑将新区划分为12个左右的组团，分三种类型，行政城区、综合功能区和生态园区。做到规模合理，边界清晰。每个组团均下辖街镇，做到全覆盖和无缝衔接。建议天津市和新区相关部门要研究新区新的体制改革的方向，研究改革国家有关直辖市下不设市的相关法律法规，给国家提出建议。2015年全国人大通过修订后的《立法法》，对设区的市给予地方立法权，滨海新区没有能够争取到，浦东同样。作为国家级新区，无法在立法改革方面走在前列，是一大制约。在体制改革上，浦东面临与滨海新区同样的问题。如果设副省级市，各功能区成为区，则可以解决这个问题。另外，如果直辖市可以设市，对北京周围区县的发展有力，可以疏解首都功能。对于重庆这样过大的直辖市也有力，可以形成新的发展极。当然，这是一个大的课题，需要深入研究，反复斟酌后在试点实施。

作为国家级新区，各个产业功能区是新区发展的主力军，经济总量大，水平高，规划的引导作用更重要。因此，在市政府要求下，新区总体规划指导下，各功能区都要编制分区规划。分区规划经新区政府同意后，报市政府常务会议批准。目前，新区的每个功能区都有经过市政府批准的分区规划，而且各具产业特色和空间特色，如中心商务区以商务和金融创新功能为主；中新天津生态城以生态、创意和旅游产业为主；东疆保税港区以融资租赁等涉外开放创新为主；开发区以电子信息和汽车产业为主；保税区以航空航天产业为主；高新区以新技术产业为主；临港工业区以重型装备制造为主；南港工业区以石化产业为主。分区规划的编制一方面使总体规划提出的功能定位、产业布局得到落实，另一方面切实指导了各功能区开发建设，避免了招商引资过程中的恶性竞争和产业雷同等问题，推动了功能区的快速发展。本次新区城市总体规划修编，一方面，现行功能区分区规划同步修编，与总体规划更好地衔接；另一方面，待本次城市总体规划修编审批后，建议借鉴深圳经验，组织编制12个组团的分区规划，改变现在只编制功能区分区规划的做法，为长远发展、建立合理的管理模式和体制进一步改革奠定基础。

（3）滨海新区城镇化与城乡统筹发展。

滨海新区原本是一个工业和城镇化比较发达的地区。由于土壤盐渍化，农业以种植葡萄、冬枣等经济作物和海水养殖为主，第一产业占国内生产总值的比重很小，乡镇企业不发达。2008年，新区农业人口25万人，占全部户籍人口的25%，占常住人口的12%。塘沽、汉沽、大港共13个涉农街镇，143个村庄。通过土地使用制度改革和综合配套改革，实现城乡统筹发展是新区要解决的主要问题之一。

2005年8月，天津市通过对市郊各镇村进行认真调研和讨论，计划通过宅基地换房的办法探索出一条建设小城镇的新思路。具体方案是：在国家政策框架内，以坚持承包责任制不变、可耕种土地不减、尊重农民意愿为原则，高水平规划、设计和建设有特色、适于产业聚集的生态宜居新型小城镇。2005年10月11日，国土资源部出台《关于规范城镇建设用地增加与农村建设用地减少相挂钩试

点工作的意见》，同意天津等地开展试点。随后，天津市开始以"宅基地换房"的方式进行示范小城镇建设。经过几年的实践探索，走出了一条以"宅基地换房"示范小城镇建设为主的道路，农民居住社区、示范工业园区、农业产业园区建设"三区联动"的城镇化新路子。东丽区华明镇等示范镇的建设取得了显著成绩，既改善了农民的住房问题，集中节约利用土地，也为临空等经济区的产业发展提供了成片的土地。

2008年起，滨海新区列入天津示范小城镇建设和塘沽城市化共计10个镇100余个村。由于塘沽规划全部为城市发展区，因此，原塘沽区委区政府决定实施农村城市化，给予农民的政策比全市示范小城镇建设还要优惠。但由于城市扩展和土地出让没有预期快，所以农村城市化建设速度缓慢，在政策上还存在农用地征用和农民上保险等问题。由于地处新区边远地区，土地出让没有市场，以宅基地换房方式和靠农民上楼后节约出来宅基地的出让去平衡建设资金的做法难以实施。因此，除茶淀示范镇基本完成外，汉沽的大田示范镇进展缓慢；桥沽示范镇没有启动；杨家泊示范镇取消；大港太平镇示范镇一期完成；小王庄基本完成，还未入住；太平镇示范镇二期、中塘示范镇进展缓慢。

按照城市总体规划和土地利用总体规划，滨海新区2270平方千米，除去1000平方千米建设用地外，还保留了1000平方千米的农用地和生态用地。因此，不论城镇化达到什么水平，滨海新区农业是永远存在的。但城市总体规划中对村庄的建设没有具体分析，延续了原塘沽区、汉沽区和大港区的做法，土地利用规划将现状宅基地全部取消，纳入城镇集中使用。新区综合配套改革方案同样延续这一思路，确定逐步取消农业户口，实行城乡统一的社会保障、

就业、教育、医疗等政策。提高城市化水平和城镇发展质量，坐落于城市建设区的村庄，按照城市保障性住房政策改造建设；坐落于非城市建设区的村庄，积极推进以宅基地换房方式建设新市镇，因地制宜地推动农业产业化、规模化、特色化，形成新市镇与农业生产区互动发展的格局。

2013 年，滨海新区实施新一轮行政体制改革，撤销了塘沽、汉沽、大港工委管委会，将 27 个街镇整合为 19 个，其中涉农街镇变化并不大。按照区委的部署，开展了滨海新区街镇发展规划的编制工作。通过对所有街镇规划的编制，比较全面地了解了新区农村农业发展和街镇的基本情况。总体看，新区农村城市化和示范镇建设进展缓慢，问题比较多。街镇经济实力偏弱。虽然新区农业部门非常重视设施农业的发展，建设了几个农业科技园，但没有形成突出的产业优势，没有达到"一镇一特色，一村一品牌"的目标。根据实际情况，新区区委区政府确定了积极稳妥推进农村城市化和示范镇建设。利用国家推进棚户区城中村改造的机会，将位于城市规划区范围内的部分村庄列入城中村改造计划。结合美丽新区建设，开展村庄环境整治，开展农民技能培训等。对没有纳入城市化、示范镇和棚户区改造的 33 个村庄开展了新农村建设试点。

滨海新区作为经济发达的国家级新区，应该在城乡统筹发展上做出表率。作为一个农村人口不是很多的城市区域，滨海新区在新农村建设方面具有优势。长远看，让农民融入城市的经济活动中，在城市就业或为城市提供农产品和服务、增加农民的收入是根本方向。要深化农村土地等方面的改革，严格保护耕地，改良生态环境，为每一位村民提供必要的公共服务。在保留村庄布局和建筑特色的基础上，改善农民的居住条件。未来，随着新区人口和城市密度的增加，广大农村地区的人居环境应该比城市更有竞争力和吸引力。

4. 城市住房制度深化改革和房地产转型升级——宜居滨海

住房和居住社区是构成城市最基本的细胞，是城市的基底。传统城市总体规划中有住房规划专题，主要是研究住房问题，确定人均居住建筑面积标准，根据预测人口确定居住用地规模和布局。对住房公共政策和房地产市场的情况关心不够，包括居住区规划设计，这也是造成我国城市住房、房地产市场目前存在问题，以及城市病产生的原因之一。中央城市工作会议和《中共中央、国务院关于进一步加强城市规划建设管理工作的若干意见》对深化住房制度改革，对房地产去产能去库存和推行"窄街道、密路网"开放式街区规划设计提出了明确的要求，滨海新区在新一轮规划修编中要从城市总体规划的高度对新区的保障性住房制度改革、房地产市场的转型发展提出方向，要将已经在新区进行尝试的"窄街道、密路网"的开放式街区规划设计予以明确。

（1）滨海新区保障性住房制度深化改革。

改革开放以来，伴随着住房商品化和分配制度的改革，房地产市场的繁荣，我国住房建设持续快速发展，居民的住房条件总体上有了较大改善，住房也改变了过去千篇一律的状态。目前，中国城镇人均住房建筑面积达到 36 平方米，户均超过一套住房。虽然与美国人均居住面积 40 平方米，德国人均居住面积 38 平方米相比仍然有差距，但已经超过新加坡人均居住面积 30 平方米、日本的人均居住面积 15.8 平方米和我国香港地区的人均居住面积 7.1 平方米，居于世界较高水平。农村人均住房面积也已达到 38 平方米左右。与面积标准不相适应的是，社区规划设计和住宅的功能质量与发达国家相比还有较大差距。同时，国家还没有形成比较完整的住房政策和制度体系，《住房法》一直没能出台。房地产市场存在着风险，突出的问题是住房价格飞涨，许多中产阶层等"夹心层"买不起住房，造成严重的社会问题。

2006年，滨海新区被纳入国家发展战略，同时被确定为综合配套改革试验区。作为中国经济增长的第三极，滨海新区以改革创新为引领，推动了包括保障性住房制度改革在内的"十大改革"，尝试在一些关键环节先行先试。滨海新区保障性住房制度改革，坚持以市场化为导向，在国家和天津市相关政策的基础上，结合新区外来人口多、技术工人多的特点，创立了蓝白领公寓和定单式限价商品房等新的保障性住房类型，将保障性住房由传统的面向户籍低收入住房困难家庭扩大到面向中等收入家庭、包括非户籍外来人口，初步形成了"低端有保障，中端有供给，高端有市场"的保障性住房制度新模式。经过几年来的实践，取得了一定的成绩，对稳定新区房地产市场、吸引外来人口落户发挥了积极的作用。同时，由于人口增加缓慢，新区房地产市场，包括定单式商品房也存在着去库存的压力。因此，在本次总体规划修编中，深化住房制度改革、实现房地产转型升级和细化"人口、土地、房屋"三者的关系是规划重点考虑的内容之一。

根本上讲，一个好的城市经济必须是繁荣的，城市财政必须是持续殷实的，这样才能维持城市良好的运营，提供高水平的公共服务，推动城市建设，为居民提供良好的宜居环境，为企业提供良好的运营环境，同时实现房地产保值增值和税收稳定的良性循环。因此，一个好的城市首先必须是宜居宜业的城市，城市的房价对大部分中等收入居民来说应该保持在合理的水平，既持续稳定增长，能

保值增值，又不能太高，造成大家买不起房。目前，我国缺乏完善的住房制度设计，保障房依然以解决中低收入居住困难家庭为主。实际上，目前住房不是紧缺，而是过剩且结构不合理，大部分城市都面对着房地产业供给侧改革和结构调整、刚需阶层住房保障和改善的共同课题。解决好大多数中等收入家庭的住房问题，做到居者有其屋，不仅关系到群众的切身利益，关系到全面建成小康社会的总体目标，更关系到我国社会经济的健康和可持续发展，意义十分重大。因此，继续深化住房制度改革，开展新时期住房制度设计，是实现供给侧改革、解决当前我国房地产问题或危机的唯一的根本出路。

深圳特区在我国土地使用权转让和住宅商品化等重大问题上取得了历史性的突破，使我国的改革开放前进了一大步。滨海新区作为国家级新区，应该在住房制度深化改革、房地产转型升级和社区规划设计上进一步改革创新，探索新的公共住房政策和居住模式，解决当前普遍存在的问题，是历史赋予的使命。

（2）现代住房制度设计和中产阶层住宅。

中等收入家庭实现体面宜居住房已经是当前住房制度深化改革的重点。有人提出，不是所有的中国人、中产阶级都要自己购买住房，可以租房。住房制度应以公共租赁住房为主，住房作为公共产品，政府应负起相应责任，应大力建设公租房。这样的方案存在两个明显的问题：一是政府的财力问题，难于负担建设和运营维修费用；二是可能回到政府福利住房的老路上去。有人认为，中国改革开放以来的住房市场化政策是非常成功的，在30年内改善了大部分人的住房条件，是巨大的成就，不能随便改变。至于如何降低房价，可以采取土地出让金分年度交纳等方式。这种方

案需要与目前各级政府的财政运作和政府债务的处理相协调一致，需要各方面系统的改革，关键是没有根本改变住房完全市场化的方向，也不可能彻底解决住房和房地产的问题。

住房问题是伴随着现代城市产生的一个严重问题，世界发达国家都经历过一个发展演变的过程，虽然各国制度不完全相同，但今天都形成了政府主导、市场为主的现代住房制度。对于占比较少的低收入困难家庭，各国都建立了相应的住房保障机制。对于中产阶层住宅的政策，国际上的做法不同。美国中产阶级一部分人选择长期租房，大部分购买市场化住房，住房形式多样。英国等欧洲国家有许多政府主导的住房形式，如低成本自有住房（Low-cost Home Ownership）、住房协会出租住房等，可供租售选择，保证了住房的多样性。新加坡、日本和我国香港特别行政区现代住房制度相似，都采取了政府信托国有或私营公司建设、控制售价的住宅产品和制度体系，符合标准的住房需求者采取排队和摇号抽签等方式顺序购买。新加坡由于人口比较少，政府计划好，符合标准的住房需求者一般都能在比较短的时间内得到购买住房的机会。日本和我国香港特别行政区由于人口多，住房供应相对少，符合标准的住房需求者一般在短时间内难以获得购房机会。总体看，新加坡的住房制度较日本和我国香港特别行政区有更多的优势，房地产市场也比较稳定。

2007 年，中新天津生态城开始规划建设，我们有较多的机会深入了解新加坡公共住房方面的成功经验。新加坡公共住房制度从新中国成立之初就开始进行设计和大规模公共住房建设，经过几十年的发展探索，目前形成了比较完善的制度体系。80% 多的新加坡公民一生都可以享受两次政府组屋，首次是解决有无的问题，第二次是改善。政府组屋即由政府主导建设的价格合理、品质优良的公共住房。政府组屋也是商品住房，购买人通过公积金等方式购买，组屋作为不动产，可以保值增值，可以交易，但限于独立的政府组屋市场，与私有房地产市场分割。这样做很好地避免了利益输送等问题，同时可以保持政府组屋市场价格的稳定。由于政府组屋在房地产市场中占较大比例，因此对整个房地产市场而言政府组屋起到稳定器的作用。而且，新加坡还建立了社区理事会、人民协会等机构，统筹解决社区物业管理等问题。公积金不仅是住房公积金，而是将社保、医保和住房公积金形成一个公积金账户，居民根据不同时期的需求可以统筹使用，形成了完善的体制机制。

经过 30 多年的改革实践，学习借鉴发达国家的经验教训，我们可以清楚地认识到，住房作为特殊的商品，政府要进行相应的管制。要深化住房制度改革、解决房地产的问题，必须建立市场化为基础、国家主导的现代住房制度体系。住宅政策应该是两极明确，中间多样化。对于低收入困难家庭的住宅，政府要做到应保尽保，保证社会和谐和融合。对于富裕群体的住宅，要完全放开市场化，用价格和税收来平衡调节。对于面最广、量最大、决定了中国大众的居住方式和生活质量的中产阶层住宅，应在政府发挥对住房建设用地计划和价格控制的主导作用的基础上，坚持市场化方向。

滨海新区的城市总体规划修编，一是要保证目前的新政府制度改革扩展到现代住房制度改革，明确方向；二是在坚持"低端有保障、中端有供给、高端有市场"思路的基础上，加大中端改革力度，即定单式限价商品房的有效供给，放开高端市场。定单式限价商品住房，是政府主导的商品住房，可以称为公共商品住房，与完全商品化的住房相区别。建立与完全商品房分割的市场体系，要通过税收，包括房产税的手段，处理好公共商品房与普通商品住房的关系，

City
Region
Towards Scientific
Development
走向科学发展的城市区域

天津滨海新区城市总体规划发展演进
The Evolution of City Master Plan of Binhai New Area, Tianjin

可以将符合条件的普通商品房纳入公共商品房。要选择区位好、配套完善的用地作为公共住房用地。要合理确定公共住房的面积和户型标准，与时俱进，建设标准符合小康住宅的要求。按照合理的房价收入比，考虑地段等因素，以地价、建安费用、税费和合理的利润，或称固定收益作为限定销售价格，建安费用的标准确定要根据当时的各种因素来考虑，保证质量，引导消费。公共住房项目由房地产开发企业运作，对房屋售价限价，土地进行招拍挂，可以增加配建公租房的套数作为竞拍条件。公租房的目的是作为市场出租房的补充，政府通过对公租房租金价格的控制，实现对市场出租住房价格的调控。三是要在配套的公积金制度设计和住宅产业政策上进一步开展研究。

（3）滨海新区居住用地分类规划的创新。

结合自身实践和目前国内研究的成果，要尝试在滨海新区总规的住宅专项规划中对住宅用地进行分类改革创新，与之配套形成土地使用权转让、建设管理等方面的系列改革。首先，改变现行城市用地分类标准中单纯按居住形态的一、二、三类居住用地划分，形成与住房政策相关的居住用地分类。初步设想，包括公共住房用地、公共出租住房用地、商品住房用地和养老住宅用地等，与政府主导的公共限价商品住房、政府出租住房和完全市场化的商品住房相对应。

公共住房用地是城市居住用地中的主体，根据城市建成区的规模不同，占新增居住用地的比例应该在30%～60%。关键是要布置在市中心和市中心周围交通生活方便、有大量市场需求的地方，成组团布置，随组团开发进度按年度推出土地，引导组团区片住房价格在合理的范围内稳步增长。公共出租（只租不售）住房用地，在每个公共住房用地组团中，规划配建总套数10%左右、相对集中的公共出租住房用地，避免过度集中建设，形成社会问题。政府主导的出租住房作为土地出让条件，由开发商建设，交政府相关部门管理。对于在以产业用地为主的功能区，考虑就近原则，规划为建筑工人、产业工人、管理人员使用的建设公寓、蓝领公寓、白领公寓等用地，可以统一纳入公共出租住房用地。由于地处产业区，居住密度比较大，因此必须明确用地周围和自身居住安全的要求。同时，考虑未来转变为一般居住区的可能，规划要预留幼儿园、小学等配套设施用地内容。

商品住房用地是完全的商品住房用地，要取消对户型面积、开发强度等各种限制，由市场来确定，通过税收进行调节。在城市中心可规划建设一部分高档住宅用地，在一些风景区周边可以规划建设独立或联排住宅用地，鼓励住宅多样性。土地招拍挂出让收入和各种相关税收作为政府收入，用于保障房和公共事业建设运营。

随着经济发展和社会进步，会出现许多新的居住需求，如养老住宅用地和旅游住宅用地等，这些特殊居住用地类型需要不同的配套服务设施，需要有不同的规划策略回应。随着我国老龄化社会的快速到来，老年住宅是必须提前考虑的大问题。老年住宅用地一定要选址在医疗设施周边，或是在风景区周边和疗养设施周边，其对配套设施的要求与城市居住区有很大的区别，应单独制定适应的指标，包括休闲旅游住宅用地等。

结合社会管理制度创新，要改变传统的居住区规划设计模式，形成与城市管理体制适合的社区、邻里、街坊居住体系，完善涉及民计民生的公共服务设施，建立均衡普惠的三级公益性公共设施网络，包括医疗、教育、文化、体育、社会福利、社区服务等。规划布局均衡便捷、建设标准与水平适度超前，使居民子女上学、入托、求医问药、菜篮子、米袋子、休闲健身、文化娱乐等基本生活需求得到很好的保障，促进城市和谐发展。要认识到，体面的住宅，体面的工作，体面的教育、医疗等服务，都是构建中华民族伟大复兴中国梦的组成内容。

总之，居住用地类型的划分和配套政策，特别是在总体规划、控制性详细规划中把各类居住用地落位是保证住房改革创新的前提。要重视住房近期建设规划，在城市不同的发展阶段，按需确定各类住房的供应规模和具体区位，制定土地出让计划和配套设施同步建设计划，是我国住房建设和房地产健康发展的保障。

（4）创新社区规划设计，创造多样性的住宅。

除去明确完善的现代住房制度外，在城市总体规划中，应该对居住社区的规划设计、主导住宅建筑类型的选择和住宅的多样性予以明确。世人称道的"美国梦"，由洋房、汽车和体面的工作构成，引导美国社会高水平发展了近百年，造就了美国的城市和区域形态，以及美国人的生活方式。英国人大部分住在公寓住宅中，以公共交通作为主要出行工具，不失绅士的生活方式，恬淡宁静。在英国出生成长的著名城市规划教授彼得·霍尔爵士（Peter Hall），经过美国加州伯克利十年的工作生活，认为客观比较起来，英国中产阶层的生活质量不如美国中产阶层的生活质量高。当然美国人的生活也面临许多困惑，如经济危机、医疗保险等难题，包括城市蔓延的代价，使得生活不方便，致使买一只牙膏都需要开车的状况，以及人均汽油消耗量是欧洲三倍的事实。由此，一些有志之士发起了新都市主义运动，试图按照传统城镇的密度和街道广场模式来规划建设美国的社区。美国和英国的经验表明，住宅的规划设计可以

在改变人的生活方式上、决定城市的生活质量上发挥很大的作用。

目前，我国在居住区规划设计和规划管理上一直存在比较多的问题，超大的封闭小区是造成交通拥挤、环境污染等城市病的主要根源之一，小区内普遍存在停车难、邻里交往少、物业管理差等问题，大众对居住质量和环境不十分满意。近期，中央提出要推广"窄马路、密路网"和开放社区，抓住了问题的关键。近几年来，结合保障房制度改革，我们在进行新型住房制度探索的同时，一直在进行"窄街廊、密路网"新型社区规划设计体系的创新研究。一是开发建设了佳宁苑全装修定单式限价商品房试点项目，编制了滨海新区定单式限价商品房管理规定中有关规划设计的技术规定，尝试建立均衡普惠的社区、邻里、街坊三级公益性公共设施配套。二是委托美国著名的公共住房专家丹·索罗门（Dan Solomon），与天津华汇公司和天津市城市规划设计研究院合作，开展和谐社区的规划设计探索，统筹道路交通和停车、城市空间和绿化环境、公共服务配套和社会管理等方面的规划设计，从开放社区规划、围合式布局、社区公园、街道和广场空间塑造、住宅单体设计到停车、物业管理、集中的社区邻里中心设计、网络时代社区商业运营和生态社区建设等方面不断深化研究。邀请国内著名的住宅专家，举办研讨会。目的是通过规划设计的提升，提高社区的品质，满足人们不断提高的对生活质量的追求，解决城市病。通过实践探索和理论研究，我们发现，要采用"窄马路、密路网"和开放社区的布局模式，需要许多方面的改革，包括规划管理的技术规定，相关行业管理部门的各种规定和管理方法等，但关键还需要确定住宅建筑的主导类型，如果都是高层住宅，是无法做到 "窄马路、密路网" 的，必须采用以多层住宅为主、少量小高层或高层为辅模式。

City
Region
Towards Scientific
Development
走向科学发展的城市区域

天津滨海新区城市总体规划发展演进
The Evolution of City Master Plan of Binhai New Area, Tianjin

按照建筑类型学的理论，城市形态和特征在相当程度上受住宅的影响。住宅在城市中占有极大比例，对城市形态起决定作用，没有住宅，城市便不复存在。住宅建筑类型的重复性主导城市街区的形态，进而主导总体的城市形态。为维持一座城市的形态，在城市更新改造时，对新建筑类型的引进和选择，尤其是对大量住宅类型的选择要格外慎重。因为引进一种完全异化和异域的住宅类型会导致整体城市形态、面貌的巨大变化。历史上的北京城，以四合院为基本的居住建筑类型，形成了统一而富于变化的城市空间环境。在新中国成立后，对新的住宅建筑类型的采用缺少深入的考虑，多层行列式、点式和板式高层住宅并不适合北京城的传统肌理，是造成城市空间遭受破坏、品质下降的主要原因之一。如果吴良镛先生力荐的菊儿胡同式的新四合院住宅在北京城普及，北京的今天一定更加富有魅力。

目前，我国居住建筑类型单一，独立的高层住宅已经成为主流。在这种住宅类型的选择上，更多的是出于单体建筑和经济效益的角度，缺乏与城市空间关系的思考，造成居住环境品质的下降和特色缺失。当然，中国人口众多，土地资源紧张，住宅建设要考虑节约土地，但不论城市中心区还是郊区、甚至农村，是否都要盖高层住宅，是我们必须认真反思的问题。新加坡、我国香港采取高层高密度住宅，因为它们都是城市国家或地区，土地狭小。即使日本，目前仍然有 45% 左右的是独立住宅。事实上，按照目前我国人均城市建设用地 100 ~ 120 平方米的标准，居住建筑以多层为主就可以满足开发强度的要求。结合城市的特色，选择相应的住宅建筑类型，是一个城市开展规划设计的基础。一个城市，特别是现代大城市，居住建筑类型不止一种，根据位置的不同，可以有几种类型，如城市中心的公寓、城市中心外围的洋房、城市郊区和远郊的独立住宅类型等。通过合理的规划设计，我们可以创造出丰富多样的居住环境和宜人的城市空间。

住宅类型的多样化是提高居住水平和生活质量的要求，也是城市文化发展的要求。日本著名建筑师隈研吾（Kengo Kuma）在其著作《十宅论》中，将日本住宅分为十类，认为住宅是日本文化的组成部分。中国传统民居的多种多样，造就了各具特色的城市和地区，也成为地方文化的重要代表。天津是个住宅建筑类型多样性的传统城市，既有中国传统的院落式住宅，又有从西方引入的独立住宅、联排住宅、花园住宅、公寓住宅等多种形式。开发区生活区在最初的规划时，继承了天津中心城区亲切宜人尺度的优良传统和建筑的多样性。塘沽区老城区历史上也是宜人的，包括街道和建筑。我们希望把天津亲切宜人的城市尺度和居住建筑多样性的优良传统在滨海新区延续下去，这需要在城市总体规划阶段予以明确，不仅要规定"窄街道、密路网"开放社区的布局模式，而且要确定住宅的类型，要对住宅用地的容积率进行合理的控制。

住宅类型的多样性与开发强度有直接的关系。独立住宅的容积率在 0.5 左右，联排花园住宅的容积率可以做到 1.2，以多层为主、少量高层的容积率可以做到 1.5 ~ 1.8。除城市中心外，要严格限制居住用地的容积率超过 2。有人片面地讲，中国人多地少，要节约土地，因此，容积率越高越好，不知是认识的片面，还是在为开发商摇旗呐喊。又有人鼓吹"紧凑城市"，实际上，紧凑城市是针对美国的蔓延发展而产生的概念，我们的问题是现在的城市已经过度的密集，应该适当疏解，以达到合理的密度。讲 TOD(Transit-oriented Development) 的概念，以公交为导向的城市区域，公共交通的经济效益，也需要合理的密度，而不能过度聚集，否则也会带来服务水平下降的问题。随着私人小汽车的普及和现代商业服务业、特别的互联网的快速发展，居住的聚集程度已经不是影响居住品质的主要因素。合理的密度、良好的环境则越来越重要。

居住用地的容积率，非常敏感。开发商希望容积率越高越好，体现规模效益。土地的出让收益，要平衡多种投入，政府也屈服于容积率增加带来土地出让金大幅增加的好处。银行等金融机构在处理政府平台公司土地融资时，为规避风险，将未来房屋销售预期降低，这样的话，要保证一定的利润，就需要降低成本，主要是楼面土地成本，这就靠提高容积率，也不考虑市场的容量。房地产产能过剩与这样的做法有密切关系。解决问题的出路是提高土地价格，经济学家指出，人类的进步不是靠量的简单增加，而是创新，要靠更好的质量、环境带来价格的提升。

根据马斯洛的需求层次理论（Maslow's Hierarchy of Needs），人的基本温饱需求得到满足后，就需要更高层次的社会交往和精神需求。住宅的多样化、居住环境的美化和交往空间的创造、生活配套设施的完善、社区的民主管理、社会公平和和谐、节约型社会等是我国住宅建设当前要考虑的重点问题，是提高我们生活质量的必备条件。只有生活质量和环境提升了，才能促使人们思想的进一步解放，科技人文的进一步创新，城乡的进一步繁荣，实现广大人民群众诗情画意的栖居在大地上的理想目标。

5. 城市安全和石化产业调整——安全滨海

城市规划的主要目的是为广大人民群众提供宜居的生活环境，城市安全是前提。在新区 2008 年版城市总体规划中有城市防灾的专题内容，包括防洪、防海潮、抗震、消防、人防等。滨海新区位

于九河下梢的沿海，防洪和防海潮是重点；地质条件复杂，抗震防灾是重点；化工企业多，防火和消防是重点；战略地位重要，人防是重点。滨海新区作为一个石油化工产业发达的港口城市，历史上形成的许多化工厂和石油化学品仓库，随着城市扩展，毗邻城区，安全问题突出。因此，天津市空间发展战略提出"双城双港"战略，确定在新区最南端填海新建南港和南港工业区，规划将现状化工企业、石化仓库向南港搬迁聚集，减少对城市安全的影响。

在城市总体规划实施过程中，我们也十分注意新区的城市安全问题。控规全覆盖中明确对三类工业和危险品仓库进行了分类。2012 年规划部门会同新区安监局开展新区工业管网普查工作，对一些化学危险品管线在审批前要求安监部门和环保部门提出明确意见。地铁规划选线时进行了地质条件分析。几年来，在不断编制大沽化、天津化工厂的搬迁改造规划。吸取其他城市的案例强调城市安全的重要性。天津港瑞海公司"8·12"特别重大火灾爆炸事故说明在城市安全方面没有终点。通过对危险源和规划审批项目的检查，发现许多工业企业，包括高科技企业和科研单位，都存在危险源，说明我们对城市安全的认识还不够全面。

在新一轮城市总体规划修编中，城市防灾专章要更加重视石化产业布局调整、城市反恐和交通运输等城市安全问题，各相关部门都有参与规划的编制，形成合力。首先，进一步明确危险品生产经营仓储用地布局，符合环境保护、防火、防爆等有关防灾要求的前提下，尽可能做到远离城镇。比如南港工业区，要实施封闭管理，区内严禁建设生活区，对具体工业和仓储项目的布局也要从城市安全的角度进一步调整优化。在经安全、环境影响等方面评估后，划定绿化隔离范围，对绿化隔离范围内现状生活设施提出限期搬迁要

求，禁止在隔离范围内新建任何生活设施。其次，规划编制中一般都会对大型污染和危险企业提出明确的搬迁要求，但由于发展经济、职工就业等问题，相关部门和单位对实施规划重视不够，搬迁落实难，城市安全隐患和污染难以消除。城市总体规划要提出污染企业整体搬迁计划时间表和路线图，并明确污染企业搬迁目录，周围受影响范围内禁止一切生活服务设施的建设，实行城市安全一票否决制，确保城市安全。第三，在产城融合的功能区，考虑到高新技术企业和一些科研机构也存储和使用危险化学品，在居住生活区周围，包括蓝白领公寓用地周围，要划定安全隔离带，其中禁止任何有安全问题的企业、仓库、科研机构进驻，包括使用危险源的医疗机构。这些要求作为功能区招商引资的前置条件，一票否决。加油加气站，也应该远离生活居住区布置。

借助滨海新区综合配套改革试验区的优势，通过深化改革，完善滨海新区危险品的相关法规和管理机制。一是建立涉及危险化学品项目、企事业单位、仓储物流、管线运输等规划建设许可特殊的联合审查机制和程序，从制度建设上把住审批关。现有危险品管理存在多头审批管理问题，各部门按照各部门和行业规范进行单独审批，彼此间沟通联系较少。要建立有效的部门联系机制，成立以发改委、工信委、安监、环境、工商、质量监督、公安、安全、消防、规划、国土等多部门参与工作机制，从危险品企业的设立、建设、运营的全过程进行监管，形成合力，杜绝城市的安全隐患。对于新建、扩建的石化、危险品生产和仓储经营项目，包括涉及危险品的工业、科研等项目，建立特别的程序，实行安监、环保、消防、规划国土等部门联合审查。首先对建设的必要性进行论证，进行安全和环境评估，将土地招拍挂改为协议出让，将有关部门审核、核准

意见作为该类项目核发规划选址、规划设计条件和土地出让的前置要件。这类项目的审批不是以效率为第一，而是以城市安全为第一。二是尝试建立统一的标准。国家规范标准需要相互统一，地方规范和标准要进一步完善。不同部门及行业制定了相应的规范和标准，彼此之间不能很好地统一和衔接，要对危险品的管理规定、国家标准进行统一，将相关规定、要求形成强制性文件下发到各层级相关主管部门，明确各自的职责，作为今后审批的基本依据。各职能部门要依法依职依责管理，加强内部监督追究责任，建立科学民主的决策、管理、审批机制。三是发挥科技支撑的作用，充分利用互联网、大数据等技术，构建危险品管理"一张图"，实现信息共享。

加强执法监察和证后监管。加强执法监察队伍建设，按照属地原则，对辖区范围内建设经营行为进行长期动态监督检查，加大对违法建设经营的查处力度。建立网格化管理机制，形成区、功能区管委会和镇、村三级监督网络，对违法建设行为做到早发现、早制止、早处罚，把违法建设行为制止在萌芽状态。做好违法信息通报制度，对发现的违法、违规建设行为及时通报给区政府、镇街、管委会及相关行业主管部门，对重大违法案件实施联合执法。同时充分发挥公众的监督作用，形成齐抓共管局面。

6. 生态环境和绿化建设——海滨城市

2008版滨海新区城市总体规划将生态环境建设作为一个重点。经过持续的努力，实施美丽滨海建设，新区的生态环境目前取得了很大的改善，规划建设了北三河、官港等三个郊野公园，对原有绿化环境进行提升。中新天津生态城起步区基本建成，完成了对严重污染水库的治理，到处绿意盎然，成为在盐碱荒地上实施生态城市建设的样板，形成可以推广的成功经验。2013年，京津冀协同发

展成为国家战略，率先在区域大气污染治理方面形成国家和区域齐抓共管的局面，新区大气环境质量有很大的改善。

虽然取得了许多的成绩，但距离建成生态城市还有差距。本次城市总体规划修编城市生态环境保护和建设依旧是重点。除上版规划中强调的内容外，本次规划的重点：一是加大区域绿化和生态岸线的建设力度；二是开展对河流水体的系统治理；三是开展对渤海海洋环境的治理。从国外发达国家城市发展的历史看，许多城市，包括巴黎、纽约等，通过在城市郊区建设大型的公园，使得城市生态环境得到很大的改善，也成为市民周末休闲的好去处。滨海新区生态基底比较差，要在城市周围规划大的郊野公园和国家公园，要结合新的填海成陆和防海潮，建设海防和休闲旅游的生态堤岸和林带。通过长期持续的努力，从根本上改变新区的生态环境。要争取国家退耕还林政策的支持，将城市周边不适合耕作的一般农用地调整为绿化用地和林地。可以尝试建立公园园区管委会等机制，推动绿化和旅游发展。

滨海新区河流密集，水体比较多，但目前大部分是劣五类污染。由于地处九河下梢，要解决新区水污染问题，必须从整个流域做起。借京津冀协同发展国家战略之势，在目前先期开展的大气联防联控取得一定进展后，一定会开展区域水污染的系统治理。新区要进一步开展规划研究论证，结合自身实际，将区域内水系连接成网络，应用海绵城市等理念和技术，彻底改善水环境。

渤海海洋环境的治理是一项宏伟的系统工程。渤海8万平方千米，作为内海，水体交换非常困难。长期以来，沿岸省市污染大部分直接排海，造成渤海污染，赤潮频发，生态退化严重。从21世纪初开始，国家环保部推动"碧海行动计划"，但见效缓慢。

2008年，国家发改委组织编制了《渤海环境保护总体规划（2008—2020年）》并下发。2009年，国务院批准成立了"渤海环境保护省部级联席会议制度"，由发改委、环保部、水利部、海洋局等11个部委和津冀辽鲁三省一市政府组成，确定了阶段工作目标。重点工作：一是陆源截污，搞好工业点源治理；二是加快污水、垃圾处理设施建设；三是进一步加大农业面源污染治理力度，减少水产养殖污染；四是加强海岸工程污染防止与滨海区域环境管理；五是控制海洋工程污染风险；六是加强近海生态修复；七是加强入海河流水量调控；八是加强科技攻关；九是加强海洋监测、执法力度；十是建立健全机制，合力治污。渤海环境保护是我国在新时期治理海洋污染的一项重大工程，只有渤海的海水和生态环境得到恢复和改善，滨海新区才能真正实现建设海滨生态城市的目标。

7. 空间规划理论方法的完善——"两规合一"

2008年版滨海新区城市总体规划，按照天津市空间发展战略，应用战略空间规划的理论和方法，对城市总体规划方法进行改革创新。规划实施几年来，取得了很好的效果，有许多好的经验，也有需要进一步完善的地方。2013年中央召开新型城镇化会议，明确提出要建立空间规划体系，改革城市规划管理体制。2014年底，为把中央城镇化工作会议确定的目标任务落到实处，按照中办、国办有关工作部署，国家发展改革委、国土资源部、环境保护部、住房城乡建设部等部委联合开展市县"多规合一"试点工作，推动经济社会发展规划、城乡规划、土地利用规划、生态环境保护规划"多规合一"，形成一个市县一本规划、一张蓝图，是解决市县规划自成体系、内容冲突、缺乏衔接协调等突出问题，保障市县规划有效实施的迫切要求；是强化政府空间管控能力，实现国土空间集约、

City
Region
Towards Scientific
Development
走向科学发展的城市区域

天津滨海新区城市总体规划发展演进
The Evolution of City Master Plan of Binhai New Area, Tianjin

高效、可持续利用的重要举措；是改革政府规划体制，建立统一衔接、功能互补、相互协调的空间规划体系的重要基础，对于加快转变经济发展方式和优化空间开发模式，坚定不移实施主体功能区制度，促进经济社会与生态环境协调发展都具有重要意义。目前，包括 28 个试点市县在内的许多城市都积极开展了"多规合一"的实践探索。

现代城市规划 100 多年的发展历程，是世界各国、众多城市为理想城市愿景奋斗探索的历史，有失败的教训，有成功的经验，都为我们提供了丰富的案例。经过 100 多年从实践到理论再实践的循环往复和螺旋上升，城市规划发展成为涉及经济社会环境工程等多学科融合的交叉学科，涌现出多种多样的理论和方法。但是，面对中国改革开放和快速城市化，目前仍然没有成熟的理论方法和模式可以套用，需要我们在实践中不断探索。空间规划（Spatial Planning），随着城市和区域规划的发展而产生，目前已经成为全球规划领域实践和理论研究的前沿。1983 年欧洲理事会（The Council of Europe）发表"欧洲区域／空间规划宪章"（The European Regional/Spatial Planning Charter），成为空间规划里程碑式的文件。尽管该文件还把区域规划和空间规划（Regional / Spatial Planning）并置，但大家已经认识到，这种新的规划形式，涵盖领土、区域、超区域，甚至跨国的大尺度的规划，用传统的区域规划的概念来表示已经不合时宜，不能准确表达空间规划的本质内涵，需要全新的概念来表达这些新的规划实践。随着欧盟的不断发展，特别是由于欧盟政治、行政和财政不断强化的影响，空间规划在欧盟各国达成共识，普遍展开，许多国家修改或制定了相应的法律制度和规则，"欧洲空间发展展望"（European Spatial Development Perspective, ESDP）是这一时期的结晶。在欧洲，对空间规划定义的有两个权威性的论述，一是"欧洲区域／空间规划宪章"中的表述："区域／空间规划是经济、社会、文化和生态政策的地理表达。同时，它是一门科学学科，一项行政管理技术和一种政策，作为一门综合交叉学科和综合的方法，根据一个总的战略，导向一个平衡的区域发展和空间的物质形体组织"。一是欧盟委员会（European Union，EU）1997 年发表的"欧洲空间规划制度概要"（Compendium of European Spatial Planning Systems and Policies）的表述："空间规划是主要由公共部门使用的影响未来活动空间分布的方法，它的目的是创造一个更合理的土地利用和功能关系的领土组织，平衡保护环境和发展两个需求，以达成社会和经济发展的总目标。空间规划协调其他行业政策的空间影响，达成区域之间一个比单纯由市场力量创造的更均匀的经济发展分布，规范土地和财产使用的转换。"按照这样的定义，空间规划提供一个以领土为基础的战略，作为行业政策制定和实施的框架。空间规划不只是技术活动和技术手段，而是社会实践，更是一个复杂的政治过程，是制度体系。空间规划把国家和区域社会经济环境发展目标落实到空间领土上，要实现区域协调发展，城乡协调发展，避免重复建设、恶性竞争和环境污染，保护文化和生态环境的多样性等目标，营造优美的人居环境。在国家和区域的尺度上，"多规合一"可以理解为就是空间规划。

空间规划是个体系，从跨国的空间规划到国家、跨省市区域、省市，到城市市域、城市区域。国家的新型城镇化规划、主体功能区划、全国城镇体系规划、全国土地利用总体规划等，都可以合并，形成国家空间规划，做到一张蓝图上。因为国家的空间规划是宏观和长期的，因此也是战略性的，可以称为战略空间规划。国家主要的经济区、城市群也要编制统一的战略空间规划，如京津冀协同发展等。各省、直辖市、自治区也要编制战略空间规划，形成一张蓝图。滨海新区 2270 平方千米，加上填海成陆部分，达到 2700 平方千米，可以编制空间规划。主要针对城市区域存在的均衡发展、城乡统筹等大的经济社会环境问题，明确空间发展的战略和方向，以及解决问题的办法。规划长远结合，考虑到新区处于快速发展期，有一定的不确定性，规划要具有一定弹性，要用发展的眼光看问题，用发展来解决问题。我们 2008 年编制的滨海新区空间发展战略，对解决港城矛盾等问题提出了很好的思路。要结合京津冀协同发展，适时开展滨海新区空间规划编制，着手研究解决制约新区发展的体制机制、发展不平衡等问题。

城市规划是一个以城市总体规划为龙头的体系。改革开放以来，我国的城市规划取得了很大的成绩，但也存在一些突出的问题，规划界对改革城市总体规划编制审批等有许多的研究成果，比较集中的意见是城市总体规划要突出重点，要简化内容和审批程序。我们认为，城市总体规划以空间规划为依据，要系统全面，不能缺项，对解决城市问题要有深度研究和具体的措施。目前，社会经济发展"十三五"规划已经批准，城市总体规划与土地利用总体规划可以同步编制，做到两规合一，统筹城乡发展。城市总体规划不仅仅要指引城市发展建设，还要解决城市许多的经济社会和环境问题，避免交通拥堵、环境污染、住房短缺等城市病。我们一直认为城市规划是综合性的，但城市总体规划中的专项规划一直是以工程性内容为主，单纯靠工程手段解决城市存在的问题，缺少公共政策的研究，如住房、交通、水资源和能源政策与物价等。这次我们要更加重视

行业规划的内容，包括公共政策，如上面对住房规划的思考。规划内容的变化必然带来规划方法的改变。

城市总体规划要考虑长远，突出重点。结合城市总规的编制，同步编制分区规划，使总体规划提出的城市功能、城市规模在各分区得到落实和验证，并对总体规划提出反馈；同步开展交通、市政、生态、防灾等专项规划，为总体规划提供专项支撑。通过上下联动、左右互动和相互验证、多轮反复的过程，使总体规划的科学合理性与可操作性较好地结合起来，同时也实现了在短期内完成总体规划修编、完善规划体系的目标，以指导控制性详细规划的修编。

要使城市总体规划编制达到高水平，还必须加强理论的研究和指引，总结国内外城市实例的经验教训，应用先进的规划理念和方法，探索适合自身特点的城市发展道路，避免规划灾难。在新区城市总体规划编制过程中，要始终努力开拓国际视野，加强理论研究，坚持高起步、高标准，以新区的城市总体规划达到国内领先和国际一流水平为努力的方向和目标。

8. 重视城市近期建设规划

对城市总体规划编制办法进行改革，还有一个重要方面就是要处理好长远与近期建设的关系。城市总体规划考虑城市未来 20 年、30 年的长远发展，内容全面，突出重点。与城市总体规划的改革相配合，为指导城市的当前建设发展，要完善和高度重视城市近期建设规划的编制。

在发达国家，由于城市发展基本定型，因此，城市总体规划比较稳定。目前，在规划上，一些国家和城市在编制更加长远的发展战略，如美国 2050 等。另外一方面，规划更重视近期建设，如伦敦的空间规划更加注重近期住房建设套数的准确预测、垃圾处理

厂的位置、节能减排的实际效果等。我们的近期建设规划则要更加复杂，要改革城市近期建设规划是各行业和部门近期建设计划拼盘的做法。这要求城市规划更全面地掌握城市发展的情况，包括人口分布和流动、投资、大项目建设等。要确定城市重点建设的地区，配套的重大基础设施项目，土地出让与房地产开发情况，特别是做好对人口增长的预测，发挥城市和空间规划的引领作用。要将城市近期建设规划与国民经济和社会五年发展规划进行整合，将城市近期建设的主要思路和内容纳入国民经济和社会发展五年规划，包括目前开展的城市财政预算规划，形成合力。将城市发展的重点地区、重大基础设施、环境保护、土地开发整理出让计划、住房开发建设项目和财政预算协调一致，经过人大批准，使城市规划建设管理更加科学民主。

六、滨海新区未来城市总体规划的展望

"十三五"期间，我国经济发展步入新常态，在京津冀协同发展和"一带一路"国家战略及自贸区的背景下，要实现由速度向质量的转变，由工业开发区和传统的港口城市向现代化港口和海滨城市的转变，滨海新区正处在关键时期。可以肯定的是，由于滨海新区已经有了很好的基础，发展的优势比较凸显，再过5—10年，滨海新区会迈上一个新的台阶。新区核心区的城市功能进一步提升，以轨道交通为骨架的公共交通体系初步建成，居住和建筑质量不断提高，城市绿化和环境质量显著改善，海河两岸景观环境会得到根本转变，呈现出令人激动、充满魅力的现代化滨河城市的崭新形象。新区将实现从大工地向国际化、创新型、现代宜居城区的转变。美好的人居环境，可以进一步吸引人才、资金和产业的聚集，

进一步强化产业升级和自主创新能力，滨海新区在区域和全国的影响力将得到进一步提升。只要我们坚持现行的城市总体规划，坚持规划建设的高标准，不反复折腾，美好的愿景就会在我们眼前实现。

2049年的滨海新区是什么样子？这是我们本次城市总体规划修编需要思考的问题，也许目前我们还没有清晰的答案。按照世界港口和城市化发展的客观规律，随着城市经济发展和规模的扩展，产业和港口将转型升级，第三产业的比重将超过第二产业，港口将从以港口运输为主向港口和国际贸易为主转变。如何实现从以实体经济为主向服务经济，甚至是虚拟经济的平稳过渡，都是我们要研究的课题。如何建设成为京津冀和我国北方地区人们向往的海滨城市，成为一个像美国湾区硅谷一样，整个区域和城乡均衡发展的21世纪的城市区域是我们规划的美好愿景。要实现这样的目标，要描绘出蓝图，首先需要我们进一步提高城市规划的理论和实践水平。

当前，我国人居环境建设到了一个非常关键的时期，提升城市和区域规划建设的整体质量和水准成为一个命运攸关的问题。这个问题解决得好，既可以形成优美的人居环境，又可以促进我国产业结构调整和自主创新的发展。做得不好，即便经济保持快速发展，大规模的建设会留下巨大的历史遗憾，也会影响经济建设的质量和水平。俗话说：规划是生产力，不仅是讲规划可以创造规模效益，更重要的是，规划要建设高质量的人居环境。人类历史的进步，从来不是单纯靠量的积累，而是靠创新和质的提升。城市规划是一门综合的应用科学和创造性的学科，城市规划要符合城市发展的客观规律，要创新发展理念和模式。要加强理论研究，不断研究新情况，解决新问题，适应复杂多变的形势要求。要改革创新，在实践中勇

于探索，探寻新的方法和路径。要发挥"匠人营国"的精神，时刻牢记城市规划的历史使命。城市规划设计师和管理者必须有这样的胸襟、情怀和理想，要不断深化改革，不停探索完善我国的战略空间规划、城市总体规划和城市设计，特别是大尺度的城市区域设计，建立新的空间发展模式。不论经济社会如何变化，城市及其区域的物质条件和其内在的灵魂、精神是永恒的，战略空间规划、城市总体规划和城市设计就要展开人居环境的诗篇，追求完美，为实现科学发展的城市区域绘制美好的蓝图，为全面建成小康社会、实现中华民族伟大复兴的中国梦做出贡献。

第一部分　滨海新区发展历程与规划演进
Part 1 Development and Planning Evolution of Binhai New Area

第一章　滨海新区发展沿革

　　2006 年天津滨海新区的开发开放被纳入国家发展战略。到 2016 年十年时间取得巨大的成绩可以用日新月异来形容。回顾天津滨海地区的历史，我们可以看到沧海桑田般的变化。两千年以来，滨海地区经历了海侵海退这一过程，渤海海岸自西向东推进，由海向陆的演进，最终形成滨海地区广阔的地域，先民纷至沓来移居于此，繁衍生息，渐成聚落，发展盐业、渔业。自元代大力发展漕运至明代海口驻防，滨海地区经济、军事作用日益显现。随着鸦片战

争后西学东渐热潮的兴起，滨海地区成为我国近代工业技术的发祥地之一。新中国成立后，滨海新区是天津港口、贸易、工业发展的重心。1978 年改革开放后，随着十一届三中全会的召开，滨海地区由现代工业发祥地向现代化区域经济中心转变。随着 2006 年新区的纳入国家发展战略后，城市建设不断推进，经济发展迅速，滨海新区进入了跨越式发展的新阶段。

第一节　滨海地区区位及地理特征

一、滨海地区区位

　　天津滨海新区位于天津东部沿海地区，由原塘沽区、汉沽区和大港区全部及东丽和津南的部分组成，面积 2270 平方千米，滨海新区南北长 90 千米，东西宽 50 千米，是一个 T 字形的区域。北接河北唐山丰南区，南接河北黄骅，东为海岸线，西到天津滨海国际机场和中心城区外环线。

　　滨海新区位于渤海湾的中心，隔海与韩国、日本相望，天津港距天津中心城区 50 千米，距北京 150 千米，是东北亚通往亚欧大陆桥最近的起点，是从太平洋彼岸到亚欧内陆的主要陆路通道，也是华北、西北以及中亚地区最重要、最便捷的海上通道，是首都北京的门户，具有启东开西、承外接内、辐射华北、西北、东北亚、中亚的战略地位。

二、退海成陆

　　天津滨海地区位于华北地区东区断陷盆地边缘、渤海盆地西岸、天津东部平原地区、黄骅拗陷的北端，随着新构造运动的下沉活动，由河流从周围隆起区冲带泥沙、湖积冲积为主，后期为陆海交互堆积充填形成。

　　在地球不断的活动中，受冰川时期的影响，地面发生大规模的海进和海退。在距今五千年海退后，天津一带逐渐上升成陆。之后两千年经历海浪筑堤、河流造陆等过程，形成了如今天津滨海这一片广袤的地区。

　　滨海地区贝壳资源十分丰富，同时在海潮和海浪的作用下，被逐步移动到高潮线位置，最终形成以贝壳为主的海岸堆积，形成古海岸线遗迹。据相关认证，滨海新区共有四道贝壳堤。第一道贝壳

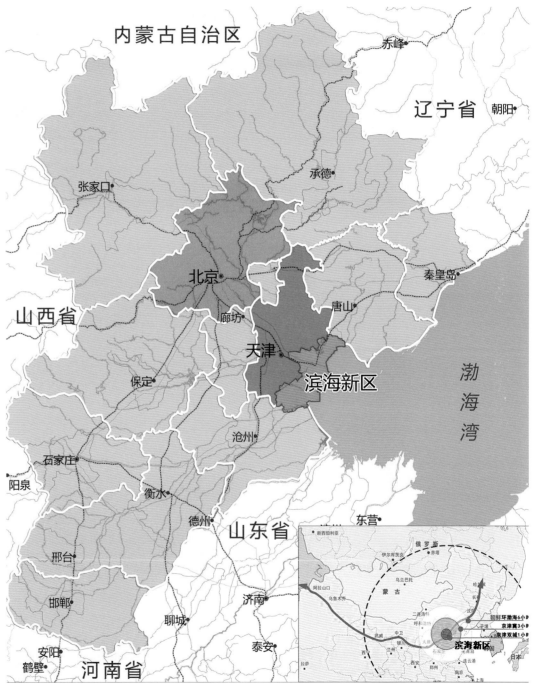

滨海新区区位示意图
资料来源：天津市城市规划设计研究院

City
Region Towards Scientific
Development
走向科学发展的城市区域

天津滨海新区城市总体规划发展演进
The Evolution of City Master Plan of Binhai New Area, Tianjin

堤在静海西翟庄及大港翟庄子一线，距今 5200—4000 年；第二道贝壳堤在东丽区张贵庄，距今 3900—3000 年；第三道贝壳堤在东丽区军粮城和大港上古林一线，距今 2500—1400 年；第四道在今塘沽和汉沽沿海，距今 700 多年。这些贝壳堤印证了天津滨海地区海进海退的过程。

滨海地区成陆与黄河入海口数次北迁有直接关系。黄河有极大的泥沙量，有"一石水而六斗泥"之说。历史上从商周时期开始到南宋时期，黄河三次北迁到天津附近入海，入海口淤积大量泥沙，形成陆地，逐渐向东推移，形成了目前的轮廓。

三、地理环境

滨海新区位于北纬 38° 40′ 至 39° 00′，东经 117° 20′ 至 118° 00′，西北高，东南低，平均海拔高度约 13 米，地面坡度小于 1/10 000。

由于特殊的地理位置，滨海新区属于大陆性季风气候，并具有春季干旱多风；夏季气温高、湿度大、降水集中；秋季秋高气爽、风和日丽；冬季寒冷、少雪的海洋性气候特点。年平均气温 13.0℃，高温极值 40.9℃，低温极值 -18.3℃；年平均降水量 566.0 毫米，降水随季节变化显著，冬、春季少，夏季集中。年蒸发量 1800 毫米左右。地貌类型主要有滨海平原、泻湖和海滩等，具有从海积冲积平原、海积平原到潮间带组成的比较完整的地貌分布带规律。这个冲击平原有 400 米厚的松散堆积物，随着新构造运动的下沉活动，由河流从周围隆起区冲带泥沙、湖积冲积为主，后期为陆地交互堆积形式充填而成。全年大风日数较多，8 级以上大风日数 57 天。冬季多雾、夏季 8—9 月份容易发生风暴潮灾害。主要有大风、大雾、暴雨、风暴潮、扬沙暴等气象灾害。

天津市域内的海河、蓟运河、永定新河、潮白河、独流减河等主要河流均从滨海新区入海。区内还有北大港水库、北塘水库、黄

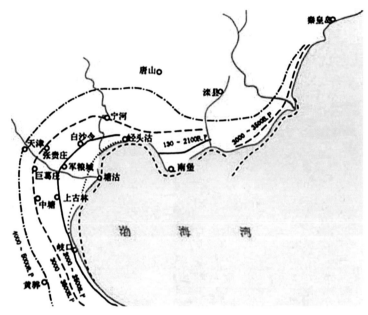

贝壳堤示意图
图片来源：http://image.baidu.com/search/detail

港一库和二库、大面积盐田和众多的坑塘。水面面积大和地势低洼为地区主要的地貌特征。滨海地区地形开阔、平坦，地势较为低洼，土壤普遍盐碱化，对植物的栽植和生长限制很大，仅有生长于滩涂的低矮灌木较为茂盛。

四、地理资源

滨海地区位于渤海湾的中心，海岸线较长。到 2014 年底，拥有约 3000 平方千米的浅海水域和海岸线 281 千米及 336 平方千米的滩涂，海洋生物繁盛。土地资源充沛，用地面积 2270 平方千米。从土地利用现状构成看，现状滨海新区城镇建设用地规模约 410 平方千米，各类农用地 2000 平方千米。

滨海新区港口资源极为丰富，其中天津港是中国最大的人工海港，是我国对外贸易的重要口岸。天津港南北跨度 10 余千米，东

西绵延 67 千米，总面积约 200 平方千米，其中陆域面积 100 平方千米左右。以集装箱和杂货、干散货、液体散货、船舶作业等为主进行对外贸易。同时拥有各类泊位 173 余个，航道长 44 千米，底宽 315 米，水深 19.5 米，25 万吨级船舶可以随时进港，30 万吨级船舶可以乘潮进港。

滨海地区石油及天然气资源丰富，陆地上有大港油田，海上有渤海油田，年产原油 600 多万吨，天然气 6.5 亿立方米。大港油田原油和天然气资源比较丰富，在国内居第六位。渤海盆地坳陷面积大，第三系沉积厚，含油层系多，是我国油气资源比较丰富的海域之一。大港油田目前已探明石油储量 7.7 亿吨，天然气储量 380 亿立方米，开采价值很高。1999 年又新发现大港千米桥亿吨油气田，

油层厚度达 100 多米，含油区面积 60 平方千米，是一个优质高产的油气田，据估算可使大港油田的生命再延长 20 年。

滨海新区海域广阔，海洋生物繁盛。滩涂和丰富的水产资源，不仅为海洋捕捞，也为海水养殖、发展海洋牧场提供了有利条件。

滨海地区的海积平原上，在沿岸有盐田约 300 平方千米。盐田海拔高度低、坡度缓，常年气温在 11℃ 以上，年降水量 600 毫米左右，而年蒸发量为 1800 ~ 2000 毫米，非常适宜晒制海盐，成盐质量好，是远近闻名的"长芦盐"生产基地，具有发展盐化工业的有利条件。

滨海新区 4000 米以内地热资源储量约为 2.7×10^{17} 千焦，可开采量按 100 年计相当于 15 万吨标准煤。

天津港鸟瞰图
图片来源：滨海新区规划和国土资源管理局

第二节　滨海地区建设史（改革开放前）

一、远古时期及古代

两千多年前，先民们在滨海地区用芦苇、泥土垒起原始的茅屋躲避风霜雨淋，以渔业为生，以盐为业，生活生产，繁衍生息，开辟家园。

战国时期，天津滨海地区南北分属齐、燕两国。大港地区出土的东周时期遗址，证明两千三百年前大港地区就有先民生息繁衍。唐太宗李世民征辽，汉武帝刘彻东游观海并建"武帝台"，均到过此地。贞观年间征讨辽东战争留下的行军地名，如营城、寨上、思家坨、洒金坨等，反映了当时聚落的情形。

金代至元代，滨海地区盐业大规模发展，渤海沿岸先后设置20多个盐厂，其中位于天津滨海地区的至少有四个：丰财场（今塘沽盐场）、芦台场（今汉沽盐场）、富国场（今上古林，后被废）、严镇场（今大港部分地区）。

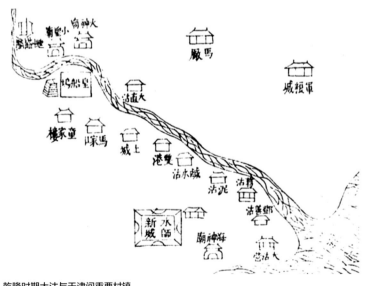

乾隆时期大沽与天津间重要村镇
图片来源：《图说滨海》11 页

大沽漕运图
图片来源：天津塘沽博物馆

元代为解决物资供应尤其是粮食需求，大规模疏浚整修旧有运河航道，同时进行海上漕运实验。槽船进入海口，溯流而上入渔阳，塘沽大沽口海域成为漕运的必经之路。大沽口、北塘口外接海船，内连河运，呈现出帆樯络绎、聚散来往的繁荣景象，助推了商贸业的发展。

明代海上流寇肆虐，海口驻兵设防，成为拱卫京畿海防屏障，逐渐形成一批人丁兴旺、市井繁华的重镇，社会功能渐趋完善。明永乐二年，天津设卫，随着人口增加，滨海地区早期的村落，如大沽、北塘、于家堡、新河、邓善沽、宁车沽、营城、寨上、窦庄子等先后形成，奠定了基本的聚落格局。也出现了寨上盐母三官庙、大沽海神庙、潮音寺等神庙。

明末清初，滨海地区制盐由"煎"改"晒"，这是工艺上的重大革命，大大推动了盐业发展。

二、近代至新中国成立前

天津滨海入海口地区 "当海河之要冲，为畿辅之门户"，是近代清粮转运枢纽，早已成为西方列强觊觎的目标。1840 年鸦片战争爆发，英军北侵直至大沽口，清廷筹划大沽防务，大沽口南岸增筑炮台 2 座，北岸增筑炮台 1 座，北塘口增筑炮台 1 座，另外还建设营房，修筑土堡，用以防御。1860 年，第二次鸦片战争爆发后，大沽炮台、北塘炮台全面失守，滨海的口岸、码头成为洋人掠夺中国物资的通畅渠道。

清末在洋务运动热潮中，滨海地区成为西学东渐的热土和近代科学技术发祥地之一。洋务派引进西方先进设备推动中国的军事工业近代化，先后创办了二十多个军工企业，其中在天津创办天津机器局，带动当时塘沽等地工业和军事的发展。

光绪三年（公元 1877 年），清政府派李鸿章督办北洋海防，筹建北洋水师，并大力发展航运业、组建招商局。为了解决船队用煤问题，在唐山兴建煤矿。1879 年，李鸿章奏请清政府，为将煤运到北塘下海，修建唐山到北塘的铁路。由开平矿务局出资，几经坎坷，至 1888 年 5 月，"唐芦铁路"修到塘沽，成为我国第一条营运铁路，促进了当时塘沽、天津地区的商贸业发展。

大沽船坞区位图
图片来源：天津市城市规划设计研究院

轮机车间图
图片来源《天津近代工业遗产——北洋水师大沽船坞研究初探》（曹苏）

大沽漕运图
图片来源：天津塘沽博物馆

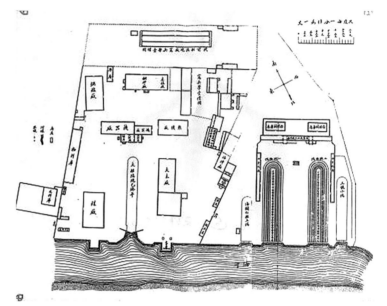

1907 年大沽船坞平面图
图片来源：《直隶工艺志初编》

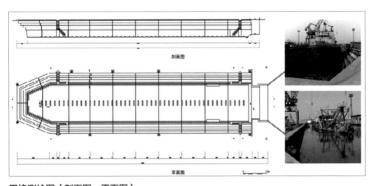

甲坞测绘图（剖面图、平面图）
图片来源：陶瑛、张磊、李世维、王昊绘图

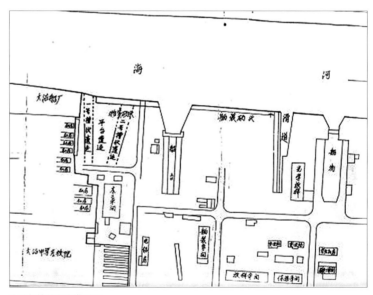

大沽船坞的考古勘测图
图片来源：天津文史研究所

为了解决北洋水师舰船远到上海、福州船坞维修的问题,李鸿章决定在大沽海口建造船坞。1880年,北洋水师大沽船坞建立,是塘沽城市发展史上最早的近代工业。"北塘—大沽—天津"军用电报线是中国第一条电报线路。大沽船坞在中国近代海防、军工、航运发展史上都留下浓墨重彩。有"中国北方工业摇篮"之称,推动了一批官办、民办企业和港口码头的发展,包括邮政业的发展。

1914年,成立久大精盐公司,成为塘沽城市史上第一个近代民族工业;1917年建永利化学股份有限公司,厂内制碱用的两座十层南北楼拔地而起,成为塘沽后40年间最高的建筑;1922年在原"久大"和"永利"实验室的基础上,创立了"黄海化学工业研究社",成为中国第一家民营化工研究机构。

永利碱厂、久大精盐公司、黄海化学工业研究社所组成的"永久黄团体"极大地推动了塘沽的城市发展,丰富了城市建筑类型,

1919 年永利碱厂在天津塘沽破土动工
图片来源:http://www.cctv.com

久大精盐公司工厂建筑及原盐搬运图
图片来源:http://www.bbstg.com/

City
Region
Towards Scientific Development

走向科学发展的城市区域

天津滨海新区城市总体规划发展演进
The Evolution of City Master Plan of Binhai New Area, Tianjin

建立了一批医院、学校、宿舍等城市基础设施；创办企业杂志和图书馆等文化设施，建造内有山水桥亭、花草树木，还有网球场、游泳池等设施的环境设施。同年，由于工厂配套设施越来越丰富，设立联合办事处，统一管理工厂的各类设施。"永久黄"的建设促使塘沽近代城市雏形的形成，加速了塘沽的城市化进程，是 20 世纪前 30 年推动塘沽城市发展的主要动力之一。范旭东与侯德榜经过八年苦干，直到 1926 年终于成功生产出烧碱，形成"红三角"品牌，开创了中国的制碱工业，成为中国民族化学工业的摇篮。

日军侵占天津后，在汉沽地区先后建立五个农场，用于种植、畜产、水产养殖以及农产品加工；由于工业的快速发展，大量的化工产品和盐的需求量直线上升，化工和盐成为地区经济发展的支柱产业，丰富的工业原料和盐资源更是吸引了许多企业。日本掠夺化工和盐资源，筹建东洋化学厂，掠夺原盐。为此，一面恢复旧有的盐滩，一面在塘沽城区周围设计建造一批新盐滩，极大地扩展了盐场面积，盐产量也大幅提升。大批原盐也是通过四通八达的盐道运至城区码头和工厂，将塘沽等地作为输送物资、建设工业和发展商业的重要地区。

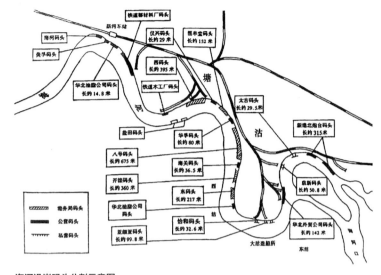

海河沿岸码头分割示意图
图片来源：《滨海两千年》

兴建大清化工厂、华北盐业公司汉沽工厂、维新化学工厂等工业企业，利用中国廉价原料和劳动力制造化学产品。它开启了新区近代海洋化工业的先河，丰富了工业类型，是近代塘沽一项重要的建设活动。

由于海河航道水浅，不能满足日本将大批物资运输至国内的要求，故建设海河北岸建设码头、新铁路和旧有铁路改造工程，是为塘沽新港兴建之始，这就是天津新港的由来。

原城区内普通居民靠汲取渠、塘、河水作为生活用水，极不卫生，1943 年塘沽新市街一部上水道、下水道工事开工建设，不仅仅改善了城区环境卫生，保证普通居民饮水安全，同时也是塘沽第一段近代化给排水设施。

日本殖民统治时期，编制了《塘沽都市计划》，计划将塘沽建设成为大型的工商业城市，为长期占领中国创造条件。抗战胜利后，以这些企业为基础，经改造成为建国初期国家工业的重要组成部分。

塘沽火车站老照片
图片来源：《滨海两千年》

三、新中国成立后至改革开放前

1949 年新中国成立后滨海地区焕发了生机，兴修水利、发展盐业、建设工业、建城兴市。虽然帝国主义对新中国实施封锁，天津港口和对外贸易功能受到影响，而且期间大的运动不断，影响经济发展，但塘沽作为天津市和我国重要的工业基地，作用得到加强。中央领导十分关心塘沽建设，毛主席四次莅临塘沽视察。其他领导也都来塘沽视察和指导过工作。海盐、纯碱、造修船、海洋石油等工业门类支柱作用明显，渔业生产发达，商业不断繁荣，文化事业、旅游业等新兴产业得到发展。

（一）传统工业企业的发展

滨海新区具有丰富的盐田资源，是发展盐化工业的重要资源，其中海晶盐田、天津大沽化工厂、天津碱厂、天津化工厂等一批代表性的企业继续发挥着重要作用。

1. 长芦汉沽盐场和长芦海晶集团

汉沽盐场前身是"芦台厂"，始建于公元 925 年。原盐品质纯正，被称为"芦台玉砂"，前为贡盐。盐田占地 130 多平方千米，年产原盐百万吨。塘沽盐场原为"丰财场"，始建于 265 年，占地 200 平方千米，原盐年产量 11 万吨。

天津长芦海晶集团自 20 世纪六七十年代，创新实施了一整套海盐生产工艺，为全国海盐生产工艺改造提供了范本。海晶集团发明创造的海盐生产机具，开启了新中国海盐生产机械化的先河。

2. 天津大沽化工厂

天津大沽化工厂始建于 1939 年。"二五"时期，大沽化工厂的五氯酚钠投产，为中国防治和根除地方病血吸虫病做出了应有的贡献。新中国成立后大沽化工厂经历更新、挖潜，生产规模不断扩大，产品种类逐渐增多。1958 年，大沽化工厂对"六六六"无毒体综合利用进行实验研究，生产了高丙体"六六六"和五氯酚钠等农药产品。20 世纪 60 年代，随着大港油田的建成投产，大沽化工厂

在发展过程中探索出一条氯碱化工与石油化工相结合的发展道路，不断打造优势产业。

3. 天津碱厂

天津碱厂现名天津渤化永利化工股份有限公司，也称永利碱厂、天碱等，其前身是由"中国民族化学工业之父"范旭东于 1914 年在天津创办的久大精盐公司和 1917 年依托久大精盐创办的"永利制碱公司"。永利碱厂是中国创建最早的制碱厂，开创了中国化学工业的先河。抗日战争期间，塘沽厂被日本侵略者霸占，范旭东等人拒绝与侵略者合作，在四川五通桥建立了"永利川厂"。在永利川厂，侯德榜带领技术人员经过 500 多次试验，于 1940 年创立了侯氏制碱法，这种新工艺可同时生产纯碱与氯化铵，不但成本低，而且增加了产品，成为世界上最先进的制碱法。新中国成立后，"永利"和"久大"先后公私合营，1954 年毛主席视察天津碱厂，1955 年两厂合并，称永利久天津大沽化工厂，1968 年 3 月更名天津碱厂。

塘沽是我国海盐生产的理想地区，纯碱生产较为著名，天津碱厂生产的纯碱在质量上得到了国内外同行和下游产品企业的一致认可，逐渐发展成国内最大的纯碱生产基地之一。

4. 天津化工厂

天津化工厂于 1938 年始建，1942 年开工，生产芒硝、氯化钾、溴素、氯化镁，1945 年食盐电解生产烧碱、盐酸。1946 年改名为天津化学工业公司汉沽工厂。1950 年更名为天津化工厂。1952 年天津化工厂建成了天津第一个化学农药——"六六六"原粉项目。1955 年天津化工厂首创"六六六"丙体含量由 12% 提高至 14.5% 的新技术，使"六六六"生产技术跨入世界水平。

（二）天津港重现辉煌

新中国建立之初，国家百废待兴、百业待举。1949 年和 1950 年，国家对新港采取积极维护措施，1951 年，中央政务院决定修建塘沽

新港，成立了以交通部长为主任委员的"塘沽建港委员会"。当家做主的港口工人仅用一年多的时间，就圆满完成了第一期建港工程，使几乎淤死的港口重新焕发了生机，并于 1952 年 10 月 17 日正式开港。天津新港重新开港仅一周后，毛泽东主席就来到天津新港视察，并留下了"我们还要在全国建设更大、更多、更好的港口"的历史回音。开港初期，没有大型机械和先进工具，天津港硬是靠人拉肩扛换来了当年 74 万吨吞吐量的骄人成绩。

1959 年，国家在遭受三年自然灾害、物质物资供应极度匮乏的情况下，天津港开始第二次港口扩建工程。至 1966 年，全港新建万吨级以上泊位 5 个，吞吐量一举突破 500 万吨，结束了天津港不能全天候接卸万吨巨轮的历史。

20 世纪 70 年代初，为了解决全国性的压船压港的严重局面，周恩来总理发出"三年改变港口面貌"的号召，天津港第三期大规模扩建工程拉开帷幕。1974 年，天津港货物吞吐量首次突破 1000 万吨，成为我国北方大港。

在这一时期，海河内河航运码头是天津港的重要组成部分。

（三）海河的治理

天津和滨海处于九河下梢。海河流域的洪水一直对天津和滨海地区产生影响。1963 年 8 月，一场罕见的特大暴雨沿着太行山东侧席卷河北，并由此引发了数百年不遇的海河大水。经大力防洪抢险，保住了天津市和津浦铁路线的安全，但洪灾造成的损失仍然十分严重。为根除大清河的危害，1952—1953 年开挖了独流减河，从进洪闸到万家码头全长 43 千米，同时修建了北大港的南围堤和北围堤。为了城市安全，1956 年开挖了潮白新河，1970—1971 年开挖了永定新河的屈家店到北塘入海口段，全长 66 千米，将北运河、潮白河、蓟运河会流后入渤海。

（四）石油开采和石化工业异军突起

1. 大港油田

大港油田始建于 1964 年 1 月，经过多年的艰苦创业，昔日的盐碱滩已建设成为一个集石油及天然气勘探、开发、原油加工、机械制造、科研设计、后勤服务、多种经营、社会公益等多功能于一体的油气生产基地。现有职工七万余人，干部总数两万两千余人，专业技术人员一万九千余人。开发建设了 21 个油气田，形成了年生产原油 430 万吨、天然气 3.6 亿立方米生产能力和 250 万吨原油加工能力。截止 1996 年底，累计生产原油 9349 万吨，天然气 124 亿立方米，在全国陆上 21 个油气田中，按原油产量计算，列第 6 位，在全国 500 家特大型企业中列第 59 位。1958 年 2 月 27 日，中共中央总书记、国务院副总理邓小平听取了石油部的工作汇报。1958 年 3 月 6 日，根据邓小平的指示，石油部迅速成立了东北、华北、鄂尔多斯、贵州共 4 个石油勘探处。1964 年 1 月 25 日，中共中央批转石油工业部党组《关于组织华北石油勘探会战的报告》。中央同意组织华北石油勘探会战，并指出这是继松辽油田大会战之后的又一次重要的会战，大港油田在这一时期建立。1964 年 12 月 20 日，大港油区的第一口出油井开发成功，也成了华北地区古生界第一口出油井。从此井以后，又打了许多探井，均获高产油流，因此决定建立油田。因港 5 井地处北大港构造带，大港油田因此得名。因1964 年 1 月，开始此次石油会战，所以对外代号"641 厂"。

2. 渤海油田

海洋油田采掘方面，1965 年，天津筹建海岸勘探室和海洋勘探筹备组，1966 年 1 月石油工业部批准成立"641 厂"海洋勘探指挥部，1966 年 12 月渤海第一口油井开钻，1967 年 6 月 14 日探井喜喷原油，成为我国海上第一口工业油井，标志着中国海洋石油进入了工业发展的新阶段。到 1979 年底，发现含油气构造 13 个，探明石油地质储量 3700 多万吨，当年产油 21 万多吨，累积产油 64.8 万多吨。

3. 配套建设大港电厂

1975年大港电厂筹建，建设两台32万千瓦燃油发电机组，装机容量1324兆瓦，是全国单机容量最大的火力发电机组。

4. 延伸建设"大化纤"

"大化纤"即天津石化总厂，1970年开始筹建。原方案包括250万吨炼油及化工、热电等项目。位于大港上古林西，经过漫长的准备，1977年正式动工。"大化纤"的建设使天津成为全国四大化纤基地之一。

（五）滨海城市的发展

滨海新区区划和行政隶属在历史上几经变化，特别是新中国成立后又有了较大的改革和调整，在不同时期，滨海地区分别隶属河北省黄骅、天津静海和津南区。直到20世纪70年代末才稳定下来。

塘沽因海河穿越被分为南北两块，一直以海河为界分割。1945年新中国成立后，海河两岸合并设立天津塘大区。以塘沽和天津新港为中心，城市逐步恢复生产并建设发展。党和政府大力组织生产，恢复经济，保障供给，先后建立粮食、百货、煤炭、水产、蔬菜、副食等国营商业机构，广设网点。改造了解放路，城市面貌发生了重大变化。

汉沽历史悠久，但新中国成立前夕，盐田和化工厂停产，工人失业。新中国成立后，经过艰苦奋斗汉沽获得新生。经过"一五"期间的发展，各项工业获得新发展。"文革"又使全区陷入内乱。1976年唐山大地震波及汉沽，92%房屋倒塌，受损甚为严重。

新中国成立后，大港地区行政区划多次调整，直到1979年才成立了现在的大港区。大港区经历了兴修水利、移民开荒、改土制碱，农业渔业获得较大发展。1964年拉开了大港石油勘探序幕，进而建设大港电厂和石化厂，使大港成为石油化工城。

大港油田大会战

City
Region
Towards Scientific
Development
走向科学发展的城市区域

天津滨海新区城市总体规划发展演进
The Evolution of City Master Plan of Binhai New Area, Tianjin

第三节　滨海新区发展概况（改革开放后至 2006 年）

一、改革开放后至 1994 年以前

1978 年，党的十一届三中全会召开，明确把工作重点转移到经济建设上来，实施了拨乱反正，做出了改革开放的决策部署。滨海地区作为重要的港口城市，由现代工业港口发祥地向现代化区域经济中心转变。从 1984 年天津经济技术开发区设立到 1994 年的十年可以说是滨海新区发展的起步期。

（一）天津经济技术开发区

1979 年中央决定在深圳等四个城市试办特区后，各地踊跃进行尝试。1984 年，中央划定天津作为 14 个沿海开放城市之一，设立经济技术开发区。最初提出胡张庄、黄港、邓善沽山谷、官港和塘沽盐场四个方案。最终确定塘沽盐场方案，东临海防线，西至京山线，南至四号路，北接北塘镇，面积 33 平方千米。地界明确，以塘沽城区为依托，外部条件优越，港口、铁路、机场完备，是发展工业企业的理想场所。

1984 年 12 月 6 日，经国务院批准建立天津经济技术开发区。同年，开发区设立工委、管委会和投资开发总公司。1985 年 7 月，天津市第十届人大常委会第二十一次会议审议并通过《天津经济技术开发区管理条例》等法律法规，赋予开发区省级经济管制权。开发区工委、管委会作为市委、市政府的派出机构，主要行使促进经济发展、探索改革开放方式的职能。

天津开发区在建区之初，以在盐碱地上的艰苦奋斗精神和改革开放的意识，形成了开发区精神。1986 年邓小平视察开发区并题字，"开发区大有希望"。经过艰苦奋斗，天津开发区一直在国家级开发区各项指标中名列前茅。到 1994 年之前开发区经济和社会发展迅猛，各项经济技术指标在国家级开发区中名列前茅，被誉为"全国开发区的领头羊"。1994 年，天津经济技术开发区工业总产值 149.1 亿元，人均劳动生产率 21 万元，居领先地位。天津开发区最大的特色是以工业、外资、出口创汇为主。美国电报电话公司、摩托罗拉、AST 电脑、澳大利亚邓禄普、韩国三星、日本雅马哈等世界电子工业巨头投资举办的工厂和众多与之配套的中小企业，构成天津开发区的第一大支柱产业。全区属于新兴产业和高新技术企业 150 家。到 1994 年底，开发区划片融资开发的土地达到 8.95 平方千米，大大增强了开发区吸纳外资的能力。1994 年对外招商达 15 亿美元，累计批准外商投资企业达到 2500 家之多。

（二）港口发展

1984 年天津港实行改革开放，开启了中国港口企业改革的先河，成为我国沿海港口改革开放的领头雁。同年，国家为推动沿海经济发展，探索中国式港口管理和发展路径，批准天津港成为改革试点，实行"双重领导，地方为主""以港养港、以收抵支"的管理体制和财政政策。1986 年 8 月 21 日，邓小平同志视察天津港要求积极实施"集装箱枢纽战略""深水港战略""科教兴港战略"等，为天津港跨越式发展积蓄了后劲和能量。

随着发展的需要，天津港开始围海造陆，拓宽发展领域，并将目光瞄准南疆港区，开始了浩大的"北煤南移"。"北煤南移"是将天津港北疆港区的煤炭作业全部转移到专业化的南疆港区。北港区重点发展集装箱和杂货运输，南疆港区重点发展煤炭、原油、矿石等能源运输，形成大宗散货新港区，实现"南散北集，两翼齐飞"的新格局。20 世纪 90 年代，天津港在国内港口企业中首创了"上市融资"的先例。

（三）传统工业企业发展

改革开放为传统产业注入了新的活力和生机，推动了滨海新区传统工业的发展。

1. 大沽化工厂

1979 年，大沽化工厂在"六六六"连续生产中，推出双圈钛管冷却法，使一级品质率达到百分之百，跃居全国领先地位。1969 年，定名为"大沽化工厂"。1981 年，大沽化工厂生产的"六六六"原粉和五氯酚钠分别获天津市优质产品称号。1983 年，大沽化工厂的隔膜固碱荣获国家银质奖。1984 年，大沽化工厂的聚氯乙烯松 4 型树脂荣获国家银质奖。1985 年，对聚氯乙烯生产厂房、设备进行全面技术改造，成果获得天津市科技成果二等奖，化工部科技成果三等奖。

2. 天津碱厂

1987 年，天津碱厂药用小苏打投产，为中国首家。1989 年，天津碱厂"红三角"牌纯碱、"海王星"牌农业氯化铵在第二届北京国际博览会上双双荣获金奖。1998 年，天津碱厂"海王星"牌农业氯化铵和复混肥料被中国农学会认定为"全国推荐产品"。1990 年，天津化工厂达到全国一级计量合格水平。

3. 天津化工厂

1979 年天津化工厂的水银固体烧碱荣获天津市氯碱企业的第一块国家银牌。1980 年天津化工厂与中国科学院共同研制的金红石钛白，通过部级鉴定，填补了中国氯化法高档钛白技术的空白。1980 年天津化工厂自行研制投产了中国最大的水银法烧碱生产装置——15 万安培金属阳极水银点解槽，使中国水银法烧碱的生产步入国际先进行列。1980 年，天津化工厂自行研制投产了无毒卫生级聚氯乙烯树脂，填补了国家空白，并实现了中国聚氯乙烯树脂从紧密型到疏松型的更新换代。1983 年天津化工厂的聚氯乙烯生产设备获国家二等发明奖。1990 年天津化工厂达到全国一级计量合格水平。

4. 大港油田

1985—1991 年，油田的深化改革工作进入了第二个阶段。油田重点围绕着解决利益主体地位不明确，责、权、利不统一的矛盾，根据实际情况，分别实行了效率工资制承包、企业化经营承包、经费包干和投资切块包干等不同的承包办法，从而使新形势下的经济承包工作充满了活力，有效地调动了各单位完成生产建设和经济技术指标的积极性。1988 年 4 月，为了加快石油系统科技体制改革，将大港油田的北部石油勘探开发区 6300 平方千米从大港油田划出，成立冀东石油勘探开发公司。1994 年 7 月，大港油田开发系统的重大改革举措——油气开发公司正式成立并开始运作。1995 年 12 月大港石油管理局改制为原中国石油天然气总公司所属国有独资公司，并更名为大港油田集团有限责任公司。

（四）新兴工业企业

1. 大无缝

1984 年天津市会同石油、冶金部启动 50 万吨无缝钢管项目。1985 年，经过多方案比较确定选址于海河中游北岸军粮城，1989 年破土动工，1992 年成功试车。1994 年投入生产配合大无缝建设规划了冶金工业为主的海河下游工业区。

2. 小乙烯

在大化纤的基础上，20 世纪 80 年代末国家石化总公司与天津市合作建设 20 万吨聚酯和 14 万吨乙烯工作，作为我国八五期间批准建设的三大石化项目之一。

（五）城市规划和建设

1976 年 7 月 28 日发生的唐山大地震对天津产生了重大影响。改革开放初期天津的工作重点是灾后重建。在国家的支持下，天津人民群众共同努力，恢复了生产生活秩序，拆除大量临时搭建的抗震棚，改善了城市环境。同时实施了引滦入津、三环十四射路网系统建设、煤气化等工程，建设了一批公共设施，开展了城市环境美化综合整治，使天津在当时的城市建设管理方面走在全国的前列。滨海新区，尤其受灾最严重的汉沽也完成了灾后重建工作。塘沽建设了海门大桥，海河建设了二道闸等设施。在这一时期，天津在城市规划建设领域的重大事件是城市总体规划的编制和审批。

二、1994—2005 年，十年基本建成滨海新区

1994 年 3 月，天津市第十二届人代会第二次会议通过了"三五八十"的奋斗目标，到 1997 年实现国内生产总值提前三年翻两番；用五至七年时间，基本完成市区成片危陋平房改造；用八年左右时间，把国有大中型企业嫁接、改造、调整一遍；用十年左右时间，基本建成滨海新区。其中，"用十年左右时间基本建成天津滨海新区"，拉开了滨海新区开发建设的序幕。滨海新区开发建设的总体构想是：以天津港、开发区、保税区为骨架，现代工业为机场，外向型经济为主导，商贸、金融、旅游竞相发展，形成一个基础设施配套、服务功能齐全，面向 21 世纪的高度开放的现代化经济新区。

1994 年，滨海新区成立，由天津港、天津开发区、天津保税区和塘沽、汉沽、大港三个行政区及东丽、津南部分区域组成，并设立天津滨海新区开发开放领导小组成立，下设办公室。新区统筹建设进入新阶段。进入 20 世纪 80 年代末 90 年代初，天津经济发展面临了困难。1992 年小平同志南巡讲话发表后，我国改革开放进入新阶段。

（一）经济发展

从 1994 年，滨海新区逐渐成为天津最大的经济增长点，成为天津对外开放的前沿阵地，并在环渤海经济区发挥越来越重要的经济带动作用。五年后，1999 年，滨海新区实现生产总值 467.89 亿元，占全市比重达到 31.2%。其中，第一产业完成 4.83 亿元，占全市比重 6.8%；第二产业完成 299.8 亿元，占全市比重达 39.52%；第三产业完成 163.26 亿元，占全市比重 24.31%。十年后，到 2005 年，新区实现生产总值 1623.26 亿元，同比增长 19.8%，比 1999 年提高 3.47 倍，占天津市比重达到 43.9%，完成新区"十五"计划的 134%，大大超过"十五"计划的目标。

在加快经济增长的同时，新区着力进行了经济结构的全面调整，促进产业结构逐步高级化，推动资源的优化配置。经过多年的招商引资、投资建设，新区已初步培植高技术产业群，高新技术企业达 512 家，形成以企业为核心的 5 个产业群，它们分别是，摩托罗拉、通用半导体、三星集团、松下电子、三井高科技等为主的电子信息产业群，以霍尼韦尔、梅兰日兰、SEW、SMG 等主体的光电机一体化产业群，以诺和诺德、史克必成为主的生物医药产业群，以 PPG、三环乐喜为主的新材料产业群，以统一工业、劲量电池为主的新能源产业群。

在外来工业快速发展的同时，工业企业得到了很好的改造。大沽化工厂、天碱、天津化工厂等大企业以发展海洋化工、石油化工为目标，生产烧碱、聚氯乙烯树脂、环氧丙烷、聚醚、液体氯等多种产品的综合性大型氯碱企业。"红三晶""红三角"等品牌商标被国家工商总局认定为"中国驰名商标"。

（二）港口发展

进入 20 世纪 90 年代，天津港直面市场竞争，不断拓展经营空间，先后开创出沿海港口中的数个"第一"：兴建了我国第一家商业保税仓库，开创了我国港口保税贸易业务发展的新模式；合

资成立了国内首家中外合营码头公司，开创了国有码头与外商合资合作经营的先河，实现了港口的经营管理与国际接轨；率先进行港口企业股份制改造。1996 年，"津港储运"股票正式在上交所挂牌交易，天津港率先成为中国第一个上市港口。"津港储运"成为全国港口第一家上市公司；开通了我国第一个港口 EDI（Electronic Data Interchange）中心，加快了我国港口信息化发展的进程。吞吐量以每年 1000 万吨的速度攀升，至 2001 年吞吐量达亿吨，奠定了中国北方第一大港的地位。此外，为了适应国际船舶专业化、大型化的发展趋势，天津港加快深水航道和码头的建设，陆续建成了专业化的石油化工、煤炭、焦炭、金属矿石和大型集装箱码头，启动了南疆散货物流中心开发建设。

进入 21 世纪后，天津港形成了以集装箱、原油及制品、矿石、煤炭为主的"四大支柱"货类，以钢材、粮食等为主，成为货类齐全的综合性国际大港。同时天津港还是我国最大的焦炭出口港，第二大铁矿石进口港，中国北方集装箱干线港，并已跻身全国油品大港行列。天津市委市政府高度重视天津港发展对城市的带动作用。2003 年市政府召开了天津市港口建设工作会议，制定了《关于进一步加快天津港发展的若干意见回复》，举全市之力，推动天津港加快发展。2005 年，天津港货物吞吐量完成 2.41 亿吨，完成集装箱吞吐量 480.1 万标箱。

港口配套项目建设加快，国际贸易与航运服务中心、北港池滚装码头等项目相继竣工，东疆港区造陆 4 平方千米，25 万吨级深水航道、北疆集装箱物流中心、南疆散货物流中心等工程稳步推进。保税区国际贸易、保税仓储和物流分拨三大功能进一步增强，进出

区货运总值 187.6 亿美元，进出口总额达到 81.47 亿美元。完成营业收入 242.2 亿元，物流企业实现增加值 62.5 亿元。临港工业区填海造路已围合 12.1 平方千米，7 平方千米达到"三通一平"。

（三）城市规划建设

在加快港口建设的同时，在滨海新区滨海委的协调下，滨海新区加大城市对外通道和道路支撑基础设施建设，2005 年天津滨海国际机场全年运送旅客 215 万人次，运输各类货物 9 万吨。为加大对外航运能力，启动了天津机场一期工程。在滨海委统筹下，滨海新区开始编制第一个滨海新区总体规划和道路基础设施专项规划，启动了海滨大道、集疏港通道一二期、津滨大道、津滨轻轨、滨海公交、立交桥等，加快对外交通疏港，中心城区与滨海之间、塘沽与开发区之间的联系。

同时加快新区社会事业发展，开发区建成了服务中心泰达心血管医院、泰达足球场、图书馆、南开泰达学院及泰达中小学。2005 年开发区常住人口达 10 万人。塘沽区也加快城市建设。塘沽碱渣山建成了紫云公园，实施了海河外滩公园改造，建设了塘沽大剧院、博物馆等设施。新区社会事业得到发展。

（四）行政体制演变

2000 年，在领导小组办公室的基础上，滨海新区工委和管委会成立，全面负责新区的规划、产业布局、基础设施建设，各功能区以管委会形式组织本区域发展，由滨海新区管委会统一进行协调、领导。滨海新区工委、管委会的成立对实现十年基本建成滨海新区的目标和滨海新区被纳入国家发展战略发挥了重要作用。

第四节　滨海新区近十年来取得的成绩

2006 年国务院下发了《关于推进天津滨海新区开发开放有关问题的意见》（国发〔2006〕20 号），标志着滨海新区正式上升为国家战略，20 号文件进一步明确了滨海新区开发开放的重大意义、指导思想、功能定位和重大任务。

按照党中央、国务院的部署，在国家各部委的大力支持下，天津市委市政府举全市之力建设滨海新区。经过不懈的努力，滨海新区开发开放取得了令世人瞩目的成绩，以行政体制改革引领的综合配套改革不断推进，经济高速增长，产业转型升级，经过"十一五""十二五"两个五年计划，今天的滨海新区与十年前相比有了沧海桑田般的变化。

一、经济社会发展

2006 年滨海新区被纳入国家发展战略之后，滨海新区进入了跨越式发展的新阶段。2006 年，新区不断壮大电子通信、石油开采、汽车制造、现代冶金等支柱产业，培育和发展医药、航空航天、新材料等高新技术产业。一些大项目如大乙烯、大炼油、空客 A320 等龙头项目开工建设。

2010 年党中央、国务院批准滨海新区，进行行政体制改革，撤销塘沽、汉沽、大港三个行政区，标志着滨海新区的开发开放进入了新的阶段。"十二五"期间，滨海新区经济社会呈现快速稳步发展，地区生产总值由 2010 年的亿元增长到 2015 年的 9300 亿元，增长 1.1 倍，年均增长 21.6%；财政一般预算收入增长到 878 亿元，年均增长 29.2%；社会消费品零售总额增长到 1158 亿元，年均增长 20%；外贸进出口总额达到 894 亿美元，年均增长 19.5%。累计固定资产投资 1.65 万亿元，年均增长 21.1%。累计实际利用外资 364

亿美元，年均增长 17.9%；累计实际利用内资 2203 亿元，年均增长 30.3%。

到 2015 年，滨海新区全区生产总值 9270.31 亿元，增长 12.8%，是 2006 年的 5 倍，占天津全市比重达到 56%。规模以上工业总产值 1.55 万亿元；公共财政收入 1182.93 亿元，增长 15.0%。全社会固定资产投资 6020 亿元，增长 14%。社会消费品零售总额 1197.1 亿元，增长 4.4%。实际利用外资 138.2 亿美元，增长 12.1%。实际利用内资 1071 亿元，增长 20%。

功能区支撑作用日益增强。开发区生产总值年均增长 21.9%，东区加快推进产业升级，西区完成整体开发，南港工业区一批项目竣工投产。保税区生产总值年均增长 25.1%。滨海高新区生产总值年均增长 27.4%。先进制造业聚集效应显著增强。累计实施 566 项重大工业项目，全区工业总产值突破 1.62 万亿元，比 2009 年增长 1.2 倍。

八大优势产业发展势头良好。八大优势产业占全区工业比重达到 90%，汽车及装备制造规模突破 5000 亿元，石油化工突破 3300 亿元，电子信息突破 2600 亿元，粮油轻纺突破 1600 亿元，航空航天、新材料新能源等战略性新兴产业突破 1500 亿元。建成 5 个国家级新型工业化示范基地。培育超百亿级企业集团 21 个，其中超千亿级企业集团 3 个，126 家世界 500 强外资企业落户。

科技创新能力不断提升。积极推进国家创新型城区、国家知识产权试点城区、国家 863 计划产业化伙伴城区建设，实施国家重大科技项目 110 项，"天河一号""曙光星云"超级计算机等一批国际领先水平的科技成果投入使用，14 项成果获国家科技奖。建成 7 个国家高新技术产业基地、10 个行业技术中心、15 个产业技术联盟，新增 96 家国家级和省部级工程中心、企业技术中心和重点实验室。

大力实施科技小巨人计划，科技型中小企业达到 1.4 万家，小巨人企业 715 家，上市科技企业 26 家。有效专利 2.3 万件，比 2009 年增长 3 倍。科技进步对经济增长的贡献率达到 61%。新增中国驰名商标 15 件、市级著名商标 131 件、市级名牌产品 72 个。

服务业发展步伐加快。以 10 个服务业聚集区为载体，实施重大服务业项目 550 项，服务业增加值年均增长 18.3%。90 座商务楼宇投入使用，98 座加快建设，总部企业达到 245 家。建成滨海国际会议中心、滨海一号酒店、泰达时尚天街等一批商贸服务设施。2013 年旅游接待量突破 1750 万人次，综合收入达到 115 亿元。

9 个国家级文化产业基地初具规模，成功举办了四届滨海生态城市论坛暨博览会、中国天津滨海国际文化创意展交会和两届中国国际直升机博览会，以及一大批国际性重大会展活动。

航运物流业快速发展，天津港贸易往来扩大到 180 多个国家和地区的 500 多个港口，内陆无水港增至 23 个。港口旅客吞吐量超过 25 万人次。天津港吞吐量达到 5.4 亿吨，集装箱 1400 万标箱，邮轮母港的客流量超过 40 万人次，天津滨海国际机场年吞吐量突破 1400 万人次。

经过十年的发展建设，滨海新区作为高水平的现代制造业和研发转化基地、北方国际航运中心和国际物流中心的功能正在逐步形成。

二、城市建设

十年来，滨海新区的城市规划建设也取得了令人瞩目的成绩，城市建成区面积扩大了 130 平方千米，人口增加 130 万。完善的城市道路交通、市政基础设施骨架和生态廊道初步建立，产业布局得以优化，特别是各具特色的功能区竞相发展，一个既符合新区地域

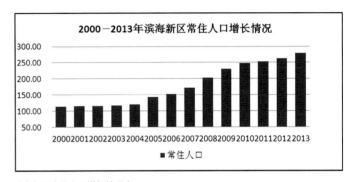

滨海新区常住人口增长情况表
资料来源：滨海新区统计年鉴

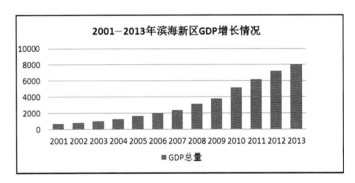

滨海新区历年国民生产总值增长情况表
资料来源：滨海新区统计年鉴

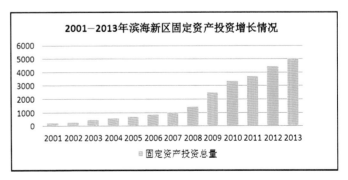

滨海新区历年固定资产投资增长情况表
资料来源：滨海新区统计年鉴

City
Region Towards Scientific
Development
走向科学发展的城市区域

天津滨海新区城市总体规划发展演进
The Evolution of City Master Plan of Binhai New Area, Tianjin

特点又适应国际城市发展趋势、富有竞争优势、多组团网络化的城市区域格局正在形成。

2006 年滨海新区上升为国家战略以来，城市建设突飞猛进。2009 年滨海新区正在部署实施"十大战役"，形成了建设新高潮。十大战役重点在于加快滨海新区重点地区的建设。包括加快滨海核心区、响螺湾和于家堡中心商务区、南港工业区、轻纺工业园和生活区、东疆保税港区及其生活配套区、北塘片区、临港工业区、西部片区、中新天津生态城、滨海旅游区及中心渔港的建设。

目前，核心区全面推进 53 平方千米的建设，完善一批行政、文化设施，推进绿化、亮化、美化，打造现代化城市新亮点。响螺湾和于家堡中心商务区建成多座高层楼宇，金融创新基地建设初现成效。各功能区形成了启动一片、开发建设一片、收益见效一片的良好态势。开发区东区生活区配套完善。空港商务园建成运营。渤龙湖总部基地基本建成，未来科技城基础设施加快建设。东疆保税港区 10 平方千米整体封关运作，注册各类企业超过 1600 家。中新天津生态城起步区 8 平方千米基本建成，成为全国首个绿色发展示范区，国家动漫园、3D 影视园等产业园区进展顺利。临港经济区完成造陆 120 平方千米，双向 10 万吨级航道竣工通航。中心商务区 7 栋商务楼宇建成使用，铁狮门金融广场、罗斯洛克金融中心等一批楼宇加快推进，滨海商业中心开工建设。滨海旅游区完成 21

滨海新区响锣湾商务区

开发区金融街

滨海新区生态城

开发区现代产业服务区

平方千米土地吹填,5平方千米起步区初具规模。海洋高新区、轻纺、北塘、中心渔港等经济区保持良好开发态势。

生态建设全面推进。突出生态建设和环境治理,全面实施"美丽滨海一号工程"。开展大规模市容环境整治,2013年整修道路101条、社区91个、治理河道152千米、新增城市绿化2750万平方米、新建改造公园20个,建成区绿化覆盖率达到35%,城乡面貌发生显著变化。创建2个国家级绿色社区、5所绿色学校和5个国家生态镇。积极推进"四清一绿"行动,2014年完成空气污染治理任务270项、主要污染物减排项目88个,治理河道152千米,清整村庄91个,新建提升绿化560万平方米。官港郊野公园对外开放,独流减河郊野公园一期、北三河郊野公园起步段和响螺湾彩带公园二期工程全面完成。

城市配套设施建设不断优化。加快推进"十大民生工程",建设50个重点项目,对接公共服务优质资源。滨海国际机场T2航站楼、地下交通中心、地铁2号线机场延伸线投入使用。集疏港铁路进港三线、南港铁路加快建设、京津城际延伸线、于家堡高铁站基本建成。2014年建成天津师大滨海附小、大港福春园中学和汉沽三中,天津实验中学滨海学校、南开中学滨海生态城学校建设进展顺利,耀华中学滨海学校落户中心商务区。第五中心医院建成三级甲等医院,被授牌为北京大学滨海医院。天津医科大学空港国际医院、中新天津生态城医院、区公共卫生服务中心一期工程等项目主体竣工,天津医科大学总医院滨海医院开工建设。文化惠民工程建设良好,提升改造5个文化场馆,建成10个全国一级街镇文化站。11个街镇服务中心建成使用,新建提升173个社区服务站,建成示范社区20个。

三、港口发展

近十年来,天津港步入了历史上发展速度最快、发展质量最好、各项工作齐头并进的黄金时期。面对经济全球化的发展趋势,天津港主动把自身发展与提高区域经济的国际竞争力的大格局要求紧密结合,提出并实现了"世界一流大港"的战略构想,完成了由天津港务局向天津港集团公司的整体转制,实现了政企分开,启动了全国规模最大的30平方千米东疆人工港岛建设,加快转变经济发展方式,以发展四大产业为抓手深化调整产业结构,积极推进港口转型升级,逐步完成了由"国内领先"向"世界一流"的跨越,在世界港口的地位和影响力大幅提升,对城市和区域经济发展的辐射力、带动力不断增强。

四、重要工业企业发展

(一)天津碱厂

2008年渤海化工集团启动搬迁。2010年10月6日天津碱厂氨碱系统停工,标志着老厂区各装置有序停工退出生产。2013年12月31日,天津渤海化工集团有限责任公司以天津碱厂为基础,吸收天津长芦海晶集团有限公司、天津长芦汉沽盐场有限责任公司和天津市津能投资公司增资扩股改制组建天津渤化永利化工股份有限公司。

(二)天津化工厂

2016年3月5日,天津化工厂烧碱厂单级离子膜机组停车,这标志着天津渤天津化工厂工有限责任公司搬迁工序正式启动,也标志着耗资290多亿元的"两化"搬离人口密集区的计划正式拉开帷幕。

(三)大沽化

2010年在渤海化工园,50万吨/年苯乙烯项目在2010年1月21日顺利对接天津百万吨乙烯装置送出的乙烯后,于2010年1月22日一次开车成功,产出合格的苯乙烯产品,如期实现与百万吨乙烯项目对接的目标。该项目标志着渤海化工集团有限责任公司拥

City
Region Towards Scientific
Development
走向科学发展的城市区域

天津滨海新区城市总体规划发展演进
The Evolution of City Master Plan of Binhai New Area, Tianjin

有了世界领先水平的苯乙烯生产企业，同时填补了天津市产品的空白，延伸了石化产品链。该项目采用引进的乙苯脱氢工艺，具有世界领先地位。

（四）大港油田

1999 年 6 月，大港油田集团有限责任公司核心业务与非核心业务分开，核心业务（油气勘探、加工销售）改组为上市公司，称为"中油股份公司大港油田分公司"；非核心业务（钻井、修井等施工作业技术服务、机械产品加工销售、生活后勤医疗教育文化娱乐等）作为存续企业，仍然沿用大港油田集团有限责任公司的名称。从 2002 年开始，大港油田开展了大港油田南部海滩油气富集规律与预探的课题研究，利用自主创新的三维可视化等探测技术，优选出目标区，为大港油田加快近海石油勘探奠定了基础。2006 年课题研究取得重大突破，在大港附近海域探明原油储量三千多万吨。2007 年底大港油田集团有限责任公司钻井、测井、录井、定向井业务与华北油田相关单位组建为渤海钻探公司，大港油田集团有限责任公司所属其他单位与大港油田公司整合。整合后的大港油田原油年生产能力 510 万吨，天然气年生产能力 5 亿立方米。

五、行政体制改革

从 1994 年天津设立滨海新区开始，管理体制一直是新区面对的课题。多年来形成了功能区着重经济发展，行政区负责社会事业的格局。2006 年滨海新区被纳入国家发展战略，国务院 20 号文件明确提出滨海新区要深化行政管理体制改革，推进管理创新，建立统一、协调、精简、高效、廉洁的管理体制。

2009 年 10 月 21 日滨海新区启动第一轮行政管理体制改革，经党中央、国务院批准撤销塘沽、汉沽、大港行政区，建立滨海新区行政区，但同时组建两类区委、区政府的派出机构：一类是城区管理机构，成立塘沽、汉沽、大港三个工委和管委会；另一类是

12 个经济功能区党组和管委会。

在市委市政府统一领导下，在新区工委、管委会组织下，新区改革工作顺利进行，召开了新区第一次党代会、第一届人大政协会。2010 年 1 月 11 日，新区政府挂牌成立，标志着滨海新区不再是一个经济区，而是一个独立的行政区。

滨海新区行政管理体制改革重点包括四项内容：一是建立统一的行政架构。撤销滨海新区工委、管委会；撤销塘沽、汉沽、大港现行建制；建立滨海新区行政区，辖区包括塘沽区、汉沽区、大港区全境；东丽区和津南区的部分区域，不划入滨海新区行政区范围，仍为滨海新区产业规划区域。二是构建精简高效的管理机构，建立滨海新区区委、区人大、区政府、区政协，由市委副书记兼任滨海新区区委书记，同级机构比原有三个行政区大幅度精简。三是组建两类区委、区政府的派出机构。一类是城区管理机构，成立塘沽、汉沽、大港三个工委和管委会，主要行使社会管理职能，保留经济管理职能；另一类是功能区管理机构，成立九个功能区党组和管委会，主要行使经济发展职能。四是形成新区的事在新区办的运行机制，赋予新区更大的自主发展权、自主改革权、自主创新权。此次行政体制改革正式成立了滨海新区政府，实行一级政府管理，改变了原有多头、分散的发展局面，建立了统一、协调、精简、高效的新管理体制，新区进入新的发展阶段。

2013 年滨海新区实施新一轮行政体制调整。9 月 26 日，天津市委在滨海新区召开会议，宣布撤销滨海新区下辖的塘沽、汉沽、大港三个城区的工委和管委会，由滨海新区区委、区政府统一领导各个街镇的工作。在新区层面撤销塘沽、汉沽、大港三个城区工委、管委会建制；在街镇层面，以"强街强镇"为目标，将原有 27 个街镇分步整合到 19 个，并对街镇授权、扩权，赋予更多经济社会管理职能；在功能区层面，对原有功能区进行归并整合为 7 个。整合后的功能区精简内设机构，进一步下放管理权限，充实社会管理

职能，扩大其发展自主权。这是 2010 年滨海新区行政管理体制改革的深化和发展。目前，滨海新区不断推进行政领域改革。承接一批市级审批权限和职能事权，大幅精简申请要件，实行重大项目联席会议、联合审批、代办服务等工作制度。先后实施两轮行政管理体制改革，有效整合区域行政资源，建立了"行政区统领、功能区支撑、街镇整合提升"的管理架构，为新区开发开放提供了更加有力的体制机制保障。

行政体制是经济发展的制度支撑，滨海新区的行政体制改革，有利于摆脱体制束缚，释放巨大的体制潜能和更多经济发展活力，为新区在诸多经济领域的创新创造了良好的支撑。有利于进一步协调各支柱产业之间的关系、各个功能区之间的关系，以及经济和生态环境、民生、服务业的关系。作为国家级综合配套改革试验区，滨海新区的行政体制改革将为我国一大批成熟的开发区和功能区的管理体制变革提供借鉴。

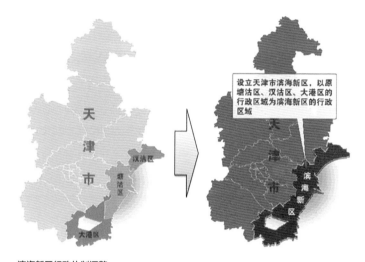

滨海新区行政体制调整
图片来源：天津市城市规划设计研究院

本章小结

滨海新区因河而兴，因海而长，通过研究区位和地理特征，了解城市环境；通过研究建设发展历史、梳理城市脉络，对城市建设背景进行初步认识；通过从新区被纳入国家发展战略以来经济、政治、社会等方面分析，研究新区成立以来各方面的发展变化，取得了非凡的成就，同时也有许多不足亟待解决，这些为今后更好地进行城市规划奠定了基础。

第二章 滨海新区城市总体规划的历程（2006 年之前）

从现有的历史文献资料中，我们可以看到滨海地区的规划作为天津市规划的一部分或作为独立规划始于 20 世纪 30 年代，至 2016 年经过 80 多年的规划历程。可以分为三个阶段：新中国成立前天津与滨海地区的规划、新中国成立后天津与滨海地区的规划、改革开放后滨海新区的规划。从最初作为港口、工业重点发展区域，

到 20 世纪 80 年代形成"工业东移"重点发展滨海地区的总规布局，再到 21 世纪上升为国家战略，滨海新区城市规划实现了跨越发的发展。通过对规划历程进行回顾，加深对滨海新区历史的了解，为滨海新区城市总体规划更上一层楼奠定坚实的基础。

第一节 新中国成立前天津与滨海地区的规划

天津的城市规划可以说至少有 600 多年的历史。明永乐二年，在三岔河口筑城设卫，天津卫城采用的是典型的中国方城的布局。1986 年，第二次鸦片战争后帝国主义列强在海河沿岸建设租界，将西方近代规划引入中国。20 世纪初，袁世凯规划建设河北新区，采用了方格网布局和以中国命名道路的方法。而涉及滨海地区的规划，从现有资料看始于 20 世纪 30 年代。

一、民国初期（1937 年以前）：《天津特别市物质建设方案》

1930 年，天津特别市政府进行《天津特别市物质建设方案》（以下简称为《建设方案》）的公开征选，梁思成和张锐共同拟定的方案获得首选。这是天津近代城市规划史上第一部详细、全面的规划方案，也是中国首次通过竞赛征集并由中国建筑师、规划师设计的城市规划方案。其中谈到了天津滨海地区的规划发展问题。

《建设方案》内容涉及物质基础建设、区域范围、道路系统、分区问题、公共汽车路线计划、路灯与电线、公园系统、海河两岸、公共建筑物、道旁树木种植、航空场站、公共事业监督、自来水、路面、下水与垃圾等各个方面。其最大的特点在于没有避开租界另建新区，而是以整个天津市作为规划基础，做了第一次统一的、完整的城市总体规划，通篇贯彻中国人民反对侵略，要求收回租界的民族精神。第二个特点，规划不仅考虑长远，而且考虑近远期结合和分期实施，不仅从城市总体规划布局上提出方案，而从城市设计角度，在许多分项规划方面，提供可以指导施工设计的具体原则和若干实施的办法，必要的管理规定及资金筹集办法等，增强方案实施的可能性和规划深度。第三个特点，不仅吸收国外近代城市规划的理论与方法，还注意结合中国城市的实际问题，在道路系统、市政工程、功能布局、城市发展方向，以及建筑风格等方面，均明显注意从天津城市实际出发定制规划。由于时代因素和社会状况的限

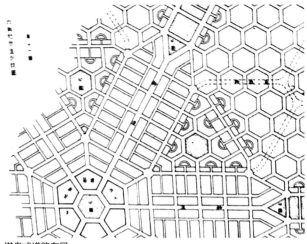

棋盘式道路布局
图片来源：规划展览馆

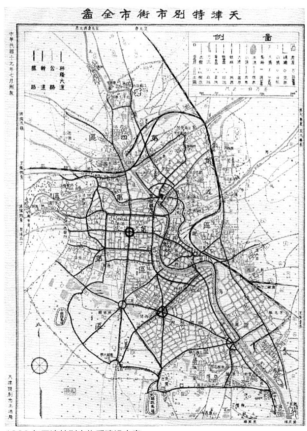

1930年天津特别市物质建设方案
图片来源：规划展览馆

制，这一方案最终未能付诸实施。

《建设方案》对城市定位有清晰的表述，提出近代天津城市应发挥港口职能和经济中心城市的作用，体现了近代城市规划要为促进城市经济发展服务的思想。

在城市规划范围和发展方向上，《建设方案》"主张将天津县全部及宁河、宝坻、静海、沧县四县之一部分，划归天津市""并应将大沽、北塘及海河以南、金钟河以北各十千米，划入特别市范围内……"，并预料"市区域扩大实为时间问题"。但由于当时省、市行政区划分权限种种原因，上述战略性思路未能体现出来。

具体规划范围：北至白庙，东至张兴庄，南至佟楼，西至南北辛庄。规划"天津市人口，在百年内增至200万人"，规划期限50~100年，分期实施计划为50年。《建设方案》中还表达应收回租界，改变不同地块割据局面统一规划的主张，而且体现在各项具体规划方案之中，是制定统一的天津城市规划首先必须具备的指导思想。

《建设方案》把城市功能分区作为规划的首要问题，提出分区之要义即在使各部分自成一区域："居家者既无机声煤烟之苦，而工厂商店等亦可免左右掣肘之患，全市土地亦可利用得宜。"据方案所附分区条例草案，将城市分为八种功能区域，即公园区、第一住宅区、第二住宅区、第三住宅区、第一商业区、第二商业区、第一工业区、第二工业区。草案中还对各种建筑概念与不同区域的建筑要求分别加以说明。

《建设方案》对道路规划"极为重视"，列在分项规划之首位。首先考虑了"本市地势之特殊情形，对原有道路充分利用"，方便市民，"道路系统，不拘一式"。规划城市道路分为主干道、次要道路、林荫大道、内接及公道五种。

《建设方案》规划海河两岸功能，一为设置码头，二为美化城市。此外，还对公共建筑、飞机场等位置及形式提出了具体要求，并建议应将自来水、电车、电灯、公共汽车等公共事业，由市政府

天津市政府
图片来源：《图说天津》贾长华主编

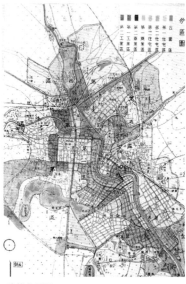

功能分区图
图片来源：规划展览馆

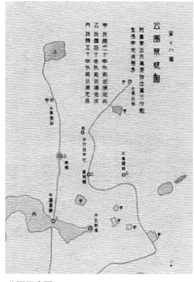

公园示意图
图片来源：规划展览馆

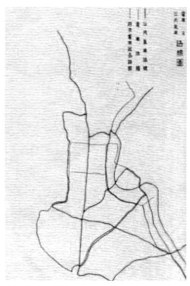

交通路网示意图
图片来源：规划展览馆

收回改为公营，统一管理，增加线路。提出公共交通发展应以公共汽车为主。

二、日本殖民统治时间（1937—1945 年）（华北建设总署）

1937 年"七七事变"华北沦陷。日本帝国主义者根据侵华战略的需要，转变了对华北地区的掠夺方式，由"洗劫"式转变为所谓的"经济开发"策略，设想把天津建设成掠夺华北物资的重要港口，天津成为日本在华北地区重点建设的城市之一。在此期间，日伪政府先后制定了《大天津都市计划大纲》《天津都市计划大纲》《天津都市计划大纲区域内塘沽街市计划大纲》。三个计划的原则、布局、图示基本一致，城市道路系统骨架和用地功能布局划分亦大致相同，作为一个整体相互呼应。

（一）《大天津都市计划大纲》

1939 年，华北日伪当局为适应侵华战略需要，伪华北行政委员会建设总署都市局与有关机关在拟订大港湾建设计划（华北中心大港建设计划）的同时，针对天津特别市、塘沽和海河沿岸地域，绘制了《大天津都市计划大纲》，对港口建设、开凿运河、城市发展、布局安排等均有较完整的规划。

《大天津都市计划大纲》的一个重点在于天津地区的运河航道与交通。规划的新发展地域，重点在海河以北，结合港口布局，港口位置在总体布局中至关重要。《大纲》计划由北塘蓟运河口向西平行海河至天津市区东部程林庄附近，开挖 400 ～ 500 米宽的运河，在运河西头建设内港，运河本身相当于一个带形港，塘沽海口建设海港；在运河海河之间，另规划一条宽约 60 ～ 80 米的河道，由海港直达东郊宝元村，与其规划的市区外环河相连（规划外环河北至天穆村，南至双港，西至今陈塘庄支线，东至王串场、程林庄）。另一个重点是工业区的布置。沿海河与新开运河两侧各布置 1.5 ～ 3千米宽的工业地带；运河北规划为自动车（即汽车）、特种车辆制造厂，连通蓟运河口的炼铁厂和飞机制造场形成重工业区；其他各处布置一般工业，在工业地带适当地段布置街市计划区域（即居民点）；新开运河、海河两条工业带相距 6 ~ 8 千米，布局工业备用地和其他用地，飞机场在东西两头。主旨是将天津与塘沽结合为一体来进行规划，加强天津与塘沽之间的交通能力。在天津、塘沽空间布局有河道、铁路各四条，公路七条相连接。

（二）《天津都市计划大纲》

《天津都市计划大纲》规定天津的城市性质为："大港口城市、商贸中心、大工业地和交通枢纽城市"。完善天津各种基础设施，将其建设成"通华北、蒙疆之大门户"。人口规模计划 30 年后发展到 300 万人，其中市区由 120 万发展到 250 万人，城市用地扩展到 250 平方千米。

城市布局提出："母区以特三市（原俄租界）南部为中心"，沿海河两侧均衡发展，市区划为专用住宅区、居住区、商业区、工业区、混合区，园林绿地及禁止修建范围；市区以东保留 300 平方千米扩建用地，计划辟新市区，并在塘沽和海河适当的地点配置街市计划区域。道路、交通规划中拟定连接塘沽、天津以至北京，及

由天津至沧州、定兴、保定、宝坻、宁河等地为主要放射道路，环状道路设于旧街市外侧；海河两岸拟用桥梁（开闭桥）或隧道相连接；将北宁路（今京山线）北移至金钟河附近平行海河向东南延伸，原市内"迂回部分及天津站均废止之，新站移设于特三区架桥地附近，并与特三区南新街市设置主要站"；于车站前以及市区交通冲繁地区设置广场。计划疏浚海河与其他河流使成为运河，主要码头设在河东区海河沿岸；在市区东部和塘沽各设飞机场一处。

（三）《塘沽都市计划大纲》

《塘沽都市计划大纲》配合港口建设编制。塘沽城市性质确定为"塘沽市区是天津都市区一部分，与新港建设相关联，为水陆交通中心枢纽及工业地带"。据人口规模测算，经过 30 年人口由 6 万人发展到 30 万人，城市用地相应发展到 70 平方千米，其中市区占地 40 平方千米，其余 30 平方千米为绿化区。城市布局确定塘沽发展"以连接塘沽新港计划区域之海河北为主"，延展至南岸；在市区周围、海河沿岸、铁路两侧都保留大片土地。

为达到居住安宁、商业便利、工业集中及安全卫生等目的，对

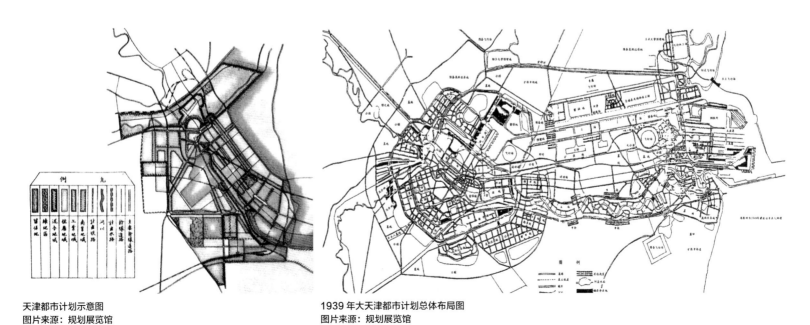

天津都市计划示意图
图片来源：规划展览馆

1939 年大天津都市计划总体布局图
图片来源：规划展览馆

City
Region Towards Scientific
Development
走向科学发展的城市区域
天津滨海新区城市总体规划发展演进
The Evolution of City Master Plan of Binhai New Area, Tianjin

街市用地进行功能划分,分为专用居住用地、商业用地、混合用地、工业用地、绿地和美观用地及禁止建设用地等项。其中,专用居住用地:是高级纯粹的住宅地,以西北部街市内居住地为主,并于其他街市地内适当配置;居住用地:经考虑码头地带、工业及混合地域等关系,配置于交通便利、安全的地区;商业用地:于铁路车站附近及街市中心、副中心等地集中配置,并于干路线或交叉点配置线状或局部的商业用地。混合用地:于铁路车站附近、铁路沿线、码头地带适当配置。工业用地:以城市安全卫生为前提,拟以海河北岸为主,使成带形,并于塘沽车站(今塘沽南站)北侧及京山线东侧的部分地区适当配置。绿地区:配置于城市周围及海河沿岸,形成绿带,用以保存绿地,增益风景,控制城市扩张。美观用地:

于市中心及副中心的广场周围适当配置。禁止建设用地:配置于飞机场周围及铁路沿线的部分地区。

交通设施用地主要包括街路广场、铁路、水路和飞机场。其中,街路广场:为加强新港和市区的联系,在规划铁路线的南北两侧各设干线一条。而干线与各街市的联络,东西干线为铁路南侧旧街市联络干线及现状铁路北侧国道预定干线,并于预定铁路北侧配置街市联络干线后,二线变为向天津方面铁路南北两侧之放射干线。其次为平行京山线北行干线,在东者为向北塘路线,在西侧者为平行铁路路线,此外放射干线于西北方配置二路线,其中一线可与飞机场联络,但与铁路之交叉概以立体交叉为基准而计划之。对于干线要适当配置辅助干线及车站广场,以方便与各街市中心主要设施联

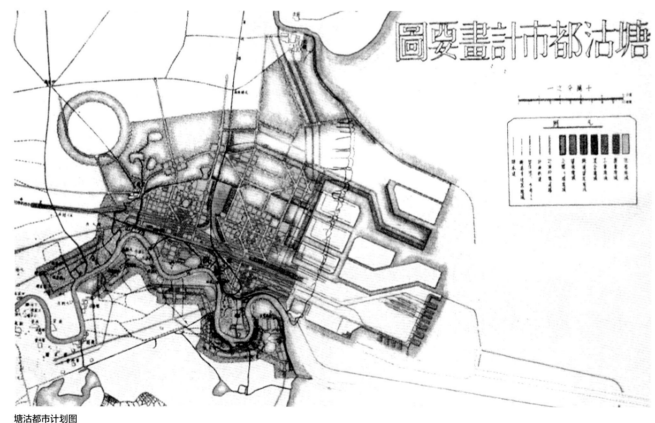

塘沽都市计划图
图片来源:规划展览馆

络。而在海河南部则沿海河配置东西干线，以联络各分散的街市，并以此为基准适当配置辅助干线及交通广场。至于海河南北两岸的联络则暂用渡船，计划将来建设河底隧道。

铁路以京山本线及临港线为主干，于海河北部码头及工业地带配置分歧线岔道线。计划中京山本线将来拟自原新河车站（今塘沽站）西面起，采取新线。而原铁路线及其以北约 700 米，拟作为海河码头地工业地的主要货物线。

水路以海河为干线，并于新街市西北部预先规划好支线，以便将来规划建设工业港时，可以追加码头及货物场。

在市区西北郊外规划直径 2.5 千米的圆形机场，并于周围配置禁止建设地域。

其他公共设施主要为上水道、下水道和排水路及其他如公园、运动场、墓地、火葬场、市场、屠宰场等用地。

上水道水源拟部分采用凿井，工业用水则利用金钟河、蓟河及海河的河水；下水道和排水路：应有全盘的排水计划，然后建设排水设施。在新街市地设置下水道并在其周围设排水路和水池；其他如公园、运动场、墓地、火葬场、市场、屠宰；大型的公园、运动场以及墓地、火葬场计划设于周围绿地内，中小型者则在街市地内系统化配置。市场则分为中央市场和小卖市场，中央市场设于混合地域内，小卖市场则设于混合地域中心附近；屠宰场及家畜市场计划设置于京山线沿线的混合地域内。

都市防护设施主要包括都市防护设施、防水设施两项。都市防护设施根据军事机关的指导，使官署及公共设备、私人设备均得到完善的防护。在街市周围的绿地内配置防空广场，对于街市地内的公园、运动场、广场及其他重要设施的规划，务必要适合都市防护规划；防水设施：新旧街市的规划应能防洪水和涨潮，计划利用铁路路盘及旧街市西部沿海河道路和环状道路共同构成防水堤。

已建的军事设施和已预定的必要之土地均作为保留地。这类用地主要分布在如下地域：塘沽已建街市的西部至新河西南部海河沿岸的一带土地及塘沽兵站码头一带地方；接近塘沽新港的西北部和新街市东部的土地；接连塘沽新港之西北方京山线东部一带的土地；京山线路计划变更所需的带状土地（但线路变更后，由新河站起至京山原线路之间的铁路保留地必要时可编入街市地）；海河南部京山兵站码头对岸之土地；铁路两侧一定宽度间的土地。

（四）塘沽新港规划和建设

《天津都市大纲》出台后，计划在天津与北塘之间开凿运河入海的建港方案因工期长、费用大，加之战争影响，容易被沉船堵塞而放弃，经日本兴亚院决定，拟在塘沽修建新港。1939 年 6 月，日

新港建设图
图片来源：规划展览馆

本在北平设置北支新港临时建设事务局，进行新港筹建工作。1940年7月，该机构由北平移到塘沽，1941年称为塘沽新港港湾局。

塘沽新港选定在海河口以北，塘沽以东，距原海岸线5千米的海面处。筑港工程的原则是：海河航道水浅，新建港区航道，使新港不受大沽沙航道水深限制；筑防沙设施，避免淤泥港区水域；兼顾海河航道的利用，继续发挥天津老港的作用。

主要计划包括：于新港南北筑两道防波堤，形成"钳形"，环抱整个港区水域，抵御波浪、泥沙侵入和东北风的袭击；在南北防波堤间浚挖主航道，东端与渤海相通，西端至船闸与海河相连，长度为13.4千米，宽200米；在修筑航道和港池过程中，把大量泥沙吹填北侧浅滩，形成港口陆域，为施工提供陆地；修筑岸线总长度达10千米的码头；为沟通新港与海河的航道，调整潮位，建设可航3 000吨级船只的船闸；建设由塘沽至新港的铁路及公路，新港工程于1940年10月25日开工，至日本投降时，实际完成工程量仅为修订计划的30%。

三、解放战争时期（1945—1949年）

1945年10月，抗日战争胜利，国民政府接管天津，成立天津市政府，开始进行战后重建。政府下设八局，其中工务局负责市政工程与城市建设，公用局负责管理城市公共事业，地证局进行土地征缴和登记等事务。1946年组建"公共工程委员会"和"都市计划委员会"，制订了"扩大市区计划""分区使用计划"和"道路系统规划"。同年11月，审查"天津市道路系统计划案"。1947年，天津市政府聘请专家制订新市区计划，并成立了新区建设委员会。

1946年，天津市政府从城市整体建设出发，开始由工务局拟定"扩大天津都市计划"，规划主要涉及市区现况、计划区域、分区使用、公用土地、道路系统及水道交通、公用实业及上下水道、实施程序、经费等内容。并拟定了规划扩充市区原则三项：

① 以本市中心区为中心，并以15千米为半径，凡在此半径以内的地域，一律划归本市，但以避免越过原有天津县界为原则；

② 临近前项的重镇或交通轨道，一律划入市区，以便统筹发展，如杨柳青、北仓等；

③ 塘沽为本市对外贸易咽喉，亦宜划入本市，以求配合发展。

拟定"带有全局性的规划"，其主要内容如下。

采用疏散计划制：此项计划之宗旨为引导大部分人口于若干卫星都市，以防止大中心都市之过度密集。此种卫星都市采用田园都市制，具有大都市所有各项设施并保留多量田园地带。人口数量亦有限制，与中心都市皆以高速度交通网密切联系，使市民享

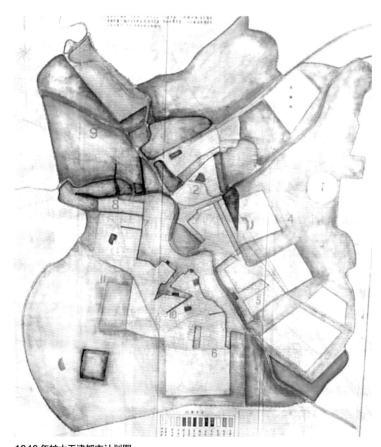

1946年扩大天津都市计划图
图片来源：规划展览馆

有都市及乡村两种幸福，即所谓都市乡村化是也。其形成方法系先在农田市区四周环绕以相当宽度之园林地带，其外即为卫星都市，渐次推近树木之枝干，交相为依，俾全部地区，可以平衡发展。

计划原则：由市中心区所放射之交通干线，并参酌地形分段辟为田园都市。由通入市中心区之主要河流，分段建设带形都市。旧有重镇尽量利用并扩充之。海河下游铁路公路相并行驶，以期交通发达，为本市工业区之理想地带。并为免除工业集中之弊，拟沿河分段为工业区，其外以绿地环绕，再于绿地之间增辟小都市作为工业住宅之用。

在城市分区规划上，拟定的原则是"以河北大经路一带为行政中心区；沿海河两岸辟为大商业区；市区西北部及东南部划为工业区；在旧英、法、日各国租界以西和河北、河东一带划为住宅区"；将旧城西北和北站铁路以东地区划为混合区，给手工业、小商业和城市贫民居住。

1947年，天津市政府以日伪时期华北建设总署在河东开辟"新市区"的计划为基础，制订了天津市"分区使用规划"和"新市区规划草案"。新市区的计划区域：北界六经路，南至市县交界，东界北宁路和复兴庄，西临海河左岸，长约6.3千米，宽约2千米，总面积约5.48平方千米。规划行政区占全部面积的3.5%，商业区占10%，住宅区占29%，混合区占10%，重工业区占11.5%，道路占26%。道路系统以纵横垂直方式为主，另加对角线路，宽度从10～60米分为6级。对上水、下水、公共交通、煤气等公用事业的规划都有所考虑。同年，天津市临时参议会向行政院提出"扩大天津市区的要求"，内容是：

A. "将塘沽、大港、新港等处，划归市辖"；

B. "扩大……行政区域，东起大沽及塘沽新港，南达静海县境"；

C. 在市内增修公路，"加强海口及临近各县与市中心区之交通联络"；

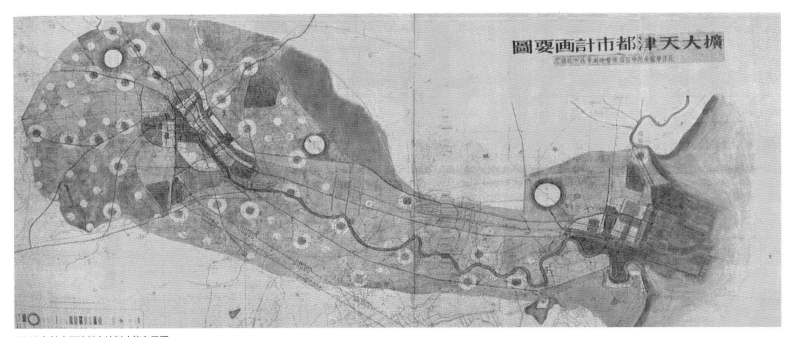

1946 年扩大天津都市计划功能布局图
图片来源：扩大天津都市计划要图

D. "兴修张贵庄飞机场"行政院。

10月16日电令天津与河北省会商，行政院最后决定，新港划归天津事"应勿庸议"，扩大市区事"地方秩序安定后再议"；同意扩大张贵庄机场和增修公路，整个建设计划分三期进行。这一时期"中华民国政府"当局忙于内战，未暇及此，上述规划设想，均未实施。

四、对这一时期规划的回顾总结

这一时期的天津城市规划都提出跨越天津城区的范围，通过新港的规划建设把塘沽片区纳入城市发展的规划，初步明确城市的主要发展方向是沿海河向东。从梁思成、张锐《天津特别市规划方案》，到日本殖民统治时期的《大天津都市计划大纲》，到抗战胜利后的《扩大天津都市计划》，这一思路越来越明确，天津新港的建设使这一规划基本定型。由于新港和塘沽距天津市区50千米，如何规划二者之间的区域是一个必须要回答的问题。《大天津都市计划大纲》将两者作为一个整体来规划，工程浩大，基本不可行。《扩大天津都是计划》套用当时的花园城市理论，在市区与塘沽之间规划卫星城，疏解市中心人口，也与当时的实际情况相去甚远。而现实的塘沽与港口关系问题都不曾提及，港口城市的布局决定了港城矛盾的产生，这是当前我们依然面对的问题。

第二节　新中国成立后至改革开放前天津与滨海地区的城市总体规划

在新中国成立后，1949年9月，天津市成立都市计划委员会，开始城市规划的准备工作。根据城市恢复与建设的需要，建国初期即进行了局部地区或专项工程的规划，如1951年市政建设委员会提出《天津市道路系统计划大纲》，1952年绘制了《天津市道路系统设计图》，为规划管理工作提供了初步依据。

一、天津市城市总体规划第一稿方案的历程

1953年1月，天津市城市建设委员会提出了新中国成立后第一个城市建设初步规划方案、总图和说明文件。该方案旨在把旧天津市由租界分割造成的城市布局混乱、各种设施不成系统的状况，逐步改造成比较合理，有利生产、方便生活的社会主义城市。规划期限为20年，人口规模为250万人，用地规模为186.5平方千米。

市中心选在海河湾第一工人文化宫周围，同时每20万人左右设置一个地区中心，全市共设置10个地区中心。工业布局则根据风向、交通、地形、地质条件等，结合居住用地规划了四个工业区，即海河下游左岸、铁路桥东新开河两岸、新开河—北运河与京山铁路之间以及海河右岸灰堆东南1千米处。城市道路规划为"三环十八射"的环形放射系统。

1954年全国城市建设会议对不同城市确定了不同的建设方针，明确天津为第二类城市，即"尽量利用旧市区，有计划建设新市区，并在扩建中与局部相结合为新工业区服务"。为此，在初步规划方案的基础上用了两年时间，进行了5次不同程度的修改，1956年底提出《天津城市规划要点》和《规划草案》以及方案图纸，规划天津为工业城市。1954年人口为229万，建成区面积为85.7平

方千米。规划期为 20 年，规划市区人口 300 万左右，基本人口占 28%，服务人口占 23%，被抚养人口占 49%，城市用地发展为 230 平方千米。城市路网骨架仍以 1953 年的"三环十八射"为主。

1960 年编制完成《天津城市规划初步方案说明》文件与全套图纸。在编制修订城市总体规划的同时，市建委、计委协同各有关局和各区编制了工业调整远景规划和三年计划。提出了市区、近郊区和滨海的初步规划方案。

1960 年，国家开始进行国民经济调整。通过对天津三年来城市规划工作进行总结，并研究、调整规划方案，明确把天津原单一城市改造为组合性城市，建立卫星城镇，形成市区、塘沽、近郊卫星城、远郊县镇的大布局，提出"压缩改造旧市区，严格控制近郊区，积极发展县镇工业点"的建设发展原则。市区规划为 15～16 个生产、生活紧密结合的生产生活区集团式布局结构，把市区分为旧区和新区，人口规模改为 270～280 万人，用地规模 316.8 平方千米。

1974 年开始进行城市总体规划修编工作，因 1976 年唐山大地震波及天津，修编工作一度停顿。由于震后恢复重建问题突出，原方案在不少方面已不适应形势发展需要。城市规划工作重点转向震灾重建与重新组织编制修订总体规划。在此背景下，由市建委有关部门抽调人员与国家建委组织的城市规划专家工作组一起，在天津震后恢复重建的同时，对天津城市总体规划进行再次编制修订。

二、滨海地区城市规划历程

（一）塘沽区

1949 年 1 月 17 日塘沽解放，成立塘大区。从此塘沽的城市规划工作迅速发展，在配合经济建设、指导城市建设和发挥城市功能等方面起到了积极作用。建国以来到改革开放，塘沽区城市规划工作经历了五个阶段。

第一阶段：1950 年天津市市建委组织有关部门，专门对塘沽区进行了调查研究，并提出了塘沽区建设计划初步意见。塘大工程

处与市建设局测量队合作，测量绘制了塘沽区二千分之一地形图，为编制城市规划提供了地形现状依据。1951 年 9 月，区人民政府召开了塘大区第一次市政建设委员会会议，讨论了城市规划、市政建设计划以及新区开放、旧区改造等一系列问题，基本上确定了海河以北、京山铁路以南包括西厂村、山东路新区一带和新华路、解放路两侧旧区的规划和布局。1952 年 2 月 19 日，塘大区更名为塘沽区，同年编制了规划第二稿，主要解决兴建职工宿舍的选址和详细规划等问题，在工人新村、大沽守一堂东、大沽化工厂前、丹东街和新港办公厅等处新建住宅 3000 余间。这一时期的城市规划工作处于起步阶段，从局部建设规划入手，粗划了各个分区，选定道路走向和确定道路红线等，为今后规划的开展奠定了良好基础。

第二阶段：1955 年以后，城市规划工作范围逐步扩大。1956 年编制了城市近期规划。1958 年为加强对规划工作的领导，成立了塘沽区城乡规划委员会，同年编制了塘沽区第二个五年计划期间城市规划及郊区规划草案，参加了河北省城乡规划展览。与此同时，还编制了部分地段的详细规划，如草场街、福建路、营口道等居住街坊和西北林村居住区等。1958 年后，受"大跃进"思潮影响，对生产发展估计过高，盲目扩大生产规模，导致城市发展失调。紧接着是三年经济困难时期，城市规划工作一度"搁浅"，造成城市建设一度失控，对城市发展产生了消极影响。"二五"计划后，在经济建设上过分强调工业发展，忽视了人民生活和文教卫生、商业服务业等方面的建设，导致生产和生活设施比例失调。这一阶段的城市规划工作虽然具有一定的曲折性，但总的来看，还是向前推进了一大步。几次规划稿与其前一段比较，内容都有所扩大和充实，沿袭了上一阶段规划确定的格局，统筹安排城市发展远景规划，并本着留有充分发展余地的原则，有计划地留出了津塘公路拓宽、海门大桥定址和一些大型公共建筑项目远期设想的用地，为日后的建设提供了方便。这一时期，是塘沽区城市规划工作曲折发展的阶段。

第三阶段："文化大革命"前期。这一时期给城市规划带来

致命的打击。全社会对所谓修正主义的城市规划横加批判，解散了规划机构，下放规划工作人员，规划工作陷入停顿，城市管理制度松弛，城市建设一片混乱。

第四阶段："文化大革命"后期。1973 年随着天津港第三期建设工程的开展，塘沽区城市规划工作又得到了重新起步的时机。天津市规划局积极配合，天津港务局参加，拟定了较完善的塘沽城市总体规划，并得到了市革委会的批准。此次规划贯彻了以农业为基础，以工业为主导，统筹兼顾，适当安排的方针。本着中央提出的三年改变港口面貌的精神和远近结合、分期建设的思想，妥善地安排了港区居住区的建设和港口的各项设施的建设，大力发展渔港，逐步解决好港区与塘沽区同步发展的问题。为了实现上述规划需要，统一领导，1974 年 12 月成立了塘沽、新港建设规划领导小组，协助市革委协调塘沽、新港两方面的建设。1975 年提出了《关于塘沽、新港建设规划意见书》讨论稿，1976 年 5 月塘沽区城建局安排实施。后因唐山大地震的影响，规划实施被迫停止。这个阶段是城市规划重新起步的阶段。

第五阶段：城市规划纳入正轨，走向成熟。随着大规模的抗震救灾，新住宅区的开发，旧市区的重建、改建工作已被提上日程上来。1976 年 10 月塘沽区革委会组织有关部门讨论了北塘、于家堡、长征村和东沽的详细规划。1976 年唐山大地震，震后恢复重建规划。1977 年区革委会报送了《塘沽区总体规划草案》，其要点是强调了港口与城市的关系和协调发展，充分体现了港口城市的发展方向及功能特点。

（二）汉沽区

新中国成立前，汉沽地区丰富的自然资源得不到合理开发利用，生产力发展缓慢。新中国成立后，汉沽地区逐步建成了一个以盐化、化学工业为主体的综合性的滨海工业区。在行政区划上，汉沽区经过多次变化。1958 年，将原天津专区代管县级汉沽市划入天津市，改为汉沽区。1960 年，又将汉沽区划归唐山市，改为汉沽市。1961 年，

汉沽与宁河分设，恢复宁河县。1962 年，撤销汉沽市，复属天津市，改为汉沽区。

汉沽地区曾多次编制和修订城市总体规划，1957 年前后共完成 13 稿，其中重要的有四次。1958 年 8 月编制完成了《天津市汉沽区城市总体规划》，包括了六点主要内容：一是确定了汉沽重点发展海洋化工业；二是拟定了一套规划指标，如居住水平由 2.9 平方米 / 人提高到 4 平方米 / 人；三是确定人口规模远期 30 万人；四是确定用地的功能分区，确定天津化工厂、塘沽盐场四分厂、汉沽化工厂、市北部农场内和河西等 5 处工业区，其中盐场东部迁移，保留西半部，天津化工厂铁路专线远期迁出；五是规划城市道路系统和对外公路交通，提出以新开路为主，开辟新平路、芦汉路、津榆路；六是对于城市给水、排水规划，利用现有沟渠改造后排雨水入河，生活污水农灌，并在汉沽、寨上各建一个自来水厂。

1960 年编制了《汉沽市区域规划》，其内容主要为：① 明确了整个地区的经济发展方向；② 合理配置工业生产力，保证工业和其他各种经济的协调发展；③ 合理配置农业生产力，促进农林牧副渔全面发展；④ 综合安排工业、农业、交通运输、水利动力、建筑基地等各项工程设施的建设并使其互相协调；⑤ 选择城镇、公社、居民点的位置和用地，并拟定其发展性质及人口规模；⑥ 主要经济资源和劳动力的综合平衡。

1976 年编制了《汉沽区震后重建规划》。1976 年唐山、宁河大地震使得汉沽受到了严重破坏，为尽快恢复生产、重建家园，组建了抗震救灾指挥部，编制震后重建规划，1976 年 9 月 16 日区委通过，10 月上报市，11 月市建委批复后启动实施。

（三）大港区

新中国成立后，在党和政府的领导下，大港区人民大力开发荒地，挖渠排涝，改土治碱，使大片贫瘠的低洼盐碱荒地变成了农田。1951 年开挖了独流减河。1953 年修建了大港南围、海挡，将这一地区分成南大港和北大港，南大港开垦种植，北大港成为滞洪区。

经勘探发现本地区有大量的石油资源，国家组织石油会战，为便于组织油田开发，1963年2月2日建立了北大港区，区政府设在洋闸。1971年1月撤销了北大港区并入南郊区。1979年11月6日经国务院批准建立大港区，1980年4月成立区政府。

大港区的规划工作，从1972年开始进行。1975年时规划局提出了《北大港地区总体规划初步设想》，在设想的基础上规划局于1978年编制了《北大港工业城镇规划》。

三、这一时期规划的回顾总结

新中国成立后至改革开放初期，天津市与滨海新区经历了曲折的城市发展历程，城市规划、建设与管理工作也有所起伏。在较为困难和复杂的环境下，规划工作者坚持对全市及滨海地区的全面发展进行长期研究，完成数十稿规划编制，保障城市发展与建设的有序发展。这时期的规划，从天津全市的规划讲，一方面重点在中心城区的规划，另一方面还是坚持对塘沽和港口规划的重视，提出了市区、塘沽、近郊卫星城、远郊县镇的布局。塘沽地区的规划，一直以港口、海河内河航运和天碱、大沽化、中海油等大型工业企业为重点，但对如何解决河流、铁路对城市的分割、规划集中的城市缺乏深入的思考。

1960 年天津市城市规划初步方案
图片来源：规划展览馆

1978 年天津市塘沽城市总体规划图
图片来源：规划展览馆

第三节　改革开放后天津与滨海新区总体规划

一、1986年版天津市城市总体规划（天津市规划设计管理局）

1978年改革开放，天津和滨海地区的发展进入新的历史时期，当时，天津市首先面对的是震后重建。在党中央、国务院的亲切关怀和天津市委市政府的坚强领导下，全市人民共同奋战，震后重建工作取得显著成效，人民生活和生产得到基本恢复。1980年6月中共中央、国务院批准《关于天津市地震后住房及配套设施恢复重建三年规划》，决定从1981年起新建住房650万平方米，配套40万平方米，以及道路、给排水、环境保护、绿化等。同年底，天津市人大常委会讨论通过《2000年天津市城市建设总体规划纲要》和《天津市1980—1983年震后恢复重建及配套工程建设规划》。本着"全面规划、合理调整、统筹兼顾、适当安排"的原则，采取一次规划、分期实施的方法，进行"老六片""五小片"重建。在城市外围兴建了丁字沽、体院北等10个居住区，建设了"三环十四射"道路网和外环线，实施了引滦入津引水工程和煤气化等工程，实施了海河绿化和城市面貌整治，新建天津火车站、古文化街、食品街等，城市功能和形象得到较大提升，成为当时全国学习的榜样。与此同时，在以当时中国城市规划设计研究院周干峙院长为负责人的专家组的指导下，在天津历史规划和新中国成立后二十一稿城市总体规划方案的基础上，按照世界上港口城市由内河港向海港转移的规律，提出了新一轮的城市总体规划。1986年国务院批复天津市总体规划（1986—2000），提出"工业东移""建设滨海地区""一条扁担挑两头"的战略构想，从此明确了发展滨海地区在城市总体规划中的地位，在天津城市规划历史上具有跨时代里程碑意义。

（一）规划背景

1986年版天津城市总体规划编制的另一个重要背景是我国的对外开放。天津是14个沿海开放城市之一，1984年3月26日—4月6日，中共中央召开沿海部分城市座谈会，决定进一步开放14个沿海港口城市，并扩大地方权限，给予外商若干优惠政策和措施。同年7月，天津市政府确定在塘沽东北部，即原塘沽盐场三分厂，开辟经济技术开发区，12月6日经国务院批准，天津经济技术开发区建立，为中国首批国家级开发区之一。同年12月，国务院在批复《天津市进一步实行对外开放的报告》中指出："要充分发挥天津的优势，努力把天津逐步建设成技术先进、工业发达、文化昌盛、商业繁荣的经济中心和国际性的贸易港口城市。"

1985年3月，天津市长李瑞环亲自主持并组织有关部门审查、修订天津城市总体规划。规划提出了《天津城市总体规划方案（1986—2000）》《天津市总体规划方案的汇报说明》专项附件30项和相应的规划图纸，并举办城市规划展览会广泛征求意见。经1985年4月天津市第十届人民代表大会第三次会议审议同意后上报国务院，1986年8月4日国务院批复天津市总体规划（1986—2000年）。

（二）规划主要内容

这一版城市总体规划明确了天津确定城市性质的主要因素，即自然地理条件和城市发展渊源；新中国成立后天津工业有较大发展；港口贸易活动腹地辽阔，涉及京、津两市和河北、宁夏、山西以及内蒙古西部等；港口建设有一定的基础。

综合以上因素确定天津市的城市性质为"拥有先进技术的综合性工业基地，开放型、多功能的经济中心和现代化的港口城市。"

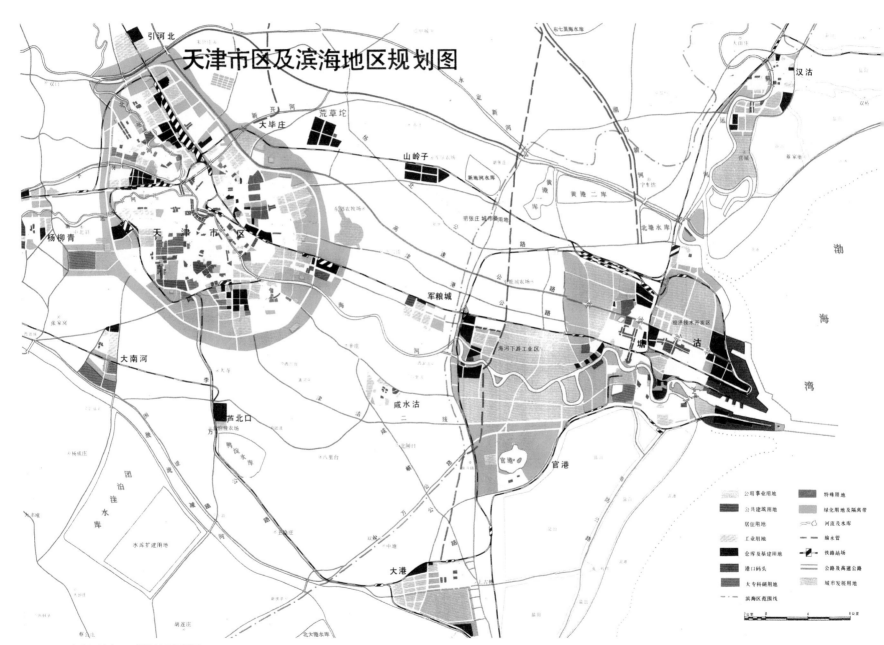

天津市区及滨海地区规划图

1986 年版天津市区及滨海地区规划图
图片来源：天津市城市规划设计研究院

City
Region
Towards Scientific
Development

走向科学发展的城市区域

天津滨海新区城市总体规划发展演进
The Evolution of City Master Plan of Binhai New Area, Tianjin

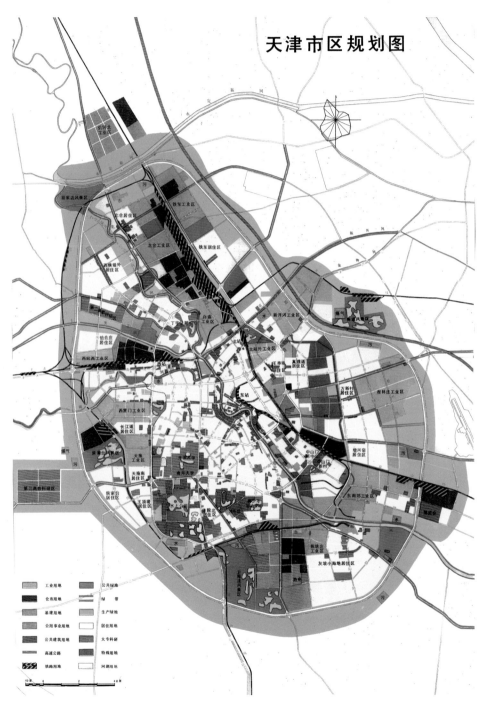

天津市区规划图

1986 年版天津市区规划图
图片来源：天津市城市规划设计研究院

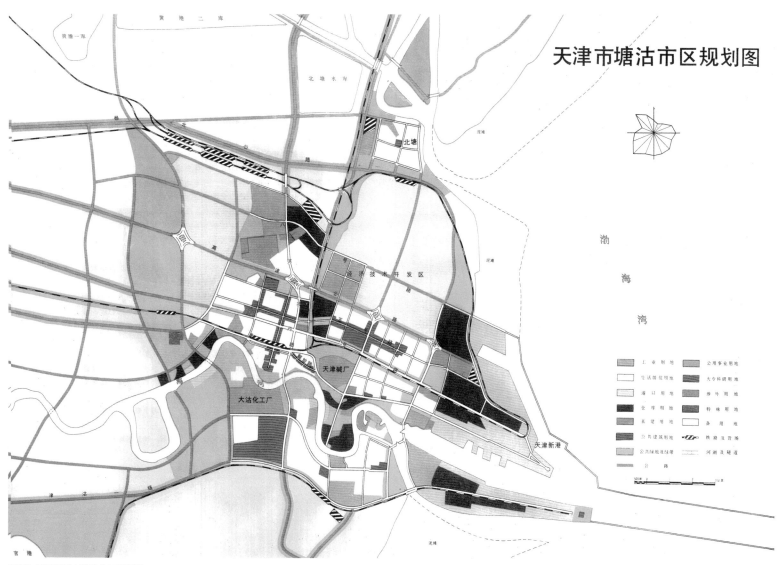

天津市塘沽市区规划图

1986 年版天津市塘沽市区规划图
图片来源：天津市城市规划设计研究院

City
Region
走向科学发展的城市区域
Towards Scientific
Development
天津滨海新区城市总体规划发展演进
The Evolution of City Master Plan of Binhai New Area, Tianjin

其中有三个关键词，工业基地、经济中心和港口城市，最后落脚点在港口城市，也就预示天津未来的城市发展以港口城市建设为重点。规划到 2000 年，全市常住人口控制在 950 万左右，城市用地规模 330 平方千米。

1986 年版城市总体规划是新中国成立后天津城市规划历史上第一个具有法律效力的规划。按照国家制定的《城市规划编制办法》，规划对城市的人口和用地规模进行了专业预测，控制人口规划并按照人均用地指标对用地规划进行了平衡。规划明确天津的发展方向：改造市区；重点开发滨海地区和海河下游；配套建设近郊卫星城；积极扶持远郊县镇。1985 年 4 月，天津市长李瑞环在第十届人民代表大会第三次会议上所做的《政府工作报告》中指出："城市布局的构思，概括起来说就是'一条扁担挑两头'；整个城市以海河为轴线，改造老市区，作为全市的中心；工业发展重点东移，大力发展滨海地区。围绕市区，积极发展极限旅游风景区和卫星城镇，建设群星拱月式的城镇网络。"在城市总体规划里阐明为"以海河为轴线、市区为中心、市区和滨海地区为主体，与近郊卫星城镇及远郊县镇组成性质不同、规模不等、布局合理的城镇网络"体系。

（三）规划涉及滨海地区的内容

滨海地区是天津市今后的工业布局重心。1986 年版总体规划首次明确了"滨海地区"的空间范围：海河二线闸以东，包括塘沽、汉沽、大港三区和宁河县、东郊区、南郊区的一部分，面积约 2300 平方千米。规划对滨海新区进行了布局规划，确定进一步扩大港口规划，充分发挥港口作用；重点开发海河下游工业区；以塘沽市区和港口为依托，积极建设经济技术开发区；相应发展大港、汉沽等城镇。将塘沽建设成为港口城市和滨海地区经济、文化、技术、贸易、金融、信息中心，划分港区、经济技术开发区、塘沽市中心区、塘沽旧市区和北塘五部分，其中市中心区是离开旧市区建设新区。汉沽规划建设成为以海洋化工为主的综合性工业城镇，沿

蓟运河向南发展。大港规划建设成为以石油化工为主的综合性工业城镇。

（四）本阶段的回顾总结

1986 年版天津市城市总体规划有许多规划方法在国内是领先的，如中心城市"三环十四射"的环线放射道路系统，外环线 500 米绿化带与楔形绿地公园，海河作为景观风景轴线等。但这些方法在国外 20 世纪六七十年代是普遍的做法。但工业东移和发展沿海地区却是适合天津城市特点和城市发展规律的，是有预见的战略选择。在规划成果中，除去中心城区的总体规划图外，还包括天津市区及滨海地区规划图、天津市塘沽市区规划图。从塘沽市区规划图可以看出，城区对面、海河南岸是大沽化工厂，城区东部、于家堡以北是天津碱厂，海河南岸依然以码头、仓库、工业为主。从市区及滨海地区规划图中可以看出，滨海地区仍然以塘沽、汉沽、大港、海河下游工业区为主，相互之间的联系规划考虑不多。

应该说，1986 年版规划能够形成比较好的水平，是多年持续规划积累的结果。包括此前二十一稿的规划方案，包括塘汉大的规划积累。党的十一届三中全会以后，随着工作重点的转移，社会主义经济建设进入了一个新的时期。根据全国第三次城市工作会议关于加强城市建设工作的意见，在市与国家规划专家的帮助下，1980—1985 年又连续三次修订了塘沽城市总体规划。到 1985 年，塘沽行政区划面积为 859 平方千米，其中陆地面积 683 平方千米，城区建成区面积 53.8 平方千米。全区人口 40.1 万人，其中城区人口 31.84 万人。全区共有工业企业 164 个，工业总产值 8.5 亿元。工业以制盐、造船、海洋化工、海洋石油开发和机械制造为主。塘沽城区主要交通干道 29 条，67.7 千米，对外公路 6 条。京山、李港、北环等三条铁路。天津港 1985 年共有泊位 39 个，其中货运泊位 34 个，码头岸线总长 7597 米，港口吞吐量为 1856 万吨。

塘沽的规划和发展，包括汉沽、大港规划的积累，都为 1986 年版规划的提升，奠定了坚实的基础。在这版规划中，在滨海地区

除塘沽、汉沽、大港外，还有海河下游工业区这样一个新的规划区域。

海河下游工业区的规划是为了适应天津建设 50 万吨钢管项目（大无缝）和位于中心城区海河边天津钢厂外迁的需要。海河下游工业区的定位以重工业为主，在海河以北重点安排以冶金加工为主的大型工业、仓库和码头用地；海河以南在近期主要安排一些码头和仓库用地；津塘公路南北两侧分别安排共建、科研和生活居住用地。

二、2001 年版滨海新区城市总体规划（1999—2010 年）

1994 年，天津市委市政府提出"用十年左右的时间，基本建成滨海新区"的重大战略决策。同年，市滨海新区领导小组办公室会同市规划局开始组织编制《滨海新区城市总体规划》，并于 1995 年 9 月经天津市滨海新区建设领导小组第五次全体会议原则通过。规划实施几年来，有力促进了新区城市建设经济发展，但由于这是新中国成立后第一次编制新区总体规划，各方面资源比较欠缺，需要做大量工作。因此，规划编制需要不断完善。1997 年国务院批准天津新一版城市总体规划，对天津城市进行了提升，进一步明确了滨海新区的发展方向，结合新区的实际，开始对新区城市总体规划进行提升。到 1999 年，形成了比较完整的《滨海新区城市总体规划（1999—2010 年）》，形成规划文本、图纸及 27 个专项规划。该版规划于 2001 年获市政府批复实施，是滨海新区历史上第一个统一的城市总体规划。

规划界定了滨海新区的范围，与今天作为国家级新区范围基本一致，面积 2 270 平方千米，下分为 350 平方千米城市发展规划控制区和 165 平方千米滨海新区城市建成区。到 2010 年，常住人口 165 万，比 1994 年方案的 200 万有所减少。经过多方案比选，规划提出滨海新区城市性质是：现代化的工业基地、现代物流中心和国际港口大都市标志区。

滨海新区规划依托中心城区发展，以塘沽地区（包括塘沽城区、天津经济技术开发区、天津港、天津港保税区）为中心，向汉沽城区、大港城区和海河下游工业区辐射，形成"一心三点"组合型城市布局结构。以 1 个中心城区、3 个外围城区、3 个中心城镇、14 个一般建制镇构成滨海新区城镇体系。

此次规划主要对塘沽地区、大港城区、汉沽城区、油田生活区、海河下游工业区等城市建设区进行了各类用地的安排，明确了各类产业布局，提出按照产业类型划分为六个功能区和规划建设临港工业区的设想，东疆港区反 F 港池也得到了进一步优化。这一版规划有效指导了滨海新区重点地区的开发建设，并奠定了滨海新区多中心发展的空间架构。这一版规划，是滨海新区第一次获得市政府正式批复的城市总体规划。

三、1996 年版天津市城市总体规划（1996—2010 年）

1994 年，《天津市城市总体规划（1986—2000 年）》实施已近十年，天津市委市政府提出"三五八十"阶段性奋斗目标，结合这一形势，为迎接新世纪的到来，天津市启动城市总体规划修编工作。通过学习借鉴国外最新理论，规划提出了可持续发展、生态城市等理念，并开始使用计算机辅助规划。在继承 1986 年版规划传统的基础上，继续深化完善"一条扁担挑两头"的布局结构，首次提出了"中心城市"的概念。"中心城市"东至海岸线，北至永定新河南堤，西至西部防洪堤，南至独流减河北堤，面积 3 000 多平方千米，进行整体的规划，由中心城区、滨海城区和多个组团组成。在对海河发展轴进行多方案比选的基础上，规划提出了"双心轴向"布局模式，即以海河为轴线，改造老市区，作为全市的中心；工业发展重点东移，大力发展滨海地区，成为天津的副中心。规划预测 2010 年全市常住人口控制在 1 100 万，城市用地 736 平方千米，中心城区和滨海城区城市建设用地规模分别达到 391 平方千米和 165

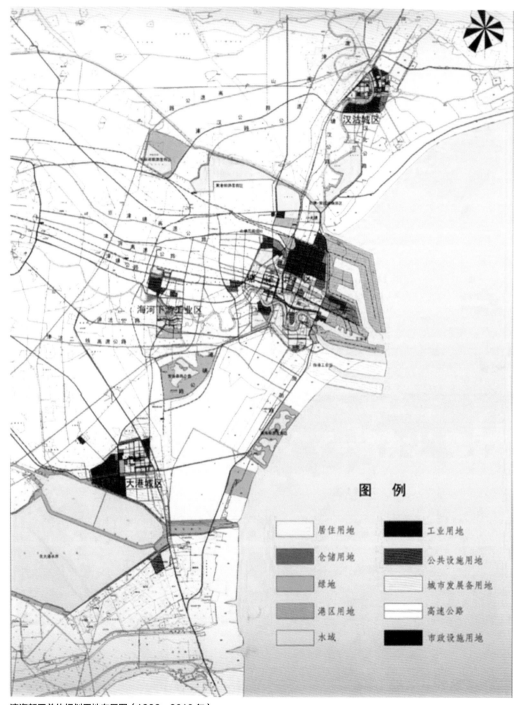

滨海新区总体规划用地布局图（1999—2010 年）
资料来源：天津市城市规划设计研究院

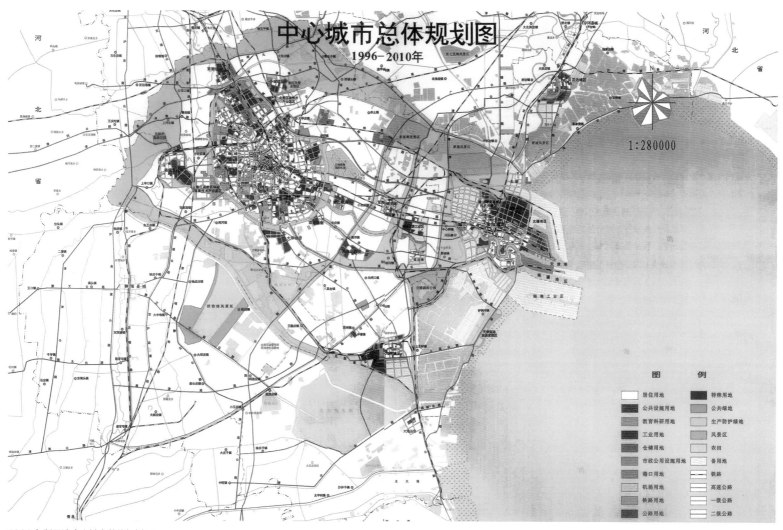

1996 年版天津中心城市总体规划图
图片来源：天津市城市规划设计研究院

平方千米。本版规划 1999 年经国务院批复实施，规划明确"天津市是环渤海地区的经济中心，要努力建设成为现代化港口城市和我国北方重要的经济中心"的城市性质，天津的城市定位得到显著提升。

四、2006 年版天津市城市总体规划（2005—2020 年）

进入 21 世纪，我国经济社会发展和区域开放进入新阶段。1999 年国际建协大会在北京召开，发表《北京宣言》。同年，清华大学吴良镛院士牵头开展了京津冀北空间发展战略研究，并发表了一、二期报告。国家发改委、建设部也分别启动了京津冀都市圈和城镇群规划。为迎接 2008 年北京奥运会召开，区域发展进入新阶段。2005 年，北京、天津先后开始城市空间发展战略的编制和城市总体规划的修编。天津市委托清华大学、中国城市规划设计研究院和天津市城市规划设计研究院进行天津空间发展战略研究。随后，委托中规院开展总规修编，要求站在区域发展的高度"跳出天津看天津"，特别强调滨海新区的发展，对城市总体规划做出相应的调整。

2005 年 10 月，党的十七届五中全会在《中共中央关于制定国民经济和社会发展第十一个五年计划的建议》中提出：继续发挥经济特区、上海浦东新区的作用，推进天津滨海新区等条件较好地区的开发开放，带动区域经济发展。2006 年 3 月，全国人大通过国

家"十一五"规划，规划中将推进滨海新区开发开放作为国家区域发展整体战略的重要内容。2006 年 5 月，国务院下发《关于推进天津滨海新区开发开放有关问题的意见》（国发〔2006〕20 号），滨海新区正式成为国家发展战略，成为全国综合配套改革试验区。2006 年 7 月 27 日，国务院印发《国务院关于天津市城市总体规划的批复》，同意《天津市城市总体规划（2005—2020 年）》。本次总体规划修编体现了区域协调发展的理念。国务院在先行批复的《北京城市总体规划》（2005—2020 年）中，明确北京市全国政治中心、文化中心、国际交往中心、科技创新中心的定位，不再以发展经济为主。而将天津的定位提升为"国际港口城市、北方经济中心和生态城市"。理顺了两个城市的功能互补关系。同时，规划将滨海新区的定位、范围、规模和规划结构等内容纳入了天津市城市总体规划。本次规划修编除考虑区域协调发展和滨海新区被纳入国家发展战略内容外，继续保持了天津城市总体规划良好的延续性的传统，规划深化发展了"一条扁担挑两头"的中心城市布局结构，继续强化中心城市的概念。规划以中心城区和滨海新区核心区为主副中心，构筑双中心组团式布局结构，规划的一个突出特点是从中心城市的层面统筹考虑各专项规划，包括将滨海新区轨道线纳入市域轨道线网规划等。规划预测 2020 年，全市常住人口达到 1400 万人，城市建设用地规模为 1450 平方千米，其中中心城区和滨海新区核心区的城镇建设用地总规模控制在 580 平方千米以内。

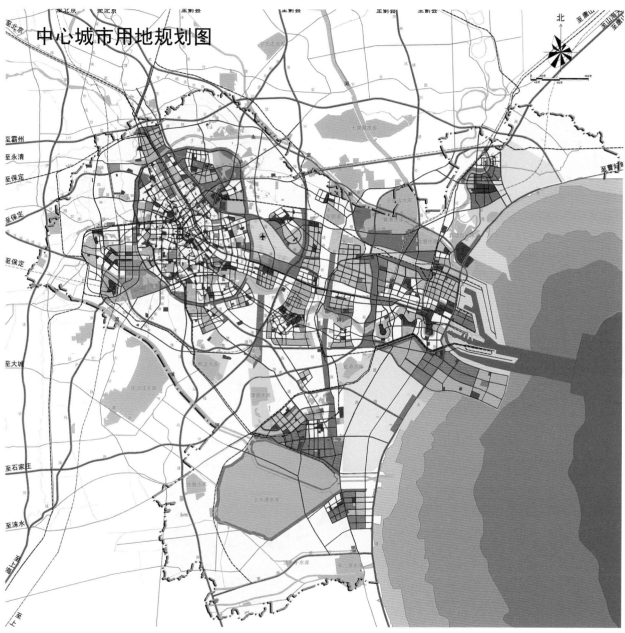

中心城市用地规划图

2006 年版天津市中心城市用地规划图
图片来源：天津市城市规划设计研究院

五、2005 年版滨海新区城市总体规划（2005—2020 年）

经过十余年的奋斗，滨海新区经过快速发展，国内生产总值占天津全市的比重达到 50% 以上，为上升为国家战略奠定了基础。

2005 年初，城市总体规划修编工作启动，首次覆盖滨海新区新划定的 2270 平方千米的全部区域，即包括塘沽、汉沽、大港三个行政区的全部用地及津南、东丽两行政区部分用地。滨海新区城市总体规划于 2006 年初完成，2006 年 2 月 28 日，经市政府 67 次常务会审议并原则通过，要求结合天津市城市总体规划修编，进一步完善。

2006 年 5 月，国务院公布第 20 号文件，确定滨海新区功能定位是：依托京津冀、服务环渤海、辐射"三北"、面向东北亚，努力建设成为我国北方对外开放的门户、高水平的现代制造业和研发转化基地、北方国际航运中心和国际物流中心，逐步成为经济繁荣、社会和谐、环境优美的宜居生态型新城区。

规划提出在滨海新区范围内构建"一轴、一带、三个城区、七个功能区"的城市空间结构。一轴指沿海河和京津塘高速公路的城市发展主轴；一带指沿海城市发展带；三城区指塘沽城区、汉沽城区和大港城区；七功能区指引导产业集聚的 7 个产业功能区，包括先进制造业产业区、滨海化工区、滨海高新技术产业园区、滨海中心商务商业区、海港物流区、临空产业区（航空城）和海滨休闲旅游区。

规划首次突出滨海新区在国家、区域等层面的地位，明确城区规划、交通与基础设施规划、生态环境保护规划和产业发展规划四个重点内容，同时对城市安全问题和京津冀区域协调发展问题进行重点研究。规划采取灵活有弹性、适应未来发展多种可能性的规划对策，着重新区整体的、长远的空间发展，并纳入了微观的、近期的规划内容。

本次规划在落实国家战略、探索发展路径、创新空间布局以及构建生态格局等方面进行了重大突破，改变了上版规划"一心三点"组合式布局，奠定了"一轴一带"新区发展的格局，与上版规划相比，规划增加了临港、滨海旅游区、临空产业区等功能区。预测 2020 年，新区规划常住人口控制在 300 万左右。规划在滨海新区落位重大项目、拉开城市骨架等方面发挥了重要的指导作用。

本章小结

滨海新区现代城市总体规划的历史有 80 多年，可以划分为新中国成立前、改革开放前、纳入国家发展战略前等几个发展阶段。从 20 世纪 30 年代认识到港口和滨海地区对天津的重要作用，到 20 世纪 80 年代天津经济技术开发区的选址和城市"工业战略东移""一条扁担挑两头"大的布局的确立，到 20 世纪 90 年代第一次明确新区范围，统一开始编制规划，直至 21 世纪初从区域和全市角度统筹新区发展，形成"一轴、一带、三个城区、七个功能区"的布局，滨海新区的城市总体规划实现了从无到有、从设想到法定、从简单到系统的跨越发展，并在不断地深化完善中。

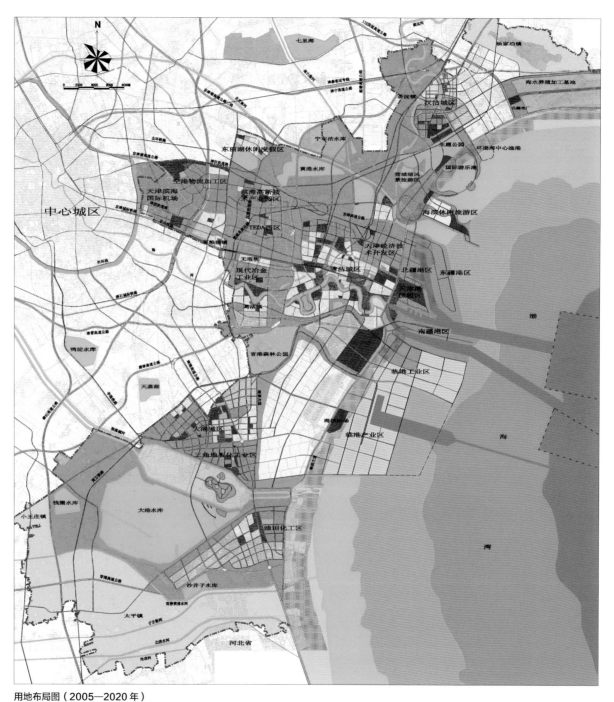

用地布局图（2005—2020年）
资料来源：天津市城市规划设计研究院

City
Region
走向科学发展的城市区域

Towards Scientific
Development

天津滨海新区城市总体规划发展演进
The Evolution of City Master Plan of Binhai New Area, Tianjin

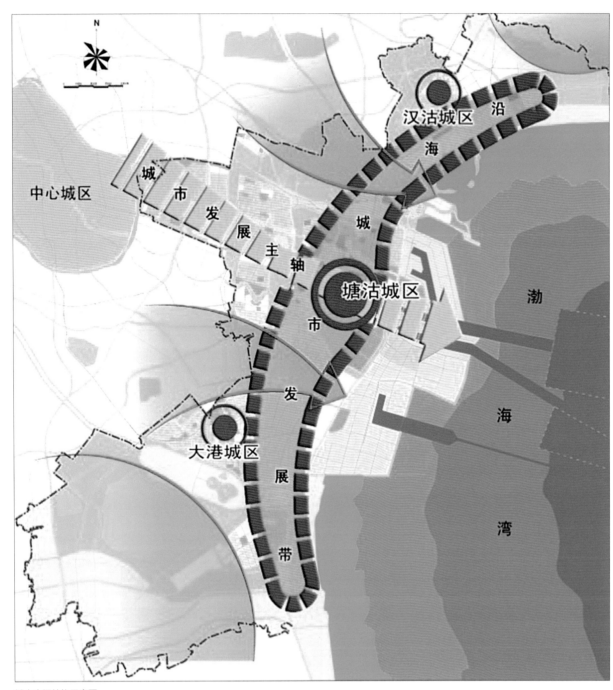

城市空间结构示意图
资料来源：天津市城市规划设计研究院

城镇体系规划图
资料来源：天津市城市规划设计研究院

道路系统规划图
资料来源：天津市城市规划设计研究院

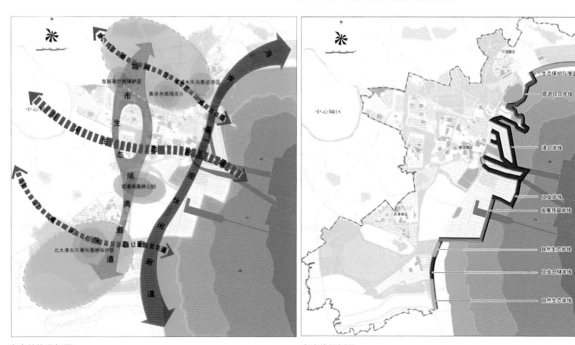

生态结构分析图
资料来源：天津市城市规划设计研究院

海岸线规划图
资料来源：天津市城市规划设计研究院

City
Region Towards Scientific
Development
走向科学发展的城市区域

天津滨海新区城市总体规划发展演进
The Evolution of City Master Plan of Binhai New Area, Tianjin

第三章　被纳入国家战略后规划编制

2006 年，滨海新区被纳入国家发展战略。为落实国务院对滨海新区的战略定位，适应新阶段、新形势下又快又好的发展要求，我们首先组织开展了新设立功能区分区规划及起步区控规的编制，启动了控规全覆盖工作。同时，着手开展新一轮滨海新区城市总体规划编制的前期研究。

2007 年，天津第九次党代会提出了全面提升城市规划水平的要求。2008 年，天津市成立重点规划提升指挥部，集中编制以天津市城市总体规划为龙头的 119 项规划，其中 38 项是滨海新区规划。

新区以城市空间发展战略和城市总体规划为龙头，推动各个层面规划的完善提升。

经过努力，新区空间发展战略和城市总体规划等各项规划高水平编制完成，在城市总体规划的基础上完成了功能区分区规划、专项规划、控规全覆盖、重点地区城市设计等规划编制任务，构建了较为完备的规划编制与管理体系，在新区开发开放过程中发挥了重要的规划引导作用。

第一节　新一轮滨海新区城市总体规划修编的前期准备

2005 年版滨海新区城市总体规划（2005—2020 年）2006 年初编制完成，2006 年 2 月 28 日，市政府常务会审议通过。考虑到滨海新区即将正式被纳入国家发展战略，会议要求结合天津市城市总体规划修编，进一步完善。2006 年 5 月 26 日，国务院发布《国务院关于推进天津滨海新区开发开放有关问题的意见》（国发〔2006〕20 号），滨海新区的开发开放正式被纳入国家发展战略，成为国家综合改革试验配套区。按照国务院对滨海新区的功能定位，以及新区正式被纳入国家发展战略后的新形势、新情况，滨海新区城市总体规划需要进行深化提升。

2006 年 7 月 27 日，国务院批准了新一版天津市城市总体规划（2005—2020 年），其中纳入了 2005 年版滨海新区城市总体规划

的主要内容。因此，在国务院批准天津市规划后，马上开展了新区总规修编不合时宜，而且，滨海新区被纳入国家发展战略，加快发展建设的需求十分迫切。因此，我们首先应做好功能区分区规划、起步区控规的编制工作。在服务重点建设项目的同时，启动了新区控规全覆盖。

当然，我们知道一个高水平的城市总体规划对一个城市的发展是至关重要的，因此，我们一边进行日常的规划工作，一边着手做好城市总体规划修编提升工作。为了做好规划提升工作，我们先期开展了两类前期的准备工作。

一类是委托外脑开展专题研究，其中包括二项研究、五个专题。一是委托中国城市规划设计研究院开展了《深圳特区、浦东新区开

发对天津滨海新区的借鉴》《渤海湾视野下滨海新区产业功能定位的再思考》《滨海新区交通研究》等专题研究工作，希望充分借鉴深圳、浦东的成功经验，探索滨海新区在京津冀区域中的职能与地位；二是委托清华大学开展了《天津滨海新区总体城市设计研究》；三是组织规划分局、易道设计公司和市规划院等单位开展了《天津滨海新区生态系统研究》。另外，临港产业区还委托中规院进行临港产业区定位研究。这些专题研究得出了许多有意义的结论和建议，比如，中规院的研究指出，滨海新区产业发展中缺乏重型装备产业，

发展过于集中于京津塘走廊，提出了应在南部建立新的产业走廊，带动河北南部的发展等有益的建议。

第二类工作是依靠自身力量为主开展课题研究。滨海委和市规划局共同组织，市规划院为主，联合滨海发展研究院等本地机构参与，开展了"天津滨海新区城市总体规划深化与实施研究"。包括多个专题，编撰出版了学术研究小册子《滨海新区规划》，分别报送各部门。

《滨海新区规划》部分成果
图片来源：滨海新区规划和国土资源管理局

City
Region Towards Scientific
Development
走向科学发展的城市区域

天津滨海新区城市总体规划发展演进
The Evolution of City Master Plan of Binhai New Area, Tianjin

第二节　2009 年版滨海新区城市总体规划

一、规划修编过程

经过大量的前期研究和准备工作，结合两年来的新发展和新情况，如中新两国政府合作的中新天津生态城 2007 年落户滨海新区，滨海新区城市总体规划修编时机已经成熟。

2007 年，天津市第九次党代会召开，提出了全面提升天津城市规划水平的要求。2008 年 7 月，天津市成立重点规划编制指挥部，对天津市各层面规划进行完善提升。全市共制定包括天津市城市空间发展战略在内的 119 项重点规划编制任务，其中滨海新区 38 项，包括滨海新区空间发展战略规划和城市总体规划等，占全市编制任务的三分之一。重点规划指挥部采用市重要领导亲自抓、市规划局和政府有关部门集中办公的形式，新区和各区县成立分指挥部，重要领导亲自参与。城市空间发展战略、总体规划、分区规划、城市设计、控规等各层面同时编制，改变了过去先编制上位规划、再顺次编制下位规划的做法，改串联为并联，压缩了规划编制审批时间，促进了上下规划的互动。

天津市城市空间发展战略是整个规划指挥部的龙头项目，由中规院和天津市规划院配合编制。中规院负责了天津市 2006 年版城市总体规划的编制，并负责进行滨海新区三个专题研究，对天津和滨海新区存在的问题有比较深入的了解。经过认真研究总结，明确了天津市空间发展面临的突出滨海新区作用、解决港城矛盾、石化产业布局等重大问题。天津市城市空间发展战略由此确定了"双城双港、相向拓展、一轴两带、南北生态"的总体战略，确定滨海新区"一核双港、九区支撑、龙头带动"的发展策略。明确了全市的"滨海新区龙头带动、中心城区全面提升、各个区县加快发展"的格局。滨海新区空间发展战略、城市总体规划与天津市空间发展战略同步编制，重点解决空间结构、产业布局、港口集疏运、海岸线资源利用等问题，改变了过去塘汉大和各功能区各自为政的局面，真正做到了统一规划。按照天津市城市空间发展战略，在滨海新区空间发展战略的基础上，进行滨海新区城市总体规划编制，在编制过程中，不断审查完善，最终成果于 2009 年 6 月完成。

二、规划审查和审批

（一）领导小组会审查

2007 年天津市第九次党代会后，为加快滨海新区开发开放步伐，举全市之力建设滨海新区，天津市成立了以市委书记张高丽为组长，市长为副组长，市委常委、副市长全部参加的加快滨海新区开发开放领导小组，定期举行会议审查规划，研究决策重大议题。

滨海新区城市总体规划形成阶段成果后，市加快滨海新区开发开放领导小组于 2009 年 4 月 22 日召开专题会议，听取新区城市总体规划及其他重点规划项目汇报。会议指出高水平搞好滨海新区规划，关系到国家战略的实施，关系到全市工作大局，会议原则同意规划方案，要求继续深化完善功能区规划，做好规划保障。

（二）滨海新区工委、管委会审查

滨海新区工委、管委会多次听取了规划编制、审批工作的汇报。2009 年 6 月 8 日，滨海新区管委会主任办公会专题听取了新区总体规划方案，要求滨海新区城市总体规划要与全市空间发展战略相吻合，按程序做好报批和公示工作。同年 8 月 14 日，滨海新区工委召开专题会议，再次听取了新区城市总体规划汇报，要求规划要按照中央和市委的指示要求，做好城市总体规划和土地利用总体规划修编工作，为实现新区科学发展、和谐发展、带动发展、率先发展提供高水平规划保障，经再次审议后上报市政府审批。

（三）专家评审

全市对滨海新区规划工作非常重视，滨海新区城市总体规划方案完成后，2009年6月13日，市规划局聘请国内规划、生态、交通、产业等领域知名的专家学者进行专家评审。聘请的专家有：两院院士、中国城市规划学会的理事长、原建设部周干峙副部长，国家住房与城乡建设部规划司唐凯司长、国务院参事、原中国规划设计院院长王静霞女士，国务院发展研究中心发展战略区域经济研究部研究员李善同女士，南开大学环境与社会发展研究中心主任朱坦先生，原天津市规划局副局长冯容先生，美籍华人、3E交通体系咨询顾问、北京公交集团高级顾问徐康明先生。周干峙部长熟悉深圳和浦东的规划，在20世纪80年代曾任天津震后重建国家专家组组长，后任天津市规划局局长，对天津情况非常熟悉。王静霞女士和李善同女士也非常了解国家和京津冀地区规划和区域经济情况。朱坦主任长期进行天津的生态环境研究。冯容局长曾任塘沽区副区长，是天津开发区选址组组长，对滨海和天津的规划情况也非常了解。各位专家对全市和滨海新区情况都比较了解，有助于针对规划方案提出科学合理的意见和建议。

时任天津市委副书记、滨海新区区委书记何立峰同志会见专家组并听取意见。专家组组长介绍了规划编制的背景、历程及规划重点内容，强调了港城关系、重化工业布局、功能区整合、海陆功能衔接、盐田利用、生态系统、近远期关系等重要问题。市城市规划设计研究院项目组汇报了滨海新区城市总体规划的主要内容。经过专家组充分讨论和质询、项目组进一步阐述，专家组提出控制规划期内建设规模、加快第三产业发展、优化功能区布局和定位、强化天津港地位、细化轨道交通布局、加强区域生态系统建设、控制围填海规模、增加生活岸线等意见。

（四）征求各部门意见

2009年8月，滨海新区城市总体规划方案按专家意见进行修改完善后，规划再次经新区工委、管委会审议同意，开始向市各委办局、新区塘汉大行政区和各功能区征求意见，并根据意见进一步完善。

（五）邀请部分市人大代表、市政协委员审议

2009年9月，经专家评审、征求各部门意见后，新区总规进一步完善。由于新区不是行政区，没有人大和政协的建制，因此，按照市委市政府的要求，新区邀请了部分市人大代表、市政协委员对新区城市总体规划进行审议，各代表和委员提出非常好的意见和建议。

（六）规划的报批

滨海新区城市总体规划（2008—2020年）经过市滨海新区开发开放领导小组审查、专家评审、征求市有关部门意见、听取部分市人大代表和政协委员意见后，最后按照各方意见修改完善后，总体规划方案2009年9月由滨海新区管委会和市规划局共同行文上报市政府审批。

规划上报后，考虑到滨海新区即将启动行政体制改革，且天津市城市总体规划开始修改，市政府要求待新区行政体制改革完成并与全市城市总体规划进行充分衔接后再行报批，目前按已完成的总体规划成果进行实施。

2009年10月党中央、国务院批准滨海新区行政管理体制改革方案，改革正式启动。2010年1月新区政府挂牌成立，在复杂的改革过程中，新区政府一直十分重视规划工作。按照市政府要求，将新区总规编制内容纳入天津市总规修改。2010年4月，为了满足新区发展的要求，新区政府批准了以总体规划为依据、全覆盖的新区控制性详细规划，保证了城市总体规划的依法实施。

2009 年天津滨海新区城市总体规划专家论证会
资料来源：天津市城市规划设计研究院

第三节　建立以城市总体规划为龙头的规划体系

城市规划是一个完整的规划体系，城市规划要发挥引导作用，首先必须有完整的规划体系。自滨海新区被纳入国家发展战略后，通过十年来有计划地坚持和努力，特别是在市重点规划编制指挥部的统一部署下，完成了滨海新区空间发展战略研究、城市总体规划、控规全覆盖、重点地区城市设计等工作，滨海新区形成了以城市总体规划为龙头的完善的城市规划体系，保证了新区又好又快发展。

一、加快功能区规划和重点地区控规编制，满足快速发展要求

2006 年，滨海新区被纳入国家发展战略伊始，按照国务院 20 号文件中"统一规划，综合协调，建设若干特色鲜明的功能区"的要求，在开发区、保税区、高新区的基础上，又新规划了一批新功能区，功能区规划成为当时亟须尽快完成的任务之一。

通过总结国内外各类开发区规划建设的经验教训，我们决定从城市设计入手，同步编制功能区分区规划和起步区控规，提高功能区的规划设计水平。经过前期准备，2006 年 9 月开始，市规划局滨海分局与各功能区组织了滨海高新区、东疆保税港区、空港保税、滨海旅游区及中心商务区于家堡总体概念性城市设计和核心区、起步区城市设计方案国际征集。征集活动的成功举办，不仅宣传了新区，而且为各区域选定了较理想的城市设计方案，很好地指导了功能区总体规划（分区规划）和控规的编制。与一般开发区先编制总体规划、再编控规相比，新区以城市设计征集为抓手，从中间入手，承上启下，在考虑功能区定位、产额特色的同时，更注重结合基地自然条件，突出功能区空间特色和城市特色，使规划达到较高水平，也压缩了规划编制的周期和时间。

在功能区总体规划（分区规划）和城市设计的指导下，近期重点建设区的控制性详细规划先行批复，各功能区规划编制过程、审批缩短时间，满足了新区实施国家战略伊始、加速建设和招商引资的迫切要求。

二、启动控规全覆盖

控规作为对城市总体规划、分区规划和专项规划的深化和落实，是规划管理的法规性文件和土地出让的依据。2007 年之前，滨海新区分塘沽、汉沽、大港三个行政区，以及开发区、保税区、高新区等功能区，各地自行组织编制自身区域的控规，自行报审，缺乏协调和衔接，经常造成矛盾，突出表现在规划布局、道路、市政管线和设施等方面，而且规划覆盖率比较低，只有建成区，占新区总用地的 30% 左右。为了实现新区统一的规划管理，提高规划水平，满足快速发展的要求，经过 2007 年一年的准备，2008 年初，滨海新区和市规划局统一组织开展了滨海新区控规全覆盖工作，规划依照统一的技术标准、统一的成果形式和统一的审查程序进行。按照全覆盖和无缝拼接的原则，将滨海新区 2270 平方千米的土地进行了控规编制单元的划分，实现全覆盖。滨海新区控规全覆盖编制工作是新区历史上第一次按照统一的技术标准、统一的成果形式和统一的审查程序进行的规划编制活动，历时 3 年多时间的艰苦奋斗，完成了滨海新区 4 个片区、38 个规划分区、250 个规划编制单元的控规编制这一项看似不可能完成的任务，为滨海新区统一管理提供了依据，为城市建设、招商引资和项目落地提供了条件，为新区经济发展、社会进步和环境保护提供了规划保障，在新区的整体发展中发挥了十分重要的作用，具有划时代的意义。当然，由

City
Region
Towards Scientific
Development
走向科学发展的城市区域

天津滨海新区城市总体规划发展演进
The Evolution of City Master Plan of Binhai New Area, Tianjin

于理论水平有限和经验不足，以及时间紧等各种因素的限制，新区控规全覆盖工作中还有一些不完善、疏漏之处，如部分区域控规没有覆盖、对农村等地区的控规深度不够，仍需要在以后的工作中不断完善，但这项工作夯实了新区规划管理体系的基础。

三、重点规划指挥部

天津市委市政府历来高度重视城市规划工作。2005 年初，滨海新区即将被纳入国家发展战略，市政府立即组织开展了新区城市总体规划修编。2006 年，我们组织了功能区总体规划（分区规划）、重点地区城市设计等规划编制工作。但是，要在短时间内建立完善的规划体系，提高规划设计水平，特别是像滨海新区这样的新区，在"等规划如等米下锅"的情形下，必须采取非常规的措施。

2007 年，天津市第九次党代会提出了全面提升规划水平的要求。2008 年，天津市成立了重点规划指挥部，开展了 119 项规划编制工作，其中新区 38 项，占全市任务的三分之一。重点规划指挥部采用市主要领导亲自抓、规划局和政府相关部门集中办公的形式，新区和各区县成立重点规划编制分指挥部。为解决当地规划设计力量不足的问题，我们进一步开放规划设计市场，吸引国内外高水平的规划设计单位参与天津的规划编制。规划编制内容充分考虑城市长远发展，完善规划体系，同时以近五年建设项目策划为重点。新区 38 项规划内容包括滨海新区空间发展战略规划和城市总体规划、中新天津生态城、南港工业区等分区规划，于家堡金融区、响螺湾商务区和开发区现代产业服务区（MSD）等重点地区，涵盖总体规划、分区规划、城市设计、控制性详细规划等层面。改变了过去习惯的先编制上位规划、再顺次编制下位规划的做法，改串联为并联，压缩了规划编制审批的时间，促进了上下层规划的互动。起初，大家对重点规划指挥部这种形式有怀疑和议论。实际上，规划编制有时需要特殊的组织形式，如编制城市总体规划一般的做法都需要采用成立领导小组、集中规划编制组等形式。重点规划指挥部这种

集中突击式的规划编制是规划编制各种组织形式中的一种。实践证明，它对于一个城市在短时期内规划体系的完善和水平的提高十分有效。

经过大干 150 天的努力和"五加二、白加黑"的奋战，38 项规划成果编制完成。在天津市空间发展战略指导下，滨海新区空间发展战略规划和城市总体规划明确了新区发展大的空间格局。可以说，重点规划指挥部 38 项规划的编制完成保证了当前的建设，更重要的是明确了滨海新区的空间发展战略和城市总体规划，夯实了新区建立完善规划体系的根基。

2010 年 4 月，在滨海新区政府成立后，按照市委市政府要求，滨海新区人民政府和市规划局组织新区规划和国土资源管理局与新区各委局、各功能区管委会，再次设立新区规划提升指挥部，继续做好 50 余项重点规划的编制和提升工作，包括 2011 年统筹编制了核心区城市设计全覆盖等重点规划。

四、日常规划编制

当然，一个完整的城市规划体系不是一两次重点规划指挥部、一次控规全覆盖就可以全面完成的。除了重点规划指挥部和控规全覆盖这种特殊的组织形式外，滨海新区政府每年年度预算中设立了规划业务经费，确定一定数量的指令性的规划任务，有计划地长期开展规划编制和研究工作，持之以恒，取得成效。

五、初步形成完善的规划体系

十年后的今天，经过数次重点规划指挥部、控规全覆盖和多年持续的努力，目前，滨海新区初步建立了包括总体规划和详细规划两大阶段，涉及空间发展战略、总体规划、分区规划、专项规划、控制性详细规划、城市设计和城市设计导则等七个层面的完善的规划体系。这个规划体系是一个庞大的体系，由数百项规划组成，各层次、各片区规划具有各自的作用，不可或缺。空间发展战略和总

体规划明确了新区的空间布局和总体发展方向；分区规划明确了各功能区主导产业和空间布局特色；专项规划明确了各项道路交通、市政和社会事业发展布局。控制性详细规划做到全覆盖，确保每一寸土地都有规划，实现全区一张图管理。城市设计细化了城市功能和空间形象特色，重点地区城市设计及导则保证了城市环境品质的

提升。我们深刻地体会到，一个完善的规划体系，不仅是资金投入的累积，更是各级领导干部、专家学者、技术人员和广大群众的时间、精力、心血和智慧的结晶。建立一套完善的规划体系不容易，保证规划体系的高品质更加重要，要在维护规划稳定和延续的基础上，紧跟时代的步伐，使规划具有先进性，这是城市规划的历史使命。

第四节　城市总体规划提升和修编

一、2010 年对总体规划的提升

2010 年 1 月滨海新区管理体制改革完成，滨海新区区委、区政府正式成立，新区进入新的发展阶段。2010 年 3 月胡锦涛总书记再次强调滨海新区要做贯彻落实科学发展观的排头兵，要着力推进滨海新区开发开放，要着力提升城市规划建设管理水平，建成独具特色的国际性、现代化宜居城市。按照胡锦涛总书记对天津和滨海新区工作提出的"一个排头兵""两个走在全国前列""四个着力"和"五个下功夫、见成效""四个注重"等一系列重要指示，以及温家宝总理提出创建"五个区""五个着力""一个加强"的要求，新区"十大战役"全面展开，"十大改革"深入推进，跨入新的历史阶段。在新的形势下，2009 年版滨海新区城市总体规划需要优化提升。2009 年底，天津市启动了《天津市城市总体规划（2006—2020 年）》（以下简称《天津总规》）修改工作，提出了滨海新区城市空间的下一阶段的发展方向和思路。

新区政府成立后，滨海新区在原市规划局滨海分局、市国房局滨海分局及塘沽、汉沽、大港规划分局、国土分局基础上组建滨海新区规划和国土资源管理局（滨海新区房屋管理局），对新区全域的规划、国土、房屋工作统筹管理。2010 年 3 月起，由新区规划

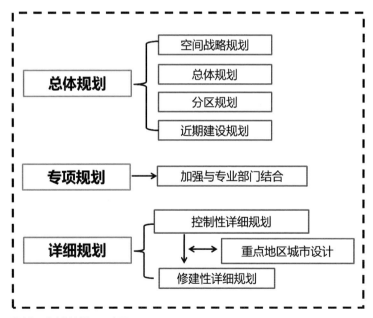

滨海新区规划编制体系示意图
资料来源：天津市城市规划设计研究院

和国土资源管理局牵头组织、市规划院具体承担，作为新区的龙头规划——滨海新区城市总体规划的提升工作全面展开。规划提升工作主要分两个阶段展开：第一阶段，自 2010 年 3 月至 6 月，组织

City
Region
Towards Scientific
Development
走向科学发展的城市区域

天津滨海新区城市总体规划发展演进
The Evolution of City Master Plan of Binhai New Area, Tianjin

开展了指标体系、产业、人口、土地、资源等十个专题的研究，各专题均进行了较为详细的现状调研，并提出专题研究工作方案，为下一步规划编制提供了强有力的技术支撑。第二阶段为规划编制，6—12月完成，到2011年初，基本形成了比较完备的规划成果。规划梳理了空间布局需要统筹、产业功能区布局优化、职住关系组织等方面问题并提出了对策。

2011年1月18日，新区重点规划提升指挥部召开会议，总指挥市委常委宗国英（时任滨海新区区长）、新区相关领导听取了总体规划空间结构优化方案，会议充分认可总体布局优化思路，提出在功能区边界确定、外围农业空间控制等方面进行优化。

2011年4月13日，市重点规划编制指挥部副总指挥熊建平（时任天津市副市长）在市规划局专题听取滨海新区城市总体规划提升工作汇报。规划按照"多中心、多组团"的发展模式，根据"综合分区、有机衔接、明确边界"的思路，提出多个空间布局比选方案，并推荐按"一城、双港、六组团"进行空间组织。按照会议精神，需在功能区与城区空间整合等方面进一步提升。

二、2012年开展城市总体规划修编工作

新区政府成立后，经过一段时间的调整，规划与国土的管理工作逐渐步入正轨。同时，在2008年全市重点规划指挥部组织完成的公共设施专项规划的基础上，新区规划和国土资源管理局与其他委局紧密配合，启动了教育、体育、医疗卫生、民政、市容整治等一系列民生设施的专项规划。随着各功能区分区规划报批、控制性详细规划全覆盖、重点地区城市设计等工作的开展，以总体规划为总纲的城市规划管理体系逐渐成形。

2012年初，经过一段时间的磨合、交接，新区各项工作步入正轨。2012上半年，新区规划和国土资源管理局委托市规划院进行了2009年版城市总体规划的实施评估工作，并进行了大规模的现状调研，形成了《滨海新区城市总体规划实施评估报告》。报告

对2009年版总体规划在提升新区地位、促进经济发展、支撑总体格局等方面给予高度评价，也同时提出在集约利用土地、功能区加快转型、解决港城矛盾、配套设施建设等方面问题仍较突出。

2012年11月，在实施评估的基础上，新区规划和国土资源管理局向区委区政府申请开展新区城市总体规划修编工作，一方面与全市城市总体规划修改工作相配合，同步落实市总规对新区的要求，另一方面也充分发动新区各委局参与此项工作，确保总体规划能够体现各专业设施建设需求。经过区委区政府研究，2012年12月，正式同意开展修编工作，并调动多个委局共同参加，参加部门比2009年更加广泛，规划工作更能反映经济社会各方面的发展需求。同时，总体规划修编工作也纳入了天津市规划局2013年重点规划编制工作任务。经过新区新区规划和国土资源管理局精心组织、市规划院调配骨干力量，成立了总规修编工作小组，进驻市重点规划编制指挥部集中办公。

经过8个多月的奋战，至2013年8月，规划成果基本完成。期间向市规划局、新区区委、区政府及滨海新区重点规划提升指挥部汇报近20余次，规划提出的全域统筹、港兴城兴、优化片区、生态园区等思路受到各层面的一致认同，"一城双港、三片四区"的总体布局被正式写入2014年滨海新区政府工作报告，有效指导了滨海新区的发展建设。

2013年底，滨海新区启动新一轮行政体制改革，重点对区内各功能区、街镇进行整合提升。在总体规划的指导下，滨海新区规划和国土资源管理局组织编制了18个街镇的发展规划，重点落实总体规划对产业布局、发展规模等方面的要求，同时探索土地利用总体规划与街镇规划如何衔接，为下一步全面启动街镇总体规划奠定基础。

三、2015年正式开展新一轮修编

2014年11月，天津市启动了全市"三规统筹"工作，同步开展国民经济和社会发展规划"十三五规划"编制、城市总体规划修

编、土地利用总体规划修编，按规划先行的思路，统筹推动"三规"高水平编制、有效衔接，形成科学、系统、完善的城市发展规划体系。

　　为配合全市的工作，滨海新区自 2014 年 12 月，同步启动新区的"三规统筹"编制的前期工作。其中，重点探索城市总体规划和土地利用总体规划"两规合一"，尝试形成一张图、一个平台统一管理。

　　2015 年初，滨海新区规划和国土资源管理局组织成立了滨海新区"两规合一"项目组，结合国家战略和全市发展要求，开展了

现行总体规划（2009 年版）规划实施评估、五大国家战略对新区的影响、行政区划和空间布局优化、港口布局优化与疏港交通、城市安全等一系列专题研究。2016 年 1 月，经区委区政府批准，滨海新区成立"滨海新区两规合一工作领导小组办公室"，制定了详细的工作安排。根据计划，至 2016 年 7 月，完成"两规"工作成果，并征求有关单位的意见，修改完善后，经专家论证、公众咨询等一系列法定程序后，至 2016 年底完成最终成果，上报市政府审批。

本部分小结

　　滨海新区规划历史比较悠久，规划历程经历了不同阶段，从 1930 年《天津特别市物质建设方案》开始，天津和滨海新区规划一贯强调了港口和塘沽、滨海地区、滨海新区对天津和区域发展的重要作用。1986 年，天津城市总体规划确定"工业东移"和"一条扁担挑两头"的城市布局，再到纳入国家战略后《滨海新区城市总体规划》的编制，符合城市发展、港口随航运大型化向海口转移、大型工业随港口沿海布局各项规律，为天津和滨海新区长远发展奠定了非常好的基础，指明了方向。1986 年以后，天津城市总体规

划经过几轮修编，突出滨海地区和港口发展的主线一直没有改变，大的方向越来越明确和清晰。终于，在 2006 年滨海新区被纳入国家发展战略后，在天津市城市空间发展战略和新区空间发展战略的基础上，滨海新区城市总体规划吸收国内外最新理论，结合新区实际，编制完成 2009 年版城市总体规划，形成了以城市总体规划为龙头的完整的规划体系，指导滨海新区十年来快速发展，滨海新区的规划进入了一个新时代。

第二部分　滨海新区城市总体规划成果（2009—2020 年）

Part 2 The Comprehensive Planning of Binhai New Area, 2009–2020

第四章　滨海新区城市总体规划前期研究成果

为了适应发展形势的需求，全面提升规划水平。自 2008 年起天津市规划局滨海分局组织开展了一系列总体规划修编前期专题研究工作，如委托对深圳和曹妃甸、黄骅规划熟稔的中国城市规划设计研究院开展了《深圳特区、浦东新区开发对天津滨海新区的借鉴》《渤海湾视野下滨海新区产业功能定位的再思考》《滨海新区交通研究》等三个专题研究。委托清华大学开展了《天津滨海新区总体城市设计研究》，委托易道设计公司开展了《天津滨海新区生态系统研究》。这些专题研究得出了许多有意义的结论和建议，对总体规划修编工作的顺利开展奠定了坚实的基础。

第一节　深圳特区、浦东新区对天津滨海新区的借鉴

作为我国在探索改革开放道路上的三个里程碑，深圳特区、浦东新区、滨海新区的发展不仅存在时间上的连续性，而且在内在机制上也存在着继承性，从自下而上的摸索改革过渡到自上而下的统筹改革，从经济改革的深入到制度的创新。在不同的时代背景下三者承担了不同的角色：深圳特区是 20 世纪 80 年代中国区域经济改革开放的拓荒者，其历史意义已远远大于经济意义，象征意义大于实际意义；浦东新区是 20 世纪 90 年代区域经济改革开放的攻坚者，其社会意义、经济意义和示范效应显得更为重要；同时它们又和滨海新区一道成为新时期综合改革的推进者。然而，我国经济增长的"三驾马车"起跑的时间不同、背景不同、自身的功能也不同，因此，三者对于相应经济圈所起的促进作用各异，今后的改革重点也不尽相同。本专题拟通过对深圳特区、浦东新区的发展经验进行多方面的比较研究，以对滨海新区率先基本建成完善的社会主义市场的经济体制，为全国发展改革提供经验和示范，做出相应的建议。

一、深圳经验

1980 年 8 月 25 日全国人大常委会通过颁发《广东省经济特区条例》，对外宣布"在深圳、珠海、汕头三市，分别划出一定区域，设置经济特区"。深圳特区的建设是改革开放后中国区域策略第一步。正是由于特区的建设，深圳成功承载了香港的产业转移，并较好的利用了香港的门户功能。深圳成就了一个全球城市——香港；成就了一个全球化的城市地区和中国南部经济的增长极——珠三角；同时也成就自身作为特大型区域中心城市的崛起。深圳的成功对于坚定我国市场化改革的道路，对于探索市场化道路的经验，都具有重要的作用。

（一）国家支持：先行先试

《广东省经济特区条例》（1980 年 8 月 26 日第五届全国人民代表大会常务委员会第十五会议决定通过）明确规定了深圳经济特区的优惠办法，包括：特区的土地为中华人民共和国所有。客商用地，按

实际需要提供，其使用年限、使用费数额和缴纳办法，根据不同行业和用途，给予优惠，具体办法另行规定。

特区企业进口生产所必需的机器设备、零配件、原材料、运输工具和其他生产资料，免征进口税；对必需的生活用品，可以根据具体情况、分别征税或者减免进口税。上述物品进口和特区产品出口时，均应向海关办理申报手续。

特区企业所得税税率为百分之十五。对在本条例公布后两年内投资兴办的企业，或者投资额达五百万美元以上的企业，或者技术性较高、资金周转期较长的企业，给予特别优惠待遇。

客商在缴纳企业所得税后所得的合法利润，特区企业的外籍职工、华侨职工、港澳职工在缴纳个人所得税后的工资和其他正当收入，可以按照特区外汇管理办法的规定，通过特区内的中国银行或者其他银行汇出。

客商所得利润用于在特区内进行再投资为期五年以上者，可申请减免用于再投资部分的所得税。

鼓励特区企业采用我国生产的机器设备、原材料和其他物资，其价格可按我国当时同类商品的出口价格给予优惠，以外汇结算。这些产品和物资，可凭售货单位的销售凭证直接运往特区。

凡来往特区的外籍人员、华侨和港澳同胞，出入境均简化手续，给予方便。

更加重要的是：1984 年和 1992 年邓小平两次南巡，体现了国家对特区建设的支持，并强化了深圳特区作为中国改革开放的试验场和排头兵的作用。

（二）深圳——珠三角：点—面双向扩展的推动模式

深圳特区设立 36 年以来，从中国南海边一个叫"深圳"的边陲小镇奇迹般地变成了一座初具规模的现代化国际性都市，中国的历史从此进入了一个光芒闪耀的年代。国家赋予深圳经济特区实行特殊的经济政策和特殊的经济管理体制，经过 36 年来的发展，深圳成为我国改革开放的"试验区"，成为中国经济最具活力、发展

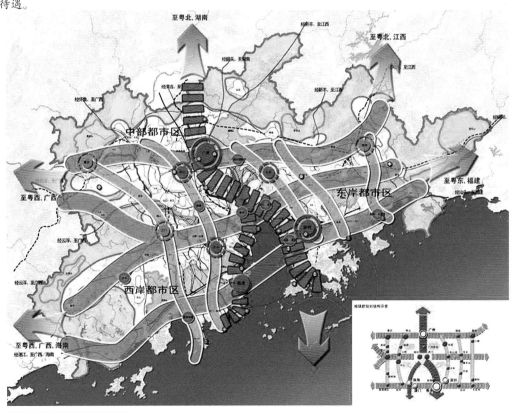

深圳与珠三角区位关系示意图
资料来源：中国城市规划设计研究院

速度最快的增长点。在邓小平理论指引下，特区在各方面进行一系列改革，为在全国建立社会主义市场经济体制提供了宝贵的经验，并在我国外向型经济的发展中起了"窗口"作用，成为中国经济与世界经济的交汇点。

在利用外资发展经济方面，具有得天独厚的条件。深圳原来只是一个 2 ~ 3 万人的简陋且狭窄的小镇。但到 1984 年，人口已增长到 30 万，工业企业由 224 家发展到 609 家，工业总产值从 6000 万元发展到 18 亿元；完成基建投资 36 亿元，竣工面积 608 万平方米，基本上完成了 30 平方千米新城区的城市基础设施建设，人均国民收入达到 1000 美元，在全国城市中率先步入了"小康"。

深圳特区始终坚持以经济建设为中心，紧紧抓住发展第一要务不动摇，经济一直保持高速发展的良好势头，经济实力一跃跻身于全国大中城市前列。1980—2004 年，深圳国内生产总值年均增长 28%，2004 年达到 3422 亿元，人均 5.9 万元，在全国大中城市中分别居第五位和第一位。

在深圳特区成功的同时，1985 年深圳特区的开放政策有效地扩展到沿海开放地区，包括珠三角地区。深圳作为珠三角地区第一个成功的特区开放窗口，在与香港互动共赢的过程中，还成功推动了珠三角地区的崛起。

在深圳特区发展模式的影响下，珠江三角洲在这一时期主要靠发展外向型经济，将国际经济中的"后发性利益效应"变为国内经济中的"先发性利益效应"。大批以"三来一补"为主要形式的乡、镇、村企业，带动了珠三角经济的迅速腾飞，著名社会学家费孝通就曾将其称为"珠江模式"。珠江三角洲腾飞之初，东莞、顺德、南海、中山"四小虎"经济发展模式功不可没。随着改革开放的迅速推进，珠江三角洲需要寻找更强大、更持久的发展路径。在广州、深圳的产业结构转型升级的带动下，珠三角大力发展高新技术产业，建设以电子信息产业为先导的高新技术产业带，使珠江三角洲站到了一个新的腾飞起点上。

1999 年，珠江三角洲的 GDP 总额为 6439.89 亿元，经济总量占广东 GDP 总额的 76.12%，外贸出口总额 674.39 亿美元，占全省的 86.8%，高新技术产品产值占工业总产值比重的 18.32%，接近占全省 90% 以上。1999 年珠三角的三次产业构成为 6.39：49.75：43.86。1999 年珠三角人均 GDP 为 28 858 元（约为 3498 美元），世界银行《1999/2000 年世界发展报告》统计数据来看，在全球 210 个国家与地区中相当于排第 85 位（广东人均是 1 415 美元，相当于第 122 位，中国人均是 792 美元，约在第 145 位）。珠江三角洲的 GDP 以 8% 的比率增长。

2005 年，珠三角 GDP 达到 18 059 亿元，占广东 79.4% 左右，珠三角实现贸易总额 4107 亿美元；三次产业比例为 4.9：49.8：45.3。高新技术产品产值占工业总产值比重的 28%，高出全省 8 个百分点。珠三角在整个广东经济发展中起着龙头带动作用，已经成为我国国际资本、跨国公司和国际大财团投资最活跃的地区之一。珠三角地区已成为我国重要的先进产业制造基地，尤其是电子信息产业发展十分迅猛，已成为当今世界最大的电子信息产业生产基地之一，珠三角地区电脑部件的产量已超过全球产量的 10%。

进入 21 世纪，广州、深圳充分发挥优势，强化区域中心地位，在高新技术研究开发的核心基地方面率先取得了制高点。在积极推进珠江三角洲地区信息化的进程中，重点推进超大规模集成电路、高性能计算机、系统软件、超高速网络系统、新一代移动通信装备和数字电视系统等核心信息技术的产业化，抢占信息产业发展的制高点；建设好珠江三角洲高新技术产业带和广州、深圳、珠海等地信息软件园，并让其在全省信息产业发展中发挥辐射、带动作用。因此，深圳经济特区在珠三角产业转型升级过程中起到了巨大的核心辐射作用，与广州、香港共同托起了珠三角的崛起。这种特殊的政策和制度环境，在自下而上的点—面双向扩展的模式推动下，成就了珠三角的腾飞和跨越。

（三）地方动员：战略型规划引导

如果从外部条件来看，深圳的经济发展可以看成是特殊的区域城镇结构和国家策略的结果，那么深圳自身的发展的成功很大程度上归因于空间规划：规划的空间结构的适应性，以及对于重大设施的精彩处理。深圳是一个基本按规划建设起来的城市，最主要体现在城市总体布局、城市功能结构、城市建设策略和引导区划调整等大原则问题上。而这些正是城市空间规划的主要工作内容。

1. 深圳总体规划方案

（1）1986 年版：带状组团的空间结构较好，应对了深圳发展的不确定性。

虽然深圳经济特区已经获国务院批准，但是，今后深圳的发展方向、发展布局、发展战略等都存在较大的争议和分歧，关键是作为规划师，也很难预料这一国家战略的区域试验，将来会朝着哪个方向发展。在这一背景下，《深圳经济特区总体规划（1986—2000）》开始用战略的眼光全面考虑土地利用和对内对外交通的布局，统筹安排海港、机场、公路等系统。最终确定了深圳带状组团的布局空间结构和组团功能相对独立的用地空间结构，奠定了深圳发展的持久框架，适应了特区不同阶段、不同建设速度、不同的建设组织方式和不断调整城市功能的各种情况，至今还发挥着有效的控制和指导作用。《深圳经济特区总体规划（1986—2000）》是深圳市第一部城市总体规划。拟定 2000 年城市规模为 122.5 平方千米，110 万人口。

（2）1996 年版：基于区域观的弹性滚动的网络化组团的空间结构更加适应了深圳发展的不确定性。

进入 20 世纪 90 年代后，深圳的城市建设已经跨出特区界限，特区外以遍布全境的村镇为基础，迅速向工业化、城镇化发展，同时特区自身的功能又一次发生较大调整，深圳市政府于 1993 年开始着手编制覆盖市域 2020 平方千米范围的全市总体规划，力图结合深圳特定的自然条件，建立可持续发展的长远结构，并对未来 15 年的建设和保护做出总体安排。

在《深圳市城市总体规划（1996—2010）》中，提出将深圳建设成为区域性金融中心、信息中心、商贸中心、运输中心和旅游胜地，以及我国南方的高新技术产业开发生产基地。充分发挥国内、外两个市场的枢纽作用，实现同珠三角及香港的衔接与协调发展；未来

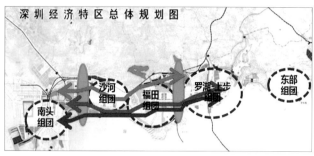

1986 年版特区总体规划
资料来源：中国城市规划设计研究院

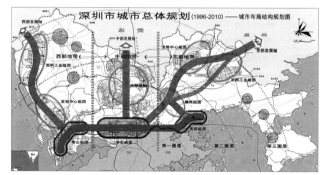

1996 年版深圳市城市总体规划
资料来源：中国城市规划设计研究院

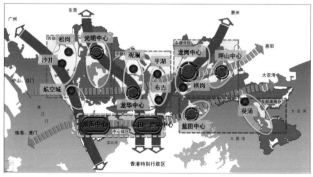

2007 年版深圳市城市总体规划图
资料来源：中国城市规划设计研究院

15 年，在土地利用结构方面，城市建设用地规模占全市总面积的 1/4，其余 3/4 土地划分为农业保护用地、水源保护用地、旅游休闲用地、郊野游览用地、自然生态用地、组团隔离带用地和发展备用地等七类；在城市布局结构方面，在对特区带状组团式进行整合的基础上，城市建设以特区为中心，以西、中、东三条放射轴为基本骨架，带动外围六个组团，形成轴带结合、梯度推进的多层次、多中心"网络组团式"结构，强调城市布局结构的弹性滚动理念。

2000 年 1 月，国务院批准的《深圳市城市总体规划（1996—2010）》是深圳市第二部城市总体规划，确定了弹性滚动的网络化组团的空间结构。根据深圳经济发展规模速度，深圳城市规划也提出了更加超前的城市发展框架结构和发展目标规模。到 2010 年，深圳将发展成一个城市建设用地 480 平方千米、430 万人口的城市。

1996 年版总规更加深远的意义在于，这一版的规划将范围从特区扩大到了整个市域范围，延展了深圳的发展空间。原深圳市城市规划设计研究院院长王富海评价说："此前，特区的规划主要是考虑到居住、就业以及绿化用地，完全是一个独立的城市。而此次把整个范围扩大到城市后，特区就成了深圳这个城市的一个核心部分；另一方面，也是考虑到城市的经济发展，其他工业的发展规模在扩大。建立了"大深圳"的整体城市结构、确立了"城市整体生态圈"的构想、强化了"区域协调布局"的措施，发展了"弹性规划"和"滚动规划"的先进规划方法。"

（3）2007 年版：基于区域合作应对的空间结构更加提升了融入全球竞争的能力。

此次修编进一步调整和提升深圳的城市定位，明确了今后深圳的战略重点和发展方向。确定新的城市性质和定位是：深圳将建成创新型综合经济特区，华南地区重要的中心城市，与香港共同发展的国际大都会。明确城市职能为国家经济特区，自主创新、循环经济的示范城市；国家支持香港繁荣稳定的服务基地，深港共建的国际性金融、贸易和航运中心；国家高新技术产业基地和现代文化产

业基地；国家重要的交通枢纽和边境口岸；具有海滨特色的国际著名旅游地。确定了城市发展总目标和区域协作、经济转型、社会和谐、生态保护四个方面的分目标，并且建立了包含 48 项指标的可量化分目标指标的体系。

修编明确以中心城区为核心，以西、中、东三条发展轴和南、北两条发展带为基本骨架，形成"三轴两带多中心"的轴带组团结构。南北贯通，西联东拓，构建面向区域的城市发展轴，加强与区域的社会和经济联系，强化珠三角区域发展的"脊梁"。提出"外协内联、重组预控、增心改点、加密提升"的空间发展策略，建立三级城市中心体系，完善适应城市弹性发展以及促进产业集聚增长的空间布局结构。

因此，深圳特区空间规划再次把深圳放到全球竞争的平台上，在土地资源紧缺的前提下，摸索出了一条经济转型、社会和谐、科学发展的城市空间结构的应对措施，为深圳将来的核心竞争力提升奠定了空间结构性基础。

2. 深圳发展经验的借鉴

深圳特区建设在其历史背景下，利用国家支持和劳动力、土地资源比较优势，联动香港和珠三角，造就了发展的奇迹，并进行了一系列的改革开放实验与创新。地方动员下的城市规划为城市发展提供了不确定性的应对和充足的空间，以空间规划引导行政区划调整是深圳发展持续以及未来发展模式转变的最核心要素。

为天津滨海新区提供的借鉴包括：地方动员的空间规划应弹性地服务于滨海新区的发展目标；需要以更长远的眼光看待可持续发展问题，未雨绸缪。

二、浦东经验

在改革开放初期，深圳等经济特区的建设进行了诸多改革的尝试，随着国家历史发展背景的不断变化与经济发展模式变化的要求，中国需要新的区域发展空间，浦东新区顺理成章地成为新一轮发展

的核心。

浦东开发开放正是邓小平以宏观战略的眼光，从世界历史进程和民族历史进程互动的角度，综观整个世界格局而提出的战略构想。其深刻之处在于：浦东开发是在新形势下合理整合国内经济发展的优势资源，牵引区域经济发展，打造经济社会协调发展示范品牌的重要举措；更是在经济全球化背景下带动中国融入世界经济体系，全面参与国际分工和国际竞争，实现中国经济快速发展的重要决策。

（一）国家支持：浦东新区的新改革

国务院在上海正式宣布开发浦东新区的决定，同时批准设立陆家嘴金融贸易区、金桥出口加工区、外高桥保税区，并宣布九项优惠政策。

1992 年 3 月 10 日上海市人民政府举行上海对外开放和浦东新区开发新闻发布会。会上介绍了中央对浦东新区开发的新政策和新措施；宣布国务院又给予浦东新区扩大五类项目审批权限，增加五个方面资金筹措渠道。这五项优惠政策是：

区内生产性的"三资"企业，其所得税减按 15% 的税率计征；经营期在十年以上的，自获利年度起，两年内免征，三年减半征收。

在浦东开发区内，进口必要的建设用机器设备、车辆、建材，免征关税和工商统一税。区内的"三资"企业进口生产用的设备、原辅材料、运输车辆、自用办公用品及外商安家用品、交通工具，免征关税和工商统一税；凡符合国家规定的产品出口，免征出口关税和工商统一税。

外商在区内投资的生产性项目，应以产品出口为主；对部分替代进口产品，在经主管部门批准，补交关税和工商统一税后，可以在国内市场销售。

允许外商在区内投资兴建机场、港口、铁路、公路、电站等能源交通项目，从获利年度起，对其所得税实行前五年免征，后五年减半征收。

允许外商在区内举办第三产业，对现行规定不准或限制外商投

资经营的金融和商品零售等行业，经批准，可以在浦东新区内试办。

允许外商在上海，包括在浦东新区增设外资银行，先批准开办财务公司，再根据开发浦东实际需要，允许若干家外国银行设立分行。同时适当降低外资银行的所得税率，并按不同业务实行差别税率。为保证外资银行的正常营运，上海将尽快颁布有关法规。

在浦东新区的保税区内，允许外商贸易机构从事转口贸易，以及为区内外商投资企业代理本企业生产用原材料、零配件进口和产品出口业务。对保税区内的主要经营管理人员，可办理多次出入境护照，提供出入境的方便。

对区内中资企业，包括国内其他地区的投资企业，将根据浦东新区的产业政策，实行区别对待的方针。对符合产业政策，有利于浦东开发与开放的企业，也可酌情给予减免所得税的优惠。

授权上海市自行审批在外高桥保税区内设立中资、外资从事转口贸易的外贸企业；授权上海市自行审批浦东新区内国营大中型生产企业自营产品的进出口经营权；扩大上海市有关浦东新区内非生产性项目的审批权限；扩大上海市有关浦东新区内生产性项目的审批权限，总投资在 2 亿元以下的上海可自行审批；授权上海市在中央核定的额度范围内自行发行股票和债券，具体发行事宜，由上海市自行决定。同时允许全国各地发行的股票在上海上市交易。

在"八五"期间，中央给予上海五项配套资金的筹措权：允许上海每年发行 5 亿元浦东建设债券；在原定每年给予上海 1 亿美元贷款的基础上，每年再增加 2 亿美元的优惠利率贷款；允许上海在原定额度外每年再发行 1 亿元 A 种股票，为浦东开发筹资；允许上海每年发行 1 亿美元 B 种股票；在原定每年国家支持 2 亿元拨款的基础上，1992 年开始每年再增加 1 亿元拨款。

在以上国家优惠政策的基础上，浦东曾通过财政体制改革获得留用增量财政收入 59.4 亿元，为以"两桥一路"（南浦大桥、杨浦大桥、杨高路）为主的第一轮十大基础设施建设提供了有力的财政保障，使浦东新区形象开发轮廓初现。与此同时，在各中央部委

City
Region

Towards Scientific
Development

走向科学发展的城市区域

天津滨海新区城市总体规划发展演进
The Evolution of City Master Plan of Binhai New Area, Tianjin

的支持下，浦东新区众多项目落实与建设周期缩短，如浦东新区的标志性建筑——金贸大厦，就是国家经贸委和上海市人民政府共同投资建设。

（二）区域呼应：浦东新区开发与长三角地区的发展

浦东新区开发与长三角地区的区域呼应，并非如深圳特区与香港、珠三角的呼应那样进展顺利，香港与深圳的巨大势差使得深圳在特区建设的一段时期内以接受辐射为主，同时珠三角同为广东省管辖的行政体制使得深圳特区与珠三角地区的互动相对更为顺畅。

从历史事件看，1990年中央决定开发开放上海浦东新区，1992年初，国务院决定进一步开放南京等6个沿江港口城市，尤其是苏州新加坡工业园区以及昆山、吴江等地的台资工业园区的先后崛起，可以看出相应战略的实施是有功能差异的，而浦东新区的定位更高，期望对上海起到提升带动的作用，功能以金融、贸易、商务中心及高科技产业为主，与周边城市区分。

从浦东新区建设的初始定位来看：1992年党的十四大正式确定，要"以开发开放上海的浦东新区，尽快把上海建成国际经济、金融和贸易中心，以带动长江三角洲和整个长江流域地区的经济发展"。目前上海的城市定位是把上海建成长江流域的龙头和国际经济、金融、贸易、航运中心之一。从以上的发展定位均可以看出浦东新区与区域的呼应呈现出浦东—上海—长三角—长江流域的关系。

长三角的区域合作进展并不顺利，1982年成立的上海经济区作为"长三角"经济圈概念的最早雏形，于1988年撤销。浦东新区1990年成立7年后，才由原上海经济区城市经协办牵头，成立了长江三角洲城市经济协调会，长三角经济圈概念第一次被明确提出。与此同时，长江沿岸中心城市经济协调会第六次会议于1992年4月在武汉市召开，会议提出"呼应浦东，支援三峡，加快开放开发沿江城市"的思路，并在第七次会议中得以继续强调。

苏、浙、京、徽列落户浦东企业前位。2005年国内在浦东投资的省市，从投资项目数量看，浙江、江苏、安徽居前三名，分别

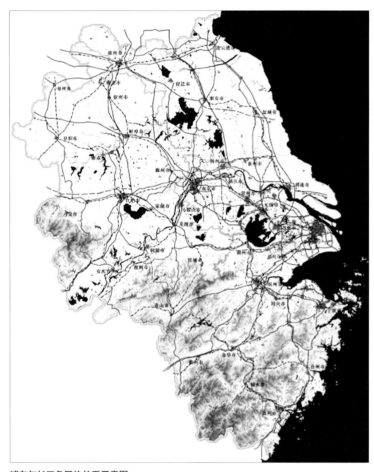

浦东与长三角区位关系示意图
资料来源：中国城市规划设计研究院

为161个、132个、59个。在投资企业注册资本额方面，北京、浙江、江苏排列前三位，依次为16.88亿元、13.75亿元、9.02亿元。受长三角区域的联动作用影响，浙江、江苏两省是投资浦东的主力，注册资本合计22.64亿元，占总数26.92%。苏浙两地以民营企业投资为主。

（三）地方动员：战略型规划引导

1. 浦东新区总体规划方案（1992年）

作为地方动员的重要组成部分，1992年7月上海市规划院编

制完成了《浦东新区总体规划》及规划图。总体规划目标是：按照"面向 21 世纪、面向现代化"和建设社会主义现代化国际城市的战略思想，借鉴国内外新区开发的经验，设想经过几十年的努力，把浦东新区建设成为有合理的发展布局结构，先进的综合交通网络，完善的城市基础设施，现代的信息系统以及良好的生态环境的现代化新区。通过新区开发，带动浦西的改造和发展，恢复和再造上海作为全国经济中心城市的功能，建设成为国际经济、金融、贸易中心之一奠定基础。

1990 年浦东新区规划的指导思想：① 浦东新区是上海城市的一个有机整体，同时又是有相对独立性的新区。浦东的开发，要依托浦西的综合优势，浦东的开放又促进浦西产业结构和城市功能的

调整，以加快开发浦东，振兴上海，服务全国，面向世界。② 浦东新区是扩大对外开放的主要"窗口"，要大力发展外向型经济，加快把上海建设成为开放型、多功能的现代化国际大城市。③ 浦东新区是城乡发展的一个整体，要按城乡协调发展，综合规划，统筹安排，合理调整城镇体系，使城郊发展成为现代化农业和相应的现代化城镇。④ 开发浦东新区是一个跨世纪工程，要有高起点，新主意，以适应 20 世纪 90 年代以至 21 世纪国际大城市发展的需要。⑤ 浦东新区是长江流域经济地区，特别是长江三角洲地区的一个"龙头"，要从区域经济发展角度出发，服务全国。

规划形成各具特色、相对独立的五个综合分区，沿黄浦江和杨高路南北发展轴呈轴向开发，组团布局，远近结合、滚动发展的城市模式：① 陆家嘴—花木分区：规划面积调整为 30 平方千米，人口调整为 50 万人，是浦东的核心地区，其中陆家嘴部分 1.7 平方千米的金融贸易中心，是上海中央商务区的重要组成部分。花木地区是新区的市政管理中心，并发展博览等高层次的第三产业，形成繁荣的文化商业中心。② 外高桥—高桥分区：规划面积调整为 62 平方千米，人口调整为 30 万人，是开放度最大的保税区、出口加工区，同时建设有大型港区、电厂、修造船基地等综合工业区，有控制地适度发展已有的石油化工工业，预留东海油气田早期开发的天然气接运收制设施。③ 庆宁寺—金桥分区：规划面积调整为 33 平方千米，人口调整为 45 万人，规划为出口加工区，以吸收外资为主，发展技术先进的产品。④ 周家渡—六里分区：规划面积调整为 35 平方千米，人口调整为 55 万人。在现有冶金、建材工业基础上，调整结构，治理"三废"，形成综合工业区。⑤ 北蔡—张江分区：规划面积调整为 17 平方千米，人口调整为 22 万人，是高科技园区，发展高技术产业和新兴工业以及相应的科学研究机构。各分区都规划有各自的中心和完善的居住区以及商业、文化、教育、卫生、体育设施。各分区之间有以文化休息公园、体育公园和隔离绿地以及旅游游憩、城郊型、观光型农田、果园相隔，为城市创造良好的生

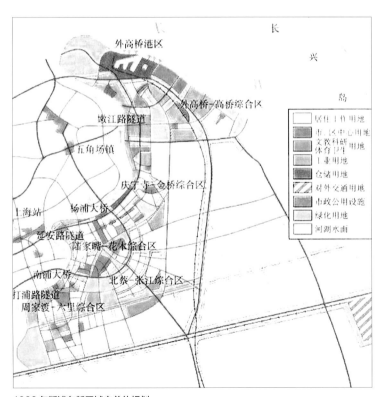

1992 年版浦东新区城市总体规划
资料来源：中国城市规划设计研究院

City
Region   Towards Scientific
          Development
走向科学发展的城市区域

天津滨海新区城市总体规划发展演进
The Evolution of City Master Plan of Binhai New Area, Tianjin

态环境和多心开敞的城市构架。在长江滨海，保留大规模的城市发展用地，远景作为滨海开发区。

2.浦东发展经验的借鉴

浦东新区在1990年高调推出后，在国家的支持下经过近20年的发展，获得了巨大的成就，成为上海城市发展的新亮点和定位实现的重要支撑。

浦东新区运用城市规划的地方动员手段，与管理创新密切结合，走出了一条管理体制的创新之路。

浦东新区不断探索带动长江三角洲和整个长江流域地区经济发展溯求的推进手段。

为天津滨海新区提供的借鉴包括：一方面，运用良好的城市规划进行管理与功能明确的分区；另一方面，作为北方经济中心和天津的重要支撑，需要建立起滨海新区直接与周边中心城市、三北地区顺畅的合作基础设施和相关功能要素对接。

三、对滨海新区的启示

城市规划是动员地方发展资源的关键手段，深圳和浦东的成功很大程度上源于科学规划的指导。在上述两个地区，规划起到了优化资源配置、促进地方营销、稳定发展预期的作用。

从优化资源的角度看，空间规划的关键是识别、保护和高效利用战略性发展空间。这一类空间是指拥有战略区位，承载关键功能从而具有发展的重大外部性的地区。这些地区具有高度的稀缺性和关键性，也是最容易过早低效使用的地区。从深圳和浦东的经验来看，都是充分利用了战略性发展空间，从而极大支持了发展目标的实现。

从滨海目前的规划来看，显然缺乏对这一类空间的识别。问题在于发展核心要素不明晰，空间发展秩序不明确。

由于缺乏明晰的战略性发展空间识别，因而在一系列设施配套上缺乏明晰的建设思路。比如，轨道交通，这一最为重要的发展要素方面，缺乏明晰的空间支撑和引导的思路。

从深圳和浦东经验来看：国家支持、区域依托、地方动员是这两个地区增长成功的极关键要素。

从国家支持看：滨海新区有着良好的外部条件。可以预见，在未来相当长的时间内，国家仍将持续支持滨海新区的发展。在这种背景下，如何协调区域关系、动员地方资源，是滨海发展急需解决的重要问题。

从区域支撑来看：滨海新区应积极争取更大的区域协作，充分利用北京的资源，在发展路径上主动与北京合作与分工是其发展成败的关键。在区域的层面上，与其说是天津的滨海新区，到更不如说是区域的滨海新区。而在这种区域分工与合作的格局下，滨海新区也将找到更为清晰的定位。

地方动员是滨海新区自身有着重大作为的方面。在这方面，滨海新区一方面要调整现有的分块状的发展模式，协调行政单元和功能分区的合理关系，整合发展要素和资源；另一方面，要识别、保护和利用战略性空间资源，形成明晰的发展结构和整合的发展效应。

第二节　渤海湾视野下滨海新区产业功能定位的再思考

改革开放以来，在中国的沿海地区只有南北两端的渤海和北部湾一直没有得到真正的开发，虽然在概念中环渤海是中国经济发达地区之意，但是环渤海区域的发展重心一直都集中在内陆地区和沿黄海区域，京津冀地区一直以京津走廊为核心，山东的经济核心区在胶济走廊沿线和胶东半岛，辽宁的经济活动则主要集中在沈大走廊上，尤其是河北根本没有体现出沿海省份的发展优势。在真正属于渤海的内湾区域内，仅有天津、唐山和东营具备较高的发展水平，而后两者所依赖的是石油和铁矿的资源优势驱动，沿海区位和港口资源并没有成为这一地区发展的主要动力。然而随着第二波沿海化的深入发展，环渤海区域的各个省份都认识到渤海内湾的战略价值，并且将上述区域纳入重点开发区域。在此背景下，环渤海地区出现了内湾聚集的新趋势，真正意义上的环渤海地区开始浮出水面。从产业发展态势来看，环渤海主要城市产业类别较为雷同，但在层次上有所不同，总体来看，滨海新区在环渤海地区沿海城市产业发展中处于引领地位。

一、港口航运产业发展

从渤海湾内各个港区来看，只有天津港形成了因外部需求而驱动的综合型贸易商港模式，并且依托港口的国际门户功能形成了大规模的国际化产业集群，但是其临港工业职能相对薄弱。秦皇岛和黄骅港都是外部需求驱动的专业化内贸港口，贸易衍生功能基本处于空白，其未来发展除了进一步强化其专业化功能之外，还将工业港作为重要的发展补充，通过临港产业的引入反过来推动港口的发展。曹妃甸则是以临港重化产业启动的大型工业港，以香港为目标的京唐港则一直未成规模。

二、临港产业发展较为雷同

从区域发展需求来看，中国已经进入了重化驱动产业的发展阶段。在过去的十年中，广东、山东、江苏、浙江都在进行重化产业升级，其重工业在全国的比重持续上升，而作为传统重型工业基地的天津、河北、辽宁却出现了相对下滑，因此在环渤海地区尤其是京津冀区域加强重化工业发展是提升区域竞争力的必然选择。

然而问题在于，渤海湾各港区都将强化工业港职能作为下一阶段的发展重点，其中临港重化产业的发展更是重中之重，这不仅造成了发展方向的重叠，也引发了潜在的竞争。通过对渤海湾各沿海港区的规划整理，各地的产业发展方向归纳如下。

滨海新区：电子信息产业、石油化工产业、海洋化工产业、汽车产业、装备制造产业、钢铁产业、生物医药产业、新能源产业、航空航天产业；高技术服务业、物流产业、贸易服务业、金融产业、旅游产业。

秦皇岛：沿海先进制造业基地、高新技术产业基地、港口物流集散基地和生态休闲度假中心，重点发展大型修造船、粮油加工、金属深加工、高新技术产业、临港物流及海滨休闲等。

唐山南部沿海：精品钢铁、石油炼化、精细化工、新能源、船舶等装备制造为主的先进制造业。

沧州渤海新区：化工、港口物流、电力能源、机械制造、钢铁、旅游。

滨州北海新区：油盐化工基地、现代物流业基地、中小船舶制造基地、钢铁产业基地、海洋科技产业基地、生态景观观光旅游度假基地。

东营港口经济开发区：化工、电力能源、机械装备制造、现代物流。

City
Region Towards Scientific
Development
走向科学发展的城市区域

天津滨海新区城市总体规划发展演进
The Evolution of City Master Plan of Binhai New Area, Tianjin

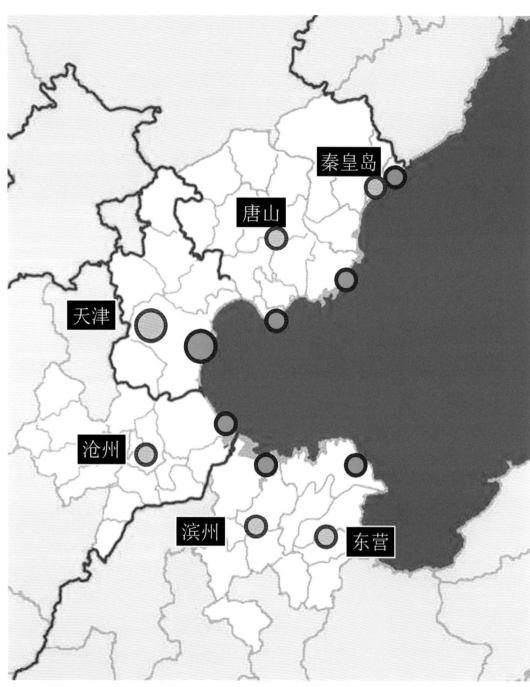

环渤海临港重化分布示意图
资料来源：天津市城市规划设计研究院

从对比中可以看到，石化、钢铁、船舶制造、能源等基础性重化产业几乎出现在每一个沿海港区的发展菜单中，并且都以引入型项目为主导发展模式。其中，滨海新区的产业是覆盖面最广的，从电子信息、新能源、航空航天等高新技术产业，到金融、贸易等高端生产服务业，再到石油开采、钢铁等基础产业领域甚至旅游业，几乎涵盖了产业链的每个环节。在这样一个雷同的发展环境中，滨海新区产业必须发挥自身优势，选择的基准置于相对周边地区的比较优势之上。

三、先进制造业优势突出，基础产业面临挑战

经过多年的发展，滨海新区形成了以航空航天、电子信息、生物医药、汽车制造等为代表的高端制造业集群和以石油开采加工、钢铁冶金、化工等为代表的资源型基础产业。对前者而言，天津和滨海新区拥有与北京相近的高技术产业能力，遥遥领先于区域内尤其是渤海湾各个城市，其高新技术产值占京津冀的三分之一，高于唐山的 30 多倍，在这方面滨海新区的比较优势无可置疑。从后者来看，渤海湾沿海地区都是资源型产业驱动区，唐山、沧州、东营都是典型的资源驱动型产业主导，与天津间的发展差距也更小，唐山在金属冶炼方面、沧州在海洋化工方面、东营在油气开采方面，都拥有与滨海新区相去不远甚至更强的产业能力。进一步看，在未来吸引临港重化基础产业聚集，发展工业港职能上，滨海新区相对于周边地区而言并不具备绝对的竞争优势，因为吸引这类产业沿海聚集的核心资源就是深水港口岸线，由于其投资主体的规模性，对

区域产业链和城市依托的要求并不高，因此由于自然深水岸线的曹妃甸相对于滨海新区而言就更具吸引力。

通过对港口、产业、腹地等分析，可见滨海新区在发展模式上面临着从单一目标到多元目标的转变。这种转变意味着滨海新区在当前发展方向上的全面转型。第一，要大力提升港口的国际贸易服务能力，如果仍然将港口吞吐规模作为滨海新区港口的发展取向，那么就在实际上背离了国家战略视野下作为开放门户的价值所在；第二，要扭转全面出击的产业功能取向，重点培育具有自主创新潜力的高端核心功能，将一般性、基础性产业功能向周边沿海地区疏解，不仅有利于减少生态影响、避免干扰和功能冲突，而且有利于更多沿海区域的发展从而促进区域的整体崛起；第三，改变植入式的发展模式已经刻不容缓，滨海新区决不应当是不同产业飞地的一个拼盘，而只有内生力量的强化，才能真正实现各个板块的融合和本地化，培育出具有自主创新能力的产业体系；第四，加强与腹地的互动模式构建，滨海新区国家战略的成败取决于腹地的发展，滨海新区能否迈上新的发展台阶也取决于能否从腹地获得充分的支撑；最后，调整滨海新区的区域立足点，以滨海新区的视角来审视区域，重构空间格局。

面对新时期的国家要求，滨海新区必须有作为第三增长极的抱负和胸怀，不再以追求自身规模扩张的单一目标，而是将服务国家战略，带动区域发展作为第一目标，从而在环渤海甚至更大的视野下实现规模扩张、功能提升和开放带动等多元目标的有机统一。

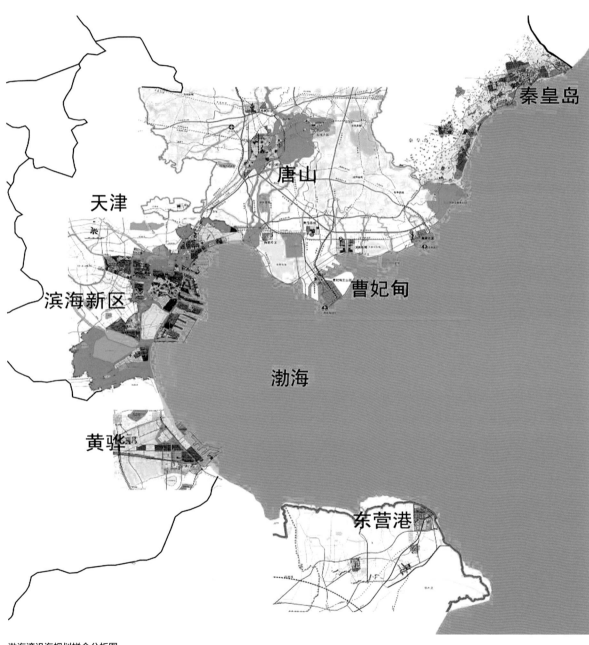

秦皇岛

唐山

天津

滨海新区

曹妃甸

渤海

黄骅

东营港

渤海湾沿海规划拼合分析图
资料来源：中国城市规划设计研究院

第三节　滨海新区综合交通研究

承接国家发展定位，滨海新区要打造为北方国际航运中心和国际物流中心，需要强有力的区域对外交通作为支撑，如何依托海空两港，构筑发达的对外交通体系，是滨海新区能否发挥区域服务、辐射功能的核心所在。

一、存在的主要问题

（一）距离具备国际竞争力的国际化综合枢纽功能尚有较大差距

航空客货运能力不足，缺乏远景构想。在世界门户地区，海港和空港具有高度的重叠性，海港发达的地区也往往是空港客货运量高速增长的地区，如北美洲东西海岸、西欧、东亚沿海等地。空港已成为国际航运中心的重要组成部分，天津机场发展的滞后已成为国际航运中心建设的短板。由于航班密度低，基地航空公司少，目前天津各开发区内 75% 的航空货运产品由首都机场承运。

港口辐射能力不强，集疏运系统不完善。目前，天津港集疏运主要依靠公路，占比 70% 以上，铁路运能与通路都比较紧张，铁路集疏运的三个主要通道：津蓟线—大秦线到大同、京山线—丰沙大线到大同或内蒙古、津霸线—京九线—石太线或朔黄线到山西，运能都十分紧张。

天津枢纽功能的空间布局重心过于偏西。区域枢纽布局重心偏西。在天津丰城区与滨海新区间，很长时间，仅由于天津港的存在，建设了一些集疏运通道和设施，在滨海新区成立后，滨海新区作为天津主城外的副中心，其地位和功能远不如中心城区，在网络设施的建设上，主要是中心城区的延伸，交通投资的重点仍在中心城区。

（二）与国际运输通道无紧密衔接，外挂于国家运输网络，难以支撑辐射"三北"重任

中长期铁路网规划、环渤海京津冀地区城际客运铁路网规划、全国公路主枢纽布局规划中将规划重点都放在天津中心城区，对应滨海新区地位的提升弹性考虑不够。天津作为东北与华北联系的重要节点，以及北京向东放射的重要城市，滨海新区节点功能的地位并没有得到反映。

（三）交通设施的空间布局不清晰，与城市发展、运输网络衔接存在比较大的矛盾

运输走廊存在诸多瓶颈，铁路货运组织过于集中主城。除黄万线和京山线东北向以外，天津港的港口后方铁路集疏运通道均需经过天津铁路枢纽的南仓、天津西编组站才能与外部铁路通道衔接。天津铁路枢纽由于要处理大量客运列车，过多的货运车辆经过天津铁路枢纽，既增加了车辆的等候时间，又加重了天津铁路枢纽的负担。天津铁路枢纽已日益成为天津铁路集疏运通道的瓶颈，特别是在南仓、北塘西和东南环线等区域。

与城市发展、运输网络衔接存在比较大的矛盾。泰达大街、新港四号路作为北疆港区后方两条重要的公路集疏运通道，穿过塘沽区的核心城区，不仅起疏港作用，也起部分城市交通的作用，以至这两条通道交通压力过大，常年处于饱和状态。

二、交通发展对策

（一）打造为京津走廊上的另一极，建立以滨海新区和北京为双中心的国家枢纽门户

滨海新区是我国北方唯一聚集了港口、机场、开发区、保税区

City
Region
Towards Scientific
Development
走向科学发展的城市区域

天津滨海新区城市总体规划发展演进
The Evolution of City Master Plan of Binhai New Area, Tianjin

和海洋高新技术开发区及大型工业基地的地区，是目前我国经济最活跃、利用国际资本最多的地区之一。

1. 机场发展策略

一是挖掘滨海机场潜力。为适应航空运输生成量的跃升式增长，使客便其行、货畅其流，提高滨海新区的整体经济竞争力，滨海国际机场应邀请中外航空公司加大运力投入，开飞新航线，加密航班。首先利用对新开经停航线补贴政策，完善滨海国际机场的干线航线网络；其次搭建空陆联运平台，组织支线运力，给予航班培育专项资金和收费折让支持，开通东北、西北、华北地区支线机场到滨海国际机场的客运航班，形成进出北京的第二空中通道；再次开发航空旅游市场，推动京津旅游合作营销。

二是强化机场枢纽功能。滨海机场作为京津间的枢纽机场，应规划为综合交通枢纽，地铁、轻轨、城际快速轨道、高速铁路和高速公路等多种交通运输方式汇集在机场，形成区域性的交通换乘中心。

三是积极推进空铁联运。目前京津城际快速轨道交通线路分别预留有衔接首都机场和天津滨海国际机场的支线，随着高速铁路的建设，京津交通走廊进一步复合化，为实现航空运输与城际快速轨道交通、高速铁路线的空铁换乘提供了良好条件。最大限度满足滨海机场国内区域性高速客运交通的需求，并利用构筑的中枢航线网络充分满足跨境越洋交通的需求，顺应机场枢纽化的发展趋势。

四是加强分工、完善集疏运。随着京津地区新的航空运输模式的构建，滨海机场和首都机场的分工也将确立。首都机场作为国家和洲际航空枢纽，国际上主要经营北美、西欧等航线，国内主要经营各大枢纽城市；滨海机场国际上主要经营东亚、中亚和东欧等航线，国内经营大中城市的各航线。

2. 港口发展策略

一是优化港区分工。未来天津港将形成中部以城市功能为主，港口职能逐步向南北两翼疏解，逐步实现南北集散。北翼以商港为主，南翼临港产业区重点拓展工业港功能，同时兼顾商港。

二是重构港城空间。分解港区功能，通过临港产业区的建设，促进天津港现有功能的分工和疏解。城区分片整合：分别依托临港产业区和北部生态城，带动大港、汉沽，促进滨海新区南北协调发展。构建区域交通走廊：从更大的区域视野考虑集疏运通道，加强滨海新区南部与京津冀南部地区的联系，同时缓解天津港的交通压力。

三是完善集疏运系统。加强天津港外部公路通道的建设。建议京津塘高速公路三线要在对未来运量有充分预计的基础上进行建设，建设要有适度的超前性；东北方向，用高速公路将唐津高速公路与海滨大道直接连接，将海滨大道向东北方向进行拓线，使其成为东北方向的第二条高速通道；北部方向打通津蓟高速至内蒙古东部，为内蒙古矿产资源的出港提供一条便利的通道；华北方向，向西延伸唐津高速，从而形成一条直通的华北通道。

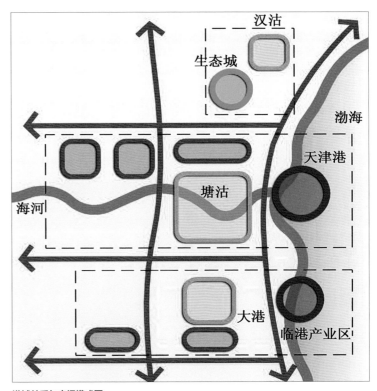

港城关系与空间模式图
资料来源：中国城市规划设计研究院

加强天津港与外部铁路通道的联系。通过打通蓟县至承德隆化县的铁路通道，使向北腹地直达内蒙古东部的赤峰地区。加强朔黄铁路与石太线的联系，建设联络线，打通天津港通往银川、西安等广大西北腹地的铁路通道。

为进一步完善天津港亚欧大陆桥，在强化既有线路扩能改造的同时，重点新建集张、太中线、临哈线、津（天津）京（北京）张（张家口）线和天（天津）保（保定）大（大同）等铁路新线，这不仅能大幅度缩短铁路运距，使通道更加顺直、通畅，而且有些线路是大能力的铁路双层集装箱运输通道，可以有效提升天津港铁路集装箱的疏运能力；同时还可避开北京和天津两大交通枢纽，大幅度提高列车运行速度，减少货物在途时间。

（二）完善区域交通网络布局，建设独立于天津主城的交通系统

1. 高速铁路／城际铁路

在新的定位和交通网络布局思路转变的形势下，原有高速铁路／城际铁路网络规划在滨海新区内将产生新的变化。主要有：京津城际引入滨海核心区，设滨海城际站；京津高速铁路在滨海西中环设站，与城际换乘；修建津秦线与京沪线的联系线；津保石城际轨道直接引入滨海新区。

2. 普通铁路

主要是加强滨海新区与枢纽环线各方向区间的通道建设。主要是：建设蓟港铁路；尽快完成黄万铁路，形成滨海（天津港）与西北地区直接联系的南部铁路通道；预留环渤海铁路通道；扩大天津铁路枢纽，将滨海新区纳入、统筹考虑；完善铁路枢纽。建设津蓟—北环、京山—北环联络线，使南疆、北疆港区的货运通过北环线组织；建设汉周线、东南环线复线，加强滨海与津霸铁路的直通联系。

3. 高速公路

重新梳理滨海新区与外界的道路网络。在区域性功能上，强化滨海新区与北京、天津主城、河北等环渤海地区的联系，如蓟塘高

速与京沈高速衔接后继续北延至蓟县、唐津高速公路西延至石家庄；对于滨海新区与天津主城区的运输网络，则主要是重新界定两者之间主要联系道路的网络功能；对于滨海新区内部，滨海核心区与汉沽、大港间的联系，则从滨海新区内部功能布局出发，加强各功能组团间的联系。

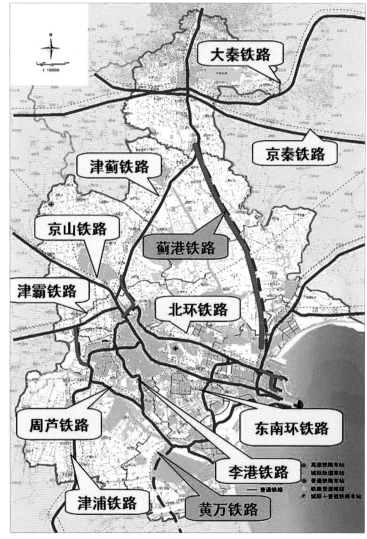

天津市域铁路系统规划图
本页资料来源：天津市城市规划设计研究院

City
Region | Towards Scientific
Development
走向科学发展的城市区域

天津滨海新区城市总体规划发展演进
The Evolution of City Master Plan of Binhai New Area, Tianjin

（三）完善滨海新区与天津主城间的运输网络联系

现有滨海新区与天津主城间的运输网络是在以主城为核心的思路下构建的，突出的是主城区向滨海新区的辐射，其结果是主城区运输网络布局密集，而由滨海新区直接沟通主城区重要功能组团的通道少，与滨海新区重新定位后的发展趋势极不适应。

因此，应完善滨海新区与天津主城间的运输网络联系，重新构建

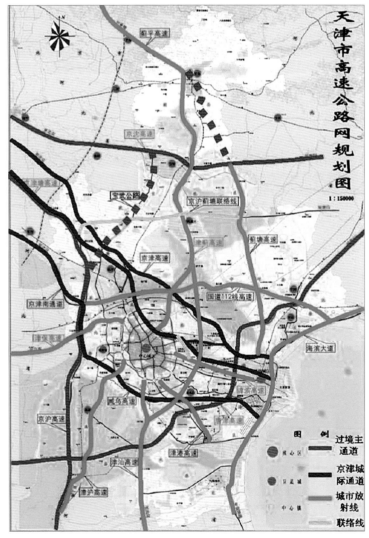

天津市高速公路网规划图

两者之间的网络系统，突出滨海新区在区域的核心地位和作用，将各类交通设施如客运专线、城际轨道和普通铁路均引入滨海新区。

（四）调整运输网络交通组织，优化区域空间

1. 港口和滨海新区之间交通由穿城组织变为城外组织

建立港口后方立体集疏运体系。天津港城存在的主要矛盾在于塘沽主城区紧贴港口后方，导致港口内部通道在与外部通道衔接时，不可避免要穿越塘沽主城区。因此，要解决港口后方通道的拥堵问题，关键是如何实现港口产生的过境交通与城市交通的分离。

就目前实际情况而言，近期比较可行的方案是高架港口后方集疏运公路，将港区内道路通过高架直接与外部通道衔接，从而实现港口集疏运交通和城市交通的分离。目前泰达大街和新港四号路中段已基本实现高架，但东段仍然是地面道路，建议将泰达大街和新港四号路东段高架。在海滨大道与横向疏港公路平交的地方设立交桥，以防横向和纵向的车流在路口等待造成堵塞。泰达大街和新港四号路的高架桥可直接与它们和海滨大道交叉处的立交桥连接，港口集疏运交通走高架主线，减少对城市交通的干扰。

远期考虑逐步减少新港四号线——津滨高速公路及津塘公路、京门大道—泰达大街—京津塘高速这两条通道承担的货运比例，使大部分运量绕开城区直接与外部通道连接，促使港口和滨海新区之间交通由穿城组织变为城外组织，在滨海核心区和天津主城区外围兴建新的港口集疏运主通道，作为主要的货运通道，而新港四号路、泰达大街逐步改为港口集疏运辅助通道。

港口后方铁路沿线的平交道口众多，建议将平交道口改成立交，以确保铁路运输安全，为列车提速、提高运输能力创造条件。

2. 北部集散为主转变为南北集散

随着临港产业区的填海造陆工程的进行，未来在天津港南部将出现一个与现有天津港吞吐量规模相当的港区，即在临港产业区兴建完成后，天津港的吞吐量总规模将达到6亿吨以上，如此大规模的集疏运量在世界港口发展史上是从来没有遇到过的，特别是在内

河航运缺乏的地区。

为集疏运如此规模吞吐量的货物和集装箱，在现有集疏运通道较为紧张的情况下，仅仅依赖偏重于北部的 2～3 条公路和铁路远远不够。随着临港产业区向南部的空间偏移，未来通过南部直接集疏运到港和离港货物将极为迫切，同时减轻北部通道的集疏运压力。从全局看，未来港口集疏运将从目前以北部集散为主，转变为南北集散兼顾。

3. 构建南北走廊，实现运输组织由主城向中间走廊转移

随着南北集散模式的形成，在滨海新区和天津主城区外围将形成南北集疏运走廊。同时，为实现南北走廊间的沟通，目前依赖主城区的运输组织模式也将发生改变，即由围绕主城区组织向中间走廊转移，以减少对滨海核心区和主城区交通的干扰。利用滨海城际站建设的机会，外移塘沽城内的京山线。

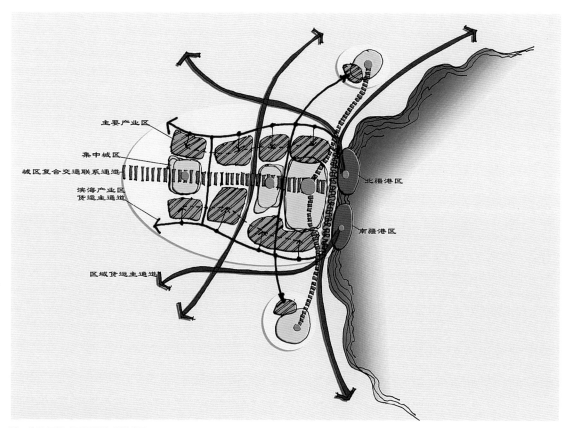

港口集疏运模式及通道构建模式图
资料来源：中国城市规划设计研究院

第四节　天津滨海新区总体城市设计研究

通常意义上的城市设计（Urban Design）以可感知空间为研究范围，关注空间品质的提升、特色元素的呈现、艺术骨架的创造。城市总体设计（Urban of Master Design）的研究范围超出感知空间的界限，在超大空间尺度的层面上，搭建艺术构架、整合空间元素、彰显总体特色。依据抽象的整体空间艺术构架划定分级识别区，成为城市总体设计的一种方法。分级识别区体现了城市总体设计与城市设计的本质区别。通过确定分级识别区中的识别点、识别线和识别面，形成各分级识别区之间的空间形态关联。

《国务院关于推进天津滨海新区开发开放有关问题的意见》中指出：滨海新区是"继深圳特区、上海浦东新区之后，又一带动区域发展的新的增长极"。滨海新区的"第三极"在城市空间中如何表述？总体城市设计提出以"海""河""港""城"作为整体空间控制的四个核心控制要点。

一、"海"——"一海一道一街"

"海"是滨海新区滨海特色的重要体现。创造"一海一道一街"的空间骨架，整合海岸线和海域以及海滨大道、中央大道、通海城市十道和通海城市快速路，形成丰富的海岸线、独特的海滨大道和中央大道梳状空间结构，凸显独具魅力的滨海特色。

（一）"海"的空间

"海"空间的范围：南北以滨海新区海岸线为边界，西以中央大道及滨海大道1000米为界，东以海岸轮廓线为陆地边界，同时包括部分渤海湾海域。陆地总面积为746平方千米。"海"空间中有海滩、河流、盐田等自然景观，休闲区、港区、产业区等城市区域，以及海域中的地质海床等。

（二）"一海一街一道"

"一海"由滨海新区的海岸线及其海域组成。海岸线总长度416千米，集中了自然岸线、休闲岸线和工业岸线等；海域面积超过5000平方千米，其中包括货运航道、客运线路、游览线路以及海上活动等区域。通过建立海岸线公共空间系统，形成海域观光游览网络，进而整合渤海湾空间，辐射环渤海湾地区乃至东北亚港口城市。

渤海湾海域空间指引。以南疆港和东疆港以及南港区构成的天津港对外辐射东北亚港口城市，辐射环渤海湾港口城市，就近整合渤海湾海域的其他港口如曹妃甸港、黄骅港等，形成渤海湾有序的海域空间，体现滨海新区的"龙头"地位。

海域空间指引。海域是"一海"的重要组成部分，近海观光游览构成了认知滨海新区滨海特色的重要途径。以客运码头为起始点组织海上游览线路，形成以和谐塔客运码头为中心，分别串联南北三个客运码头的滨海新区海域空间网络。

海岸线空间指引。海岸线是"一海"的主体元素，是滨海城市的重要体现。滨海新区的海岸线由自然岸线、休闲岸线、工业岸线组成，总长度为416千米。三类岸线各具特色、交替连接，构成了滨海新区丰富多变的岸线空间。

"一道"是指海滨大道同与之相交的通海快速路形成的梳状空间结构。海滨大道全长92千米，分为"滨海段"和"非滨海段"。"非滨海段"中的大部分为临海产业区，借用其中的通海快速路与海相连，形成公共通道。通过梳状结构中的广场等临海公共空间，创造滨海新区全方位的"滨海空间"，全面实现海的可达性。

海滨大道梳状空间结构。海滨大道同与之相交的通海城市快速

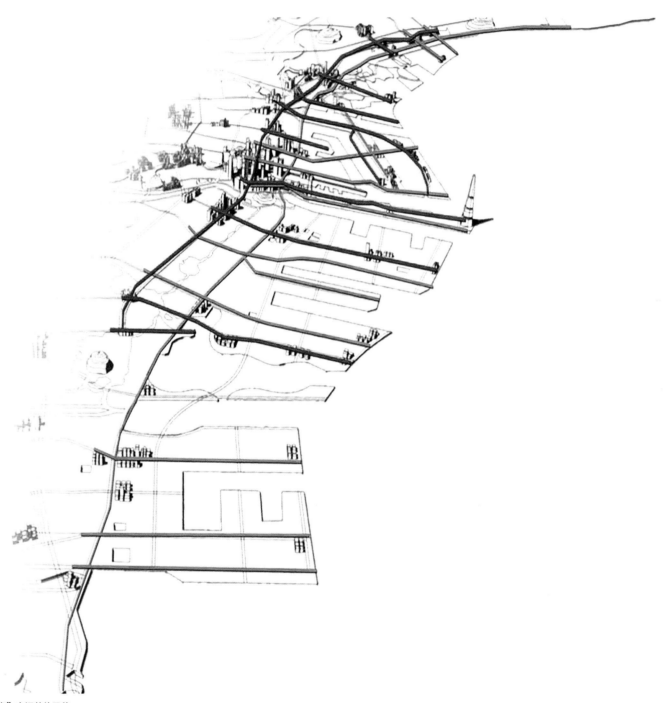

"海"空间总体风貌
资料来源：清华大学朱文一工作室

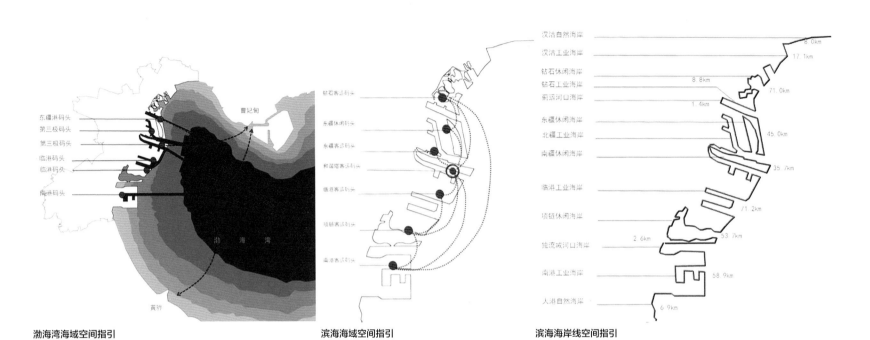

渤海湾海域空间指引

滨海海域空间指引

滨海海岸线空间指引

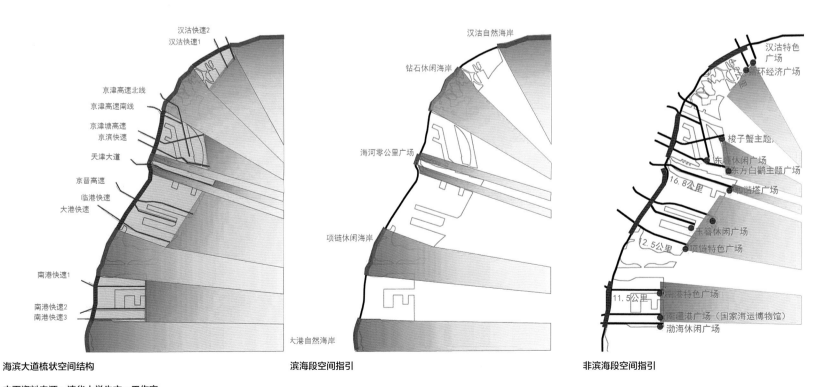

海滨大道梳状空间结构

滨海段空间指引

非滨海段空间指引

本页资料来源：清华大学朱文一工作室

路共同形成"海滨大道梳状结构"，实现了海的可达性，体现了"海"的特色。海滨大道"滨海段"直接临海，"非滨海段"通过快速路与海相连。

滨海段空间指引。梳状结构中，直接与海相连的路段设置丰富的空间体系，将自然岸线、休闲海岸和人工纪念广场结合进去。

非滨海段空间指引。滨海大道梳状结构中，借用产业区中的城市快速路与海相连，在快速路的出海端设置公共广场，从而实现海的可达性。

"一街"是指中央大道形成的街道空间同与之相交的通海城市干道形成的梳状空间结构。中央大道全长达55千米，其中核心段长度约15千米，巴黎德方斯—卢浮宫轴线长度为8千米，长安街三环以内长度13千米。如何处理中央大道核心段与"超尺度"全段之间的空间关系，形成富有特色的滨海新区"第一街"，成为一

个挑战。梳状空间结构上的通海节点和临海节点，在很大程度上体现了中央大道的海的特征。在中央大道通海节点处设置标识系统可以直接增强海的可达性，通过临海节点处的广场等公共空间直接与海相连。梳状空间结构为创造中央大道富有韵律的街道轮廓线提供了基础。

梳状空间结构。"一街"梳状空间结构由中央大道和12条东西向通海城市干道构成。

通海节点指引。中央大道与通海城市干道形成了11个重要节点，通过设置标识系统指引海的方向，形成中央大道"海"的可达性。

临海节点指引。通过通海城市干道形成临海产业区内的公共通道，并在端点处创造11个临海城市广场，形成滨海新区的均匀的"滨海"公共空间。

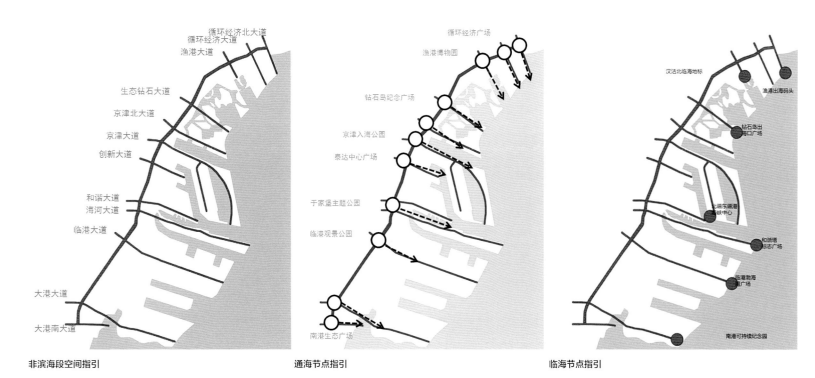

非滨海段空间指引　　　　　通海节点指引　　　　　临海节点指引

资料来源：清华大学朱文一工作室

City
Region
Towards Scientific
Development
走向科学发展的城市区域

天津滨海新区城市总体规划发展演进
The Evolution of City Master Plan of Binhai New Area, Tianjin

二、"河" —— "一河两道两路"

海河是滨海新区的主轴，对提升滨海新区整体的空间品质起着至关重要的作用。"河"空间强调海河的可达性，通过"一河两道两路"的空间结构统筹考虑海河与周边城市地区关联，彰显海河对形成宜居环境的主导作用。"两道两路"两套梯状空间结构串联了从天津中心城到军粮城、葛沽镇、外滩、于家堡的建筑组群，形成了海河两岸丰富的空间形态。

（一）"河"的空间

"河"空间范围的西边界为天津外环路，西边界为零千米出海口，北至津滨高速公路，南至天津大道，覆盖315平方千米。

（二）"一河两道两路"

"一河"由海河中游段和下游段以及海河两岸的滨河路组成。海河中游段由宜居环境区和自然景观区组成，海河下游段由民俗文化区、自然景观区和城市景观区组成。海河两岸的滨河路及其码头直接体现了海河的亲水性，成为滨海新区最具特色的景观路之一。

海河空间指引。海河从二道闸到零千米处长53千米，包括海河中游和下游，构成了"一河"的主体。根据海河自身的自然与文化特色，创造中游宜居环境区、中游自然景观区、下游民俗文化区、下游自然景观区以及下游城市景观区等五大分区，彰显海河丰富多彩的景观特色。结合五大分区布局特色空间节点，形成公共活动空间。

自然景观区控制。海河中游的军粮城自然景观区和海河下游的胡家园自然景观区，是重要的绿色开敞空间。严格控制自然景观区的建设，使之成为滨海新区的"绿肺"。

"两道"是指由津滨快速和天津大道以及南北向跨河快速路与它们相交形成的梯状空间结构。通过"两道"梯状空间结构，时速100千米的汽车在高速行驶中依然可以领略海河各流域的空间景色。在快速路上标识出通向海河的路口，成为海河亲水性的体现。

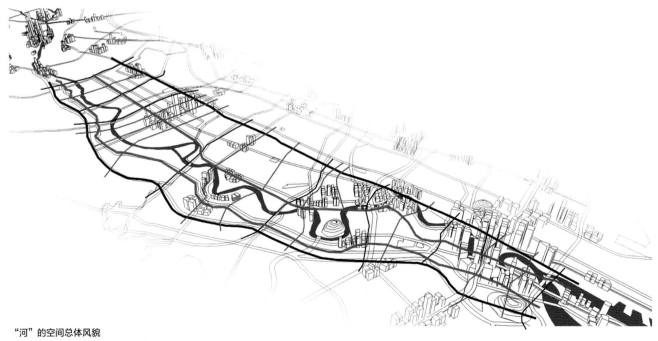

"河"的空间总体风貌
资料来源：清华大学朱文一工作室

通河节点指引。海河北面的津滨快速和海河南面的天津大道与南北向跨河快速路相交处，形成了南北各八个通河节点。可以在节点处设置标识系统，指明河的方向，实现"两道"梯状空间结构的亲水性。

两道梯状空间结构。南北向跨河快速路与海河相交处有8座桥。一种是通过式，即通过时可以看到海河；另一种是到达式，可以通过引桥慢速领略海河风光。

"两路"梯状空间结构由和谐大道和海河大道以及11条南北向跨河城市干道相交构成。"两路"成为海河可达性的直接体现，也构成了海河空间的独特性。同时，"两路"梯状空间结构将海河与两岸的建成区串联在一起，极大地提高了建成区的宜居度。

梯状空间结构。"两路"梯状空间结构由和谐大道和海河大道以及南北向跨河城市干道相交构成，实现了海河空间的可达性。在11条南北向干道跨河形成的桥上，可以结合设计创造行人或车辆停留的空间，增加观赏海河的观景点。

梯状空间结构与滨河建成区。"两路"梯状空间结构可以串联

海河两岸的建成区，形成与海河相呼应的优美城市轮廓线。

三、"港"——"一河两道两路"

"港"空间是指以天津港为代表的滨海新区产业空间，包括老工业厂区以及先进制造产业区、化工产业区、油田、盐田等。"港"空间呈现了滨海新区历史发展脉络，也是体现当今滨海新区特色的重要空间形式。

老工业厂区承载着滨海新区的历史记忆，是提升城市空间品质的重要空间元素。新产业区是滨海新区快速发展的标志，如何使之与城市生活紧密结合，形成开放的公共空间，成为提高城市空间品质的另一个重要因素。

"一港六厂多芯"构成"港"的空间结构，综合考虑了老工业厂区的传承和转型以及新产业空间的公共性和开放性问题，为创造滨海新区的城市宜居环境提供了一种空间途径。

（一）"港"的空间

"港"空间包括老工业厂区以及先进制造产业区、化工产业区、

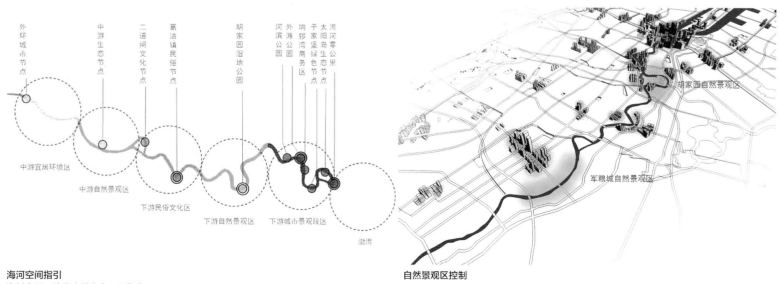

海河空间指引
资料来源：清华大学朱文一工作室

自然景观区控制

City
Region　Towards Scientific
Development
走向科学发展的城市区域

天津滨海新区城市总体规划发展演进
The Evolution of City Master Plan of Binhai New Area, Tianjin

油田、盐田等。遍布滨海新区的老工业厂区和新产业空间，呈现了滨海新区历史发展脉络，体现了当今滨海新区发展的空间特色。

（二）"一河两道两路"

"一港"是指滨海新区港区的集中体现——南疆港。作为滨海新区的空间主轴，南疆港以其优越的地理位置成为象征"第三极"整合渤海湾、辐射东北亚的起始点。未来的南疆港作为滨海新区最具标志性的公共中心，将集中体现空间的地域、绿色和信息特征，成为滨海新区引领世界建筑发展的示范区。展望南疆港港区搬迁后，将变成滨海新区最具标志性的公共空间。总面积达到 15.5 平方千米的南疆港，西端 4 平方千米用地可以结合海河零千米纪念苑创造城市中心休闲区——滨海河公园，中部 10 平方千米可以作为 2025 年天津世博会会址，而东端 6 平方千米可以设计标志性建筑千米"和谐塔"，形成滨海"辐射"广场，象征滨海新区的龙头地位。未来的南疆港将作为滨海新区最具标志性的公共中心，将集中体现空间的地域、绿色和信息特征，成为滨海新区引领世界建筑发展的示范区。

"六厂"是指位于滨海新区的天津碱厂、大无缝厂、天津化工厂、汉沽盐田、大港油田、大港小化工等六个历史悠久且规模最大的工业厂区。"六老厂"区在滨海新区的发展过程中留下了不可磨灭的印迹，今天已经成为滨海新区固有文化基因中不可替代的一部分。随着滨海新区的迅猛发展，"六老厂"区逐渐被城市包围，变成城市中心区的一部分。如何结合厂区搬迁完成功能置换，创造城市中独具魅力的空间，成为一个迫在眉睫的课题。

"十芯"是指滨海新区新产业区中开放的公共中心。针对超大规模的新产业区，创造"十芯"，体现开放性和公共性，使其成为城市的有机组成部分。串联"十芯"，系统展示新产业空间的特色，既全面呈现其整体风貌，又与城市宜居空间紧密融合。大规模的产业区建设成为滨海新区高速发展的标志。在产业区内创造"十芯"，形成广场等开放的公共中心，可以体现开放性和公共性，使

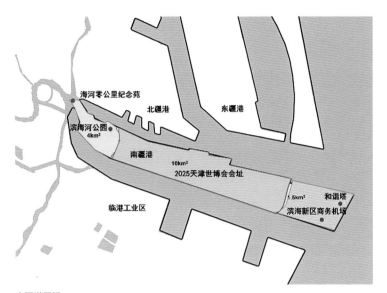

南疆港展望
资料来源：清华大学朱文一工作室

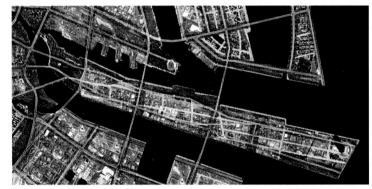

南疆港未来意象
资料来源：清华大学朱文一工作室

之成为城市宜居空间的有机组成部分。

四、"城"——"一城多廊多点"

"城"是滨海新区开敞空间和公共生活的载体。"一城多廊多点"构成了"城"的空间艺术架构。该架构综合考虑了滨海新区城市的发展趋势、均衡性及各种空间要素的代表性，是创建经济繁荣、社会和谐、环境优美的宜居生态型新城区的重要保证。

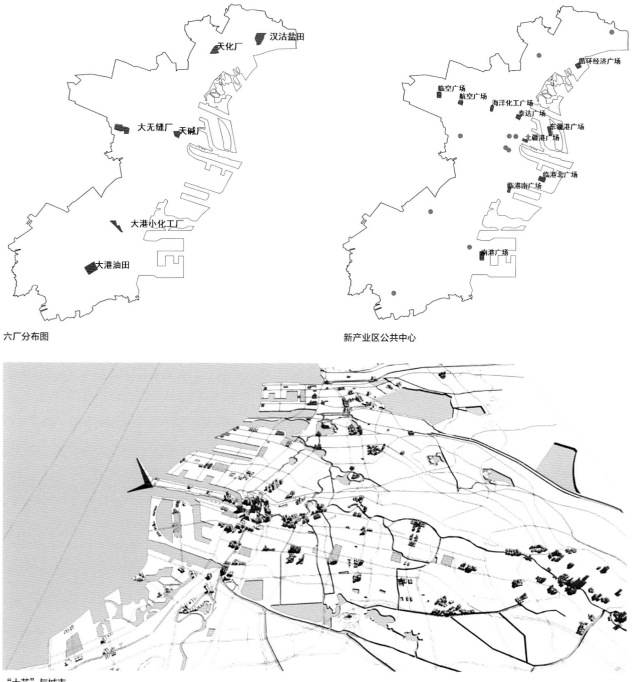

六厂分布图

新产业区公共中心

"十芯"与城市

本页资料来源：清华大学朱文一工作室

（一）"城"的空间。

"城"空间包括滨海新区的所有陆域范围，根据 2008 年的总体规划提升，"城"空间面积在原来的 2 270 平方千米基础上新增 330 平方千米，共计 2 600 平方千米。其中，规划城市建设用地 660 平方千米，人口 550 万人。

滨海新区内将有七个城市发展中心——滨海新城、南疆和谐城、汉沽新老城、生态钻石城、军粮新城、大港新老城及南港新城，形成"一城六核"的城市空间结构。

（二）"一城多廊多点"

"一城"即滨海新城，它位于"海""河""港"的交汇之处，为滨海新区内最为重要的城市中心区，也天津市"双港双城"城市发展战略中重要的一城。通过总体建设规模的控制、可达性的梳理，突出滨海新城在新区城市发展中的龙头地位。

滨海新城的黄金十字发展轴。海河与中央大道分别是"海"与"河"的主轴。位于十字轴节点的于家堡更是新区发展的核心与焦点，一些最重要的项目便落户于此，如京津城际的终点站和拥有新区最高楼的金融中心。

海河发展轴。海河中下游的大部分码头及历史文化景点均位于滨海新城段。在充分挖掘、呈现这些特色的基础上，结合新近建设项目，打造独具魅力的滨海新城段海河景观。

中央大道发展轴。中央大道上最重要的建设项目便集中在滨海新城段。在充分挖掘中央大道两侧原有特色的基础上，新增若干项目和景点，使其形成连续和谐且丰富多变的城市街道空间。

"多廊"指一些跨滨海新区内部不同片区的空间廊道，包括：干道景观路、快速景观路、轻轨景观路、景观运河及水上游线等。因此，对这些空间廊道进行重点设计强调统一性，成为协调各个片区，塑造滨海总体风貌的重要保证。

干道景观路。依据"双城双港"天津战略和"一心三城"滨海战略，形成以弓箭形的干道景观路结构。"弓"为中央大道；"弦"为津汉大道和津港大道；"箭"为和谐大道、海河大道、创新大道、临港大道。其中，中央大道比原规划向南延伸，以凸显"海"的特色。

快速景观路。依据"双城双港"天津战略和"一心三城"滨海战略，形成以弓箭形的快速景观路结构。"弓"为海滨大道；"弦"为津汉快速和津港高速；"箭"为京津塘高速、津滨快速和天津大道。建议在这些景观路两侧有层次地种植体现滨海特色的树木。

轻轨景观路。依据"双城双港"天津战略和"一心三城"滨海战略，形成以弓箭形的轨道景观路结构。"弓"为海滨轻轨和中央大道轻轨；"弦"为津汉轻轨和津港轻轨；"箭"为津滨轻轨和天津大道轻轨。

"点"是城市空间的最基本要素。多点从地标、边界、街道、广场和领域这五个角度出发，创建滨海新区独具特色的空间发展点系统。在多点的规划布局中，要充分考虑总体的空间艺术架构，并兼顾各个片区的均衡发展。

建筑高点。滨海建筑高点分为四个等级：第一级为南疆港和谐塔，高 1 000 米；第二级为于家堡和响螺湾金融中心，高 300 ~ 500 米；第三级为分区级城市中心，高 200 ~ 300 米；第四级为 100 ~ 200 米高。

绿色高点。滨海绿色高点主要位于污染性工业区和城市生活区之间，以阻隔污染、确保宜居，并在滨海新区平坦的自然地貌上建造起伏连绵的优美轮廓线。绿色高点分为三个等级：第一级高 100 ~ 150 米；第二级高 50 ~ 100 米；第三级高 30 ~ 50 米。

城市大门。城市大门系统是滨海新区城市边界的体现，是人们进入滨海新区的标识空间，也是体现滨海特色，弘扬滨海文化的重要场所。城市按类型可分为陆上大门和海上大门，建议在设计中分别运用新区的陆上特色元素和海上特色元素。

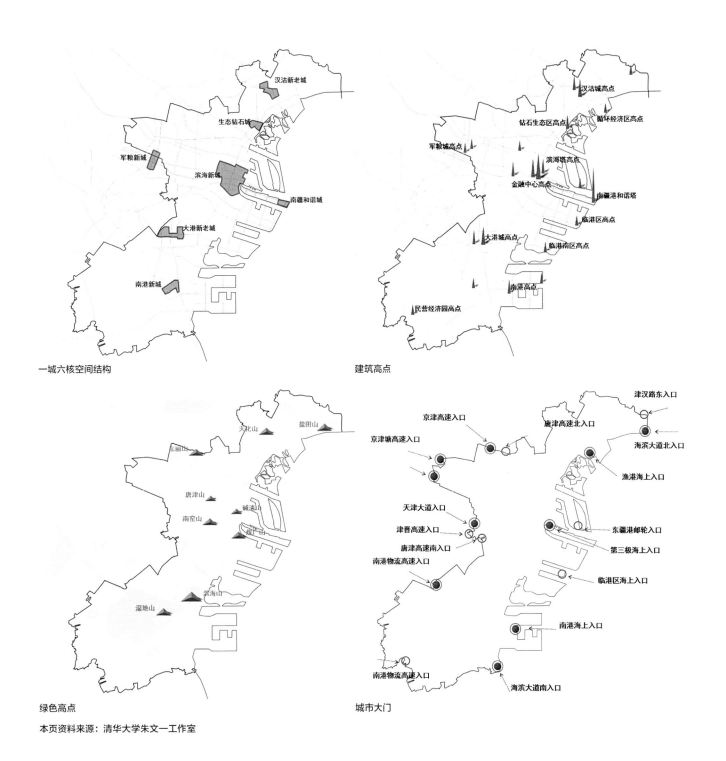

一城六核空间结构

建筑高点

绿色高点

城市大门

本页资料来源：清华大学朱文一工作室

City
Region Towards Scientific
Development
走向科学发展的城市区域

天津滨海新区城市总体规划发展演进
The Evolution of City Master Plan of Binhai New Area, Tianjin

第五节　天津滨海新区生态系统研究

2006年国务院20号文件明确了滨海新区的发展定位，要求新区"逐步成为经济繁荣、社会和谐、环境优美的宜居生态型新城区"。生态型新城区的发展定位从国家战略层面对滨海新区的生态环境质量提出了更高的要求，同时也为新区加快生态建设带来了机遇。滨海新区空间尺度巨大，已经超出一般城市的尺度和规模，要建设成为"实践科学发展观的排头兵"，不仅仅要成为带动环渤海区域经济振兴的引擎，还要在城市区域生态环境的根本改善上发挥示范和带头作用。

在对国内外相关领域研究状况和发展水平进行综合分析并大量收集新区相关资料的基础上，从滨海新区所处的海河流域入手确定新区在流域中的生态区位，进而对新区的生态因子进行评估，并提出新区的生态定位，以此为依据结合滨海新区城市总体规划的空间结构和用地布局确定滨海新区生态绿地系统布局方案，并对影响该系统实施的核心问题提出生态策略。

一、生态因子评估

滨海新区生态系统的多样性与脆弱状况并存，湿地面积广阔、功能多样，但缺乏同城市的沟通和联系，生态服务质量较低。生态系统破碎化加剧，城市建设用地无序扩张，切割原有的陆生生态系统；自然湿地被改造为人工水体；沼泽被浚深为水库、鱼塘或水渠滩涂被围填成养殖场。湿地生态功能退化，沼泽逐渐干涸，演化为灌丛或草地，质量下降；湿地生物多样性减少。

同时，不容忽视的问题是：位于流域末端，遭受上游污染的影响，难以调控；各类产业污染排放急需加强管理控制；土地盐渍化严重，不利于植被生长；区域水资源不足，城市发展面临水源供给

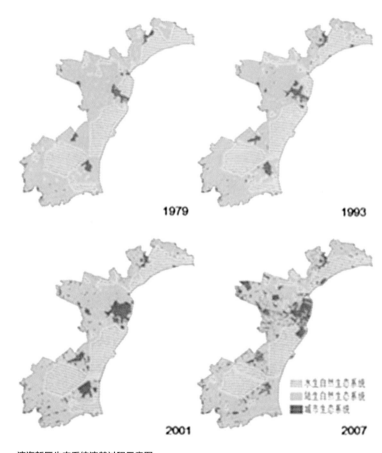

1979　1993

2001　2007

滨海新区生态系统演替过程示意图
资料来源：天津市空间发展战略规划

的问题；生态本底差、生态系统结构简单、生态敏感脆弱。

因此，湿地是新区生态系统的核心资源，水资源综合利用是湿地存在的前提条件；生物多样性是新区生态环境改善的具体体现，土壤改良是新区生态系统持续改善的基础。

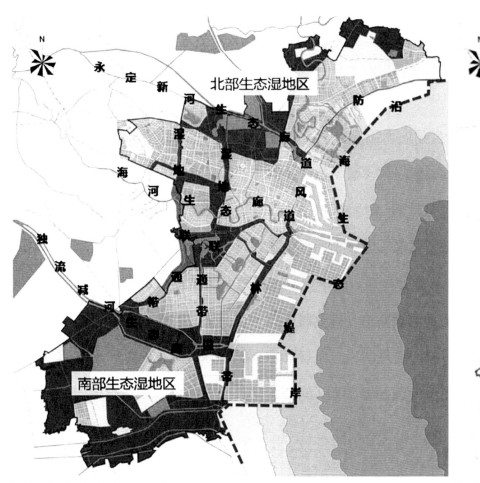

北部生态湿地区

南部生态湿地区

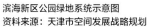

滨海新区生态绿地系统空间结构示意图
资料来源：天津市空间发展战略规划

滨海新区公园绿地系统示意图
资料来源：天津市空间发展战略规划

二、生态定位

在上述研究的基础上，确定滨海新区的生态定位为：欧亚重要的湿地型鸟类生物栖息地及迁徙中转站；华北地区重要的湿地生态系统资源库；环渤海地区生态体系的重要斑块和生态服务提供者；天津市生态旅游开发的重要区域。

三、生态绿地系统布局

（一）区域绿地

以滨海新区的自然资源和现有绿化条件为基础，结合农田林网建设和农村居民点复垦、废弃工矿地复垦、土壤盐碱化治理，以建立郊野公园等区域绿地为重点，通过河湖水库生态修复、大型林地（公路、铁路、河流）绿化、农田林网绿化，与市域生态系统相联系，构筑新区生态控制线，形成"两区七廊"的区域绿地总体框架。

"两区"即南北两个生态环境区，包括北部以河湖水库群（东丽湖、营城湖、黄港水库、北塘水库等）及经济和生产绿地（杨家泊、茶淀等）为主体的生态环境区。

"七廊"即东西向三条生态廊道，包括北部永定新河生态廊道、中部海河生态廊道、南部独流减河生态廊道；南北向四条绿化隔离带，包括西部茶金公路东区间绿化隔离带、中部唐津高速公路两侧区间绿化隔离带、东部海滨大道生态防风林带、沿海生态堤带。

（二）建设区绿地

公园绿地。在城区层面，规划建设 55 个片区级公园，其中：滨海新区核心区 22 个，共 24 平方千米；北部宜居旅游片区 13 个，

共 15 平方千米；南部石化生态片区 11 个，共 32 平方千米；西部临空高新片区 9 个，共 12 平方千米。

生产绿地。按照建设部《城市绿化规划建设指标的规定》中生产绿地应按建成区面积的 2% ~ 3% 控制，本次规划建设生产绿地 12 处，共 15 平方千米。

防护绿地。按照滨海新区控规中的"绿线"要求进行建设。

四、生态策略

湿地保护。对海河、永定新河、独流减河、蓟运河等一级河流的河漫滩进行保护，黄港水库、北大港水库、东丽湖等湖泊水库，一级河流入海处以及南部河流入海集中处等滨海湿地系统进行修复；开展雨水湿地系统、污水湿地系统建设；引入相应物种。

土壤盐碱化修复。蓄淡压盐、灌水洗盐、下部设隔离层、渗管排盐等水利改良措施；平整地面、深耕晒垡、客土抬高地面、粉煤灰、碱渣土等物理改良措施；石膏、磷石膏、亚硫酸钙等化学改良措施；种植耐盐植物和牧草、绿肥、植树造林等生物改良措施。

水资源利用。重建河湖动态联系，修复水网生态环境，构造良性循环水系，改善河道水质、调节地下水位、提高城市防洪排水标准、保障湖泊湿地的生态用水；在城市规划与设计中融入雨水花园、草沟、檐下渗井、滞留池、屋顶花园、生态滤水带、人工湿地、透水铺装等，建立新区雨水最佳管理系统；开展雨水、中水水资源回用；源头与末端治理相结合，开展污水控制。

本章小结

城市总体规划是城市发展的蓝图，要使规划达到高水平，必须加强理论研究和理论的指引。滨海新区一直重视总体规划的理论研究，本着开门搞规划、研究的精神，吸引国内外高水平的规划设计团队参与新区的总体规划前期研究工作。深圳特区、浦东新区一直是新区学习的榜样，中规院的研究成果使我们获益良多。城市不是孤立的，真正的城市规划是区域规划，中规院对京津冀环渤海湾产业和交通研究非常有指导意义。城市总体规划要统筹经济、社会、环境等各个方面，但本质还是要塑造良好的人居环境，清华大学对新区 2270 平方千米这样大尺度的总体城市设计研究，在国内还是第一次，做了大量的研究工作，形成较好的框架。在生态和景观设计方案有很高专业造诣的美国易道公司对新区的生态系统做出了一个初步的评判。这些研究成果使我们能够学习借鉴先进城市的经验、吸取国内外研究理论，从区域的角度，从更高的层次来进行滨海新区城市总体规划的优化和提升工作。

第五章 《滨海新区城市总体规划优化与实施研究》课题

为了深入贯彻国务院 20 号文件精神，依据国务院批复的《天津市城市总体规划》深化完善《天津市滨海新区城市总体规划（2005—2020 年）》，2006 年天津市滨海委和天津市规划局共同组织，由天津市城市规划设计研究院和天津滨海综合发展研究院主持开展了"天津滨海新区城市总体规划深化与实施"的课题研究工作。参研人员以政府公务员和规划设计人员为主，并邀请国内外相关单位和研究机构共同参与。滨海新区作为我国区域协调发展的"第三极"和综合改革试验区，在城市规划方面也应该是创新试验区。该课题研究力求在吸取国内外最新规划理论和实践的基础上，结合中国和滨海新区的实际，有所发现，为滨海新区城市总体规划的深化和实施奠定理论和科研基础。

第一节 区域合作与发展研究

一、京津冀地区整体发展的"结构共同点"

天津滨海新区的战略地位体现在对区域发展的带动作用。目前，京津冀地区区域协同发展的研究进入了新的阶段，天津市城市总体规划已经国务院批复，滨海新区城市总体规划也已经编制完成。在此基础上，进一步认识滨海新区内部的空间结构与京津冀整体发展的互动关系，将有利于滨海新区的发展和区域作用的发挥。

（一）寻找三个层面空间发展的"结构共同点"

《京津冀地区城乡空间发展规划研究二期报告》（吴良镛等）提出：以京津两大城市为核心的京津走廊为枢轴，以环渤海湾的大滨海地区为新兴发展带，以山前城镇密集地区为传统发展带，共同构筑京津冀地区"一轴三带"的空间发展骨架，提高首都地区的区域竞争力。无论是天津市市域的"一轴两带三区"的布局结构，还是滨海新区"一轴一带三城区"的城市结构，与京津冀地区的空间结构基本上都是一致的。关键的问题是，如何寻找三个层面的"利益共同点"，从滨海新区发展的角度来说，构建一个既适应自身发展，又能够符合京津冀地区和天津市整体发展的空间战略，寻找"结构共同点"是非常重要的。从三个层面的空间结构来看，滨海新区内津滨发展轴和沿海岸地区的发展是与京津冀地区和天津市整体发展的"结构共同点"。

（二）把津滨发展轴建设成为京津走廊的"精品段"

未来，将京津走廊建设成为京津冀地区、环渤海地区的核心，乃至世界意义上的都市带，已经成为共识。从空间距离和发展情况看，类似于广州香港城市带。同时，京津走廊方向也是天津市和滨海新区空间发展的主轴。滨海新区内津滨发展轴的空间布局要站在京津走廊发展的角度来考虑，要有明确的定位和发展方向。首先，津滨发展轴毫无疑问应该是整个区域最重要的"海上门户"。同时，

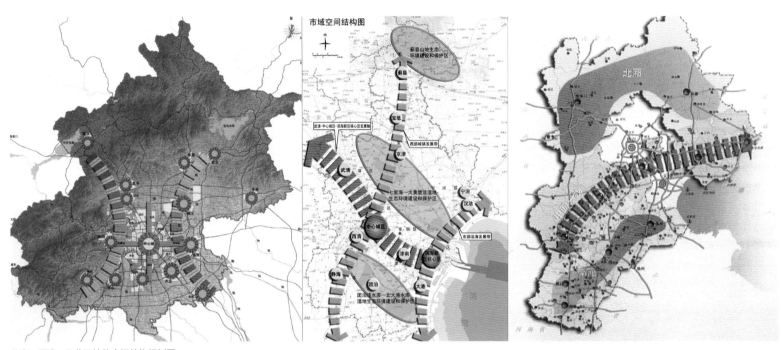

北京、天津、河北三地的空间结构规划图
资料来源：天津市滨海新区规划和国土资源管理局

从与北京中关村、上地信息产业基地的对比和滨海新区自身发展的禀赋来看，津滨发展轴应是最重要的研发转化基地。从空间布局的角度，区域层面，应强化"科技走廊""疏港走廊""生态走廊"的概念，使滨海新区段成为京津走廊中的"精品段"；城市层面，应加强滨海新区与中心城区的交通联系、尤其是大运量客运走廊的建设。

（三）沿海岸地区是"大滨海新区"的核心地区

《京津冀地区城乡空间发展规划研究二期报告》（吴良镛等）提出了"大滨海新区"的想法。海岸带地区是今后区域发展的重点，更是天津滨海新区发展的重点，也是实现区域协调发展的关键地区。

"大滨海新区"包括秦皇岛、唐山、天津滨海新区和黄骅沿海地区，其中，港口发展、临港产业发展和近海环境治理等问题都是京津冀区域协调发展的热点问题。在"大滨海新区"中，天津滨海新区是核心地区，担负着港口、产业整合的重任。随着河北、山东、辽宁三省之间大交通动脉的联系越来越紧密，为加强滨海新区的核心作用，在京津高速公路、京津城际轨道交通建设的同时，环渤海湾地区的大交通基础设施建设应该提速。总之，滨海新区的规划建设，要始终着眼于区域尤其是京津冀地区的协调发展，寻找发展的共振点，使滨海新区的发展同时满足区域发展的整体利益，达到各个层次发展的共赢。

二、大滨海新区: 京津冀空间发展前沿的"第二波"

（一）大滨海新区的概念和范围

20 年前，天津跳出中心城区看天津，确定了"工业东移"的空间发展战略，滨海新区成为天津城市发展的动力引擎。20 年后的今天，天津滨海新区已经上升为国家战略，跳出天津看天津，大滨海新区成为天津滨海新区带动更大区域发展的结合点。按照惯例，海岸线向内陆延伸 50 千米左右为滨海地区。所谓"大滨海新区"即指环渤海湾之京津冀的滨海地区，包括天津滨海新区的塘沽、汉沽和大港，河北的曹妃甸、黄骅、京唐港和秦皇岛等沿海地区，海岸线长度约 500 多千米，陆域面积约 2 万平方千米，占京津冀 22 万平方千米的 10%。从目前的发展形势看，大滨海新区将成为我国新时期发展最为快速、对外开放度最高的前沿区域，而天津滨海新区则是引爆大滨海新区，带动整个京津冀乃至环渤海区域整体高速发展的引信和雷管。

（二）京津冀空间发展前沿的"第二波"

回顾历史，我们可以清楚地看出京津冀地域空间发展的阶段性。京津冀山前平原地区面向东部退海而成，因此最初的人类聚居就在西部山前地带，依山就水，取水之利，避水之害。明清北京城达到畿辅地区第一个辉煌时期。近现代工业的兴起和开埠是京津冀向东部扩展的"第一波"，距海边 50 ～ 100 千米左右的天津、唐山、保定等成为发展的"东部前线"和中国近代工业的摇篮。新中国成立后，特别是改革开放以来，京津冀地区取得了长足的发展。当前，我国进入新的发展机遇期，在全球化的大背景下，伴随着新型城市化、工业化发展，大滨海地区正在成为京津冀空间发展的第二波。天津滨海新区的 GDP 已经占天津全市的 40% 以上，唐山曹妃甸和沧州黄骅发展势头迅猛，唐山在河北省中 GDP 排名第一，沧州也上升到第四位。大滨海地区发展的浪头正在形成。

（三）大滨海新区的定位和功能

大滨海新区作为京津冀的滨海地区，是京津冀最主要的发展方向和发展空间，要成为具有世界领先水平的我国新型工业化和城市化的示范区域，成为整个区域发展的前沿和引擎。

京津冀地区从自然地域空间看可以划分为三种类型：西北的燕山山脉地区、中部的山前和平原地区、东南的滨海地区。燕山山脉地区是上游生态敏感区，城市化水平低，生态环境破坏严重，人口应向外疏解、转移。中部为城市密集区，北京、天津等特大城市都面临着人口拥挤、交通堵塞、用地紧缺、环境恶化等问题，传统的摊大饼式的圈层扩展模式使城市缺乏发展空间，人口和产业急需向外疏解，以形成合理的布局形态。滨海地区有较大的发展空间和生态容量，特别是海水利用技术的进步为整个区域缺水状况提供了一个出路。同时，工业化仍然是京津冀地区实现城市化的必由之路，沿海是大工业发展的最佳区位。从世界城市发展的历史规律看，工业化促进了城市的大发展，大工业的发展和船舶运输大型化使内河港口逐步向海港转移，城市因此向滨海地区转移。目前，京津冀地区正在经历着这样一个发展过程。因此，不论是从区域发展规律看，还是从京津冀自身的人口、土地资源、生态环境和发展空间等具体条件看，大滨海新区都是京津冀最主要的发展方向和发展空间，除港口、能源、基础工业等功能外，更应该承担起我国新型工业化和城市化示范区的重要功能，担负起世界看中国、中国看大滨海新区的重任。

（四）天津滨海新区对大滨海新区的引导作用

大滨海新区作为京津冀的前沿，后方城市有北京、天津、唐山、沧州、秦皇岛、廊坊等，其发展除去后方城市的支撑，形成城市群区域网络外，更需要大滨海新区内部即滨海地区自身之间密切联系，形成滨海发展的走廊。国外大多数重要沿海地区的城市群，如美国东北部大西洋沿岸城市群简称波士华（Boswah），日本东海道城市群东京—阪神，包括我国的三大城市群等，其滨海地区在发展中都起着十分关键的作用，是规划发展的重点。

北京、天津和河北空间发展的"结构共同点"，一是京津走廊，二是大滨海新区。天津滨海新区位于两个同构的交汇点，既是天津发展的引擎、京津冀整体发展的引擎，也必然是大滨海新区的引擎。站在国家层面看，天津滨海新区定位于"对外开放的门户，先进制造业和研发转化基地，北方国际航运中心和国际物流中心，经济发展、社会和谐、环境优美的宜居生态城区"。从京津冀看，天津滨海新区成功的关键是带动大滨海新区的发展，以促进区域整体发展。20 世纪 80 年代中期，天津提出发展滨海地区，是完全符合城市发展客观规律的远见卓识。虽然在短期上造成资金和力量的相对分散，等于同时建设两个城市，投入产出效益大为降低，但为城市长远健康发展打下了坚实的基础。今天，天津滨海新区已经形成相当的规模和水平，城市化聚集程度高，具有高水平的人才、市场、信息、技术创新和文化教育、医疗卫生、社会服务等多种城市功能，能够为大滨海新区的发展提供多种服务功能，成为拉动和引导大滨海新区发展的核心动力和示范区。

（五）大滨海新区内部的发展竞争与协调

市场经济的核心是自由竞争，规划的作用在于引导，如果用规划来消灭竞争，我们就回到了计划经济的老路上去了。因此，合理有序的竞争是一个区域发展和充满活力的灵魂。同时，时间是竞争过程中一个十分重要的"润滑"因素，今天看，当年许多问题随着发展已经不成为问题。

目前，在大滨海新区内部产业的竞争，坦白地说应该是十分激烈的，但在经过多年的打拼之后，各家也形成了一定的比较优势，总体看向好的方向发展。在第二产业方面，基本形成了曹妃甸钢铁、天津滨海新区石化、先进制造业和高新技术、黄骅煤炭能源的大格局。交通方面，过去所说的港口重复建设问题已经不复存在，曹妃甸以矿石为主，天津港以集装箱为主，2006 年煤炭运量开始下降到 7000 万吨，而黄骅在采取工程措施后，回淤问题开始好转，2006 年煤下海量预计达到 8000 万吨，超越天津港成为全国第二大能源港。而且，秦皇岛、天津和黄骅三港的北煤南运仍然无法满足

中国南方的需求。在第三产业方面，天津滨海新区的金融贸易等服务功能的优势明显。

随着发展，新的无序竞争肯定还会出现，这就需要我们在规划中有意识地给予引导和协调。比如石化问题，要避免出现新的重复建设。近期天津石化等产业发展上具有人才、市场、技术等优势。当然，随着发展，天津滨海新区的人才、技术、市场等优势会减弱，而各种成本，包括劳动力、运输、环境保护和污染治理等会增高，也会面临同首钢一样的搬迁问题。因此，我们必须用发展的眼光看问题。在大的道路交通等基础设施规划建设方面下功夫，为充分发挥市场的资源配置作用提供条件。同时，要预见产业发展的方向，按照发达国家滨海产业向外转移、结构调整的经验，考虑我国新型工业化的发展，我们在大滨海新区的产业规划中要尽可能地鼓励旅游休闲度假等现代服务业的发展，协调好工业与服务业发展的空间和资源关系。

（六）大滨海交通体系

大滨海新区要形成一个整体的发展带，前提是建设大滨海的交通体系，包括沿海高速公路、沿海城际铁路、海上客运和海上机场等，与区域和全球发展同步。

从国外沿海大都市群的经验看，滨海高速公路、铁路在人流、物流和旅游、防灾以及国防等方面都具有十分重要的战略意义，如美国西海岸 1 号高速公路、澳大利亚东海岸 1 号高速公路等。

目前大滨海新区还缺少这样的规划。天津滨海新区基本是港后城市，海滨大道同时担负多重功能，规划预留红线宽度不足。曹妃甸的规划也没有考虑这样的通道。因此，近期急需规划建设滨海高速公路通道，促进大滨海新区的整体发展。

在全球化的今天，与国际枢纽机场快速便捷的联系是一个重要经济区发展的关键，一般距离应该在 80 千米左右。按照首都第二机场选址在京津走廊的方案，天津滨海新区中心距首都第二机场 100 千米，而曹妃甸、黄骅则在 200 千米左右。因此，除保证高速

公路的建设外，必须考虑更高速度的高速铁路。规划可以将京津城际轨道继续延伸，北至曹妃甸，南至黄骅，保证两地到达首都第二机场的时间控制在 1 小时以内。远期可以考虑规划建设海上机场。

（七）滨海水系统、沿海生态廊道和旅游线

在整个京津冀区域，生态的恢复和治理有两个重点地带，一个是上游山区，另一个是下游滨海地区。滨海地区上接上游来水、下临海洋，是控制整个生态系统的纽带。滨海地区作为生态修复的重点，与上游山区植被恢复、水土保持，和中游山前城市密集区污水处理、水系恢复、大气治理形成合力，不仅可以改善自身生态环境，关键是可以带动整个区域的生态环境的改善行动。因此，滨海地区水系统是区域生态环境的控制点和最适宜的切入点。可以说，中上游水系恢复是整个区域生态修复的前提，滨海地区海水淡化为水系修复提供了机会，而清洁河水入海是改善渤海湾海洋生态环境的治本之策，三者结合形成良性水循环。

大滨海新区除去新的开发建设形成新的城市和人工景观外，沿海生态廊道和旅游线是滨海地区最宝贵的自然资源。按照发达国家的经验，随着城市化水平的提高，滨水旅游休闲度假等现代服务业迅速发展，在美国许多滨海地区的旅游线是徒步旅行、自行车、跑步及自驾车旅行的重要廊道，成为新兴服务业的增长点。大滨海新区也要尽早谋划。

总之，大滨海新区的模样正在出现，需要抓住以上所论述的关键点和问题，作为京津冀城乡空间发展战略规划研究的子项目，进行规划和空间发展战略的细化研究，为大滨海新区的发展搭好骨架。期望通过一个高水平的规划战略的实施，促进大滨海新区的快速发展。同时，国家应该在大滨海新区道路交通等大型基础设施建设方面给予足够的投入，形成京津冀发展的第二波，成为环渤海和东北亚的冲击波。

三、京津冀地区空间发展布局构想

吴良镛先生在《京津冀地区城乡空间发展规划研究二期报告》中提出，应当以首都地区的观念，塑造合理的区域空间结构。

首先，以京、津两大城市为核心的京津走廊为枢轴，以环渤海湾的"大滨海地区"为新兴发展带，以山前城镇密集地区为传统发展带，以环京津燕山和太行山区为生态文化带，共同构筑京津冀地区"一轴三带"的空间发展格局。"发展轴"和"发展带"都要以绿色开放空间加以分隔，采取"葡萄串"式空间布局，避免连绵发展。

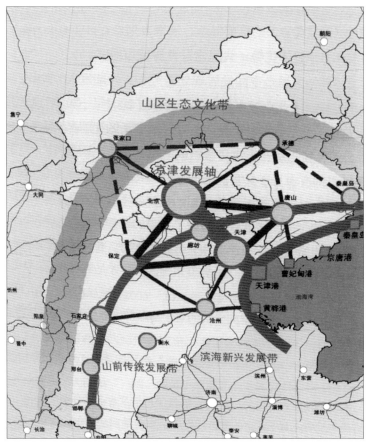

京津冀地区"一轴三带"的空间发展结构示意图
资料来源：天津市滨海新区规划和国土资源管理局

其次，以中小城市为核心，推动县域经济发展，扶持中小企业，形成"若干产业集群"，带动社会主义新农村建设，改变"发达的中心城市，落后的腹地"的状况，促进首都地区的社会和谐。

（一）完善以北京、天津为核心的京津走廊

由北京、廊坊、天津组成的京津走廊从土地面积、人口、经济总量上，都在京津冀地区占有绝对的核心地位。京津走廊未来发展应在以下几个方面加以重视。

1. 京津地区共同建设世界城市地区

《京津冀地区城乡空间发展规划研究》（一期报告）提出了建设"世界城市"的目标，新的北京城市总体规划将"世界城市"作为城市功能定位之一，天津滨海新区在国家战略中也有很高的定位。

天津滨海新区规划示意图
资料来源：天津市滨海新区规划和国土资源管理局

只有发挥北京、天津各自的优势，在交通、产业、人才等方面互补，才能共同建设"世界城市地区"，实现各自的发展目标。

2. 形成可持续发展的多中心空间体系

首先，北京宜将奥运会以后"新北京"的发展与总规修编"两轴两带多中心"布局的落实统一起来。需要从京津冀这一"首都地区"来布局城市功能；需要考虑更长的建设时间；需要更高的战略目标——建成中华文化枢纽。

第二，落实天津滨海新区发展战略和规划，充分发挥滨海新区的作用。未来天津发展要落实城市总体规划，特别是注重同周边地区的协调发展。滨海新区应开展以下工作：

① 以滨海新区开发为契机推动综合交通的统筹协调，以天津港推动环渤海地区港口的协作与整合，规划梳理南北向大交通，谋划建设"曹妃甸—天津—黄骅"滨海通道；② 协调与完善滨海新区各功能区的规划，形成既有整体，又有相对独立的功能组团，注重发展时序和发展重点；③ 保持好城市南北两大湿地和海河生态景观，确定地域国家公园体系，进行地景设计；④ 确定滨海新区和新区的空间骨架，进行整体城市设计，改善滨海新区环境。

3. 充分发挥廊坊的区位、资源优势

在空间结构上，廊坊要继续发挥组团式布局优势，紧凑发展，创造良好的生态环境。转变传统的环路加放射的规划理念，重新组织组团间的联络线。研究区域性交通同地方交通的关系。

4. 培育京津周边中小城镇作为增长点

提高京津周边城镇的规模和经济实力，吸纳更多就业和居住人口，使京津走廊从单纯的京津塘高速公路沿线的线形区域结构，拓展成为多中心的网络化结构。

（二）积极培育环渤海湾的"大滨海新区"

随着天津港和滨海新区的崛起，以及曹妃甸港和新首钢的建设，以天津滨海新区为核心，以秦皇岛、唐山、沧州滨海地区为两翼的

City
Region
Towards Scientific
Development

走向科学发展的城市区域

天津滨海新区城市总体规划发展演进
The Evolution of City Master Plan of Binhai New Area, Tianjin

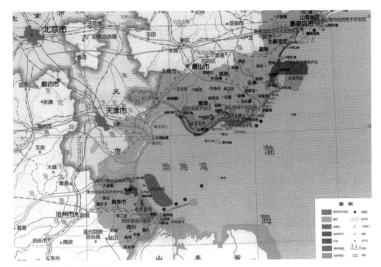

"大滨海新区"范围示意图

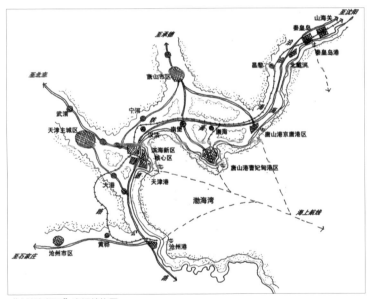

"大滨海新区"空间结构图

本页资料来源：天津市滨海新区规划和国土资源管理局

"大滨海新区"理应作为京津冀地区乃至华北地区发展的引擎。

1. 推动京津冀地区战略重点向滨海地区转移，研究大滨海地区的空间发展战略

改革开放后，许多沿海省市抓住机遇，将产业重点向沿海地区转移并获得成功。日本、韩国以滨海地区产业发展为主的工业化进程也是成功的案例。京津冀地区战略重点的转移，应从传统的山前地区的内陆经济为主，转向海陆两条线并重的构架。

2. 推进港口合作和沿海通道建设，带动临港产业的集聚和港城的发展

京津冀沿海地区与内陆地区的相互支撑作用并未充分发挥，河北省沿海地区城镇发展比较慢。应通过沿海港口合作和沿海通道（包括高速公路和铁路）的建设，提高滨海发展带的交通可达性，促进沿线的黄骅、大港、天津滨海新城、汉沽、宁河、南堡、曹妃甸、静海、滦南、乐亭、京唐港区、昌黎、阜宁、秦皇岛等港区和城市的城镇化，形成沿海港口和沿海城镇的相互支撑，以带动工业和多种城市职能的聚集。

（三）壮大山前传统发展带

山前传统发展带包括北京市和秦皇岛、唐山、保定、廊坊、石家庄、邢台、邯郸七市中位于山前京广铁路和京秦铁路沿线的县市。

在经济发展策略上，要继续增强山前传统发展带的带动作用，以高新技术为先导，以基础产业和制造业为支撑，全面发展服务业，着力培育特色产业带；对传统资源性产业进行战略调整。在空间发展上，要增强石家庄和唐山中心城市的作用，带动冀中南和冀东地区的发展。在交通建设方面，应增加京石、京秦方向的高速公路，推动京石、京秦城际客运专线的建设，形成复合交通通道，带动沿线城镇的发展。在文化建设方面，应充分发掘山前传统发展带的文化资源，形成京津冀地区的文化主线。

（四）建设山区生态文化带

京津冀北部的燕山地区和西部太行山地区历来是"畿辅"的重要组成部分，也是京津冀地区的生态保障，有丰富的文化遗产。建议充分发掘京津冀地区生态文化带的生态、文化和旅游资源，采取积极主动的姿态，缩小区域差距，实现区域均衡发展。应改善张家口地区的生态环境，发掘历史文化资源，带动冀西北和谐发展。发掘承德地区的文化、生态资源，带动冀东北和谐发展。

第二节　滨海愿景与空间理想

一、滨海愿景与空间理想

愿景，原是英文"Vision"的台湾译文，目前新版《现代汉语词典》已将它收入，解释为"所向往的前景"。愿景一词常用于企业管理，是企业为之奋斗希望达到的图景，它是一种意愿的表达，概括了企业的未来目标、使命及核心价值。城市愿景对城市未来的构想、展望和憧憬，表现为人们对解决城市问题的期望以及对城市高质量生活的向往，是城市和谐的集中反映，是城市战略目标指向的最高层次。纽约1996年第三次区域规划提出规划目标"三原色"——3E（Equity, Environment, Economy），基本延续了"美国梦"的概念，生活质量由社会公平、环境保护和经济发展所决定，强调三者并重。欧盟1999年《欧洲空间发展战略（ESDP）》（European Spatial Development Perspective）中提出规划目标三角："社会—经济—环境"（Society—Economy—Environment），强调社会、经济、环境三者的统一。

空间理想，是人们对城市理想空间的追求和向往。历史上，中西方都形成了自己追求的理想空间的模型，并随着社会进步不断演化。从美国芝加哥中心区规划到日本横滨MM21，世界各主要城市都在寻求21世纪理想的空间模式。改革开放的中国，在快速城市化的历史进程中，也不断地描绘着城市愿景，实现着自己的空间理想。20世纪80年代，珠江三角洲率先崛起，深圳飞速发展成为中国改革开放的标志区；20世纪90年代，长江三角洲后来居上，上海浦东新区成为中国高速发展的象征。

21世纪之初，环渤海和京津冀成为全国瞩目的地区。按照中央的部署，天津滨海新区将担当起带动中国北方区域经济发展的重任。今天，我们如何抓住机会快速发展；十几年后，新世纪中国的

天津滨海新区，能否成为经济繁荣、社会和谐、环境优美的宜居生态型新城区？在2270平方千米的宏观尺度上，如何描绘滨海新区的愿景，如何塑造滨海新区的理想空间？

（一）滨海愿景

1. 充满活力的创新之城

理想的空间，是活泼灵动的。未来的滨海新区，如果能够担当引领中国北方经济发展的重任，不能靠经济发展的总量，也不能靠众多的人口，而是靠创新能力。滨海新区要成为充满活力的创新之城。

创新的CBD（Central Business District）。今后滨海新区的CBD，在总量上无法与上海浦东和北京CBD相比，但可以比创新，这也是中央赋予天津滨海新区的责任。未来，如果在这里诞生中国第三个证券交易所，如果新的金融创新产品和制度在这里先行先试，那么，这里将真正成为中国北方经济发展的引擎，滨海新区的CBD也将成为中国金融创新的CBD。

创新的自由贸易港。东疆港保税区目前是中央批准的中国最大的自由贸易港区，这里将成为中国北方经济走向世界的海上窗口。

创新的产业基地。目前的滨海新区云集着众多的国际知名企业，未来的滨海新区，一方面加强自主创新，一大批有着自主知识产权的企业在滨海新区发展壮大；另一方面产业实现升级换代，如天津滨海新区的石化产业，建设研发创新基地，在周边地区发展化工产业的同时，占领创新的制高点，不断优化提升产业结构，与周边地区互动发展。

创新的生活。创新的生活方式造就创新的城市，创新的城市孕育创新的生活，创新的生活充满活力。在这个创新之城，生活居住

社区与就业区有机地结合，崛起一片片新型社区。

2. 和谐共处的国际之城

理想的空间，必定是和谐和多元包容的。未来，在不断扩大开发开放的天津滨海新区，将迎来八方客人，塑造一个和谐共处的新城区，是滨海新区的愿景。

更多的国际社区、国际学校。随着滨海新区的发展，这里将迎来越来越多的国外客人，他们在这里工作、经商、旅游。他们有着自己的生活、饮食和娱乐习惯，他们同样需要教育孩子，需要回家的感觉。

更完善的公共服务设施。很多天津和周边地区在滨海新区就业的人，通勤于居住和工作地点之间。未来的滨海新区，将是一个人们乐于居住的城市，一个更加充满活力、自由的城市。

更漂亮的蓝领公寓和廉租房。与众多豪华的国际社区、设施完善的高档商品房相间的是，漂亮的蓝领公寓和廉租房。为那些低收入家庭和外来打工者提供不奢华、又体面的住所。

未来天津滨海新区的人们，在创造中感悟生活，在和谐共处中，塑造属于自己的文化、自己的城市。

3. 环境友好的生态之城

理想的空间，必定是环境友好而宜人的。天津滨海新区，从不缺乏"生态元素"。未来的滨海新区，在不断扩大自身经济影响力的同时，更多地关心自己的环境，创造性地运用这些生态元素，塑造环境友好的生态之城。

湿地，记录着天津滨海新区独特的地理特征。在垂直于海岸线的方向上，分布着三条生态走廊。中间是海河，是生活景观轴线；北部是以永定新河为轴线的湿地地区，拥有国家级的七里海湿地自然保护区和众多的洼淀、水库、河流；南部是以独流减河为轴线的湿地地区，拥有大港古泻湖自然保护区和团泊洼水库等洼淀、河流。

贝壳堤，记载着天津滨海新区成陆的历史。在平行于海岸线的方向上，分布着多条贝壳堤，结合贝壳堤形成三条生态走廊，形成紧凑发展的京津塘发展轴之间的开敞空间。

三条湿地走廊、三条贝壳堤以及渤海湾，勾勒出天津滨海新区发展的自然生态。

未来，在滨海新区不仅成为综合配套改革试验区，还将成为循环经济发展的试验区，成为名副其实的生态之城。

（二）滨海空间理想

1. 持续发展的城市区域

理想的空间，首先要有理想的模式。天津滨海新区总面积2270 平方千米，是上海浦东新区的 4 倍，与深圳市的整个市域面积相当。在新的历史时期，天津滨海新区的发展，要按照国家的要求和天津的实际，寻求新的发展模式。

城市区域化是中国较发达地区大城市随着产业发展、功能提升、规模扩张而产生的城市空间大规模扩散的过程。这一过程产生了新的城市——区域空间形态，其功能表现为产业、人口、设施在区域空间层次大规模地扩散，空间表现形式已不同于原先的"点"，而是覆盖了相当范围的多层次的"面"，表现为特定空间层次的城市——区域一体化发展。从城市空间的分布特征，近几年城市区域化地区也逐渐脱离了外溢式的蔓延发展，而显现出依托交通线、开发区、原有乡镇节点而形成的轴向加上组群布局结构，相对集中的城市建设区域之间是大片的水休、山林、基本农田，较好地休现了人工与自然相协调的科学发展。

City
Region Towards Scientific
Development
走向科学发展的城市区域

天津滨海新区城市总体规划发展演进
The Evolution of City Master Plan of Binhai New Area, Tianjin

因此，对于滨海新区的既有条件来说，不可能完全走深圳或浦东的发展道路，而是将滨海新区作为一个城市区域，而是形成滨海新区核心区—新城—城市廊道—功能区的多中心网络化空间结构模式。

2. 公交拉动的带型之城

理想的空间，是紧凑高效的。未来，在沿京津塘高速公路和海河的发展主轴上，滨海新区将呈现由公交拉动、紧凑发展的带型格局。

在这条轴上，从天津滨海国际机场到天津港，从西到东分布着具有国际影响力的城市功能区。国际航空城成为中国最重要的临空产业区，形成航空运输、加工物流、民航科教和商贸会展等功能；天津经济技术开发区和天津经济技术开发区西区成为全国综合实力最强的开发区之一，以及面向世界的窗口；滨海新区CBD成为中国金融改革的创新区，并将成为天津滨海新区的标志性地区；东疆港保税区是全国最大的保税港区；天津港作为渤海湾西岸的枢纽港，将跻身世界十大港口行列。

海河下游沿岸地区的工业和仓储逐步迁移，主要以生活旅游为主。海河两岸发展新型社区，繁忙的旅游船成为海河里的新景观。

繁忙快捷的轨道交通系统与现有的高速公路、快速路等共同形成横贯东西的交通大动脉，把滨海新区和中心城区紧紧地联系成为有机的整体。四通八达的高速铁路、高速公路网络使滨海新区与区域腹地保持着最为便捷的联系。

3. 各具特色的组合之城

理想的空间是弹性多元的。未来，在垂直于海河发展主轴即沿海岸带的方向上，天津滨海新区依旧呈现出分散组团式的布局结构。

塘沽城区是整个滨海新区的核心地区，滨海新区CBD、塘沽区生活区、天津经济技术开发区、天津港、临港工业区等都位于这个地区内，这个地区将成为滨海新区最具代表性的地区。在塘沽区的南北两翼，分布着大港新城和汉沽新城。大港区将成为国家级的石化产业基地，成为现代化的石化城。未来的大港石化城，将进一步提升产业结构，发展循环经济，建设成为可持续发展的新城区。汉

沽区位于天津海岸线的北端，将重点建设海滨休闲旅游区，凭借京津地区庞大的市场需求，建设成为休闲旅游城，从而在天津海岸线的利用上，形成"南工北游"的格局。

塘沽城区、大港新城和汉沽新城由沿海岸的环渤海高速交通走廊相连，形成特色突出、功能互补的城镇走廊。与沿京津塘高速公路走廊不同的是，沿海岸线展开的三个部分不如前者那么紧密，而是由生态区分隔为相对独立的组团。

从渤海湾上来看，滨海新区将形成错落有致的海岸天际线。中间是塘沽城区，近景是繁忙的国际化港口，远景高楼鳞次栉比，是整个海岸轮廓线的制高点；左面是现代化的、集中发展的工业区，高大的工业厂房和构筑物隐约可见；右面没有集中的高大建筑物，只见彩虹大桥飞架南北。三者之间是大片的开敞空间。

有限的语言无法描绘一个无限的憧憬。天津滨海新区，承载着太多的期望，这里所描绘的只能是未来滨海新区发展的一个片段。我们相信，天津滨海新区的愿景和空间理想，也仅只是中国环渤海地区在新世纪崛起的一个缩影，承载着中国新世纪城市区域示范区的希望。

二、区域成长管理——滨海新区空间架构规划应对快速发展中动态社会的科学规划观

中国目前城市化的速度及规模，举世来说均是前所未见。深圳在中央政策的支撑下，在短短二十年中，一个只有2万多人的边陲小镇急速地发展到拥有千万人的特大城市，是众所皆知最为显著的例子。

在快速变化的市场环境中，要精准预测规划年期内（一般为15—20年）的各种用地需求规模十分困难，甚至于是一件不可能的任务。因此，城市空间的规划侧重于发展架构的追寻。深圳显示了以有弹性的空间结构"带状、组团、开放、外向"顺应高速发展的成功。深圳以三条发展轴串联大部分主要组团，组团按照商贸、

工业、本地消费的分工平行分布展开，使城市可根据内部和外部环境的变化停止在任何一个阶段上，但仍保证城市结构的完整，使深圳几乎抓住了每一个发展的机会。

快速城市化是国际产业转移和地方政府财政体制结合的结果。由于房产税的缺位，加上以压低工业用地地价作为工业化竞争的条件，地方政府的行政财源，便主要依赖经营性用地的出让金和土地抵押的金融贷款，而刺激了城市政府大量圈占耕地、收储土地。圈地的规模，不尽然是城市发展市场实际需求的直接反映。然基于土地价值必然会快速成长的预期，只要批租土地的售价具有相当的增值潜力，开发商就会购入土地。因此，在一个愿打一个愿挨的情况下，批租土地的去化大多不成问题。此种政府运用城市行销解决短期财政问题，开发商依据城市的发展愿景累积生财资产的现象，经常被美名为"城市运营"。

然而，从各地发展的实际情况来看，经常有可批租土地已经捉襟见肘，但在已批租的土地中仍然有大量的囤积的土地尚未开发，说明了不断扩展的规划范围与实际的发展需求可能存在相当大的差异，并显示着大量先期投入的市政公共建设资源并没有有效地直接地投入改善市民生活环境或提升可持续城市竞争力的节骨眼上，而不得不间接地投入为开拓财源而必须进行的圈地运动中。在不完善的土地收储制度下，大量公共资源的过度投入，往往使得囤积土地资产的开发商成为暴利受惠者，导致贫富差距扩大，社会张力增加。而市政府及放贷银行也同时均成了不知何时会发生的泡沫经济的潜在受害者。而当银行受害时，真正的受害者是身为银行存户的老百姓，广大的股民，必须伸手支援的中央政府，以及全国纳税的人民。

因此，滨海新区的空间规划，既要学习深圳的成功经验，运用弹性成长空间架构有机地吸纳开发能量，也要吸取国内外许许多多大型开发与市场脱钩或面临不可预期的国际金融风暴的失败经验。滨海新区的空间规划应该在区域发展空间的"成长管理"上进行细致思考，才能降低开发的风险，更为实际地面对短期挑战需尽速解决的问题，以及长期发展须事先准备的条件。

以交通为例，滨海新区快速道路的东西向路网已经相当密集，平均每隔 2～3 千米就有一条高速或快速道路。这个密度是洛杉矶快速路网密度的翻倍。以小汽车为主要交通工具的洛杉矶，有着严重的交通拥塞和空气污染问题，滨海新区以更密集的快速路网提供交通承载量，是否就能避免洛杉矶的噩梦？我们不妨为滨海新区的交通量算一笔账。

从个人与规划院的交通专家所进行的初步研究显示，滨海新区中段产业及生产者服务业就业人口在尖峰时段将产生近 70 万的旅次，如果所有的就业都开车上班，需要 350 条车道才能疏解交通；如果 5% 的人住在市内（外环内），通往市区的道路将全部瘫痪。在拥挤的交通情境下，空气品质必然十分恶劣。如果 60% 的人乘坐公交，1/3 的人住在市内，通往市区的道路仍将达到承载的极限。即使我们能再增加通往市区道路的数量，能够改善道路服务水准的余地仍然十分有限。

由此可知，规划除了要宏观地界定区域中既封闭又开放的线型走廊成长边界外，更应分析各种功能在短期内的实际空间需求，长期发展可能面对的重大议题，与各类市政设施的投资门槛间的关系。尤其是进行各类公共交通投资的时机。要妥善解决滨海新区的交通

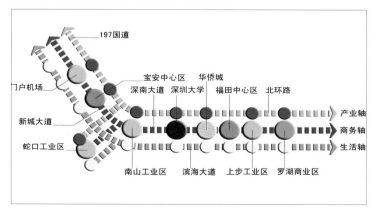

深圳发展架构模式图
本页资料来源：天津市滨海新区规划和国土资源管理局

问题，必须要运用居住与就业功能均衡组成的公交走廊形态，及早有效地进行公共交通投资，形成无论在投资上或运营上都高效的公交走廊，并精明地管控分期分区的开发时序，在稳妥的步伐中，逐步地形成便捷的公交网络。

比较深圳与越南胡志明市南新城的空间架构，二者都是东西向线型的发展走廊，但内部的组织方式不同。深圳沿东西向由数个组团构成，每个组团内均为产业北，商贸中，居住南的组成模式，在此且用"五花肉串烧"称之。胡志明市南新城则为"什锦串烧"的形态，由就业、居住的组团间隔配置。此二方式最大的不同处在于什锦串烧在同一条东西向的路廊上均衡地配置了居住及就业的功能，对支撑公交的运营提供了极为有利的条件。而在"五花肉串烧"的架构下，同一路廊上的使用功能均极类似，主要路廊上的公交服务就无法同时有效地连接就业及居住地区。因此对公交而言，"五花肉串烧"的架构并非理想的空间模式。

滨海新区如能有秩序地根据短期内可以掌握的市场，对一条具有市场支撑且能延伸的公交走廊进行集中的公共投资，既可避免形成泡沫经济的风险，又能避免过度依赖汽车所造成的能源浪费，地区空气污染，以及塞车的社会成本，并能对遏阻全球加温可能导致的严重后果做出积极的贡献

三、滨海新区与深圳城市空间形态比较分析

天津滨海新区在《中共中央关于制定"十一五"规划的建议》中，被列为带动环渤海地区经济增长的关键区位，而以高起点、国际化、可持续、自主创新为新区发展的指导思想。滨海新区在区域政策上被赋予如同20世纪80年代的深圳和90年代的上海浦东的地位。温家宝总理在滨海新区视察时指出：滨海新区要总结深圳和上海浦东的经验……滨海新区作为我国综合配套改革的试验区，对深圳和浦东的经验加以思考和总结，具有非常重要的意义。而在城市空间形态上，相对而言，深圳较之上海浦东与滨海新区更具有可比性。

首先，从城市发展形态上看，深圳20多年的发展历程经历了从带状组团城市到郊区化再到城市地区的空间发展过程。1996—2010年版的深圳城市总体规划为沿海岸线组团式带状布局，市区和郊区的空间差异明显。而在2006—2010年版的近期建设规划中，深圳的城市建设已呈蔓延式发展，在经历了郊区化的过程后，形成了城市地区。按照深圳的经验，城市形态要预见城市发展的趋势，天津滨海新区应以发展的眼光、以城市地区的观点进行空间规划，不仅进行塘、汉、大三个主城区的规划，同时重视七个功能区的规划，更要考虑农村地区的逐步城市化。其中七个功能区的功能和作用，不仅是产业，而且也是规划适应未来发展的一个重要因素。应该注意到，在蔓延发展的同时，深圳城市CBD中心区的规模却没有大的变化，始终维持在6平方千米左右的范围内。因此，滨海新区中心商业商务区则应集中力量进行建设，以免分散，以尽快形成优美的城市形象。

其次，从开敞空间和生态环境方面看，深圳的自然地形为南和西南面临海，城市用地被丘陵和山地分割。早期的城市空间形态基本上沿南和西南海岸线发展，后逐步向纵深非山丘地区蔓延。深圳城市生态开放空间的形成依靠了两种力量，一是郊区山地形态自然的力量，二是城市中心区被规划预留出来的公共绿地。而天津滨海新区除了向深圳一样临海以外，并不具备山地的条件。因此滨海新区的生态开放空间的架构应较城市建设用地空间更为刚性和便于控制。另外，从深圳的经验来看，城市区域内的农田和盐田迟早是要被城市建设占用的，因此，规划应提早准备和应对。

第三，在交通方面，深圳的城市区域内已形成完善的交通网络，在沿海岸线的城市建设密集区，公交优先计划推进了大容量轨道交通建设，其他蔓延地区则以小汽车交通为主。比较之下，滨海新区的交通网络还没有完全建立，道路缺乏系统性，道路网密度极不均衡，大容量的公共交通通道与规划的建设密集区更需要适应和匹配。另外深圳的港口位于市中心两侧，港城关系比较合理，而滨海新区

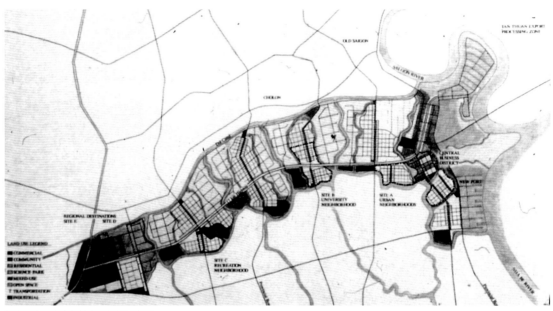

越南胡志明市南新城发展架构示意图

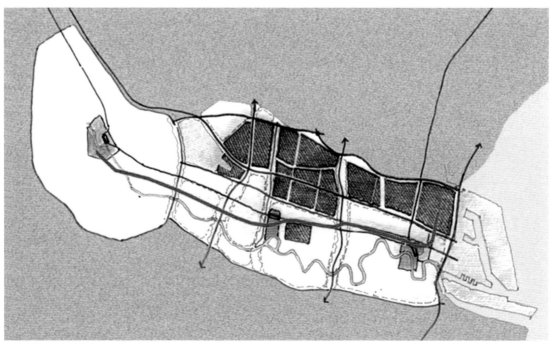

滨海新区现规划结构设想
本页资料来源：天津市滨海新区规划和国土资源管理局

City
Region
Towards Scientific
Development
走向科学发展的城市区域

天津滨海新区城市总体规划发展演进
The Evolution of City Master Plan of Binhai New Area, Tianjin

为港后城市，矛盾突出，需要进行较大的调整。

第四，在城市规划的空间尺度把握上，由于深圳已走过了 20 多年的历程，因此，它的规划更接近合理和真实的尺度，即使是 10 年前的规划也相差无几。通过对同比例的总体规划图的对比便清晰地反映出滨海新区规划用地划分之粗犷，几乎很难相信它们是相同的比例尺。日前，有位深圳市领导到滨海新区考察时感慨地说："滨海新区每个功能区都有几十个平方千米，真羡慕啊，深圳现在连一

两个平方千米的土地都找不到了。"这句话我们是要辩证地听的，一方面说明滨海新区拥有大量的土地，我们的土地资源很丰富；另一方面是提醒我们，要珍惜和善用每一寸土地。反映在规划上，就是对绿化空间的设计、对道路广场空间的设计、对建筑形态的设计等，要精心和精细，要提高规划设计的品位和深度，要统筹协调和集约利用土地。

深圳特区边界
深圳特区海岸线
滨海新区边界
滨海新区海岸线

滨海新区与深圳城市空间形态比较图
图片来源：天津市滨海新区规划和国土资源管理局

四、从单一功能区到功能完善的城区——对滨海新区功能区的再认识

2005年滨海新区被纳入国家"十一五"发展战略，滨海新区迎来了历史性的发展机遇。在这一背景下，滨海新区相继编制了"十一五"发展规划和城市总体规划，在规划中的产业布局专项中共同提出"通过产业集聚，规划建设产业功能区"，根据滨海新区的产业特征与发展要求，确定了七个产业功能区，并提出在充分论证的基础上，规划建设临港产业区，这就是通常说的"滨海新区八大功能区"，规划中在确定功能区发展定位基础上，进一步落实了功能区的位置与规模。

在这一时期，对功能区的认识是产业功能区，是滨海新区构建现代制造和研发转化基地的产业支撑和空间载体，所以规划中的表述只涉及了产业发展的定位和规模。如对滨海高新技术产业区的描述为：规划面积36平方千米。重点发展电子信息、生物医药和纳米及新材料和民航科技等高新技术产业，成为环渤海区域的自主研发转化、人才和高新技术产业化的聚集区；其他功能区的表述也基本是同样内容。

在滨海新区总体规划的指导下，各功能区责任单位分别组织开展了本区的规划，在规划工作中，大家对功能区的认识逐渐深入，这包括对功能区规模的认识和功能的认识。

在滨海新区八个功能区中，规模最大的是海滨休闲旅游区和临港产业区，约150平方千米，最小的是中心商务商业区，约10平方千米，其余大都在100平方千米左右。换句话说，我们的每一个功能区就是一个大城市或中等城市的规模。在如此规模的城市建设区内，就业人口大都在几十万，如果功能区内的就业人口都生活居住在中心城区和塘沽城区，那每天津滨之间的通勤交通量将非常惊人，有关专家测算若以小汽车为主，则需要1000条车道，同时造成的时间浪费和能源浪费也相当惊人；另一个方面，出于自身生活成本的考虑和生活舒适度考虑，人们必然有居住地靠近工作地的要

求，这就要求在规划中要统筹考虑工作和生活合理的距离、统筹考虑生产用地规模与生活用地的合理分配。

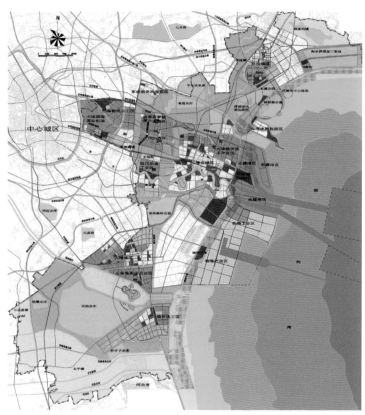

滨海新区与深圳城市总体规划用地布局图
图片来源：天津市滨海新区规划和国土资源管理局

通过这一认识不断深化的过程，开发建设单位（部门）、规划主管部门、规划师在功能区的功能构成上达成了一致：滨海新区的功能区不是只有单一产业功能的功能区，而是产业特色与优势突出的城市生活服务设施完善的综合性城市建设区，同时我们更进一步认识到滨海新区建设经济繁荣、社会和谐、环境优美的宜居生态型新城区，不仅仅是塘沽城区、大港城区、汉沽城区的任务，各个功能区同样是宜居生态型新城区的不可分割的组成部分。在这一指导思想下，各功能区明确了其规划定位，如滨海高新区定位是将建设成为21世纪我国科技自主创新的领航区，世界一流的高新技术研发转化中心，集中应用生态技术的绿色生态型典范城区；临港产业区是滨海新区面向21世纪可持续成长的世界级生态岛和临港产业

城；临空产业区要建设生态型国际航空城，形成航空运输、加工物流、民航科教、研发与产业化、商贸会展、航空设备维修和生态居住等功能。

从产业功能区到产业特色与优势突出的综合性城市建设区，这是我们对功能区认识的深入。在此基础上，功能区各层次的规划工作逐步展开。2006年9月，滨海委和市规划局联合组织了五个功能区的不同深度的规划方案国际征集，加强滨海新区规划编制与管理的统筹协调。

在对规划征集内容和设计条件的拟订与讨论中发现，各功能区责任单位都认识到了功能区是综合性城市建设区，且在规划定位中突出了各产业区的产业特色，但是具体的功能构成中，出现了一定程度的同构趋势，特别是针对城市生活服务功能都是商务中心、商业中心、会议中心、高档住宅等。这又是对滨海新区各城市系统的专项规划提出了新的要求，即只有在专项规划中明确了规划布局、主次结构、职能分工，才能确定功能区各种城市服务功能的定位、规模、发展要求。

结合现阶段功能区的发展要求，建议尽快组织开展滨海新区城市专项规划，这是功能区协调发展的保障，同时也应使参与功能区规划建设的人员认识到对功能区的认识、规划、建设的过程是一个长期的持续的过程、是不断深入的过程。

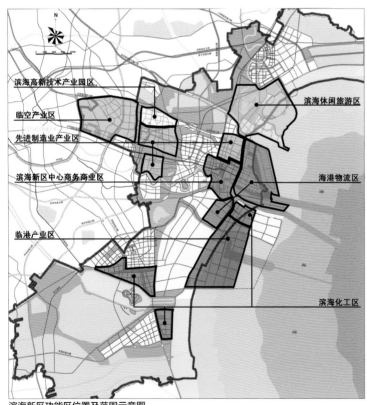

滨海新区功能区位置及范围示意图
图片来源：天津市滨海新区规划和国土资源管理局

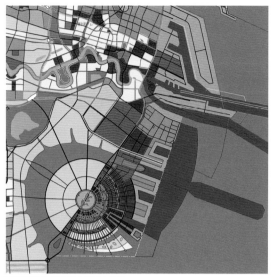

滨海新区临港产业区规划方案

天津港东疆港区总体规划图

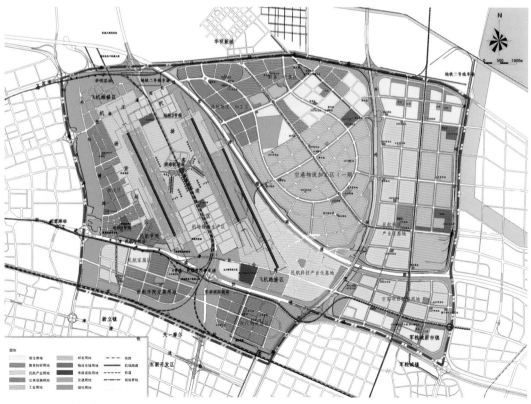

滨海新区临空产业区（航空城）规划图

本页资料来源：天津市滨海新区规划和国土资源管理局

第三节　滨海新区管理体制的现状与改革思路

一、统一、协调、精简、高效——滨海新区规划管理体制的现状与改革思路

滨海新区被纳入国家发展战略，使滨海新区的发展迎来难得的历史机遇，这也给规划管理工作提出了新的要求。《国务院关于推进天津滨海新区开发开放有关问题的意见》（国务院 20 号文），明确将滨海新区确定为国家综合配套改革试验区，要求通过体制机制创新，在金融、土地、对外开放、税收管理等方面先行先试，取得突破，并形成统一、协调、精简、高效、廉洁的管理体制。要提高滨海新区规划管理工作的水平，也必须通过体制机制的改革创新。通过创新规划管理体制和机制，创新规划理论和编制方法，创新规划实施机制，才能为促进滨海新区开发开放提供优质的规划保障服务，才能保证滨海新区规划建设的高水平。

（一）改革前滨海新区规划管理体制状况

滨海新区是一个经济区的概念，面积为 2270 平方千米，由塘沽、汉沽、大港三个行政区，津南、东丽两个行政区的部分区域，开发区、保税区两个经济功能区和天津港区组成。在大港区内还有大港油田为独立的油田区域。

由于滨海新区不是统一的行政区，滨海新区范围内每个区都有自己的规划管理部门，形成"一七二"管理体制模式。即一个新区管理部门，七个政府职能的区规划管理机构和两个企业规划管理部门。这十个规划管理机构都是规土合一，其中副局级规格一个（原市规划和国土资源局滨海分局），其余九个是处级（处）。十个单位共有内设机构 78 个，职工总数约 300 人，其中处级干部 41 人，约占 14%；规划管理人员约 74 人，占 25%。

原市规划和国土资源局滨海分局是市局的派出机构，负责滨海

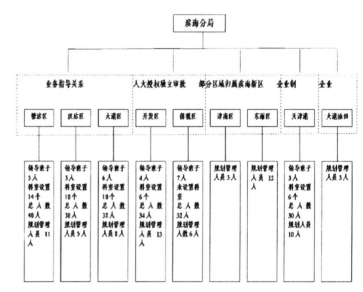

新区规划管理机构示意图

新区规划管理工作，对滨海新区各区规划部门实施业务管理，在实际运行中，具体管理模式大体有三种情况：

1. 业务领导关系

塘沽、汉沽、大港是滨海新区的三个行政区，津南、东丽区有部分区域划入新区，这五个区的规划管理部门，人事关系在区，业务工作（津南、东丽划入新区部分）接受滨海分局指导，总体规划、分区规划由市政府审批，控规由区政府直接审批，区规划部门负责建设管理审批。

2. 规划协调管理关系

开发区、保税区是滨海新区的经济功能区，经天津市人大授权，独立行使区内规划管理权，当与其他区域规划有矛盾时，由滨海分局组织协调。

本页资料来源：天津市滨海新区规划和国土资源管理局

3. 松散管理关系

天津港改制后，不具有政府职能，规划管理事项由滨海分局审批，建设管理还沿用原来港务局管理模式，由天津港规划部门自己负责。

大港油田规划工作一直没有纳入政府城市规划管理。

在规划局重组前的体制下，新区各区九个规划管理主体相对独立，新区各层次管理之间特别是行政区规划和功能区规划之间缺乏应有的衔接和联系，甚至有时产生矛盾，对重点项目和基础设施统一布局造成影响，规划的整体性、战略性和合理性难以得到实现。

（二）推进滨海新区规划管理体制改革的总体思路和举措

1. 指导思想

贯彻国务院《关于推进天津滨海新区开发开放有关问题的意见》中"形成统一、协调、精简、高效、廉洁管理体制"的精神，以规范统一市、区两级规划管理工作为前提，以覆盖市、区两级规划管理部门的信息网络为手段，以完善的法规体系为保障，以监督管理为重点，在将全市规划审批权集中市政府，将具体的建设项目审批工作调整到区级规划行政主管部门，不断强化市局的宏观管理职能，努力提高派出机构的执行能力，实行决策、执行和监督相分离的全市规划管理模式的基础上，发挥滨海分局位于改革开放前沿的作用，对滨海分局充分授权，先试先行，为加快推进国家开发开放滨海新区战略目标的实施，实现我市经济持续、快速、协调、健康发展提供更加优质高效的规划保障与服务。

2. 工作目标

通过深化我市规划管理体制改革，形成分工明确、行为规范、运转协调、公正廉洁、高效便民的规划管理体制：市规划局侧重建立健全宏观性的政策、法规、技术标准和规范，组织开展空间发展战略研究、前瞻性和宏观层面的规划编制与审批。滨海分局行使市局的职权，在新区实行对区局（处）的业务领导、技术指导和沟通协调。组织开展滨海新区空间发展战略研究、总体规划、专项规划、控制性详细规划及重点地区规划的编制与报批。区局（处）严格执行法律、法规、技术标准和规范，开展建设项目规划审批工作，协助滨海分局开展本辖区内的规划编制工作。同时，滨海分局加强对滨海新区规划管理的监督检查和执法监察工作，建立完整的统计和规划地理信息系统，形成滨海新区统一、协调、精简、高效的规划管理体制。

3. 创新滨海新区规划管理体制机制的具体设想

建立滨海新区"一五一"规划管理体制模式，就是一个新区主管部门，指滨海分局，组建塘沽、大港、汉沽、东丽和津南区五个规划局，在天津港设立规划处作为市规划局的派出机构。

新区规划工作实行两级管理，滨海分局受市规划局和滨海委双重领导，依托市局的支持，作为新区规划管理行政主管部门，对滨海新区规划管理的业务工作实施领导，在分局领导下各区规划部门按权限行使行政许可审批和规划审批。

① 强化规划系统统一领导。建议各区规划局党政主要领导由市规划局任命和管理。各区规划局的规划业务工作受滨海分局和区政府双重领导，以滨海分局为主。

② 强化规划工作统一管理。开发区和保税区的规划管理，要按照建设国家级新区的要求，结合滨海新区和开发区、保税区管理条例的修订，纳入滨海新区统一的规划管理体系，东丽区、津南区规划部门内设立滨海新区规划管理科。

③ 理顺七个功能区及大港油田的规划管理关系。按照滨海新区总体规划,将新区划为七个功能区,在分局统一领导下,各功能区设立规划管理部门。对大港油田和七个功能区划定重点管理区域,其规划管理责任由滨海分局负责,滨海分局委托大港油田和各功能区规划管理部门实施业务管理的具体事务性操作,非重点规划管理区域由大港区属地规划行政管理部门统一管理。

④ 创新规划工作管理机制。

一是创新决策机制。在市规划委员会统一领导下,成立滨海新区规划委员会,审议滨海新区重要规划和城市建设与市政交通建设方面的重大工程项目,审议规划管理政策、法规,批准规划编制计划,对规划实施进行监督。规划委员会下设专家委员会,行使技术把关职能。

二是创新领导机制。通过制定《滨海新区规划管理职责规定》,明确滨海分局与各区局的管理权限,实现分局对各区局的业务领导。

三是创新协调机制。各区规划局局长兼任滨海分局副局长,建立滨海分局局长联席会议制度,定期召开会议,协调各行政区、功能区的规划,跨行政区的基础设施及大型建设项目规划,研究新区规划编制计划和规划管理业务工作。

四是创新联系机制。建立京津冀乃至环渤海地区规划部门联系机制,通过定期交流,形成有效的沟通与协调。

五是创新监督机制。制定滨海新区规划编制审批办法,完善并规范规划编制、规划审批及规划管理程序,逐步完善滨海新区规划管理监察制度体系。

4. 积极推动滨海新区规划管理体制改革

一是坚决贯彻实施《天津市城市规划条例》。条例中明确提出,天津滨海新区的控制性详细规划以上的规划必须由市政府审批。天津港因改制为企业,不再行使规划管理部门的职权。天津经济技术开发区和天津港保税区等国家级经济功能区的规划管理,按照条例的规定执行,从法律法规层面解决了滨海新区规划管理体制问题。

二是为在滨海新区建立规范、精简、高效的规划管理机制,规范滨海新区所辖行政区和经济功能区的建设项目选址意见书、建设用地规划许可证和建设工程规划许可证业务程序。

三是结合全市规划和国土资源机构重组、重新组建了天津市规划局滨海分局的基础上,组建塘沽、大港、汉沽、东丽和津南区规划局,在天津港设立规划处。

四是加强滨海新区的规划监督检查。加强监管制度建设,实行制度临管;运用信息网络系统,实施网络系统监管;加大政务公开的力度,实行社会监管;采用卫星遥感和日照分析软件技术,实行科技监管;加强现场巡视检查,实行现场监管,形成集制度、网络、社会、科技和现场监管于一体的监管体系。

五是充分利用现代信息技术,在滨海新区建立规范统一的规划管理信息系统,并与市规划局联网,实现我市规划管理信息系统的全市域、全系统、全过程、全员和全天候的覆盖。

(三)创新机制,服务保障滨海新区开发开放

改革创新是一个动态的过程,需要在实践中不断探索和完善。规划作为城市各项工作的龙头,应该走在前面。因此,按照推进滨海新区规划管理体制改革的总体思路,在组建天津市规划局滨海分局的同时,积极开展了规划编制和机制创新工作。

1. 瞄准先进水平、不断完善滨海新区城市规划编制体系

① 完善了滨海新区总体规划。2006年2月28日,市政府第67次常务会议原则通过了《滨海新区城市总体规划(2005—2020年)》。按照市政府的要求,根据国务院20号文、对《天津市城市总体规划》批复意见等文件要求,开展了滨海新区城市总体规划的修改、完善工作。

② 深化功能区规划编制工作。开展了七个功能区总体规划编制,到2006年底六个功能区的总体规划已经完成,组织了滨海高新技术产业区等五个功能区的规划设计方案国际征集工作,编制完成了临空产业区空客A320系列飞机总装线及配套产业用地等重点

地区控制性详细规划。

③ 推动滨海新区各新城总体规划的编制。开展了塘沽区、汉沽区和大港区等三个区的城市总体规划编制工作。

④ 开展新一轮滨海新区控制性详细规划编制工作。采用控规编制与开发银行贷款项目落地相结合的办法，首先编制近期建设地区以及重点地区的控制性详细规划，然后用 2 ~ 3 年时间展现滨海新区规划建设用地控规全覆盖。

⑤ 加快专项规划编制工作。开展滨海新区综合交通规划、滨海新区基础设施规划、新区生态绿化规划、近期建设规划等专项规划的编制工作；进一步完善滨海新区的城市载体功能，为滨海新区项目建设提供依据。

2. 加强对各区规划工作的业务领导

① 加强规范化体系建设。制定了滨海新区功能区规划管理要点和《滨海新区规划管理暂行办法》，以七个功能区为重点，加强重点地区的规划控制和管理。

② 加强滨海新区规划审批管理。落实新颁布的《天津城市规划条例》，明确规定滨海新区各区控规和重点地区修建性详规以上层次的规划需报滨海分局审核，经滨海委审查同意后，按程序报市政府审批。其他级别规划成果需报滨海分局备案。

③ 加强滨海新区建设项目的规划管理。在滨海新区总体规划和近期建设规划的指导下。服务各区发展特色项目，集中资源确保新区统一规划和重点项目建设，凡在国家或天津市发改委立项落户滨海新区的建设项目需向滨海分局报审规划方案，未经审查批准不能建设。

④ 加强规划编制的计划管理。制订滨海新区规划编制计划，经市规划局和滨海委审查同意后，严格按计划组织推动规划的编制。没有纳入计划的规划一律不予审批。

3. 深入开展城乡规划效能监察，建立完善的规划编制、审查及实施制度

在全市开展了城乡规划效能监察，重点对全市城乡规划依法编制、审批情况、城乡规划行政许可的清理实施和监督情况、城乡政务公开情况、城乡规划廉政勤政情况以及落实国务院 37 号文件情况进行了认真检查。严格滨海新区规划审批及调整程序，组建滨海新区规划委员会和专家委员会，研究制定天津市城市规划管理技术规定。

4. 积极开展了规划研究工作

开展了"滨海新区城市总体规划深化和实施"课题研究工作，创刊了《滨海新区规划月刊》。启动了政府管理创新科研项目——"城市规划决策论证听证制度研究"。

5. 大力推进了新区规划管理信息化建设

通过租用网通专线，实现市局与滨海分局的网络连接、滨海分局与滨海新区各规划管理部门及滨海委的网络连接，最终建立滨海新区城市规划图文一体化办公系统。

滨海新区今年进入快速发展的关键一年，规划部门责任重大。我们一定要在市委、市政府的领导下，进一步解放思想、开拓创新，实施和深化完善改革的思路和举措，为努力开创天津滨海新区开发开放的新局面，做出新的更大贡献。

二、关于构建滨海新区城市规划编制体系的思考

（一）滨海新区规划编制情况及存在问题

改革开放二十多年来，滨海新区规划编制工作取得了重要成果，城市规划层次逐步完善，为新区发展、建设及管理提供了基本依据，基本满足新区社会经济发展及城市建设的需要。但是，我们也清楚地看到滨海新区城市规划编制工作还存在许多问题：一是应景、应急式规划多，系统规划少，规划成果比较散。二是规划的深度不够，城市规划设计水平有待提高。三是一些区域城市总体规划

各行其是，不顾自身条件和区域的整体效益，造成了城市发展的分离和区域内投资建设的重复浪费。四是规划之间衔接方面有待加强，或规划的"弹性"不足，特别是下一层次规划往往在用地布局、用地性质等方面与上一层次规划相矛盾。五是规划未能全覆盖整个区域，相邻区域之间往往留有规划空白，而且相互之间没有很好的衔接，给规划管理工作造成困难。

以上问题的实质反映了现行的城市规划体系存在的弊端，沿用自上而下"安排"与"控制"的计划经济思维方式，与市场经济条件下的城市发展现实脱节，不能完全适应滨海新区发展新形势的需要。滨海新区成为国家战略和综合配套改革试验区，迫切需要建立起完善的、科学的、合理的滨海新区城市规划编制体系，以规划体系的创新引领规划工作上水平。

（二）构建科学合理的滨海新区城市规划编制体系

近年来，国内城市规划界对现行城市规划编制体系中存在的问题进行了大量的研究，也不断地在规划编制体系完善方面进行探索，这些都为进一步创新规划编制体系奠定了基础。滨海新区作为全国综合配套改革试验区，应在规划编制体系方面开展创新试点，以适应在新形势下的发展要求。科学的城市规划编制体系，是贯彻科学发展观、建设资源节约环境友好型城市的前提，是实现城市定位的重要保障。滨海新区需要健全覆盖整个区域、涵盖所有时间段落、层次清晰、目标明确、管理有序的城市规划编制体系，实现"横向到边、纵向到底、高瞻远景、立足远期"的规划编制和管理。为此，按照统一规划、简洁高效、模式创新的原则，更新规划思想与观念，着重从以下两个方面构建整个滨海新区城市规划编制体系。

1. 规划体系中的时间序列

滨海新区城市规划体系从规划时序上分四个阶段，包括远景规划、中期规划、近期规划及规划年度实施计划。建立具有长远而又灵活的规划体系，确保规划分段编制，在时序上有机衔接。

远景规划。依据天津市空间发展战略研究、天津市城市总体规划和滨海新区空间发展战略研究，独立编制滨海新区及行政区、功能区远景规划，规划期限为50年乃至更长远一些，确定其理想的空间结构和布局。目前，国际许多城市都编制远景规划，如纽约、芝加哥2050等。新加坡于1971年提出并编制了第一个概念性规划，是一个远景规划，它评估长期发展战略，是一个前瞻性的土地利用和交通综合规划，指导着新加坡未来40—50年的发展方向，是引导和调控新加坡城市发展及规划的基础。远景规划相对一个城市而言，展望更远的时间空间、审视更广的地域空间、透视更深的内部，是城市扩展到稳定阶段的城市发展结构安排，增强了规划的灵活性和远见性，为城市发展指明了方向，提供了更好的发展空间，指导城市总体规划，避免规划期限短导致城市空间发展战略常常因人而异，没有连续性，城市空间布局缺乏整体性等问题，也避免了陷于规划无法适应迅速变化的新情况而忙于修编的境地。

规划期限为15—20年，实际上就是我们目前的总体规划。依据远景规划编制的滨海新区城市总体规划，就属于"中期规划"。该规划是滨海新区城市发展、建设和管理的基本依据，是保障城市公共安全与公众利益的重要公共政策，直接关系到城市总体功能的有效发挥，关系到经济、社会、人口、资源、环境的协调发展，关系到城市长远发展空间的阶段目标实现，同时也关系到对下一层次的详细规划指导作用的发挥。传统的总体规划包括总体规划纲要、总体规划方案两个阶段。一般忽视城市的合理空间布局，建议增加总体概念规划阶段，重点研究多方案比选空间布局，综合考虑交通、生态、景观、防灾等因素，使总体规划方案更科学合理，更优美漂亮。依据城市总体规划，编制细化的综合交通规划、产业发展规划、环境保护、地下空间、基础设施、综合防灾等专项规划。

近期规划（也可为行动规划）。规划期限一般为五年，主要包括滨海新区近期建设规划和控制性详细规划等。依据滨海新区城市总体规划，结合滨海新区国民经济社会发展五年规划，编制滨海新区近期建设规划，作为滨海新区近期建设安排的基本依据，统筹到区域发展。

规划年度实施计划。将近期五年的规划目标分解和落实到年度，明确年度阶段发展目标、实施策略，通过确立城市年度主要发展方向、空间布局以及重大建设工程的实施安排，建立城市发展建设动态监控与评估、发展重点引导与调控、重大项目安排三个平台，以充分发挥对城市发展方向和空间布局的统筹安排和综合调控作用，逐步实现城市经济、社会、人口、资源、环境的协调和可持续发展的目标。

2. 规划体系中的地域空间序列

滨海新区城市规划体系从空间规划层次上分为：全区规划、分区规划、规划单元规划、控规单元规划、重点地区规划等五部分，实现在滨海新区范围内规划的全覆盖和无缝拼接，同时埋清规划层次，确保规划的完整实施。

全区规划：依据天津市城市总体规划及有关战略研究，规划区域为滨海新区整个范围，编制滨海新区远景规划、滨海新区城市总体规划及有关专项规划、滨海新区近期建设规划等。

分区规划：为保证相邻地区规划协调和衔接，避免规划重复和空白，实现规划的全覆盖，综合考虑滨海新区城市总体规划确定的城市布局、片区特征、河流道路等自然和人工界限，结合城市行政区划，将滨海新区整个范围划分为汉沽分区、塘沽分区、大港分区、天津港分区、津南东丽分区等5个分区。根据需要，依据滨海新区城市总体规划，可以单独组织编制各分区规划。

规划单元规划：在规划分区的基础上划定规划单元，并编制规划单元规划。规划单元包括生态规划单元、城区规划单元、经济功能区规划单元以及镇村规划单元等。生态规划单元包括水库、湿地、河流等生态用地单元规划；城区规划单元包括滨海新区核心区规划、汉沽新城规划、大港新城规划；经济功能区规划单元包括先进制造业产业区、滨海高新技术产业区等；镇村规划单元包括杨家泊镇等镇规划和一批中心村规划。

控规单元规划：依据规划单元，按规划范围面积2～10平方千米，划定约250～300个控规单元，编制控制性详细规划。同时，要广泛开展城市设计，优化控制性详细规划方案。

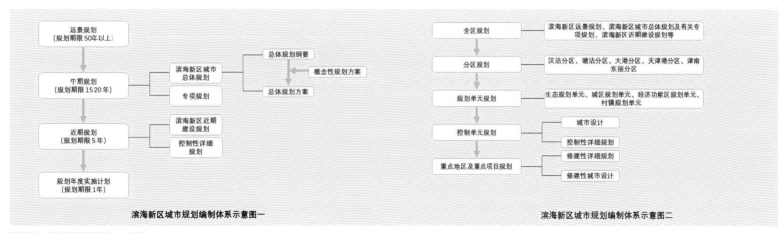

滨海新区城市规划编制体系示意图
图片来源：天津市滨海新区规划和国土资源管理局

City
Region

Towards Scientific
Development

走向科学发展的城市区域

天津滨海新区城市总体规划发展演进
The Evolution of City Master Plan of Binhai New Area, Tianjin

重点地区规划：对影响城市景观形象和整体效果的重点地区，应进行修建性城市设计。

3. 时间、空间和规划形式的关系

将规划时间序列、空间序列和规划形式按照需要进行组合，就形成了时间、空间和规划形式上的明确关系。总体、分区、单元规划大部分有远景、中期、近期之分。总规单元、控规单元、重点地区等小尺度的控规和城市设计方案、期限都应该是远景的，可能是50年、100年甚至是200年。

（三）结语

本文仅从规划的时间空间阶段、地域空间层次与规划技术层次相结合等两个方面对滨海新区城市规划编制体系的构建进行了一些初步探索，还需今后在规划实践工作中进一步研究完善，增强规划编制体系的科学性。另外，还需从滨海新区城市规划立法角度，确定远景规划、分区规划、控规单元规划、城市设计等规划的"法定"地位，增强规划体系的严肃性和权威性。这样形成的规划编制体系可以更好地指导滨海新区城市规划的编制工作，为推进滨海新区开发开放提供强有力的规划保障。

三、对滨海新区规划编制实施计划管理的思路

（一）滨海新区规划编制工作回顾

1994年，市委、市政府决策建设滨海新区以来，按照"统一规划、分区、分步实施"的总体原则，滨海规划分局一直注重滨海地区规划研究和规划编制工作。与相关部门密切配合，组织和协调塘沽区、汉沽区、大港区、东丽区、津南区和开发区、保税区和天津港等规划部门积极开展规划编制工作，逐步完善滨海新区城市规划编制层次和管理机制。2000年以来，由滨海规划和国土分局组织编制了16项城市总体规划（其中经批准的有5项）、8项重点地区控制性详细规划（其中经批准的有5项）及若干专项规划，为新区各规划管理部门提供科学统一的规划、管理依据，基本满足了滨海新区社会经济发展的需要。

（二）存在问题

滨海新区作为一个新区，整体看，城市规划编制基础还比较薄弱。同时，由于缺少规划编制的目标和计划管理，造成许多问题。

1. 规划覆盖率低、深度不够

近些年来，虽然编制了大量规划，但规划覆盖率仍然比较低，专项规划缺乏。突出问题是控规覆盖率比较低的问题。在现状360平方千米建设用地范围内，控规覆盖率低于50%。而且各个规划编制部门规划编制的标准和格式不十分规范和统一。

由于滨海新区发展速度加快，加上新区定位发生了变化和滨海新区总体规划的调整，使得规划编制面临的问题更加突出。规划布局和交通等重大基础设施规划的调整和深化，导致已有规划需要修编和调整。新增的功能区和规划用地规模的扩大则需要编制更多的各类规划。在规划的510平方千米城镇建设用地范围内，还有70%没有控规覆盖。

2. 规划的战略研究不够，规划水平不高，储备不足

往往是项目推动规划编制，应景、应急式编制比较多，系统规划比较少。规划的战略研究不够，规划水平不高，储备不足，对建设的引导和调控作用不明显，难以适应新区建设快速发展的需要。

3. 规划编制体系还不完善，标准不统一

各层次规划之间特别是行政区和功能区缺乏衔接和联系，甚至存在矛盾，没有形成完善的滨海新区规划编制体系。规划成果比较散，不成系统，还没有形成"横向到边、纵向到底"科学合理的城市规划体系，已不能适应新区发展的新要求。

4. 规划重复、重叠，造成混乱和浪费

缘于滨海新区相对分散的规划管理体制和众多的规划工作需要各界力量共同参与规划编制工作。但是，由于缺乏集中统一的规划编制的计划管理，造成不同规划在空间上部分重叠，内容矛盾。或同一地区，编制了数次规划，造成不一致和浪费，使规划实施管理

无所适从。

（三）对滨海新区规划编制实施计划管理的设想

滨海新区作为国家新区之后，要进一步强调规划的统一协调。面对滨海新区加快发展的新形势、新要求，为完善滨海新区城市规划编制体系，实现滨海新区规划无缝拼接，有必要制定滨海新区未来三年规划编制计划，对滨海新区规划实施计划管理。

首先，按照构建新区完善的规划编制体系的目标，制订全区的规划编制计划。其次，各行政区和功能区也要在全区计划的指导下编制各自规划编制计划。第三，两个计划综合反馈修改，形成新区3年规划编制计划。该计划经新区管委会和市规划局批准后，作为各区、各类政府性规划编制的指导和依据，按照统一的标准编制规划，使各类规划之间相互配合、衔接，协调管理，提高效率。对没有纳入新标准的编制方案不予审批。

（四）滨海新区规划编制两年计划（2007—2008）的主要内容

1. 滨海新区城市总体规划

按照国务院对《天津市城市总体规划(2005—2020 年)》的批复，在深入学习领会国务院批复和国务院《意见》精神的基础上，通过对滨海新区城市总体规划深化和实施研究，进一步修改完善《滨海新区城市总体规划（2005—2020 年)》，作为滨海新区发展建设和管理的依据，为下一层次规划编制提供指导。

2. 功能区和新城区总体规划

依据滨海新区城市总体规划，编制各产业功能区及新城区总体规划。到 2006 年底，按照原定计划，7 个功能区中的 6 个已经编制完成总体规划，其中 4 个经过政府审批，滨海高新区完成规划纲要。计划 2007 年 6 月完成滨海化工区和海滨旅游休闲区总体规划报批。9 月完成滨海高新区总体规划报批。汉沽总体规划已经编制完成，2007 年 6 月完成报批。大港区总体规划已经编制，2007 年 9 月完成报批。塘沽总体规划开始编制，2007 年 12 月完成报批。

3. 专项规划

（1）滨海新区综合交通规划。

滨海新区综合交通规划编制工作（包括红线和黑线）已经于 2006 年 5 月开展，目前已经完成交通调查、建立交通模型、交通发展战略纲要和主要专项规划成果。计划 2007 年 6 月完成全部规划成果和报批。

（2）滨海新区基础设施专项规划。

目前，滨海新区基础设施专项规划（包括黄线）工作已经完成了规划工作大纲。计划 2007 年 6 月开始编制，年底前完成现状调查和基础资料收集，2008 年 6 月底完成全部规划成果。

（3）滨海新区河湖水系和绿地系统规划。

滨海新区河湖水系和绿地系统规划（包括绿线和蓝线）于 2006 年 5 月开始编制，现在已经完成现状调查、基础资料收集和规划初步方案。计划 2007 年 9 月完成全部规划成果。

（4）滨海新区生态环境保护和盐田开发利用规划。

该项规划是在生态环境保护和盐田开发利用研究的基础上，制定滨海新区生态指标和盐田开发利用方案。计划 2007 年底开始规划编制，2008 年底完成全部规划成果。

（5）滨海新区综合防灾及其他专项规划。

计划从 2008 年初陆续开始编制，争取在 2008 年底前完成。

4. 滨海新区近期建设规划／行动规划

依据滨海新区城市总体规划和天津市近期建设规划，按照建设部和城市规划编制办法的要求，编制滨海新区近期建设／行动规划，确定近期建设目标、空间发展方向、人口规模、用地建设范围和重大基础设施建设，控制和引导城市发展，统一协调滨海新区各行政区和功能区的建设。计划 2007 年上半年开始着手编制滨海新区近期建设／行动规划，争取 2008 年上半年完成规划报批。

5. 控制性详细规划

控制性详细规划是规划管理的基本法定依据，是对总体规划的深化和落实，是土地出让的前提和条件，同时也是统一规划管理的重要手段。依据总体规划，统一编制滨海新区规划建设用地的控制性详细规划，实现规划建设用地控规全覆盖，是当前滨海新区规划深化的主要内容。

根据滨海新区的实际情况，控规编制工作计划分两步进行。从2007年初开始首先编制城市重点地区、急需开工建设起步区及落实国家开发银行开发性金融合作计划还款地块的控制性详细规划，特别是七大功能区起步区和塘沽、大港和汉沽城区的控制性详细规划。然后用两年时间实现滨海新区建设用地控规全覆盖。

6. 城市设计

城市设计是提高滨海新区规划建设的重要手段。温家宝总理2005年6月26日在滨海新区视察时，对滨海新区的规划和建设提出了要从空间布局、发展重点、产业结构、城市建筑和城市文化等方面进行精心谋划，突出特色，这就要求我们在总结继承历史经验的基础上，进一步提高滨海新区的城市规划水平，特别是城市设计的水平，把城市设计逐步规范化、法律化。

计划在滨海新区功能区规划设计方案国际征集的基础上，于2007年3月底完成方案综合和汇总工作，指导近期的起步建设和控制性详细规划编制工作。并开始研究城市设计的规范化内容，在2007年底完成城市设计规划成果报批。

四、国外城市管理体制改革对天津滨海新区构建"全国综合配套改革试验区"的借鉴意义

20世纪80年代以来，世界各国相继进行了政府改革，"新公共管理"模式和"新区域主义"模式成为当代西方政府改革的最基本趋势。我国目前正处于构建和完善社会主义市场经济体制的时期，市场经济的发展要求转变以往的城市管理套路，形成一种灵活、高效的新型管理模式，天津滨海新区的综合配套改革也正处在这样一个大的趋势和环境中。

（一）"新公共管理"模式、"新区域主义"模式和"全国综合配套改革试验区"

"新公共管理"模式和"新区域主义"模式是当代西方政府改革的基本趋势。对于"新公共管理"模式，英国、美国、澳大利亚、新西兰和日本等国家都在实践中进行了相当多的探索，在转轨国家、新兴工业国家和大部分发展中国家出现了同样的改革趋势。理论界也对其展开了广泛的研究，有学者将其概括为四种模式，即：效率驱动模式（The Efficiency Drive）、小型化与分权模式（Downsizing and Decentralization）、追求卓越模式（In Search of Excellence）和公共服务导向模式（Public Service Orientation）。

无论何种模式，其核心强调的都是采用商业管理的理论、方法及技术，强调管理的"市场化"导向，提高公共管理水平和公共服务质量，使社会各个层次的利益在市场机制的作用下协调发展。

"新区域主义"出现在20世纪90年代以后，其主要强调站在区域的角度系统地分析考虑问题，关注当前城市、区域发展过程中出现的各种社会问题，以实现区域的社会公平、环境保护、经济发展为目标。当前世界区域间的合作趋势日益明显，所以对于任何一个国家、地区甚至城市的管理都要将区域的因素纳入考虑范围内。与传统区域主义将区域看成封闭系统，采取自上而下垂直集中管理的模式不同，新区域主义更强调不同等级行为主体之间平等协商。

郝寿义教授在《天津滨海新区与国家综合配套改革试验区》一文中指出：国家综合配套改革试验区总体上可以从三个角度把握。一是指综合配套改革试验区的综合配套试验点要对全国的区域经济发展起到带动和示范作用；二是指改革不再是若干分散的单项改革，是综合配套改革，是一项系统性的工程，要处理好方方面面的交互关系，实现协调发展；三是指在社会经济与生活的各方面具有先行先试的试错权，进行改革试验，着眼于制度创新，以全面的制度体制建设推进改革。结合我国当前的发展阶段，建设"国家综合配套

改革试验区"的目标主要体现在三方面：一是促进经济增长方式转变，实现资源的优化配置和可持续发展；二是要使经济、政治、文化、社会、环境各方面全面、系统发展，构建和谐社会；三是使制度能够在空间上延伸，对区域发展起到示范、辐射作用，带动区域经济的发展、制度的完善、社会自然环境的优化。这些目标的实现需要通过一系列制度安排来实现。

（二）国外城市管理体制改革对天津滨海新区构建"全国综合配套改革试验区"的借鉴

同时考虑"新公共管理"和"新区域主义"两种模式，就是考虑到了市场化和区域发展双重目标的实现问题。当前国外政府管理体制改革的取向对于我国市场经济的发展和行政改革的深化，对于在市场经济条件下处理好政府与市场、企业和社会的关系，处理好城市和区域的关系，提高城市管理效率具有一定的参考价值。

中国以往各项制度的改革大多强调政府的作用，但制度的安排及其目标的实现是各个层面共同作用的结果，会受到各个行为主体自身目标的影响，要通过各行为主体的具体活动来实现。本文认为制度的安排过程会受到两方面的影响：一方面是地区本身的影响，其按照城市中的不同社会行为主体又可以细分为政府、居民和企业三个方面；另一方面是所在区域的影响，根据新区域主义的观点，制度的安排应该考虑到区域的特点，综合平衡区域的社会公平、环境保护、经济发展的目标。综合以上两方面的因素，在制度安排的过程中，应该能够使城市的居民、企业、政府和区域的目标同时达到均衡。以天津滨海新区建设"全国综合配套改革试验区"为例，描述了各个因素对于制度安排的作用机理。

在这一过程中，不同的行为主体会有不同的目标。居民希望通过自己的各种活动最终获得最佳的生活状态和生活品质，包括富足的物质生活、参与政治的权利等；企业的目标是通过各种经营活动来达到自己利润最大化的目的；政府不再着眼于传统的单项改革目标，只是锁定"经济发展"，而是涉及社会的各个方面，其最终目

标是实现社会福利的最大化，为此，其将对社会其他参与者产生影响。一方面，政府会提供一个更好的市场环境，来帮助企业、居民实现其自身利益的最大化；另一方面，当企业和居民的行为产生外部不经济，对社会福利产生负面影响时，政府会通过一系列制度安排对其行为进行调节，避免社会福利的损失。需要强调的是，政府将尽量避免使用行政等手段干预经济，而是通过市场的作用来调节各参与者的行为，使其能够在不损害社会福利的情况下实现自身的目标。例如，对于造成环境污染的企业，政府将采取税收的手段来调节其生产，使其改变当前的生产方式，实行清洁生产。这样居民和企业的行为会受到政府目标的影响，使其在实现自身追求目标的过程中需要承担一部分社会成本。同时，居民和企业也是社会活动的参与者，政府在确定制度安排的过程中也要考虑他们的目标、行为等对制度目标实现效果的影响。

"全国综合配套改革试验区"的影响范围不会局限于其管辖范围内，而是会通过产业转移、技术扩散效应，管理模式示范作用的发挥，使试验区内的改革产生区域连锁效应，促进区域的发展，形成新的区域发展模式，最终实现向全国范围的推广，对整个区域、

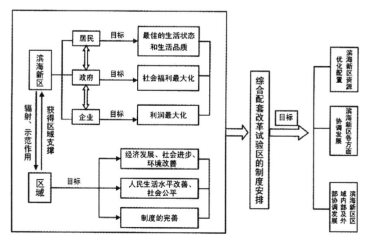

相关因素对"国家综合配套改革试验区"制度安排的作用机理示意图
图片来源：天津市滨海新区规划和国土资源管理局

City
Towards Scientific
Region Development
走向科学发展的城市区域

天津滨海新区城市总体规划发展演进
The Evolution of City Master Plan of Binhai New Area, Tianjin

甚至全国产生深刻的影响。所以，区域的因素应该纳入天津滨海新区制度安排的考虑之中。

（三）天津滨海新区建设"全国综合配套改革试验区"的管理思路

以往的研究在提出政策建议时会着重于从各个单项改革出发，分别提出对于经济运行、对外开放、生态环境、道路交通等方面的对策建议，这是政策措施最后落实的根本，但可能造成各个单项之间联系不够紧密。本文依据之前的分析结论，并结合滨海新区发展中亟待解决的问题，从社会各个行为主体的要求出发，提出天津滨海新区作为"全国综合配套改革试验区"，在进一步的开发开放、改革创新中实施城市管理需要遵循的思路。

1. 体现"以人为本"的思想

群众是社会中最重要的推动力量和建设者，调动广大居民的积极性，充分发挥其聪明才智，是社会建设中取之不竭的力量源泉。所以，要使各项制度能够切实提高人民群众的物质、文化及生活水平，使居民享有充分的民主权利，引导居民自觉履行社会职责并自觉参与到社会建设中。

2. 为企业创造良好的发展环境

企业是社会主义市场经济体制的基础，是创造社会财富和形成竞争力的源泉。滨海新区建设"全国综合配套改革试验区"要营造一个良好的市场环境，一方面能够为企业创造一个充满活力、自主创新的基础，完善现代市场经济体系，使市场在资源配置中起到基础性作用；另一方面又能尽快形成与国际惯例相衔接的经济运行体制，嵌入到国际经济大环境中，在承接发达国家产业转移的同时，提高自主创新能

力，占据产业链的核心环节，成为真正的区域经济中心。

3. 探索建立统一、协调、精简、高效、廉洁的政府管理体制

这是滨海新区建设"全国综合配套改革试验区"的一个主要目的。这就要求，进一步转变政府职能，改进政府管理方式，真正实现政企、政事、政社分开，将政府职能尽快转变到公共服务和社会管理上来，维护公民和法人的合法权益、加强市场监管；提倡"小政府大社会"，提高行政效率，降低行政成本，推行电子政府，逐步建立政府与公众之间的互动回应机制，提升政府内部运作的效率；政府在推进法治化进程中具有不可推卸的责任，社会的正常运行，社会福利的保障需要有完善法律体系的支撑。

4. 加强与区域的合作

滨海新区的发展需要区域的支撑，所以要加强同区域的合作联系，整合区域资源，通过综合配套改革，推动滨海新区成为北方对外开放的门户；滨海新区的不断壮大，又可以通过技术扩散、制度移植变迁、产业结构转移等形式辐射周边区域，带动周边区域发挥优势，取得发展，推动区域内外协调平衡发展。

5. 强调协调发展

这里包括四个层次：一是指经济、社会、自然各方面的协调发展，促进社会的可持续发展；二是打破滨海新区现存的制度障碍。滨海新区目前条块分割，关系不畅，管理上各自为政，这种现状必将影响滨海新区总体规划的落实和实施；三是针对目前存在的城乡二元经济，促进城乡协调发展；四是协调好滨海新区和天津市发展的关系，处理好二者在大发展过程中的利益关系，使二者在互惠互利、互相支撑的情况下共同发展。

第四节　滨海金融街发展研究

一、滨海金融街——21 世纪全球最具魅力的 CBD 核心区

自滨海新区被确定为国家战略以来，我们参与了中心商务商业区多轮各层次的规划设计竞赛和规划编制工作：2005 年 10 月，参加滨海新区中心商务区概念规划及城市设计国际方案征集；2006 年 3 月，编制滨海新区中心商务商业区总体规划并经市长办公会审查批准；2006 年 10 月，参加滨海新区中心商务商业区（于家堡地区）城市设计及行动规划方案征集。

通过这些工作，我们对滨海金融街的认识逐步加深，形成了一些新的规划思路。滨海金融街应该成为 21 世纪全球最具魅力的 CBD 核心区，成为世界瞩目的最靓丽的一道风景线。

（一）我们的认识

1. 金融"芯"

"金融很重要，是现代经济的核心。金融搞好了，一着棋活，全盘皆活。"早在 20 世纪初小平同志就深刻揭示了金融在现代经济生活中的地位和作用。经济的发展水平决定了金融的发展水平，金融是资金运动的"信用中介"，是提高生产力的"黏合剂"和"催化剂"，是宏观经济调控的重要"杠杆"。为实现天津"北方经济中心"的定位，加快滨海新区的开发开放，最重要的一着棋就是要规划好天津滨海金融街。

2006 年 5 月 26 日，国务院发布了《国务院关于推进天津滨海新区开发开放有关问题的意见》（国发〔2006〕20 号），指出"……鼓励天津滨海新区进行金融改革和创新。在金融企业、金融业务、金融市场和金融开放等方面的重大改革，原则上可安排在天津滨海新区先行先试。本着科学、审慎、风险可控的原则，可在产业投资基金、创业风险投资、金融业综合经营、多种所有制金融企业、外汇管理政策、离岸金融业务等方面进行改革试验。"滨海金融街是于家堡商务区的核心区，是进行金融改革创新的载体和中心，是滨海新区开发开放的关键和核心，是加快滨海新区发展奔腾"芯"。

2. 玉带"环"

滨海金融街位于滨海新区于家堡地区，于家堡地区北至新港路，西、南、东三面被海河环抱，用地规模约 344 公顷。蜿蜒的海河，像一条玉带环绕于家堡，形成了其特有的三面临水的景观环境条件。基地内有塘沽南站等历史建筑，海河南岸有中国最早的造船厂大沽船坞，还有渔民出海时祈福平安的潮音寺，基地散发着浓厚的历史文化气息；北面是近代中国民族工业发展的重要基地塘沽碱厂。现状基地内包括大型企业、仓储、特殊用地和部分多层住宅，其中各类企业事业单位 114 个，从业人员 1.6 万人；住宅建筑面积 66 万平方米，居住人口 2.3 万人。总体来看，基地内的建筑质量和数量均不是很高，为金融街提供了有利的开发建设条件。

于家堡地区现状用地汇总表

用地名称		用地面积（公顷）	比例（%）
R	居住用地用地	69.65	20.13
C	公共设施用地	17.45	5.04
M	工业用地	91.05	26.32
W	仓储用地	79.68	23.03
S	道路广场用地	64.28	18.58
U	市政公用设施用地	0.30	60.09
D	特殊用地	21.89	6.33
E	水域和其他用地	1.70	0.48
总用地		346.00	100.00

资料来源：天津市滨海新区规划和国土资源管理局

3. 规划 "意"

于家堡金融发展的动力之 "芯"，有深厚的文化底蕴和良好的自然条件，并具备开发的可行性，但要建设成为一个 21 世纪最具魅力的 CBD 核心，首要和最关键的是要有一个世界最高水平的规划。在认真分析了目前正在执行的控制性详细规划后，我们发现虽然经过了数轮规划，但目前的规划仍存在着许多问题：

① 规划水平不高：缺乏先进的规划设计理念；土地使用功能不明确，城市空间缺少层次；中央公园造成东西两侧功能和活动无法衔接，解构了市中心的聚集力；城市形象不突出，对响螺湾缺乏积极的整合。

② 规划深度不够：交通问题严重，桥梁严重切割用地，且阻碍交通通行，对小汽车带来的交通问题应对不足；没有对滨水六米高防洪堤提出具体亲水改善措施；地下空间缺乏整体考虑等。

要提高规划水平和深度需采取的应对措施包括：

① 高效立体交通：保持密路网，结合防洪堤设置分层道路，提高机动车的快速通行能力；承认海河的分割作用，适当减少桥梁数量。

② 规划中心广场：提高使用效率，周边建筑有效界定城市空间，并为市民提供了一处引以为傲的城市客厅。

③ 突出城市形象：创造完整和富有特色的城市形态，整合响螺湾的城市秩序并在功能和空间上有所呼应。

④ 城市设计深化：土地使用功能细分；创造层次丰富的各类城市广场、绿地和街道；防洪堤后退，留出亲水岸线。

（二）我们的规划

从世界范围来看，滨水 CBD 开发的成功要素主要归纳为以下几个方面：

① 在土地使用和区位特点方面：强调土地混合使用，相对分区；新区建设要依托现有基础设施，借助原闹市中心的人气。

② 在道路交通方面：与闹市中心和交通枢纽相连；开辟尽量多的交通方式；以大运量快速公交为主；交通干道与内部交通分离；高效立体化交通；发达的交通诱导系统；鼓励步行者。

③ 在城市景观方面：令人印象深刻的城市形态；连续和友善的城市公共空间；以吸引人的项目作为开发的核心；较好地利用历史建筑物；创造连续的滨水公共空间；包括一个或一组地标性摩天大楼。

本次规划在总结国际经验的基础上，提出的规划理念包括以下

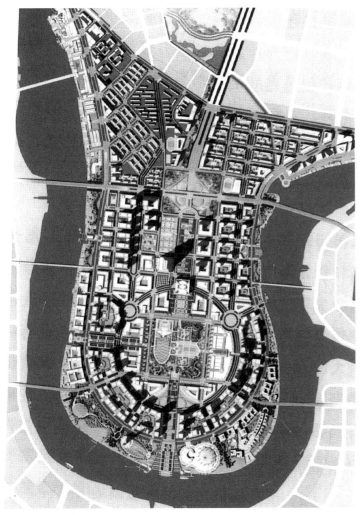

于家堡城市设计图
本页资料来源：天津市滨海新区规划和国土资源管理局

三个方面：

① 精明增长理论——智慧运营城市。

研拟城市运营平台：由政府主导城市规划，并成立专门的项目开发公司，统一整理土地，按规划分期分区完成基础设施、开放空间、公建配套建设，实现土地的一级开发与营销，管理与监督二级开发的营造品质，并负责建成后环境品质的养护以及软硬件运营。在确定这一平台的前提下，针对这一平台提出最佳的规划解决方案。

② 推行新传统主义——强调场所精神。

强调城市应由一系列容纳不同功能的城区组成，这些城区自我完善的同时具有不同的历史和文化特点，同时，运用各种经典的空间形态、构图和组合方式，强调广场和街道等传统空间的意义。

③ 崇尚科技文明——21 世纪高技术之 CBD。

建设学习型城市，规划开放学园，塑造地区特殊文化特质的空间场景；鼓励思想的创新，提供最有益于思潮激荡和激发创意的场所，并提供各类尖端科技成果应用和展示的平台。倡导生能节费的绿色建筑设计和使用新型能源，倡导健康的生活方式，建设可持续发展的绿色 CBD。

在此理念之下，规划的系统包括：

① 共生共容、立体复合的土地使用模式。

于家堡的土地使用按照 CBD 的功能序列和关联分为九个功能区及六种土地使用类型：金融街、高档商业、酒店公寓、商务办公、文化娱乐、科技展览。

② 多元、个性、开放、友善的城市空间架构。

于家堡外环交通性主干路有效地提高交通的可达性和出行能力；内部建筑清晰界定道路边界，有明确的地域感和方向感；细致纹理的街道与街廓系统奠定了人性化城市的基调；可弹性容纳各类使用的街廓，强化了于家堡持续的发展及可提供丰富的情趣。

③ 孕育生态、层层递进的开放空间序列。

区内建立多层次的开放空间体系，包括全市性综合开放空间；全市性主题开放空间；地区性开放空间；街廓开放空间，等等。

于家堡城市设计意向图
本页资料来源：天津市滨海新区规划和国土资源管理局

City
Region Towards Scientific
Development
走向科学发展的城市区域

天津滨海新区城市总体规划发展演进
The Evolution of City Master Plan of Binhai New Area, Tianjin

④ 图底关系：运用各种经典的空间形态、构图和组合方式，强调虚实空间的双向完整，强调街道界面的连续性，强调广场和街道等传统空间的意义。

⑤ 强度控制：对区内地块开发强度控制具有以下特点：沿内外环路之间，由于交通运力的保证，开发强度较大；中轴线和滨水地区为一系列的开放空间和低强度开发地区；平均容积率约为1.8，区内自身的强弱平衡保证了强有力的空间形象。

⑥ 挖掘与利用宝贵的历史资产。

塘沽外滩向南延伸部分的地面高程接近海河防洪要求高度，是塘沽临河岸线中少数具有亲水感的地方，在进港一线铁路停止使用后，通过交通动线的调整，可以产生足量的土地，提供解放路商业延续发展的空间。保留火车站及现有站旁仓库，为开发增添历史氛围原有车站可再利用为有轨电车站。

⑦道路交通。

道路交通采取如下原则。对外交通：高效便捷，车行顺畅；内部道路：行人第一，公交及非机动车优先。具体策略包括：

a. 整体的交通系统思想，采用与原都市路网结合的棋盘格加向心圆的路网秩序，有效梳理城市交通网络；

b. 针对国内大小各类城市快速开发成长后出现的交通现象与问题的反思，采用开放的细密街网，为新城提供充分的人流、物流循环需求容量与多重的路线选择机会；

c. 借鉴国内外先进城市经验，结合地铁和中央大道主干路的选线规划大面积地下停车空间，并由地下环廊串联。将小汽车的行驶疏散为尽可能多的方向，停车则尽量地下化；

d. 道路分为交通性和生活性两类，交通性出行安排在外围环岛行驶，生活性出行在内部自由选择。地面开辟小轨等大众运输线路，海河上规划多条轮渡线路；

e. 设计公交环线，将于家堡CBD区与高铁车站、解放路地区、开发区等发展点进行有机串联。

于家堡岛内公交环线位于基地二层，与海河防洪堤岸同高，与环线内建筑二层通达，依次将行人带至可观景高度并能便捷到达亲水岸线。

我们的认识还是初步的，我们的规划还是阶段性的探索。要进一步提高滨海金融街的规划设计水平，应邀请世界上最好的规划设计大师参与滨海金融街的规划设计，让它成为全球规划设计领域的热门话题。同时，滨海金融街的规划设计不应是孤立的，而是要以海门大桥至入海口10千米长的海河段为纽带，将响螺湾、解放路、天碱和蓝鲸岛串联起来，形成以于家堡金融街为核心的滨海新区滨水CBD地区的整体形象。

滨海金融街的建设表征着滨海新区经济腾飞的信心和决心，它将成为滨海新区最具窗口示范效应的核心地区，是中国新世纪城市建设发展的标杆和全球最具魅力的城市CBD之一。

二、滨海金融街立体交通规划和海河堤岸设计

（一）交通问题是滨海金融街规划的首要问题

一个地区的都市发展计划是要与交通计划一同整体考虑的，在城市金融中心或CBD中尤为突出。现有于家堡规划在交通方面面临的主要问题和矛盾是：

① 公交与小汽车的矛盾：尽管我们大力提倡公共交通，但小汽车交通特别是在发展初期仍占有相当比例，如单纯采用小街廓密路网的布局，过多过密的路口无法保证机动车流的连续，必然会造成交通拥堵。

② 过河桥梁放坡与地面道路的冲突：海河通航的要求使得桥梁净空较高，放坡较长，将小街廓的道路网分割得支离破碎。

③ 公共交通缺少地铁等大运量公交的考虑，地下空间缺少组织，停车空间不足。

④ 公交线路站点的设计没有与大型公共建筑有机衔接。

在有限的土地上，不仅要安排各种功能的用地，同时要保证各

种出行方式的合理组织与协调：

① 保证高峰时间地区车辆平均车速保持在 30 千米 / 小时，交通顺畅。

② 逐步完善地区大众运输系统，考虑各类大众运输交通体之间的相互衔接、相互协调，并预留未来交通基础设施的发展用地（包括地铁、小轨、快速公交及普通公交等）。

③ 步行网络系统的建设，发展人性化交通。包括车站与办公楼，车站与公共开放空间之间舒适的步行街和天桥等，设计中考虑行人尽量不被小汽车打扰。

④ 地区停车的需求。包括办公楼配建的停车场库以及为中央公园、海河亲水堤岸等活动区服务的公共停车位。

综合以上几点考虑，同时面对地区持续的产业和都市的快速发展，我们的设计方案在进行定量交通预测分析的基础上，提出了智慧的交通发展战略：大力发展公共交通，小汽车近期满足发展，远期适当限制。规划提出于家堡立体交通模式和海河堤岸统筹规划的发展架构。立体交通模式将最大程度地解决有限的土地上出现的各种交通系统的组织问题，同时集约利用的土地使地区发展更为紧凑，更具活力。

（二）于家堡中心商务区交通预测

1. 交通量及饱和度预测

（1）交通量预测：从地区岗位数预测尖峰时间交通需求量。

总人数包括地区提供岗位数、居民数、岗位吸引的访客数、地区购物旅游人数。根据于家堡地区规划建筑容量 500 万平方米，考虑建筑租售率 90% ~ 95%，计算基数为 450 万平方米，其中金融、贸易、办公 250 万平方米；国际会议及展览 30 万平方米，文化娱乐 30 万平方米，酒店及商业 60 万平方米，学校 20 万平方米，居住 50 万平方米，其他 10 万平方米（按浦东地区比例）；经计算，上述总人数约为 51 万（每日），假定就业员工的 90% 居住在于家堡岛外，则：尖峰时刻需要运送的人数是总岗位数的 20%（天津

市区和浦东地区），约为 9.2 万人。参照天津市区各类出行人数比例（预测 2020 年），并对于家堡地区进行分析和修正，该地区（预测 2020 年）自行车所占比例为 10%，步行 8%，常规公交及快速公交 22%，出租车 5%，小轨及轻轨 19%，私家车 36%。根据计算尖峰时刻进入于家堡地区的总机动车辆为 26 000PCU / 小时（ PCU: Passenger Car Unit 标准车当量数 ）。

（2）饱和度预测：从尖峰时刻于家堡的进出通道预测交通供给量。

于家堡的主要交通通道为：规划一条下穿海河通往北面开发区中心商务区的南北向主干道；两条跨河东西向的主干道，一条绕岛的环状主干路和两条次干道（其中进出通道为：一条环状道路的两个道路入口，一个高架，四个跨河桥梁，一个地下隧道、两个次干道入口）。

根据路网广义容量计算公式，考虑道路等级、道路有效运营面积、运营时间等参数计算得出规划区域内路网尖峰时间总容量约 2.16PCU / 小时，其中包括约 1 050 辆的公交车和 20 025 辆标准车。公共交通系统中轻轨、小轨、快速公交、常规公交在于家堡地区的总运力预计达 6.1 万人 / 小时。该地区自行车和人行的总出行量约 1.8 万人 / 小时。高峰时间段进入该地区的交通系统可容纳 10.9 万人。以交通系统的总供给量与该地区的系统总需求量做比较，验证该地区的供给是否满足，并修正路网和公共系统的规划，最终以达到满意的结果。综合上述分析，对于该地区交通供给情况得出以下结论：

尖峰时刻需要进入于家堡地区的人口约 9.2 万人，地区交通系统可提供 10.9 万人的流通，路网平均饱和度达到 0.84，是合理范围的高值。因此，于家堡地区的交通条件满足要求，但随着地区岗位人员的增加，要保证公共交通设施及时进行建设并投入使用。

静态交通系统需求分析：于家堡地区停车泊位总数基本以公共停车泊位和地块配建停车位两部分组成。公共停车位占总停车位的 15% ~ 25%，配建停车位占总停车位的 75% ~ 85%。该地区在规

划阶段公共停车位主要安排在两层的环形景观堤岸内和内环主干道两侧的地下空间以及以停车楼的形式安排在东西主干线与南北环路交叉路口的周边；并要求地块配建的停车位以地下车库和停车楼的形式相结合，尽量减少地面停车的数量，保证于家堡地区地面良性公共空间的形成。

根据《天津市建设项目配建停车场（库）标准》及有关规定，并本着鼓励公交的原则，CBD 地区应配置的停车场地宜达到标准的 70%，经计算，需停车位 3.7 万个，假定地面停车位占 10%，地下及停车库占 90%，地上停车面积为 11 万平方米，室内停车面积为 133 万平方米，相当于滨海金融街总建筑面积的 1/5。

3. 于家堡地区交通网络系统的规划

借鉴曼哈顿交通规划的经验，于家堡地区规划以立体交通模式为平台，满足机动车的快速发展，外围采用"快速机动车专用路"的大路网格局；同时配合地区快速发展的弹性选择，内部采用开放的细密街网，以此提供充分的人流物流循环需求容量，与多条路线的选择机会。整体道路交通网络与周边腹地路网相结合，地下层将结合地铁的选线、车站的位置和于家堡南北向中央大道（局部地下化）的选线，安排与地下中央大道、地面各主干道、支路及相互联系的数条地下车道环线，这些环线将引导车辆分散到目标办公大楼的地下停车空间。

地面平层主要由环绕于家堡岸线内侧的地区交通性干道和内部生活性道路共同组成基本框架，在两环线之间衔接多条网格状细密支路街网，便于大容量车流循环，形成清晰方便的地面层公路交通系统。在生活性干道上建设小轨公交，规划中小轨公交的选线将辐射于家堡最多地区，方便大众的出行和地面游览。地上二层的主体是在地面平层交通环道之上建设的二层整体高架环线道路，二层环

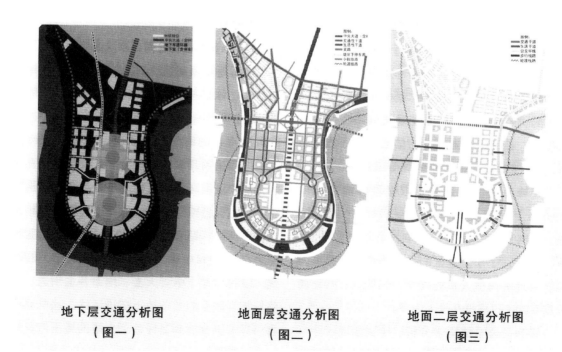

地下层交通分析图
（图一）

地面层交通分析图
（图二）

地面二层交通分析图
（图三）

于家堡城市设计交通分析图
本页资料来源：天津市滨海新区规划和国土资源管理局

道上安排大众捷运环线。在与外部腹地沟通上，二层环线将串联北侧高铁车站以联系整个滨海拘解放路、开发区等重点发展地区；同时方便运送与二层环线同一平台往来于海河上多条轮渡线路的码头客人。在于家堡内部城市公共空间发展上，二层高架环线平台和细密的城市街网拉近了亲水堤岸公共空间与中央世纪穹顶广场之间的联系，提供了良好的步行系统，吸引更多的步行人流，并提高了地区人气，同时保证了人行优先政策的落实。

整个于家堡地区交通系统将遵照对外交通高效便捷、车行顺畅，内部道路行人第一、公交及非机动车优先的原则规划。

交通规划是一个持续的过程，不能用僵化的方法去处理一个动态的交通问题，于家堡交通发展规划具有一定的敏感度并具备高度的弹性，以便将来有所调整，以适应城市不断变化的需求与发展。

4. 于家堡地区海河堤岸的规划

重视滨水地区的公共性和亲水性，尤其在于家堡这类高活力、高开发强度的地区，创造连续开放的亲水岸线容纳人们在水边的各种活动，是提升整个都市品质的重要措施。

于家堡地区现状海河堤岸与地面有 4～6 米的高差，给市民亲水及景观视线造成很大障碍。滨水岸线在满足 200 年一遇的防洪要求的前提下，防洪岸线后退，在堤顶和水之间创造亲水的公共空间，同时与环于家堡的二层公交环线的顺畅衔接，使整个堤岸空间为城市居民服务，避免出现城市滨水不见水的尴尬局面。于家堡堤岸的规划为人们提供宽敞且富有层次感的空间体验，透射出滨海高品质精致生活的品位。

三、天津滨海新区生产服务业的地产发展需求和供给分析

（一）天津滨海新区的发展状况

滨海新区将继深圳经济特区、浦东新区之后，成为又一带动区域发展的新的经济增长极。按照《天津市城市总体规划（2005—

2020 年）》的城市定位，构筑中心城区 CBD 和滨海新区 CBD 的双中心布局结构，以及中心城区将以调整优化为主、滨海新区是城市用地扩展主体的规划意图，可以预计，滨海新区将成为未来天津乃至中国北方地区最重要、最新的商务中心区。

（二）天津滨海新区生产服务业的发展需求和供给分析

1. 参照值

商务办公面积的经验统计数据表明，世界级城市如东京、纽约、伦敦和巴黎的商务办公面积保有量在 2000 万平方米以上，其中东京最为突出，其他等级城市的全市商务办公面积保有量约 500～1000 万平方米，如多伦多、悉尼、新加坡、上海、北京等。一般 CBD 地区内商务办公建筑面积占全市总量的 1/3～1/2，即 200～500 万平方米左右，以此商务办公面积导出 CBD 总建筑量约 600～1500 万平方米左右。

从 CBD 个案研究表明，巴黎德方斯 CBD 建筑总量约 450 万平方米，上海浦东陆家嘴 CBD 建筑总量约 450 万平方米，北京呼家楼 CBD 建筑总量约 900 万平方米，深圳福田 CBD 建筑总量约 800 万平方米。一般而言，单个 CBD 区总建筑量约 400～900 万平方米左右，由于城市 CBD 体系的结构不同，用地规模一般在 2 平方千米左右。

2. 发展需求分析

目前，天津市生产服务业地产市场整体发展良好，需求旺盛。据 2006 年天津中原物业顾问有限公司对市区写字楼的调查结果，

世界各国城市商务办公建筑面积规划分布表

城　市	全市（万平方米）	CBD（万平方米）	级别	规模构成
东京、纽约、巴黎、伦敦	>2000	1500-2500	世界级	多中心
芝加哥、多伦多、悉尼、新加坡、上海、北京	<1000	约500	区域级	单中心

资料来源：李沛，当代全球性城市中央商务区（CBD）规划理论初探
北京：建筑工业出版社，1999，P132

世界各国城市商务办公建筑面积和用地规模分布表（单位：万平方米／平方千米）

城市	全市	中心区	CBD	注　　释
东京	约4000	约2900（41.5）	约2200（3.5）	全部23区为5100万平方米，全市指都心8区，中心区指都心3区，CBD包括丸之内（1.5平方千米，1700万平方米）、新宿（1平方千米，160万平方米）和临海通讯港（1.5平方千米，350万平方米）
芝加哥	—	—	600（2-2.5）	CBD指"兄行幕非"（the loop）
多伦多	—	1000	420	其中140万平方米80年代规划，处于实施中
悉尼	410	—	250（1）	全市包括悉尼和北悉尼，CBD指所谓金融区
新加坡	—	—	350（1.5-2）	规划中
上海	—	—	450（1.9）	CBD指陆家嘴中心区和外滩（1.9平方千米），加上未来发展的南北外滩约3.3平方千米
北京	1010	—	600（1.5-2.5）	建外商务中心区（其中484万平方米尚在规划阶段）

注：单元格中数字是"建筑面积（用地面积）"，引自李沛，当代全球性城市中央商务区（CBD）规划理论初探

天津市写字楼供应量分布表

地区	建筑面积(万平方米)	占全市比例	价格
小白楼地区	140	35%	7000~11800元/平方米，或每平方米每天2~5元
南京路附近	65	16%	8500~9700元/平方米
友谊路附近	60	15%	7710~10800元/平方米或每天2~3元
开发区	15	3.8%	4000~8500元/平方米，或每平方米每天1元
华苑产业园	10	2.5%	3900~5700元/平方米
鞍山西道附近	10	2.5%	5600~7500元/平方米
全市合计	400	100	

数据来源：2004年以前总量来自博宏咨询，天津近期建设行动规划（2004~2009），2004年以后数据来自搜房网（http://office.soufun.com），天津在售写字楼汇总

甲级写字楼平均租售率达到了87.3%，近60%的甲级写字楼和信率在90%以上；2005年、2006年天津写字楼年实际成交面积分别为22万、24万平方米，同比上年增长分别为15%和9%。据戴德梁行统计，自2003年以来代表高端客户需求的甲级写字楼年成交量也达到7～8万平方米，主要客户为保险、物流、房地产、银行、电子类公司等，其中约35%的面积为新进入天津公司或新成立公司所用，约40%的面积为外资（含外资成分）公司。

滨海新区的写字楼现状主要集中在开发区（含天津港），供应量为15万平方米左右，处于起步阶段。未来滨海新区的核心区规划用地范围约270平方千米，其中城镇建设用地面积166平方千米，规划人口160万人；规划定位以科技研发转化为重点，大力发展高新技术产业和现代制造业，增强为港口服务的职能，积极发展商务、金融、物流、中介服务等现代服务业，提升城市的综合功能，发展成为特大型海滨城市。因此滨海新区服务业在"十一五"期间就可享受稳定且持续的增加，对地产市场的需求势必会呈现蛙跃成长趋势。

3. 市场供给分析

滨海新区CBD的规划布局："一轴三区+1"，即以南海路为轴线，串联开发区CBD、解放路中心商业区、于家堡CBD地区，形成串联三大生产服务业聚集区的链状产业带，同时辅以海河西岸的响螺湾外省市商务区，共同构成滨海新区CBD，面积9.38平方千米。

CBD的规划和实施将是一个不断调整、不断完善的长期过程，需在规划编制和实施中保持一定弹性，以适应市场变化，增强规划的可实施性。对滨海新区CBD开发强度提供高、中、低三个目标方案，对应的毛容积率分别为2.5、2.0和1.5，总建筑规模则为2345万、1876万和1409万平方米。若按住宅配套建筑面积与服务业建筑面积为1：3计，则按高中低三个目标方案提供的服务业建筑面积分别为1759万平方米、1407万平方米、1055万平方米。

参照深圳和上海浦东的发展经验，十年来其服务业产值的平均增长率达到30%。考虑到产业升级换代等加速发展趋势，届时滨海新区的服务产业比重预计将高于目前深圳与上海的发展水平，

天津市滨海新区 CBD 生产服务业布局图
资料来源：天津市滨海新区规划和国土资源管理局

滨海新区 CBD 开发强度方案表

总用地面积：938 公顷		开发强度方案		
		高强度	中强度	低强度
毛容积率		2.5	2.0	1.5
总建筑面积（万平方米）		2345	1876	1407
居住面积	居住配套 25%	586	469	354
服务业建筑面积	商务办公 52%	1219	976	732
	宾馆零售 13%	305	244	183
	文卫体教 7%	164	131	98
	其他 3%	71	56	42
	小计 75%	1759	1407	1055
合计	100	2345	1876	1407

滨海新区 CBD 发展空间预测表

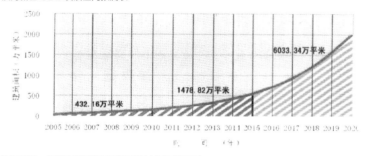

资料来源：天津市滨海新区规划和国土资源管理局

以两倍计算，从 2006—2020 年的十五年间，整个滨海新区将会有 4000 万平方米的成长空间。如果其中 35% 落户于滨海 CBD 地区，则滨海 CBD 地区将接纳 1400 万的服务业建筑面积，恰好与中等开发强度提供的建筑总量相当。

增量结合经滨海 CBD 整体平衡后，预计"解放路—天碱"商业中心服务业建筑面积增量为 400 万平方米、响螺湾商务区服务业建筑面积增量为 200 万平方米、开发区金融街服务业建筑面积增量为 300 万平方米，于家堡服务业建筑面积增量将达到 500 万平方米。

City
Region   Towards Scientific
Development
走向科学发展的城市区域

天津滨海新区城市总体规划发展演进
The Evolution of City Master Plan of Binhai New Area, Tianjin

第五节　生态修复与利用

一、天津海岸带的保护与重塑

"地理能够帮助人们重新找到最缓慢的结构性的真实事物，并且帮助人们根据最长时段的流逝路线展望未来。"追溯5000多年，天津由海而陆、沿河向海，海岸带走过了以河海为主线的漫长的文明历程，沧海变桑田，退海之地崛起现代化港口城市。天津海岸带变迁的每一步都自觉或不自觉地采取了面向河海的战略，她的腾飞与可持续发展。同样离不开蓝色生态文明的再现。

（一）演变历程与自然特征

1. 海退成陆

天津位于渤海之滨，距今5000年前，这里出现了人类活动。此后约300年，地球进入了全新世降温最强烈的"小冰期"，由此引发的海退现象一直持续到距今700～500年，天津海岸带第4道贝壳堤形成。这个过程经历4000余年，海退22～27千米。天津海岸带至今仍保留的四道贝壳堤，完整地记录了近5000～6000年

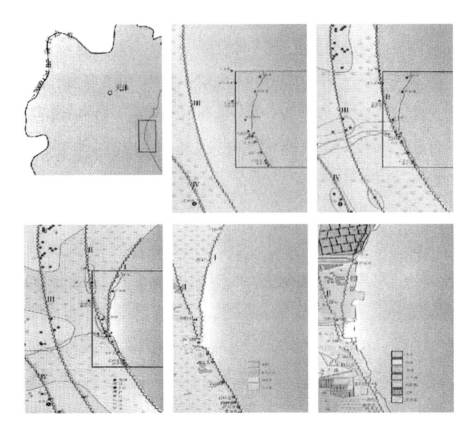

渤海湾海岸变迁示意图
本页资料来源：天津市滨海新区规划和国土资源管理局

以来天津海岸线的变迁。天津平原的成陆过程总体上反映了天津现代海岸带的发育过程，而黄河三次北迁从天津附近入海，冲击对加速成陆起了关键性作用。

天津的贝壳堤发育与分布情况表

贝壳堤	距今年代	分布	特征
第1道	5200-4000年	黄骅苗庄-王徐庄-小刘庄-大苏庄农-大港区沈青庄一线，冲积平原西南部	距现代海岸22～27公里
第2道	3800-3000年	黄骅常庄-许官-西刘官-武帝台-中捷农场三分场七队-沙井子-中塘-八里台-巨葛庄-张贵庄-荒草坨-东堤头-俵口-宁河以东一线	距现代海岸线11～35千米，堤上发现有西周和战国文物
第3道	2500-1100年	狼坨子-贾巨河-张巨河-岐口-营盘圈-上古林-山芬房子-邓岑子-西泥沽-大郑庄-东堼-白沙岭-汉沽区党校附近，冲积海积平原东部	距现代海岸线0～20公里，堤上发现战国、汉唐文物
第4道	700-500年	岐口-马棚口-驴驹河-高沙岭-海河口-蛏头沽-蔡家堡-陡河口-黑泊子-高上堡一线，靠近现代海岸线	明末清初堤上已有人居住

2. 由河向海

天津位于海河流域下游，居"九河下梢"，河网与洼淀是主要的地理特色，城市也因河而兴，并逐步向海推进。

东汉末年，先后开凿平虏渠、泉州渠、新河渠等，华北平原上形成了以海河为中心的内河航运网。隋朝开凿大运河，连通了钱塘江、长江、淮河、黄河、海河五大水系，使天津地区航运进一步区域化。唐代在刘家台（今军粮城）地区永济渠、滹沱河和潞河汇流入海处，形成河漕与海漕并用，向幽燕转运粮饷必经的"三会海口"，这便是天津最早形成的海港。

金元明清时期，直沽（三岔口至大直沽）一带是转运漕粮为主的内河港。潞水（北运河）、御河（南运河）及海河交汇的三岔河口一带成为畿辅重地，并于元代逐步取代三会海口。至明代，直沽港区的发展促进了天津城市的形成，其在中国北方的战略枢纽地位一直延续到近代。

19世纪中叶，黄河改道、运河淤塞，大规模的漕运被迫停止，

以内河航运为基础的旧三岔河口地区，逐步丧失了经济上的优势地位，天津经济沿海河向下游发展。咸丰十年（1860年）《北京条约》后，天津被辟为通商口岸，各国纷纷沿河设立码头、即紫竹林租借码头、塘沽码头，水运作业逐步向深水域延展，出现了国际海洋航

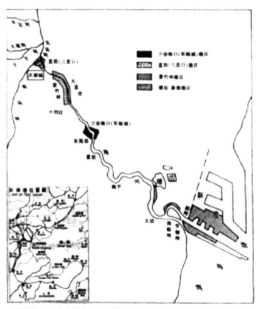

天津港口码头向海迁移示意图

天津港口或码头形成历程表

港口或码头名称	距今年代	说明
三岔河口	东汉末年	开凿平虏渠、泉州渠、新河渠等
三岔河口	隋朝	开凿大运河
"三会海口"（刘家台，军粮城）	唐代唐贞观17年(643)–北宋庆历8年(1048)	天津最早的海港，海漕河漕并用，军粮城为当时的入海口
直沽港区（三岔口–大直沽）	金、元、明、清代	直沽发展，天津城市形成
紫竹林–大直沽，海河入海口码头	咸丰十年(1860年)后	沿海河向下游发展
天津新港	1939年，日本内务省"北支那新港计划案" 1945年，国民党政府筑港三年计划 1952年，重新开港	河港衰落，海港兴起

本页资料来源：天津市滨海新区规划和国土资源管理局

线。抗日战争期间，日本内务省制订了"北支那新港计划案"，在海河口北岸距离海岸线5千米的海面处修筑新港。

3. 近水之利，避水之害

天津近5000多年的发展，是人类开发利用河、湖、滩、海资源，兴农耕、鱼盐、漕运之利，除洪涝、风暴潮之害的过程。至今3500多年的商代以前，天津现代海岸带就有人类的劳动、生息；西周始即有产盐记载："幽州其利鱼盐""燕有鱼盐枣栗之饶"；春秋末到战国时期，则进入了规模化的以农耕和捕鱼为生的开发阶段，成为"人烟遍布"的地方；隋朝大运河开通、漕运发展，天津城市形成；元、明、清时期，陆域土地面积均小于水域面积，具有水乡特色；直到20世纪20年代，天津的水域面积仍有5300多平方千米。据史料统计，从1368—1948年，海河流域洪涝灾害共发生水灾387次；从公元元年到1950年，渤海共发生113次风暴潮。事实上，天津的海河文化与其内陆文化同样古老。正如黑格尔依据古希腊、在罗马文明做出的断论："结合一切的再也没有比水更为重要的了。"

（二）海岸带开发与城市发展

1. 认识海岸带变迁的新特点

20世纪初以来，天津海岸带社会经济发展逐渐加速，土地利用与覆盖变化加剧。20世纪70年代以后，海岸带进入规模化城市开发阶段，在1920—1990年的70年间，海带地区城镇建设用地总面积由63平方千米增加到748平方千米。进入21世纪以来，天津提出"大力发展海洋经济"的战略举措，以海岸带陆域为主体的天津滨海新区的开发开放和自主创新上升为国家战略，海岸带生境、人海关系与可持续发展上升为主控要素。

天津海岸带陆域即2003年天津市规划局编制的《天津海岸带地区发展战略规划》的范围，包括天津滨海新区的主要组成部分。2006年，海岸带陆域总面积1877.31平方千米，人口约104万人，建成区面积约189平方千米，生产总值约1680亿元，较上年增长

20%以上；工业总产值约2550亿元，较上年增长30%以上。近期，该地带将重点规划建设京津塘发展主轴，海滨发展带，塘沽、汉沽、大港3个生态城区和重要的功能区。

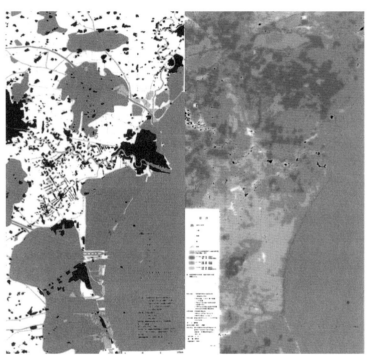

20世纪20—90年代天津海岸带地表变迁图

海岸带海域适用情况表

用海类型	用海面积(km²)	占已用海域比例(%)	利用海岸线长度(km)	占岸线总长度比例(%)
锚地	168.00	51.22	0	0
海上倾废区	5.24	1.60	0	0
海水养殖	11.70	3.57	20.75	13.56
海河口清淤	5.90	1.80	0	0
海洋旅游	1.73	0.53	2.50	1.63
工业及公益填海	0	0	4.50	2.94
盐业	0	0	3.75	2.45
碱渣堆	0	0	1.00	0.65
其他	0.51	0.16	0	0
合计	327.99	100.00	69.75	45.57

本页资料来源：天津市滨海新区规划和国土资源管理局

2. 把握海岸带演进的大趋势

自古以来，在沿海平原、河口地区，人类文明中心、世界经济增长的重心与城市体系兴衰嬗递，走过了由内陆向沿海迁移的漫长历程，形成了威尼斯、里斯本、安特卫普、阿姆斯特丹、伦敦、纽约等沿海城市。二战结束后，世界范围的人口和经济活动向海岸带空间集聚的沿海化趋热，欧洲"莱茵梦地"、美国"阳光地带"、日本"三湾"、亚洲"四小龙"等先后崛起，推进世界经济增长的重心向东亚迁移。至 20 世纪 70、80 年代，持续快速的沿海化使承载着全球 60% 经济总量、80% 特大城市的海岸带面临保护与重塑的双重压力，我国沿海的珠三角、长三角和环渤海三大沿海城市群逐步进入快速发展期。2001 年，以"海洋世纪"为契机，发达国家从海洋的普遍性研究转向海岸带的区域性研究，发展海洋科学技术和开发保护海洋，成为各国制定海洋政策的核心。2004 年 9 月，《美国海洋行动计划》提出，21 世纪的海洋政策目标是"清洁、健康和多产""今后 10 年甚至 50 年内⋯⋯发达国家的目光将从外太空转向海洋，人口趋海移动趋势将加速⋯⋯世界性、大规模开发利用海洋将成为国际竞争的主要内容。"天津海岸带的演进，趋势应是相似的，要致力于人口、产业与环境的协调和规划、管理与政策的创新。

在全球"沿海化"海运发展和"海洋国土观"的作用和影响下，近年来，天津结合自身条件，在海岸带的发展方面进行了积极探索，主要内容参见右表。其主旨一是高度重视海岸带开发和海洋经济发展；二是积极应对海岸带发展中的生境变迁与污染治理；三是努力探索海岸带和海洋经济发展的理论和空间框架。"进一步规划和建设好滨海新区，很重要的是发挥海的优势，要学习和借鉴国内外经验，在节约资源和发展循环经济方面走在前列，以宽广的视野统一规划和建设。"天津海岸带陆域部分是天津滨海新区的主体，153.669 千米的海岸线和 343 平方千米的滩涂生境变迁是滨海新区生态环境的"晴雨表"。滨海新区深化发展必须遵循全球海岸带演

进的大趋势，一方面，保护天津海岸带就是保障天津滨海新区的可持续发展；另一方面，重塑天津海岸带就是构筑滨海新区的美好愿景。保护与重塑是天津海岸带可持续发展的两个基本命题。

- 港口用海
- 养殖用海
- 油田用海
- 工业及公益填海用海
- 盐业用海
- 旅游用海
- 碱渣堆用海

天津市海岸线利用状况饼状图（2004 年）

天津海岸带生态环境指标体系表

二级指标	序号	三级指标	单位	标准值	2006年	2020年
自然环境	1	近岸海域水质达标率	%	≥80	70	90
	2	自然岸线所占比重	%	≥45	55	45
	3	地下水超采率	%	<100	110	90
	4	退化土地恢复率	%	≥90	80	95
	5	受保护地区占国土面积比例（含盐田）	%	≥20	17	25
	6	平原地区林地和湿地比重（不含盐田）	%	≥20	20	22
	7	建成区绿化覆盖率	%	≥40	35	42
	8	物种多样性指数	%	≥100	90	100
环境保护	9	城镇生活污水集中处理率	%	≥85	50	85
	10	城镇生活垃圾无害化处理率	%	100	90	100
	11	工业固体废物处置利用率	%	≥95	80	95
	12	空气综合污染指数	%	≥90.4	79.5	90.4
	13	第三产业增加值占生产总值比重	%	≥60	45	60
	14	环境保护投资指数	%	≥3	2.5	3
	15	万元生产总值能耗	吨标准煤	≤1.2	1.08	1.0
	16	万元生产总值水耗	吨	≤20	20	18
	17	万元生产总值二氧化硫排放强度	千克	≤3.5	5.4	3.5
	18	万元生产总值COD排放强度	千克	≤3.5	4.8	3.5
	19	城市生命线系统完好率	%	≥80	70	80
	20	公众对海岸带环境满意率	%	≥90		95
	21	公众对海岸带综合管理满意率	%	≥90		95

本页资料来源：天津市滨海新区规划和国土资源管理局

（三）海岸带保护与重塑

1. 培育新的生态系统，提高海岸带生态承载力

基于生态学的连通性、异质性和多样性原理，针对天津海岸带生态良好区生态环境特征、近岸海域及河口地区污染状况与特征，模拟自然生态系统的结构特点和运动规律，深化海岸带生态承载力研究，构建更加高效、稳定的新型生态系统。合理实施总量控制制度和生态恢复计划，重点消减流域总氮、总磷的排放量，减轻由河口进入近岸海域的污染负荷；构建高效自然生态系统，提高海岸带开发利用率，以生态恢复、产业结构和布局调整、社会生态化为重点，走清洁生产、生态工业、循环经济与社会的路子，跨越环境库兹涅茨曲线，构建新型生态系统支撑下的和谐海岸带，实现可持续发展。

2. 以海岸线为基线，优化海岸带地区空间布局

根据天津市城市总体规划确定的"一轴一带三区"空间布局结构，结合编制中的主体功能区规划和河北省沿海地区"一带、两区、三个中心、四个层次"；以及沧州市"一主两副哑铃式"；唐山市"一主一副双三角"；秦皇岛市"一带四城"的空间布局结构，深化海岸带生态功能分区研究。在津冀沿海地区形成"分散组团"或"葡萄串"式的空间形态，避免城市群沿海岸线蔓延，出现"连绵带"。按照土地利用状况和生态承载力，合理划定各类开发区和保护区，如湿地、盐田、河口、潮间带等保护区；依据开发区和保护区类型，设置海岸建设退缩线，可采取沿平均大潮高潮线向陆 100～300 米划定海岸带建设退缩线（Setback Line）。按照定位，科学论证天津近岸海域的使用功能，依据需求，缜密合理地确定围海造地的总规模与布局，有效协调陆域、岸线、近岸海域使用功能。

3. 遵循演进规律，制定海岸带生态环境建设指标

根据天津海岸带地区的生态环境特点，采用 3 级指标结构框架，从生态环境和环境保护两个方面选取指标，表征海岸带地区的生态特征。其中：

生态环境——包括海域和陆域自然环境和人工环境两个部分。

发展以自然生态的合理利用和保护为基础，与生态环境的承载能力相协调，合理利用一切自然资源，保护和恢复城区、城郊地区和海域生态支持系统。

环境保护——包括环境要素的污染治理、产业生态化、环境经济等方面内容，反映环境保护基础设施完善程度，社会生产、生活过程中生态化程度，以及社会对生态环境保护的重视程度。

4. 完善政策法规，引导海岸带可持续发展

针对天津海岸带、海岸线战略资源稀缺、开发强度高、敏感区丰富等特点，通过空间规划引导和强化管理，逐步优化空间布局，研究建立并逐步完善海岸带政策体系；保持生态岸线的合理规模和连续性；对于围海造地实施总量和速度"双控"制度，限制年成陆总规模，合理限制成陆部分产业发展类型，充分考虑全球变化因素；合理发展滨水、临港型工业，其他工业适度限制发展，优先向内陆地区疏解，实施浅海"农牧化"开发；平行海岸线修建的交通性海滨道路，禁止穿越滩涂、泻湖等敏感地区，并与海岸线保持一定距

天津在海岸带发展中的探索与实践历程表

领域	完成时间	名称	完成单位	主要成效
海洋经济	1993.1	塘沽海洋高新技术园区、国家海洋局高新技术产业化示范基地	天津市塘沽区	第一个国家级海洋高新区
	2002.12	"大力发展海洋经济"战略举措	中共天津市委八届三次全会	有效推进海洋经济发展
	2003.12	提出了天津海洋经济发展的具体要求	中共天津市委八届五次全会	有效推进海洋经济发展
	2006.6	《天津市海洋经济发展"十一五"规划》	天津市发改委	到2010年，把天津建成为全国海洋经济发展强市
环境保护	2003.3	《天津渤海碧海行动计划》	天津市环保局	提出具体消减计划
	2005.6	《渤海典型海岸带生境修复技术研究》	国家环科院	对海岸带的生境作出科学诊断
规划研究	2003.12	《天津市海洋开发整体研究大纲》	天津市发改委	有利地推动了海岸带开发和海洋经济的发展
	2003.12	《天津市开发利用海洋资源发展海洋经济的综合研究》	天津市滨海委	有利地推动了海岸带开发和海洋经济的发展
	2004.3	《天津海岸带地区发展战略规划》	天津市规划局、市规划院	发挥规划研究的引导作用，探索海岸带发展的空间框架
	2006.6	《天津海岸带地区发展战略与规划研究》	天津市规划局、市规划院	探索海岸带发展中的重点和难点问题，提出产业、空间、交通、生态环境四大战略

本页资料来源：天津市滨海新区规划和国土资源管理局

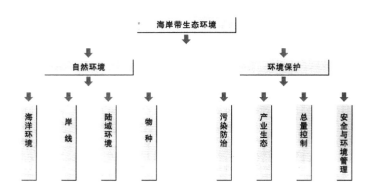

海岸带生态环境指标体系结构图

离，优先采用滨海"鱼骨式"布局，通过垂直于岸线的次干道或支路接近滨海；划定不可开发地区和设立海岸建设退缩线，实施海岸线敏感资源区保护政策、海岸线环境污染控制政策、海岸线公众接近政策。

二、天津主要河口生态环境综合评价

合理利用海岸带资源、发展海洋经济，已成为新世纪沿海地区实现新发展的共同战略。天津拥有珍贵的海陆、滩涂湿地和岸线资源，并拥有多个河口，是我国河口最密集的区域之一。在天津城市定位全面提升，天津滨海新区开发开放与自主创新被纳入国家战略的新形势下，统筹海岸带地区多河口的泥沙质海岸带可持续发展，赋予正确开发利用海岸带以实际意义，显得格外重要。

（一）天津的河口资源

天津沿海岸的主要入海河口自北向南主要有：涧河口、永定新河口、海河口、独流减河口、子牙新河及北排河口、青静黄排水河口。其中永定新河口、海河口、独流减河口为三大一级行洪河道的入海口。

① 永定新河口即北塘口，原系蓟运河、金钟河、宁车沽河入海河口，地处北塘故名。河口设计流量4640立方米／秒。

② 海河口即大沽口，是海河干流入海的天然河口，河口建有防潮闸，河口设计流量800立方水／秒，河口外呈扇形。

③ 独流减河口为天津市主要泄洪出口之一，位于塘沽区最南端。河口建有工农兵防潮闸，设计泄洪量3600立方米／秒。

（二）河口生态环境因子

1. 入海水量

历史上，海河水系除漳卫南运河有部分水量由四女寺减河和捷地减河入海外，其余均由天津市入海。新中国成立后，除蓟运河外，各河都开辟了入海减河，改变了水流由海河入海的局面。目前，由天津市入海的河系有：蓟运河、潮白河、北运河、永定河经永定新河口入海；海河干流由大沽口入海；大清河经独流减河由工农兵闸入海；子牙河经子牙新河由马棚口入海。各河系历年入海水量的变化，反映了流域内径流的丰、枯变化及流域内水资源利用程度。

天津主要入海河口示意图

本页资料来源：天津市滨海新区规划和国土资源管理局

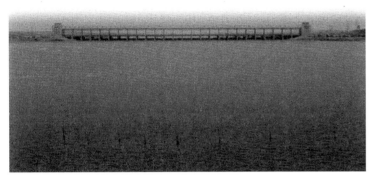

独流减河口的工农兵防潮闸

根据1950—2000年实测资料分析，随着各河系上、中游的治理、开发和利用，总入海水量出现锐减。20世纪50年代年平均144.27亿立方米，60年代年平均81.74亿立方米，70年代年平均45.14亿立方米，80年代年平均9.85亿立方米，90年代年平均21.86亿立方米。20世纪70年代以后，入海水量基本上是汛期径流，非汛期断流。

2. 河口淤积

天津市的骨干泄洪河道主要有永定新河、海河干流及独流减河，其次是蓟运河和潮白新河。对于天津市区防洪来说，不论是外洪还是内涝，洪水的根本出路是永定新河口、海河口、独流减河口。从近半个世纪以来这些河口治理的历程看，涨潮流速大于落潮流速，不论建闸与否，河道长期被潮水所控制，潮流来沙造成河道严重淤积，每年需要大量清淤，对于防洪、航运、灌溉、冲污等都是不利的。如根据1997年实测资料分析，永定新河挡潮埝以下河道行洪能力降到不足300立方米/秒，只相当于设计的6.5%。海河口1995—1998年每年清淤100—200万立方米左右，泄流能力只能维持400立方米/秒，只是设计泄流能力的1/2。独流减河每年清淤30万立方米，现状行洪能力为2000立方米/秒，只相当原设计的55.6%。

3. 河口地面及闸体沉降

天津海岸带300米以上的浅部地层中，包括陆相沉积和海陆交互相沉积，地层以松散黏性土与细砂、粉细砂交互成层，是地面沉降敏感性的工程地质环境。1985—1999年，永定新河口位于200～300毫米沉降区，年平均沉降13～20毫米。海河口位于300毫米沉降区附近，海河防潮站累计沉降1.42米，天津港累计下沉0.66米。独流减河口位于400～500毫米沉降区，年平均沉降

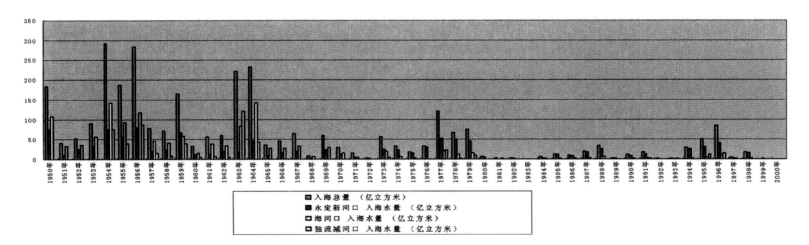

1950—2000年天津市主要河口入海水量变化示意图

本页资料来源：天津市滨海新区规划和国土资源管理局

27 ~ 33 毫米。河口地面高程损失，加快了河口淤积速度，严重减弱河流入海排泄能力。

4. 河口水质

目前，"京津冀"、晋及豫部分污水，最后归宿仍然是天津海岸带地区，给滨海自然环境增加了沉重的负担，入海淡水量的锐减已无能力对污水冲稀、扩散，加之渤海湾为半封闭的内海，不利于河口附近海域与外海水体进行交换。污染物质只能借助潮水作用在河口沿岸来回飘荡，河口及近岸海域水质下降。

沿海污染源。天津沿海主要入海排污口共 28 个，分为河流入海口、混合排污口、企业直排口、海上污染源四个类型。在陆源污染中，混合排污口对海域环境影响历年来都是最大的，其中大沽排污河和北塘排污河为最重。入海污染物以 COD（Chemical Oxygen Demand）、无机氮、无机磷、油排放量最高，其中无机氮的增幅较快。

河口水质。永定新河河口入海淡水较少，排沥河道也有排污现象，河口污染主要为陆源污染。由于海河常年水质恶化，自净能力减弱，污染物在海域尾闾——海河口积聚，海河闸水质是海河下游段最为恶劣的部分。以有机物、氯化物、无机氮污染物为主。氯化物常年超标，独流减河河口与一类海区水质相比四项指标都超标，但与北塘口、大沽口相比，污染物浓度较低。

近海水域水质。独流减河口位于一类海区。二类海区包括新港航道、锚地和北塘口近岸海域。三类海区包括海河口大部分海域。其主要污染物为无机氮，其他项目基本不超标。多年的监测数据表明，近海水域主要污染物为：COD、无机氮、无机磷及油类。其中无机氮污染历年来超标最为严重。

（三）生态环境综合评价

20 世纪 70 年代以后，海河流域进入水资源高强度开发时期，水环境时空分布规律发生了剧烈变化，造成天津地区入境入海水量锐减。80—90 年代除个别年份外，永定新河、独流减河成为间歇性泄流河道，海河主干道成为河道水库。河口淡水冲刷严重不足，

海相淤积在闸下或河口淤积量及速率加大，成为常年河口淤积的主导因素，而丰水年入海水量加大时，淡水冲刷在河口受阻，造成大量河相泥沙淤积闸上。

地面沉降的发展，相对于海平而上升，使河口断面减小，冲刷作用降低，造成河道淤积速率上升。地面沉降使河口闸门随之沉降，防潮标准降低，海水入侵严重，闸门稳定性降低。

三大河口水质状况恶化。海河口严重污染，永定新河口、独流减河口重度污染。有机物、氯化物、无机氮、无机磷、部分毒物为主要污染特征。水体出现富营养化状态，生态系统和能量循环受到极大干扰。主要原因在于：一是上游来水少，经河口入海水量减少，河口水体稀释扩散、自净能力降低。二是自来水水质差，特别是城市雨污及农田面源污染加剧了污染程度。汛期表现尤为突出，海水中 COD、无机氮、无机磷污染程度与入海径流明显正相关，无机氮最为明显。说明陆源中的面源污染严重，汛期经沥水集中入海，对海域造成污染，为赤潮发生提供条件。三是河口水体长期处于重度污染状态，加重了河口生态系统恶化的状态，污染物容易在底质中累积，造成次生污染源。四是闸门沉降，潮害加重及淡水量不足，水位下降，是造成咸化物污染的主要因素。

独流减河口、永定新河口、海河口近岸海区分别位于 I 类海区、II 类海区、III 类海区。各海区的主要污染物为化学需氧量、无机氮、无机磷、油类，陆源污染是其主要原因。从污染物空间分布看，北塘口、大沽口污染严重。因北塘口集中了天津北塘排污河、北京排污河、汉沽污水库、开发区—北明渠、黑猪河、北塘排水河等排污河的污水，还有蓟运河、潮白新河、永定新河等河流沥污水。大沽口汇集了天津大沽排污河、海河和天津港、天津碱厂、渤海石油公司企业污水。独流减河口因其功能主要是平时蓄水、汛期排沥，上游污水来源较少，对海区污染贡献相对较小。从污染物时间分布来看，丰水期污染物高于枯水期，这与丰水期降雨量大，各种污染物随地面径流集中排海有关。"七五"期间，无机氮枯水期比丰水期

City
Region
Towards Scientific
Development

走向科学发展的城市区域

天津滨海新区城市总体规划发展演进
The Evolution of City Master Plan of Binhai New Area, Tianjin

污染为重，因丰水期有大量无机氮排放入海，但此时水温较高，生物活动强烈，氮的降解和生物利用强烈，从而导致水中无机氮浓度下降。"八五"以后，丰水期无机氮比枯水期高，说明无机氮污染进一步加重，超出海区无机氮自净能力，为赤潮发生提供了条件。总体来说"七五"期间，近海水域水质尚好，

"八五"期间最为恶劣，"九五"期间有所好转。入海水量锐减使近海水域盐度值普遍增高，改变原河口生态环境的天然因素，对生物结构及渔业有较大影响。陆源有机物和无机物氮磷的排海，使近岸海域无机氮、无机磷超标，海水体富营养化，成为诱发赤潮的主要原因。天津海区赤潮的发生有增长趋势，并多发生在河口附沂。

生物指标中，初级生产力幅度提高；浮游植物数量增加，但种类不单以硅藻为优势种，绿藻门的扁藻和兰隐藻也有一定比例。浮游动物种类测定结果与历年相差不大，但总量远远高于 20 世纪 80 年代的数量，尤其以夜光虫最为突出。水产资源以低值的小杂鱼、贝类为主，经济鱼、虾蟹资源极少，河口水产资源下降尤为明显，洄游性鱼类几近绝迹。生态系统中食物链等级在缩短，食物网络也相对简单化，即生态系统的生物群落结构上发生明显变化，原自然生态相对平衡已遭破坏。

（四）治理对策

天津河口是天津海岸带的重要组成部分，河口联系河与海，是生态环境高度敏感的地区，河口的入海水量、河口淤积、河口地面及闸体沉降、河口水质、近岸海域生态环境等是重要的生态和安全因子。

实现天津海岸带的可持续发展，有必要从整体的角度，对河口、沿岸水系实施功能定位，优化调整，综合治理。一是河口地区的水利规划，重点是防洪、防风暴潮、防台风；排涝防咸，洪道、航道整治和疏浚，保证洪道和航道畅通；二是沿岸水系陆源水污染控制，重点是河口与沿岸城镇污水、禽畜养殖污水、农村面源污染，以及

上游各段的排污总量控制；三是河口和近海环境、生态和自然资源保护，重点是近岸海域、港区、滩涂水产养殖污染。通过逐步恢复河口生态，创建生态、活力、安全的河口与海岸带。

三、天津盐田资源的保护与开发

盐是人民生活必需品和基本化学工业原料。天津海岸带陆域部分广泛分布着沿海低地、泻湖和盐沼，并发展为国家大型优质海盐、海洋化工生产基地，即"两盐三化"。在滨海新区上升为国家战略的新形势下，天津盐田资源的地位和作用需要重新认识，面临保护、开发与转型思路的创新。

（一）天津的盐田与盐业资源

天津盐场是长芦盐产区的重要组成部分，历史上划分为塘沽盐场、汉沽盐场及大港盐场，分布在天津东部距海岸线 0 ~ 15 千米的海岸带地区。1984 年在塘沽盐场三分场的基础上建立天津经济技术开发区（3 300 公顷）以来，天津盐田面积逐步萎缩。主要征用盐田的项目包括散货物流中心（1200 公顷）、天津中心渔港（1000 公顷）、北疆电厂（220 公顷）、海滨休闲旅游区（8000 公顷，含中新天津生态城 3000 公顷）、汉沽城区东扩（300 公顷）等，总计近 150 平方千米，年递减速率近 6.5 平方千米。2006 年，天津盐田总面积 337.8 平方千米，占全市辖区总面积的 2.28％，占新区总面积的 14.88％，实际有效生产面积已不足 300 平方千米，天津盐田盐业规模与结构、保护与开发迫切需要战略与规划引导。

2005 年，天津原盐年产量约 234.7 万吨，占全国总产量的约 1/10；加碘精制盐 10 万吨以上，是国家指定的碘盐重点生产基地；此外，还包括工业盐、洗涤盐、低钠盐、肠衣盐等。近 20 年来，天津及周边省原盐产量见表。近年来，天津制盐企业围绕海水化学资源的综合利用，开发了硝酸钾、高纯溴化氢、溴丙烷、氢氧化镁等海水化工产品技术。建设了利用饱和卤水直接真空蒸发生产 15 万吨 / 年精制盐装置，开发了泡菜盐、畜牧盐、融雪盐、洗浴盐等

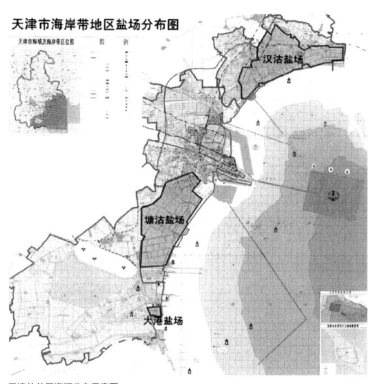

天津的盐田资源分布示意图
资料来源：天津市滨海新区规划和国土资源管理局

天津塘沽盐场总平面图

塘沽盐场及三分厂原址航拍图
资料来源：天津市滨海新区规划和国土资源管理局

新产品，为实现由苦卤化工向海水化工转移和产品结构调整奠定了基础。2005 年，天津盐场生产氯化钾约 21 400.9、溴素约 2900 吨、氯化镁约 236 700 吨，实现工业总产值达 6 亿元以上，上升空间仍很大。

（二）天津盐田与盐业的协调发展

天津盐业和海洋化工业是依托盐田资源发展起来的产业，2005年天津海洋化工产业总产值近 114 亿元，占全国的 38.9%，居第一位。天津渤海化工集团公司所属的天津碱厂、天津化工厂、天津大沽化工厂等作为大型氯碱企业，主要产品的生产原料为原盐。氯碱工业是重要的基础原材料工业，广泛应用于农业、石油化工、轻工、纺织、化学建材、电力、冶金、国防、食品加工等国民经济各命脉部门，在经济发展中起着举足轻重的作用。按照天津渤海化工集团的发展规划，到 2010 年烧碱生产量增加 14 万吨，包括必须保证的

20 万吨食用盐在内，原盐生产量需求约为 300 万吨，50 ~ 100 万吨的缺口，需从河北、山东等地区购进。近年来，盐业逐步走向市场化，海水利用技术不断突破，渤海及沿岸地带探明油气储量不断攀升，盐田与盐业、氯碱化工与石化化工不断向关联化、规模化、纵深化发展。

从盐田资源的合理利用和盐业可持续发展的角度看，存在以下问题：一是产业链系不发达，结构单一。每年约 200 万吨的苦卤是天津海水制盐工业的副产物，是一种既丰富又可持续开发利用的液体矿物资源。20 世纪 60 年代以来，天津苦卤综合利用技术和产业化取得了一定进步，逐步形成了以钾、溴、镁为产品链的苦卤化工工业。但在规模、品种和增值空间上仍有较大空间，制盐仍是盐业的主体，没有形成强大的关联产业链。二是制盐工艺技术装备水平

1986—2005 年，天津及周边省原盐产量（单位：万吨 / 年）

地区	2005年	2004年	2003年	2002年	2001年	2000年	1999年	1998年	1997年	1996年
天津市	234.7	238.5	221.07	240.4	238.75	241.50	234.31	218.67	226.31	226.71
辽宁省	180.64	182.16	185.05	280.56	284.62	275.91	282.20	190.86	306.61	232.46
河北省	425.07	401.4	418.11	512.19	463.27	432.62	403.26	325.31	397.03	369.65
山东省	1434.27	1056.12	911.57	727.71	891.78	829.90	613.07	420.83	831.23	708.64
地区	1995年	1994年	1993年	1992年	1991年	1990年	1989年	1988年	1987年	1986年
天津市	220.39	222.19	230.24	229.10	186.42	172.28	216.62	195.58	154.18	187.22
辽宁省	334.57	404.25	418.06	390.24	228.40	190.68	330.71	254.00	122.73	229.67
河北省	230.99	275.89	267.89	293.22	240.35	129.93	337.54	205.45	136.81	165.43
山东省	900.87	753.80	684.19	656.69	472.50	308.43	551.75	361.48	272.93	225.68

资料来源：天津市滨海新区规划和国土资源管理局

相对落后，运营成本高。浓盐水与淡水分离工艺总体上仍处在"靠天吃饭"的阶段，制盐工艺技术、装备水平不高，机械化率仅达到60%，收、运、储及滩田维修等成套装备能力小，且自动化程度低，盐田生态体系的平衡和控制技术还处于探索阶段。三是规模小，盐田征用严重影响生产组织。天津沿海有制盐企业109家，平均产能20万吨，生产能力在50万吨以上的企业仅有两家，制盐企业分散影响滩涂资源的利用效率，制约土壤环境改良。特别是改革开放以来，城市开发建设征用盐田，影响了工艺环境和生产组织，投入大量增加，发展条件和空间受到了限制。

20世纪80年代以来，世界海水淡化市场以每年10%的速度增长。国际上的海水淡化处理成本已降到每吨0.6美元，约合人民币5元；我国在蒸馏技术方面也获得重大突破，成本5元左右。除了水价以外，大规模海水淡化对生态的影响尚须做深入研究。如反渗透海水淡化法生产淡水1吨，需耗电约2.4度，耗油1千克，产生2千克二氧化碳，浓海水0.6吨。对资源、近岸海域环境和生态具有一定影响；相对于海水晒盐节约燃料，占用较大土地，生产效率低；自动化机械海水晒盐，生产效率高（澳大利亚、墨西哥干旱的海岸地区盐场年产原盐约7000Hm／人）、耗能高的特点，天津在正确判断国内原盐市场供应持续紧张的形势下，确实需要统筹考虑，审慎决策。

（三）综合利用天津盐田资源的设想

1.总体思路。

按照《天津市城市总体规划（2005—2020年）》确定的空间发展格局，结合国家发改委《全国制盐工业结构调整指导意见的通知》（发改工业〔2006〕605号）以及天津的相关行业发展规划，以盐田的合理利用，盐业与氯碱化工、石油化工、海水资源的综合利用协调可持续发展为基点，编制盐田盐业协调可持续发展的整体规划；规划建设一批盐田综合利用循环经济示范项目；引导社会力量参与盐业结构优化升级，推进跨区域的盐业发展协作，实现盐业产业结构和盐田土地利用结构全面优化升级，逐步形成"海水淡化—海水化学资源利用—浓海水制盐"的发展模式，"海水淡化—海水能源利用（发电）—海水化学资源利用（钾、溴、镁元素提取）—浓海水制盐"的发展模式。

2.发展规模。

以塘沽盐场为例，现有生产面积约180平方千米，当海水淡化生产规模达到20万吨的日产量时，浓缩比按2计，可年产70 000mg／L左右的浓盐水含原盐约124万吨，相当于塘沽盐场的现年产量，需要改造5～10平方千米蒸发池为调节蒸发池，共可节省盐田蒸发池面积35平方千米（可以提供60万人生活用水或20平方千米土地的工业用水）。假设汉沽、塘沽、大港三区盐

2005年天津渤海化工集团公司主要产品情况

产品名称	生产能力（万吨/年）	产量（万吨/年）	占全国比重（%）
纯碱	90	87.02	7.0
烧碱	57	58.64	5.5
聚氯乙烯	101	81.50	16.2
环氧丙烷	10	9.04	21.0
环氧氯丙烷	2.8	2.58	36.9
顺酐	4.5	4.54	19.5

海水中主要化学元素情况

名称	储量（吨）	浓度（毫克/升）	功能与用途
镁	1.8×10^{15}	——	铝镁合金；制造飞机、火箭、快艇、车辆的重要材料；钢铁工业
钾	5×10^{13}	380	钾肥是重要的农用化肥
溴	1×10^{14}	65000	贵重的药品原料，生产消毒药品
锂	2.5×10^{11}	15～20锂	制造氢弹的重要原料；在化工、玻璃、电子、陶瓷等领域应用
铀	$4～4.5 \times 10^{9}$	0.0033	裂变反应的最佳物质，是已知陆地铀矿储量的4500倍
重水	2×10^{14}	——	核反应堆辅助材料；制取氘的原料
氘（"重氢"）	5×10^{9}	33	发生聚变反应的最佳物质；海水提取重水生产氘，33毫克氘相当于300升汽油的能量

场生产条件相近，则在基本保证原盐产量 250 万吨的基础上，生产淡化水 40 万吨 / 日, 盐田有效生产面积需保持在 300 平方千米左右。

3. 发展战略。

一是着力于盐业产业结构升级，融入现代产业体系。提高资源的综合利用率，促进盐、盐化工、卤水养殖的共同发展，增强行业综合实力；引导发展海水淡化产业，引进循环经济发展模式，实现盐业资源的合理开发和综合利用；组建大型盐业企业集团，优化资源配置，通过技术创新和结构优化，调整产品结构，延长产业链，开发高附加值产品，提高行业综合竞争力。二是着力于优化土地利用结构，合理开发与保护。淤泥质海岸是天津海岸带的主要自然特征、生态脆弱而敏感，海滨的盐田湿地就是其中的典型，盐田对海水水质以及周边临近地带的土地利用要求很高。在严格保持盐田生态环境质量和主要工艺过程的前提下，天津盐田资源的综合利用应因地制宜、统筹规划、综合开发。盐田综合利用要与滨海新区开发开放和自主创新的整体职能相协调，提高土地利用效率、改善生态功能；三是着力于推进盐田的立法工作，合理划定盐田资源保护区。明确盐田保护区范围、防护要求、开发要求等，如规定防潮堤临海面一侧由防潮堤坡底向外延伸 150 米以内；纳潮沟道从中心线向两侧各延伸 1000 米以内；排淡沟道从中心线向两侧各延伸 50 米以内的保护条款等。

第六节 现代交通模式

一、线条式交通与面式交通有机结合——滨海新区新交通模式研究

（一）交通模式理论及最新进展

交通模式反映了交通要素、交通结构及交通效率的主要特征。不同的城市空间发展模式都各有其不同的交通支撑方式。选择适宜的交通模式是引导城市发展、实现城市规划目标的关键。随着滨海新区发展被纳入国家发展战略，滨海新区将启动新一轮开发开放，城市空间结构将进入快速演变、结构重塑的时期。依据交通与城市发展的辩证关系和发展规律，确定新区未来交通发展模式对于新区的健康发展具有重要意义。

发达国家自20世纪40年代开始，相继制定出台有关交通发展政策来引导城市交通规划和建设。这些不同的交通发展政策形成了不同的交通模式。概括起来，大致分为三种类型：一类是依赖小汽车成长发展的城市。发达国家如美国，小汽车拥有率和使用率都很高，但是已经越来越受到能源短缺的影响。发展中国家如泰国，虽然人均小汽车拥有水平与发达国家相比还相差不少，但对小汽车拥有和使用不加任何限制，大大超出路网及环境的承受能力。第二类是小汽车与发达的轨道交通同步协调发展的城市，如英国伦敦、法国巴黎、日本东京和日本大阪等，小汽车拥有率不低于北美城市，但是使用率很低，主要靠地铁来通行。第三类城市主要依赖公共交通，抑制小汽车增长和使用，以此来支持城市高密度发展，如新加坡、中国香港。

面对日益严重的交通拥堵问题，世界各国都在积极探索有效的交通模式。美国采取TOD模式和新都市主义，发挥交通先导的作用，协调交通与土地利用的关系，促进了城市发展与城市交通的协调。

英国伦敦采取设置"公交车道"、创造优先区域、鼓励停车换乘和中心区拥挤收费等措施，形成了一套发展公共交通的有效模式。日本东京大力实施以轨道交通为中心的公共交通优先发展战略，轨道交通成为绝大多数东京市民的首选，有效地缓解了交通拥挤现象。中国的一些大城市，吸收和借鉴国际经验，积极倡导建设轨道交通、公交专用道等，大力发展公共交通来缓解日益严峻的城市交通拥堵问题，优先发展城市公共交通成了中国城市交通发展的方向。

（二）滨海新区交通需求的特点

滨海新区2270平方千米范围内，南北空间跨度近60千米，东西空间跨度也60多千米。这种空间跨度已超出一般城市出行的空间距离，是一个城市区域的范畴。滨海新区的城市布局特点给予了小汽车一定的发展空间。国内外相关城市与地区的经验证明，机动化发展水平与城市交通模式具有密切的相关关系。按照滨海新区经济发展目标，2020年人均产值约10 000美元。根据国外城市经验，在这种经济水平下私人轿车的发展潜存着巨大的需求空间。但是，发展小汽车为主导的交通模式显然与滨海新区发展成为"生态宜居城市"的目标不协调。因此，在交通规划上必须积极引导，促进合理交通模式的形成，避免走弯路。

同时，国外城市发展经验表明，即使在强大和完善的公共交通系统保障下，个体化的小汽车出行需求仍占一定的比例，如东京1998年私人轿车的出行比例为29%，巴黎1997年为45%。因此，从交通运输平衡发展的角度出发，应保持滨海新区小汽车出行的合理比例，特别是针对滨海新区相当一部分区域机动化水平还较低的现状，在适宜小汽车发展的地区积极引导小汽车适度发展，发挥机动化带来的城市活力的增强、城镇交流的增加和人们生活消费结构

的变化，促进滨海新区城镇化水平的提高。

（三）滨海新区交通规划策略

不同的交通方式形成的交通流是不同的。交通规划需要从规划上引导居民选择合适的交通方式出行，从而促进科学合理的交通模式的形成。选择发展小汽车交通带来的将是"面式交通"，而选择发展轨道交通带来的是"线式交通"。这两种交通模式都各有其适宜的不同城市布局。在建设宜居生态城市发展目标和引导城市"一轴两带三区"的总体布局下，发展线式交通是滨海新区这样大跨度空间出行区域内的总体战略。但总体战略并不排斥在适宜的地区发展小汽车、常规公交和自行车等交通方式，相反，更需要综合发挥各种交通方式的有益补充，为轨道交通、快速公交等干线运输提供便捷换乘、多方式转化等支撑，形成充满活力、综合运输效率最优的交通模式。因此，滨海新区新交通模式应该是以"线式交通"为主导，"面式交通"为辅助，多方式方便换乘的交通模式。

（四）滨海新区发展新交通模式的建议

塘沽城区通勤交通适宜的方式是大容量、快速化的轨道交通（包括地铁、轻轨、有轨电车等）与快速公交（BRT: Bus Rapid Transit），使其承担起干线运输的功能，同时，适当发展小汽车交通和自行车交通，使其作为干线运输方式的有益补充，发挥各种交通方式的技术经济特点，形成多种交通方式协调互补的综合交通模式。这不仅有利于交通运输的综合效益，满足人们出行多样性的交通需求，也有利于塘沽城区的土地利用的调整。塘沽区与其他城区或组团之间的区间交通，则适宜运用"广义 TOD"模式，通过建立联系区间交通的轨道、郊区铁路系统，形成高强度交通轴，与中心城区构建"T"形交通轴，既满足长距离、大容量、快速便捷的出

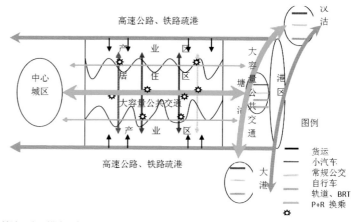

塘沽区交通模式示意图
图片来源：天津市滨海新区规划和国土资源管理局

行需求，也能充分发挥交通轴对沿线组团、土地开发的引导作用，使城市沿着交通轴生长，避免低密度的土地利用模式，引导城市形成"蓝脉绿轴"的绿色生态走廊。

同时，针对滨海新区核心区塘沽区的疏港交通和港城交通问题，在货运交通模式上，一方面通过调整运输结构，提高铁路运输比例；另一方面，在交通组织上，通过高速公路、高速铁路，将疏港交通部设于城区外围的交通走廊上，既有利于发展高速公路产业带，也能有效分离港城交通。

大港、汉沽等人口密度分布与岗位布局相对较低的区域，城区内部交通适宜结合城市社会经济发展水平的不同阶段和不同区域，采取不同的交通模式。一方面在交通密度较大的走廊上，既要积极发展大容量轨道交通或快速公交，同时也要为自行车出行以及与其他交通方式的转换提供方便，既满足交通出行需求，也积极保护环境等宝贵资源，重点发展绿色环保的交通模式；另一方面，在城乡

City
Region
Towards Scientific
Development
走向科学发展的城市区域

天津滨海新区城市总体规划发展演进
The Evolution of City Master Plan of Binhai New Area, Tianjin

结合地区，积极引导小汽车发展和合理使用，提高城市化进程，促进城乡交流。

城市交通是由多样化交通方式和多层次运输网络构成的综合系统，不同的交通方式针对不同的出行需求特点具有一定的服务范围与合理结构。滨海新区未来交通模式发展一方面要坚持发展大众化公共交通运输，促进滨海新区由分散组团式布局向带状组团生长，促进滨海新区城市总体结构的塑造，另一方面，也要注重发挥小汽车、自行车等交通方式的有益补充作用。

二、滨海新区六大客运交通枢纽——构建综合交通一体化客运枢纽的设想

国内外城市交通发展的经验证明，交通一体化是未来城市发展的趋势，也是解决城市土地、交通供需关系紧张和交通带来的经济、环境问题的必然手段。建立"以轨道交通系统为骨干，其他公共交通方式为主体，最大限度提高现有交通资源的利用效率"的城市交通系统，将是解决未来大中城市交通问题的有效方法。

（一）构建四级层次的客运枢纽

为充分发挥交通先导作用，进一步推进滨海新区的开放开发，增强和完善滨海新区区域服务的综合功能，未来滨海新区客运系统将构建一体化综合交通枢纽，主要包括四级层次：

1. 构建以港口、机场、高速铁路为核心的国家级客运枢纽

充分发挥空港、海港在对外跨区域交通中的辐射功能，通过航空枢纽、国家铁路网、国家高速公路网构建滨海新区服务大区域交通的国家级客运枢纽，提升滨海新区在国家交通网络中的枢纽地位与交通区位功能。

2. 构建以城际铁路、高速公路为主导的城际级客运枢纽

城际级客运枢纽的服务对象主要是城市对外交通，主要依托火车站、公路长途客运站等，通过轨道交通将来自各种交通方式的长途客流迅速疏散，并通过适当停车设施将中短途客流带来的私家车

拦截在城市边缘是该类枢纽的首要任务。

3. 构建以轨道交通、区间快速路为主体的组团级客运枢纽

组团级客运枢纽的服务对象主要是滨海新区各个功能区、各组团之间的交通联系。一方面，通过地铁、轻轨、快速道路的规划与建设，大力发展大容量的轨道交通与快速公交，增强城市组团之间的交通联系；另一方，通过比较完善的综合停车设施、出租车停靠设施提供客流从自行车、出租车、摩托车等方便换乘到轨道交通枢纽，即停车＋换乘。通过合理规划公交枢纽和组团内商业设施，在快速疏散客流的同时也促进组团的经济发展与城市产业服务功能的提升。

4. 构建轨道交通、快速公交、常规公交等便捷换乘的城区级客运枢纽

城区级客运枢纽的服务对象主要是为满足城区内以购物、通勤为目的的客流交通。通过发展地铁、轻轨、有轨电车、常规公交等交通方式，并结合交通与城市土地利用的关系，在重要客流集散点将各种交通方式综合布设、方便换乘，减少私人交通方式的使用比例和出行距离，形成大容量、快速化公共交通系统为主导、各种交通方式便捷换乘的城区级客运枢纽，优先发展公共交通，促进滨海新区建设宜居的生态城市。

（二）规划建设六大客运枢纽

1. 滨海国际机场综合交通枢纽

扩建滨海国际机场，同时将京津城际轨道以及地铁2、4号线引入机场，改善空港集散交通环境，构建滨海国际机场综合交通枢纽。

2. 东疆港国际游轮码头

在东疆港建设国际游轮码头，同时通过建设跨港池大桥，形成以快速路、轨道交通为主要疏散转换方式的客运枢纽。

3. 滨海高速铁路客运枢纽

随着津秦客运专线在滨海新区设站，滨海新区将形成长途高速铁路客运枢纽。津秦客运专线是沟通京沪高速铁路、京哈高速铁路

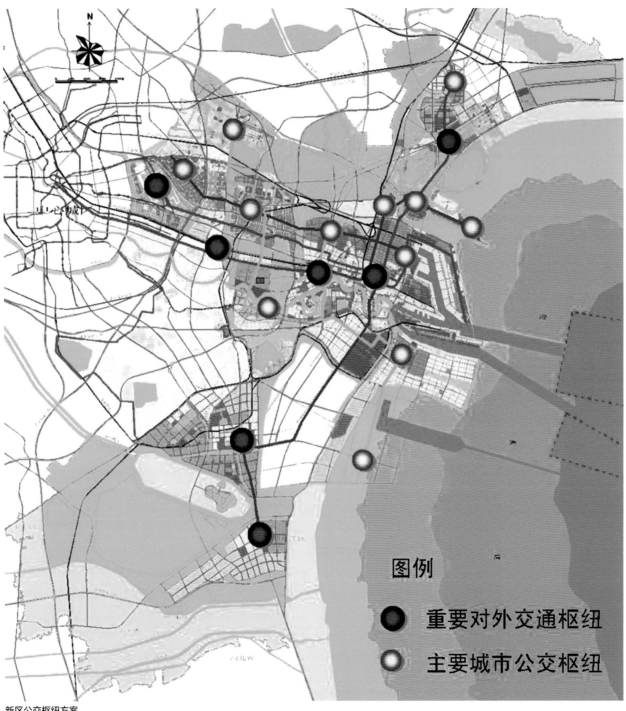

图例

⬤ 重要对外交通枢纽

◉ 主要城市公交枢纽

新区公交枢纽方案

本页资料来源：天津市滨海新区规划和国土资源管理局

的一条联络线，使得高速铁路在天津由"Y"形结构转变为津秦高速铁路—津保高速铁路—津沪高速铁路组成的"十"字形换乘结构。如果将津秦客运专线西延至保定，与规划中的京广高速铁路衔接，滨海新区将形成直接连通京津冀地区沟通与珠三角、长三角、东北地区、西部地区的快速客运系统。

4. 京津城际铁路客运枢纽

随着京津城际进入滨海新区，将极大地缩小滨海新区与京津之间的时空距离，并与京津塘城际、津塘城际、津保城际共同促进环渤海区域交通一体化。同时，随着京津塘二线、三线、津晋、唐津、海滨大道等高速公路的建设与完善，滨海新区将成为联系环渤海区域城市群的重要枢纽。

5. 汉沽城际车站枢纽

随着滨海新区主题公园、国际影视城等项目的建设，依托环渤海高速公路、城际铁路，在滨海新区休闲旅游度假区建设汉沽城际车站，通过城际铁路、轨道交通、快速路等联系系统形成新的交通枢纽。远期在休闲旅游度假区建设环渤海海上商务机场。

6. 港东新城城际车站

规划在大港旧城区东侧，与港东新城交界处，设城际港东新城站，依托大港城区、港东新城，通过城际铁路、轨道交通、快速路等联系系统形成新的交通枢纽。

三、天津滨海新区轨道交通系统的初步设想

在滨海新区综合交通规划中提出建设以公共交通为主导的高标准、现代化城市综合交通体系，引导城市空间结构调整和功能布局的优化，支持经济繁荣和社会进步。轨道交通作为现代化交通方式不仅提供一种客运服务，而且为城市结构和土地利用的调整和完善带来新的动力，建立轨道交通系统是滨海新区发展为多中心、组团式布局的国际港口大都市的重要交通条件之一。

（一）滨海新区轨道交通系统规划目标

至 2020 年在滨海新区形成与国际化港口大都市相适应的，与中心城区之间联系便捷、布局均衡、层次齐全、功能相对完善、规模合理的轨道交通网络，使其与快速公共汽车运营系统共同发展成为城市客运交通的骨干系统。

远景建立与市域内各新城连通，遍及滨海新区各组团的轨道系统，形成以滨海新区为中心"一小时交通圈"，大幅提高公共交通的服务水平，使轨道交通在城市公共交通系统中的主体地位得以确立。

具体目标：

① 轨道交通直接服务范围覆盖 50% 以上的人口及工作岗位。

② 除个别节点外，城市各功能片区核心、大型交通枢纽、大型居住区等客流集散点实现全覆盖。

③ 形成滨海新区核心区"半小时通勤圈""1 小时交通圈"。

④ 轨道交通承担客流量占公共交通的比例 50% 以上。

（二）滨海新区轨道交通功能层次

1. 市域级快速衔接系统

市域级快速衔接系统主要为滨海新区与中心城区及城市其他功能区的联系服务，是滨海新区重要的对外衔接系统，规划以中运量快轨为主、市郊铁路为辅。

2. 市区级快速衔接系统

市区级快速衔接系统对滨海新区各组团之间联系服务，与市域级系统构成滨海新区轨道系统的骨架，以中运量快轨为主。

3. 地区级快速连接系统

地区级快速连接系统是为滨海新区各组团内部城市活动提供服务，本次规划主要研究范围为滨海新区核心区，以大运量地铁系统及有轨电车系统为主。

（三）线网结构

滨海新区轨道线网应在与中心城区轨道线网紧密衔接的基础上，依托新区道路网构架，构成由地铁、轻轨、市郊铁路、有轨电

车等多层次组成的轨道交通线网，构筑与滨海新区空间结构、城市发展方向相协调的"T"形线网主骨架，再辅以沿重要城市发展方向的联络线，形成与滨海新区城市地位、城市土地利用规划相适应的网络式轨道交通线网布局。

线路走向符合滨海新区客流主导方向，与城市土地利用紧密结合，保证轨道交通可持续发展。

（四）规划设想

规划的主导思想是有利于滨海新区轨道交通建设近期启动，充分发挥现有津滨轻轨、地铁1号线的作用，使滨海新区与中心城区轨道交通建设相协调，强化各组团与中心城区、滨海新区核心区连接的同时，鼓励滨海新区各组团土地利用规划优化调整，避免城市职能的单一，支持各组团相对自我平衡的发展模式。

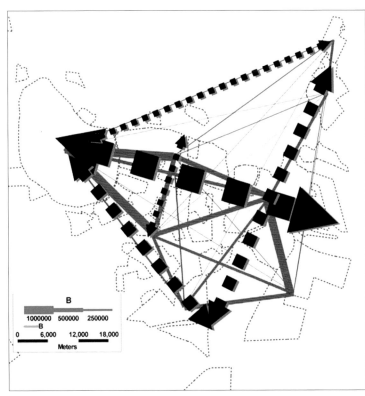

滨海新区客流空间分布图
本页资料来源：天津市滨海新区规划和国土资源管理局

规划津汉线、津塘线、津港线为市域级快速线，塘港线、塘汉线为市区级快速线，构成滨海新区轨道交通主骨架。津滨东西线、津滨南北线1号线、2号线为地区级快速线，具体规划为：

① 津汉线：由中心城区轨道2号线华明镇车辆段出线，沿津汉公路经华明镇、航空城、高新区、开发区西区、高铁站、北塘至海滨休闲旅游区，长45千米。

② 津塘线：现状津滨轻轨，长28千米。

③ 津港线：由地铁1号线出线，经双港、咸水沽、北闸口、小站至大港城区，长23.5千米。

④ 塘汉线：连接汉沽城区、海滨休闲旅游区、塘沽城区，长45千米。

⑤ 塘港线：连接大港城区、临港产业区、塘沽城区、高铁站，长48千米。

⑥ 滨海东西线：海河南岸的东西向客运干线，与津港线连通，途经咸水沽、葛沽、官港森林公园至临港工业区，长31千米。

⑦ 滨海南北1号线：连接高铁站、塘沽城区、临港产业区，长36千米。

⑧ 滨海南北2号线：途经东丽湖、高新区、开发西区、现代冶金工业区，长30千米。

⑨ 机场线：长9千米。

本方案滨海新区轨道系统为T形结构形式，线网总长度307.5千米，线网密度0.135千米/平方千米。

（五）方案特点

① 规模适中，经济性好，利于滨海新区轨道交通项目近期启动。

② 与天津市城市发展方向高度吻合，适应强中心及各组团相对平衡发展的战略，鼓励各组团土地利用的优化调整。

③ 基本实现对城市主要客流集散点的全覆盖。

④ 沿城市复合交通走廊布设，充分发挥轨道交通对城市的引

导作用，引导城市轴向发展。

⑤ 层次明确，目的性强，主要解决核心区交通、各组团间长距离出行，缩短了滨海新区各功能分区时空距离，为与城市其他公共交通方式预留了发展空间，利于交通升级策略的实施。

轨道交通建设规模分析

	影响因素	指标	规模（千米）
1	客流需求	负荷强度 1.5 万人次 / 千米·日	95 ~ 160
2	投资	占城市 GDPn 份额的 0.7% ~ 1.0%	100 ~ 150
3	建设进度	年均 15 ~ 25 千米	50 ~ 100
4	综合考虑	——	100 ~ 150

（六）实施规划

从客流需求、投资的可能性及建设速度三个方面分析至 2020 年滨海新区轨道线网的建设规模应在 100 至 150 千米之间。

四、滨海新区港城交通协调发展研究
（一）港城交通存在的主要问题

1. 港城平行发展，争夺空间资源，港城发展相互制约

港口作为滨海新区发展的核心战略资源，而彰显海滨特色作为新区的发展目标，长期以来港与城平行发展，缺乏有效分隔，在有限的空间里争夺资源，导致相互的空间挤压与影响：一方面造成相互制约，海港与河港缺乏后方陆域，城市缺乏高品质的滨海、滨河生活岸线，环境杂乱，滨海城市形象难以得到有效展示；另一方面，

滨海新区轨道交通系统初步方案

线网与土地利用的协调

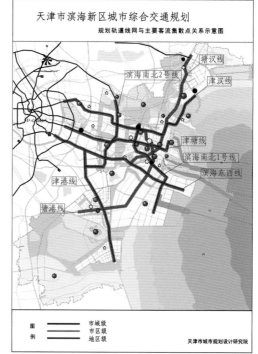

线网对客流集散点的关系

本页资料来源：天津市滨海新区规划和国土资源管理局

疏港交通成为制约港口发展的瓶颈，使得疏港通道与城市交通相互干扰，严重影响了城市及港口正常的秩序。

2.疏港运输结构欠合理，缺乏与货类的有效匹配，对城市干扰较大

依据腹地的产业、资源所确定的港口发展方向，使得煤炭、铁矿石等大宗干散货运输成为支撑港口发展的主要货类，高附加值的集装箱运输所占比重相对较弱。而长期以来，与远距离大宗干散货运输相匹配的铁路运输发展的滞后，不但大幅增加了运输成本，降低了经济效益，由此而带来的公路运输压力过大、交通拥堵与环境污染严重，极大制约着新区的健康发展。

3.港城交通系统不完善，相互影响严重

目前滨海新区疏港交通系统与城市交通系统存在着相互混合、杂乱交织的现象：对外疏港运输通道能力不足，且分布不合理，大多从城区中心穿越，对城市分隔严重，疏港运输尤其是港区客运又与城市交通系统缺乏有效衔接；城市交通中，由于城区道路网络的不完善而占用疏港通道，影响疏港效率，突出体现为由于跨海河通道的不足，而造成城市交通对海滨大道的过度使用。

（二）港城交通发展模式研究

1.港区与城区的关系

港口建设和城市建设是一个有机的综合体，二者互为依托、相辅相成、共同发展，港口活动联系到城市各种生产、经营活动，港口是城市发展的动力引擎，城区是港口发展的重要依托。只有港区和城区有机结合并始终相互适应地协调发展，才能形成功能完善、运营良好的现代水运枢纽和港口城市面貌。这是港口城市遵循的基本规划原则。

2.港区与城区用地布局和交通

国内外许多港口城市在港口与城市用地布局方面，由于不同的区位条件有着不同的布局特点，可以简单概括为以下几种类型，同时也形成了相应的交通模式。

（1）城区包围港区型。

该模式主要为沿河而形成的内河港口，港区一般沿河两侧布局，城区则沿港区向外扩展，逐步形成对港区的包围。该模式的陆域疏港交通经常要穿越城区，极易造成对城市的分隔，以及对城区交通的影响。该模式的代表港口主要有鹿特丹港、安特卫普港、汉堡港。上述港口在解决疏港交通带来的影响时，主要通过在核心区外围构筑高速环线，几条主要的放射性通道与环线相接，形成环放式的疏港运输结构，放射性通道在穿越城市建成区时两侧绿化控制，减少对城市的干扰。

（2）港区与城区平行发展型。

该模式大多是由于港口的发展促进了城市的逐渐形成，即所谓的港后城市。最初，城市与港口的规模均比较小，城市与港口在空间资源上相互挤压的想象并不明显，但随着城市和港口规模的扩大，二者沿平行于海岸线的方向平行发展，相互之间的矛盾也越加明显。世界上许多沿海港口的发展都经历过这个阶段。对此，不少港口在港区与核心区之间通过快速通道或绿化带进行空间隔离，疏

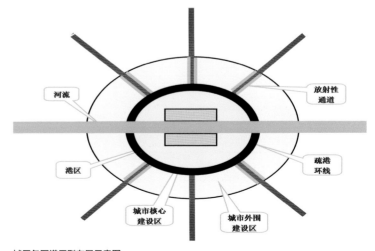

城区包围港区型布局示意图
资料来源：天津市滨海新区规划和国土资源管理局

City
Region
Towards Scientific
Development

走向科学发展的城市区域

天津滨海新区城市总体规划发展演进
The Evolution of City Master Plan of Binhai New Area, Tianjin

港通道则从核心区的外围经过，以避免对核心区的干扰，该模式比较典型的为美国的纽约港、日本的横滨港。

（3）港区远离城区型。

该类型的港口与城市之间有较大的预留空间，该空间或者是规划预留，或者由港口向海向纵深迁移形成。该模式由于城市与港口之间有空间上的分离，形成了有效的缓冲，因此其交通系统之间的影响较小，城市交通与疏港交通大多在城市、港口、预留缓冲地三个区域内完成，城市用地与港区之间不存在空间资源的相互挤压问题，城市交通与疏港交通之间既相互联系又互不干扰，是较为理想的布局模式。

（4）三种发展类型的比较分析。

在上述三种港城用地及交通的布局模式中，城区包围港区型不但使城区缺乏适宜的亲水空间，同时疏港交通穿越城区，极易造成对城市的分隔及对城区交通的影响；城区与港区平行发展型则主要

港区与城区平行发展型布局示意图

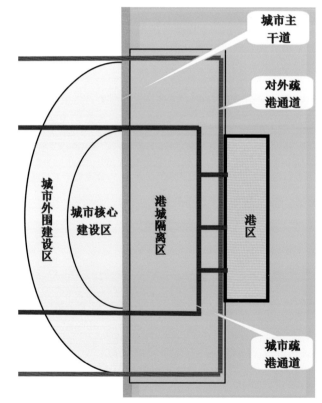

港区远离城区型布局结构示意图

本页资料来源：天津市滨海新区规划和国土资源管理局

面临城区与港区空间资源的相互挤压问题，影响城区对亲水空间的需求；港区远离城区型相对来讲是一种比较理想的发展模式，但港区与城区之间缓冲空间控制的难度较大。无论是哪一种发展模式，都有其相对应的较为合理的发展模式，关键在于结合港城发展的实际情况，确定适宜的发展模式。

3. 滨海新区港城交通发展模式的选择

（1）滨海新区城市用地布局和港口布局发展。

根据《滨海新区总体规划（2005—2020）》，未来滨海新区的发展将更符合国际大城市发展的共同趋向，呈现"轴向、带状、多中心"的布局形态，滨海新区核心区与大港、汉沽等主城区之间规划预留绿化控制带；沿海岸线的利用在港区以北重点发展旅游、生活岸线，重点布置了海滨休闲旅游度假区、环渤海渔港等，为城市发展提供了亲水空间，彰显了滨海城市的特色；在港区南侧则重点发展工业、生产岸线，重点布置了临港工业区、临海产业区。结合功能布局，长远可形成天津北疆、南疆港为主体的，包括临港工业区港区、临港产业区港区、海滨休闲旅游度假区港区、环渤海渔港港区的带形组合港。

（2）对港城布局关系的思考。

滨海新区沿海岸线的利用，兼顾了城市与港口发展对岸线资源的需求，但港口与城市陆域空间的相互挤压现象并没有完全消除，前港后城的布局及腹地的扇形分布造成疏港通道与城区之间不可避免地要发生矛盾，穿越既有建成区的疏港通道面临着重新地调整与优化，必须从空间上进行有效分离，以减少对城区的过度干扰；规划建设则需要尽量避免疏港通道的穿越，或者在穿越区提前预留疏港通道，通过严格控制隔离带来减少对未来建设区的干扰，有利于促进港口与城市的共同发展。在面临众多矛盾和问题的同时，滨海新区也有一定的条件和优势来解决港城矛盾。按照滨海新区总体规划，滨海新区将形成"轴向、带状、多中心"的布局形态，在滨

海新区核心区与其他主城区之间预留了绿化控制带，可避免三个主城区连为一体，同时也为疏港通道的布设提供了良好的空间。

（3）滨海新区港城交通发展模式的推测。

从滨海新区的用地规划来看，未来滨海新区将逐步由单一的港城平行发展模式向港城融合发展的方向推进，这样一来港城交通的发展就兼有了城区包围港区及港城平行发展两种发展模式的特点。

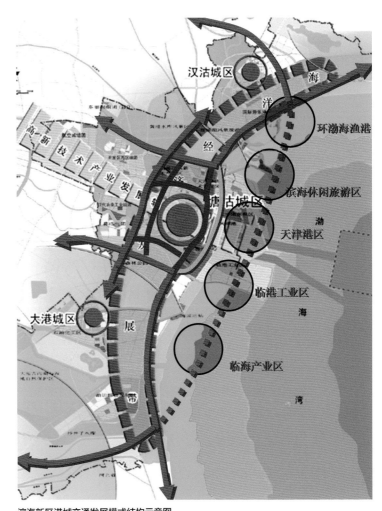

滨海新区港城交通发展模式结构示意图
本页资料来源：天津市滨海新区规划和国土资源管理局

按照这种发展模式，随着港口不断发展，城区逐步扩大，疏港交通与城市交通之间的矛盾会进一步加剧。

交通作为港城发展的基本支撑，如何将疏港交通与城市交通之间的关系由混杂走向有序，是我们面临的一个十分迫切的问题，必须要统筹考虑港口与城市发展的需要，综合以上两种发展模式的成果经验，取长补短，充分协调用地与交通之间的关系，对用地布局及交通网络进行调整、优化，以提高港城交通系统的综合效率为指导，实现港城交通的共赢。

（三）港城交通协调发展的对策

1. 优化港口与城市用地布局，提高空间资源的利用效率

在滨海新区总体用地布局规划的指导下，建议对港口局部用地与城市用地的功能进行调整，使二者有效分离，以减少相互之间的影响。通过东疆保税港和临港产业区港区的建设，完善"一港多区"的布局，缓解集疏港交通过于集中的矛盾。严格控制大港城区与临海产业区之间的发展备用地的使用，预留其与临港产业区之间的绿化控制带，形成有效分隔，避免与临海产业区连成一片，形成新的港城矛盾。

2. 优化港口功能，调整疏港运输结构，提高综合运输效益

顺应世界港口的发展趋势，结合天津港自身的特点，积极发展集装箱运输业务，将天津港建成面向东北亚、辐射中西亚的国际集装箱枢纽港。对于附加值低、污染严重、与周边港门竞争激烈的煤炭运输则采取逐步缩减的方式，以减轻煤炭运输对城市环境的污染。同时要进一步优化疏港运输结构，借鉴国外港口运输的成功经验，大力发展铁路运输，尤其是铁路集装箱运输，以更好地发挥海、铁联运的优势，拓展集装箱腹地。

3. 完善疏港与城市交通网络，提高综合运输效率

（1）结合用地布局，预留和控制疏港主通道，完善疏港交通系统。

东西方向，主要避免对城市用地的过度分割，在滨海新区核心区与滨海休闲旅游区之间规划疏港主通道，并通过通道两侧的绿化控制带来减少对城区的干扰。在滨海新区核心区南侧的城市发展备用地中部预留疏港主通道，两侧通过绿化控制，作为临海产业区的疏港主通道，以避免发展备用地建设以后临海产业区无疏港通道的情况。

南北方向，主要通过打通疏港交通瓶颈，提高南北向集疏运能力。针对南北向疏港通道少、能力不足的问题，加强对既有海滨大道的改造。

在滨海新区核心区则通过优化疏港网络组织，形成核心区的保护环线，以减少疏港交通对核心区城市交通的干扰，按照不同的服务对象，在港区外围形成3个疏解环线，分别为：

环线1：快速环线。主要由西中环快速、庐山道—第九大街、津滨大道、海滨大道（城区段）组成，为服务于市域的以城市道路为主的城市疏港主要环线，该环线主要为市域疏港交通从中心商业、商务区外围快速进入港区服务。

环线2：近期高速环线。主要由京津塘高速公路二线、唐津高速、津晋高速、疏港专用通道组成，为服务于区域的以高速公路为主的对外疏港主环线，该环线主要为区域对外交通从滨海新区核心区外围快速进入南、北疆港区和临港工业区服务。

环线3：远期高速环线。远期预留沿港区及工业区外围的跨海通道，与规划的北侧112高速公路、南侧穿港高速公路形成进出港区的U形疏港骨架，该环线从北至南，依次穿越由环渤海渔港港区、海滨休闲旅游度假区港区、北疆港区、东疆保税港区、南疆港区、临港工业区港区、临港产业区港区组成的带形组合港区。

（2）完善城区道路交通网络，提高出行便捷度，减少对疏港交通的依赖。

针对与疏港交通有冲突的主要城市交通发生区域，通过完善该区域的城区交通网络，来减少与疏港交通的相互干扰，创造便捷的城市交通出行环境。

重点完善滨海新区各主城区之间的联系通道，以减少滨海新区主城区之间客货交通对现状海滨大道的依赖，分离海滨大道的区间交通功能；完善滨海新区核心区至中心城区的对外出行通道、滨海

新区核心区的跨海河出行通道及滨海新区核心区内东西向的联系通道，减少对现状疏港通道的依赖，提高滨海新区核心区出行的便捷度。

本章小结

城市规划是一个持续的过程。城市规划的理论研究也需要持续地进行，需要培养本地专业队伍和专家，形成自己的理论研究体系。除邀请国内外高水平的规划团队进行专题性的研究外，我们组织天津市和新区自己的规划设计人员开展了滨海新区城市总体规划优化和实施研究，选择了关键的环节，进行更加深入的研究，如大滨海新区和区

域合作，滨海理想空间愿景和形态，新区规划管理体制和规划编制改革，滨海新区于家堡金融区发展研究，滨海海岸线、盐田生态修复和利用以及滨海新区现代交通模式研究等。通过应用国内外的先进经验和理论方法，对滨海新区城市总体规划涉及的关键问题有了清晰的认识，为高水平编制新区总体规划奠定了坚实的基础。

第六章　滨海新区城市空间发展战略

城市空间发展战略，是在总结我国城市总体规划经验和问题基础上，借鉴国外结构规划、空间规划的经验，兴起的规划类型。虽然不是法定规划，但通过以问题和目标为导向，立足城市长远发展，对城市总体规划有重要指导意义。

滨海新区被提升为国家战略后，面临重大项目快速涌入、基础设施加快建设的局面，迫切需要对新区全局进行统筹部署，指导各项城市建设工作。2008 年，在天津市开展全市空间发展战略规划的同时，滨海新区启动城市空间发展战略及城市总体规划工作。2009 年，完成滨海新区空间发展战略，在天津市空间发展战略指导下，构建起了符合滨海新区发展环境和实际需求的空间布局结构，有效整合了新区各种资源，指导了滨海新区城市总体规划编制，促进了新区城市建设的快速、均衡、高效发展。

第一节　天津市城市空间发展战略

一、规划背景

2006 年，国务院正式下发《国务院关于推进天津滨海新区开发开放有关问题的意见》，明确了滨海新区是作为从国家经济社会发展全局出发做出的重要战略部署。此后，空客 A320 飞机总装线、新一代运载火箭基地、中新天津生态城等一系列重大项目先后落户天津滨海新区。新的发展形势要求将新的发展思路和理念纳入到城市发展战略中，使滨海新区开发开放上升到一个新台阶。2007 年，天津市第九次党代会提出全面提升城市规划、建设、管理水平的要求。

2008 年初，胡锦涛总书记视察天津工作，对天津和滨海新区提出了更高的发展要求，提出"希望天津在贯彻落实科学发展观、推动经济社会又好又快发展方面走在全国前列，在保障和改善民生、促进社会和谐方面走在全国前列，希望滨海新区成为深入贯彻落实科学发展观的排头兵。"同年 3 月，国务院

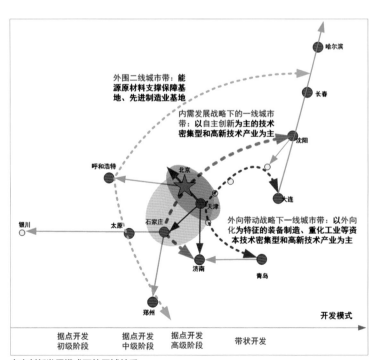

自主创新发展模式下的区域关系
资料来源：天津市空间发展战略规划

批复《天津滨海新区综合配套改革试验方案》，对滨海新区金融、土地等多方面改革进行了具体部署。2008 年 6 月，天津市城市重点规划指挥部成立，开展了 119 项规划编制，其中由中国城市规划设计研究院和天津市城市规划设计研究院共同编制的《天津市城市空间发展战略》是重中之重。

二、规划的主要内容

天津处于外向带动战略和内需带动战略的结合点，兼具两者之优势，承担"承上启下"的节点功能。研究认为，天津未来一方面需要加强协调京津关系，与北京共筑世界城市，另一方面注重协调津冀关系，带动冀中南地区发展，打造世界级的先进制造业基地。

2005 年以来，无论从国家支持、区域态势，还是从天津发展的趋势来看，未来的天津将呈现跨越式的发展，这种跨越体现在发展速度（经济的高速增长）和发展方式（产业结构的快速升级）两个方面。

为了破解天津全市中心城区单核集聚、滨海新区职能单一和区域结构单一轴线的问题，缓解突出的港城交通矛盾，《天津市空间发展战略》明确提出"双城双港、相向拓展、一轴两带、南北生态"的战略构想。

"双城"是指中心城区和滨海新区核心区，是天津城市功能的核心载体。

中心城区通过有机更新，优化空间结构，发展现代服务业，传承历史文脉，全面提升城市功能和品质。滨海新区核心区通过集聚先进生产要素，提升自主创新能力，加快发展现代服务业，构建高端化、高质化、高新化的产业结构，实现城市功能的提升，成为服务和带动区域发展新的经济增长极。

通过"双城"战略，加快滨海新区核心区建设与中心城区改造提升，二者分工协作、功能互补，实现市域空间组织主体由"主副中心"向"双中心"结构转换提升，构成双城发展的城市格局，促进北方经济中心建设。

"双港"是指天津港的北港区和南港区，是城市发展的核心战略资源，是天津发展的独特优势。北港区包括北疆港区、南疆港区、东疆保税港区以及临港经济区，重点发展集装箱运输、旅游和客运等综合功能以及重型装备制造业。南港区是指独流减河以南规划建设的新港区，近期主要依托石化、冶金等重化工业，建设工业港区，远期将建设成为现代化的综合性港区。

通过"双港"战略，加快南港区建设，扩大天津港口规模，培育壮大临港产业，调整优化铁路、公路集疏运体系，促进港城协调发展，更好地发挥欧亚大陆桥优势，进一步密切与"三北"腹地和中西亚地区的交通联系，加快建设成为我国北方国际航运中心和国际物流中心，增强港口对城市和区域的辐射带动功能。

"相向拓展"是指双城及双港相向发展，是城市发展的主导方向。

中心城区沿海河向下游区域主动对接，为滨海新区提供智力支持和服务保障。滨海新区核心区沿海河向上游区域扩展，放大对中心城区的辐射带动效应，实现优势互补，联动发展。

处于双城相向拓展方向的海河中游地带，是天津极具增长潜力的发展空间。通过重点开发，使之成为承接"双城"产业及功能外溢的重要载体，逐步发展成为天津市的行政文化中心和我国北方重要的国际交流中心。在海河中游地带规划生态廊道，避免城区连片发展，有利于形成良好的生态环境。同时，统筹推进双港开发建设，相向发展，实现双港分工协作，临港产业集聚，南北功能互补，做

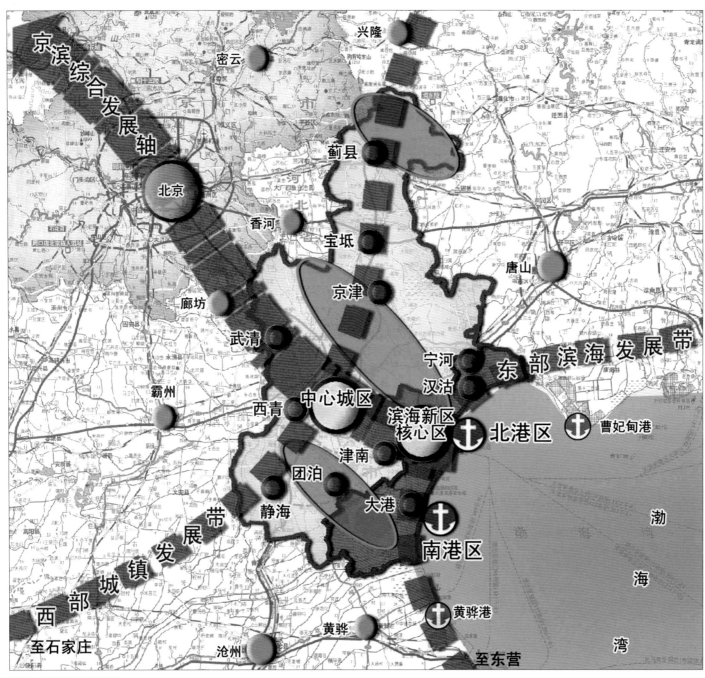

天津市总体战略布局示意图
资料来源：天津市空间发展战略规划

大做强天津的港口优势。

通过"双城双港"相向拓展，引导城市轴向组团式发展，在海河两岸集聚会展、教育、旅游、研发、商贸等现代服务业和高新技术产业。形成老区支持新区率先发展、新区带动老区加快发展，海

河上、中、下游区域协调发展、良性互动、多极增长的新格局。

一轴是指"京滨综合发展轴"，依次连接武清区、中心城区、海河中游地区和滨海新区核心区，有效聚集先进生产要素，承载高端生产和服务职能，实现与北京的战略对接。依托"京滨综合发展

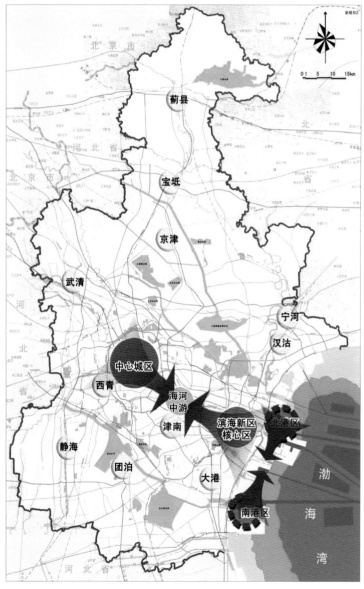

双城双港示意图
资料来源：天津市空间发展战略规划

相向拓展示意图
资料来源：天津市空间发展战略规划

轴"，加强与北京合作，形成高新技术产业密集带、京津冀地区一体化发展的产业群和产业链。

两带是指"东部滨海发展带"和"西部城镇发展带"。

"东部滨海发展带"贯穿宁河、汉沽、滨海新区核心区和大港，向南辐射河北南部及山东半岛沿海地区，向北与曹妃甸和辽东半岛沿海地区呼应互动。

"西部城镇发展带"贯穿蓟县、宝坻、中心城区、西青和静海，向北对接北京并向河北北部、内蒙古延伸，向西南辐射河北中南部，

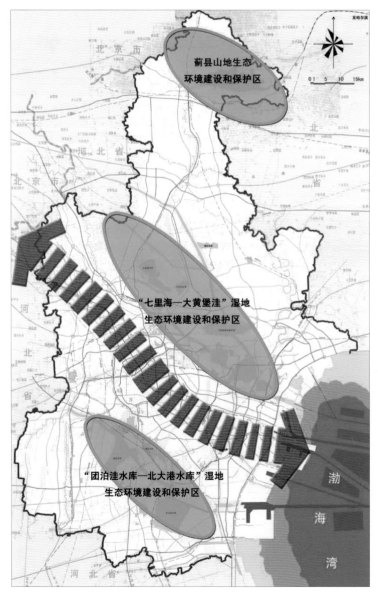

一轴两带示意图
资料来源：天津市空间发展战略规划

南北生态示意图
资料来源：天津市空间发展战略规划

N

临空产业区

滨海高新区

中新天津生态城

滨海旅游区

先进制造业产业区

海港物流区

中心商务区

滨海新区
核心区

北港区

临港经济区

南港工业区　南港区

"一核双港、九区支撑、龙头带动"策略示意图
资料来源：天津市空间发展战略规划

并向中西部地区拓展。

通过"一轴两带"，拓展城市发展空间，提升新城和城镇功能，统筹区域和城乡发展；进一步加强与北京的战略对接，扩大同城效应，与北京共建世界级城市；进一步加强与河北省的产业协作；强化天津服务带动作用，促进和扩大与环渤海地区、中西部地区的经济交流与合作，加快形成我国东中西互动、南北协调发展的区域发展格局。临港开放带动战略，强化滨海新区改革示范效应，增强天津参与经济全球化和区域经济一体化的能力。

"南生态"是指以京滨综合发展轴以南的"团泊洼水库—北大港水库"湿地生态环境建设和保护区为核心，构建南部生态体系。

"北生态"是指以京滨综合发展轴以北的蓟县山地生态环境建设和保护区、"七里海—大黄堡洼"湿地生态环境建设和保护区为核心，构建北部生态体系。

通过"南北生态"保护区的建设，构建天津城市生态屏障，融入京津冀地区整体生态格局，完善城市大生态体系。

规划建设中新天津生态城，以及子牙循环经济产业园区、北疆电厂等循环经济产业示范区，大力发展循环经济和清洁产业，建设循环经济产业链，促进资源集约利用和循环利用，增强天津的环境承载力，提高城市的可持续发展能力。建立资源节约型和环境友好型的城市发展模式，实现建设生态城市的发展目标。

规划提出滨海新区实施"一核双港、九区支撑、龙头带动"的发展策略。充分发挥滨海新区的引擎、示范、服务、门户和带头作用，立足融入区域，服务区域，扩大同京津冀、环渤海地区以及东北亚的合作联系。

"一核"是指滨海新区金融商务核心区，由于家堡金融商务区、

响螺湾商务区、解放路及天碱商业区、蓝鲸岛及大沽炮台生态区等组成。重点发展金融服务、现代商务、高端商业，建设成为滨海新区的标志区和国际化门户枢纽。

"双港"是指天津港的北港区和南港区。

"九区支撑"是指通过九个功能区的产业布局调整、空间整合，打造航空航天、石油化工、装备制造、电子信息、生物制药、新能源新材料、轻工纺织、国防科技等8大支柱产业，形成产业特色突出、要素高度集聚的功能区，成为高端化、高质化、高新化的产业发展载体，支撑新区发展，发挥对区域的产业引导、技术扩散、功能辐射作用。

滨海新区中心商务区主要发展金融、贸易、商务、航运服务产业；临空产业区主要发展临空产业、航空制造产业；滨海高新区主要发展航天产业、生物、新能源等新兴产业；先进制造业产业区主要发展海洋产业、汽车、电子信息产业；中新天津生态城主要发展生态环保产业；滨海旅游区主要发展主题公园、游艇等休闲旅游产业；海港物流区主要发展港口物流、航运服务产业；临港经济区主要发展重型装备制造产业及研发、物流等现代服务业；南港工业区主要发展石化、冶金等重化工业。

"龙头带动"是指通过加快"一核双港九区"的开发建设，提升综合服务功能，营造一流发展环境，率先推进综合配套改革、率先提高对外开放水平、率先转变经济发展方式、率先增强自主创新能力，当好改革开放的排头兵，突显滨海新区作为新的经济增长极的龙头带动作用，在加快天津发展，促进环渤海地区经济振兴，推动全国区域协调发展中发挥更大作用。

第二节　天津滨海新区城市空间发展战略

一、规划背景

在《天津市城市空间发展战略》指导下，按照国家赋予新区的功能定位，应对重大项目落户、城市快速拓展的新局面，天津市滨海委、天津市规划局组织开展了《天津滨海新区城市空间发展战略》研究工作，由天津市城市规划设计研究院主持编制。

此次战略研究的核心问题是"如何发挥滨海新区的区域带动作用"，着重解决"空间结构、产业发展、港口集疏运、资源利用"这四个方面的问题。

一是空间发展缺少与区域的呼应，空间总体格局不够清晰。区域层面，强调与北京的联系，缺少对环渤海和冀中南地区空间发展的呼应。市域层面，津滨走廊单一轴线拓展，南北两翼有待整合提升。新区内部，整体空间结构不清晰，产业布局和公共设施布局分散。

二是产业发展缺乏区域协调，自主研发能力不强。产业发展借助外力驱动，自主研发转化能力弱。产业分工不明确，与渤海湾周边区域缺乏统筹。功能区之间产业分工不够清晰。第三产业发展滞后，产业结构有待调整。

三是港口吞吐量逐年增加，但区域服务作用尚未发挥。海港、空港的区域服务能力有待加强。集疏运系统压力集中。疏港交通与城市内部交通存在矛盾。

四是生态环境面临挑战，资源利用缺乏统筹。土地使用粗放，建设用地连绵，生态格局破碎化趋势明显。岸线利用效率较低，岸线分配不合理。盐田缺乏统一规划，面临无序占用压力。

二、规划主要内容

（一）空间总体战略

依据天津市"双城双港、相向拓展、一轴两带、南北生态"的空间发展战略，滨海新区确定了"一城双港三片区"的空间结构。"一城"是指滨海新区核心区，建设成为现代服务业中心，塑造服务型的滨海新区，增强滨海新区对环渤海地区和中国北方的辐射带动作用和国际影响力。"双港"是指南港区和北港区。"三片区"是指西部临空高新区、北部宜居旅游区、南部石化产业区，塑造成创新型、服务型、生态型和集约型的滨海新区。

此次空间发展战略，探讨了滨海新区"轴向、趋海、网络化"等不同空间形态布局的可能性。

轴向发展方案：将城市发展重心集中在从中心城区至滨海新区核心区的带型区域范围内，海岸带地区保持"多点式"发展格局。这一方案的优点是：津滨走廊方向，用地紧凑发展，沿海岸线方向，滨海新区核心区与汉沽城区、大港城区之间留有较多的生态空间。这一方案的缺点是：港城矛盾没有得到有效缓解；海河中游地区发展密集；城市空间的整体生长方向与滨海国际机场的空域相互干扰。

趋海发展方案：将城市发展重心集中到海岸带上，进行大规模填海造陆，形成天津港一港多区的空间格局，海河中游沿岸地区以较低密度发展。这一方案的优点是：可以通过调整港口布局，缓解港口矛盾；海河中游沿岸地区可以保留大面积的生态用地，保持良好的生态环境。这一方案的缺点是：填海造陆成本较高，海岸线基本都被城市建设所占据，缺少生态岸线。

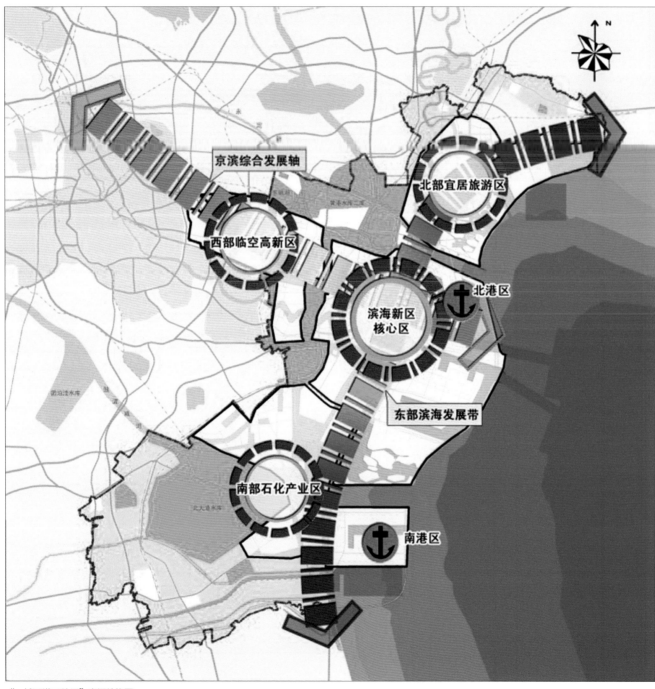

京滨综合发展轴

北部宜居旅游区

西部临空高新区

滨海新区核心区

北港区

东部滨海发展带

南部石化产业区

南港区

"一城双港三片区"空间结构图
资料来源：天津市城市规划设计研究院

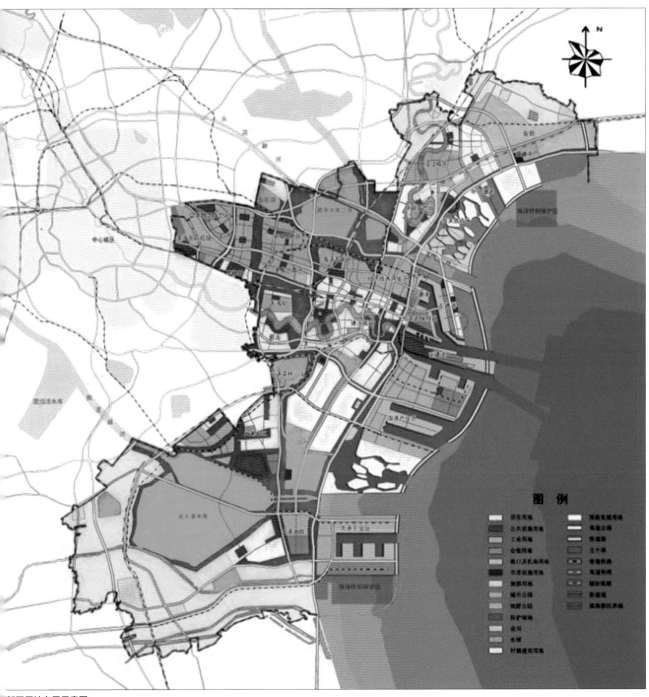

新区用地布局示意图
来源：天津市城市规划设计研究院

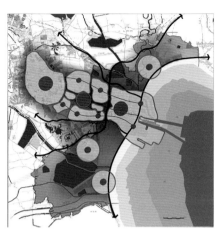

轴向发展方案

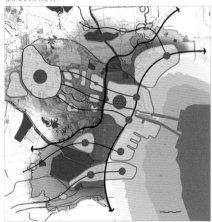

趋海发展方案

网络发展方案

以上资料来源：深圳市城市规划设计研究院

City
Region — Towards Scientific
Development
走向科学发展的城市区域

天津滨海新区城市总体规划发展演进
The Evolution of City Master Plan of Binhai New Area, Tianjin

网络发展方案：综合上述两种方案的优点，沿海岸带、沿津滨走廊均适度发展，优化港口功能布局，缓解港城矛盾，海河中游沿岸地区适度整合发展，形成多中心的网络化城市空间格局。

经过反复比选，选择了既能够继承滨海新区空间发展脉络，也符合城市区域发展趋势的"多中心、网络化"发展思路，兼顾了城区建设、产业发展及生态空间保护。

（二）产业带动战略

滨海新区未来的产业体系由四个层级构成。第一层级是现代服务业，包括物流、金融、科技服务、休闲旅游等；第二层级是高新技术产业，包括航空航天、电子信息、生物医药、新能源新材料、环保产业的研发及制造等；第三层级是重装、重化产业，包括石油化工产业、现代冶金产业、装备制造产业；第四层级是轻型加工业，促进传统轻工业优化升级，强调自主创新，发展自主品牌。四个层级互相支撑，通过服务提升、高新先行、重化支撑、轻型统筹的思路，推动滨海新区产业结构优化、升级，逐步由"制造＋服务"转向"创造＋运营管理"的发展模式。

综合考虑滨海新区的功能定位、空间结构、产业布局现状、区域产业关系、基础设施条件等各种因素，在产业空间布局上强调产业空间的战略选择、强调产业的集聚集约发展，强调延伸产业链、增强产业根植性。按照这一总体思路，滨海新区的产业按照"两带一核心"的格局在空间展开，以增强自主创新 打造产业高地。

"津滨高新技术产业带"是指打造中国北方的研发和先进制造业高地。沿海产业带包括南翼临港产业集聚区和北翼生态、环保产业集聚区。"一核心"是指形成以航运服务、金融创新为主的现代服务业集聚区。

滨海新区产业体系构成示意图

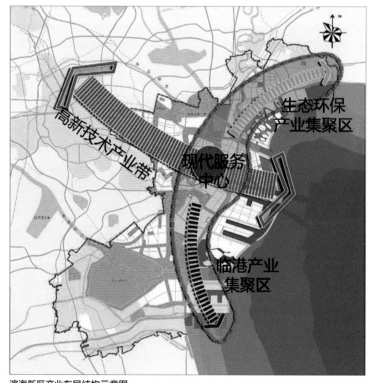

滨海新区产业布局结构示意图
本页资料来源：天津市城市规划设计研究院

（三）交通辐射战略

围绕建设北方国际航运中心和国际物流中心的发展目标，以"海空两港、公铁双高、港城交通分离、网络城市交通"为核心，完善交通体系，增强枢纽功能，实施交通辐射战略。

在海港方面，重点建设南北两大港区，提高航运服务功能。在

空港方面，大力发展现代航空物流业，航空配套产业和现代高端航运客货运服务业，提升天津航空运输的区域地位。

区域交通方面，形成"十"字形高速铁路和"T"字形城际铁路，形成七横三纵扇形放射高速公路网。

统筹考虑港口与城市的协调发展，提高城市交通与疏港交通的

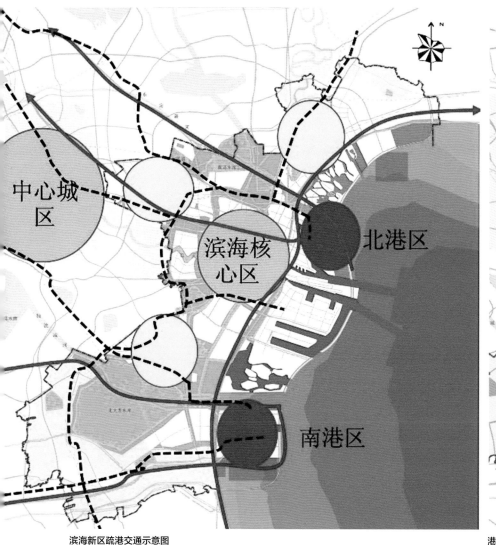

滨海新区疏港交通示意图

港口布局示意图

本页资料来源：天津市城市规划设计研究院

综合效率，引导城市与港口空间布局合理拓展。疏通联系西部腹地的疏港铁路和疏港公路网络，加强对经济腹地的辐射服务能力。

构建市域快速交通系统、城市轨道交通系统，加快实现市域1

小时、双城半小时快速互通。滨海新区区内规划五横五纵的区间快速路体系，支撑滨海"一城三片区"之间的联系，促进网络组团式空间结构的形成。

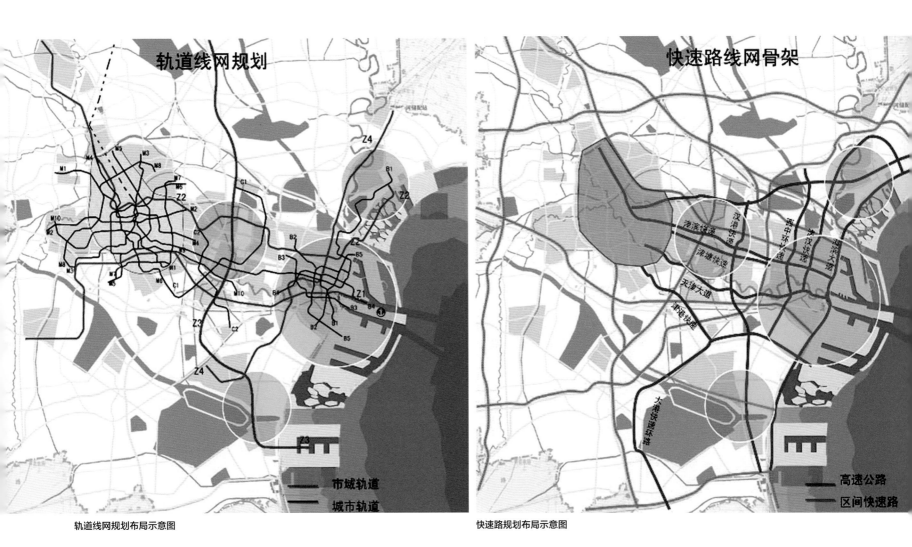

轨道线网规划布局示意图

快速路规划布局示意图

本页资料来源：天津市城市规划设计研究院

（四）生态示范战略

强化生态系统的完整性、连通性；保护生态敏感区，包括河流、水库和海洋生态特别保护区等；控制污染源，采取生态措施，防止对城市和环境的影响。营造绿色滨海新区，创建"海滨特色突出、生态环境宜居"的和谐宜居生态城市。

按照区域生态恢复和城市生态建设并重的战略思路，根据滨海新区土壤盐渍化分布结构及各类湿地分布特点，形成"三廊、三带、三区"的生态空间结构。

以提高生态舒适度和改善环境质量为目标，以节能减排和循环经济为根本，通过生态建设、环境保护、公共设施配套等措施，提高人们工作生活舒适度、环境和谐度、运行效率度和技术文化先进度，创造"和谐宜居、易于创业"的居住环境。

以先进科技、环境友好和文化复兴的理念为目标，充分呈现滨海新区独特的空间优势，塑造"海、河、城"的城市风貌特色，使滨海新区能够成为 21 世纪人居环境的经典。

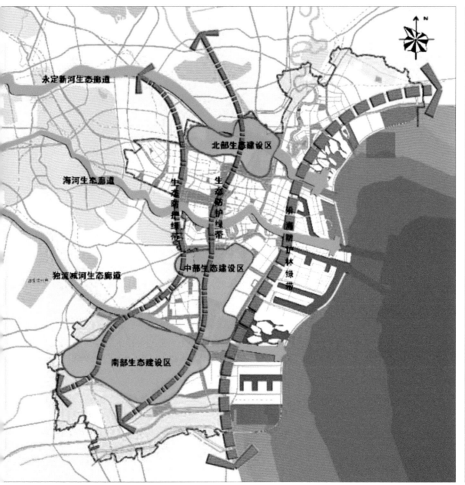

滨海新区生态系统空间结构示意图

滨海新区公共设施布局示意图

本页资料来源：天津市城市规划设计研究院

（五）资源利用战略

在保障海岸带安全的前提下，加强对海岸线和近岸海域的利用，创造多元化的滨海空间。按照"合理分配岸线类型，增加生活旅游岸线，集约利用岸线资源，预留未来发展岸线"的策略合理利用岸线资源。鼓励港口、临港产业向海纵深式发展，结合滨海新区的城镇布局、港口布局，在汉沽、塘沽保留充足的休闲、旅游岸线，体现滨海城市特色。整体上，岸线利用形成"南重北轻"的岸线布局格局，即汉沽以渔业养殖岸线、旅游休闲岸线为主，塘沽以港口物流岸线为主，大港以港口工业岸线为主。

建立水资源梯级利用、分质供水和循环利用相结合的水资源综合利用体系；推广中新生态城模式，促进节约用水，使滨海新区在全市率先建成节水型社会。

面对能源需求快速增长、能源短缺形势长期存在的实际情况，作为能源输入型地区必须从战略和全局的高度，把建设节约型社会和可持续发展的循环经济摆在首位，能源综合开发利用从满足经济发展需要逐步向兼顾经济、社会、环境综合效益转变，实现科学发展。

空间战略制定了滨海新区"交通先导、项目带动、集聚发展、环境保障"的近期发展策略。这一战略规划的完成，进一步加强了滨海新区重点建设区域的高层共识，又有效指导了下一阶段总体规划、分区规划、控制性详细规划等工作的密集开展。

岸线利用规划示意图
资料来源：天津市城市规划设计研究院

本章小结

城市空间发展战略，虽然还不是法定规划，但它能够以目标为导向，抓住和解决城市存在的主要问题，明确城市的空间格局和发展战略。天津市空间发展战略以滨海新区被纳入国家战略为契机，在延续1986年版城市总体规划"工业战略东移"的基础上，提出了"双城双港、相向拓展、一轴两带、南北生态"的总体战略，历史上第一次突出了滨海新区的作用和地位。滨海新区空间发展战略提出"一核双港、九区支撑、龙头带动"，明确新区十多年来争议的谁是中心的问题，通过"双港"战略化解港城矛盾，也进一步明确了功能区作为发展的主体。全市形成滨海新区龙头带动、中心城区全面提升、各区县加快发展的生动局面。

第七章　滨海新区城市总体规划（2009—2020 年）

2008 年，滨海新区城市总体规划（2009—2020 年）编制工作与天津市空间发展战略、滨海新区空间发展战略同步开展，由天津市城市规划设计研究院主持编制，于 2009 年初完成，包括文本、图集、说明书等成果，规划主要内容如下。

第一节　滨海新区规划范围

滨海新区位于天津市域东部沿海地区，陆域面积 2 270 平方千米，包括塘沽、汉沽、大港三个行政区（2010 年撤销）以及东丽区、津南区的部分区域。滨海新区南北向直线距离约 100 千米，东西直线距离 50 千米，与常规市辖区相比，尺度上更加巨大。

第二节　定位规模

2006 年，国务院在《推进滨海新区开发开放有关问题的意见》批准天津滨海新区为全国综合配套改革试验区，并对滨海新区发展予以明确定位：依托京津冀、服务环渤海、辐射"三北"、面向"东北亚"，努力建设成为我国北方对外开放的门户、高水平的现代制造业和研发转化基地、北方国际航运中心和国际物流中心，逐步成为经济繁荣、社会和谐、环境优美的宜居生态型新城区。

规划预测至 2020 年，滨海新区常住人口规模的高限值规划控制在 600 万人左右，城市化率达到 100%，城镇建设用地规模控制在 720 平方千米，地区生产总值达到 15 000 亿元左右。

第三节　规划指标体系

以滨海新区城市功能定位为指导，结合新区发展现状和未来发展趋势，现行总体规划制定了涵盖 4 个方面、共 30 项的城市定位指标体系。通过指标体系，对发展目标进行量化引导，促进更为科学的快速实现城市定位。

指标体系按照国家和中央领导对滨海新区的功能定位和战略要求，围绕"对外开放""区域带动""自主创新""科学发展"这四个模块，以及 10 个子模块，充分吸纳《天津市城市定位指标体系研究》的成果，结合滨海新区总体规划提升工作的实际需求，找出最具代表性、具有稳定可比性的核心指标。

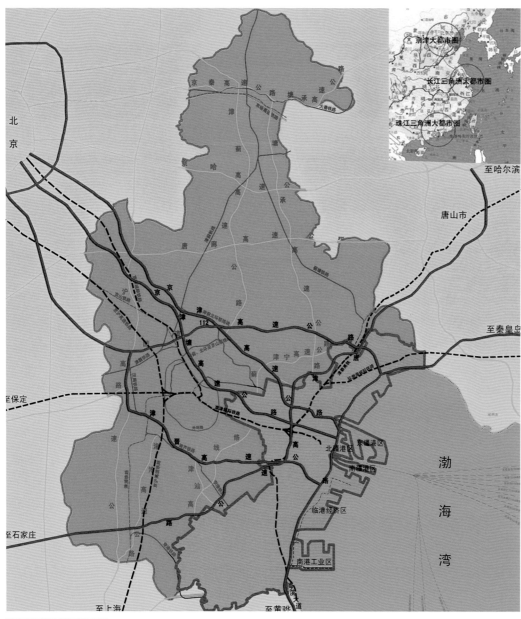

滨海新区规划范围示意图
资料来源：天津市城市规划设计研究院

一、对外开放模块

根据"北方对外开放的门户"的战略要求，滨海新区要成为中国参与东北亚区域经济合作的桥头堡。因此，承担北方地区的国际服务，尤其是面对"东北亚"的国际服务，应当是滨海新区的主要功能。

结合"北方对外开放的门户"的特征，借鉴和吸收国内外的相关评价指标，按照国际经济往来、国际文化交流、国际航运物流这三个子模块，进行指标遴选。"对外开放"这一模块，应重点体现滨海新区在开展国际经济文化交流的门户作用。其中，围绕"国际经济往来"这一子模块，选取两项指标：世界 500 强企业入驻数、外资银行入驻数。围绕"国际文化交流"这一子模块，选取两项指标：年举办国际会议次数、入境旅游人次。围绕"国际航运物流"这一子模块，选取三项指标：机场旅客吞吐量、机场货邮吞吐量、港口集装箱吞吐量。

二、区域带动模块

根据"依托京津冀、服务环渤海、辐射'三北'、面向东北亚""高水平的现代制造业和研发转化基地"的战略要求，滨海新区要实现产业高端化、高质化、高新化，提高经济实力和经济发展水平，成为区域经济增长极，在国际物流、国内贸易等方面，发挥对区域的服务辐射带动作用。

结合"高水平的现代制造业和研发转化基地"的特征，借鉴和吸收国内外的相关评价指标，按照经济发展、区域服务这两个子模块，进行指标遴选。"区域带动"这一模块，应重点体现滨海新区作为区域经济增长极的区域服务作用。其中，围绕"经济发展"这一子模块，选取三项指标：人均地区生产总值、第三产业占地区生产总值的比重、高新技术产业占工业总产值比重。围绕"区域服务"这一子模块，选取四项指标：外埠进出口额占天津海关的比重、社会消费品零售总额、机场每周航班数、外来人口占地区总人口比重。

三、自主创新模块

根据"高水平的现代制造业和研发转化基地"的战略要求，滨海新区要不断增强自主创新能力，不断提高科技研发转化能力，实现先行先试，率先发展。

结合"高水平的现代制造业和研发转化基地"的特征，借鉴和吸收国内外的相关评价指标，按照科技创新这个子模块，进行指标遴选。"自主创新"这一模块，应重点体现滨海新区作为研发转化基地的作用，从研发投入、技术创新、技术成果转化等方面选取指标。围绕子模块"科技创新"，选择了以下三项指标："R&D"（Research and Development）投入占地区生产总值的比重、每十万人口发明专利申请数、年技术市场交易额。

四、科学发展模块

根据"宜居生态型新城区"的战略要求，滨海新区要加快城镇化进程，保持较合理的人口密度，为居民创造良好的生活品质，在集约节约利用资源、发展循环经济、保护生态环境等方面走在全国前列，成为深入贯彻落实科学发展观的排头兵。

结合"宜居生态型新城区"的特征，借鉴和吸收国内外的相关评价指标，按照社会和谐、生活品质、生态环境、资源集约这四个子模块，进行指标遴选。"科学发展"这一模块，应重点体现滨海新区作为宜居生态型新城区的特征。其中，围绕"社会和谐"这一子模块，选取两项指标：城镇化水平、人口密度。围绕"生活品质"这一子模块，选取三项指标：人均住房使用面积、公共交通分担率、十万人拥有公共文化设施数量。围绕"生态环境"这一子模块，选取四项指标：城镇人均公共绿地面积、受保护地区占国土面积比例、湿地覆盖率、空气质量好于二级以上天数。围绕"资源集约"这一子模块，选取四项指标：地均产出水平、万元 GDP 能耗、万元 GDP 水耗、清洁能源使用比例。

模块名称	子模块名称	序号	指标名称	单位	现状	2020年	发展水平
对外开放	国际经济往来	1	世界500强入驻数	家	95（2009年）	270	超过上海浦东新区2008年的水平（260家）
		2	外资银行入驻数	家	7（2008年）	40	超过深圳2007年的水平（31家，全国第2）
	国际文化交流	3	年举办国际会议次数	次	5（2008年）	25	接近北京2002年的50%（51次）
		4	入境旅游人次	万人次	113.2（2008年）	170-215	接近上海2000年的水平（181.4万人次）
	国际航运物流	5	机场旅客吞吐量	万人次	727.7（2010年）	2500	超过香港机场2004年的水平（2421万人次）
		6	机场货邮吞吐量	万吨	20.2（2010年）	170	接近新加坡樟宜机场2004年的水平（178万吨）
		7	港口集装箱吞吐量	万TEU	>1000（2010年）	2800	相当于上海港2008年的水平（2801万TEU）
区域带动	经济发展	8	人均地区生产总值	美元	21820（2008年）	56000	接近2007年纽约水平
		9	第三产业占地区生产总值的比重	%	31.6（2010年）	48.9	接近2008年深圳水平
		10	高新技术产业占工业总产值比重	%	48（2009年）	55	超过2008年深圳的水平（52%）
	区域服务	11	外埠进出口额占天津海关的比重	%	59.7（2008年）	75	超过新加坡1995年转口贸易占进出口贸易总额比重（70%）
		12	社会消费品零售总额	亿元	451.24（2009年）	3350	超过2009年天津全市水平，约占全市2020年总量的30%
		13	机场每周航班数	班/周	1352（2008年）	2500	接近成都双流机场2005年水平（2606班/周）
		14	外来人口占地区总人口比重	%	42.71（2008年）	50	相当于深圳1988年的水平（49.9%）
自主创新	科技创新	15	R&D投入占地区生产总值的比重	%	1.69（2008年）	3.8	超过深圳2008年的水平（3.34%）
		16	每十万人口发明专利申请数	件	47（2008年）	110	接近上海2009年的水平（115件）
		17	年技术市场交易额	亿元	86（2008年）	300	
科学发展	社会和谐	18	城镇化水平	%	89.45（2008年）	98	相当于2009年深圳的水平（98%）
		19	人口密度	人/km²	1014（2009年）	2650	接近上海2003年的水平（2698人/km²）
	生活品质	20	人均住房使用面积	m²/人	28（2009年）	34	达到日本人均住房使用面积
		21	公共交通分担率	%	9.2（2008年）	30	相当于北京2001年的水平（29%）
		22	十万人拥有公共文化设施数量	个	0.85（2008年）	1.9	相当于北京2006年的水平（1.8个）
	生态环境	23	城镇人均公共绿地面积	m²/人	>19（2008年）	22	超过华盛顿人均绿地面积水平（19 m²/人）
		24	受保护地区占国土面积比例	%	30.17（2008年）	>30%	超过国家生态城市标准（≥17%）
		25	湿地覆盖率	%	22（2007年）	>22	超过国家生态城市标准（≥15%）
		26	空气质量好于二级以上天数	天	331（2005年）	310	超过国家标准（280天/年）
	资源集约	27	地均产出水平	亿元/km²	9.73（2009年）	23	超过大巴黎2006年水平（18亿元/km2）
		28	万元GDP能耗	吨标煤/万元	0.95（2009年）	0.34	参考国家低碳经济发展报告和未来节能标准，依据《天津滨海新区生态建设与环境保护规划(2007-2020年)》确定。
		29	万元GDP水耗	m³/万元	10.8（2009年）	<5.9	达到国际领先水平
		30	清洁能源使用比例	%	28（2008年）	50	达到国家提出的生态城市建设标准

滨海新区功能定位指标体系表
资料来源：天津市城市规划设计研究院

第四节　空间布局

滨海新区特殊的地理经济、政治因素决定了其不同于传统的单一城市空间发展模式。海河、独流减河、永定新河、蓟运河等一级河道与铁路、高速公路和市政廊道从地理空间上较为明确地分割了新区的城市区域；多个行政单元长期自行演进发展，大量项目在2270平方千米的空间上分散集聚，具备了组团式布局的条件。规划通过各城区和功能区的空间整合，形成功能相对独立完善同时又紧密联系的城市组团。组团规模以中新天津生态城、滨海高新区为模板，一般在30平方千米左右，在一定的人口规模与产业的支撑下，形成研发和生产生活服务的中心。每个组团做到职住平衡，一些特殊的工业组团不宜居住，在其附近规划居住组团与之配套，减少长距离通勤。为实现"多中心、多组团"空间布局，以大运量、快速轨道公交为导向，规划完善的网络化交通体系，实现各组团间的便捷联系，形成整体的城市区域。

未来滨海新区将建立起城市组团—城市片区—城市区域的空间组合秩序，打造多组团、网络化海湾型城市地区。

滨海新区总体上形成"一城、双港、三片区"的空间布局。

"一城"是指滨海新区核心区，建设成为现代服务业中心，塑造服务型的滨海新区，增强滨海新区对环渤海地区和中国北方的辐射带动作用和国际影响力。

"双港"是以独流减河航道为界划分南北两大港区。北部港区包括天津港的东疆港区、北疆港区、南疆港区、北塘港区、中心渔港和临港工业区，兼有商港和工业港功能。南部港区南港工业区，以工业港为主，预留综合港的发展可能。

"三片区"是指北部宜居旅游片区，主要包括汉沽城区、滨海旅游区、中新天津生态城、中心渔港等；南部石化生态片区主要包括大港城区、南港工业区、大港油田等；西部临空高新片区主要包括临空产业区、滨海高新区、开发区西区等。三片区结合新区轴带发展格局，按照强化优势、突出特色、产业集聚、城市宜居的原则，统筹产业和生活、统筹交通和市政、统筹城区与功能区，实现'中服务、南重化、北旅游、西高新'发展方向与格局。

City
Region Towards Scientific
Development

走向科学发展的城市区域

天津滨海新区城市总体规划发展演进
The Evolution of City Master Plan of Binhai New Area, Tianjin

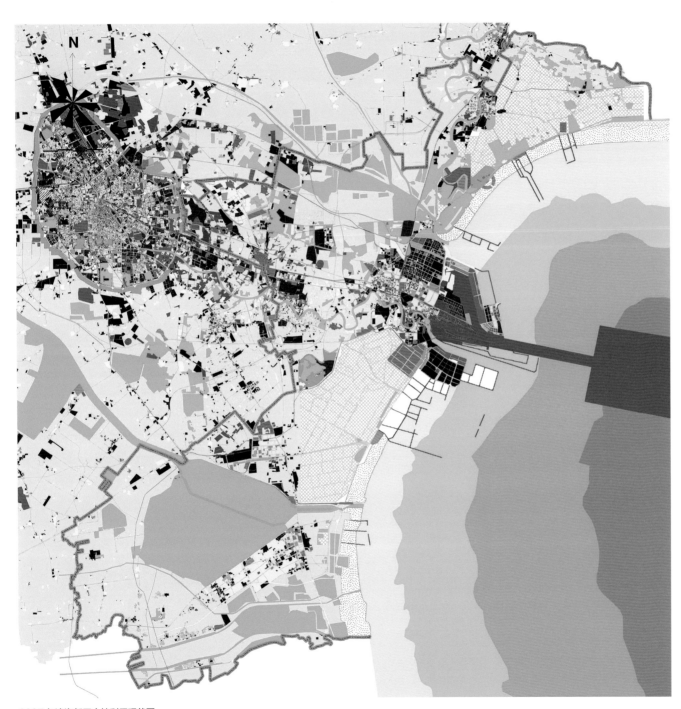

2007 年滨海新区土地利用现状图
图片来源：天津市城市规划设计研究院

滨海新区城市总体布局过程方案之一
图片来源：天津市城市规划设计研究院

滨海新区城市组团划分示意图
资料来源：天津市城市规划设计研究院

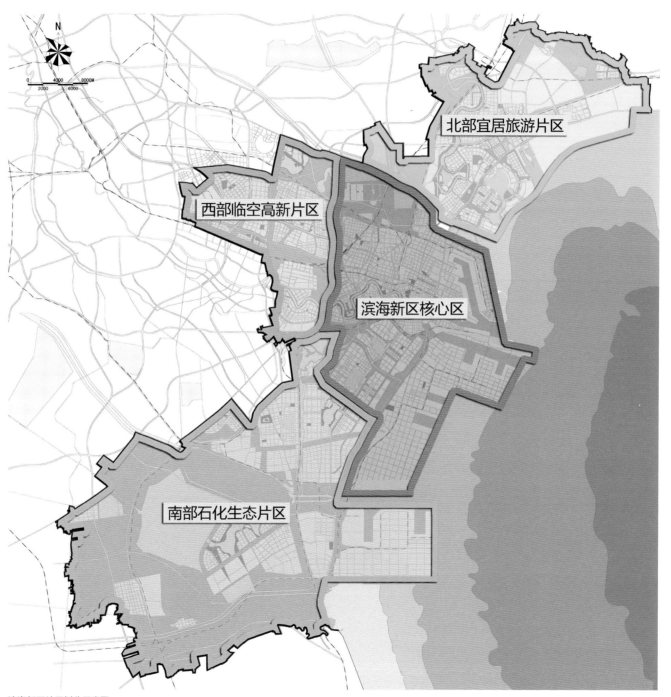

北部宜居旅游片区

西部临空高新片区

滨海新区核心区

南部石化生态片区

滨海新区片区划分示意图
资料来源：天津市城市规划设计研究院

City
Region Towards Scientific
Development
走向科学发展的城市区域

天津滨海新区城市总体规划发展演进
The Evolution of City Master Plan of Binhai New Area, Tianjin

滨海新区用地布局示意图
资料来源：天津市城市规划设计研究院

第五节　港口布局与岸线利用

规划将天津港建成现代化国际深水大港，至 2020 年，天津港年货物吞吐量达 7 亿吨，集装箱吞吐量达 2800 万标准箱。

落实空间发展战略，北港重点发展集装箱运输，南港重点发展散石油、煤炭、散杂货运输，形成南北均衡发展的格局。

北部港区：包括北疆、东疆、南疆和大沽口港区，其中北疆港区和东疆港区重点发展集装箱运输；南疆港区重点发展油气运输，逐步退出对城市影响较大的煤炭和矿石运输，将货运功能向南港转移；大沽口港区依托临港经济区，重点发展重型装备制造，预留集装箱发展用地。

南部港区：主要为南港工业区和独留减河北岸的南港北区，承接北部港区功能南移，重点发展重化产业及煤炭、矿石等大宗散货运输，建设集装箱码头。独流减河北岸预留发展区是天津港未来进一步发展的主要储备资源，以服务腹地物资运输为主，预留集装箱运输功能。

结合港口建设，科学规划海岸线系统，以自然顺直的海岸线为基线，集约、可持续利用岸线，合理增加生活岸线、预留发展岸线。

① 重点开发岸线。包括永定新河口至海滨浴场，独流减河至油田防洪堤。重点发展港口及工业，适度发展生活旅游。

② 适度开发岸线。包括大神堂至蔡家堡，蔡家堡至永定新河河口，海滨浴场至独流减河。重点发展生活旅游与渔业养殖，适度发展港口及工业。

③ 禁止开发岸线。包括陆域津冀北界线至大神堂；油田防洪堤以南至北排水河。重点是生态恢复与保护，严格禁止开发。

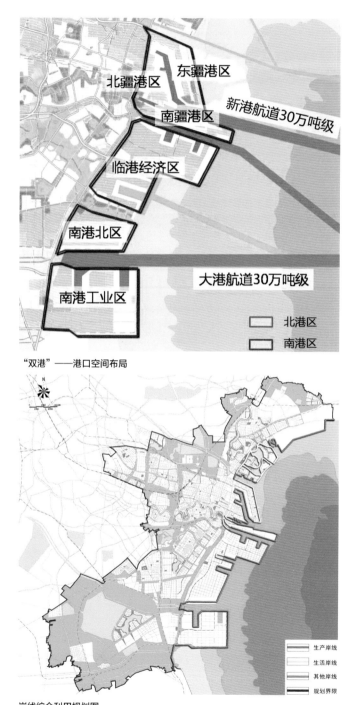

"双港"——港口空间布局

岸线综合利用规划图
本页资料来源：天津市城市规划设计研究院

第六节　道路交通

一、集疏港交通

规划形成客货交通分离、港城交通分离、综合运输高效、内外衔接紧密、各方式转换便捷的综合集疏运体系。

（一）公路及城市道路疏港体系

规划在滨海新区核心城区外围形成由高速公路和普通公路组成的两级疏港网络系统，构筑货运保护壳，分离港城交通。其中，高速疏港网络由"七横二纵"的高速公路组成，联系区域腹地，承接对外远距离疏港运输。"七横"分别为京港高速、京津高速、京津塘高速、津晋高速、津港高速、滨石高速、南港高速；"二纵"分别为塘承—唐津—津汕高速、海滨大道。

普通疏港网络由普通公路与部分城市干道组成，联系全市及周边地区，服务中短途疏港运输。横向通道有京津高速辅道、十二大街、第九大街、津塘路、津晋高速辅道、轻纺城路、红旗路；纵向通道有西外环和渤海十路。

（二）铁路疏港体系

规划强化进出港铁路能力，优化货运场站布局，在中心城市范围内形成"环线—放射线"式疏港铁路骨架。

"环线"由"李港铁路—周芦铁路—汉周铁路—津霸线—京山线—京山北环联络线—津蓟北环联络线—北环线"组成。

"放射线"为包含联通区域的铁路通道与直接进入港区的铁路疏港线。其中进港铁路包括规划进港三线至北疆港，规划临港铁路至临港工业区，规划南港一线、南港二线至南港工业区。对外通路包括联通东北方向的京山铁路，联通蒙东方向的津蓟铁路，联通北京方向的京山铁路，联通霸州、保定方向的津霸铁路，联通山东方向的津浦铁路，联通黄骅方向的黄万铁路。

规划形成"一集两编"5个货运站的铁路集疏运场站布局。集装箱站为新港集装箱编组站，编组站为北塘西编组站和万家码头编组站，货运站为茶淀、军粮城、北大港、南港一站、南港二站5个货运站。

二、对外交通体系

依托海、空两港，建立便捷的对外联系通道，充分利用欧亚大陆桥桥头堡的优势，将滨海新区建设成为北方国际航运中心和国际物流中心。建设各种交通方式紧密衔接、快速转换、通达腹地区域一体化的现代交通网络，促进区域大型交通基础设施共享。

（一）强化铁路运输能力

高速铁路方面，规划将津秦客运专线引入滨海新区，在塘沽海洋高新区设滨海站，在汉沽区茶淀镇北侧设滨海北站。

城际铁路方面，规划将京津城际铁路引入滨海新区，在军粮城镇设军粮城北站，在现状京山铁路塘沽站设站，并延伸至于家堡站。规划连接环渤海主要城市的环渤海城际铁路，北接曹妃甸，南接黄骅，线路经过滨海站，并设汉沽站、大港站、南港站。

普通铁路方面，强化区域铁路通道建设。规划滨海新区—霸州—保定—太原铁路，并接太（太原）中（中卫）铁路，形成直通西部的大通道，构成欧亚大陆桥距离最近的通道；建设黄万铁路复线接朔黄铁路，形成通往西部能源基地的南部大通道；北延津蓟铁路，形成滨海新区—承德—赤峰—通辽铁路通道。

客货运枢纽方面，规划滨海新区形成"两主五辅"的铁路客运枢纽，其中津秦客运专线滨海站、京津城际铁路塘沽站（含于家堡站）为主客运站，京津城际铁路军粮城北站、津秦客运专线滨海北站、环渤海城际铁路汉沽站、大港站、南港站为辅助客运枢纽。

（二）优化公路网络

高速公路方面，对接市域高速公路网，规划形成"七横四纵"

滨海新区范围内铁路及城市道路集疏港网络
图片来源：天津市城市规划设计研究院

City
Region
走向科学发展的城市区域

Towards Scientific
Development

天津滨海新区城市总体规划发展演进
The Evolution of City Master Plan of Binhai New Area, Tianjin

滨海新区铁路系统规划图
图片来源：天津市城市规划设计研究院

的路网布局。"七横"为国道 112 线高速公路、京港高速公路、京津高速公路、京津塘高速公路、津晋高速公路、津石高速公路、南港高速公路；"四纵"为津宁高速公路—津汕高速公路、塘承高速公路、唐津高速公路、海滨大道。

一般干线公路方面，规划建设与周边各区县及地区联系的一般干线公路，提高新区与周边交通的可靠度。

三、城市道路

构筑结构合理、等级清晰、高效便捷的道路交通网络，满足多层次和多方式的交通需求，形成内外一体化的交通格局。

快速路方面，强化滨海新区四个城区与中心城区及相互间的交通联系，并与高速公路衔接。快速路呈"五横五纵"布局。"五横"为津汉快速路、津滨快速路、津塘二线快速路、天津大道、津港快速路；"五纵"为机场大道、汉港快速路、西中环及其延长线、塘汉快速路、海滨大道。

主干路方面，完善各城区、功能区之间主干路网络的连接，有效补充区间交通联系。主干路系统沿"T 形"交通骨架展开，基本呈"方格网"状布局。

四、轨道交通与公共交通

（一）轨道交通

规划市域线（Z 线）、城区线（地铁）两级轨道系统。滨海新区范围内轨道交通线路总长度 450 千米，线网密度 0.19 千米 / 平方千米。其中：市域线（Z 线），共规划 4 条构成"两横两纵"的轨道交通主骨架网络；城区线共规划 8 条，包括滨海核心区（B 线）及海河中游（C 线）两个相对独立的线网。

滨海核心区形成以于家堡为核心的中心放射结构，共有 3 条市域线（Z1、Z2、Z4）、6 条城区线，津滨轻轨、B1、B2 线为城区骨干线，B3、B4、B5 线为城区填充线，核心区内城区线总长度约 180

千米，规划三线换乘枢纽 3 座，两线换乘枢纽 24 座。

海河中游重点强化海河中游与双城区的快速联系，滨海新区范围内共有 2 条市域线（Z2、Z3），5 条城区线，津滨轻轨、M2 线为城区骨干线，M4、C1、C2 线为城区填充线，新区范围内城区线总长度约 42 千米，规划三线换乘枢纽 1 座，两线换乘枢纽 4 座。

场站规划方面，规划在每条线路两端分别设置车辆段及停车场，车辆段用地规模控制在 30 ~ 50 公顷；停车场用地规模控制在 15 ~ 20 公顷，并预留用地。

（二）公共交通

建立以公共交通为主导的一体化、多种方式并存协调的可持续发展的城市客运交通模式；建立以公共交通为导向的城市土地利用模式，实现公共交通与土地利用的互动发展。

公交出行比例：新区公交出行比例的规划目标为：近期 25% 以上，远期 40% 以上。公交可达性目标：实现 1 小时通勤圈发展目标：新区主要城区中心至中心城区中心区公交出行时间控制在 60 分钟以内；新区各功能区至塘沽城区中心区公交出行时间控制在 60 分钟以内；三个主城区和各功能区内部 90% 居民公交出行时间控制在 40 分钟以内。公交服务水平发展目标：运送速度，轨道交通高峰运送速度平均达到 35 千米 /h 以上，快速公交高峰运送速度平均达到 25 ~ 30 千米 /h 以上，常规公交高峰运送速度平均达到 15 ~ 20 千米 /h 左右。站点覆盖率，主要城区内公共交通站点 500 米覆盖的人口和岗位数达到 90% 以上。

构建快速公交系统，在滨海新区核心区内部以及核心区与其他组团间，与轨道交通共同构成公交骨架网络，在组团内发挥主导作用；共规划快速公交线路 14 条，总长度 280 千米。构建区域辐射、市域衔接和城市服务以功能型为主的枢纽体系，巩固滨海新区区域交通枢纽的功能和地位，促进城市综合交通体系的建立，实现区域交通与城市交通一体化，引导城市空间与区域空间结构协调发展，共规划枢纽 60 个。

City
Region Towards Scientific
Development
走向科学发展的城市区域

天津滨海新区城市总体规划发展演进
The Evolution of City Master Plan of Binhai New Area, Tianjin

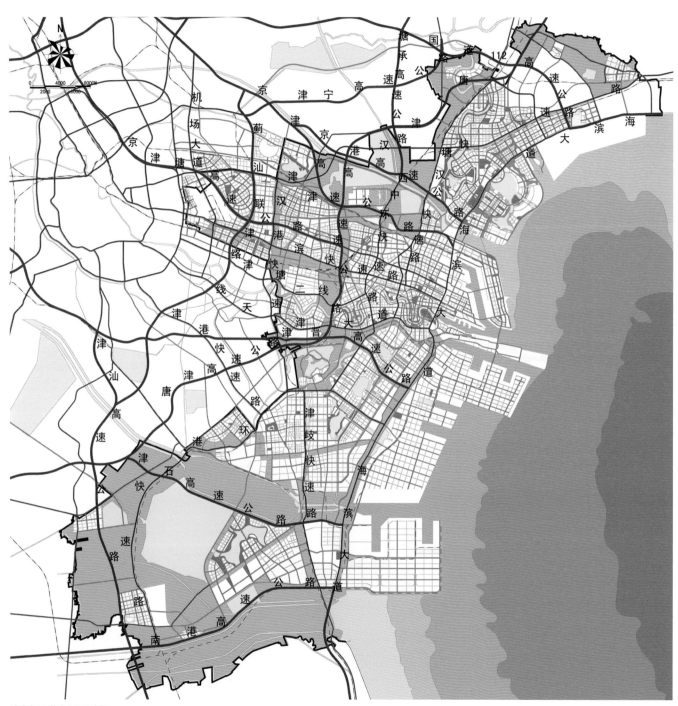

滨海新区道路交通规划图
图片来源：天津市城市规划设计研究院

滨海新区轨道交通规划图
图片来源：天津市城市规划设计研究院

第七节 产业发展

工业重点发展航空航天、石油化工、装备制造、电子信息、生物医药、新能源新材料、轻工纺织、国防科技等八大主导工业。服务业重点发展金融、物流、科技服务、休闲旅游、外包服务等五大主导产业。

在空间上，按照中服务、北旅游、南重化、西高新的发展方向，整合规划形成九个产业功能区，分别为海港物流、中心商务区、先进制造业产业区、滨海高新区、临空产业区、南港工业区、临港工业区、滨海旅游区、中新天津生态城。

一、明确工业发展重点，建设优势产业集聚区

从渤海湾临港地区、主导产业发展现状综合考虑，判断滨海新区未来的发展重点：航空航天、新能源新材料、生物医药、电子信息、轻工纺织。

基础产业应向产业链下游延伸，带动就业和经济发展。石化应向产业链中、下游延伸，发展合成材料、助剂试剂等，并与轻工纺织对接，形成石油炼化—化工材料—轻工纺织的完整产业链；冶金产业应重点发展管材、型材等中间产品，支撑装备制造业发展，形成钢铁冶炼—金属制品制造—装备设备制造的完整产业链。汽车产业应重点发展电动与混合动力汽车等新能源汽车，并带动关键零部件制造和关键技术的发展。以八大支柱产业为重点，发展循环经济产业链，加快转变工业发展方式。

根据产业发展规律和区位需求，引导产业空间布局。石化、冶金、装备等基础产业向港口集聚，以加强产业链延伸；电子信息、生物医药、新能源新材料、航空航天等依托原有产业基础和良好配套环境发展。各功能区以3～4个重点产业为主，根据促进产业集群发展，发挥合力，形成各有侧重、特色突出的产业集聚区。津滨

发展主轴上的功能区重点集聚高新技术产业和战略性新兴产业，逐步引导轻工、风电装备等项目向北片区和临港地区集聚；依托港口资源的功能区重点依托滨海临港优势，集聚装备制造、石油化工等临港产业；北部经济功能区重点集聚农产品加工、轻工业等无污染的产业，积极发展新一代信息技术等新兴产业，发展智慧型、健康型、生态型都市工业。

二、深化研发空间布局，强化新区自主创新能力

一是要强化应用型研究。构建"一心七区多平台"技术创新空间格局。根据美国硅谷经验，90%的工程师、软件师选择在硅谷工作的原因是自然环境优美。借鉴其经验，"一心"选址在紧邻东丽湖、黄港水库的滨海高新区，"七区"结合功能区布局，同时鼓励各经济功能区搭建科技型中小企业创业平台，强化科技型中小微企业的发展与作用。二是加强基础研究。依托良好的环境优势，强化原有泰达高校集聚区、大港高校集聚区的发展，在欣嘉园西侧可以考虑预留高水平国际高校，同时借助海河教育园的师资力量，共同提升创新能力。

三、完善现代服务业布局，提升新区服务能级

1. 服务业发展重点和总体布局

明确服务业发展重点。滨海新区住宅、办公楼、商业等与远期600万人的需要存在一定差距，但近期发展空间有限，局部区域供过于求，应差异化对待。服务业应以既有楼宇为载体，重点发展金融业、总部经济、科技信息产业、旅游业，并提升商贸与流通服务业模式。

服务业布局时，考虑两方面因素：一是围绕服务业发展需求布

局。金融服务集聚集中发展；其他服务业与功能区结合，采取适度集中和有机分散相结合的布局方式；旅游业依托资源布局。二是与城市空间战略对接，重点在京滨发展轴上布局。

通过对服务业的合理安排，构建"一带十二区"的现代服务业空间布局。全面提升滨海新区服务能级，2020 年，服务业比重达到 45%。

"一带"指规划建设海河综合服务带。利用海河、永定新河、独流减河水系优势，联通市区、海河中游、于家堡、东疆港、北塘

等区域，加快形成海河全线到沿海景点的游船线路，体现天津滨海临水的城市特色。海河综合服务带的重点产业功能区包括以航运服务为发展重点的新港船厂地区；以国际化金融商务为发展重点的于家堡—响螺湾地区；以商务办公为发展重点的开发区 MSD；以商业中心为发展重点的解放路—天碱地区；以文化产业、休闲产业和城市大事件预留区为发展重点的南窑半岛和天钢大无缝地区。

"十二区"是指十二个现代服务产业区，主要包括：空港商务办公区（商业、总部、商务）、渤龙湖总部经济区（总部、商务、

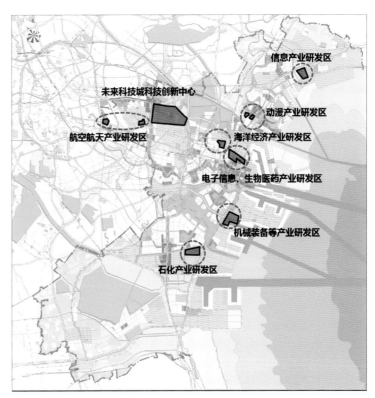

滨海新区产业集聚区布局规划图
图片来源：天津市城市规划设计研究院

滨海新区研发空间布局示意图
图片来源：天津市城市规划设计研究院

City
Region Towards Scientific
Development
走向科学发展的城市区域

天津滨海新区城市总体规划发展演进
The Evolution of City Master Plan of Binhai New Area, Tianjin

商业）、津秦高铁商务区（商务、商业、研发）、北塘高端商务办公区（中小企业总部）、东疆港航运服务区（航运服务）、滨海旅游区（旅游、休闲）、中心渔港休闲服务区（游艇休闲）、临港经济区综合商务区（商务、科研）、轻纺经济区商贸物流区（商贸、现代物流）。

2. 强化生产性服务业发展，推动工业升级转型

金融业以于家堡—响螺湾为主要载体建设金融改革创新基地，完善多元化金融机构体系，推动港口金融、物流金融、科技金融优先发展，推进股权、排放权等交易市场建设，扩大直接融资规模。总部经济以综合型总部、职能型总部和中小企业总部为重点，功能区错位、差异化发展。服务外包以功能区为载体，围绕支柱产业发展服务外包业。

3. 提升生活性服务业，增强对外吸引力和区域辐射力

商贸业以于家堡—响螺湾地区、解放路—天碱地区为核心，以其他功能区、城区为主要载体，完善商贸空间格局；加快中高档商业服务区建设，提升商业水平；以邮轮母港以及为邮轮服务的消费区建设和股权交易权为动力，形成具有自由贸易区性质的国际商贸中心。

旅游业以滨海旅游区为龙头，重点提升核心区、滨海旅游区、东疆港区、北塘、中心渔港五大核心组团以及海河沿线，强化大神堂、茶淀等生态旅游，以旅游带动酒店、高档商业发展；同时与天津中心城区、北京合作共建精品旅游路线，发展区域旅游，将旅游业发展成新的经济增长点。

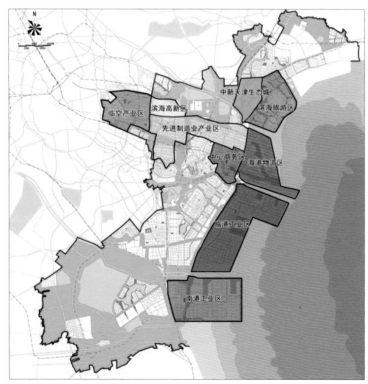

滨海新区功能区整合示意图
图片来源：天津市城市规划设计研究院

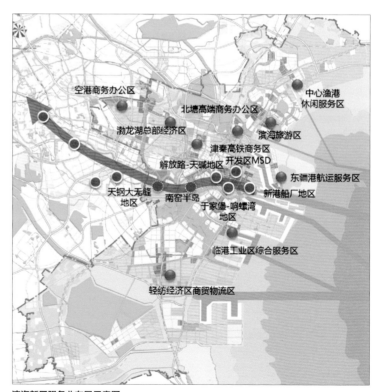

滨海新区服务业布局示意图
图片来源：天津市城市规划设计研究院

第八节　城市宜居

滨海新区现状居住用地面积 96.85 平方千米，在空间上以功能区、城区发展单元为载体分布。塘沽、汉沽、大港、开发区等成熟地区为人口集聚与住房交易的热点区域。

为营造方便宜居的生活空间，增加新区对外来人口、通勤人口的吸引力，减少长距离通勤为原则，设置科学合理的服务及出行半径，在新区适宜建设区均衡新增居住用地，同步规划城市公共服务设施，保障人口定居的空间需求。至 2020 年，新增居住用地 130 平方千米，居住用地总规模规划为 200 平方千米。

针对滨海新区年轻外来人口较多、产业工人多的特点，设计以租赁为主的蓝白领公寓与出售产权的定单式限价商品房，作为新区保障性住房体制改革的主要内容和特色。蓝白领公寓（包括建筑者之家）是在产业区内布局的租赁型公寓，为在新区就业的年轻单身蓝白领人群提供租金平价、环境优美、就业方便的居住空间。定单式限价商品房是针对来新区就业的非户籍人口设计的住房产品，为在新区定居的外来人口提供低于市场价格的、品质高、环境好的限价商品房，满足刚性住房需求，改善性住房条件，吸引外来人口落户。

滨海新区人口分布情况
图片来源：天津市城市规划设计研究院

滨海新区居住组团布局
图片来源：天津市城市规划设计研究院

City
Region
Towards Scientific
Development
走向科学发展的城市区域

天津滨海新区城市总体规划发展演进
The Evolution of City Master Plan of Binhai New Area, Tianjin

第九节   市政设施配置

一、水资源

坚持"节流、开源、保护水源并重"的方针，以"总量控制、统筹配置"为原则，安全、高效地利用水资源。

大力开发包括海水淡化在内的非常规水资源，构建优水优用、一水多用的水资源综合利用体系。规划建设一批设备完善、工艺先进的供水设施，保障供水系统的安全性和可靠性，实现区域联网供水。采用雨污分流的排水体制，提高城市排水管网覆盖率，优化污水处理设施布局，加强雨水集蓄利用，形成完善的城市排水系统。

规划至 2020 年，滨海新区城市水厂总供水能力达到 338 万立方米／日，城市自来水普及率达到 100%，海水淡化规模达到 50～60 万立方米／日。

二、能源

提高滨海新区能源利用效率，创建多元化的能源供应体系，加大清洁能源比例，积极科学地开发太阳能、风能、地热能、垃圾发电等清洁能源，以能源的高效利用构建现代化的集约型和谐城区。

加快滨海新区电源建设，完善电网结构，形成双环网供电结构，增强供电可靠性和抵御事故能力。大力发展热电联产，形成以热电联产集中供热为主，分布式能源为辅的供热方式。积极推广使用可再生能源和其他清洁能源供热。建立多气源互补的天然气供气网络，提高天然气在一次能源中的比例，促进能源结构优化，确保能源供应安全。

调整产业结构，依靠科技进步，推广节能措施，加强节能管理，建设节能示范城区。

海新区雨水工程规划图
图片来源：天津市城市规划设计研究院

第十节　生态结构

滨海新区位于海河流域下游，濒临渤海，北京市、河北省及天津市域的多条河道均由此入海。区内地势平坦、河海交汇、湿地纵横、动植物资源丰富，是京津冀生态体系的重要组成部分。

规划以全面支撑"宜居生态型新城区"为目标，对接区域生态系统，以生态体系恢复和优化为切入点，结合生态要素与城市空间布局，构建"两区七廊"的生态网络结构。

"两区"，北部以七里海湿地为依托形成近 200 平方千米的生态区，南部以北大港水库为核心建设 300 平方千米的生态区。生态区是基础性的生态源地和战略性保障空间，主导功能是为区域生态

提供功能支撑，有效保持和维护区域生态系统的完整和功能。其应以自然保育、恢复为主，人工修复为辅，同时加大生态环境监管，避免产生新的生态破坏。

"七廊"，依托海河、永定新河、独流减河形成三条东西向生态廊道，四条南北向河流、交通生态廊道连通全区。生态廊道主导功能是保持生态系统的结构完整性，提升生态服务效益，增强城市生态的内在活力，主要是依托河道、公路，建设乔、灌、草相结合的防护绿地。同时，道路廊道应建立公路动物通廊，最大程度地降低公路对生态系统产生的切割效应。

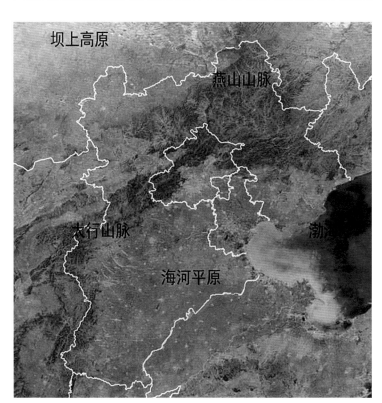

滨海新区生态区位图
图片来源：天津市城市规划设计研究院

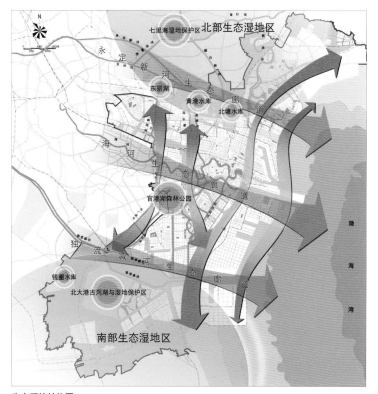

生态系统结构图
图片来源：天津市城市规划设计研究院

空间管制规划图
图片来源：天津市城市规划设计研究院

第十一节　城市防灾

一、防洪与防风暴潮

滨海新区属暖温带半湿润半干旱气候，年平均降水量为 560 毫米，其中 70%～80% 集中在汛期（6—9 月），汛期降雨又往往集中于几次暴雨，故极易酿成洪涝灾害。多条承担泄洪功能的河流经滨海新区入海，遇天文大潮或台风造成渤海湾水面升高致使排水不畅造成局部洪涝。

据资料显示，1500—2009 年，该地区共发生 68 次风暴潮，平均 7.5 年一次，多发生在初春、盛夏和秋末这三段时间内，其中以 7、8 月份发生频率最高，与洪涝灾害多同期发生。

为保障滨海新区防洪及防潮安全，滨海新区城市防洪规划目标为两百年一遇，包括地处天津城市防洪圈内的滨海新区核心区、大港城区、海河下游地区。汉沽城区按一百年一遇标准设防；滨海新区各城区、其他重点建设区、中心镇按 20 至 50 年一遇标准防涝，集镇村庄按照十年一遇标准防涝。北疆电厂至南港工业区按照可抗两百年一遇高潮位、抵御一百年一遇风浪标准建设防潮堤，其余区域按可抗 1 百年一遇高潮位、抵御五十年一遇风浪标准建设防潮堤。维修加固原有防潮堤，提高其防风暴潮能力。

近 20 年天津海域发生的主要风暴潮

时间	地点	灾害状况	经济损失（亿元）	原因
1985 年 8 月 18 日	塘沽	工厂停工，民舍倒塌	0.6	9 号台风影响，特大海潮
1992 年 9 月 1 日	塘沽	工厂停工，民舍倒塌	3.99	16 号强热带风暴影响
1993 年 11 月 16 日	塘沽	新港被淹	—	温带风暴潮
1997 年 8 月 20 日	塘沽	工厂停工，民舍倒塌	1.28	11 号台风影响
2003 年 10 月 11 日	塘沽	新港被淹	2	温带风暴潮

二、控制地面沉降

地面沉降对社会、经济和环境的影响很大，可使河流入海闸口标高降低，严重影响河流的泄洪能力，还会威胁地下管道的安全运营，使管道弯曲、断裂等，造成供排水不畅、煤气泄漏等事故。地面沉降使潜水位上升，造成土壤盐碱化，给农业带来损失，若与风暴潮灾害叠加，将会形成严重内涝，威胁人民群众的生命财产安全。

滨海新区所在的区域在 20 世纪前主要是自然演变下的地质环境造成沉降，主因是地壳构造运动和土层固结，20 世纪末由于大

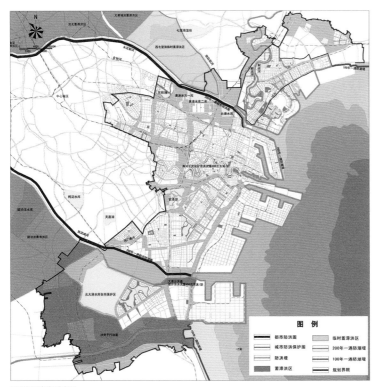

防洪防潮规划图
图片来源：天津市城市规划设计研究院

量开采地下水，人为因素造成的地面沉降超过了自然演变。目前滨海地区的地面沉降监测面积约 1095 平方千米，自 1986 年以后采取控沉措施以来，已处于渐缓趋势，据 2009 年掌握的地面沉降数据来看，塘沽区的地面沉降已基本得到了控制，但是由于历史积累在沿海地区仍然存在沉降中心。

规划是为了巩固地面沉降的控制成果，为防止历史形成的沉降区域不再扩大，采取了一系列措施。地面控沉的核心是保护地下水资源，实现水资源科学合理利用，因此规划严格控制地下水开采，积极寻找替代水源，削减地下水开采量，实施地下水回灌，防治地面沉降。规划还提出提高吹填海造陆工程技术，加强工程处理措施，减小填海造陆地区地面沉降隐患。到 2020 年滨海新区沉降平均速率控制在 15 毫米／年以内。

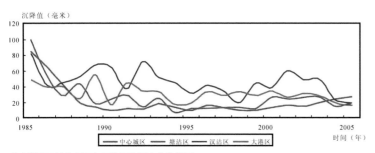

中心城区及滨海新区年平均沉降量变化曲线图
图片来源：天津市控制地面沉降工作办公室，2006 年

滨海新区地面沉降控制目标分解表

沉降量（mm） 地区	2007 年现状	2014 年控制目标	2020 年控制目标
塘沽区	35	15	10
汉沽区	32	20	10
大港区	31	20	15
东丽区	49	20	15
津南区	73	35	25

三、防震减灾

滨海新区地处黄骅坳陷以内，在滨海新区范围内分布有多条的地质断裂带，有沧东断裂、汉沽断裂、大神堂断裂、茶淀断裂、汉沽南断裂、蛏头沽断裂、北塘断裂、宁车沽断裂、山岭子断裂、塘沽断裂、新闸断裂、海河断裂、板桥断裂、大张坨断裂、唐家河断裂、港西断裂、港东断裂等。

自公元 294 年（有记载）以来，滨海新区所在区域及临近区域共发生具有破坏性的地震 173 次，平均 9.9 年一次。其中影响较大的有：1815 年 8 月 6 日的天津葛沽 5.0 级地震、1888 年 6 月 13 日渤海 7.5 级地震、1969 年 7 月 18 日渤海 7.4 级地震、1976 年 7 月 28 日唐山 7.8 级地震、1976 年 11 月 15 日天津宁河 6.9 级地震。

规划划定汉沽区、塘沽区的宁车沽、北塘水库、黄港水库、东丽湖以北等地区具备综合抗御地震基本烈度 8 度的能力，其他地区具备综合抗御 7 度地震的能力，城市建设应合理避让地震断裂带。结合城市用地布局，将城市绿地、公园、学校操场、广场作为避难场所，紧急避难场所的有效人均用地标准为 1.5 ～ 2.0 平方米，长期避难场所人均用地标准为 2.0 ～ 3.0 平方米，避难场所应建设必要的市政、治安和医疗救助等配套设施，充分利用地下空间进行抗震救灾，将部分地下空间作为抗震救援物资储备场所。规划开展强震动观测与地震动衰减研究、地震断层和地质勘查、地下资源保护与利用等工作，建设现代化的地震监测网络、地震灾害防御系统以及地震应急救援体系。

四、气象防灾规划

滨海新区内气象防灾主要包括对区域内洪涝、冰雹、干旱、大风及风暴潮的预报与应急反应等内容。为保障滨海新区安全，必须要建立气象防灾系统，为新区发展提供准确、及时的气象信息。

规划完善滨海新区气象探测与综合预报系统，建立现代化气象服务业务体系，全面提升滨海新区气象防灾减灾能力。建立高密度、多要素、多学科，由天基、空基及地基探测网组成的综合气象观测系统，在现有卫星通信网基础上，建设功能齐全、技术先进、布局合理、性能优越、安全可靠、高度自动化的气象通信网络系统。建立气象及其次生灾害的预报预警和评估系统，对干旱、暴雨、雷电等气象灾害以及风暴潮、空气污染、疫情传播等次生灾害进行预报预警和事后科学评估。面对不断发展的渤海海洋石化、海运及沿海经济，建立天津海洋气象预警中心是非常必要的。

对各类重大气象灾害制定科学、高效、经济的应急预案，确保重大气象灾害发生时人员信息畅通、预报准确、警报到位、疏散有序、救援及时、恢复迅速，把灾害造成的人员伤亡和对社会经济的破坏减小到最低程度。

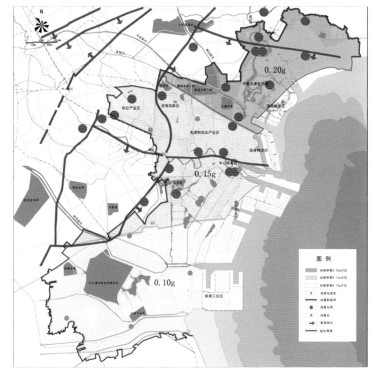

滨海新区抗震规划图
图片来源：天津市城市规划设计研究院

本章小结

滨海新区城市总体规划（2009—2020 年）是滨海新区在被纳入国家发展战略以后编制的比较系统完整的城市总体规划。它既延续了天津市 1986 年版城市总体规划提出的"工业战略东移"和"一条扁担挑两头"的规划布局，又贯彻了天津市空间发展战略和新区空间发展战略的要求，也既符合新区自身的特点和实际，又结合了国际上城市区域的发展趋势，形成了全面、系统、完整、较高水平的新区真正意义上的第一次城市总体规划。

第八章　总体规划修编与动态维护

2010 年以来，随着滨海新区行政体制改革和快速发展，滨海新区城市整体空间结构面临着重组与整合，需对原规划进行优化提升。在此背景下，按照市委市政府、区委区政府的要求，新区规划和国土资源管理局于 2010 年、2013 年两次组织规划编制单位开展了新区城市总体规划的提升和修编工作，摸清了新区面临的问题，进一步明确了长远发展的思路，有力支撑了新时期新区的开发开放，为 2015 年开始编制新一轮"两规合一""多规统筹"规划编制工作的全面开展奠定了坚实的基础。

第一节　2010 年滨海新区城市总体规划提升

一、规划提升背景

2009 年末，国务院批复同意天津调整滨海新区行政区划。2010 年 1 月，撤销塘沽、汉沽、大港三个行政区，滨海新区区政府正式成立，标志着滨海新区行政管理体制改革全面启动，滨海新区的发展又进入一轮新高潮期。

滨海新区行政区划调整将改变滨海新区行政区和功能区分散多头发展的格局，为滨海新区整体效益发挥、统一协调发展奠定了基础。行政区划调整后的滨海新区空间面临结构重组与整合，2010 年 3 月起，市规划局、滨海新区政府共同组织开展滨海新区城市总体规划的研究提升工作，并于 2011 年 3 月完成阶段成果。

二、规划提升主要内容

本次规划围绕滨海新区在落实并对接国家发展战略的要求、发挥区域带动作用、强化职住平衡和对外展示服务功能等方面，明确了空间优化、产业发展、民生建设、设施支撑的时空发展秩序，保证现行城市总体规划能够适应并对接空间拓展模式、产业转型升级、民生事业发展、基础设施调整的持续深化要求，为新区开发开放、城市发展取得的巨大成绩，发挥了重要作用。

本次总体规划提升研究工作重点针对滨海新区城市发展中所需要解决的问题，开展了大量的实施评估、深化调整、数据更新、基础调研、比较分析工作，并完成了城市增长格局、指标与定位、产业、人口、土地、交通、市政、生态、城市安全等十余项专题研究的阶段性成果，形成了较为有力的专业技术支撑，为滨海新区总体规划提升定性、定量地提供了重要依据。

滨海新区用地布局图
图片来源：天津市城市规划设计研究院

City
Region
Towards Scientific
Development
走向科学发展的城市区域

天津滨海新区城市总体规划发展演进
The Evolution of City Master Plan of Binhai New Area, Tianjin

滨海新区城市空间结构分析图
图片来源：天津市城市规划设计研究院

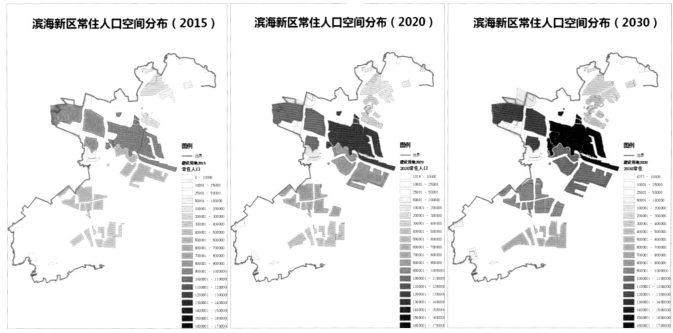

滨海新区人口规模空间分布预测

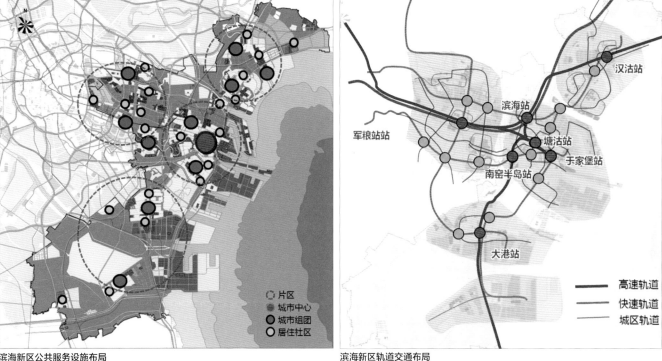

滨海新区公共服务设施布局

滨海新区轨道交通布局

本页图片来源：天津市城市规划设计研究院

三、规划优化重点

滨海新区南北向直线距离约 100 千米，东西向约 50 千米，具备海湾型城市地区的特征：面海带状展开、超大型城市尺度、多极核生长状态、多区域舒展格局。

国际上特大城市已向多中心城市区域的模式发展，交通方式的转变、交通成本的下降、服务业的发展对这种模式的成功实践起到有力支撑。滨海新区天生具备"城市区域"的特征与潜质，此次总体规划的主要思路就是在尊重现状格局的基础上进行有效整合，建立清晰有序的规划发展框架。

另一方面，滨海新区已经显现人口、经济和土地利用规模的急速增长现象，必须提前规划城市空间结构，结合产业功能区发展形成多个城市综合组团，通过完善交通体系打造网络化的海湾型城市区域。

（一）规划结构优化

总规修编按照"立足长远、有序拓展"的规划理念，建立起由理想到现实、由愿景到近期，放眼未来、持续转化的规划思维秩序，使规划修编具有前瞻性、可持续性的战略意义。在天津战略"双城双港，相向拓展，一轴两带，南北生态"和滨海战略"一城双港三片区"的指导下，规划形成"一城双港、六区支撑"的城市空间结构。

"一城"是指滨海城区核心区，是天津市"双城"之一，其范围是东至海滨大道，北至永定新河、北环铁路，南至津晋高速公路，西至唐津高速公路，目标是建成服务区域的环渤海中心城，城内按中心商务区、开发区、海洋高新区、西部生态城区、南北生态城区等五个区域组织公共空间体系。

"双港"是以现状海滨浴场和津港快速延长线为界划分的南北两大海港港区。两个港区均由高等级航道带动发展，港区功能各有侧重。北港区为综合商港（集装箱）和工业港，南港区近期为工业港，远期向综合性港口转型。

"六区"指结合产业发展状况，充分整合协调各功能区，划分六个城市综合功能区，包括三个城市功能为主导的城区——汉沽城区、大港城区、海河城区，三个以产业发展为主导的区域——南港工业区、临港经济区、海港物流区。各城区按照各有侧重、规模相当的原则，按中等城市配套生活设施，产业发展与城市生活相互平衡，结合公共交通网络加强组团间联系。

在规划编制过程中，除上述推荐方案外，还先后提出多个比选方案，探讨城市空间布局和演化的几种可能性。

方案一："一城双港三片区"。

该方案在滨海新区城市空间发展战略"一城双港三片区"的总体布局基础上进行了城市区域的细化。与滨海战略中北港、南港分别包含在核心区、南片区不同，该方案将南北双港独立划设，以海滨大道划分港城边界。同时，在城区、片区内还划出了城市建设空间和生态保留空间，控制城市避免蔓延，进行集约发展。

方案二："一城双港八组团"。

该方案将城市生活、生产空间进行边界细化，为"一城、双港"及各组团划定了开发边界。此方案有三方面优势：一是对发展轴线的拓展有积极意义；二是通过多组团的城市化方式，有助于推进城乡统筹；三是规模适中的组团可以有效避让生态空间，避免圈层式蔓延对城市边缘生态区的侵占。

方案三："一城双港三区五组团"。

在进一步对方案二的"八组团"进行详细分析后，项目组提出滨海北部（汉沽—生态城）、南部（大港）、西部（空港）三地有条件发展成为综合型城区，同时保留五个产业组团。通过城区和产业区的分别，更有利于城市生活配套设施的集中建设，也可以更有针对性地确定各区域发展方向、开发重点、建设模式。

方案四："一城双港三区六功能区"。

该方案是一种过渡性质的方案，对已有的九大功能区和三个经济区进行部分整合，主要将位于海河中游北岸的空港经济区、滨海高新区、开发区西区三个功能区与周边东丽湖、军粮城等区域整合，按综合城区进行设施布局。其他功能区、经济区大体保持不变。

总体而言，各个方案虽各有特点，但总体上都体现了滨海新区超大型城市尺度、多极核生长态势、多区域组合格局的大趋势，以打造多中心功能性高度城市化的城市区域为长远发展目标。

（二）近远期结合

2011—2015 年为近期建设规划年限，规划提出 2015 年发展人口规模达到 400 万人，城镇建设用地约 650 平方千米，地区生产总值约 10 000 亿元。同时，近期规划充分研究了发展的阶段特征，在总体方向的指导下，从产业发展、住房建设、公共设施建设、道路交通建设、市政设施建设及生态与安全建设等六个方面进行了详细安排。

与此同时，规划着重梳理了各功能区、经济区发展态势，参考已批准的功能区规划，在区域总体角度进行统筹和优化，对近期各区域的建设重点进行了安排，避免功能区之间的不良竞争和重复建设。

（三）以轨道交通为主的公共交通网络

规划对轨道交通网络的布局进行了系统安排，大力发展多层级的公共交通系统，创新公交布局模式，打造以多层级公共交通为主导的低碳、绿色客运出行体系，尤其是快速轨道交通，提高公共交通在滨海新区客运出行中的比例（规划 2020 年公交出行比例达到 30%，2030 年达到 40% 以上），构筑适应城市空间布局与新区职住不平衡动态变化趋势，形成以公共交通系统为主导的客运出行模式。

（1）构建快慢结合、长短有序、层级分明的 4 级轨道网络，实现差异化服务。

高速轨道：服务长距离、主城区之间点对点客运出行，主要方式为城际（高速）铁路，可以实现高速直达（15 分钟），规划高速轨道主要有京津城际、环渤海城际。

快速轨道：服务于中距离、重要组团的客运出行要求，主要方式为市域快线，快速通达（30 分钟），规划市域快线共有"二横二纵"四条线，"二横"为 Z1、Z2，"二纵"为 Z3、Z4。

城区轨道：服务于短距离、重要节点的客运出行需求，主要方式为城市地铁，实现均衡服务。城区轨道主要为滨海核心区内环放式轨道网，规划共有 7 条城区轨道线，总里程 210 千米。

接驳轨道：组团内与城区轨道进行有效接驳的小轨系统，服务于城区轨道未覆盖地区，主要形式为有轨电车。

（2）形成由区间快线、快速公交、城区公交组成的公交线网系统。

区间充分利用高快速路开行区间快线，核心区做好与轨道接驳，覆盖轨道服务盲区，外围组团实现与市域轨道的有机衔接。

一城双港三片区

方案一："一城双港三片区"

一城双港八组团

方案二："一城双港八组团"

一城双港三区五组团

方案三："一城双港三区五组团"
本页图片来源：天津市城市规划设计研究院

一城双港九区

方案四："一城双港三区六功能区"

四、专题研究

（一）滨海新区土地适宜性评价和综合评估

土地适宜性评价是以特定土地利用为目的，评价土地适宜性的过程。具体来说，就是指某块土地它针对特定利用方式是否适宜，如果适宜，对其适宜程度做出等级的评定，为编制土地利用总体规划提供科学依据。我国《城乡规划法》第 17 条提出城市总体规划内容应当包括：城市、镇的发展布局，功能分区，用地布局，综合交通体系、禁止、限制和适宜建设的地域范围，各类专项规划等。《城市规划编制办法》第 31 条提出城市总体规划的中心城区规划应当包括：划定禁建区、限建区、适建区和已建区，并制定空间管制措施；确定建设用地的空间布局，提出土地使用强度管制区划和相应的控制指标（建筑密度、建筑高度、容积率、人口容量等）；确定综合防灾与公共安全保障体系，提出防洪、消防、人防、抗震、地质灾害防护等规划原则和建设方针等内容，这些规划编制内容要求都需要在城市建设用地适宜性评定的基础上才可完成，城市土地适宜性评价是城市土地利用总体规划的重要内容，是合理布局和优化配置土地资源的基本依据，有助于规避自然灾害和工程灾害，保障城市人居环境的安全。

1. 通用土地适宜性评价方案

城市土地适宜性评价是根据城市的自然、经济和社会属性，建立多因素评价指标体系，采用加权求和的方法，综合评价各因素对土地的影响程度，并按土地质量的均值性和差异性划分土地级别。根据城乡用地标准（CJJ 132—2009）提出的城乡用地评定步骤，将城市建设用地适宜性评价分为适宜性指标框架制定、RS/GIS（Remote Sensing / Geographic Information System）建立数据库、

评价因子分析和综合评定结果四个阶段：适宜性指标体系确定依据可计量性、主导性、超前性和因地适宜性原则，结合实际情况，选取合适指标用来描述适宜性程度，并将指标体系分为若干个层次；RS/GIS 建立数据库是在统一坐标系和地形比例尺的 GIS 平台上进行数据收集、录入和整理工作，保证科学性和实效性；影响因子分析根据所选评价指标，运用层次分析法确定指标权重，采用网格法来划分评价单元，将各因子的统计数据用评价标准进行定量化处理；最后，综合结果评定运用地理信息系统平台，根据赋予的相关权重，将因子进行地图叠加和栅格运算，最终得出土地适宜性评价结果。

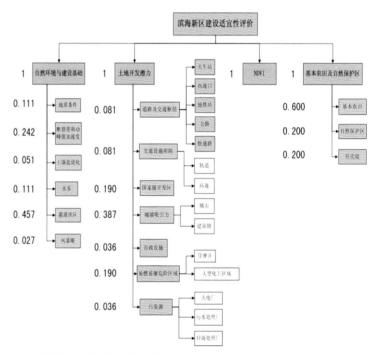

滨海建设适宜性指标体系和指标权重
图片来源：天津市城市规划设计研究院

City
Region Towards Scientific
              Development
走向科学发展的城市区域

天津滨海新区城市总体规划发展演进
The Evolution of City Master Plan of Binhai New Area, Tianjin

盐渍化现状图　　地质条件现状图　　断裂带现状图　　断裂带因子评价图　　盐渍化因子评价图

地质条件因子评价图　　高速口因子评价图　　轻轨站因子评价图　　公路和快速路因子评价图　　火车站因子评价图

道路及交通枢纽现状图　　国家级开发区现状图　　国家级开发区因子评价图　　交通设施阻隔现状图　　交通设施阻隔因子现状图

城市和建制镇现状图　　道路及交通枢纽因子评价图　　城市因子评价图　　建制镇因子评价图　　城镇吸引力因子评价图

各因子评价结果
图片来源：天津市城市规划设计研究院

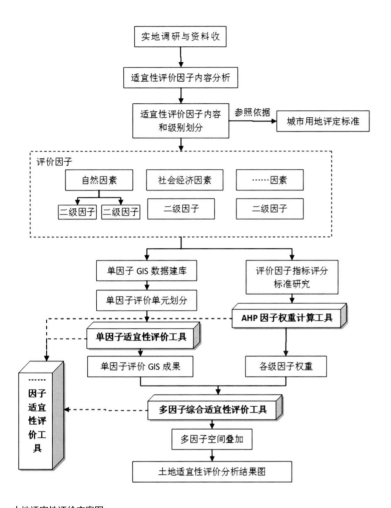

土地适宜性评价方案图
图片来源：天津市城市规划设计研究院

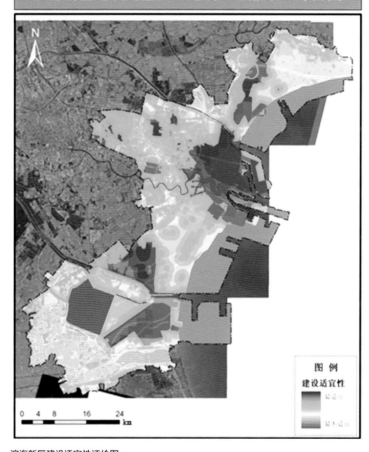

滨海新区建设适宜性评价图
图片来源：天津市城市规划设计研究院

2. 天津市滨海新区土地适宜性评价

在土地适宜性评价过程中，有两个关键步骤，一是影响因子的分析，二是综合结果的评定。专题通过对天津市滨海建设适宜性进行评价，根据地的适宜性评价流程，结合滨海实际情况，制作现状分析数据库和确定评价因子大类，根据专家打分结果，利用层次分析计算工具确定各评价因子权重，形成滨海建设适宜性指标体系和指标权重。

使用单因子评价工具对各影响因子进行评价，得到各因子评价结果图，再使用多因子权重叠加评价工具，将各因子评价结果叠加分析，得到滨海新区建设适宜性评价图，如图整个滨海新区的土地适宜性直观地显示在图上，从褐色代表的最不适宜建设区到蓝色代表的最适宜建设区，为城市总体规划用地选址提供了科学的依据。

（二）滨海新区城市增长格局研究

天津市滨海新区正处于快速的城市化阶段，城市增长日益加快。基于城市的环境、资源、社会的协调发展及城市经济、人口等问题，需要深入认识滨海新区城市空间增长的格局变化及演化过程，为城市的规划政策制定提供有力的定量化支持。

1. 研究框架

本研究从城市实体空间地域扩张角度出发，在传统的从城市发展的经济社会诸要素中运用数理统计方法研究城市空间格局及过程的基础上，基于 1993 年、2001 年、2006 年、2009 年四年滨海新区城镇建设用地时间序列数据，利用遥感和地理信息系统信息技术，从研究城市化过程中城市空间格局的空间区域变化、空间变化趋势及空间异质性特征入手，对城市格局及生长过程进行探索性空间数据分析（ESDA：Exploratory Spatial Data Analysis），定量地揭示滨海新区城市增长的空间格局及过程，如图所示。

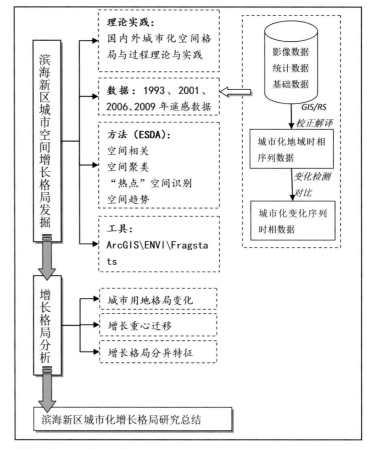

天津滨海新区城市增长研究框架
图片来源：天津市城市规划设计研究院

2. 基于遥感的滨海新区城市增长时序数据提取

（1）数据来源。

基于卫星遥感影像数据获取周期短、速度快、准确的特点，使遥感影像成为研究城市化空间格局和过程的最佳数据。特别是美国陆地卫星（Landsat）传感器的空间分辨率和光谱分辨率可以很好地识别城市人工建筑物、村落聚集地、林地、水域和农田等城市组成元素。根据天津市滨海新区重大政策实施节点，选择 1993 年、2001 年、2006 年和 2009 年 4 个时间点专题成像仅（TM）遥感影像作为城市实体地域信息提取的数据来源，同时还收集 2009 年的 1：2 000 地形图、滨海规划区域边界、2004—2008 年滨海新区高分辨率影像数据等，利用这些数据辅助城市增长数据提取过程中的影像配准、影像校正及辅助进一步解译。

（2）城市空间增长时序数据提取方法。

首先对四年的遥感影像进行辐射校正和几何校正，并将影像的分辨率统一到 30 米，坐标系统移到天津 90 坐标系上，将配准和校正后的遥感影像上叠加滨海新区的规划边界进行图像的裁剪，为下一步遥感影像分类提供数据基础。

遥感影像反映了地物在不同的波段上不同的波谱信息，为了准确地提取城镇用地地物，必须对各种地物的波谱信息进行分析，发现各种地物的波谱差异。基于波谱的不同，利用归一化建筑指数和波段运算来自动识别大部分滨海新区城镇用地；对于识别出来的各种用地采用波段的二值逻辑运算进行对城镇用地提取，由于自动识别会产生一些误分的情况，必须加入人为判断进行人机交互解译，特别是对于和城镇用地光谱特别相似的，不易于城镇用地分开的地物进行人为判断加以区分，如：盐田、裸石等。最后得到 4 个时段的天津市滨海新区城镇用地数据，技术路线如图所示。

基于以上技术路线进行提取，最终得到 1993 年、2001 年、2006 年和 2009 年四年滨海新区城镇建设用地格局图，如图所示。

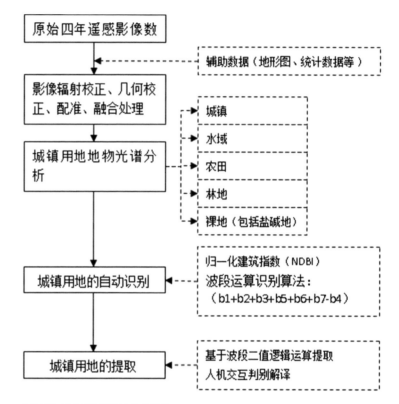

天津滨海新区城镇用地提取技术路线
图片来源：天津市城市规划设计研究院

1993 年滨海新区城镇建设用地现状格局图

2001 年滨海新区城镇建设用地现状格局图

2006 年滨海新区城镇建设用地现状格局图

2009 年滨海新区城镇建设用地现状格局图

1993 年、2001 年、2006 年和 2009 年滨海新区城镇建设用地现状格局图
图片来源：天津市城市规划设计研究院

（3）用地格局变化分析。

利用 ArcGIS（Arc Geographic Information System）对 1993 年、2001 年、2006 年和 2009 年四个时序的三个时间段城镇用地变化进行提取，对变化区域进行自动识别。基于不同时间段的用地变化，串联起滨海新区 20 多年的城市建设发展历程。

如图所示，表示 1993—2001 年间城镇建设用地变化情况，其中红色表示 2001 年相对 1993 年增长的区域；黄色代表 1993 年为城镇建设用地，2001 年没有变化的；绿色代表 2001 年城镇用地减少的，在 1993 年为城镇用地而 2001 年变为非城镇用地。

如图所示，表示 1993 年到 2001 年期间，城镇用地主要的增长区域，增长区域主要集中在塘沽区和大港区市区内，这正是 1993 年当时天津市委、市政府带领全市人民谋划了"三五八十"四大战略政策带动的结果。

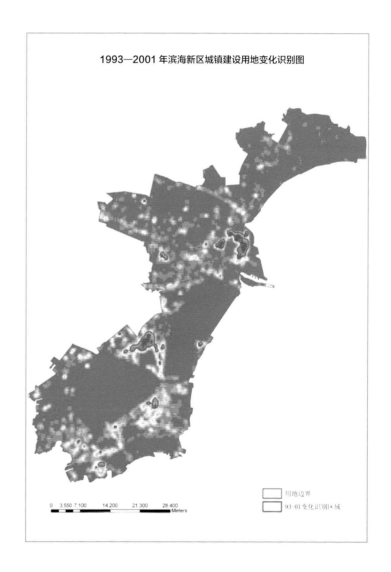

天津滨海新区 1993—2001 年城镇建设用地变化图及增长区域识别图
图片来源：天津市城市规划设计研究院

City
Region Towards Scientific
         Development
走向科学发展的城市区域

天津滨海新区城市总体规划发展演进
The Evolution of City Master Plan of Binhai New Area, Tianjin

① 2001—2006 年：以津滨交通走廊建设为主。

如图所示，红色、绿色、黄色分别代表相对于 2001 年为基期到 2006 年六年城镇用地的增加区域、减少区域和不变区域，其中塘沽、汉沽和大港中心城区基本保持不变，由于 2000 年建立滨海管委会，可以独立参与实施规划，从图上可以看出一些大的规划项目已经和正在实施，如空港地区、南疆港、东疆港正在开始建设等；

如图所示，把变化的区域更加明显地识别出来，其中这六年间主要建设区域都集中在塘沽区及东丽地区，以及汉沽少部分区域。

② 2006—2009 年：以东部滨海发展轴建设为主。

如图所示，红色、绿色、黄色分别代表相对于 2006 年为基期到 2009 年四年城镇用地的增加区域、减少区域和不变区域，通过对增长区域的识别结果，如图所示可以很显而易见地发现，在 2006—2009 年期间，主要建设区都集中在滨海新区沿海地区，特别是塘沽天津港口的建设尤为突出。

③ 1993—2009 年：用地格局"轴带"变化特征。

如图所示，绿色表示 1993—2001 年间的增长变化；红色表示 2001—2006 年间的增长变化；蓝色代表 2006—2009 年间的增长变化。将滨海新区从 1993—2009 年间三个时间段的用地变化区域进行比较，可以发现在这三个时间段的城市的增长完全按照一种散点的区域发展构成的"轴带"的格局进行发展，可以看出：滨海新区在这十多年的发展过程中，很大程度上依靠规划政策引导下快速地发展，目前正处于一个更加快速发展的时期。

天津滨海新区 2001—2006 年城镇建设用地变化图及增长区域识别图
图片来源：天津市城市规划设计研究院

（4）城市增长重心变化分析。

通过运用滨海新区城镇用地扩张的几何重心分布及其随时间移动的计算方法，可以进一步分析滨海地区城镇发展格局及其变化的空间轨迹。计算公式如下：

$$X = \sum_{i=1}^{n}(W_i * X_i)\sum_{i=1}^{n}W_i$$

$$Y = \sum_{i=1}^{n}(W_i * X_i)\sum_{i=1}^{n}W_i$$

式中，X，Y 分别表示某一个时间段，城镇建设扩张的重心的经纬度坐标，W_i 表示扩张用地的权重，X_i 和 Y_i 分别表示第 i 个扩张地块的重心的经纬度坐标，城镇建设用地扩张的重心是对所有城镇扩张用地的几何重心坐标进行加权平均。

利用公式计算出滨海新区 1993—2001 年、2001—2006 年、2006—2009 年三个时段的城镇用地扩张重心，如图所示，从各个时段的重心的空间分布和移动来看，三个时间段的重心都落在塘沽区，但是三个时间段上重心的移动幅度很大，1993—2001 年到 2001—2006 年期间，重心从塘沽偏向大港区位置快速移动 17 千米到塘沽区和东丽区的重心位置，1993—2001 年到 2001—2006 年期间重心从塘沽和东丽区的重心位置偏移 12 千米偏向沿海区域。

1993—2001 年期间，滨海新区主要发展新区的老城区，以塘沽区和大港区为主，重心在塘沽和大港之间偏向于塘沽；2001—2006 年期间，大力进行规划建设，以塘沽区、东丽地区以及靠近塘沽的大港地区为主，重心位于东丽和塘沽之间；2006—2009 年期间，发展的重点偏向于滨海沿海地区，此时建设的重心也快速地朝滨海移动。

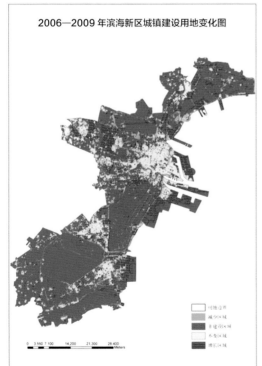

天津滨海新区 2006—2009 年城镇建设用地变化图及增长区域识别图
图片来源：天津市城市规划设计研究院

天津滨海新区 1993—2009 年城镇增长变化时序图
图片来源：天津市城市规划设计研究院

（5）城市增长格局分异特征分析。

以 2010 年的滨海新区规划边界作为研究分析单元，将新增加的东丽地区和津南地区合并作为独立的研究区域，分别计算在 1993—2001 年、2001—2006 年、2006—2009 年三个时间段的四个地区（塘沽、汉沽、大港和津南东丽合并区域）的城市扩展强度，扩展强度指数指用统一的空间单元对城镇年平均扩张速度进行标准化处理，得到可以相互比较的各地区的城镇扩展速度。

如图所示，在 1993—2001 年期间，城镇扩展强度从高到低依次为：塘沽区、大港区、东丽津南地区、汉沽区；在 2001—2006 年期间和在 2006—2009 年期间具有相同的空间分异特征，城镇扩

展强度从高到低依次为：东丽津南地区、塘沽区、汉沽区、大港区。

（三）滨海新区能源发展规划专题研究

滨海新区能源发展专题研究，担负着统筹经济发展和能源保障、统筹能源发展和环境保护、统筹城乡能源供应、统筹常规能源和新能源及可再生能源发展的重要任务，对于促进经济社会全面协调可持续发展具有重要意义。

提升重点是建立多元化能源供应体系，保障滨海新区社会经济发展需要。针对新区能源发展和节能目前存在的主要问题，通过研究提出解决办法。

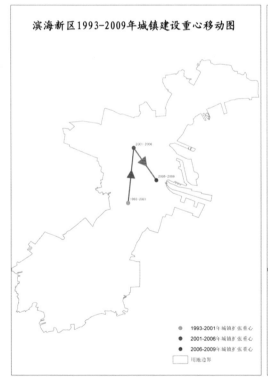

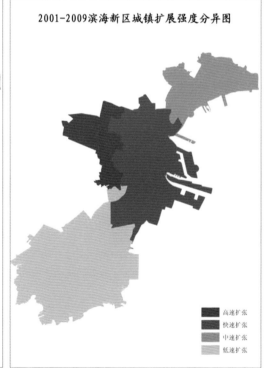

天津滨海新区 1993—2009 年城镇建设重心移动图
图片来源：天津市城市规划设计研究院

天津滨海新区 1993—2001 年及 2001—2009 年城镇扩展强度分异图
图片来源：天津市城市规划设计研究院

1. 现状情况

滨海新区作为典型的能源输入型地区，所需能源大部分由其他地区调入，本地区生产的能源主要是大港油田和渤西油田生产的原油和天然气。2008 年滨海新区城市能源消费总量为 5364 万吨标准煤，万元 GDP 能耗是 0.946 吨标准煤，能源消费主要以煤炭、油品和外部调入电力为主，其中煤炭占能源消费总量的比重为 49.9%，天然气和可再生能源的比例较低，不到 3%，而在终端能源消费中电力占的比重最大，为 34.4%，其后依次为煤炭、油品和热力。新区能源消费结构和终端能源消费比例如下图所示。

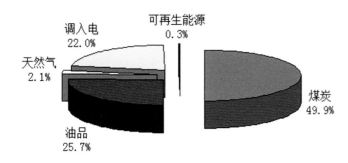

2008 年滨海新区能源消费结构

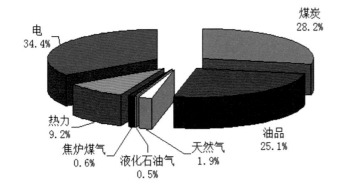

2008 年滨海新区终端能源消费比例
图片来源：天津市城市规划设计研究院

2. 存在问题

① 滨海新区过度依赖外部能源，在区域能源受到影响，供应紧张的情况下，新区可能出现能源供应安全问题，影响城市经济社会发展。

② 滨海新区工业区众多，用能大户林立，现有能源利用效率低。滨海新区第三产业比重偏低，是制约单位 GDP 能耗水平的重要因素。

③ 目前新区很多地区仍由小吨位燃煤锅炉供热，大量燃煤造成的环境污染无法得到根本改善，直接影响经济、环境的可持续发展，违背城市低碳、生态的发展原则。

④ 清洁能源和可再生能源等优质能源利用量较低，多种能源之间的相互转化和可替代关系不明确，综合能源利用缺乏宏观统筹和总体部署。

3. 研究重点及策略

能源专项提升的主要任务是实践我国节能减排精神，落实国家对滨海新区"成为经济繁荣、社会和谐、环境优美的宜居生态型新城区"的定位，探索低碳城市发展模式下的能源发展目标。

以节能减排、低碳生态、提高能源利用效率为核心，以转变增长方式、加快技术进步为手段，统筹城乡能源，进一步改善一次能源结构，提高终端用能效率，建立多元互补、多方供应、协调发展的优质化能源结构，以"提高能源综合利用效率和能源供应能力，保障能源供应安全，保护环境"为总体目标，确定如下研究策略：

（1）能源安全。

① 加快能源设施建设，建立能源多元化供应体系。

② 总体部署，制订多种能源综合利用平衡方案。

（2）低碳减排。

① 开发利用低碳或零碳新能源替代化石燃料能源。

② 因地制宜，优化能源结构，降低碳排放。

（3）能源节约。

① 以工业节能为重点，确定控制性能耗指标。

City
Region Towards Scientific
Development
走向科学发展的城市区域

天津滨海新区城市总体规划发展演进
The Evolution of City Master Plan of Binhai New Area, Tianjin

② 采用先进技术，提高滨海新区能源利用效率。

4. 能源供需总量及平衡方案

经过能源需求的情景分析，预测 2015 年全社会能源需求量为 6179.6 万吨标准煤，2020 年全社会能源需求量为 9667.2 万吨标准煤。

考虑我国国情，滨海新区能源今后一定时期内仍然以煤炭为主，2015 年和 2020 年煤炭在能源结构中的比重分别为 59.5% 和 51.7%。随着技术发展和环境保护要求不断加强，清洁能源和可再生能源需求不断增加，天然气、电力、热力和可再生能源在能源结构中占的比重不断提高，2015 年和 2020 年分别达到 10.6% 和 18%。

由于在预测期内滨海新区仍维持以二产为主的产业结构，工业能耗仍是能源消费最主要的部分，约占到全社会总能耗的 70%（2008 年为 79%），随着三产的快速发展，商业服务业和交通能源消耗所占的比重不断增加，2020 年分别由现状 7.6% 和 8% 增加到 11.5% 和 11.9%，为各部门增加速度最快。

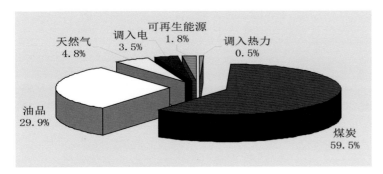

2015 年情景方案滨海新区能源消费结构比例
图片来源：天津市城市规划设计研究院

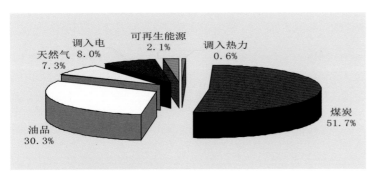

2020 年情景方案滨海新区能源消费结构比例
图片来源：天津市城市规划设计研究院

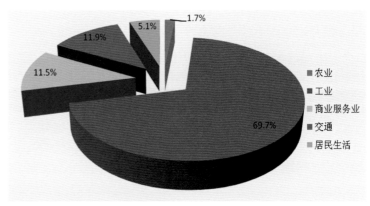

2020 年滨海新区分部门能源消费结构比例
图片来源：天津市城市规划设计研究院

5. 能源发展重点和措施

根据能源需求预测、不同能源特点及资源条件，结合城市发展目标和规划布局平衡未来能源需求和供应，大力发展可再生能源及新能源利用，从资源和设施两个方面，建立能源的多元化供应体系，提出保证能源安全稳定供应的规划措施。分析能源调入的环境，在综合能源规划的角度对能源基础设施进行合理规划，注重能源需求负荷间的互补性和协调性。规划提高能源供应的调度水平和弹性，确保峰值供应负荷。

（1）可再生能源及新能源。

根据滨海新区地理条件，太阳能、风能、地热能资源相对丰富，可作为新能源利用重点积极开发，同时结合生活垃圾无害化处理以垃圾发电作为补充，海洋能近期主要以技术研究为主。

滨海新区新能源利用一览表

新能源种类	适用性	2015 年利用量（万吨标准煤 / 年）	2015 年减碳量（万吨 / 年）	2020 年利用量（万吨标准煤 / 年）	2020 年减碳量（万吨 / 年）
太阳能	太阳能热水器、太阳能公共设施、公建项目的太阳能综合利用	3.2	2.1	7.4	5
风能	沿海地区建设风力发电场	37.6	25.5	98	66.6
地热能	采暖供热、生活热水、洗浴旅游、工农业生产	8.1	5.5	10.6	7.2
垃圾发电	结合垃圾处理厂建设垃圾发电厂	13.1	8.9	19.7	13.3
合计		62	42	135.7	92.1

资料来源：天津市城市规划设计研究院

滨海新区 2015 年新能源利用总量折合标准煤为 62 万吨，减少碳排放 43 万吨。滨海新区 2020 年新能源利用总量折合标准煤为 135.7 万吨，减少碳排放 92.1 万吨。

（2）智能电网。

大力推动滨海新区电网智能化发展，建设以特高压电网为骨干网架、各级电网协调发展的坚强智能电网。促进电源向集约化、多样化方向发展，增强电网对可再生能源及新能源的消纳能力，实现可再生能源的有序并网和"即插即用"，满足多样化的电力接入需求。推动包括风能、太阳能、生物质能等在内的可再生能源的开发利用，提高可再生能源的消费比例。

（3）热电联产、分布式能源及清洁能源。

滨海新区供热热源发展以热电联产、大型燃煤锅炉集中供热为主，天然气、地热等分布式能源为辅的供热方式。结合滨海新区天然气发展规划和热电联产建设计划，做好分布式能源示范项目试点工作，在滨海新区有条件的单位和区域率先推广三联供的试点项目。

加大落实天然气资源供给的工作力度，尽快实现天津市的多种气源供应，根据国家整体规划布局，预留好由南部地区接入中海油 SNG 气源接口，为今后引入 SNG 气源做好准备，也为大力推广分布式能源做好气源保障，提高滨海新区供气安全。

大力发展煤炭洁净利用技术，重点发展高效环保的 IGCC 洁净煤发电技术。推动 IGCC（Integrated Gasification Combined Cycle）技术在临港工业区、南港工业区等地区与工业企业联产联供，实现"多联产""高效率""低耗能"。

（4）能源节约。

以工业节能为重点，严格控制高耗能、高污染项目，提高节能环保市场准入门槛；加快淘汰落后生产能力和落后产能，提高区域内石化、电力、钢铁、焦炭等重点行业的清洁生产水平；完善促进产业结构调整的政策和措施，鼓励发展低能耗、低污染的先进生产能力，积极推进能源结构调整，提高清洁能源的消费比例。

建筑节能主要针对大型公共建筑、居住建筑、采暖系统节能、绿色照明工程等方面提出发展方向及具体措施，加强节能管理，建设节约型社会。

交通节能主要通过发展城市公交和环保型小排量汽车、示范推广燃油节约和替代项目及改善路网和路口节点布置等方法，提高能源利用效率。

（5）能源安全。

① 加强市场监测，整合新区煤、电、油、气、热等资源的信息。建立快速反应的能源与经济运行监测调度中心。实现运行管理制度

化，运行监测信息化，预测预警规范化，进一步提高全区能源供应系统的应急预防与处理能力。

② 健全煤、电、油、气、热等能源品种的应急预案。组建全区统一的能源应急指挥中心，坚持快速反应、先期处置、统一指挥、协同作战的突发事件处置原则，完善能源调度应急预案，提高应变能力。

③ 建立能源的多元化供应体系，建立能源安全应急储备体系。加强区域能源合作，加快智能电网、燃气管网、供热管网、成品油储运设施等能源基础设施的建设。

6. 实施保障措施

① 建立能源合作协调发展机制，建立统一开放、竞争有序的能源市场。

② 积极调整经济结构和能源结构，大力推进节能技术创新和应用，突出抓好能源消耗的重点领域。

③ 建立能源应急制度，应对能源供应严重短缺、供应中断、价格剧烈波动以及其他能源应急事件，维护基本能源供应和消费秩序，保障经济平稳运行。

④ 建立动态能源统计数据体系，加强能源统计监测，完善能源统计制度。

（四）滨海新区总体规划提升人口专题研究

1. 滨海新区人口现状研究

2009年滨海新区常住人口为230.17万，比2000年增加116.26万，年均增长8.1%；户籍人口2008年为116.24万，比2000年增加11.66万，年均增长1.3%；外来常住人口2008年为86.8万，比2000年增加68万，年均增长21%。以上数据显示，滨海新区自2000年后的人口增长主要依靠外来人口拉动，而户籍人口增长较小。

2. 滨海新区人口增长特点

通过以上分析，包括与浦东新区和深圳市人口增长的比较，可以看出滨海新区2000年以来人口增长具有以下特点：

（1）人口增长基本靠机械增长。

2000—2008年，滨海新区户籍人口从104.58万增长至116.24万，平均每年增加1.46万，但其中自然增长年均仅1000人左右，其他均为户籍净迁入人口。在常住人口总增长量中，自然增长几乎可以忽略不计。常住人口增长基本来自户籍人口净迁入和非户籍常住人口的流入，后者是最主要的增长源泉。

表：2000年以来滨海新区人口增长

年份	常住人口		户籍人口		外来常住人口	
	规模（万人）	增长率(%)	规模（万人）	增长率(%)	规模（万人）	增长率(%)
2000	113.91	--	104.58	--	18.83	--
2001	114.55	0.56	105.35	0.74	19.18	1.86
2002	115.42	0.76	106.38	0.98	19.71	2.76
2003	117.32	1.65	107.05	0.63	21.12	7.15
2004	119.79	2.11	108.13	1.01	21.11	-0.05
2005	142.39	18.87	109.39	1.17	32.79	55.33
2006	152.14	6.85	112.39	2.74	40.87	24.64
2007	172.24	13.21	114.41	1.80	58.40	42.89
2008	202.88	17.79	116.24	1.60	86.81	48.65
2009	230.17	13.45	--	--	--	--

注：2005年以前的常住人口和外来常住人口不包括东丽区和津南区所辖部分；由于户籍人口中有不常住本地的人口，所以存在户籍人口与外来常住人口之和大于总常住人口的情况。
资料来源：历年《天津统计年鉴》、天津市统计局

（2）人口增长具有明显的阶段性特征。

2000—2004 年，滨海新区的常住人口、户籍人口和外来人口增长都较慢，2005 年以后才出现由外来人口带动的快速增长。2005 前的经济高增长对常住人口增长影响很小。

（3）滨海新区内部不同区域人口增长差异大。

在原来的滨海三区中，塘沽区人口增长最快，2000—2009 年年均增长率达到 7.08％；其次是大港，年均增长率为 5.29％，汉沽增长最慢，年均增长率仅为 1.89％。2006 年后新划入滨海新区范围的东丽区和津南区部分人口增长很快，年均增长率高达 45％。

（4）常住人口增长滞后于经济增长。

滨海新区经济高增长虽然产生了对劳动力的巨大需求，但因城市功能不完善，特别是居住配套设施建设没有及时跟上，大量从业人员职住分离，成为通勤人口。以开发区为例，2004—2006 年就业人口增长了近 6 万。而常住人口只增长了 1 万多。2007 年，开

发区东区就业人口中的 63％，共计 11.4 万人居住在区外，其中居住在市区、塘沽区和其他地区的人口分别有 6.0 万、4.4 万和 1.0 万，这些人口都属于通勤人口。2007 年开始就业人口增长快于常住人口的情况才有转变。近年来滨海新区常住人口增长带有一定补偿性增长性质，即原有的就业人口回到滨海新区内居住。

3. 人口规模预测

（1）就业弹性法预测。

①就业弹性估计

根据从天津市统计局得到的数据，从 2005—2009 年滨海新区社会从业人员从 112.1 万增加到 150 万，年均增长 7.55％。同期滨海新区 GDP 年均增长（按同比价格计算）21.1％，由此可计算出 2005—2009 年平均就业弹性为 0.36，2009 年达到 0.47。

由于滨海新区就业资料较少，难以做长时期的比较分析。我们转而观察天津市的整体情况，希望从中发现一些可参考的信息。天津市 1991—2009 年经济增长与就业增长的关系，可以区分为三个阶段：第一阶段为"就业低增长阶段"（1991—2001 年），这一阶段经济增长较快，但对就业的拉动作用很小，GDP 年均增长率为

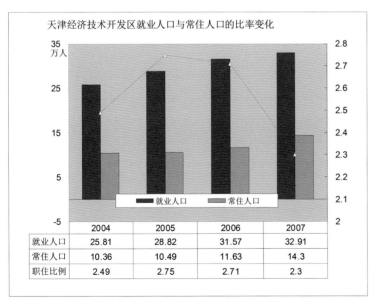

天津经济技术开发区就业人口与常住人口的比率变化

	2004	2005	2006	2007
就业人口	25.81	28.82	31.57	32.91
常住人口	10.36	10.49	11.63	14.3
职住比例	2.49	2.75	2.71	2.3

天津经济技术开发区就业人口与常住人口的比率变化
图片来源：天津市城市规划设计研究院

天津市经济增长与就业增长的比较

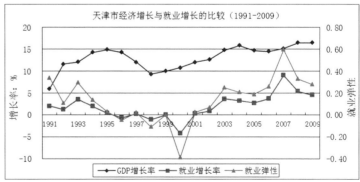

资料来源：天津市城市规划设计研究院

City
Region
Towards Scientific
Development
走向科学发展的城市区域

天津滨海新区城市总体规划发展演进
The Evolution of City Master Plan of Binhai New Area, Tianjin

11.59%，就业年平均增长率只有0.3%，就业弹性仅0.04；第二阶段为"就业平稳增长阶段"（2002—2006年），本阶段经济对就业的拉动作用明显增强，GDP年均增长率为14.51%，就业平均增长率为2.89%，就业弹性升至0.2；第三阶段为"就业快速增长阶段"（2007—2009年），GDP年均增长率为16.07%，就业平均增长率为6.37%，就业弹性达到0.4，实现了经济与就业同步快速增长（详见就业弹性预测参数设定表）。

分产业看，第一产业的就业弹性几乎都为负。1991—2000年，第一产业的GDP增长率为4.95%，就业增长率为-1.39%，就业弹性为-0.42；2001—2009年，第一产业的GDP增长率为4.34%；就业增长率为-1.15%，就业弹性为-0.6。

第二产业的就业弹性经历了"正—负—正"的变化过程。1991—1995年，第二产业的GDP增长率为11.73%，就业增长率为1.26%，就业弹性为0.14；1996—2002年，第二产业的GDP增长率为11.96%；就业增长率为-2.6%，就业弹性为-0.21；2003—2009年，第二产业的GDP出现快速增长，年均增长率为18%；同时，从业人员也出现了较大幅度增长，年均增长率为4.77%，就业弹性上升至0.27。2002年以后，第二产业的快速发展带来从业人员显著增加，成为吸纳劳动力的主要生产部门。

天津市分产业就业弹性变化（1991—2009年）

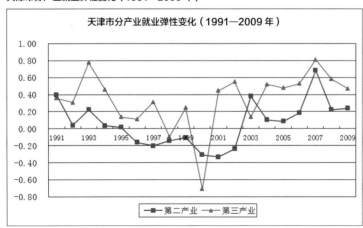

与第一产业和第二产业相比，天津市第三产业的就业弹性始终比较高。1991—2000年，第三产业的GDP增长率为12.85%，就业增长率为2.52%，就业弹性为0.19；2001—2009年，第三产业的GDP增长率为12.62%，就业增长率为6.42%，就业弹性达到0.5。

把天津市就业弹性变化趋势与浦东新区和深圳市进行比较，可以发现浦东和深圳2000年以来就业弹性已开始出现下降势头，浦东2000—2005年平均为0.4，到2006—2008年降到了0.11；深圳2000—2006年平均为0.38，2007—2009年平均为0.19。与浦东和深圳相反，天津市就业弹性正处在高点，2005—2009年五年平均为0.32，2007—2009年三年平均为0.4。

综合以上分析，对滨海新区未来就业弹性做如下设定：2010—2020年高中低三个方案分别取0.45、0.4和0.35，2020年后统一为0.3，这样设定考虑了滨海新区和天津市近五年来就业弹性的实际水平，并参考了浦东新区和深圳特区的历史经验。

② 其他预测参数选择。

预测中需要设定的其他参数还有：

经济增长率。该参数根据产业专题组提供的经济增长预测数据计算。经济增长预测也分为高中低三个方案，主要预测值如下表。

滨海新区GDP增长预测（亿元）

年份	低方案	中方案	高方案
2015	9000	9990	10800
2020	14500	19000	22700
2025	22000	29500	41000
2030	30000	45000	65500

资料来源：产业专题组提供

滨海新区就业人口占总人口比重。该参数反映就业人口与非就业人口的比例，受户籍人口占总人口比重的影响大。浦东新区就业人口占总人口比重很低，2001—2008年在45%～51%之间，而深圳特区就业人口占总人口的比重很高。深圳特区建立之初该比重只在 40% 左右，但随后基本呈上升趋势，20 世纪 90 年代基本处在 65% 左右，2004 年后进一步升到 70% 以上。天津市就业人口占总人口的比重自 1990 年来除 2000—2002 年三年降到 50% 以下外，大部分年份都在 50% ~ 55% 之间。滨海新区就业人口占总人口比重近五年来从 75% 急剧下降到 2009 年 65%。预计随着滨海新区城市功能的完善，非就业定居人口会明显增加，就业人数占总人口比重应该呈下降趋势。因此预测中假定从 2010 年起，该比重从初值 63% 开始，每年下降 1 个百分点，2020 年后稳定在 53%。

预测使用的具体参数概括如下表：

年份	年平均人口增长率
2010—2011	12%
2012—2015	10%
2015—2020	8%
2020—2025	3%
2025—2030	3%

③ 预测结果。

由经济增长率高中低方案和就业弹性高中低方案可组合得到九套预测结果，包括 2010—2030 各年的就业人数和常住人口数（详见附表）。若干关键年份的预测结果概括如下表。

年份	人口（万人）	年份	人口（万人）	年份	人口（万人）
2010	257.8	2017	493.1	2024	699.1
2011	288.7	2018	532.5	2025	720
2012	317.6	2019	575.1	2026	741
2013	349.4	2020	621.1	2027	763.9
2014	384.3	2021	639.8	2028	786.8
2015	422.7	2022	659	2029	810.4
2016	456.5	2023	678.7	2030	834.7

本页资料来源：天津市城市规划设计研究院

根据预测结果，在经济增长中方案和就业弹性中方案下，滨海新区常住人口到 2020 年和 2030 年将分别达到 554 万和 723 万。九个方案预测的 2020 年常住人口最低是 461 万，最高是 655 万；2030 年常住人口最低是 576 万，最高是 911 万。

（2）综合增长率法预测。

根据近年来人口规模、构成、迁移等方面的变化规律，考虑合理引导人口流动与分布的需要，并结合深圳、浦东新区常住人口在各个阶段增长的特点，设定未来不同阶段人口年均增长率如下：

按该设定，2010—2020 常住人口年平均增长率为 8%（与 2001—2009 年相当），2020 年后，年均增速均降到 3%，相当于深圳和浦东 2001-2009 年的增速，符合先前曾提到的"先快后慢的增长率符合极化开发地区人口增长的规律。"

预测结果显示，新区人口增长在未来 20 年内呈稳定增长态势，其中 2015 年、2020 年、2025 年、2030 年四个阶段总人口分别为 422.7 万、621.1 万、720 万及 834.7 万人。

（3）水资源预测法。

从现有水资源利用水平下的水资源承载能力看，滨海新区现状城市可供水总量为 3.25 亿立方米。其中引滦水 1.42 亿立方米、地下水 1.06 亿立方米（其中当地地下水 0.76 亿立方米，外调水源地地下水量 0.30 亿立方米），当地地表水 0.38 亿立方米，污水处理回用 0.05 亿立方米，海水淡化 0.04 亿立方米，海水直接利用折合淡水 0.30 亿立方米。

滨海新区现状城市总人口为 203 万人，总用水量为 3.25 亿立方米，水资源供需基本平衡。现状人均水资源占有量仅为 160 立方米 / 年，远远低于中国平均水平 475 立方米 / 年（《中国水资源公报》2008）。分析滨海新区城市快速发展态势、城市功能定位、总体空间布局和产业布局的调整，未来新区人均水资源占有量必然会有显著提

就业弹性预测参数设定

项目	GDP 增速		就业弹性	
	假定	参考	假定	参考
低方案	2010—2015: 15.4% 2016—2020: 10% 2021—2025: 8.7% 2026—2030: 6.4%	滨海 2005—2009 年 年 均 21.1%，全市平均 15.5%；浦东新区在 1992—1996 年年均近 25%，以后减缓，降至 20%以下，近五年均在 15%以下；深圳特区建立最初五年年均超 50%，1990—1994 年仍在 30%以上，1996 年后降到 20%以下，2007—2009 年均低于 15%	2010—2020: 0.35 2021—2030: 0.3	滨海新区 2005—2009 年平均 为 0.36，2009 年达 0.47；天津市 2005—2009 年平均 0.32，2007—2009 年为 0.4；浦东新区近五年平均 0.31；深圳特区 1982—1990 年为 0.56，1991—2000 为 0.66，2001—2009 为 0.28.
中方案	2010—2015: 17.4% 2016—2020: 13.7% 2021—2025: 9.2% 2026—2030: 8.8%		2010—2020: 0.4 2021—2030: 0.3	
高方案	2010—2015: 19% 2016—2020: 16% 2021—2025: 12.6% 2026—2030: 9.8%		2010—2020: 0.45 2021—2030: 0.3	

主要年份滨海新区就业人口和常住人口预测（万人）

	就业弹性 经济增长率		低方案 （0.35/0.3）	中方案（0.4/0.3）	高方案（0.45/0.3）
低方案	就业人口	2012	176	179	183
		2015	206	215	224
		2020	244	261	280
		2025	278	297	318
		2030	305	327	350
	常住人口	2012	288	294	301
		2015	354	370	387
		2020	461	493	527
		2025	524	561	600
		2030	576	617	660
中方案	就业人口	2012	179	184	188
		2015	214	224	236
		2020	271	294	318
		2025	310	336	365
		2030	353	383	416
	常住人口	2012	294	301	308
		2015	369	388	407
		2020	510	554	601
		2025	585	635	688
		2030	666	723	784
高方案	就业人口	2012	185	196	207
		2015	221	233	245
		2020	290	317	347
		2025	349	382	418
		2030	403	441	483
	常住人口	2012	303	321	340
		2015	380	401	423
		2020	547	599	655
		2025	658	720	788
		2030	760	833	911

本页资料来源：天津市城市规划设计研究院

高，以滨海新区现有的水资源条件和利用水平，远远无法适应和满足新区城市经济社会发展的要求。

从节水、提高水资源利用效率和合理开发非传统水源等多个角度提出滨海新区水资源承载力提高措施。在此基础上重新进行滨海新区水资源承载力计算与分析，并以此为约束条件对滨海新区的人口规模和经济等多项指标提出建议性要求。

采取一系列水资源承载力提高措施后的滨海新区水资源承载力优化结果如下。

根据上表中不同阶段的水资源承载力，结合人均水资源量法和参比系数法，预测 2020 年滨海新区人口规模可达到 520～620 万人，可支撑人口规模最高可达到 759 万人。

结合市政基础设施专项规划、生态环境规划等专项规划，确定滨海新区资源环境承载力，据此分析滨海新区人口限制规模。综合上述预测结果和环境资源承载力分析，确定滨海新区不同发展阶段的常住人口规模。

滨海新区水资源承载力分析表

项目			现状	南水北调通水前(2014年)	2020年南水北调通水后	极限情况
可供水量（亿立方米/年）	地表水	当地地表水	0.38	0.40	0.40	0.40
		外调地表水	1.42	1.42	7.7	7.7
	地下水	当地深层承压水	0.76	0.57	0.57	0.57
		水源地地下水	0.30	0.40	0.40	0.40
	再生水		0.05	2.56	6.50	10.2
	海水（可替代淡水量）	直接利用	0.3	0.73	1.69	1.69
		海水淡化	0.04	1.82	2.56	3.28
	合计		3.25	7.9	19.82	24.24
人均水资源量法人口规模（万人）			203	395	495~619	606~757
参比系数法人口规模（万人）				360	545~622	666~761
综合预测人口规模（万人）				378	520~620	636~759

本页资料来源：天津市城市规划设计研究院

综合分析后确定的人口规模及相应的指标

年份	GDP总量（亿元）	人口（万人）	人均GDP（万元）	人均GDP（万美元）
2012	6500	290~310	21~22.4	3~3.3
2015	9990	380~410	26.3~24.4	3.58~3.87
2020	19000	550~600	34.5~31.7	4.67~5.07
2025	29500	650~700	45.4~42.1	6.19~6.68
2030	45000	750~800	60~56.3	8.28~8.82

City
Region Towards Scientific
Development
走向科学发展的城市区域

天津滨海新区城市总体规划发展演进
The Evolution of City Master Plan of Binhai New Area, Tianjin

（五）滨海新区土地集约利用与土地管理政策创新研究

1. 现状概况与分析

（1）滨海新区土地利用结构现状。

基于全国第二次土地调查成果，2008 年滨海新区土地总面积为 2604.7 平方千米（含填海面积）。其中，含农用地 693.0 平方千米，占土地总面积 26.6%；建设用地 1460.6 平方千米，占土地总面积的 56.1%；未利用地 451.1 平方千米，占土地总面积的 17.3%。建设用地中含城乡建设用地 1152.5 平方千米，占土地总面积的 44.3%；交通水利及其他用地 308.1 平方千米，占土地总面积的 11.8%。

（2）滨海新区土地利用结构变化趋势。

通过对 2004 年滨海新区土地利用详查数据和 2008 年第二次土地调查数据的对比分析发现：

滨海新区五年之间农用地总量上变化不大。其中，耕地面积减少了 80.9 平方千米，其他农用地增加了 86.9 平方千米；建设用地总量增加了 270.9 平方千米。其中，城乡建设用地增加了 248.5 平方千米，交通水利及其他用地增加了 22.4 平方千米；未利用地总量减少了 114.3 平方千米。其中，主要减少的是滩涂和其他未利用地。

利用遥感软件对滨海新区 1993 年、2006 年和 2009 年的城乡

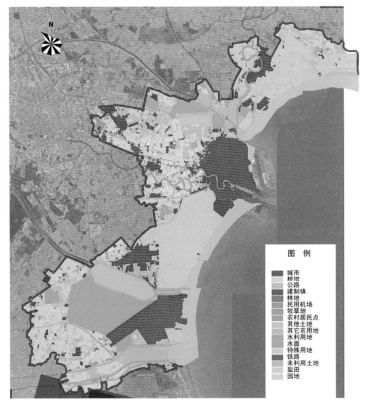

2008 年滨海新区土地利用现状图

本页资料来源：天津市城市规划设计研究院

2004 年滨海新区土地利用现状图

建设用地进行对比分析，从下图可以看出，各个功能区产业用地和填海用地增加比较多。

（3）滨海新区城市建设用地现状。

滨海新区规划范围内总用地 2270 平方千米。现状城市建设用地规模 361.76 平方千米，人均建设用地 177.8 m²/人。

现状城市建设用地中工业用地、居住用地比例较高，居住用地占城市建设用地的 22.31%；工业用地占城市建设用地的 31.64%。绿化用地、仓储用地次之，公共设施用地偏低，道路广场用地、市政公用设施用地不足。

天津市滨海新区（1993 年、2006 年、2009 年）三年城镇用地变化图

本页资料来源：天津市城市规划设计研究院

2. 土地利用存在的问题

（1）土地利用结构不合理，人均用地超标严重。

从 1999—2009 年，天津滨海新区城市人均建设用地面积不降反升，达到 177.8 m²/人，超过国家规定的经济特区最高下限 120 m²/人的标准，超出国家标准达 57.8 m²/人。工业用地占城市建设用地的 31.6%，远高于发达国家 10% 的标准，人均工业用地 56.3 m²/人，也超出国家的有关规定。道路广场用地比重仅为 10.6%，虽在国标允许的范围内，但相对于发达国家或地区则明显偏低。

四类主要用地占建设用地比例对比表（%）

项目	居住用地	工业用地	道路广场用地	绿地
国家标准	20 ~ 32	15 ~ 25	8 ~ 15	8 ~ 15
滨海新区	22.3	31.6	10.6	12.2

四类人均单项建设用地指标对比表（m²）

项目	居住用地	工业用地	道路广场用地	绿地
国家标准	18 ~ 28	10 ~ 25	7 ~ 15	≥ 9（其中，公共绿地不小于 7）
滨海新区	39.8	56.3	10.4	19.2

滨海新区居住用地、工业用地的人均单项指标严重超标，绿地在国标的允许范围内，虽然道路广场用地的人均单项指标也在国标的允许范围内，但相对于居住和工业用地来说，则明显偏低。

（2）土地集约利用水平较低，集约利用程度有待提高。

从滨海新区和浦东新区土地利用集约评价对比结果来看，滨海新区土地利用集约水平相对浦东新区还有一定的差距，有很大的提升空间。从投入强度、使用强度、土地利用效率和土地利用结构和布局四个分项指标来看，使用强度分项指标与浦东新区相比差距较大。其中，城市人均建设用地、人口密度两项指标比较低，这与土

City
Region
走向科学发展的城市区域

Towards Scientific
Development

天津滨海新区城市总体规划发展演进
The Evolution of City Master Plan of Binhai New Area, Tianjin

地利用方式粗放和居住就业的通勤有一定的关系。从投入强度分项指标来看，滨海新区的集约度要高于浦东新区，这与发展阶段和投资集中度有较大关系。从土地利用结构和布局指标对比来看，滨海新区的土地利用结构在未来的发展要不断地优化提升，适当降低工业用地比重，提高居住用地和道路广场用地的比重。

（3）土地利用经济效益较低，地均产出不高。

从滨海新区土地利用的经济效益来看，2008 年滨海新区地均 GDP 约为 11.57 亿元 / 平方千米；低于同期全国高新区（35.7 亿元 / 平方千米）和台湾新竹科学工业园（384.71 亿元 / 平方千米）的该项指标；工业用地地均产出效益为 2.76 亿元 / 平方千米，仅为浦东新区工业用地均产出效益的 0.3 倍。

3. 滨海新区城市建设用地规模与结构预测

（1）总量法。

根据人口预测结果，2030 年滨海新区人口将达到 781.52 万人。按照人均建设用地 120 平方米 / 人的标准进行计算，至规划期末需城市建设用地 937.8 平方千米。

（2）类比法。

一般来说，国际大都市建设用地面积占都市区总面积的比例一般介于 20% ~ 30% 之间。如按照该比例进行滨海新区建设用地规模的估算，则滨海新区建设用地的极限规模应在 454 ~ 681 平方千米之间。

（3）集约法。

根据经济预测指标，2030 年滨海新区 GDP 总量将达到 6.4 ~ 6.7 万亿，如果按照现有的地均产出和外延型城市扩展模式，滨海新区城市建设用地需求将达到 5300 ~ 5500 平方千米，这显然是不现实的，因此，必须提高土地的使用效率。规划以 2008 年现状地均 GDP11.57 亿元 / 平方千米为基数，根据国内土地集约利用水平较高的开发区近年的发展经验，开发区地均地区生产总值的增长速度一般在 4% ~ 9% 之间。结合滨海新区创建"排头兵"的发展目标，

提出滨海新区地均 GDP 年递增速度为 9% ~ 10%，规划地均 GDP 达到 77 ~ 94 亿元 / 平方千米，则城市建设用地为 713 ~ 831 平方千米。

（4）极限法（反规划法）。

按照生态用地以外全部为建设用地的极限预测，滨海新区城镇建设用地极限规模为 1100 平方千米（不含填海部分，主要包括城镇建设用地、交通用地、农村居民点用地等），约占滨海新区陆域土地总面积的 48.5%。到 2030 年，滨海新区陆域部分新增建设用地规模为 295 平方千米（未包括建设用地内部挖潜和建设用地的空间置换）。

（5）趋势外推法。

滨海新区未来发展如果用扩大城市建设用地来提高 GDP 总量，无疑是一种低效而浪费的方式。从突出滨海新区改革开放"排头兵"地位的角度出发，决定了滨海新区不应该依靠低效率的扩张来推动 GDP 的增长，只能通过科技创新、技术改造，提高产品科技含量与效益来实现，要采取更有效的手段合理控制城市建设用地，达到提高城市建设用地产出率。根据目前我们掌握的有限的现状资料，利用趋势外推法进行滨海新区建设用地初步预测：一是线性回归预测方法，预测 2030 年城镇建设用地规模为 1099 平方千米。二是对数模型回归预测方法，预测 2030 年城镇建设用地规模为 450 平方千米。三是乘幂模型回归预测方法，预测 2030 年城镇建设用地规模为 530 平方千米。

（6）预测结果分析。

以上五种预测方法分别从不同方面对滨海新区城镇建设用地规模进行了预测，五种方法平均值为 767.6 平方千米，人均城市建设用地为 98 平方米 / 人（按照推荐人口规模 781.52 万人计算）。

综合以上五种方法预测，并进行比较分析判读，滨海新区城市建设用地宜控制在 681 ~ 940 平方千米之间，最高上限不能突破 1100 平方千米（陆域范围）。建议值为 810 平方千米，人均城市建

设用地为 103.6 平方米 / 人。

（六）滨海新区"双城双港"模式下的交通发展研究

1. 交通现状及问题

滨海新区经过多年的开发建设，交通设施服务水平已有大幅提高，基本形成以海港为龙头，空港为依托，铁路、公路、骨干道路为骨架的综合运输系统。

天津港 2009 年货物吞吐量 3.8 亿吨，滨海国际机场旅客吞吐量 578 万人次；铁路总长度 234 千米；高速公路总长度 198 千米，干线公路网密度 0.37 千米 / 平方千米；滨海新区主城区及各功能区建成区道路总长度 773 千米；津滨轻轨在滨海新区范围内长度为 27 千米；滨海新区现有公交线路 68 条。

在新区交通设施大力发展的同时，也逐渐暴露了相当多的交通问题，主要体现在以下几方面：

一是对外综合运输系统不完善，港口经济辐射力尚需加强。新区现状对外通道覆盖范围小，通达度低，能力不足，尤其是对外集疏运通道能力不足，极大制约了新区对区域的服务、辐射和带动作用的发挥。

二是道路网络不完善，区间联系不便捷，路网拼贴痕迹明显。受行政区界、铁路、河流的影响，新区各主城区、功能区之间的区间联系十分薄弱，跨河、跨铁路出行十分不便捷；同时，新区相关道路设施标准不统一造成相互衔接不畅。

三是港城交通干扰严重，客货运交通组织有待优化。道路系统功能不明确，客货通道不分、内外通道不分，缺少相对独立的客运与货运系统，原本有限的道路设施功能相互混杂，严重影响运输效能的发挥。

四是公共交通发展滞后，客运出行模式尚不明晰。轨道运行速度慢，两端衔接不畅，整体耗时长；常规公交线路整体布局混乱，新建区域存在公交服务盲区，整体服务间隔大，车况差，服务水平低下。

2. 发展的 SWOT 分析

针对上述存在的问题，结合国家定位及相关政策要求，对于双城双港战略下的交通发展进行了 SWOT 分析：

通过对滨海新区交通发展的优势、劣势、机遇、挑战的分析，根据滨海新区的交通发展现状及未来发展趋势，建议分期实行不同的发展战略。

① 近期采取 WO 战略（扭转型战略）和 SO 战略（增长型战略）并举的战略，迅速强化新区整体交通服务设施功能，做大做强新区交通系统。

② 中期采取 ST 战略（多种经营型战略），立足于滨海新区的发展，强化与周边城市、港口的协调与合作，包括港口的分工、协作，铁路、公路等大通道的共建等。

③ 远期则采用 WT 战略（防御型战略），在自身做大做强之后，应有能力抵御周边港口与城市的外部竞争，确保滨海新区北方国际航运中心与国际物流中心的地位。

3. 发展目标、策略、措施

为支撑城市战略、引导城市发展、满足客货出行，滨海新区交通发展围绕"两港提升、两路扩能、双城提速、区间成网、区内完善、客货分离、公交优先"发展策略展开，提出以下发展目标及策略。

（1）发展目标。

对外交通方面：形成"畅达京津冀、通达环渤海、沟通全国、联系世界"的对外交通系统，实现时空通达目标。计划到 2020 年，天津港年货物吞吐量达 7 亿吨，天津滨海国际机场旅客吞吐量 3000 万人次、货邮量 270 万吨；铁路总长 1390 千米，干线公路总里程 3226 千米。

城市交通方面：构筑以公共交通为主导，各种交通方式并存并转换便捷的高效、快捷、安全、绿色的现代化城市综合交通体系；建设沿新区主要发展轴和发展带的复合交通走廊，优化以快速路和快速轨道为骨架的城市交通网络，引导城市空间结构调整和功能布局优化。

滨海新区综合交通发展的 SWOT 分析

外部因素 内部因素	机会（Opportunity） 1. 国家战略的定位支撑 2. 两个中心建设的发展要求 3. 基础设施建设的加速推进	威胁（Threat） 1. 对外 – 区域港口竞争 2. 对内 – 需求飞速增长
优势（Strengths） 1. 优越的区位条件 2. 完善的交通方式 3. 强大的腹地经济	SO 战略（增长性战略） 1. 提升两港功能，支撑两个中心建设，强化对区域腹地的服务、辐射作用； 2. 强化不同运输方式之间的衔接，提高综合运输效能	ST 战略（多种经营战略） 1. 强化与区域港口、机场的合作，形成分工协作的态势 2. 调整运输需求，形成合理的出行结构
劣势（Weakness） 1. 缺乏直通腹地通道； 2. 运输结构失衡、综合运输效率低下 3. 港城矛盾、客货矛盾问题突出 4. 交通基础设施薄弱区间联系不便捷	WO 战略（扭转型战略） 1. 打通直通区域腹地的铁路、公路大通道，强化与区域腹地的联系； 2. 调整运输结构，大力发展铁路运输能力 3. 加强交通基础设施建设，尽快构筑新区骨架路网系统 4. 大力缓解港城矛盾，梳理客货系统	WT 战略（防御型战略） 两个中心建设初具形态后，如何应对周边港口的竞争，包括将周边港口成为天津的喂给港等

资料来源：天津市城市规划设计研究院

计划到 2020 年核心城区道路总长度 2450 千米，全区民用机动车拥有量达到 120 ~ 150 万辆左右，三城区公共交通出行占客运出行总量的比例提高到 40% 以上，其中轨道交通及地面快速公交承担的比重占公共交通的 30% 以上。

（2）发展策略。

① 两港提升实施方案。

规划将天津港建成现代化国际深水大港，面向东北亚、辐射中西亚的国际集装箱枢纽港，我国北方最大的散货主干港，国际物流和资源配置的枢纽港，为京津冀现代化都市圈和华北腹地参与全球经济分工，发挥天津港的枢纽作用。

规划优化机场空域，积极发展国际客运航线，开放客运第五航权，开通欧美地区的国际虚拟航班，开通国际低成本航线和城市对航空快线；发展国际货运航线，重点拓展欧美货运航线；发展国内支线航线。

② 两路扩能实施方案。

一是铁路发展实施方案：

货运重点打通直通区域腹地（尤其是西部）的大通道，增强天津港服务、辐射功能，形成 3 条通往西部腹地的通道，分别为：津霸（复线）＋保霸（规划复线）＋京广（复线）＋石太（复线）＋太中（规划单线）；津浦（复线）＋石德（复线）＋石太（复线）＋太中（规划单线）；沿朔黄线新辟通路（规划复线）。

客运方面则形成以滨海新区为核心，连接渤海湾主要港口城市的快速客运系统，极大增强滨海新区的服务辐射功能，除在建的津秦客运专线、京津城际延伸线以外，规划新增环渤海城际，向北至唐山、秦皇岛，向南至青岛，在核心区北部休闲旅游区、南部大港区的港东信城布设 2 站，带动两个地区的开发。

客运枢纽形成"两主四辅"，其中两主为：天津滨海站与天津滨海东站联合站、天津滨海西站，四辅为：天津滨海北站、天津滨海南站、军粮城北站、汉沽站。

货运场站布局为："一集两编"和五个货运站，其中，"一集"为新港集装箱站；"两编"为北塘西站、万家码头编组站；"五个货运站"分别为茶淀站、军粮城站、北大港站、南港一站、南港二站。

二是对外公路发展实施方案：

打通通往区域腹地的高速公路通道，通道区域重点城市与地区，其中京津方向 3 条通道，分别为京津塘高速、京津高速、津晋高速—京津三通道；北部方向 3 条通道，分别为塘承高速、唐津高速、海滨大道；南部方向 3 条通道，分别为南港高速、津汕高速、海滨大道；西部方向 2 条通道，分别为国道 112—津保高速、津石高速等。

③ 双城提速实施方案。

强化津滨综合运输走廊，构筑以快速轨道、快速路、快速公交等"3 快"为主体的双城快速交通体系。

快速轨道方面，规划市域 Z1 线，带动海河南部地区发展，实现中心城区小白楼地区与于家堡中心商业商务区之间的半小时通达；规划市域 Z2 线，实现中心城区北部地区与滨海新区北部产业带、中新天津生态城之间的快速通勤。

快速路与区间干道方面，规划形成由津滨高速、津汉快速、津港高速、天津大道、港城大道、津塘路及东沿津塘二线、海河南规划主干路、津港路组成的高、快、干道路系统。

快速公交方面，依托既有及在建设的双城之间的高快速路（京津塘高速、津滨高速、天津大道、津汉快速、津港高速）开行区间快线，在区间主干道（港城大道、津塘二线）上开行快速公交，实现双城之间的客运快速通勤。

④ 区间成网实施方案。

强化滨海新区和新区与各主城区、功能区之间的区间联系，消除铁路、河流的阻隔瓶颈，打通新区南北大通道，与双城之间通道共同组成"五横五纵"的新区骨架路网布局，其中，"五横"为：津汉快速路、津滨快速路、津塘二线快速路、天津大道快速路、津港快速路；"五纵"为：机场大道、西外环快速路、西中环快速路、塘汉快速路、海滨大道。

⑤ 区内完善实施方案。

核心城区路网规划提出要增强跨河、跨铁路通道，强化核心区内和区间联系，形成以于家堡为核心的放射状路网结构。

西部片区路网规划提出完善路网系统，强化南北向通道建设，

新增机场大道延伸线、蓟汕快速等 2 条快速路，以及 5 条南北向跨河主干道。

南部片区路网规则提出强化与滨海核心区及大港油田的联系，实施客货分离；完善城区路网系统，与对外通道紧密衔接。

北部片区路网规划提出一是强化对外交通建设，加强汉沽与港口、机场、高铁车站、城际车站的联系，扩大基地示范效应；二是拉开城市发展骨架，实现与滨海核心区良好对接，并支撑城市空间东向拓展。

⑥ 客货分离实施方案。

规划打造高速疏港、普通干线疏港两极系统，其中高速疏港系统主要服务于区域对外远距离疏港交通，干线疏港系统则主要服务于滨海新区内部及周边邻近区域的疏港交通。通过两极疏港系统的布设，在新区主城区及重点功能区外围形成若干交通保护壳，每个保护壳均形成高速与普通干线公路两层屏障，保护壳内禁止货运交通穿越；同时，使得内外疏港、高速与普速疏港能有效分离互不影响，从而提高疏港效率。

⑦ 公交优先实施方案。

结合滨海新区"多组团网络化"的城市空间布局结构，本着加强滨海新区轨道网骨干线路的建设要求，提高市域线线形标准，选取组团中心设置换乘枢纽，以枢纽组织骨干网络，通过骨干快线串联组团、城市对外交通枢纽及城市中心，实现城市组团与城市中心及组团之间快速通达。规划各组团、片区内部区域线网通过枢纽与骨干网衔接，为骨干网收集客流并解决内部出行，同时带动土地开发。

（七）滨海新区产业发展与布局研究

1. 新区产业发展的内外部环境分析

（1）外部环境分析。

应对全球金融危机给我国经济带来的负面影响，国家针对受金融危机影响的相关行业，先后出台了多项产业振兴规划，拓展了产

业调整与振兴规划的范围。低碳经济的发展成为我国加快经济发展方式转变的重要抓手。国家进一步强调产业升级发展，确定战略新兴产业为未来我国引领产业升级的重要方向。

（2）内部环境分析。

滨海新区处于工业化后期向发达经济转化阶段，产业体系需由工业的单轮驱动向双引擎驱动型转化。根据国家对滨海新区的战略定位，先进制造、生产性服务业将为滨海新区发展的重中之重，产业体系更加开放和融合。天津为促进工业发展，相继推出六批120项重大工业项目，主要落户在滨海新区，特别是大乙烯、大飞机等一批标志性大项目的投产，不仅创造了滨海新区工业的新历史，而且也抢占了产业发展的制高点。项目对工业增长的贡献率超过了60%，既优化了结构、提升了水平，又保障了当前、支撑着长远。

2. 滨海新区产业发展现状与问题

（1）经济发展初具规模，但对环渤海区域的引领作用不强

滨海新区经济高速发展，2009年生产总值达到3810.67亿元，较1995年增加了15.77倍，年均增速21.77%，占天津市生产总值比重从1995年的26%上升到2009年50.8%。但滨海新区对环渤海经济圈的贡献远低于浦东新区对长三角的贡献，也低于深圳对珠三角的贡献。

（2）跟周边地区分工合作关系不明确，不利于实现三级联动发展。

滨海新区重点发展的部分产业，也是很多区县的重点发展产业。如，天津市以汽车及相关行业为主导行业的区县9个、园区19个，以电子信息产业为主导行业的区县4个、园区7个，以新材料、新能源产业为主导行业的区县3个、园区6个，以纺织产业为主导行业的区县5个、园区6个。如何在新区和其他区县之间形成合理的产业分工合作关系，是天津市形成三级联动发展的关键。

（3）整体产业结构不合理，服务业发展滞后。

经过长期的发展，滨海新区工业初步形成了电子信息、石油及化工、现代冶金、汽车装备制造、生物技术与现代医药、新能源新材料、纺织业七大产业集群，制造业在区域中具有一定优势。资源加工型产业占工业的比重由2004年的36.44%上升到2008年的46.38%，产业发展对资源的依赖程度比较严重。高新技术产业比重不断提升，2009年达到48%，仅次于深圳（52.9%）。但新区在核心技术和自主创新方面有许多不足，基本上是高新技术产品的组装区和工业产品的制造区，关键环节缺失，呈现"两头在外"局面。

服务业以批发零售业、交通仓储邮电业等传统产业为主（比重达到64.47%），占滨海新区GDP增加值接近20%。但金融、信息传输、计算机传输和软件业、商务服务等生产性服务业落后。

（4）产业布局散乱，产城矛盾突出。

大项目纷纷落户，但布局指向不明确。功能区在项目争夺上竞争较为激烈，造成功能区产业与定位不符合，主导产业相似，结构雷同，产业空间分工不明确，难以形成真正的区域联动和聚集效应。特别是在滨海新区核心区内工业企业和工业园区量大而且零星分布，居住区与工业区混杂，对环境造成很大影响。港口与核心城区临近，过境交通既限制了港口的发展也阻碍了城市的扩张。

3. 滨海新区产业结构体系的构建与规模预测

（1）滨海新区产业发展思路。

围绕国家战略对滨海新区的功能定位要求，以战略性新产业为引领，推进服务业与先进制造业融合发展、滨海新区与周边区域的协调发展，将滨海新区发展成为一座都市化新城，实现对区域示范和辐射带动作用。

（2）产业选择。

滨海新区产业发展方向为九大工业，六大服务业。

九大工业分别为：航空航天、石油及化工、汽车及装备制造、电子信息、生物技术与健康、新能源、新材料、轻工纺织业、节能环保。

六大服务业分别为：物流业、商贸服务、金融业、信息与科技

服务、休闲旅游和文化创意产业。

（3）新区产业发展定位。

提升石油及化工、电子信息、装备制造、现代物流业、商贸服务业五个"支柱"产业；优先发展航空航天、生物医药健康、新能源、轻纺业、金融业、科技与信息服务业六个"先导"产业；加速推进新材料、节能环保、休闲旅游、文化创意四个"成长"产业。逐步形成以"高端化、高质化、高新化和低碳化为特征，以战略新兴为引领、高新技术研发转换为核心、先进制造为基础、生产性服务深度配套，高新技术产业和现代服务业双轮驱动"的产业体系。

（4）滨海新区产业规模预测。

综合考虑国内外形势、滨海新区产业发展基础和趋势，预测在 2009—2012 年间滨海新区经济增速在 19.5% 左右，2012—2015 年间增速在 15.4% 左右，2015—2020 年间增速为 13.7% 左右，2020—2025 年间增速在 9.2% 左右，2025—2030 年间增速在 8.8% 左右。服务业增加值在 2009—2015 年间增速为 21.9%，2015—2020 年间增速为 15.9% 左右，2020—2025 年间增速为 11.3% 左右，2025—2030 年间增速为 10.7%；工业增加值增速 2010—2015 年间为 14.2%，2015—2020 年间为 12.6%，2020—2025 年间为 7.4%，2025—2030 年间为 6.8%。

4. 滨海新区产业布局

滨海新区形成"一心两带，核心外围、组团布局，产业集聚"的总体空间结构。

（1）"一心两带"。

"一心"：滨海新区核心区

重点发展汽车及装备制造、电子信息、生物医药等先进制造业以及现代物流、金融、总部经济、创意产业、信息与科技服务等现代服务业，是天津市双核心之一，北方港口航运服务中心，现代服务业和先进制造业集聚区。

"两带"：两条产业发展带

重点构建两大产业带，即沿京津走廊形成的高新技术产业发展带和沿海岸线形成的临海产业发展带。

京津塘高新技术产业发展轴，重点发展航空航天、生物医药、新能源新材料等高新技术产业和先进制造业以及总部经济等现代服务业。

临海产业发展带，重点发展大型重型装备、石油及化工等重装重化产业，促进高水平的重装、重化产业临港聚集发展、循环发展，充分合理利用港口、岸线资源，发展物流业、休闲旅游业等服务业。

滨海新区产业发展规模预测（单位：亿元）

项目	2012	2015	2020	2025	2030
工业增加值	3900	5400	9800	13800	19500
服务业增加值	2300	4100	8500	14450	24000
地区生产总值	6500	10000	19000	29500	45000
工业总产值	15450	26900	49500	76300	110000
产业结构比例	0.2：64.0：34.8	0.2：58.8：41	0.2：55.1：44.7	0.2：50.8：49	0.2：46.5：53.3

资料来源：天津市城市规划设计研究院

City
Region
走向科学发展的城市区域
Towards Scientific Development

天津滨海新区城市总体规划发展演进
The Evolution of City Master Plan of Binhai New Area, Tianjin

（2）"核心外围"。

滨海新区在向功能完善的城区发展过程中，产业的空间布局也会逐渐分化，形成一个"核心"——"外围"的格局。核心是滨海新区核心区，集聚高端服务业和都市型工业。外围指围绕核心区的外围地区是制造业和其它服务业的聚集地。滨海新区的产业在空间上将形成"中商务、东临港、南重化、西高新、北生态"的布局格局。

（3）"组团布局"。

根据城市未来的空间发展态势，产业发展基础等条件，在滨海

新区规划"六四四"的十四个产业组团，包括六个高端制造产业组团、四个现代服务业产业组团和四个生态产业组团。

（4）"产业集聚"。

重点依托开发区东区、开发区西区、滨海高新区、临空产业区（航空城）、中新天津生态城、临港工业区、南港工业区、海河下游现代冶金工业区、塘沽海洋高新区、泰达汉沽现代产业区、营城工业园、大港石油化工区、大港开发区、大港海洋石化产业园区、茶淀工业区、滨海物流加工区、太平工业区、中塘工业区等重点工

滨海新区主要园区的发展重点

工业区名称	重点发展
开发区东区	中高级轿车及新能源汽车产业集聚区、生物医药产业集群、电子信息产业集群
开发区西区	轿车制造及汽车零部件产业集群、航空航天产业集聚区（部分）
滨海高新区	生物医药产业集聚区、航空航天产业集聚区（部分）
临空产业区（航空城）	航空航天产业集聚区（部分）
塘沽海洋高新区	电子信息产业集群、海洋装备制造产业集群
临港工业区	国家级重装基地、（大型重型成套装备、关键设备和配套产品）
南港工业区	石油化工业产业集聚区、现代冶金产业集聚区、新材料产业集群
中新天津生态城	软件产业集群、环保高技术产业集群
泰达汉沽现代产业区	新材料产业集群
大港石油化工区	石油化工产业集聚区
大港海洋石化产业园区	生物医药产业集群、精细化工产业集群
大港开发区	以自行车、白色家电等为主的轻工产业集群
中心渔港	水产品深加工产业集群
北疆电厂循环经济示范区	循环经济
茶淀工业区	环保科技及新能源、葡萄深加工产业集群
滨海物流加工区	物流装备制造产业集群、水产品深加工产业集群
营城工业园	工艺品产业集群
太平工业区	石油石化设备和海水淡化设备制造产业集群
中塘工业区	以橡塑汽车配件为特色的橡塑制品产业集群

资料来源：天津市城市规划设计研究院

业园区，规划建设十大产业集聚区和 36 个产业集群。

依托滨海新区的产业功能区，规划建设十个产业集聚区，分别是：位于临空产业区（航空城）、开发区西区和滨海高新区的航空航天产业集聚区；位于南港工业区的石油化工集聚区、现代冶金产业集聚区；位于大港石油化工区的石油化工产业集聚区；位于临港工业区的国家级重装基地；位于开发区东区的中高级轿车及新能源汽车产业集聚区和电子信息产业集聚区；位于海河下游现代冶金工业区和南港工业区的 2 个现代冶金产业集聚区；位于滨海高新区的生物医药产业集聚区；位于开发区西区和滨海高新区的新能源新材料产业集聚区。

规划建设 36 个产业集群。开发区东区依托良好的发展基础，发展中高级轿车及新能源汽车集聚区的同时，重点发展电子信息集聚区和生物医药产业集群；开发区西区，依托其与东区和海港的便利联系，发展轿车制造及汽车零部件产业集群；临港工业区现有精细化工产业集群，在不扩大产业规模的同时，促进企业清洁生产、产业循环发展；塘沽海洋高新区借助开发区东区的产业辐射作用，发展电子信息产业和海洋装备制造产业集群；中新天津生态城结合其定位、发展模式和新加坡的先进技术，发展软件产业集群和环保高技术产业集群。结合生态城和北疆电厂海水淡化项目的落户，延伸产业链，在泰达汉沽现代产业区和营城工业园发展环保设备及海水淡化设备制造，泰达汉沽现代产业区进行产业结构升级，发展新材料产业集群。汉沽 IT 产业园充分发挥临海的环境优势和后发优势，近期规划建设电子信息零部件产业集群，远期发展软件产业；在南港工业区发展新材料产业集群；大港海洋石化产业园区，发展生物医药、精细化工产业集群；大港开发，重点发展自行车、白色家电等为主的轻工业产业集群。

结合区县示范工业园区建设，在茶淀镇规划建设茶淀工业区，重点发展环保科技及新能源产业；在杨家泊镇规划建设滨海物流加工区，重点发展物流装备制造业；在太平工业区，规划建设石油石

化设备和海水淡化设备制造产业集群；中塘工业区，重点发展以橡塑汽车配件为特色的橡塑制品产业集群。

5. 产业布局实施指引与配套支撑

滨海新区形成"一心两带，核心外围、组团布局，产业集聚"的总体空间结构。

（1）产业布局实施指引——分类推进。

按照不同的产业实施策略划分为不同的类型，制定不同的实施策略，分为产业功能置换区、产业改造提升区、产业品牌塑造区。

① 产业功能置换区：产业功能置换区指包括天钢大无缝—荣钢地区，开发区东区和塘沽海洋高新区南部地区、南疆港地区和散货物流区。

② 产业改造提升区：产业改造提升区分别位于南北两个片区原城区周边。北片区指营城工业区和泰达现代产业区，南片区指大港石化产业园、大乙烯地区。

③ 产业品牌塑造区：滨海新区重点的产业品牌塑造区包括航空城、滨海高新区和开发区西区、开发区东区和塘沽海洋高新区、滨海新区中心商务区、临港工业区和南港工业区，在这些区域形成相对专业化的产业集群，塑造品牌。

（2）配套支撑。

产业发展的配套体系主要包括居住配套、交通配套。

居住配套需求。根据不同行业吸纳的就业人口数量不同，以及本行业吸纳就业人口的层次不同，对十四个产业组团进行分类划分。通过这一分析，可对居住用地布局进行指引，最大限度地考虑职住平衡问题。

交通配套需求。不同类型产业对交通的需求不同，资源密集型产业需要大运量的货运铁路线支撑，劳动密集型产业要求较高的客货运输支撑力度，技术密集型产业对快速客货运输要求高，航空运输和高速铁路的发展将对这类产业带来很大的促进作用。专题按照客运、货运交通需求两部分，根据不同行业所带来的物流量和人流

City
Region Towards Scientific
Development
走向科学发展的城市区域

天津滨海新区城市总体规划发展演进
The Evolution of City Master Plan of Binhai New Area, Tianjin

量，对十四个产业组团进行划分，提出产业发展对客运交通和货运交通的需求。

（八）天津滨海新区城市总体规划提升综合防灾专题研究

天津滨海地区致灾因子十分活跃，灾害发生较为频繁，而且发生频率有加大趋势。同时，随着滨海地区经济的迅速发展，人口和物质财富的高度集中，灾害造成的损失也越来越大。针对滨海新区的灾害特点，对重要的、具有特殊性的灾害进行全面、深入研究，提出防御目标和措施，完善、提升滨海新区城市总体规划中的综合防灾减灾专项。

构筑滨海新区城市公共安全体系。合理安排滨海新区城市防灾减灾基础设施，保障滨海新区社会经济发展安全运行，保护人民群众生命财产，为滨海新区城市总体规划提供理论和技术支撑。

1. 重点灾害调查

根据滨海新区具有的海洋灾害、气象灾害、地质灾害、洪涝灾害的特点，初步确定此次专题研究重点围绕水灾害、地灾害两大类，即以下几种灾害的防御展开：风暴潮灾害、海浪灾害、海平面上升危害，流域洪水灾害、内涝灾害；地震灾害、地面沉降灾害，海岸与围填海区灾害。

（1）水灾害。

① 风暴潮。

天津滨海新区东临渤海湾，位于渤海湾湾顶，与莱州湾同属风暴潮灾的多发区和严重区。且地势低平，陆地高程一般 2～4 米（大沽基面，以下同），而本区的暴雨和地面沉降则使风暴潮灾害更易于发生。

风暴潮灾在 20 世纪 50 年代以前平均每 7.5 年发生一次，除每次不同程度造成一些房屋倒塌、盐田破坏以外，损失不太大；1950 年以来，平均 5.5 年发生一次，而且损失不断加大。本区的风暴潮主要发生在初春、盛夏和秋末这 3 段时间内，其中以 7、8 月份发生频率最大。

② 海浪。

渤海因其面积不大，浅水内海，风区小，波高不小于 6 米灾害性海浪区出现的频率也小，平均每年仅 0.9 次，天津港东突堤处出现 2 米以上的拍岸浪，汉沽也有 3 处海堤出现决口，主要是温带气旋和寒潮大风造成。在渤海海峡，因水较深，且当吹偏东风或偏西风时，有足够长的风区，加上狭管效应，风浪易于成长，最大曾出现过 13.6 米的波高。

③ 海平面上升。

由于气候变暖，预计 2010 年至 2030 年天津市年平均降水量将增加 10% 左右，到 2050 年将增加 10% 至 15%。1978 年至 2007 年，天津市沿海海平面上升 196 毫米。预计未来 30 年，天津市降水时空分布存在不均衡性，沿海海平面将比 2007 年升高 88 毫米至 161 毫米。

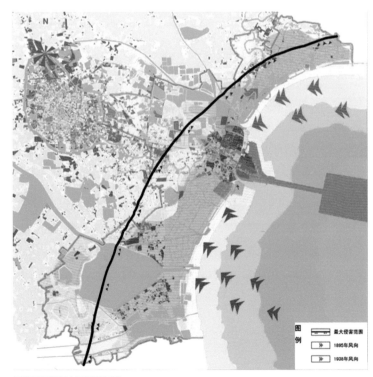

历史风暴潮最大淹侵范围图
资料来源：天津市城市规划设计研究院

海平面上升作为一种缓发性海洋灾害，其长期的累积效应将加剧风暴潮、海岸侵蚀、海水入侵与土壤盐渍化、咸潮入侵等海洋灾害的致灾程度。

④ 流域洪水。

海河流域洪水季节在七大江河中最为集中。洪水洪峰流量量级和洪水年际变化大。海河流域洪水来自夏季暴雨，洪水发生的时间和分布与暴雨基本一致。海河由暴雨形成的洪水发生时间一般都在6—9月。特大洪水发生时间主要集中在7、8两月。海河洪水可分为南系洪水和北系洪水，南系洪水主要来源于太行山山区，北系洪水主要来源于燕山山区。

⑤ 内涝。

海河流域为黄河的冲积平原，地面坡度上陡下缓，沿京广铁路地面高程50米，向西为丘陵山区，向东至滨海降至10米以下，为一片广阔平原。地势平坦，地面坡度由1/1 000降至不足1/10 000，加上受海潮顶托，排水缓慢。城市范围内地势比较低洼的地区，容易形成内涝，城市排水设施的建设速度落后于城市建设的发展速度，排水河道淤积严重，排水能力降低。近年大量开采地下水造成滨海新区大面积地面沉降，并形成多个漏斗；排涝设施能力在城区内分布不均匀；设施不配套、老化状况严重。

（2）地灾害

① 地震。

滨海新区的地震灾害特点是震源浅，软土层厚，危害种类多样。根据相关研究，预测沧东断裂、汉沽断裂未来均难以产生地震地表破裂。滨海新区内的其余隐伏断裂上断点埋藏较深，活动性较弱，规模较小，均难以产生地震地表破裂。

② 地面沉降。

滨海新区现状地面标高很低，长期的地面沉降已导致区内出现118 平方千米低于平均海平面的潜在淹没区，占全区总面积的5.2%。

③ 海岸侵蚀。

滨海新区拥有153.7 千米长的大陆岸线，占全国大陆岸线总长的0.85%，海岸类型为堆积型平原海岸，即典型的粉砂、淤泥质海岸，其特点是：海岸平直、坡度缓、地貌类型比较简单，潮滩宽广平坦，岸滩动态变化十分活跃。从20 世纪70 年代中期开始海水侵蚀地下含水层，并以十分惊人的速度急剧扩展，使地下水质恶化，加剧淡水资源匮乏，耕地质量退化，沿岸居民生存受到威胁。

④ 环境风险。

滨海新区临海地区填海造陆形成的工业区中工业企业逐渐落

2009 年度滨海新区地面沉降现状情况表（单位：毫米）

区县	平均沉降量	最大沉降量	低于平均海平面面积（平方千米）
滨海新区塘沽	20	62	32
滨海新区汉沽	14	63	86
滨海新区大港	21	61	—

户投产。在此基础上对滨海新区进行环境风险区划可知，环境风险在市域空间上向东转移。存在的重大危险源主要有：石化、冶金、机械制造企业，易燃、易爆、有毒害危险品的生产设施、存储仓库和运输场所。环境风险源主要有分布于原海河中下游冶金工业区，临港工业区、南港工业区和天津港内的天碱、天津化工厂、大沽化、乐金渤化、中俄石化等石油化工企业，石化仓储以及油

天津沿海海平面变化

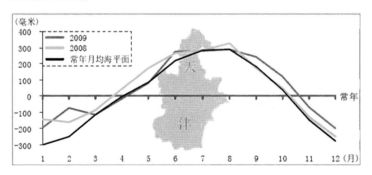

本页资料来源：天津市城市规划设计研究院

码头等危险品存储企业，以及具有环境风险隐患的企业形成的环境风险集中区域。

2. 规划提升策略

依据专项研究的重点灾险内容，相应提升天津滨海新区城市总体规划中综合防灾规划、天津滨海新区综合防灾专项规划中防风暴潮规划、防洪规划、治涝规划、抗震规划、地面控沉规划等内容。

① 统筹考虑防洪、防潮及灾害性海浪和极端天气。水利部门与海洋部门联合协作，共同建立极端灾害情况的应急预案，抵御滨海新区各城区同时发生 200 年一遇的洪涝灾害与风暴潮灾害相顶托的特大自然灾害。建设完善的流域防洪与排涝体系，提高上游调度能力和防潮堤等级，极端灾害情况下通过开展错峰处理等有效综合调度措施，保障滨海新区下游人民生命财产的安全。

② 严格划定蓝线、绿线，建立安全的沿海湿地生态系统。通过合理规划，重点对滨海新区内河流、水库、蓄滞洪区、行洪通道、盐田、海水养殖、滨海洼地等资源严格划定蓝线、绿线进行控制；研究滨海新区近海生态系统以及沿海湿地的保护和恢复技术，对其实施长期、有步骤地保护和修复，建立起安全的沿海湿地生态系统，充分发挥其生态效益。

③ 规划抗震应急避难场所，加强城市建设中的控沉管理。在地震活断层两侧 500 米范围内和断裂交叉地段，避免建设抗震设防分类中的甲类建筑。结合广场、绿地、公园等开敞空间的建设，规划应难场所、疏散通道和疏散场地。加强地下水资源管理和保护，推进水源转换工作，建立和完善地面沉降灾害预测预警体系。

④ 划定海岸侵蚀预警线，提高岸线抗侵蚀能力。将自然岸线向陆一侧 10 千米划为海岸侵蚀预警线。对人工岸线向陆一侧 5 千米划为海岸侵蚀警戒线，在警戒线至海的范围内不得修建高大人工构筑物，并留出泻湖缓冲区域。以此保证沿海岸地区海水的自然活动空间。

⑤ 开展区内危险性企业及风险源集中区域环境风险评估。严格安全生产及监管；隔离周边环境敏感目标，采取防范措施，制定

应急预案。需特殊保护地区、生态敏感与脆弱区、社会关注区、环境质量达不到环境功能区划要求的地区进行保护，应对其周边的环境风险源进行分析，采取搬迁和安全管理、环境管理等措施规避风险危害。

（九）滨海新区生态环境建设与保护专题研究

1. 新区生态环境现状

（1）生态用地占用分析。

新区生态用地占用总量呈增长趋势。1998—2008 年，总体趋势上升，大致分为三个攀升阶段：1998—2000 年、2001—2005 年、2006—2008 年。其中 2006 年稍有降低，2006 年后，占用总量增长较快。生态用地占用的阶梯变化状况与经济增长的变化幅度密切相关。

（2）环境承载力分析。

① 大气环境。

根据总量削减计划，"十一五"末 SO_2 总量控制目标 9.243 万吨，低于理想环境容量 9.8 万吨，在经济持续快速发展的情况下减少污染物排放，改善空气环境质量。根据总量削减要求，预计"十二五"期间新区 SO_2 总量控制目标将继续下降 5% ～ 8%，持续低于理想环境容量，空气环境质量有望进一步改善。但原大港区的 SO_2 总量控制有待加强，以低于环境容量，满足分区区域大气环境承载力。

滨海新区安全防护距离调整建议

滨海新区的产业区	安全防护距离调整建议
临港工业区与中心商务区	距离调整为 5 千米，中心商务区远期向西扩展，临港工业区现有海洋化工、精细化工产业集群，用地面积 3.5 平方千米，维持现状，控制发展，石化产业逐步向南转移
南港工业区、大港化工区与大港城区	南港工业区与大港城区距离在 20 千米，与周边集中性居住区距离在 5 千米以上，大港化工区与大港城区距离调整为 5 千米，同时大港海洋石化产业园区精细化工产业集群，用地面积 1.5 平方千米，其他现状化工产业逐步向石化产业基地迁移
海河下游现代冶金产业区	用地面积 10 平方千米，优化结构、提升水平、控制规模

资料来源：天津市城市规划设计研究院

滨海新区风险源分布示意图

1998—2008 年新区生态用地占用增长趋势

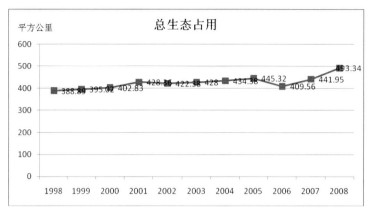

总生态占用

平方公里

388.85 395.02 402.83 428.36 422.38 428 434.38 445.32 409.56 441.95 493.34

1998 1999 2000 2001 2002 2003 2004 2005 2006 2007 2008

本页资料来源：天津市城市规划设计研究院

②水环境。

根据总量削减计划，"十一五"末 COD 总量控制目标 3.14 万吨，低于理想环境容量 3.63 万吨。根据总量削减要求，预计"十二五"期间新区 COD 总量控制目标将继续下降 5%—8%，进一步低于理想环境容量，劣 V 类水质有望得到改善。但 2020 年新区人口快速集聚增加 5 倍，产生 COD 总量将倍增，如果上游来水超标未能消除，则水环境质量与容量将面临严峻形势，特别是原塘沽区、大港区。

2. 新区增长边界分析

（1）刚性边界。

①陆域。

耕地。主要是基本农田、农场。汉沽区、大港区基本农田；中

部滨海核心区塘沽农场、海工农场、机关农场、供应农场，南部石化生态片区北大港农场、大苏庄农场等。

湿地。主要指河流、湖库。北部宜居旅游片区高庄水库、营城水库、蓟运河、永定新河；中部东丽湖、黄港水库、北塘水库、海河、官港湖森林公园；南部石化生态片区北大港水库、钱圈水库、沙井子水库、独流减河、沙井子行洪道。

自然保护区。天津古海岸与湿地国家级自然保护区。

绿地。官港湖森林公园、唐津高速公路、津滨高速公路沿线的道路和城市楔形绿地，沿海滨大道的大型市政通道控制绿带。

②近岸海域。

自然保护区。根据海洋功能区划具有特殊、重要生态功能，需要特别保护的海洋特别保护区，分布在汉沽区和大港区。

航道用海。

（2）弹性边界。

①陆域。

湿地。北部宜居旅游片区汉沽盐田、七里海临时蓄滞洪区等。

绿地。中部滨海核心区塘沽芦苇场及道路防护绿地。

②近岸海域。

4 米等深线以内，具有重要生态功能、需要重点保护的泄洪区

年份	农用地	水面	园林绿地	未利用地	恶化土地（城建用地）	占用生态用地
1998	257.08		14.22		131.81	388.89
1999	258.02		17.39		137	395.02
2000	255.8		18.76		147.03	402.83
2001	254.6		21.14		173.76	428.36
2002	254.2		29.89		168.18	422.38
2003	253		46.81		175	428
2004	250.73		52.32		183.65	434.38
2005	256.67		56.72		188.65	445.32
2006	214.78		57.99		194.78	409.56
2007	220		61.36		221.95	441.95
2008	225.96		65.26		267.38	493.34
2009	268.35	546.86	32.84		299.56	567.91

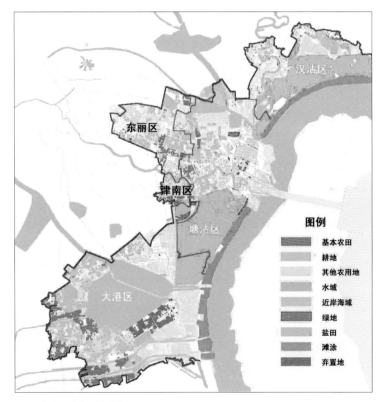

2005 年新区生态用地分布图
本页资料来源：天津市城市规划设计研究院

图例
基本农田
耕地
其他农用地
水域
近岸海域
绿地
盐田
滩涂
弃置地

以及增殖区、捕捞区、盐田区、保留区、工业用水区。

3. 新区生态空间重塑

（1）生态格局构建。

① 生态网络结构。

生态湿地连绵带。北片生态湿地连绵带由潮白新河、永定新河、七里海湿地、黄港水库、东丽湖、尔王庄水库、大黄堡洼等水面组成，其中七里海湿地是国家级湿地自然保护区。南片生态湿地连绵带由独流减河、团泊洼水库、北大港水库、鸭淀水库、八里台水库、沙井子水库、李二湾水库、子牙新河等水面组成，其中团泊洼是省级鸟类自然保护区，北大港是省级湿地自然保护区，是天津的重要水源地。

人工生态防护廊道。通过土壤改良、培育适种植被，营造基干林网。结合人工生态防护廊道，分级建设生态绿地系统，从盐土至非盐土开发强度递减，植被结构层级选择可依次为泥潭灌草、沿海防护林、纵深防护林。

滨海生态防护带。在现有两大陆地生态区（营城湖、黄港水库和东丽湖等湿地生态建设区，北大港湿地生态建设区）基础上，纳入海岸带生态景观保护区。沿海北部、南部，各划定一个由海岸线向陆、向海部分组成的海岸带生态景观保护区。保护区包括滩涂湿地生态系统、浅海水域，以及陆域生态系统。

② 生态空间构架。

"一心"。中心部位官港湖湿地及其周边森林资源组成的景观节点。该地区对维护狭长区域生物多样性、连通大型生态斑块、维护生态系统完整性，具有核心作用。

"两区"。南、北两大生态建设区。南部建设以北大港水库为核心的北大港古泄湖湿地、钱圈水库湿地保护与生态建设区，面积300 平方千米；北部建设北塘水库、黄港水库、东丽湖湿地保护与生态建设区，面积 200 平方千米。两区分别与新区范围外的团泊洼水库、七里海湿地共同构成天津市南北生态的重要组成部分。

"七廊"。依托海河、永定新河、独流减河，形成三条贯通区域东西方向的河流生态廊道，南北方向的滨海生态廊道、海滨大道复合生态廊道、唐津高速绿化生态廊道和城市组团间防护生态廊道。

（2）生态用地保障。

以盐田生态恢复补偿为例。盐田属咸水区，土壤盐渍化强，植被分布少。除制盐的生产经济功能，作为一种重要的湿地资源，具有调节局部小气候、调节大气组分、净化过滤、为鸟类提供饵料、雨洪蓄水等重要生态功能。

依据盐田开发利用规划，盐田大量开发，会造成生态服务功能价值大幅降低，需要考虑生态补偿措施。因盐田面积减少而损失的生态服务功能价值，约为 11.85 亿元，价值补偿需要增加 920.65 平方千米的乔灌草混种绿地或 612.86 平方千米的林地，相当于绿地率再提高 40%；或者增加 291.3 平方千米水体或 213.54 平方千米湿地，进行等价值补偿。

（3）生态环境保护。

① 水系连通。

尊重自然肌理开挖河渠，连通南北水系，贯通"一心两区"。形成纵横密布的水网，减轻海河行洪压力，提高新区水生态安全。

② 土壤改良。

综合治理新区土壤。结合排盐、培肥，降低土壤 pH 值，改善土壤、水、气状况，对土壤盐渍化严重地区，采取维护表土良好结构、保证排水畅通等措施，分阶段推进土壤改良。

③ 绿化成网。

根据新区土壤、滩涂特点，沿海、沿河、沿路形成生态防护林，作为保持生物多样性的重要生态走廊。在土壤改良、适种植被培育的基础上营造林地。近海滩涂地带以保护泥滩灌草植被为主；宜林近岸地带以海岸基干林带乔木为主；内陆延伸区域以纵深防护林网乔木为主。

④ 湿地成片。

对"一心两片"中的湿地进行重点保护。主要是官港湖、黄港水库、东丽湖、北塘水库、营城水库、北大港水库、钱圈水库、沙井子水库、李二湾水库，营造湿地生态环境保护和建设区，提高湿地周边缓冲区绿化覆盖率，提高生物多样性。

⑤ 大气污染减排。

实施火电厂烟气脱硝治理工程、清洁燃煤发电技术示范工程、城市轨道交通建设工程、公交车车辆更新治理工程。

⑥ 水环境保护。

实施饮用水源地保护工程、城市景观河道整治工程、再生水利用工程、流域综合整治工程、近岸海域水环境保护工程。

4. 宜居生态型新城区指标体系

建立"绿色发展、环境优美、公共安全、生活便宜"4 个模块、26 项指标。

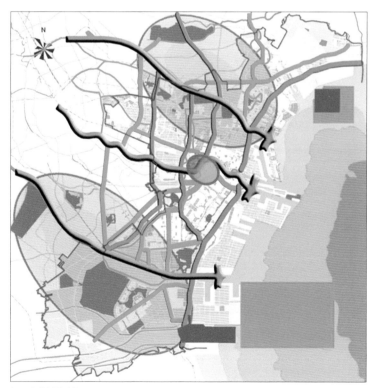

新区生态结构分析图
资料来源：天津市城市规划设计研究院

盐田现状分布图

表盐田开发利用规划

名称	原面积（平方千米）	建设开发（平方千米）	剩余（平方千米）
汉沽盐场	174.7	78.3	81.3
塘沽盐场	203.3	32.2	42.2
大港盐场	6.6	—	—
合计	384.6	110.5	123.5

本页资料来源：天津市城市规划设计研究院

（十）滨海新区水资源综合配置与水系统优化专题研究

在滨海新区纳入国家发展战略，新区定位和空间布局重新调整的背景下，对滨海新区总体规划进行完善和提升显得尤为必要。而包括水资源、供水系统、排水系统、再生水系统等在内的滨海新区水系统，对滨海新区的快速发展起到了重要的支撑和保障作用。滨

海新区的发展对水资源综合配置与水系统建设提出了更高的要求。通过合理配置、高效利用滨海新区水资源，优化供水系统、排水系统及再生水系统布局，可以提高新区水资源承载力；协调好各功能区供、排水系统的建设；有效防止水环境污染，改善新区水环境，从而满足滨海新区发展对水系统的需求，对满足滨海新区经济社会可持续发展，将其建设成为生态宜居型地区具有重大意义。

1. 滨海新区水资源利用及水系统问题分析

通过对滨海新区水资源开发利用情况、供水系统、排水系统、再生水系统和水环境现状的分析，提出水资源利用及水系存在的问题及解决对策。

（1）主要存在问题。

① 多头管理、各自为政的历史沿袭，导致滨海新区水系统格局混乱，建设无序，存在安全隐患。

② "一城、双港、三片区"的城市空间布局，对滨海新区水系统总体布局提出了新的空间要求。

③ 滨海新区供水结构单一、非传统水资源开发利用不力。

④ 低效率的水系统建设和运行，违背城市资源节约、环境友好的可持续发展原则。

（2）研究对策。

① 统筹全局，整合资源。

将滨海新区作为一盘棋进行整体考虑，在对现有水系统进行梳理、整合的基础上，统筹配置水资源，建立一张网分片联供的区域供水系统。

将滨海新区作为天津市的一个重要组成部分，结合天津市供水规划、排水规划、再生水规划及水系规划等专项规划，从水资源分配、区域供排水设施建设、水环境建设等多个角度，统筹、协调滨海新区与天津市的关系。

将水系统（水源、供水、排水、再生水利用等）作为一个有机整体，进行资源的统筹和整合，对水系统上、下游要素之间的关系

进行量化研究，并确定其有效的衔接方式。

完善区域水务集中管理机制，建立集开发、配置、供水、排水、节水、保护于一体的综合管理系统，对涉水事务实行统一管理；实现厂网分家，对管网进行一体化管理。

② 拓展水源，加强保障。

推进滨海新区形成"双网多源，两网互补"的供水格局，即水源一张网，多源联合调度，供水一张网，区域联合供给，提高供水系统安全保障性。

拓展新区水资源开发途径和利用模式，大力发展非传统水源。由于新区东临渤海，且沿海的临港工业区和南港工业区等地区具有"高量低质"的用水特点，再生水和海水利用潜力巨大，课题将对这两种非传统水源进行重点研究，合理确定其利用模式和利用途径。

在水资源可用量预测的基础上进行滨海新区水资源承载力的计算与分析，并以此为约束条件对滨海新区的人口规模、建设用地规模和经济增长等多项指标提出建议性要求。

③ 优化布局，提升环境。

将滨海新区供水系统纳入天津市供水系统整体布局，建立区域供水系统，对水厂的布局、位置、规模进行规划调整；供水管网的建设发展方向和供水主干管网的联通方案进行优化。有条件的地区（如塘沽区）进行供水设施规模化调整。

综合考虑滨海新区地形地貌特征、各地区产生污水的水质水量特征以及污水处理厂建设运行的宏观经济效益等各种因素，确定污水处理厂数量、规模、位置，并明确其服务范围，优化、完善滨海新区污水收集、处理系统。

优化新区排水体制；研究再生水作为河道景观补充水和区域雨水调蓄、利用的模式及方法；确定滨海新区水环境修复及水体涵养、生态保持的系统方案；对水系进行有效的沟通与整治，提升滨海新区水环境。

2. 滨海新区水资源承载力分析

本研究在对现有水资源利用水平下的水资源承载能力分析的基

滨海新区宜居生态城市指标体系

指标名称	单位	2012 年目标值	2015 年目标值	2020 年目标值	2030 年目标值
第三产业占 GDP 比例	%	≥ 36	≥ 40	≥ 46	≥ 50
城市单位 GDP 能耗	吨标准煤/万元	≤ 0.80	≤ 0.75	≤ 0.70	≤ 0.60
城市单位 GDP 水耗	m³/万元	≤ 13	≤ 11.04	≤ 10	≤ 8
实施清洁生产企业的比例	%	95	98	100	100
非常规水利用率	%	30	32	35	40
可再生能源使用率	%	≥ 8	≥ 12	≥ 15	≥ 20
主要污染物减排二氧化硫、COD、氮氧化物、氨氮、二氧化碳		不超过国家污染物排放总量控制指标			
集中式饮用水源水质达标率 城镇生活污水集中处理率 工业用水重复率	%	100 ≥ 85 ≥ 88	100 ≥ 90 ≥ 92	100 ≥ 93 ≥ 95	100 ≥ 98 ≥ 96
森林覆盖率（滨海地区）	%	> 8	> 10	> 14	> 16
城镇绿化覆被率	%	≥ 43	≥ 45	≥ 48	≥ 50
湿地率	%	≥ 19	≥ 20	≥ 22	≥ 25
活水比例	%	50	60	70	80
退化土地恢复率	%	≥ 88	≥ 90	≥ 95	≥ 98
全年空气质量好于或等于 Ⅱ 级良好水平天数比例	%	≥ 86	≥ 88	≥ 90	≥ 95
环境质量功能区达标率	%	80	85	95	100
固体废物处理处置利用率	%	> 96	> 98	100	100
景观多样性指数	-	0.6	0.8	1	1
滨海线景观			较好	良好	优美
城市生命线系统完好率	%	≥ 80	≥ 80	≥ 90	≥ 95
刑事案件发案率	%	低于全国平均水平			
环境健康损害预防预警应急体系		初步建立		较完善	完善
市政管网普及率	%	> 85	> 90	> 95	100
信息化综合指数	%	≥ 82	≥ 85	≥ 90	≥ 95
文教卫生投入占 GDP 比重	%	≥ 2	≥ 3	≥ 5	≥ 7
公共交通分担率	%	≥ 30	≥ 35	≥ 45	≥ 50
高等教育入学率	%	> 55	> 60	> 70	> 80

资料来源：天津市城市规划设计研究院

础上，从节水、提高水资源利用率和合理开发非传统水源等多个角度提出滨海新区水资源承载力提高措施。在此基础上重新进行滨海新区水资源承载力计算与分析，并以此为约束条件对滨海新区的人口规模和经济等多项指标提出建议性要求。

基于滨海新区水资源承载力计算与分析结果，优化配置各种水资源，构建多水源的安全供水模式，提出水资源配置优化方案，保证水资源供需平衡。

3. 滨海新区水系统布局及规模优化研究

（1）滨海新区供水系统布局及规模优化研究。

天津市供水系统划分为三个层次：位于城市空间发展主轴附近的地区主要采取城镇一体化的区域供水模式；位置偏远的近郊新城各自建立相对独立的供水系统；远离城区的中心镇和建制镇主要依靠当地水源，由地下水厂集中供水，水质达到国家统一标准。

将滨海新区供水系统纳入天津市供水系统整体布局进行统筹考虑，结合滨海新区供水系统现状，建立区域供水系统，在确保区域水量供需平衡的基础上，按照经济合理的原则进行供水区域的划分，确定供水工程总体布局。

根据城市总体规划、用水结构和需水量的预测，结合现有水厂的格局与输配水系统情况，对水厂的位置、规模、布局进行调整；供水管网的建设发展方向和供水主干管网的联通方案进行优化配置，实现供水区域化。结合滨海新区沿海地区的用地布局和工业企业性质，提出海水淡化厂等海水利用设施的布置原则和规划方案。

（2）滨海新区排水系统布局及规模优化研究。

本研究首先对滨海新区现状排水体制进行了调研与分析，通过对污水量预测，确定了污水处理模式及系统布局；其次结合实际情况，对雨水系统进行了优化研究，实现雨洪资源化；并根据各功能区实际情况，同时考虑区内农用水和生态环境用水的需求，因地制宜地确定滨海新区再生水的开发利用模式、回用途径及系统布局。

4. 滨海新区水系统安全保障体系研究

基于前述提出的滨海新区水系统布局及规模优化研究成果，课题提出滨海新区供水安全保障体系总体目标，即通过建立政府依法监督、企业严格管理、公众主动参与、各部门职责明确、配合协调的饮用水日常供给安全保障体系和覆盖面广、监测灵敏、反应迅速、处置有序、措施得当的饮用水应急供给安全保障体系，保证滨海新区有充足、优质的饮用水源，有安全可靠的水处理设施和输配系统，有科学统一的供水管理体制，有迅速完善的应急处理系统，最终实现全区的安全供水。

针对滨海新区饮用水源、供水设施和水务管理三个环节，分别提出相应的保障措施，主要包括节约用水、多水源联供、保护水源地、改进处理工艺、更新处理设施、在线水质监测、改造更新管网、加强日常维护、信息化管理、规范二次供水、实行统一管理和加强监督监察。

此外，课题还对再生水系统安全保障体系从水质管理与应急措施两方面进行了研究。

5. 滨海新区水环境改善措施研究

（1）水环境改善及水体涵养、生态保持系统研究。

课题根据滨海新区的水环境现状，提出通过利用河渠联通不同景观水体、水环境修复与保持的技术、汛期雨水和再生水等进行人工水体涵养等工程措施，构建滨海新区水环境，形成一个稳定、良性的水体生态系统。

（2）河湖水系沟通与整治。

课题提出建设北水南调东线工程，通过把水从北部的潮白新河调到南部地区，实现水资源的利用，为滨海新区提供生态环境水源。

（3）城市景观水体生态保持研究。

课题从景观水体循环、景观水体生态保持技术及利用雨水和再生水作为景观水体补水这三方面着手对滨海新区景观水体生态保持方案展开研究。

第二节　2012 年总规修编

一、规划修编背景

2010 年新区启动的城市总体规划修编是在新区政府成立组建之初，以指挥部的形式出现的。随着新区政府各部门组建成立并工作步入正轨，滨海新区城市总体规划有组织、有计划的修编实际成熟。自 2011 年开始，市规划局连续两年将滨海新区总规修编入全市规划编制计划。

从 2011 年开始，新区规划和国土资源管理局组织市规划院等单位开展了 2009 年版滨海新区城市总体规划（2008—2020 年）修编的前期工作，开展了现状调查和 2009 年版滨海总规实施评估报告。其后，新区规划和国土资源管理局正式行文报请区委区政府，开展新区城市总体规划（2008—2020 年）修编工作。经新区区委区政府研究，正式同意，并成立了领导小组和办公室，批准了工作方案。2012 年 6 月 28 日，在滨海新区规划建设和环保工作恳谈会上，何立峰书记（时任市委副书记、滨海新区区委书记）提出新区总规提升要深入贯彻落实科学发展观，实现国家对新区的定位，要处理好四个关系：规划与交通的关系；规划与产业的关系；规划与生态城市建设的关系；规划与人财物力的关系，为规划提升指明了重点。

在滨海新区城市总体规划修编的前期工作已基本完成的基础上，滨海新区规划和国土资源管理局利用一年时间，组织新区政府各部门和各管委会，安排规划编制单位，共同开展《滨海新区城市总体规划(2012—2020 年)》修编工作，为新区新时期再次腾飞提供规划保障。

二、规划的主要内容

规划项目组提出以"多维规划"视角统筹本次规划修编工作，旨在突破常规规划偏重空间布局、难以落实实施的境地，从滨海新区实现国家定位、解决重大问题的角度出发，在编制方法上提出了

涵盖时间（动态性）、空间（层次性）、支撑体系（系统性）、软环境（政策性）等四个维度的解决方案。

在时间维度方面，规划首先建立起长远构想、分步实施的总体思路，不拘泥于规划期限 2020 年，而是考虑到动态演变的过程，实现远景全域覆盖与近期建设统筹结合。基于对城市建设用地规模的研究，修编方案提出要控制生态空间规模占总用地的 50% 以上，并以此为基础优化远景城市空间结构，进行全域统筹和协调。

在空间维度方面，考虑到滨海新区具有城市区域的特征，也决定了规划不能仅对总体结构、城镇体系和核心城区进行布局即可，还必须考虑其他城区的布局和发展。因此规划中按照"片区—组团"的总体布局，梳理核心区、北片区、南片区、西片区特征和问题，提出进一步明确发展方向，确定片区规模指标和各类用地控制指标，并增加特别用地的考虑。例如滨海北片区，重点围绕生态环保、宜居旅游定位进行开发建设。因此，规划进行了细化的用地布局考虑，提出了该地区的主要城市中心和空间结构，并结合区域定位，提出该片区工业用地比重不高于 24%、文化及娱乐康体设施用地比重不低于 6% 等一系列特定控制指标。

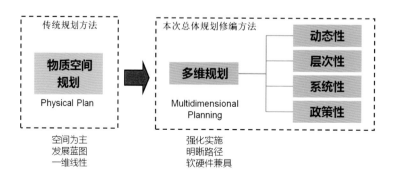

多维度规划编制体系示意图
图片来源：天津市城市规划设计研究院

围绕国家赋予滨海新区的功能定位，跳出传统分专项——列举的总规编制形式，确定四项具有重点意义的内容。一是打造"大交通"体系，梳理港城集疏运体系，大力发展公共交通和绿色交通，破解困扰滨海新区多年的港城交通矛盾问题；二是，通过优化功能区产业布局，明确各功能区发展重点，调整产业空间，促进产业发展方式的转变；三是以"绿色低碳"理念构筑区域生态系统，优化资源利用，实现生态经济新增长点；四是以"全域统筹"思路统筹资源配置，优化总体布局，加速民生设施建设，提高城市活力和吸引力。

规划中特别强调这四项内容彼此密切相关，如区域生态的构建既是提高城市吸引力的重要手段，又可以结合天津的碳排放交易牌照，形成新的经济增长点；又如港城交通问题的逐步缓解，将对整体产业布局有重大影响。

滨海总规修编中，根据城市总体布局结构，划定城市规划建设用地增长边界，并与土地利用规划进行校核，对不一致的区域提出制度性修改建议，促使在分区规划、详细规划层面予以落实。通过预留城乡建设用地指标、区分近远期重点区域，实现空间布局上的统筹和用地规模上协调一致，确保规划的实效性和管控力。

本次规划修编特别突出城市总体规划、土地利用总体规划、主体功能区划等相关规划的有机衔接，并对接上位天津市战略、天津市总规的要求，实现空间布局上的统筹和协调。

三、重要修编内容

由于2013年滨海新区又实施了新一轮行政体制改革，本次总体规划修编形成了阶段成果。按照区委区政府的部署，滨海新区规划和国土资源管理局组织市规划院、渤海规划院开展了18个街镇发展规划编制工作。

支撑性专项系统关系示意图
图片来源：天津市城市规划设计研究院

现状城市建成区　　　构建连通的生态走廊　　　分片区组团式发展　　　城市中心和公交支撑体系

滨海新区远景空间演变示意图
图片来源：天津市城市规划设计研究院

滨海新区北片区片区层面和总体层面用地布局对比
图片来源：天津市城市规划设计研究院

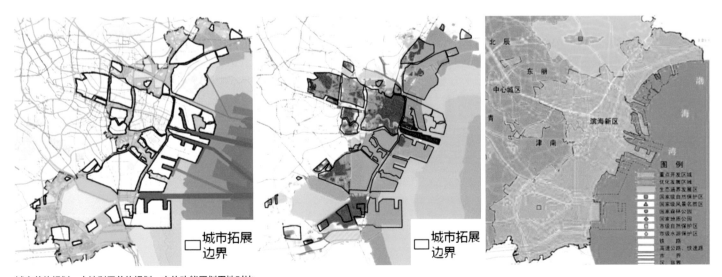

城市总体规划、土地利用总体规划、主体功能区划用地对比
图片来源：天津市城市规划设计研究院

滨海新区用地布局图
图片来源：天津市城市规划设计研究院

本部分小结

本部分对滨海新区城市总体规划编制前期准备工作、天津市城市空间发展战略及新区城市空间发展战略、新区城市总体规划的主要内容进行了尽可能全面的介绍。天津市城市空间发展战略规划、滨海新区城市空间发展战略规划及滨海新区城市总体规划对新区十年来的城市空间布局起到重要指导作用。在规划方案完善、提升的过程中，滨海新区的规划从业者不断思索、探求，将城市产业发展、交通网络、生态环境、公共设施等内容进行有机融合，加强理论研究，与实际情况相结合，创新规划编制的方式方法，获得了市、区各部门的共识，真正发挥了规划龙头地位作用。

第三部分 先进理念与城市总体规划编制实践相结合

Part 3 The Combination of Advanced Theories and Planning Practices

第九章　当前国际最新的规划理论与新区实践结合

滨海新区作为国家战略和综合配套改革试验区，在人居环境的科学发展方面要起到带动和示范作用，同样在城市总体规划的改革创新方面，要改变我国现行的城市总体规划思想和方法僵化、教条化，无法适应快速城市化发展的突出问题。城市总体规划需以问题为导向，理论和实践相结合，应用当前国际最新的规划理论和方法，在重点问题上尝试突破，探索符合新区实际的人居理想和空间规划建设模式。

第一节　从"规划期规划"到"终极蓝图规划"

国家发展战略赋予滨海新区高标准的发展定位，要求新区在"现代制造业和研发转化基地""国际航运中心和国际物流中心"以及"宜居生态型新城区"的建设方面率先垂范。滨海新区要实现国家定位，首先要在规划方法和理念上实现改革创新，通过建立完善的规划编制与管理体系，确立具有前瞻性的空间发展战略、形成体现新区特点和发展要求的布局模式、构建科学合理的城市支撑体系，实现城市总体规划从"规划期规划"向"终极蓝图规划"的转变，从而引导和促进滨海新区科学发展。

一、天津滨海新区作为城市区域

21 世纪是城市的世纪，更是区域的世纪，新区域主义（New Regionalism）已经成为重要的思潮。随着城市规模扩大、数量增加、交通和通信技术的飞速发展，城市区域的作用越来越重要，是当前经济社会政治活动的焦点之一，同时也是人居环境建设的重要内容。近年来，中国在特大城市建设和城市群的规划研究与实践方面取得

了丰富的成果，但是，如果要在城市和区域的人居环境建设方面有所突破，急需开展对城市区域的研究和规划实践。当前，我们一方面应该从城市区域的角度对北京、上海、天津等特大城市规划进行深化调整；另一方面，对一些新的规划地区，如天津滨海新区等，也必须要用城市区域的理论来进行规划理论和实践探索。天津滨海新区，与 20 世纪 80 年代的深圳特区规划、20 世纪 90 年代的上海浦东新区规划相比，其战略空间规划层面最突出的特点，就是作为一个城市区域，而不单单是一个城市。

1. 城市区域的认知

城市区域（City Region），或称城市地区，在英语和汉语中都是一个新的概念、新的词汇，是介于城市群（City Group）和城市之间的重要形态。艾伦·斯科特（Allan Scott）指出，城市区域有两种典型的形态，一种是以一个强大的核心城市为主的大都市聚集区，如伦敦、墨西哥城等；另一种是多中心的城市网络，如荷兰兰斯塔德和意大利埃米利亚—罗曼涅（Emilia-Romagna）。肯尼

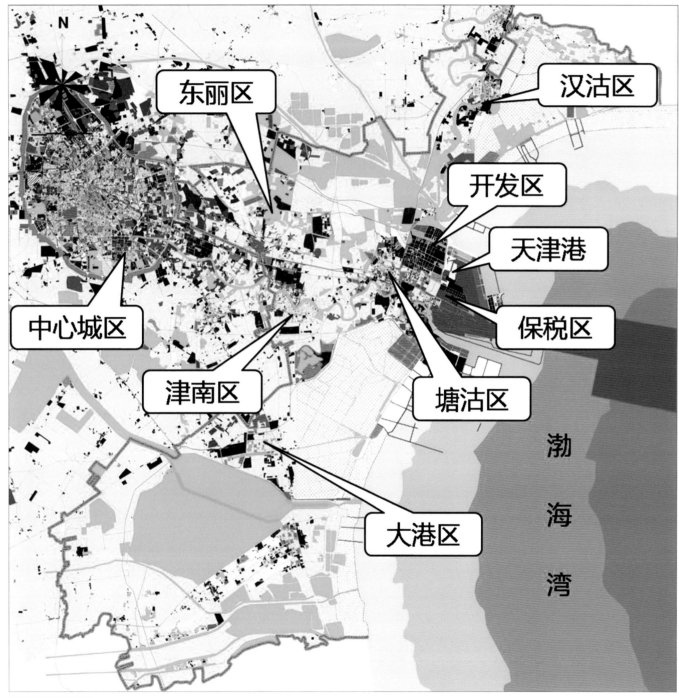

东丽区

汉沽区

开发区

天津港

中心城区

保税区

津南区

塘沽区

大港区

渤海湾

天津滨海新区现状图
资料来源：天津市城市规划设计研究院

City
Region
Towards Scientific
Development
走向科学发展的城市区域

天津滨海新区城市总体规划发展演进
The Evolution of City Master Plan of Binhai New Area, Tianjin

奇·欧米（Kenichi Ohmae）认为，由于具有通信、资本、公司和消费者等优势，在全球化的情形下，城市区域将是未来最佳的空间发展模式。因此，研究和掌握城市区域在新的社会经济和技术条件下的发展形态与规律，寻找合适的规划理论和手段是非常重要的。

帕齐·希利（Pasty Healey）对城市地区的定义是：城市区域是指这样一个地区，在这个地区内日常生活的相互作用延伸开来，与商务活动相互联系，表现出"核心关系"，如交通和市政公用设施网络、土地和劳动力市场。它可以是指一个大都市（metropolis），一个都市节点的密集聚居城市综合体或一个通勤或休闲的腹地。它或与行政界限不一致。拉维兹（J. Ravetz）以城市区域的概念对2020年英国大曼彻斯特的发展前景进行深入研究，认为大曼彻斯特城市区域是一个以曼彻斯特为核心的"城市—腹地"地域系统，内部具有行政、产业、通勤、流域等联系。围绕整体发展的最佳模式来重新规划和安排政治地图，往往具有长期的功效，或者说可以成为一个有效的功能区域。

城市区域是经济区域，城市区域的规模变化很大。按照斯科特的观点，全球人口超过100万的有300多个城市都是城市区域。而有经济学者认为，人口规模达到500万～2000万人才是理想的城市区域。从空间尺度上讲，城市区域以经济活动为标尺，从数百平方千米到上万平方千米，如美国旧金山湾区，作为一个成功的城市区域，面积达到1万多平方千米。

2.天津滨海新区具有城市区域的空间特点

天津滨海新区现状包括塘沽、汉沽、大港三个完整的行政区，以及东丽区、津南区的部分区域，划定陆地面积2270平方千米，是一个南北长约90千米、东西最宽处约50千米的"T形"滨海地域。

2008年，滨海新区国民生产总值超过3000亿，常住人口达到202万人，现状建设用地300多平方千米。随着经济社会的不断发展，各区的经济关联性越来越强，已经初步具备以开发区和塘沽城区、保税区和天津港为中心，汉沽、大港城区、开发区西区、空港加工

区等为腹地的城市区域的特征。

行政管理上，除现有的行政区外，滨海新区还包括具有同等级别的天津港、渤海石油、渤海化工、大港石油等单位。改革开放以来，出现了天津经济技术开发区、天津港保税区等经济功能区。近来，又成立了中新天津生态城、东疆保税港区、滨海高新区、滨海旅游区等管理机构，呈现出多重行政管理的区域特点。天津滨海新区管理委员会，是天津市政府派出的一个协调机构，职能上类似国外的区域委员会。进入2010年，滨海新区实施了行政体制改革，撤销了塘沽、汉沽、大港3个行政区，成立滨海新区政府。同时保留了9个产业功能区管委会，新设立了塘洁、汉沽、大港3个管委会，仍然具有多重行政管理的区域特点。

按照目前的城市总体规划，到2020年，滨海新区规划人口达到600万人左右，总的建设用地面积达到1000平方千米左右。而且，滨海新区与天津中心城区相邻，两者实际组成一个面积3000平方千米、规划人口1000万人左右的更大的城市区域。虽然在边界的划定上有可商榷之处，总体看，滨海新区的空间尺度已经超过一般的城市规模，空间区划已经形成多样的行政主体，经济发展不平衡，自然和历史遗产具有多样性和地方性，空间发展上呈现出多个城市、城镇和功能区齐头并进的态势，已经具备了城市区域的基本特征和条件。

二、考虑长远空间战略规划，引导城市有序拓展

与传统单中心城市的规划不同，城市区域规划应该说是一个新的课题。传统的城市区域大部分是由大城市或一个小的城市群落经过长时期的演变形成的，一次性规划形成的城市区域的实践还不多，可供参考的经验有限。

深圳市面积1900多平方千米，与滨海新区在空间形态上十分相似，是一次性规划的新城市。20世纪80年代，深圳最初的城市总体规划以深圳特区300多平方千米围网内为主，规划沿深南大道

形成带状组团式布局。规划既考虑到深圳的自然和地理条件，又相对紧凑，适应了特区最初集中力量、快速发展的要求，经过20多年的建设，深圳由一个渔村快速演变成一个国际性特大城市。但是，到了发展后期，当特区围网内的300平方千米土地基本建设完成时，围网外的1000多平方千米的土地，也在快速开发建设。由于规划仅仅把注意力放在围网内的300平方千米范围上，忽视了对外围更广大空间的规划和控制，造成村庄建设、工业区建设和城市化交织在一起，最终形成了目前难以解决的"城中村"问题。深圳并没有按照原来的总体规划形成一个带状组团城市，而是最终形成了一个典型的城市区域。

总结深圳的教训使我们认识到，如果空间规划不能考虑得更长远，不考虑在当前全球经济一体化形势下城市区域新的发展趋势，仍然坚持20年规划期、几十年不变的中心城市加外围城镇的规划模式和方法，必然会产生众多的问题。因此，规划必须考虑长远，必须注重与新经济相适应的规划结构，探索新的空间发展模式。滨海新区战略空间规划不仅仅考虑到2020年，而是考虑未来50年，甚至更长远的可能。一次确定规划布局的主要骨架，使规划具有前瞻性、可持续性，战略意义十分重大。

为使滨海新区总体规划具有前瞻性、可持续性，我们提出"立足长远、有序拓展"的规划理念，建立起由理想到现实、由愿景到近期，放眼未来、持续转化的规划思维秩序，规划不仅仅要考虑到2020年，而是考虑未来50年远景发展，甚至更长远的可能。我们

以远景规划确定新区整体空间骨架、发展愿景和发展秩序，在合理保护自然环境的情况下，在远景规划布局的指导下，结合经济发展阶段，规划好建设分期，我们分别提出2015年、2020年、2030年各阶段的发展目标、城市规模和规划布局，像画素描一样，时刻把握整体，虽然没有完成，但始终是一张完整的画，而不是拼图。

在此基础上，逐年滚动编制近期建设规划，引导和控制近期发展，动态适应发展的不确定性。按照各阶段目标进行各类建设的具体布局和安排，实现在规划实施过程中的目标导向与动态演变、跟踪的结合，统筹协调好人财物力资源和市场，引导城市有序发展。

深圳市城中村的"握手楼"

City
Region Towards Scientific
Development
走向科学发展的城市区域

天津滨海新区城市总体规划发展演进
The Evolution of City Master Plan of Binhai New Area, Tianjin

第二节　从单中心拓展城市到网络化多组团城市区域

一、城市区域规划结构和形态的经验总结与借鉴

一个好的城市区域需要一个好的城市区域规划结构和形态。以美国为代表的郊区化蔓延式发展，是高耗能、高排放的模式。以洛杉矶为例，连绵的独立住宅一望无际、城市高快速路密布如织，以小汽车为主导的交通模式造成了城市拥堵和空气污染。以欧洲为代表的"单中心城市＋卫星城"的发展模式，比郊区化蔓延式发挥相对紧凑，但也存在许多问题。以伦敦为例，伦敦城单中心集聚，城市"摊大饼"蔓延，虽然有绿带隔离，但城市尺寸已经巨大，而卫星城的布局模式也造成通勤时间长、交通潮汐现象严重等问题。以上两种类型是我们比较熟悉的空间模式，中国大部分城市过去都在追寻"单中心城市＋卫星城"的发展模式。目前，卫星城没有发展起来，又遇到郊区化的问题。北京既"摊大饼"又郊区化，问题暴露得很严重。

分析荷兰兰斯塔德城市区域的有益经验，给我们启示。数座城市星状地围绕中心绿核布局，形成环带状、组团式发展的网络化布局，以生态绿化分隔城市，并通过有序的交通体系实现城市间便捷联系，城市互相分工协作，避免了"单中心城市＋卫星城"和郊区化蔓延发展两种模式的许多问题。

2000年，罗杰·西蒙兹（Roger Simmords）和加里·赫克（Grary Hack）在他们编著的《全球城市区域：正在演进的形式》（Global City Regions: Their Emerging Forms）一书中，对全球11个重要的城市区域进行了研究，对包括新经济、新的区域政治和新的交通通信方式对城市带来的影响进行了分析，对未来城市区域发展的趋势进行了预测，认为城市区域的未来形态更多地应该是多中心网络化。

二、多中心、组团式、网络化海湾城市区域

滨海新区沿海岸线带状展开，具有鲜明的海湾型城市地区特征。总体的发展轴线比较明确，一条是从天津中心城区到港口、东西向

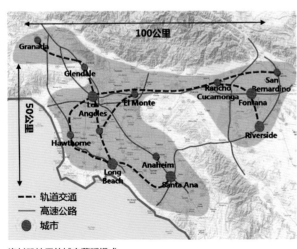

洛杉矶地区的城市蔓延模式

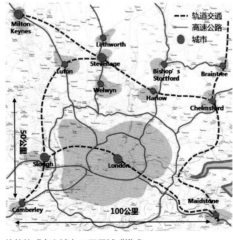

伦敦的"中心城市＋卫星城"模式

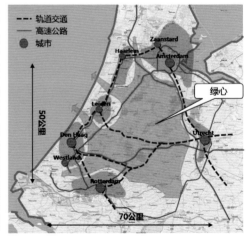

兰斯塔德城市区域多中心模式

本页资料来源：深圳市城市规划设计研究院

的京津塘发展轴，一条是南北向的沿海发展轴，两轴的交会处是塘沽区城区和天津港，京津塘发展轴的西端与中心城市比邻处是天津滨海国际机场，沿海发展轴的南北两端分别是大港城区、大港油田生活区和汉沽城区，分别与河北省黄骅和曹妃甸相邻。

滨海新区作为一个整体开始编制总体规划始于1994年，1999年市政府批复。规划提出以天津港为中心，由塘沽、汉沽、大港和海河中游工业区组成的组团式结构。2006年初总体规划经过修编，提出"一轴一带三城区"的规划结构，仍然沿用了传统城镇体系规划的思路，没有反映滨海新区城市区域的特点和发展的趋势，没有反映港口城市的特点，缺少对众多产业功能区的考虑，对港城矛盾等问题也没有提出解决的办法。

2006年，滨海新区被纳入国家战略之后，发展速度加快，空客A320、大火箭、大乙烯等大项目聚集，国家也对滨海新区提出了更高的要求。为了适应发展形势的要求、全面提升规划水平，我们开展了一系列专题研究和战略空间规划、总体规划修编等工作。委托中国城市规划设计研究院开展了"深圳特区、浦东新区开发对天津滨海新区的借鉴""渤海湾视野下滨海新区产业功能定位的再思考""滨海新区交通研究"3个专题，以及"天津临港产业区发展战略研究"。委托清华大学开展了"天津滨海新区总体城市设计研究"，委托易道设计公司开展了"天津滨海新区生态系统研究"。这些专题研究得出了许多有意义的结论和建议，比如，中规院的研究指出，滨海新区产业发展中缺乏重型装备产业，发展过于集中于京津塘走廊，提出了应在南部建立新的产业走廊以带动河北南部的发展等有意建议。

随后我们分别委托清华大学和天津城市规划设计研究院开展

"天津滨海新区空间发展战略研究"工作。与此同时，天津市委市政府委托中国城市规划设计研究院开展了"天津城市空间发展战略研究"工作。中规院以对滨海新区的专题研究为基础，提出了"双城双港"的总体战略和布局思路。规划提升滨海新区核心区的地位

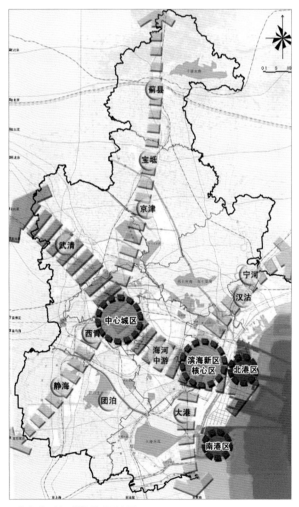

天津市"双城双港"战略示意图
资料来源：中国城市规划设计研究院

City
Region Towards Scientific
Development
走向科学发展的城市区域

天津滨海新区城市总体规划发展演进
The Evolution of City Master Plan of Binhai New Area, Tianjin

和作用，在现在天津港的基础上，在大港区规划新建南港区，发展石化工业和煤炭、矿石等散杂货运输，既解决港口与滨海核心区的港城矛盾，又通过将分散布局的石化项目向南港工业区集中，将煤炭矿石等货物向南港区集中，从根本上整体改善了滨海新区的发展环境。"双城双港"的总体战略和布局思路得到各方面的认可。

在"天津滨海新区空间发展战略"综合工作中，我们依据天津城市空间发展战略研究，打破现有行政界限的束缚，结合新区轴带

滨海新区"多中心、多组团、网络化海湾城市区域"的空间布局结构
图资料来源：中国城市规划设计研究院

发展格局，按照强化优势、突出特色、产业集聚、城市宜居的原则，提出了"一城双港三片区"的总体结构，确定"南重化、北旅游、西高新、中服务"的发展格局。"一城"为滨海新区核心区，"三片"为南部石化产业片区、北部宜居旅游片区、西部临空高新片区。

随后在天津滨海新区城市总体规划修编（2009—2020年）过程中，依据天津城市空间发展战略研究和天津滨海新区空间发展战略，总结其他城市的经验和教训，结合新区自身的实际，在"一城双港三片区"的基础上，我们提出新区为"多中心、多组团、网络化海湾城市区域"的空间布局结构。组团之间以生态廊道相隔离，并通过完善的交通体系实现各组团间的便捷联系，形成整体的城市区域。

滨海新区范围比较大，有海河、独流减河、永定新河、蓟运河等大的河流，加上铁路、高速公路和市政廊道，对城市区域分割严重，加上5个行政区和9个产业功能区多头发展的态势，具备了组团式布局的条件。规划通过各城区和功能区的空间整合，形成功能相对独立完善同时又紧密联系的城市组团，统筹产业和生活配套设施建设，统筹交通和市政基础设施建设，有利于解决城区和功能区各自独立发展所带来的生活服务功能和基础设施重复建设，以及交通压力、资源浪费、环境破坏等问题。组团规模以中新天津生态城和滨海高新区为模板，一般在30平方千米左右，有一定的人口规模，有产业的支撑，可以形成研发和生产生活服务的中心。每个组团努力做到职住相对平衡，一些特殊的工业组团不宜居住，也在其附近规划居住为主的组团与之配套，尽量减少大量长距离通勤。按照规划，未来滨海新区将建立起城市组团—城市片区—都市区域的空间组合秩序，打造多组团、网络化海湾型城市地区。

第三节　公交主导的城市

要保证"多中心、多组团、网络化海湾城市区域"理想的空间布局模式，需要以公交为导向作为保证。规划将京津城际铁路延伸到新区中心商务区于家堡，形成新区的公共交通枢纽，从枢纽步行可达到商务区的核心和海河岸边。城际铁路从北京南站到于家堡枢纽只需要 45 分钟，而且与天津滨海国际机场、远期与北京首都国际机场相连，方便与北京和世界的联系。同时，确定环渤海城际铁路线位和车站，使"一城三片区"都有城际高铁车站和公共交通枢纽。对现状的津滨轻轨扩容提速，在其基础上，规划塘沽到汉沽、塘沽到大港的 3 条新区骨干线，提高"一城三片区"之间联系的方便程度，在核心区增加 3 条填充线，使核心区轨道线网密度达到 1 千米 / 平方千米，增加服务水平。对从新区通过的 3 条长距离的市域线，考虑到滨海新区地质条件较差的情况，规划选线尽量位于绿化带中，采用地面或高架形式，减少工程造价，同时做好各组团站点规划和组团内喂给线的链接，提高公共交通的效用，真正形成公交为导向的城市区域。

轨道交通系统以枢纽为核心，以覆盖人口、岗位为目标，以可实施性为保障，编织市域线、城区线两个层次的轨道交通线网。在天津市域范围形成由市域快速轨道组成的市域线系统；在中心城区、滨海新区核心区分别形成相对独立的城区地铁网络；在海河中游通过津滨走廊内的市域线衔接两个中心区的地铁线网，同时在纵向客流主、次通道上分别由市域线和城区线对轨道线网进行补充。

一、市域线网

市域线服务于市域内长距离的快速交通需求，包括中心城区、滨海新区核心区之间的快速直达客流，外围新城、功能组团与两个

线路名称	里程（千米）	途径地区
Z1	115	子牙环保产业园、静海新城、团泊新城、张窝高铁站、大学城、奥体中心、宾馆地区、智慧城、双港新家园、高职中心、津南新城、葛沽镇、响螺湾、于家堡
Z2	115	武清、双街、京津路地区、天津西站、北站枢纽、机场、航空城、高新区、开发区西区、高铁滨海站、开发区、滨海旅游区、城际汉沽站、汉沽新城
Z3	150	蓟县新城、宝坻新城、京津新城、九园工业区、七里海、东丽湖、航空城、海河中游、津南新城、天嘉湖地区、大港新城、南港区
Z4	85	宁河新城、汉沽新城、生态城、滨海新区核心区、大港新城、南港工业区

滨海新区市域线网线路明细

核心之间的客流，外围新城、组团之间的长距离客流以及部分市域对外联系客流。市域线运行速度每小时 120 ~ 160 千米，平均站间距在 2 千米以上，线路敷设形式以地面和高架为主，在城区段可以采用地下敷设形式，并考虑利用既有铁路开辟市郊铁路。市域线规划方案以对外客运枢纽为核心，锚固整体线网，形成"两横两纵"4 条市域线组成的市域线网络，线网总里程 460 千米。其中两横为 Z1、Z2 线，两纵为 Z3、Z4 线。

二、滨海新区核心区线网

滨海新区核心区线网规划通过于家堡地区对外辐射，以与中心城区、海河中游地区、生态城有效衔接为基本出发点，结合自身客流特征进行布设。规划方案以通过核心区的市域线及津滨轻轨为基础，以城市核心区于家堡地区为中心编织网络。规划的地铁线路主要起到强化于家堡城市中心地位，支持核心区各板块中心发展，加强核心区与周边功能组团联系的功能。

规划方案包括两条通过核心区的市域线、津滨轻轨以及核心区

内城区轨道线路 5 条，核心区范围内轨道线路总规模 180 千米，三线以上换乘枢纽 3 座（分别位于家堡站、塘沽站和胡家园），两线换乘枢纽 24 座（其中市域线两线相交节点 2 处），其中在于家堡地区有 4 条轨道交通线路通过，构成以于家堡城际站为核心的三角形综合枢纽，有效地支撑于家堡商务中心区的开发建设。

线路名称	里程（千米）	途径地区
B1	30	于家堡、解放路商业中心、塘沽老城区、海洋高新区、南部新城、临港工业区
B2	29	胡家园、塘沽老城区、天碱地区、开发区金融中心、开发区、海洋高新区
B3	22	塘西居住区、胡家园、西沽居住区、响螺湾、于家堡、南疆港
B4	30	海河中游、胡家园、塘沽老城区、泰达站、开发区金融中心、服务外包区及保税港
B5	45	开发区、塘沽老城区、西沽及南部新城

滨海新区核心区规划轨道线路明细

三、海河中游线网

海河中游线网：海河中游地区作为城市新兴发展地区，该地区线网强调与两个城市核心及对外交通枢纽的联系。

规划方案以 3 条经过中游地区的市域线及津滨轻轨为基础，规划 2 条中游地区内部地铁线与市域线、两个核心区地铁线在中游地区的延伸共同构成海河中游地区轨道交通线网。各级线路在海河中游地区形成 3 线换乘枢纽 1 处（位于津南新城），2 线换乘枢纽 13 处（其中市域线两线相交节点 1 处）。线网布局呈网格式结构，适应该地区土地利用的不确定性，并体现以轨道交通带动开发的 TOD 规划理念。

线路名称	里程（千米）	途径地区
C1	42	双港、高职中心、海河中游、军粮城站、开发区西区、高新区、东丽湖
C2	25	机场、航空城、海河中游、津南新城、小站

海河中游地区城区轨道线路明细

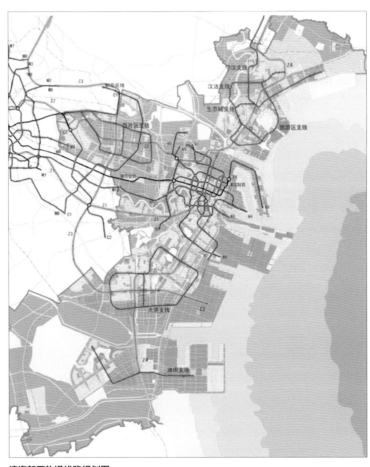

滨海新区轨道线路规划图
图片来源：天津市城市规划设计研究院

第四节　产业簇群与功能区建设

科学发展观第一要义是发展，通过发展才能解决复杂的矛盾和问题。因此，经济和产业发展是规划的核心问题之一。目前，在国际空间规划学术研究领域对空间经济研究的成果非常多，也说明产业发展环境和规划的重要性。

一、产业发展和布局中要重视空间经济学原理的运用

从欧盟的战略空间规划到美国的各种区域规划，可以看出，促进经济加快发展、均衡发展、持续发展，是战略空间规划的主要诉求。如果规划要指导和引导产业的发展，制定出合理可行的政策，就必须要对经济领域高度关注，不断学习研究新的经济理论和现象。探究目前存在的城市间主导产业雷同、恶性竞争、重复建设等深层次问题，而不能像计划经济时期的产业布局规划，以一成不变的所谓经典经济地理理论应万变，自拉自唱。

诺贝尔经济学奖获得者保罗·克鲁格曼（Paul Krugman）在与其他学者合著的《空间经济学：城市、区域和国际贸易》（*The Spatial Economy: Cites, Regions and International Trade*）一书中指出，传统的经济地理是关于经济活动在什么地方发生和为什么发生的研究，很重要，但长期以来不受经济学的重视，主要是因为研究难度太大。近年来，随着新贸易、新增长理论的发展，特别是经济学研究手段的提高，经济地理成为硕果颇丰的热点，从经济地理发展到空间经济学。空间经济学的研究指出，除传统的区位、级差地租和运输成本理论外，收益递增是产业聚集的主要原因，其中垄断性竞争强化了产业的进一步聚集，平衡的经济最终难以稳定。空间经济学的研究正成为产业发展和布局规划的经济学基础。

二、区域内分工和协作

合理的产业分工不仅是大区域内城市之间的问题，也是一个城市区域内不同部分之间存在的主要问题。滨海新区内部各行政区、功能区之间长期存在产业发展雷同、在吸引项目上恶性竞争等问题。更为严重的问题是，由于历史等方面的原因，形成了化工企业在塘沽、汉沽和大港"遍地开花"的局面，与新区的整体发展产生很大的矛盾。

滨海新区产业布局历史上形成的不合理局面没有在新的工业东移战略中得以改变，许多项目出于各种各样的原因，又进一步造成产业布局的不合理，产业链难以形成。如大无缝钢管是个世界领先的项目，但由于地质条件和投入成本等问题，没有在沿海港口附近建设，而选址在海河中游，包括天津钢铁厂也从中心城区海河岸边搬迁到海河中游，造成交通运输成本高，没有进一步发展空间的问题，对周边发展也带来影响。

天津石化产业布局分散造成的问题更加突出。乙烯和炼油企业不靠近港口，中下游企业远离原料，原油和成品油及化工产品需要距离长达40～50千米的化工原料的管道运输、超高压气体的运输，对企业增加的成本也许能够承受，但是对城市空间的切割和发展的影响巨大。

这些企业和项目发展所带来的负面外部效应对城市的影响是深远的，在这方面规划必须进一步严格控制，必须按照区域内产业合理分工进行管理，对一些已经落实、违反规划的项目也要痛下决心。

2004年，清华大学在编制天津城市空间发展战略时提出，汉沽区依据临海的自然条件和良好的区位条件，应规划建设成为服务于北京、唐山和曹妃甸、以生活为主的滨海宜居新城。天津市政府

认识到其重要意义，开始严格限制有污染的企业落户汉沽。一些较大的项目，如百万吨级造纸项目被调整到宁河。随着中新天津生态城落户汉沽和塘沽交界处，位于汉沽的原开发区化工小区的发展也受到限制，改名为现代产业园，不能再上新的化工项目，老的项目不容许扩建。随着南港工业区的规划，汉沽利税大户天津化工厂的搬迁也进入人们的视野。这些规划调整都对原本就不富裕的汉沽财政带来影响，特别是近期会有许多困难。为了解决这个难题，市政府帮助把效益较好、国家级循环经济项目北疆电厂放在汉沽，保障了区域产业分工和协调发展在一定程度上成为可能。

位于塘沽的天碱化工厂是中国民族化工工业的摇篮，随着城市扩展逐步成为城市中心区，企业生产和排放的碱杂污染严重。20世纪90年代，对废弃碱渣进行了治理，建设了碱渣山公园，建设了部分新的居住区，项目获得建设部人居环境奖。滨海新区开发开放被列入国家战略以来，规划在海河两岸形成新区的中心商务区，位于商务区内的天碱开始搬迁。处于当时的条件，也包含塘沽区把税收留在自己区的主要目的，天碱搬迁新址选在临港工业区。随着招商，又引入中石油百万吨乙烯项目，原落户大港的蓝星化工新材料项目，临港工业区规划实际上也成为滨海化工区的重要组成部分，但其距滨海中心商务区仅4千米。

按照中规院在天津空间发展战略中提出的建设南港工业区，将临港的化工项目转到南港工业区，优化新区产业布局，建设世界级化工区，同时保证城市核心区的安全和环境质量，保证中心商务区建设的大胆思路。市委市政府果断决策，痛下决心，将中石油百万吨乙烯项目、蓝星化工新材料项目移址到南港工业区。通过工作，也获得中石油和蓝星化工的理解支持。临港工业区的用地转为重型装备制造业。

通过以上重大项目的调整，滨海新区基本形成了"南重化、北旅游、西高新、中服务"的总体产业发展布局。从实践的经验看，要实现这样的目标，对主导产业大项目的控制是十分重要的，而且

滨海新区临港化工区与中心商务区关系图
图片来源：天津市城市规划设计研究院

规划是可以发挥重要作用的。目前，我们已经具备了这样的政治环境和群众基础。否则，一旦出现闪失，将对城市长远发展造成深远影响，形成重大的历史负担，影响难以消除。因此，产业布局及其主导产业大项目的控制规划要作为十分重要的内容，必须放在城市总体规划的突出位置。

当然，产业的合理分工必须要有前提，要考虑地方的就业需要和财政收入。如我们规划汉沽及新区北部发展生态和旅游产业，但是，单凭这样的产业，包括房地产业，也不可能养活一个规划百万人的大城市持续发展。因此，在主导产业上，也增加了部分与旅游相关、没有污染的制造业和对环境要求较高但对区位要求不苛刻的动漫、创意等产业。同时，在管理机制方面，要保证产业规划的实现，需要区域统一的规划和一定比例的统一财政。也可以依靠其他部门的支持，如环境影响评价，包括国家环保部目前正组织推动的"环渤海地区沿海重点产业发展战略环评项目"等手段，共同推动。

三、滨海新区城市区域的产业布局规划

滨海新区按照高端、高新、高质的产业发展方向和集聚、集约发展的原则，规划建立由航空航天、石油化工、装备制造、电子信息、生物医药、新能源新材料、轻工纺织、国防科技8大支柱产业和金融、物流和旅游为重点的现代服务业所构成的产业体系。针对新区产业布局分散、各功能区分工不明确、产业链短、企业配套和创新环境差等问题，对现行的9大产业功能区进行整合。

规划曾提出5个功能区的方案，即核心区为中心商务区，东部为天津港和临港重型装备制造业区，南部为南港和石化产业区，西部为临空高新技术产业区，北部为生态旅游区，形成了分工明确、布局合理的空间格局。虽然，由于体制和机制等多方面因素没有落实，但明确了产业布局的方向。考虑到要保留东疆保税港区、中新

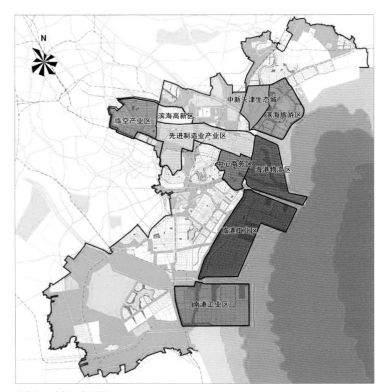

滨海新区功能区布局图
图片来源：天津市城市规划设计研究院

天津生态城等特殊的功能区，延续开发区、保税区、高新区等传统功能区的因素，整合的功能区仍然为9个。

滨海新区核心区作为天津市双城区之一，重点建设中心商务区、海港物流区、临港工业区、先进制造业产业区。中心商务区范围53平方千米，其中于家堡响螺湾建成以金融创新功能为主的商务办公区，用地规模4.8平方千米；开发区商务区建成以生产性服务业为主的现代服务区，用地规模2.2平方千米，形成"双核"格局。海港物流区规划面积100平方千米，重点发展集装箱运输。将以煤炭集散的散货物流区调整到南港工业区，减少对环境的污染。整合原临港工业区和临港产业区形成新的临港工业区，打造临港重型装备制造业高地，规划用地规模200平方千米。

西部片区重点建设滨海高新区、临空产业区、先进制造业产业区3个功能区，构成高新技术产业集聚区，引领区域产业升级。临空产业区规划面积102平方千米，重点发展航空运输、航空设备制造和维修、物流加工、民航科技等。滨海高新区规划面积25平方千米，重点发展生物技术与创新药物、高端信息技术、纳米及新材料、新能源和可再生能源。开发区西区，规划面积48平方千米，重点发展航天设备制造、汽车制造、电子信息等，建成高水平的现代制造业基地。

南部片区重点建设南港工业区。将重化工业向南港工业区集聚，建成世界级重化工业基地。南港工业区为港口和重化产业的复合体。远景规划规模160平方千米。配合南港工业区建设，大港城区向东侧盐田拓展，大港油田生活区向西侧迁移，形成为南港工业区配套的生活区；南港工业区与大港城区之间建立10千米宽生态及产业隔离带、与油田区设1千米宽生态隔离带，实现重化产业与城区的分离。以南港工业区为核心，以大港民营经济园、纺织工业园为节点，依托龙头企业，延伸下游产业链，做大做强精细化工、化纤、橡胶、塑料等行业。

北部片区重点建设中新天津生态城和滨海旅游区，建设成为以

City
Region   Towards Scientific
              Development
走向科学发展的城市区域

天津滨海新区城市总体规划发展演进
The Evolution of City Master Plan of Binhai New Area, Tianjin

宜居旅游为特色的环渤海地区休闲旅游基地、国际生态示范城市。滨海旅游区规划 100 平方千米，建设成以世界级主题公园和海上休闲总部为核心的国际旅游目的地，京津共享的海洋之城。中新天津生态城规划 30 平方千米，规划定位为国家级生态宜居的示范新城。汉沽城区利用盐田和填海向东拓展。中心渔港规划 18 平方千米。配合功能区建设，推进汉沽天津化工厂和开发区现代产业区化工企业的南迁与产业结构调整。

通过以上产业布局规划调整，为滨海新区的产业提升提供了更加有力的支撑。首先，优化了传统的京津塘高科技走廊，突出了机场和港口对航空航天等高新技术企业的比较优势，配套完善了生产性服务业、企业经营和研发总部与生活服务设施的建设，为企业发展和创新提供更好的环境。同时，通过南港工业区的规划，在新区南部增加了产业发展的第二通道，也能更好地与河北内地衔接。

四、滨海新区城市区域的大项目布局和产业链建设

虽然有了功能区和产业用地的布局规划，但还没有触及产业发展深层次的核心问题，比如一个产业龙头企业用地的条件、产业链的形成、创新环境的培养等，这正是我们目前欠缺的内容。

密歇尔·波特教授在 1998 年发表的"产业链和新竞争经济"以及 2001 年发表的"区域和新竞争经济"等文章中指出，产业链和产业簇群需要专业化与高品质，包括劳动力、资本市场、技术基础和基础设施等，需要当地市场，需要有竞争力的对手，需要有高水准的相关配套行业。同时，政府的角色定位要准确，要把经济政策和社会政策结合起来。经验表明，产业链和产业簇群是自主创新的源泉。

滨海新区以摩托罗拉和三星为代表，形成了移动通信的产业链条，曾占据中国产能和市场的一大部分，但由于没有形成企业和人才、研发机构、资金，包括市场的聚集，因此，难以持续发展创新，

遇到困难容易发生问题。汽车产业的布局也相对分散，难以形成更好的聚集效益和创新的环境。而以空客 A320 天津总装线为龙头的航空产业，在短时间内形成了从机翼、发动机等部件、总装、物流、航空金融租赁、航空运营、航空研发的产业链，形成新区新的支柱产业和良好发展的形势。因此，产业链条和产业环境的培育对经济发展与自主创新是至关重要的。同样，第三产业，如金融、动漫等也需要对产业发展的核心的空间规划问题进行深入研究，要重视内在城市的关联度等规律。

一个产业的龙头项目对产业的发展和产业链的形成十分重要，而且龙头企业对项目用地规模和区位一般都有严格的要求，这样的资源十分紧缺，是战略资源，规划中必须控制预留，并给予特殊需求的交通、市政基础设施和环境的保障。如航空航天产业，天津空客 A320 总装线要求试飞跑道和空域，超长超宽大部件需要从国外海运，港口上岸，需要从港口到工厂的大件路运输通道。中国新一代运载火箭，超长超宽大部件需要从港口外运。风力发电、海水淡化等大件设备也需要与港口和内地市场的大件路运输通道。汽车工厂大量成品需要运输，最便宜、量大的也是海运，也需要靠近港口，等等。而电子行业的龙头企业，如芯片、液晶平板、模组等则对空气、震动、地磁等有严格的要求。

产业链能否在一个小的空间上高度聚集，是规划需要考虑的另外一个问题。曹妃甸首钢新的 1000 万吨炼钢和薄板项目是循环经济，也是最集约、成本最节约的规划设计项目，当然有它的特殊性，可以说是一个项目。我们还没有看到一个理想的产业链园区，可能有多方面的原因。比如，同一行业的龙头企业，一般都是竞争对手，因此坚决不在空间上相邻。少部分配套企业对工业流程或产品的特殊性，如空客机翼项目，由于产品尺寸过大，不便于运输，因此要紧靠在龙头企业的旁边。大部分配套企业没有极特殊的对工业流程或产品的特殊性，一般也不一定紧靠在龙头企业的旁边。因此，产业链一般是在一个城市区域内聚集就可以。但是，总体来讲，也要

努力规划建设引导，因为聚集对城市降低运输的压力，对降低成本、提高效率有利。

产业链的发展需要优惠政策、财政等方面的支持，关键还需要配套和创新的环境。我们以滨海新区风力发电为例，深入了解产业链的培育和空间布局的关系。

近年来，中国风电产业进入了发展的快车道。风电将超过核电成为中国第三大支柱能源。进入 2006 年以来，每年新装机总量呈现翻番式增长。截至 2004 年全国装机累计为 128 万千瓦，而 2006 年就增加了 130 万千瓦，达到 258 万千瓦；2007 年又增加了 334 万千瓦，累计达到了 592 万千瓦。天津市风电产业从无到有，3 年间，随着维斯塔斯、苏司兰、歌美飒等多家国际知名公司在津投资生产风力发电设备，天津成为中国重要的风力发电设备制造基地，被称为中国风能产业"发动机"。2007 年完成大型风电机组装机 113 万千瓦，占全国总量的 35%。在 2007 年全国新增装机总量中，天津歌美飒公司位居全国第三名，维斯塔斯公司排名第四位，苏司兰能源公司排名第六。目前从事风电主机、主要部件以及为主机配套的企业已有近 60 家。此外，天津还成立了全国第一家地方性风能协会，目前已有 50 余家会员单位，涉及风电设备设计、制造、安装、运输、发电和风电投资、工厂设计等领域。

客观地讲，滨海新区风力发电行业并没有预先完善的规划引导。目前，天津滨海新区已经聚集了近 30 家风电整机生产商、主要部件以及为主机配套的企业。有 3 家国内外知名的风电整机生产巨头，分别是开发区西区的维斯塔斯风力发电设备（中国）有限公司、东方汽轮机有限公司和滨海高新区的广东阳明。此外，还聚集了 LM、汉森和弗兰德集团等生产风机关键零部件如叶片、齿轮箱、发电机、控制系统的企业 20 余家，这些企业生产的风机零部件产品目前已在全国销售，滨海新区成为国内风机零部件产品的重要供应地。

作为滨海新区风电产业主要聚集区的天津经济技术开发区在国家产业支持政策的基础上，出台了一系列政策吸引国内外风电装备企业落户。对于新建风电设备企业在开发区租用标准厂房的，根据其所属企业类别给予相应的租金补贴。对高技术含量风电设备制造企业的固定资产投资贷款利息，提供贷款贴息。与此同时，开发区正在规划建设占地 1 平方千米的风电装备产业园。预计到 2015 年，产业园将成为中国最大的风电设备生产制造基地、总装发运中心与技术服务中心，聚集 5 ~ 10 家整机厂商，累计市场份额达到中国的 1/3，累计销售收入 1200 亿元。

总体来看，风力发电设备生产企业需要占有的土地比较多，需要大件运输通道通向港口和腹地市场，因此在空间布局上应该围绕大件通道相对集中建设。同时，要获得持续发展，还必须营造研发和创新环境，真正成为风电产业的中心，这应该是我们在产业布局规划和总体规划中要深化落实的重要内容。

天津港是我国北方第一大港，2015 年港口吞吐量 5.41 亿吨，集装箱吞吐量 1411 万标准箱。在京津冀协同发展规划中，天津的定位是中国北方国际航运核心区。从国际航运中心发展经验来看分为三代：第一代是货物集散为主的航运中转型，第二代是物流和调配中心的加工增值型，第三代是集商品、资金、技术、信息、集散等高端服务于一体的综合资源配置型。过去天津港主要承担货物集散和物流调配的功能，2006 年滨海新区开发开放以来，从京津冀协同发展、港口错位发展的角度，天津提出要大力发展航运服务业，真正推进北方国际航运核心区建设，目前船舶登记注册 556 艘，正式发布了天津航运指数，融资租赁规模全国居首，其中东疆港累计注册租赁企业超 1192 家，飞机船舶租赁业务占全国比重超 90%，成立了全国 10 支产业基金之一——船舶产业投资基金，航运服务产业开始围绕天津港集聚发展，位于保税区的航运服务中心已经开始运营，未来航运服务集聚区将重点形成三处布局。东疆航运服务集聚区推进国际航运、国际贸易、融资租赁、境外投资、邮轮经济、海事管理发展，吸引航运交易、航运金融、跨境电商、航运法律等集聚；于家堡航运服务集聚区吸引海事服务机构、知名航运企业集聚，主要发展海事保险、信息服务、商务服务等；此外，在中心城区小白楼依托现有的产业基础，推动金融、法律、咨询等航运产业链高端要素集聚，打造国际航运信息交流、高端航运服务功能集聚区。

天津石油化工产业有近百年历史，是中国现代化学工业重要的发源地，也是全国唯一集聚中国石化集团、中国石油天然气集团、中国海洋石油总公司和中国化工集团四大国家石化公司于一地

的城市。石化产业曾经很长一段时间是天津的第一支柱产业，随着千万吨炼油、百万吨乙烯等一批项目的开工建设，滨海新区逐步形成从原油开采到炼油、乙烯、合成树脂、化工新材料、精细化工完整的产业体系，聚氯乙烯、聚乙烯、聚丙烯、ABS（Acrylonitrile Butadiene Styrene Copolymers）等十几套装置达到世界级规模、国内一流水平。

从空间分布来看，滨海新区石化产业多年以来形成了较分散的空间格局，特别是在沿海地区，从北向南均有石化产业布局。考虑

空中客车天津总厂
图片来源：天津市城市规划设计研究院

维斯塔斯天津工厂
图片来源：天津市城市规划设计研究院

三星天津工厂
图片来源：天津市城市规划设计研究院

吊装中的维斯塔斯风力发电扇叶
图片来源：天津市城市规划设计研究院

到产业集聚和转型发展的需要，以及石化产业对城市安全的影响，滨海新区近年一直致力于做两件事：一是着眼区域统筹，推进石化产业升级发展，集聚石化总部和高附加值环节，向产业链中下游发展，强调科技含量高、节能减排成效好、经济社会效益高的高端石化项目的储备；二是优化石化产业布局，规划建设南港工业区，逐步搬迁城区、居住区，及其对周边城市安全有影响的化工企业，以大企业搬迁带动其他石化企业搬迁，同时提高化工企业与城区防护隔离标准，新的石化项目只考虑在南港工业区布局。

第五节　可持续发展的绿色生态人文城市

生态环境的改善是中国城市、城市区域面临的共性问题，又因为各地的情况不同，而具有一定的特殊性。近年来，中国人居环境奖颁发给许多城市中心区的河道治理、环境综合整治等项目，缺乏城市区域生态环境全面系统改善的成功案例。有许多城市，中心区环境越来越好，而区域环境不断恶化。尽管城市中公园绿地逐步增加，但是在城市外围垃圾围城，污水横流。大的环境不改善，小的环境从何谈起。改善城市和区域环境、节约资源、转变发展方式是中国未来一段时间长期的重要任务，技术的进步也提供了可能。

滨海新区作为一个城市区域，就不得不突破城市的小圈子，统筹考虑整个城市区域生态环境的改善。由于自然条件原本比较恶劣，生态环境本底较差，加上多年来的积累，滨海新区形成了许多非常棘手的生态环境问题。要成为实践科学发展观的排头兵，滨海新区必须要在资源节约、环境友好的发展方式转变上取得突破，必须使整个城市区域的生态环境，包括区域内流域的河流水体和海水水质、区域空气质量、绿化水平、固体废弃物无害化处理、动植物生态多样性、生态安全等都得到根本改善。

要实现以上的目标，任务艰巨。首先，要继续贯彻可持续发展的理念，大力发展循环经济、低碳经济，严格执行节能减排，不再形成新的污染。其次，严格保护农田、河流湿地等自然环境，通过合理利用盐田和填海造陆，满足城市发展的空间需求。第三，发展新能源、新材料，既是节能减排的要求，也是技术进步和产业创新的要求。第四，应用海水淡化和中水深处理等新的技术，提高水资源综合利用水平。通过海河流域和环渤海湾的区域协调，使整个城市区域的水环境和渤海的海洋环境不再恶化，并开始逐步改善。第五，改善空气质量和大气环境。第六，改善土壤，提高绿化水平。

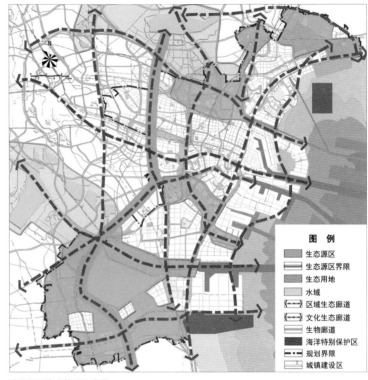

滨海新区生态格局示意图
图片来源：天津市城市规划设计研究院

当然，要完成以上的工作任务是艰巨的，而且是长期的，需要公众生态环境意识的提升、管理体制和制度完善、技术和资金支持等，统筹的规划设计也是非常必需的。

一、滨海新区循环经济和节能减排

因地制宜，发展循环经济，是转变经济增长方式、节能减排最有效的途径。滨海新区在发展发电—海水淡化—浓海水制盐这一循环经济方面已经取得了显著成效，综合解决了滨海新区缺水、需要发展空间但具有海水、盐田等自然资源的关键问题，为人居环境建设走上良性循环提供了道路。

列入国家第一批循环经济试点单位的北疆发电厂选址在汉沽蔡家堡汉沽盐场盐田中，临海岸布置，采用"发电—海水淡化—浓海水制盐—土地节约整理—废弃物资源化再利用"循环经济项目模式，

北疆电厂一期工程
图片来源：天津市城市规划设计研究院

北疆电厂海水淡化机组
图片来源：天津市城市规划设计研究院

规划建设 4 台 100 万千瓦燃煤发电超临界机组和 40 万吨 / 日海水淡化装置，年发电量将达 110 亿千瓦 / 时。建设年产 115 万吨真空制盐项目和年产 23 万吨盐化工产品的苦卤综合利用项目。海水制盐将采用工厂化制盐方式，可实现大规模节约盐田用地。通过粉煤灰再利用，电厂每年还可生产 150 万平方米建材。

北疆发电厂是国内首家采用世界最先进的"高参数、大容量、高效率、低污染"的百万千瓦等级超临界发电机组，同时，采用目前国际最高标准的除尘和脱硫装置，各项环保指标均高于国家标准，废弃物全部资源化再利用和全面的零排放，将成为资源利用最大化、废弃物排放最小化、经济效益最优化、符合科学发展观和节能减排要求的循环经济示范项目。

北疆发电厂 1 号发电机组目前投产发电，海水淡化水的输出管道正在建设，不久海水淡化水将进入城市水厂，与天然水混合后向城市供水管网供水，为提高生产效率、减少盐田面积提供了保证。

二、滨海新区海水淡化和水环境改善

中国人多水少，水资源短缺，特别是北方沿海是中国最缺水的地区之一。天津是严重缺水城市，人均水资源占有量仅为 160 平方米，而且水质性缺水，滨海新区所有河流都是劣五类水质。要改善滨海新区的生态环境，改善水环境是前提。需要采取长期稳定的策略，采用海水淡化、雨水收集、中水深处理等系统的方法，来改善水环境。

海水淡化目前逐步成为一项成熟的技术，经济上也具有可行性。20 世纪 70 年代，世界上一些沿海国家由于水资源匮乏而加快了海水淡化的产业化。例如，沙特阿拉伯、以色列等中东国家 70%的

淡水资源来自于海水淡化。美国、日本、西班牙等发达国家为了保护本国的淡水资源也竞相发展海水淡化产业。目前，海水淡化已遍及全世界125个国家及地区，淡化水大约养活世界5%的人口。随着成本下降，估计全世界的淡化水产量在未来20年里将增加一倍。

随着滨海新区的开发开放，大力发展海水淡化产业已成为解决水资源短缺的必然途径。伴随着北疆电厂20万吨/日、大港新泉10万吨/日等一批海水淡化及综合利用项目的建成投产，滨海新区淡化海水产量将达到30多万吨/日，占全国每天淡化海水产量的1/3以上。滨海新区将成为全国海水淡化领域的"巨无霸"，为实现可持续发展打下坚实基础。

全国首批循环经济试点项目北疆电厂工程的重要组成部分、总投资25亿元的20万吨/日海水淡化装置将按时出水，净化程度直接达到饮用标准，所产淡水除了每日2万吨用于电厂循环冷却之外，其余18万吨将面向市场供应，有利于缓解滨海新区的用水紧张状况。大港新泉海水淡化工程也将建成，每天可淡化海水15万吨，给用水大户大乙烯项目配套。再加上现已建成的泰达新水源2万吨/日的低温多效海水淡化、大港电厂多级闪蒸海水淡化等一系列的海水淡化重点工程，滨海新区化工、石油、发电等行业将拥有源源不断的优质水源。据估算，2010年，滨海新区年用水量将达6.5亿吨。届时，滨海新区每年淡化海水年生产量约占其年用水量的1/4。

与海水淡化相比，对已经污染的河流和水体的治理是一个更加困难且艰巨的任务，也是无法回避的挑战。中新天津生态城位于永定新河、蓟运河和潮白河三河交汇处，区内有蓟运河故河道和已形成几十年的容留天津化工厂等企业污水的污水库。中新天津生态城对汉沽污水库投入巨资开展了治理。而三条河流的治理则是流域治理的问题，需要上游的区县截流，建设完备的污水处理厂，这会是一个比较长期的过程。

同时，要加快污水处理厂的建设，达到国家要求的每个开发区域必须有污水处理厂的标准。通过对污水处理厂规模的论证，结合

滨海新区城市区域的特点，规划采用集中与分散相结合的布局，也便于中水的回用。要学习新加坡的经验，对中水进行深处理，生产新生水，达到饮用水的标准，为滨海新区的水资源提供一个新的渠道和保证措施。

对海洋环境的治理改善更是一项宏伟的工程。渤海8万平方千米，作为内海，水体交换非常困难。长期以来，沿岸省市污染大部分直接排海，造成渤海污染严重，赤潮频发，生态退化严重。从21世纪初开始，国家环保部推动"碧海行动计划"，但见效缓慢。2008年，国家发改委组织编制了《渤海环境保护总体规划（2008—2020）》并下发。2009年国务院批准成立了"渤海环境保护省部级联席会议制度"，由发改委、环保部、水利部、海洋局等11个部委和津冀辽鲁三省一市政府组成。2012年为阶段目标。重点工作：一是陆源截污，搞好工业点源治理；二是加快污水、垃圾处理设施建设；三是进一步加大农业面源污染治理力度，减少水产养殖污染；四是加强海岸工程污染防止与滨海区域环境管理；五是控制海洋工程污染风险；六是加强近海生态修复；七是加强入海河流水量调控；八是加强科技攻关；九是加强海洋监测、执法力度；十是建立健全机制，合力治污。这是在新时期合力治理污染的一项重大工程。

三、滨海新区空气质量和大气环境的改善

煤炭和矿石一直是天津港的主要货类，盐化工和石化是传统支柱工业，多年来，滨海新区的空气质量和大气环境一直是老大难问题，历史上出现过严重的空气污染，人们形象地称为"黑白红"污染：黑是煤炭，白是碱渣，红是矿石。为治理空气污染，改善大气环境，长期以来，各方面付出了极大的努力。为治理煤炭污染，对天津港码头布局进行重大调整，将原位于北港区的煤炭矿石码头调整到南疆，在海河南岸规划建设散货物流中心，将煤炭矿石储运集中在一起，采取隔网喷淋等措施，减少污染。同时建设了皮带运输长廊，改变运输方式，减少沿线污染。这些措施对天津经济技术开

发区大气环境的改善十分明显。

天津碱厂位于塘沽城中心，几十年生产排放的碱渣形成了碱渣山，在大风天气对城市的污染十分严重。塘沽区在 20 世纪 90 年代下决心对碱渣实施了综合治理，成效显著，获得了国家人居环境奖。进入 21 世纪后，又对位于塘沽城中心的天津碱厂进行了搬迁改造。虽然投入了大量的财力治理空气污染，并取得了很大的成绩，但像大沽化工厂、天碱热电厂和一批锅炉房等污染源依然存在。近年来，随着建设量和机动车交通的增加，建筑施工扬尘等情况严重，机动车尾气排放成为新的空气质量问题，滨海新区的空气质量又一次恶化。

为改善滨海新区的空气环境质量，首先，规划建设南疆、北塘等热电厂，替代天碱等小机组热电厂。拆除位于滨海新区中心商务区的天碱热电厂，同时也可以拆除 50 个左右的小锅炉房，在实现节能减排的同时，会极大地改善滨海新区的空气质量和环境质量。其次，对有空气污染、位于城市中心的大沽化工厂、位于汉沽城区的天津化工厂和位于海河南岸的散货物流中心适时实施搬迁到南港工业区。第三，大力发展公共交通，减少汽车尾气排放。另外，规划近期建设汉沽、大港垃圾焚烧厂，做好垃圾等固体废弃物处理，包括污水处理厂污泥的焚烧处理，做好污水处理厂气味的处理，使滨海新区的大气环境和空气质量得到根本的改善。

四、滨海新区的绿化和土壤环境的改善

由于是退海成陆，所以滨海新区土壤的盐碱度非常高。历史上，滨海新区有众多的河流坑淀，年均降雨量远大于蒸发量，同时上游有大量的来水，能够起到冲咸压碱的作用。随着 20 世纪 50 年代根治海河，上游来水逐步减少，直至断流。坑淀水面不断减少，气候也逐步改变，现在天津的年均降雨量远小于蒸发量。因此，土壤的盐碱化程度很高，树木难以成活，即使成活也难以长大，因为植物根茎一旦深入地下遇到咸水，马上就会枯死，所以绿化十分困难。

然而，绿化是宜居环境的必要条件，乔木和灌木等植被对改善小气候环境也起着很重要的作用。近 30 多年来，经过不断地探索，天津经济技术开发区成功发明了在盐碱地上绿化的成熟技术，虽然成本较高，但经过多年的努力，开发区的整体绿化已经达到较高水平。目前，我们在滨海新区沿高速公路和主要的道路、河道等开展了大规模的绿化，包括规划建设森林公园和高尔夫球场等。

我们发现，在滨海新区一些有淡水水面的区域，绿化相比要好一些，如官港森林公园，湖面周遍由于水体起到压盐碱的作用，树木生长相对较为茂盛。应用这一经验，我们在面积达 200 平方千米的塘洁盐场规划中，确立延续天津水面众多的空间特质，规划结合生态体系构建、土方平衡、水管理等因素，在盐田中沿中央大道开挖河道连通海河和独流减河形成生态景观廊道，结合城市组团开挖面积数平方千米的主题湖面，滨湖形成城市活力中心，河、湖和水库相连形成完整的水系。利用北大港水库，储蓄丰水年的雨水和外调水，使水系循环起来，通过长期的冲咸压碱，逐步改善土壤环境。国内外的实践证明，只要长期坚持下去，城市区域的绿化和土壤环境是可以改善的。

第六节　城市保障性住房的创新

一、保障性住房的定义与内涵

住房不平等（Housing Inequality）是社会不平等在空间、社会分配上失衡的具体表现，由地理空间、文化、种族、社会背景差异造成的社会、收入以及财富的不平衡直接导致。目前国际上将住房公平与人权紧密挂钩。联合国人居署（UN- Habitat）与联合国人权事务高级专员人权委员会（United Nations High Commissioner for Human Rights: OHCHR）在 2002 年 4 月开展了联合国住房权利项目（United Nations Housing Rights Programme）。项目提出将住房权利（Housing Rights）引申为人权的重要部分，要求政府应采取适当的行动推广、确保住房充足的逐步和完全实现。住房权利的建设普及，已成为世界范围内的城市发展目标。一般意义上来说，住房权是生存权的一部分，主要是指获得住房的基本权利，即任何人都应该享有任何法律不能剥夺的、不可转让的居住的权力。

然而由于各人能力侧重点与表现形式不同，且不同社会文化下由技术信息通路、教育通路、财富通路、权利通路所成就的"文化资本""经济资本""社会资本""符号资本"的持有比重不同，因此社会中总有一部分群体难以完全依靠市场机制来调节住房需求。

在这种情况下，代表公共利益的政府机构提供有限度的住房保障，来满足社会部分较为弱势的群体人口的住房需求。概括来说，住房保障是政府针对社会中这部分中低收入阶层提供的支持，通常以实物补贴或货币补贴的方式保障人群的基本居住需求。住房保障实质是一种"社会财富的再分配"，"使处于劣势地位的人能获得和改善居住条件"。保障性住房，又称保障住房、保障房，是指政府在对中低收入家庭实行分类保障过程中所设标准、销售价格或租金标准，具有社会保障性质的住房。住房保障与保障性住房两者的区别在于，住房保障是一种目标，而保障性住房则是为实现住房保障这一目标，通过政府实施的一种公共资源的补贴（或二次调配）的手段。

二、保障性住房的属性

住房的所有权类型可分为私有住房、公共住房与住房混合品。

私有住房，也就是我国的商品住房，又称商品房，是一种具有排他性、独享性的商品，拥有者通过货币交换获得房屋的所有权以及出租、销售、销毁的权利。私有住房的商品属性决定了其不仅是一种消费品，同时还是一种投资品。由于房屋的生命周期较人的生命周期长，具有长期的消费性，因此住房拥有者可选择通过自己居住、出租部分或完全出售等方式增加收益。私有住房是一种商品，与电脑、衣服、书籍等日常生活中的商品在属性上无本质差别，在同种类型的私有住房之间，存在一定的竞争性与排他性。然而由于住房是人类生存不可替代的必需品，因此往往被赋予了其他商品不具备的特殊社会与文化价值。

公共住房是由政府直接提供给社会最低收入人群居住的房屋，其所有权归国家所有，而不通过市场机制由企业和个人提供。任何人不具有购买、出租、销售、销毁公共住房的权利。由于公共住房的服务群体经济实力有限，不具备进入私有住房市场消费的能力，因此在理想的社会模型下，公共住房的消费不存在竞争性和排他性，具有一定的公共物品属性。然而从经济学的角度说，公共住房不是自由竞争品，是在市场经济失灵的情况下，政府通过干预市场重新对资源进行组织分配，从而实现社会公正的物品，具有高度的垄断性。 因此，其供应范围须与市场严格区分，其供应数量需经过严密的最优供给计算，过少与过多的供应都会造成消极的社会影响。

住房混合品介于私有住房与公共住房之间。住房混合品是由政府通过实物、补贴或政策的形式，直接或间接向低收入或中低收入社会人群提供的居住房屋。这类房屋的所有权可以买卖的同时也享受政府的特殊福利，因此其既具有商品属性也具有公共属性，兼具纯私有住房与纯公共住房的特点而又不属于任何一种。由于住房混合品的特殊混合属性带来一定的价格优势，因此任何进入纯私有房屋市场进行竞争的行为都应视为扰乱市场。私有住房、公共住房与住房混合品是三种具有不同属性的住房产品，尽管它们共同拥有一些相同的属性，但服务人群、供应方式以及与市场关系的不同决定了它们应分别建立供应与消费市场，在各自的市场范围内进行生产、消费与分配的平衡与消纳。

目前在我国，由于保障性住房的属性比较模糊，造成不同属性的保障性住房在同一个市场里流通，扰乱了正常的住房经济秩序。例如，经济适用房社区里居住着宝马、奔驰等名车车主，限价房的申购名单里出现高收入人群等。造成这种现象的原因，一方面是属于制度监管不严格、个人素质道德缺失，另一方面也是由于不同保障性住房属性的市场流通混乱，给不法分子提供了可乘之机。

新加坡经过多年的建设，形成了较为完善的住房保障体制，使80% 的居民均可享受由政府主导建设并给予补贴的政府租屋。政府租屋既是住房，又是商品。政府为了保障正常的市场秩序，故建立了两个相对隔离的房地产市场：一是私有房市场，一是政府租屋市场，两个市场不能互通，这就保证了政府租屋既有商品属性，又可作当商品流通，同时还不会对私有房地产市场产生冲击。

三、保障性住房的分配模式

从分配情况看，世界住房市场主要可分为两种形式。 一种是以经济利益为驱动、新自由主义经济为指导的住房体制，例如美国、英国等；一种是以鼓励多种住房保有权的住房体制，例如德国、瑞士。这两种世界住房市场的形式对于政府管理、民众生活、经济发展担任了不同的意义与责任内容。

瑞典乌普萨拉大学住房与城市社会学教授吉姆·凯梅尼（Jim Kemeny）在其《从公共住房到社会市场——租赁住房政策的比较研究》（*From Public Housing to the Social Market: Rental Policy Strategies in Comparative Perspective*）中指出，采取新自由主义经济（凯恩斯主义）模式和相应住房体制的国家通过逐渐解控抵押贷款市场的方式，将越来越多的中低收入者带入了住房所有者阶层。然而以经济利益为驱动、新自由主义经济为指导的住房体制也往往伴随着住房的泡沫经济，住房市场遵循着 "猛增—崩溃" 的循环中崩溃。2007 年的经济危机最为严重，比 1990 年的经济危机还更具有灾难性，包括冰岛、波罗的海国家（尤其是拉脱维亚）、美国（尤其是加利福尼亚）、英国、爱尔兰、地中海国家（尤其是希腊）、意大利、西班牙和葡萄牙等采取极端新自由主义经济和住房体制的国家损失惨重。然而相比较而言，在住房领域鼓励多种住房保有权形式的国家（包括营利性住房和非营利合作型住房）例如德国、奥地利、瑞士、荷兰、瑞典和丹麦则由于 "住房社会市场 " 的存在，缓冲了经济泡沫破裂所带来的冲击。吉姆·凯梅尼指出： "英美为首的统治性话语认为，所有国家的社会住房都将最终走向一种最小化的、参与化的模式，成为作为市场住房补充的社会安全网。"然而也有学者指出，新自由主义租赁住房市场政策是建立在对成本型租赁住房的压制之上，将成本型租赁住房分化出来形成一个国有参与化的命令式经济，以保护盈利型租赁住房不受其竞争。社会性住房的建设应将社会目标置于经济目标之上，住房政策的目标不是为了市场利益最大化，而是要通过有效地排除与市场原则一致的干扰，实现社会利益的最大化。北欧国家的社会性住房便是一例，它不是一种与市场隔离的、残余化的、针对弱势人群的住房，而是一种面向社会各阶层的盈利型住房在同一个市场上竞争的住房，利用其成熟化过程带来的逐渐降低的成本，为人们提供可以负担得起的住房，同时起到调节市场住房价格的作用"。由此可见，社会发展经济模型及相应的住房市场模式、保障性住房的供应模式及相关的住房产品市场占比对于保障性住房的规模有着至关重要的作用。保障性住房建设的根本在于如何定义住房这种特殊的商品，明确其规划建设是应以市场利益为价值驱动，以社会利益为价值驱动，还是两者皆而有之。

四、政府主导的住房模式分析

政府引导的保障性住房发展模式主要是对保障性住房体系中不同类型的保障性住房类型的比。然而保障性住房的供应不是孤立存在的，住房产品的供应除了保障性住房，还包括普通商品房、高档商品房、租赁商品房。对中低收入人群而言，保障性住房与普通商品房、经济型租赁房共同服务其住房需要。因此，以特定保障房类型作为发展主体，将直接影响普通商品房市场、中经济型租赁房市场及其他保障性住房规模的供应与分配。各国住房供应的模式与体制包含了特定的意识形态和对市场如何运行的不同看法。瑞典学者吉姆·凯梅尼指出，保障性住房产品提供的规模与种类，

部分欧洲国家的住房供应模式对比

	住户私有住房	住户租赁住房	成本型租赁住房	公共租赁住房	合计
英国	66%	7%	3%	24%	24%
爱尔兰	78%	9%	0.5%	13%	13%
丹麦	58%	21%	18%	3%	3%
德国	37%	38%	25%	0%	0%

三种价值导向下的保障房发展模式

模式名称	模式类型	模式导向	模式评估
社会模式	以租赁房为主体，政策性商品房、商品房为补充	公民住房权	优点：北欧模式，有利于实现全民的应保尽保，对于租赁市场的制度保障与规范性、政府政策支持、民间资本的有效应用，以及大众对于租赁概念的接受程度有较高的要求
			缺点：容易造成一部分人群对社会资源的过于依赖
	政策性商品房为主体，商品房、租赁房为补充	公民住房权	优点：新加坡模式，既保证中低收入人群的住房权，同时适度的购房金额鼓励人努力工作，减少对社会资源的过度依赖，可实现住房权的全民化。对政府财力，使用机制、司法监管等国家资源和国家机器有较高要求
			缺点：压缩了房地产企业的生存空间，对国家产业结构的阶段提出较高要求
现实模式	以政策性商品房与商品房为主体，租赁房为补充	公民住房权与市场经济兼顾	优点：结合理想与模式，维护中低收入人群的住房权，适度保护房地产资本市场，同时形成一条向上流动的社会价值链条
			缺点：两种商品房的比例平衡点动态变化，政府的干预调控直接导致市场的波动
市场模式	以商品房为主体，政策性商品房、租赁房为补充	市场经济	优点：西欧、美国模式，有利于活跃资本市场，对金融体系的成熟度，资本市场的开发度及民众消费能力有较高的要求
			缺点：容易造成市场利益最大化，全面的住房市场化

本页资料来源：天津市城市规划设计研究院

从根本上是政府干预与市场经济的互动产物，或形成一种以市场利润为目的、非竞争即补充的盎格鲁·撒克逊（Anglo-Saxon）的二元经济体制，或形成日耳曼的单一化市场体制（吉姆·凯梅尼，2010）。从北欧、德国、新加坡等较为成功的住房供应经验来看，鼓励非盈利租赁住房与盈利型租赁住房进行竞争，是降低租金、形成居住质量和租户权利的有力措施，也是减小以经济利益为驱动、新自由主义经济为指导的住房体制对住房市场产生重大冲击的有力保障。值得注意的是，在了解中低收入人群对住房的需求规模后，当地政府应首先明确经济发展模型及愿景，同时结合自身财政能力、多元化资金来源、本地文化及人口特点对保障性住房的类型进行分步骤的引导，而不是只看结果不注重背景分析，盲从于某个经济发达国家、某个经济发展阶段、略具局限性的当地经验。因此研究将首先提出保障性住房的搭配模式，结合本地人口需要，明确适宜本地发展的住房供应模型，同时进行经济成本核算，提出具有操作性的实施模式。

目前，滨海新区中低收入人群可选择的住房产品包括：普通商品房、经济适用房、普通限价房、定单式限价商品房、市场租赁房、公共租赁房（蓝白领公寓、建设者之家、政府公屋）等住房产品。其中普通商品房、政策性商品房提供住房所有权，而市场租赁房、公共租赁房（下文统称租赁房）提供住房租住权。根据住房产品在不同发展导向、社会发展阶段、当地文化方面因素，提出社会模式、现实模式和市场模式三种模式框架。

五、市场需求主导的住房模式分析

在明确住房供给模式的框架后，研究从人口结构为切入点，判断滨海新区中低收入人群住房需求主体，明确各类住房占比，并计算在适宜住房模式下，各类保障性住房规模。

首先，新区年轻化、教育程度中等（优于天津市内）、以外来人口收入中等为主的人口构成决定了新区不可能以仅仅服务低收

入、户籍人口的廉租房为供应主体。而从社会发展的角度讲，过于促进扩大公共租赁房保障范围，容易造成一部分人群对社会的过度依赖，阻碍了人口向上流动的社会价值链。因此，研究首先排除以公共租赁房为主体的保障性住房供应模式。

其次，根据滨海新区人口研究，随着新区产业发展，大量的外来人口将转化为常住人口，人口定居购房的趋向性应更为明显。未来20年内，外来人口的增速以及机械增长率将逐渐减缓，新区将逐步由劳动力密集的工业区转型至综合功能城市地区，公共租赁房过渡性、阶段性的特点，也无法完全满足未来人口定居稳定的居住需求。

结合生命周期与住房需求的分析结果，研究判断，在目前的发展阶段，由于独生子女政策形成的社会财富积累集中于年轻个体、商业投资环境不稳定造成固定资产的投资倾向、租赁制度及监管机制不健全造成物权所有的消费习惯优先于租赁习惯等因素作用，住房所有权仍将是人们考虑居住的首选。

滨海新区人口年龄结构趋势显示，新区25～39岁人口在2015～2025年持续增长，尽管2030年增长开始放缓，但长达20年的人口红利期仍保障了新区人口增长及相应的住房需求的稳定增长。换句话说，新区25～39岁的住房消费主力新区对于商品房的需求（包括政策性商品房及普通商品房）将长达20年。因此，研究判断包括经济适用房、限价房在内的政策性商品房及普通商品房这两种具有住房所有权的住房产品是较为符合未来20年新区人口发展趋势的住房供应主体，租赁商品房与公共租赁房则形成住房供应主体的有效补充，五种住房产品（或服务）相互作用协调，最终实现居住权的全民化。

六、滨海新区住房供应模式选取

在政府导向的社会模式、市场模式以及社会—市场模式的基础上，结合滨海新区居住需求分析，建议应用社会—市场模式，即以

普通商品房、政策性商品房作为住房供应主体，公共租赁房和市场租赁房的租赁型住房为补充的滨海新区保障性住房模式。例如，选择性地提出面向外来人口的订单式商品房、限价商品房等住房类型。

另一方面，从城市社会学的角度考虑，滨海新区目前存在一种缺少中间阶层的断裂型社会分层状况。以发展较为成熟的经济技术开发区泰达为例，作为许多跨国公司的投资选择地和国内生产基地之一，泰达已经能够吸引一部分有能力服务于跨国公司的高级管理和技术人员；同时，为了满足外企生产运营的需要，大量廉价的青壮年劳动力也源源不断地从外地涌来。在泰达从业人口中，绝大部分为蓝领工人，并且这一部分的人口增长极为迅速，远较管理人员

和工程技术人员的增长速度要快。除了蓝领工人和少数精英群体之外，泰达良好的居住环境与日益提升的生活服务设施也吸引了许多附近的居民来此定居，然而这部分人群大多仍在泰达外进行主要的职业活动。因此，泰达内三类主要群体各自形成相对独立而又封闭的生活空间，彼此之间的联系非常微弱，社会—市场模式通过住房的空间调配，加强滨海新区中产阶级规模与稳定性，也有利于加快新区从一个流动性较强且两级分化的工业区向稳定、成熟、综合的城市地区转型。

因此，滨海新区的保障性住房供给，不仅仅是面向中低收入家庭，而是面向中高收入家庭和中低收入家庭。

滨海新区常住人口的年龄结构预测（%）

	2005 年	2015 年	2020 年	2025 年	2030 年
25~49 岁	8.16	11.36	10.72	9.93	9.98
30~34 岁	9.50	10.72	11.26	10.34	8.93
35~39 岁	9.23	9.71	9.55	10.18	9.32

注：2005 年为 1% 人口抽样调查数据

滨海新区 25 ~ 39 岁人口数（万人）

	2015 年			2020 年		
	合计	户籍	非户籍	合计	户籍	非户籍
25~39 岁	125.57	38.21	87.36	181.36	44.30	137.05
	2025 年			2030 年		
	合计	户籍	非户籍	合计	户籍	非户籍
25~39 岁	205.55	47.60	157.94	218.78	46.49	172.28

本页资料来源：天津市城市规划设计研究院

第十章　滨海新区城市总体规划的特色内容

滨海新区作为一个超大空间尺度的滨海城市区域，存在多样的自然历史特征和多元的行政及空间区划以及复杂的经济社会发展情况，这就要求我们在编制城市总体规划时，要以新的规划理念，重点解决突出问题，适应新区的发展要求。

本章结合滨海新区城市总体规划的编制情况，重点介绍了滨海新区港口发展与布局、功能区规划建设、海岸线与盐田规划、生态型基础设施建设、人口发展、城市防灾与减灾等总体规划中的特色内容。

第一节　港口发展与布局 / 港城关系

一、"港"与"城"——港城空间布局模式研究

港口建设和城市建设是一个有机的综合体，二者互为依托、相辅相成、共同发展，港口活动与城市各种生产经营活动相联系，港口是城市发展的动力引擎，城区是港口发展的重要依托。只有港区和城区有机结合并始终相互适应地协调发展，才能形成功能完善且运营良好的现代水运枢纽和港口城市面貌。这是港口城市应遵循的基本规划原则。

国内外许多港口城市在港口与城市用地布局方面，由于不同的区位条件有着不同的布局特点，可以简单概括为以下几种类型，同时也形成了相应的交通模式。

（一）城区包围港区型

该模式主要为沿河而形成的内河港口，港区一般沿河两侧布局，城区则沿港区向外扩展，逐步形成对港区的包围。该模式的陆域疏港交通经常要穿越城区，极易造成对城市的分隔，以及对城区交通的影响。该模式的代表港口主要有鹿特丹港、安特卫普港、汉堡港

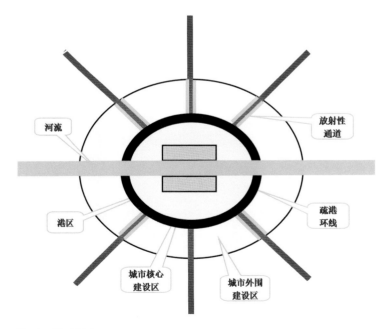

城区包围港区型布局
图片来源：天津市城市规划设计研究院

等。上述港口在解决疏港交通带来的影响时，主要通过在核心区外围构筑高速环线，几条主要的放射性通道与环线相接，形成环放式的疏港运输结构，放射性通道在穿越城市建成区时两侧绿化控制，减少对城市的干扰。

（二）港区与城区平行发展型

该模式大多是由于港口的发展促进了城市的逐渐形成，即所谓的港后城市。最初，城市与港口的规模均比较小，城市与港口在空间资源上相互挤压的现象并不明显，但随着城市和港口规模的扩大，二者沿海岸线的方向平行发展，相互之间的矛盾也越加明显。世界上许多沿海港口的发展都经历过这个阶段。对此，不少港口在港区与核心区之间通过快速通道或绿化带进行空间隔离，疏港通道则从核心区的外围经过，以避免对核心区的干扰，该模式比较典型的为美国的纽约港、日本的横滨港。

（三）港区远离城区型

该类型的港口与城市之间有较大的预留空间，该空间或者是规划预留，或者由港口向海平面纵深迁移形成。该模式由于城市与港口之间有空间上的分离，形成了有效的缓冲，因此它与交通系统之间的影响较小，城市交通与疏港交通大多在城市、港口、预留缓冲地三个区域内完成，城市用地与港区之间不存在空间资源的相互挤压问题，城市交通与疏港交通之间既相互联系又互不干扰，是较为理想的布局模式。

（四）三种发展类型的比较分析

在上述三种港城用地及交通的布局模式中，城区包围港区型不但使城区缺乏适宜的亲水空间，同时疏港交通穿越城区，极易造成对城市的分隔及对城区交通的影响；城区与港区平行发展型则主要面临城区与港区空间资源的相互挤压问题，影响城区对亲水空间的需求；港区远离城区型相对来讲是一种比较理想的发展模式，但港区与城区之间缓冲空间控制的难度较大。无论是哪一种发展模式，都有其相对应的较为合理的发展模式，关键在于结合港城发展的实

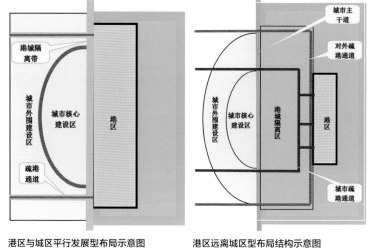

港区与城区平行发展型布局示意图　港区远离城区型布局结构示意图
本页图片来源：天津市城市规划设计研究院

际情况，确定适宜的发展模式。

二、滨海新区港城发展模式分析

根据《滨海新区城市总体规划（2009—2020年）》阶段成果，未来滨海新区的发展将更符合国际大城市发展的共同趋向，呈现"多组团网络化海湾型城市地区"的布局形态，受永定新河和独立减河等的影响，滨海新区核心区与大港、汉沽等主城区之间规划预留绿化控制带；沿海岸线的利用在港区以北重点发展旅游、生活岸线，重点布置了中新天津生态城、海滨休闲旅游度假区、中心渔港等，为城市发展提供了亲水空间，彰显了滨海城市的特色；在港区南侧则重点发展工业、生产岸线，重点布置了临港工业区、南港工业区。

滨海新区利用沿海岸线的优势，兼顾了城市与港口发展对岸线资源的需求，但港口与城市陆域空间的相互挤压现象并没有完全消除，前港后城的布局及腹地的扇型分布造成疏港通道与城区之间不可避免地要发生矛盾，穿越既有建成区的疏港通道面临着重新调整与优化，必须从空间上进行有效分离，以减少对城区的过度干扰；规划建设区则需要尽量避免疏港通道的穿越，或者在穿越区提前预

留疏港通道，通过严格控制隔离带来减少对未来建设区的干扰，有利于促进港口与城市的共同发展。在面临众多矛盾和问题的同时，滨海新区也有一定的条件和优势来解决港城矛盾。按照滨海新区总体规划，在滨海新区核心区与其他主城区之间预留了绿化控制带，可避免三个主城区连为一体，同时也为疏港通道的布设提供了良好的空间。

从滨海新区的用地规划来看，未来滨海新区将逐步由单一的港城平行发展模式向港城融合发展模式的方向推进，这样一来港城交通的发展就兼有了城区包围港区及港城平行发展两种发展模式的特点。按照这种发展模式，随着港口不断发展，城区逐步扩大，疏港交通与城市交通之间的矛盾也会进一步加剧。

交通作为港城发展的基本支撑，如何将疏港交通与城市交通之间的关系由混杂走向有序，是我们面临的一个十分迫切需要改善的问题，必须要统筹考虑港口与城市发展的需要，综合以上两种发展模式的成果经验，取长补短，充分协调用地与交通之间的关系，对用地布局及交通网络进行调整、优化，以提高港城交通系统的综合效率为指导，实现港城交通的共赢，概括起来有如下三个方面：

（一）"两个中心" = 航运中心 + 物流中心

"两个中心"的建设，港口是核心载体，从打造"两个中心"所需要的七个条件中，天津港较强的在于强大的腹地经济、充沛的集装箱物流、国家或区域性进出口贸易的航运枢纽，比较薄弱的在后方，集疏运和物流服务系统不完善，国际航运市场不发达（国际航线、航班密度不足），同时港口条件和港口设施尚需进一步完善。

（二）出行模式 = 主导 + 多样

滨海新区的城市交通出行模式选择与特殊的城市空间布局形态密不可分，而真正意义上合理科学的出行模式，不可能是单一的，而是以某种出行方式为主导的多种模式共同组成的综合出行模式，但关键在于谁起主导作用。同时出行模式也不是一成不变的，而是分区域动态变化的。

（三）港城协调 = 港城一体 + 客货分离

港口与城市发展之间是可协调而非对立的。北方国际航运中心的建设不仅需要港口做依托，临港城市、产业的发展也是建成两个中心的必要条件，因此港口与城市应一体化发展，而不能相互割裂。而由港口发展所带来的货运交通与城市产生的客运交通之间则应相对独立、自成系统、互不影响，实现客货有效分离。

三、滨海新区城市空间布局特征及对交通的要求

近年来，国际特大城市已向多中心城市区域的模式发展，这种转型是功能扩散和疏解的过程，而现代化的科学技术和城市生活空间的新理念对这种模式的成功实践起到有力支撑。

（一）现状空间布局——缩短时间距离、协调港城矛盾

滨海新区天生具备"城市区域"的特征与潜质。目前滨海新区城市空间发展的核心特征是新区南北向 90 千米面海带状展开，具有鲜明的海湾型城市地区特征，为典型的超大型城市尺度、多极核生长状态、多区域舒展格局。

1. 超大空间尺度——要求构筑区别于传统的交通组织模式

滨海新区区别于传统的城市区，是一个城市区域的概念，各片区之间的空间距离普遍在 30 千米左右，组团之间的超大尺度决定了传统的城市交通组织模式无法实现理想的时空通达目标，必须探求新的适应这种超大尺度空间布局的交通组织形式。

2. "前港后城"布局——要求有效协调港城交通、客货交通的关系

滨海新区作为一个港口城市，是典型的前港后城、港城紧邻的布局模式，港区面海带状展开，以多级生态廊道分隔城市组团与片区；同时天津港本身是比较典型的腹地型港口，绝大部分集疏港交通来自内陆腹地，而水中转不足 2%，疏港交通为尽端式、扇形发散通往腹地，与城市直接发生矛盾，导致滨海新区港城交通混杂的必然性与严重性。

不同交通方式出行指标分析表

交通方式	运营速度	线路长度	出行距离
地铁 / 轻轨	35 ~ 40 千米 / 时	25 ~ 30 千米	8 ~ 10 千米
常规公交	15 ~ 18 千米 / 时	15 ~ 20 千米	5 ~ 7 千米
快速公交	22 ~ 25 千米 / 时	15 ~ 25 千米	8 ~ 10 千米
快速路	40 ~ 60 千米 / 时	——	——

（二）规划空间布局——要求体现交通组织的层级性

在天津战略"双城双港，相向拓展，一轴两带，南北生态"的指导下，《滨海新区城市总体规划（2009—2020 年）》提出未来滨海新区将构筑"多组团、网络化"城市区域的空间发展模式，形成"一城双港三片区"的城市空间结构，支撑新区轴带组团网络式发展格局。

滨海新区不是传统的城市集聚区，是由多个功能组团围合而成的多中心、网络化的"城市区域"，这就决定了其交通系统组织与交通模式选择的多层级性。主要体现在：

对外交通：滨海新区与周边其他港口、城市之间，要有强大的区域枢纽功能，发达的对外交通网络，以充分发挥滨海新区的区域服务、辐射与带动功能。

双城交通：中心城区与滨海新区核心区之间，要求双城间交通通畅、便捷，满足高效、快捷通勤的需要。

区间交通：中心城区、滨海新区核心区与各功能组团之间，要求联系顺畅，具有较好的可达性。

区内交通：滨海新区各片区内的空间布局多样化，具有明显的差异性，既有集中发展的城市区（城区型，圈层式发展结构，滨海新区核心区），又有多组团围合而成的片区（片区型，北部片区、南部片区、西部片区），不同类型的区内空间布局，对于交通组织模式、交通网络布局等的要求具有较大的差异性。

滨海新区应根据其特殊的空间发展布局，合理组织对外交通、双城交通、区间交通、内部交通等不同层次、不同方式的交通需求，

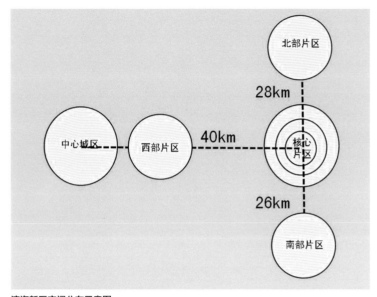

滨海新区空间分布示意图
图片来源：天津市城市规划设计研究院

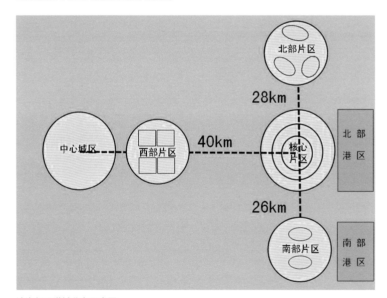

滨海新区港城分布示意图
图片来源：天津市城市规划设计研究院

同时要协调与疏港交通之间的关系，加大交通设施整合，强化各种交通方式的衔接，实现内外交通分离、长短交通分开、快慢交通分流、客货交通分行。

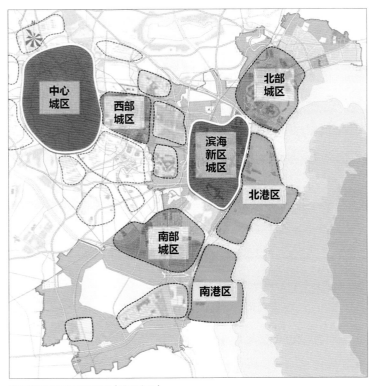

滨海新区空间布局规划图（阶段成果）
图片来源：天津市城市规划设计研究院

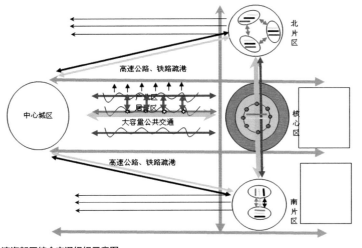

滨海新区综合交通组织示意图
图片来源：天津市城市规划设计研究院

第二节　滨海新区综合交通发展模式

为了国家发展战略在滨海新区的全面推进，必须要高效地整合滨海新区各种交通系统，持续动态地协调交通与经济社会、生态环境、城市空间的繁杂关系，最大限度地发挥综合交通的整体效应。

一、交通模式选择

由于特殊的空间布局形态与发展特征，滨海新区的交通出行模式不仅仅局限于某一种模式，而是在不同层面体现不同的交通出行模式。

因此，滨海新区在总体发展思路方面，提倡以公共交通为主导的出行模式。但分片区、分层次又具有差异性，因此可以充分体现滨海新区的布局特点，从而打造属于滨海新区自身特有的交通发展模式。

"区间出行"：提供公交与小汽车出行比例相对均衡的出行结构（小汽车模式与公共交通模式并重）。在为区间公共交通提供便捷出行条件的同时，考虑区间交通对出行的机动性要求。

"片内出行"：鼓励以公共交通、自行车、步行等为主导的绿色交通出行方式，但各片区又有差异性。

滨海核心区，绿色出行比例近80%，为典型的公共交通发展模式。滨海核心区以轨道交通为主，也应通过分区域差异化停车、交通拥挤收费等措施适度限制小汽车出行。

其他片区则根据发展要求，鼓励多样化公交出行方式，不同的功能定位于发展要求，所提倡的出行模式会有一定的差异性，比如中新天津生态城，则是积极打造以公共交通为主的绿色交通系统，而临港经济区等产业园区，其机动化出行的比例会明显高于公共交通出行的比例。

二、滨海新区综合交通组织

目前，滨海新区人口、经济和土地利用规模已经显现出急速增长现象，必须提前规划和预留空间，并通过打造科学、合理的综合交通组织系统，为滨海新区发展提供良好的交通引导与支撑。

（一）货运方面

构筑高效通畅地直达腹地，且与港城交通有效分离内外货运协调有序的货运交通系统。

在滨海核心区、重点功能组团外围，利用生态隔离带，打造由高速公路、普通公路、城市道路、货运铁路等多种方式组成的复合疏港廊道，一方面减少了对城区的干扰，另一方面，实现了疏港通道的集约、节约化土地使用，避免了分散布置带来的土地资源浪费及对城市的分割与干扰。

复合走廊由高速公路、普通公路、城市干道、普通铁路组成，在滨海新区各主城区外围共形成5条集疏港复合通道，形成4个"C"形保护壳。5条集疏港复合通道分别为北部走廊、京津走廊、津晋走廊、滨石走廊、南部走廊；4个"C"形保护壳分别为汉沽城区外围保护壳、滨海核心区外围保护壳、大港城区外围保护壳、油田生活区外围保护壳。

滨海新区交通出行结构设想表

出行方式	区间（2030）			片区内（2030）			
	双城	塘沽汉沽	塘沽大港	核心区	北片区	西片区	南片区
公交	60%	55%	55%	40%	35%	35%	36%
自行车	0	0	0	25%	20%	20%	20%
步行	0	0	0	11%	10%	10%	8%
小汽车	40%	44%	44%	21%	33%	33%	32%

滨海新区货运交通组织图

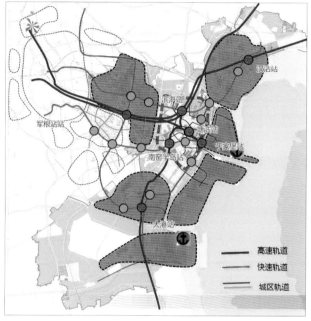

滨海新区轨道层级图

（二）客运方面

打造区间快速、大容量，区内便捷、高可达性的多层级、差异化布局的以公交为主导的客运系统。重点构建快慢结合、长短有序、层级分明的4级轨道网络及多层级常规公交网络，实现差异化服务。

构筑四级轨道网络，将对外高速客运引入城市交通，适应宏大尺度空间布局发展的要求。

高速轨道：服务长距离、主城区之间的联系。利用城际（高速）铁路开城铁，实现主城区15分钟内瞬间直达。双城之间利用京津城际延伸线，滨海核心区与北部片区之间及南部片区之间利用环渤海城际。

快速轨道：服务于中距离、重要组团之间的联系。通过"两横

两纵"市域快线，实现30分钟内快速通达。

城区轨道：服务于短距离、高强度开发的主城区内的交通联系。主要为滨海新区核心区，规划7条环放式城区轨道线，打造公交都市。

接驳轨道：服务于城区轨道未覆盖地区，以有轨电车为主，实现与快速轨道的接驳，服务组团内部。

滨海新区正处于城市建设与交通设施大发展时期，其特殊的空间布局形态与其自身所承担的战略使命决定其交通发展模式选择的重要性，科学、合理地确定其发展模式，将对新区未来的发展产生非常重要的影响，木版城市总体规划仅仅是对新区未来交通发展的较为宏观的研究尝试，要真正科学把脉新区交通发展的未来，尚需做大量细致、艰巨的工作。

第三节　功能区规划建设

功能区是指各类开发区，包括经济技术开发区、保税区、高新技术产业区等，是我国改革开放以来经济发展和建设的重点区域，滨海新区也可以说是在天津市经济技术开发区的基础上发展起来的。《国务院关于推进天津滨海新区开发开放有关问题的意见》指出，滨海新区要"统筹规划、综合协调建设若干特色鲜明的功能区"。功能区的规划建设成为滨海新区城市总体规划中非常有特色的内容之一。滨海新区的功能区是以产业功能为导向，利用区位差价、土地优势与港口资源，以打造产业特色突出、要素高度集聚的产业区为目的，围绕海、空两港规划形成的具有一定规模的产业园区。自新区建立以来，一直坚持"项目集中园区，产业集群发展，资源集约利用，功能集成建设"的原则，进行产业发展和项目建设，功能区被视为带动新区产业发展的有效空间载体，从 2001 年版新区总体规划开始，就提出了建设特色功能区的内容。到 2005 年完成七大功能区，2009 年版规划建设了九大功能区。各类产业以不同定位的功能区为载体，为产业链在空间上的集聚、竞争、重组与竞合提供了空间条件，促进了产业聚集和城市功能集聚。

一、滨海新区功能区的发展演变

（一）功能区的产生

1978 年，党的十一届三中全会确定了全面改革开放的基本国策。1984 年 3 月 26 日—4 月 6 日，中共中央召开沿海部分城市座谈会，决定进一步开放 14 个沿海港口城市，并扩大地方权限，给予外商若干优惠政策。1984 年 12 月 6 日，天津经济技术开发区在塘沽东北部，即原塘沽盐场三分厂，经国务院批准建立。同年，开发区设立工委、管委会和投资开发总公司。1985 年 7 月，天津市第十届人大常委会

第二十一次会议审议并通过《天津经济技术开发区管理条例》等法律法规，赋予开发区省级经济管制权，成为我国最早在在沿海开放城市设立的以发展知识密集型和技术密集型工业为主的特定区域，实行特殊的优惠政策和措施，也成为天津市第一个功能区。

（二）功能区的拓展

1986 年，《天津市城市总体规划（1986—2020 年）》编制完成获国务院批复，确定了"工业东移"和"一条扁担挑两头"的总体战略构想。为放大开发区良好的建设发展效应，天津市相继成立了天津港保税区、天津高新区等功能区，功能区逐步成为带动滨海地区前进的重要经济发展单元。

1992 年，塘沽、汉沽、大港分别成立了各自的经济技术开发区。

1994 年，天津市委市政府提出"用十年左右的时间，基本建成滨海新区"的重大战略决策，成立了滨海新区工委管委会统筹新区开发建设。

1995 年，塘沽开发区（即塘沽海洋高新技术开发区）经批准被纳入天津新技术产业园区范围，成为国家级开发区。

1996 年，开发区建立汉沽化学工业区。

2002 年，保税区启动空港物流加工区建设。

2004 年，塘沽区按照城市总体规划启动了临港工业区填海造陆。

（三）各具特色的功能区

2005 年，《中共中央关于制定国民经济和社会发展第十一个五年计划》明确提出推进天津滨海新区等条件较好的地区加快发展的总体要求。2005 年版滨海新区总体规划提出构建七个功能区引导产业集聚，包括先进制造业产业区、滨海化工区、滨海高新技术产业园区、滨海中心商务商业区、海港物流区、临空产业区（航空

滨海新区功能区规划空间布局的演变
图片来源：天津市城市规划设计研究院

城）和海滨休闲旅游区。

2006 年 8 月 31 日，国务院关于设立天津东疆保税港区的批复正式下发。2007 年中新生态城选址天津。塘沽成立中心商务区管委会，天津港规划建设临港产业区。

2008 年，天津市滨海新区城市空间发展战略针对新区港城矛盾和滨海化工区由临港、大港、汉沽三个区组成，比较分散的问题，提出规划建设南港工业区。规划提出"双城双港"的空间布局，明确滨海新区实施"一核双港、九区支撑、龙头带动"的发展策略。

2009 年，滨海新区总体规划修编，确立了九大功能区，包括滨海高新区、临空产业区、先进制造业产业区、中心商务区、中新天津生态城、滨海旅游区、海港物流区、临港经济区和南港工业区。天津市委市政府批准成立了临港、旅游区和中心商务区管委会。

2010—2013 年，在原九大功能区的基础上，陆续成立了三个小的经济区，分别是轻纺经济区、中心渔港和北塘经济区，均为处级单位。此时，滨海新区已拥有 12 个功能区。其中先进制造业产业区由天津经济技术开发区东区及西区、塘沽海洋高新区和现代冶金基地等组成，没有设立管委会。

2013 年，滨海新区实施新一轮行政体制改革，为进一步强化功能区的支撑作用，优化资源配置，促进要素流动，结合产业空间布局，综合考虑各功能区的区域位置、经济基础、产业结构等现状，将现有 12 个功能区整合为 7 个功能区和管委会，包括天津经济技术开发区、天津港保税区、天津滨海高新技术产业开发区、天津东疆保税港区、中新天津生态城、中心商务区、临港经济区。功能区整合后，与接壤街道形成融合发展的新机制，主要负责统筹区域规划、经济发展、城市建设等。其中，将轻纺经济区规划面积 58 平方千米、北塘经济区规划面积 10 平方千米划归天津经济技术开发区。整合后，天津经济技术开发区（南港工业区）规划总面积 398 平方千米；将滨海旅游区规划面积 100 平方千米和中心渔港经济区规划面积 18 平方千米并入中新天津生态城管理范围，由中新天津

生态城管委会管理三个区域。生态城规划面积 30 平方千米区域内的开发模式、原有政策、投资主体及其他相关约定保持不变。整合后，中新天津生态城管辖规划总面积为 148 平方千米；将塘沽海洋高新区规划面积 45 平方千米划归滨海高新区，整合后滨海高新区规划总面积为 99 平方千米；将中心商务区规划面积由 37.5 平方千米扩大到 46 平方千米，即将其开发建设范围拓展至新设立的塘沽街全域和新设立的大沽街部分区域。天津港保税区保持现状，规划总面积 73 平方千米。东疆保税港区保持现状，规划总面积 30 平方千米。临港经济区保持现状，规划总面积 200 平方千米。

二、功能区规划的演进

（一）功能区规划的编制

滨海新区的功能区规划是新区城市总体规划体系中非常重要的一部分内容，随着不同发展阶段产业发展和经济形势的改变以及城市总体规划空间布局结构的调整，新区被功能区规划的编制经历几次重大调整变化。在滨海新区纳入国家发展战略之前，各功能区一般都是分别编制各自的规划。国家级功能区的规划编制完成后由市政府进行审批，其他功能区规划编制完成后由各区负责审批，对相互之间的产业特色和发展关系考虑不足。2005 年，为准备滨海新区被纳入国家战略，滨海委、市规划局组织编制了滨海新区中心商业商务区总体规划并经市政府批复通过，这时中心商务区仍由塘沽区进行管理，成立了管委会。2006 年，被纳入国家战略后，滨海委、市规划局统一组织编制完成了空港经济区总体规划和东疆保税港区总体规划，2006 年、2007 年分别由市政府常委会审议通过，正式批复。市发改委、市石化办组织编制了滨海化工区总体规划。2007 年，滨海委组织编制了滨海旅游区总体规划并经市政府批复通过。考虑到功能区的重要性，市规划局制定了《功能区规划编制管理暂行规定》，明确功能区规划均要经过市政府常委会进行审定批复。

2008 年，由市重点规划指挥部组织，与滨海新区空间发展战

滨海新区分区规划技术要求

前　言

　　滨海新区分区规划是在天津市总体规划和滨海新区总体规划指导下，对一定时期内城市的经济和社会发展、土地利用、空间布局以及各项建设的综合部署，是法定规划内容，用以指导各分区发展建设。

　　本要求制定的目的，是为了贯彻新颁布实施的《中华人民共和国城乡规划法》、《城市规划编制办法》提出的新规定新要求，根据滨海新区发展实际，结合滨海新区城市总体规划、各城区、功能区总体规划的经验与教训；适应滨海新区当前发展的新机遇，和空间快速发展的新形势；同时规范滨海新区各分区规划的编制内容和深度，并统一编制格式。

滨海新区重点规划指挥部

2008．08

《滨海新区分区规划技术要求》
图片来源：滨海新区规划和国土资源管理局

滨海新区分区规划技术要求

第一章　总则

　　第一条　为规范滨海新区内的各分区规划编制的程序、内容和深度，依据《城市规划编制办法》（建设部令第146号），参考《城市规划编制办法实施细则》和《天津市区县城市总体规划编制标准》（试行），制定本技术要求。

　　第二条　本技术要求适用于滨海新区域范围内的区级行政区和主要产业功能区。

　　第三条　滨海新区域范围内分区规划编制，除遵守本技术规定外，还应遵守国家和天津有关标准和技术规范的规定。

　　第四条　编制分区规划，应努力使之成为当地政府调控城市空间资源、指导城乡发展与建设、维护社会公平、保障公共安全和公众利益的重要公共政策。

　　第五条　编制分区规划应当以科学发展观为指导，以构建社会主义和谐社会为基本目标，坚持五个统筹，坚持中国特色的城镇化道路，坚持节约和集约利用资源，保护生态环境，保护人文资源，尊重历史文化，坚持因地制宜确定城市发展目标与战略，促进城市全面协调可持续发展；同时应当考虑人民群众需要，改善人居环境，方便群众生活，充分关注中低收入人群，扶助弱势群体，维护社会稳定和公共安全。

　　第六条　编制分区规划，应当以上层次法定规划、各类专项规划和当地社会经济发展计划为依据，从区域经济社会发展的角度研究城市定位和发展战略，按照人口与产业、就业岗位的协调发展要求，控制人口规模、提高人口素质，按照有效配置公共资源、改善人居环境的要求，充分发挥中心城市的区域辐射和带动作用，合理确定城乡空间布局，促进区域经济社会全面、协调和可持续发展。

City
Region
Towards Scientific
Development
走向科学发展的城市区域

天津滨海新区城市总体规划发展演进
The Evolution of City Master Plan of Binhai New Area, Tianjin

略规划和城市总体规划同步，编制了中新天津生态城、南港工业区等分区规划。为了做到九大功能区规划全覆盖，滨海委、市规划局滨海分局与各功能区管委会合作开展规划编制。2009年进行了临港经济区分区规划的编制，将临港工业区与临港产业区合并，整合后的临港经济区规划陆域规模共计200平方千米，2010年8月，经市政府审议通过。而先进制造业产业园区因为分属开发区、塘沽区及海河中下游产业区，虽然我们积极推动规划编制，但由于没有统一的管委会，造成最后规划没有真正报批。2010年新区行政体制改革后，在新组建的旅游区管委会及滨海分局的组织下，对临港经济区分区规划进行修编，2010年获市政府批复。2011年，与中心商务区管委会合作，组织了滨海新区中心商务区分区规划修编，2011年获市政府批复。至此，七大功能区均有了经市政府正式批复的新一轮分区规划指导功能区的规划建设。2013年新一轮行政体制改革后，整合后的中新天津生态城开始了分区规划修编工作。2014年，临港经济区也开始了分区规划的修编工作。

（二）滨海新区分区规划编制技术要求

为解决新区功能区规划建设中存在的问题，以2008年"十大战役"为契机，重点规划指挥部根据滨海新区发展实际，结合滨海新区城市总体规划、各城区、功能区总体规划，以滨海新区区域范围内的主要产业功能区为对象，编制并颁布了《滨海新区分区规划技术要求》（以下简称《要求》），规范滨海新区各分区规划的编制的程序、内容和深度，并统一编制格式。

《要求》共分为五章六十四条，详细规定了滨海新区分区规划的总体要求、编制流程、成果示例，并创新性地区分了行政区分区和功能区分区，分别明确了规划的内容和成果要求，从而将功能区分区规划作为指导分区发展建设法定规划的地位，以规划管理技术要求的形式予以确认，为整合新区区域范围内功能区空间布局，统筹功能区与城区相互协调、融合发展提供了依据和保障。

《要求》明确指出城市分区规划包括，滨海新区范围内的区级行政区规划和主要产业功能区规划，行政区分区规划又包括，区域城镇体系规划和城区规划，对于行政区辖区内属于滨海新区功能区的部分，应以功能区分区规划为准，将功能区分区成果纳入行政区分区规划区域城镇体系成果中。其中功能区分区规划纲要应主要由文本和图纸两大部分组成。功能区分区规划的成果应由规划文本、图纸及附件（说明、研究报告和基础资料等）三大部分组成。

（三）功能区分区规划的特点

滨海新区功能区分区规划是新区城市总体规划的重要内容。统筹考虑好功能区在产业发展上的错位发展，避免重复建设和无序竞争。同时，在道路交通和市政基础设施建设，包括生态绿化廊道建设上统筹考虑，统一规划，保证新区发展的整体性，也为各功能区的发展创造了良好的外部条件。

各功能分区作为城市的组团，相对独立，各具特色。在分区规划编制上一般都是从城市设计和专项规划入手，与自然本体条件紧密结合，塑造自身的特色，考虑可持续发展。大部分功能区是在城市设计的基础上编制分区规划，临港工业区、南港工业区、滨海旅游区就港口航道和海水水质都进行了海水数学模型和物理模型的试验。另外，统筹功能区分区规划、详细城市设计与控规相结合，保证了规划建设的高水平。

三、滨海新区功能区产业特色和取得的成绩
（一）天津经济技术开发区

天津经济技术开发区（以下简称天津开发区）于1984年12月6日经国务院批准建立，为全国首批国家级开发区之一。经过三十多年的开发建设，天津开发区在相继开发建设了东区、西区、南港工业区、武清逸仙科学工业园、西青微电子工业区、北部现代产业区、南部新兴产业区、泰达慧谷、中区以及北塘企业总部园区，总体规划面积408平方千米，形成"一区十园"的格局。2015年，天津经济技术开发区完成国内生产总值2800亿元，各项主要经济指标

在全国同类开发区中持续名列前茅。目前，天津开发区已形成以电子通信、汽车和机械制造、生物医药、石油化工、装备制造、食品饮料、航空航天、新能源新材料、现代服务业为支柱的产业格局。

从产业功能来看，开发区东区（母区）成立时间较久，功能最为综合，包括先进制造业、现代服务业、港口物流业、现代产业服务区（MSD）和部分居住生活区，区内有丰田汽车、三星、康师傅等世界五百强企业以及银河一号超算中心、天津国际生物医药联合研究院等重要科研机构。北塘总部园区位于新区产业布局规划中高新技术产业带和沿海产业带交会的现代服务中心处，发展服务业及中小企业总部。开发区西区定位延伸开发区产业优势的重要载体，主要发展制造业和高新技术产业，区内主要企业包括新一代运载火箭产业化基地、三星电机、长城汽车、富士康和维斯塔斯风电等。北部现代产业区原为滨海化学工业区，目前致力于向先进制造业和高水平研发转化基地转型。泰达慧谷（原茶淀工业区）定位为滨海新区科技创新产业与高端技术产业集聚区和新建筑技术应用示范区，主要承接开发区高梯次产业转移。南港工业区定位为"世界级石化产业基地和港口综合功能区"，主攻石化产业，同时发展石化相关配套产业、港口散货物流。开发区中区（原轻纺经济区）定位依托原有区域的石油化工资源及南港工业区，主要发展石化下游产业。南部新兴产业区定位为天津开发区的南部拓展区、新兴产业先导区，是延伸东区制造业和南港配套产业的重要载体。

（二）天津港保税区

广义上的天津港保税区包括天津海港保税区和空港经济区两个区域。天津海港保税区位于天津港规划北疆港区内，1991年经国务院批准成立，用地面积 8.5 平方千米。空港经济区位于滨海机场东北侧，2002年启动规划建设，规划总面积 102 平方千米。2015年，保税区完成国内生产总值 1530 亿元，形成了以民用航空为引领的先进制造业和以海空两港为依托的现代服务业联动发展的产业格局。区内主要企业有空客 A320、A330 总装线、中航直升机、阿尔

斯通、中兴通讯、通用医疗等。

国家赋予天津港保税区国际贸易、临港加工、物流分拨、商品展销四大功能。天津港保税区是天津国际物流中心的重要组成部分，是华北西北唯一规模最大的保税区。境内外投资者均可在保税区设立各类所有制企业，广泛从事国际物流、加工制造、国际贸易、科技研发和商品展销等产业。在国际物流方面，国际货物在保税区与境外之间自由进出，仓储时间不受限制；实现 24 小时快速通关，检验检疫高效便捷；海港、空港至保税区直提直放，货物可集中进区、分批出区、即时配送、集中报关，在最大限度上缩短了国际市场与国内市场的距离，减少了交易时耗，加快了资金周转，降低了交易成本，使保税区成为国际货物大进大出的绿色通道。

（三）天津滨海高新技术产业开发区

天津滨海高新技术产业开发区前身为"天津新技术产业园区"，1988年经市委市政府批准成立，1991年被国务院批准为首批国家级高新技术产业开发区，总体规划面积超过 230 平方千米，由华苑科技园、未来科技城·南区（滨海科技园）、未来科技城·北区、塘沽海洋高新区四个核心区组成。其中位于滨海新区范围内的两个分区为未来科技城·南区（滨海科技园）和海洋高新区。2006年，高新区核心区滨海科技园成为科技部和天津市共建的全国第一个国家级高新区。2015年，滨海高新区完成国内生产总值 1330 亿元，目前，滨海高新区已形成以绿色能源、软件及高端信息制造、生物技术与现代医药、先进制造业和现代服务业五个具有较强竞争力的优势主导产业。

未来科技城·南区地处东丽湖、黄港湖结合处，用地面积 30.4 平方千米。区内主要企业及科研机构包括航天五院、中海油力神新能源研究所、中科院天津工业生物技术研究所、阳明风电等。高水平建设未来科技城，是落实京津冀协同发展的一项重大举措，是承载京津合作、首都功能和资源转移的重要空间载体。天津未来科技城将瞄准国际前沿领域，以战略性新兴产业研发为导向，立足天津

City
Region
Towards Scientific Development
走向科学发展的城市区域

天津滨海新区城市总体规划发展演进
The Evolution of City Master Plan of Binhai New Area, Tianjin

市科技资源和产业基础，以新能源及新能源汽车、新一代信息技术、航空航天、生物技术和高端装备制造为重点，汇聚国际顶尖创新资源，形成一批高水平的原始创新成果并迅速实现产业化。

海洋科技园位于新区泰达街西侧，用地面积43平方千米。区内主要企业有中海油田、华油研发、鑫宇环保、中铁十八局集团五公司等。海洋科技园以滨海高铁站为核心，海洋科技园正在从三个方面全力以赴推进区域开发建设：一是建设创智核心区，即形成以企业总部、高端商务、文化创意等产业为一体的核心区域，助推塘沽海洋高新区乃至滨海新区的产业转型升级。二是建设体育文化区，全面推动体育文化产业升级，最终促进整个区域的文化活动常态化，提升城市文化精神。三是建设宜居休闲区，即依托主题乐园和众多生活性专业市场，满足市民日益增长的休闲娱乐需求，丰富城市生活层次，提升市民幸福指数。

（四）中新天津生态城

中新天津生态城是中国和新加坡两国政府的合作项目，2007年选址于滨海新区，位于永定新河北岸，距天津中心城区45千米，距北京150千米，距唐山50千米，距滨海新区核心区15千米，距天津滨海国际机场40千米，距天津港20千米，距曹妃甸工业区30千米，规划占地面积30平方千米，2013年滨海新区行政体制改革后，将原滨海旅游区、中心渔港划入中新天津生态城。规划调整为东至渤海湾，南至永定新河河口，西至蓟运河、永定新河，北至津汉快速路，总面积为150.58平方千米。2015年，中新天津生态城完成国内生产总值134亿元。

三区整合后的中新天津生态城目前为滨海新区七大功能区之一，是以节能环保、信息技术、旅游休闲、文化教育、海洋经济为主体的产业功能区。其中中新天津生态城（合作区）规划建设为以生态环保、节能减排、绿色建筑等为主题的国际交流中心，国家级教育研发、展示中心和生态型产业基地，我国生态环保、节能减排、绿色建筑等技术自主创新的平台，国家级环保教育研发、交流展示

中心和生态型产业基地，参与国际生态环境发展事务的窗口和生态宜居的示范新城。区内主要项目包括国家动漫园、国家影视园、生态科技园、环保产业园等。

滨海旅游区规划定位为以旅游产业为主导，二、三产业协调发展的综合性城区。努力建设成为以主题公园、休闲总部、生态宜居、游艇总会为核心，京津共享的滨海旅游城。区内主要项目包括国家海洋博物馆、航母主体公园、妈祖文化园等。

中心渔港规划定位为北方冷链物流与水产品加工集散中心、北方游艇产业中心和滨海旅游宜居小镇，努力建设成为集物流、商贸、旅游、水产品加工、渔业制造、技术研发、居住等各产业竞相发展的现代化新型渔港城市。

（五）中心商务区

2005年，在天津市市委市政府的领导下，滨海委和规划局研究确定了滨海城市核心区和中心商务商业区选址，明确了滨海新区中心商务商业区53平方千米的范围和由开发区MSD、于家堡和天碱商业区组成的8平方千米的核心区范围。随后启动了响螺湾商务区和于家堡金融区的规划建设，塘沽区成立了中心商务区管委会。2010年，滨海新区行政体制改革，经天津市委、市政府批准，成立滨海新区中心商务区管委会并建立党组，成为滨海新区政府的派出机构。2012年，天津市政府批复中心商务区分区规划，规划面积37.5平方千米。2013年，新区完成新一轮行政体制改革，中心商务区面积扩大至46.8平方千米。中心商务区位于滨海新区核心城区两个主要发展轴线（中央大道与海河）的交会之处，距离北京市约160千米，距离天津市中心城区约45千米，距离天津滨海国际机场约38千米。2015年，滨海新区中心商务区完成国内生产总值150亿元。

经过十年的规划建设，滨海新区中心商务区正逐步形成行政、商务、商业、娱乐、居住、交通六大功能。中心商务区14个地块基本完工，海河中央大道隧道、京津城际高铁延伸线开通，于家堡

宝龙国际中心、环球购商业街、百仕汇投入使用，人气商气加速聚集，起步区 0.8 平方千米内，日均人流量 10 余万人次，实际办公企业 2000 余家，居住人口超过 8000 人，于家堡高铁枢纽站日均人流量 1 万人次，中心商务区"金融创新运营示范区 + 自贸试验区 + 双创特区"的功能优势初步显现。

（六）天津东疆保税港区

20 世纪 80 年代至 90 年代初，天津港东疆反 F 港池逐步形成。2006 年天津港开始结合航道建设，填海造陆建设东疆港区。2006 年 8 月，国务院批复设立天津东疆保税港区。东疆保税港区位于东疆港区内，面积 10 平方千米，由 5.6 平方千米的码头作业区和 4.4 平方千米的物流加工区组成，是国务院批准设立的功能最全、政策最优惠、开放度最高的保税港。2008 年，东疆保税港区管委会成立。2014 年经国务院批复成为中国（天津）自由贸易试验区的重要组成部分。2015 年，天津东疆保税港区完成国内生产总值 110 亿元。区内主要项目包括天津国际邮轮母港、国家 4A 级的东疆湾沙滩景区、游艇码头、国际商品展销中心等。

东疆保税港区是北方国际航运中心和国际物流中心的核心功能区。按照天津自贸试验区总体方案要求，天津港东疆片区重点发展航运物流、国际贸易、融资租赁等现代服务业，并已经成为中国飞机、船舶及大型设备融资租赁最集中的区域，也是我国北方唯一的国家进口贸易促进创新示范区。未来，东疆将建设成为北方国际航运中心、国际物流中心核心功能区和综合功能完善的国际航运融资中心，成为服务京津冀协同发展和"一带一路"重大国家战略的重要承接载体。

（七）天津临港经济区

天津港是天津市和滨海新区的核心战略资源，利用港口优势、发展临港工业作为一项重要内容被纳入了 1996 年版天津市城市总体规划。2004 年原塘沽区启动了临港工业区的填海造陆。2005 年，确定了天碱搬迁项目和 LG 项目在临港工业区落地，同年启动了大沽沙航道的建设。2006 年，天津港集团在临港工业区南侧建设临港产业区，按照天津市产业发展战略，原规划以石化产业为主的临港工业区调整为以装备制造业为主。2008 年，天津市市委市政府批复成立临港经济区管委会。

临港经济区是由原塘沽区开发建设的临港工业区和天津港集团开发建设的临港产业区整合而成。区域范围北至海河口大沽沙航道，南至大港航道北防波堤，西至海滨大道，东侧原则上至 -3 米等深线附近（目前现状成陆区已至 -4 ～ -5 米等深线附近），规划用海面积 253 平方千米，其中成陆面积 200 平方千米。

临港经济区主要定位方向为国家级重型装备制造基地，主要包括重型装备制造业、造修船（含海上油田开采设备）、物流、化工、粮油以及部分配套生产性和生活服务业。2015 年，临港经济区完成国内生产总值 2012 亿元。区内主要项目包括中船重工造修船基地、渤海化工集团石化基地、铁道总公司机车生产维修基地、中粮油、中储粮、京粮油、博迈科等。

四、小结

各具特色的产业功能区是滨海新区重要的组成部分和招商引资的主力军。功能区分区规划作为滨海新区总体规划的特色性内容，有效地解决了以往城市总体规划与功能区（产业区）规划彼此之间关系、地位不明确，内容重复，互相制约的问题，使总体规划提出的功能定位、发展规模在功能区层面能得到有效的落实。截至目前，滨海新区大部分功能区分区规划已获批复，有效地指导了各功能区的发展建设，对促进新区全面加快发展、扩大招商引资起到十分重要的作用。

第四节 海岸线与盐田规划

滨海新区有大面积的盐田，是"长芦盐"的主要产地，历史有1 000 余年。20 世纪 80 年代，天津经济技术开发区就是在一片盐田上建立起来的。20 多年来，已经有 80 平方千米的盐田为城市占用。而且，随着经济发展，城市建设和大型基础设施建设占用盐田的矛盾越来越突出。目前，滨海新区还有现状塘沽盐场 204 平方千米，汉沽盐场 134 平方千米，合计 338 平方千米，产原盐 225 万吨，是天津化工企业的主要原料来源。结合海水淡化和浓盐水制盐技术的发展，规划针对盐场利用效益低下、不利于城市整体协调发展等问题，将盐场纳入城市建设用地范围统筹考虑，进行整体规划、分步开发。

盐田区位条件优越，与围海造地相比建设成本低廉，是不可多得的建设空间。塘沽盐场，整合南部城市空间结构，主要职能是为南港和临港 80 万人口提供生活与生产配套，为大港城区和滨海核心区提供城市拓展空间。塘沽盐场采取"一次规划、分步实施"的策略，近期保留 70 平方千米盐田，承纳新泉淡化水厂的浓盐水，远期全部利用，南部结合海水淡化厂和制盐业，形成循环工业区，同时研究利用现有海堤，建设海上浓盐水处理池的可行性，支撑盐田综合开发。汉沽盐场西南部规划为汉沽城区东拓和滨海旅游区建设用地，东北部予以保留。汉沽盐田规划期内建设占用 57 平方千米，备用 23 平方千米，保留 54 平方千米盐田，继续盐业生产，承接现有北疆电厂一期浓盐水排放，北疆电厂二期海水淡化也采用浓盐水直接工厂化制盐。

预计到 2020 年，滨海新区日需海水淡化水约 80 万吨，每天将产生浓盐水 80 万吨。浓盐水直接排入渤海湾是不可行的，即使全部保留盐田储存浓盐水也不够。因此浓盐水直接工厂化制盐是必

然出路。南港工业区公用工程岛结合发电、海水淡化、浓盐水工业制盐实现循环发展，预计精制原盐生产成本约 365 元 / 吨，为其他海水淡化厂提供经验。

滨海新区是滨海城区，目前有 153 千米的海岸线，但由于是淤泥质海岸，沿海全部为 300 多平方千米的滩涂，坡度只有 1/1000，海水含沙量也很大，因此环境景观条件较差，一直有"临海不见海"的说法。天津港作为中国最大的人工港，通过挖港池航道和造陆形成，随着航道加深，特别是东疆港区的建设，水质得到很大的改善，除码头岸线外，还建设了生活旅游岸线，有景观平台、人造沙滩等景区，充分展现海湾城市魅力，改变了天津传统临海不见海的遗憾。目前，临港工业区、中心渔港和滨海旅游区都开始填海造陆，已经形成陆地达到 80 平方千米左右，海水在变蓝变清，近海的生态环境也在改善。

海岸线是体现滨海新区城市魅力和特色的重要资源。针对目前岸线资源利用不充分、缺乏生活岸线、岸线质量和环境比较差等问题，规划根据海洋功能区划和海域使用规划，结合港口布局调整，对现行总规确定的岸线利用规划进行了以下调整：在满足港口工业岸线需求的前提下，优化滨海旅游区岸线形态，逐渐将海河入海口两侧的北疆港区和南疆港区的部分岸线转变为生活旅游岸线。海岸线总长度达到 325 千米，其中港口工业岸线 160 千米、生活岸线 80 千米与其他类型岸线 85 千米，比例为 2：1：1。同时，结合海洋保护区，考虑填海成本，在水深 2 ~ 3 米形成一条连绵优美并富于成长秩序的海湾轮廓线，规划填海包括现状共计 414 平方千米，尽量采取岛式填海，留出通海的生态廊道，结合围挡建设生态林带。

以上盐田利用和填海造陆两项工作，可以为滨海新区提供新的

建设用地600多平方千米，而且完全不占用农田、湿地等自然资源。规划既满足了人口增加、产业发展对用地的需求，又保持了生态环境用地在原陆地2270平方千米中的比例不少于50％。当然，对盐田利用和填海造陆造成的影响，除按照正常的行政许可程序完成各种评估和论证外，还需要长期的观测和评估，并进行相应的规划和政策调整。

滨海新区盐田分布图
图片来源：天津市城市规划设计研究院

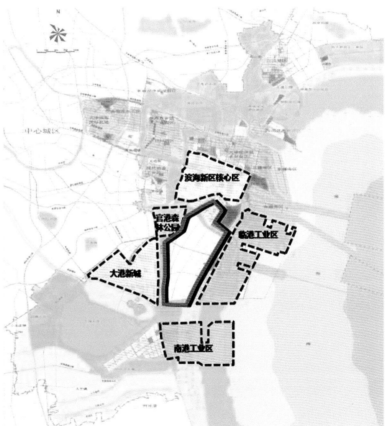

塘沽盐场及周边地区
图片来源：天津市城市规划设计研究院

City
Region Towards Scientific
Development
走向科学发展的城市区域

天津滨海新区城市总体规划发展演进
The Evolution of City Master Plan of Binhai New Area, Tianjin

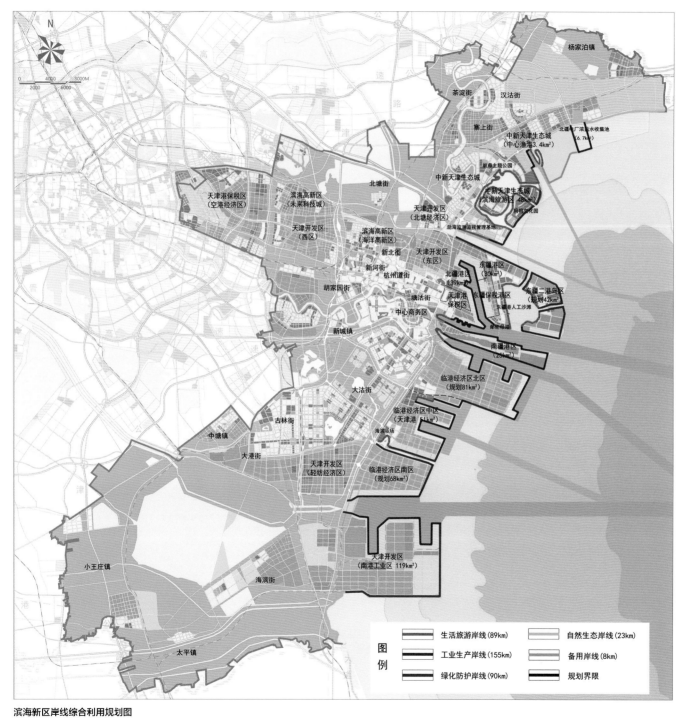

图
例

生活旅游岸线（89km）		自然生态岸线（23km）
工业生产岸线（155km）		备用岸线（8km）
绿化防护岸线（90km）		规划界限

滨海新区岸线综合利用规划图
图片来源：天津市城市规划设计研究院

第五节　生态型基础设施

汉·梅耶（Han Meyer）在《城市和港口：伦敦、巴塞罗那、纽约、鹿特丹的城市规划作为文化探险：城市公共开放空间与大型基础设施不断变化的相互关系》（*City and Port: Urban Planning as a Cultural Venture in Londan, Barcelona, New York and Rotterdam: Changing Relations Between Public Urban Space and Large-scale Infrastructure*）一书中指出，道路交通和市政等大型基础设施是城市文化的一部分，甚至在一定程度上起到决定的作用。从历史发展的经验看，大型基础设施一旦建成，对城市的影响是巨大和深远的，而且难以改变。因此，大型基础设施的规划建设十分重要，需要规划设计和工程设计人员的高度重视与观念的改变。

在过去的 100 年，特别是"二战"后开始的 50 年间，世界城市化快速发展，基础设施建设空前，高速公路、立交桥、高架桥如雨后春笋，使得人居环境发生了巨大的改变，改变了城市和大地的景观。许多大型基础设施规划建设以专业工程师为主导，单纯强调技术和经济可行性，出现了许多"工程师的规划"。在市政基础设施条件得到改善的同时，对城市空间和历史文脉、生态环境带来负面影响。

到 20 世纪 60 年代，对生态环境和城市文化越来越重视，即使是工程规划设计也开始考虑环境景观因素，如高速公路在选线时要考虑到驾驶人员的感受，给生物留出生态廊道，保持生态安全和多样性。对一些工程开始拆除，如波士顿"大开挖"（The Big Dig）工程，将通过市中心的高架路全部拆除，转入地下，投入了数百亿美元，历时近 10 年，是一个典型的实例。

目前，在中国也普遍存在着"工程师规划"，过分强调工程设计，对城市空间、生态环境和社会文化等方面的考虑不足，造成我们整体人居环境建设水平受到很大的影响，形成建设性破坏。因此，必须转变观念，树立大型基础设施建设就是城市文化重要组成部分的理念，建立以人为本和生态环境、美学的理念，才能使基础设施建设不仅满足功能需求，更成为人居环境中的一道风景。

一、生态型基础设施内涵

"基础设施（Infrastructure）"，源自拉丁文"Infra"，义为"基础""下部（底层）结构""永久性基地（设施）"。随着经济和社会的发展，经济学家将"基础设施"一词引入经济结构和社会再生产的理论研究中，以"基础设施"来概括那些为社会生产提供一般条件的行业。广义的基础设施分为生产性基础设施和社会性基础设施两大类。本节主要研究对象是交通、市政设施为主的生产性基础设施。

生态型基础设施是指在节约利用资源的基础上，能够最大限度地支撑和保障城市发展，同时在建设及使用过程中不产生污染，或对其产生的污染能够进行妥善处置，最终实现经济效益、社会效益和生态效益三者和谐统一的安全、高效、可持续运转的基础设施。以目标为导向挖掘生态型基础设施内涵，可分解为四个特征目标：集约高效、循环再生、低碳生态和安全智能。

二、滨海新区生态型基础设施规划设计的新原则

滨海新区是港口城市，不单是一个集中的城市，而且是一个城市区域，所以有很多大型基础设施，包括高速公路、高速铁路、快速路穿越这个地区，由于一直缺少规划，特别是缺少生态型基础设施的观念，使这个地方非常混乱，修高速公路、电力走廊、化工管线等，怎么经济怎么走，造成的问题非常多，要解决这些问题，就必须制定新的规划设计原则并在规划设计整体工作过程中严格贯彻

执行。

首先，在最初的总体规划设计阶段规划结构的设计过程中，道路交通和市政基础设施就必须与土地利用和城市总体设计紧密结合，土地利用、城市总体设计与大型基础设施是相互配合的整体，也是以大型基础设施取得最佳效益为前提。

高速公路、铁路、高压走廊及运输管线对城市和区域的分割是巨大的。滨海新区结合多中心组团式布局，将大量长距离的道路和市政基础设施与绿化和生态廊道结合，从组团外围通过，既不穿越城市，又为城市组团提供方便的服务。大型河道、水库、大坝、大堤等，应该与城市区域郊野绿化结合，成为绿色环境的整体组成部分。

港口是城市重要的资源，是重大基础设施。港口本身的布局及其配套的疏港交通等设施对城市的影响是巨大的。历史上天津港作为海河口开挖的人工港，与塘沽区的发展完全重叠，开发区、保税区的发展强化了这一突出问题。天津港吞吐量从 3000 万吨达到 3.5 亿吨，疏港交通基本没有大的变化。港口后方城市的布局结构决定了大量疏港交通对城市中心的穿越，大大影响了城市的品质。因此，规划建设南港区，疏解部分港口功能，可以逐步改变港后城市这一矛盾。此外，在城市外围规划疏港专用通道，减少对城市的影响，提高疏港能力，城市形象环境和疏港交通形象都会得到改善。

在总体结构确定的情况下，对大型基础设施具体的规划设计也十分重要，要在注重工程设计的同时，对城市空间环境给予足够的重视。在城市中心区取消高架路和立交桥。重要交通走廊的选线，除地质、场地等条件外，历史遗迹、生态环境和景观作为选线的重要考虑，使得其既是交通走廊，同时也是景观走廊，是展示城市区域美的通道。如滨海新区贯穿南北的中央大道，在海河隧道选线时，考虑到对大沽船坞的保护，进行了避让，尽管增加一部分长度，线形弯曲后，也使交通的体验产生变化。

港口的设计也很重要，不应是单纯作为一个满足作业的码头，也要有良好的形象，因为码头是城市面向世界的门户。在天津东疆港的规划设计中很好地考虑了这个内容，效果明显。而且，随着位于海河口的天津新港船厂在临港工业区建设新址和升级新建，老厂址改为城市功能，在海河口规划设计形成城市港湾，使滨海新区的核心区真正成为看得到海的滨海城市。

大型基础设施的规划设计与景观设计同步进行、同步建设。大型热电厂、污水处理厂、垃圾处理厂和垃圾发电厂等的选址尽量放在城市边缘，结合大型绿地设置，具体设计方案要考虑尽量减少对环境的负面影响。市政场站等设施不容许选址在道路交口等显著位置，停车设施也要隐蔽在建筑之中，避免临主要街道设置。

城市内部重要河道的建设不仅满足防洪、排水等功能要求，更要成为城市景观的中心。滨海新区海河两岸中心商务区规划与通航产生矛盾时，我们努力处理好二者的关系，重要的是以发展的眼光看问题，长远还应以城市使用功能为主，货运功能随两岸产业布局的调整应逐步取消。同时，河上的桥梁设计不仅满足结构要求，更应体现设计的文化水平。

三、滨海新区生态型基础设施的发展策略
（一）水资源综合利用

水资源综合利用是指在特定的流域或区域范围内，以水资源的可持续利用和社会、资源、环境三者协调发展为目标，遵循公平、高效和可持续的原则，依照市场经济规律和资源配置准则，通过各种工程措施以及行政、经济、科技等非工程措施，合理抑制用水需求、有效增加供水量、积极保护水生态环境，对各种有限的可利用水资源在区域之间和各用水部门之间进行合理地调配，使水资源在保持水质和水量协调统一的基础上，在经济、社会和环境等各方面产生最大的综合效益。

滨海新区是资源型缺水地区，为了提高水资源承载能力，应当坚持"节流、开源、保护水源并重"的方针，以"总量控制、统筹

配置"为原则，安全有效地利用水资源。构筑以本地水资源和外调水为主，再生水、淡化水、雨洪水等非传统水源为补充的多种水资源综合利用体系，形成优水优用、一水多用的水循环系统。

① 滨海新区作为高水平的现代制造业和研发转化基地和宜居生态型新城区，再生水应优先用于集中工业用水和生态环境用水，其次用于生活杂用。滨海新区再生水利用宜采用以集中型再生水利用为主，辅以分散型再生水利用的方式。一般说来，再生水用水量大，或者水质要求相近的用水，且邻近城市污水处理厂的，宜布置集中型再生水系统；再生水用户分散、用水量小、水质要求存在明显差异的用水，且远离城市污水处理厂的，宜布置分散型再生水系统。

② 滨海新区东临渤海，拥有丰富的海水资源。一方面可以根据沿海工业区的低质冷却水需求量较大的特点，进行海水直接利用；另一方面可以打造以海水梯级利用和浓缩海水为重点的"海水淡化—制盐—化工产品提取"循环经济产业链。海水淡化厂应尽量结合热电厂、热源厂设置，利用生产过程中产生的廉价低品位余热造水，可大幅度降低淡化水制水成本。

③ 利用人工或自然水体、池塘、湿地或低洼地集蓄雨水，通过雨洪水厂净化后将雨水作为城市低质用水水源，主要可用于道路、绿地浇洒等市政杂用水，也可作为景观水体的补充水源。这种集中式的雨水利用在一定程度上可以增加水资源供给量，缓解城市水资源紧缺的现状，同时可以减轻汛期雨水管网的排水压力，并且有助于改善城市水生态环境。

（二）低影响开发

低影响开发（Low Impact Development，简称 LID）是基于模拟自然水文条件原理，以分散式小规模措施对雨水径流进行源头控制，从而使开发区域尽量接近于开发前的自然水文循环状态的一种雨水利用方法。从雨水处理模式的角度来讲，其核心是通过合理的方式，模拟自然水文条件，并通过综合性措施，从源头上降低城镇开发建设所导致的水文条件的显著变化和雨水径流对生态环境的影响。从城市设

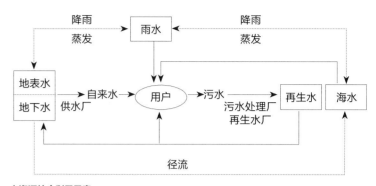

水资源综合利用示意
图片来源：天津市城市规划设计研究院

计和建筑设计的角度来讲，其核心是通过各种设计技术，按照水文功能等效原则，通过洼地贮存、渗透、地下水补给、降雨径流流量和容积控制等措施，维持和再现开发前的场地环境，减少开发带来的径流污染，并强调雨水处理措施与景观设计的结合，使景观设计和排涝、减少温室效应、节能结合起来，造就生态和谐的生活环境。低影响开发技术措施主要包括绿色屋顶、透水铺装、植草沟、生物滞留池等。

滨海新区应当结合城市景观设计因地制宜地开展低影响开发设施建设，具体可包括以下几种形式：结合区内道路两侧景观设计设置植草沟，形成地表沟渠排水系统；在海河景观带、郊野公园、生态居住区利用自然形成或人工挖掘的浅凹绿地，集聚雨水，形成"雨水花园"；广场、停车场、小区甬路采用透水铺装替代硬化路面，降低径流系数，提高雨水渗透量；结合建筑单体设计设置绿色屋顶，在屋顶种植特定植被，形成立体绿化，消减屋面雨水径流量，去除雨水径流中的污染物，并储存部分雨水。

（三）可再生能源和新能源利用

可再生能源是指在自然界可以循环再生的能源，主要包括太阳能、风力、水力、生物质能、潮汐能、海洋温差等。新能源是指刚开始开发利用或正在积极研究、有待推广的各种能源形式。可再生能源和新能源的利用能够有效减少煤炭、石油等化石能源的消耗，降低污染物排放，改善城市大气环境。经过多年努力探索，目前滨

City
Region
Towards Scientific
Development
走向科学发展的城市区域

天津滨海新区城市总体规划发展演进
The Evolution of City Master Plan of Binhai New Area, Tianjin

海新区可再生能源和新能源发展的方向是完善多元化能源供应体系，提高可再生能源和新能源在能源消费中的比重，以优化能源结构为出发点，充分利用地区资源条件和发展基础，推进新能源的产业化发展。大力发展风能、太阳能等清洁能源，稳步推进地热利用，积极支持和引导生物质发电供热，加快开展科学研究，不断壮大新能源产业。

1. 智能电网

电网智能化发展，有利于增强电网对可再生能源的消纳能力，推动包括风能、太阳能、生物质能等在内的可再生能源的开发利用，对于开发区建设资源节约型、环境友好型社会，有效应对全球气候变化带来的挑战具有举足轻重的意义。建设统一坚强的智能电网，有利于提高电网运行控制的自动化、智能化水平，提高电网的安全稳定性，有利于推动电网科技进步和自主创新，提升电网运行管理水平、供电安全可靠性和电能质量。优化电网结构，推动可再生能源接入技术的研究和应用，实现可再生能源的有序并网和"即插即用"，满足多样化的电力接入需求。

2. 太阳能

为积极落实国家要求，进一步加大滨海新区太阳能光伏利用，自2016年后的几年，新区将按照国务院《关于促进光伏产业健康发展的若干意见》，大力推动太阳能光伏开发利用，积极推进分布式光伏发电应用示范区建设。发展的重点区域主要包括工业园区以及公共建筑的屋顶（及侧面），以及在适宜地区发展光伏农业，可以结合农业大棚设置，可以利用鱼塘及湖泊设置。

从滨海新区目前的发展情况来看，工业园区多以平屋顶的建筑类型为主，现有屋顶绝大部分都没有考虑到光伏发电的要求，承重、防漏、安保都存在问题。从目前的形势来看，太阳能光伏系统在多种可再生能源形式中具备较为良好的发展条件，包括自然资源条件及政策条件。鼓励适宜的待建产业园区采用光伏系统，将是缓解能源问题的有效手段之一。

3. 风力发电

风力发电也是在滨海新区具备良好发展前景的可再生能源形式之一，目前滨海新区风电发展规划的重点方向为积极发展海上风电。滨海新区沿海滩涂风力资源条件很好，适于规模化开发，"十三五"期间应加快发展，并对前期工作开展情况较好的风电项目给予政策扶持，重点支持已有风电场的后续扩建工程，保障其稳步扩大规模。

随着我国风电产业迅速发展，技术水平不断提高，建设成本不断降低，风能资源技术可开发范围不断拓展。海上风电具有风资源持续稳定、风速高、发电量大、不占用土地等特点，且靠近经济发达地区，距电力负荷中心近，风电并网和消纳相对容易，已成为风电发展的一个重要方向。作为国家级示范区，滨海新区具有开发海上风电场的天然优势，应高度重视海上风电发展，鼓励风电投资商积极开展海上风电项目前期工作，给予政策上的倾斜。考虑到我国海上风电开发处于起步阶段，与陆上风电相比技术尚不成熟，应按照试点先行，逐步推进的原则发展海上风电，不宜大干快上。

滨海新区风电发展重点区域为北大港水库周边、沙井子水库周边、独流减河、子牙河、官港湖、马棚口村等陆上区域及近海区域；汉沽北部与河北交界地带的盐田，滨唐公路、芦堂公路沿线区域及近海区域。

4. 地热资源

地热资源是高效、节能、环保的可再生能源。目前滨海新区地热资源被广泛用于供暖、生活热水、温泉洗浴以及康乐旅游等领域，开发利用规模位于中国各地区前列。地热资源已成为新区集中供热的辅助热源，为滨海新区蓝天工程做出了积极的贡献。

滨海新区地热资源的利用原则是以资源可开采能力为前提，在保护中开发，在开发中保护。利用目标是尾水排放温度小于15℃；用于供热的对井系统回灌率达80%以上。

地热资源作为可再生能源之一，属于复合型矿产资源，其开发利用主要体现在提升地区品牌和社会、环境效应上。开发利用中应结合总体规划，将地热资源用于具有重大意义的项目中，如休闲旅游等，注重梯级开发，体现地热资源的复合优势。地热井取水供热遵循灌采平衡、同层回灌原则。

5. 其他可再生能源形式

滨海新区土地资源紧张，大规模开发利用单一资源代价过高，应加大科技研发投入，积极探索多种资源综合开发利用技术。垃圾发电既能解决城市生活垃圾的处理难题，又节约土地，还能发电供热，是典型的循环经济。积极发展垃圾焚烧发电，扩大处理规模，提升处理工艺，拓展服务范围，充分发挥滨海新区生活垃圾综合处理示范带动作用。生物质沼气同样来自于生活垃圾，除上述的优点之外，可以与近年来新兴的天然气汽车产业相结合发展，使新能源得到有效的利用。对地热资源的利用，技术较为成熟，但从目前滨海新区的资源条件来看，深层地热资源较为有限，适宜保持稳步发展的趋势，不宜急剧增加使用的规模。同时对海洋能、氢燃料电池等新能源，近期主要以技术研究为主。

（四）智能化通信

随着城市化进程的不断加快，城市发展过程中存在的资源短缺、环境污染等一系列问题日益突出。为了摆脱当前城市发展所面临的困境，提高城市运行效率，2009年IBM提出了"智慧地球"的概念，随后又推出了"智慧城市"的概念。智慧城市是以物联网、互联网等通信网络为基础，利用信息感知、自动控制、网络传输、智能处理等现代化通信技术，提高信息传递、交互和共享能力，实现城市智能化运行和管理。由此可见，智慧城市建设需要现代化的通信基础设施提供载体平台。

考虑到滨海新区，信息传递量较大，要求信息传递更加快捷、更加智能。因此，在完善通信网络建设，提高通信系统传输能力的基础上，应当结合区内国际交流中心、核心商务区、国际企业总部基地等现代化功能区建设，进一步提升通信系统的智能化水平。具体措施包括：推进规划区骨干光纤网络建设，实现通信基础设施与地区同步规划、同步建设、同步使用；加速网络宽带化进程，扩大出口带宽，减少规划区至国际接口的节点，减少网络延迟；完善第三代移动通信系统，优先使用电信新技术、拓展新业务；推进电信网、广播电视网、互联网三网融合，完成广播电视网络的数字化、双向化改造。

四、规划实施保障措施

为了更好地推进生态型基础设施建设，应从技术层面、政策层面、用户层面提供支持，保障规划的顺利实施，具体包括以下三点：

（一）制定相关技术标准

明确生态型基础设施的设置标准以及建设要求，形成一整套能够指导设计施工、运行维护以及质量管理的标准体系，使生态型基础设施建设更加规范，可操作性更强。

（二）出台相关政策

对于生态型基础设施建设项目以及相关技术研发应在方向上予以引导，政策上予以支持，并在财政上进行补贴，使生态型基础设施建设能够顺利推行下去。

（三）加强公众参与

通过网络、电视、广播、报纸等媒介加强宣传力度，推广使用非传统水源和新能源、资源，建立起公共信息反馈平台，鼓励公众参与到生态型基础设施的设计、管理和维护中来。

鉴于滨海新区在天津市城市发展中所处的重要地位，应当以生态城市建设理念为核心，将水资源综合利用、低影响开发、新能源利用、智能化通信等技术应用到基础设施特别是大型基础设施建设中，最终建立起集约高效、循环再生、低碳生态、安全智能的生态型市政基础设施系统，以更好地服务城市发展、改善居民生活，为建设美丽城市提供支撑和保障。

City
Region
Towards Scientific
Development
走向科学发展的城市区域

天津滨海新区城市总体规划发展演进
The Evolution of City Master Plan of Binhai New Area, Tianjin

第六节　城市防灾与减灾

滨海新区东临渤海湾，区域内地势低平，是海河、蓟运河、永定新河等多条河流的入海口，东部有绵延百余千米的海岸线，其地理位置决定了该地区受与水相关的灾害影响较大。20世纪初至今，共发生48次较大的洪涝灾害，26次较重的风暴潮灾害。因此与水相关的洪水、内涝及风暴潮三类灾害是滨海新区防灾减灾研究中需要重点关注的三类灾害。同时由于滨海新区地处下降型海岸，成陆的原因主要是由于历史上河流和海洋的大量沉积物堆积的速度大于地质构造单元下降的速度。近代由于滨海新区人类活动的增加和城市化的进程，造成沉积物的来源大量减少，加之地下水超采，地面沉降灾害给城市发展造成了破坏，因此地面沉降灾害也应在防灾减灾研究之内。滨海新区工业迅速发展，尤其是近几十年内，大型工业企业集聚速度加快，不断有大量的重化工企业进驻滨海新区，而且临港经济区、南港工业区等新兴的填海区域内更是工业危险源集中的区域，这些企业一旦发生危险，不仅会带来巨量的经济损失，而且会给周边的人口密集区较大的安全压力，因此与工业企业分布有关的工业风险也在研究考虑范围之内。

一、认识滨海新区各类灾险特点

重点围绕洪水、内涝、风暴潮、地震、地面沉降、环境风险6类灾险，通过查阅历史文献，整理滨海新区历年灾害掌握灾害发生频度、持续时间与造成损失状况。在现状调查的基础上系统整理天津市各级规划中关于滨海新区防灾减灾体系的内容，重点分析防灾减灾标准中存在的问题。

二、评估现有灾害防御设施能力

在充分掌握滨海新区灾害历史及现状灾害防御设施的基础上，

建立滨海新区综合防灾减灾GIS数据库，利用地理信息技术，分别对洪水、内涝、风暴潮、地震、地面沉降、环境风险6类单灾险进行分析评估；运用风险叠加的理论，按不同的防御情景，进行综合灾险分析，指出滨海新区灾险防御薄弱环节。

三、提出防范的措施与管理手段

据滨海新区发展现状，结合滨海新区防灾减灾目标与防御标准，以保障防护等级、提高防护效能为宗旨，依照防灾减灾规划目标与防御标准，按照防灾减灾评价指标体系提出实施策略与具体实施步骤，制定滨海新区防灾减灾体系规划建设和管理的对策，辅助规划综合决策。

四、构建防灾GIS数据库体系

防灾减灾研究的基础资料按照时间分类主要分为三类：一类为历史数据，主要是滨海新区近几十年来的海岸线变迁、地面沉降发展趋势、历史上风暴潮登陆地点等；第二类为现状数据，主要包括现状用地情况、防灾设施分布现状、地面沉降现状、风险源位置等；第三类数据为各类规划，主要有滨海新区总体规划、海洋功能规划、水系规划、防潮规划等。

基于特定的投影坐标与地理坐标系，将所需的基础底图资料通过格式转换或图层的矢量化处理进行初步的数据准备。鉴于每一灾险种类的不同特征，为其建立独立的属性信息表。基于灾险评价的对象，对滨海新区从空间上建立各个灾险的分层矢量图层，假定各个灾险处在同样匀值的面要素图层上，对每一个灾和险进行风险程度的分区，并根据分区赋予风险程度的分值，将6种灾险归一化，以便数据层之间可以相互叠加。

本部分小结

　　滨海新区作为国家级新区和国家综合配套改革试验区，是一个面积 2270 平方千米的新兴城市区域。在城市总体规划的编制过程中，以科学发展观为指导，运用国内外最新的规划理念和战略空间规划方法，形成组团网络化城市区域布局，在港口发展与布局、港城关系、功能区规划建设、海岸线与盐田规划、生态型基础设施建设、城市防灾与减灾等领域进行规划上的大胆尝试，取得了重要进展，城市总体规划为滨海新区实现国家定位，科学引导城市有序拓展做出了重要贡献。

第四部分　分区规划、专项规划与街镇规划

Part 4　Functional Zone Plans, Subject Plans and Town Master Plans

第十一章　分区规划

滨海新区的分区规划主要是各功能区的总体规划。2010年滨海新区政府成立，新区进行体制改革，为理顺规划体系，原功能区总体规划统一改名为功能区分区规划。

在历史上，功能区对滨海新区的发展起到了十分重要和关键的引领作用。1984年成立的天津经济技术开发区，1991年成立的天津港保税区和天津高新技术产业园区一直是滨海新区开发开放的主力。2002年空港物流加工区启动建设，2003年开发区西区启动建设。按照天津城市总体规划，塘沽区2003年启动临港工业区建设。2006年，滨海新区被纳入国家发展战略，按照国务院20号文件中提出的"统一规划、综合协调，建设若干特色鲜明的功能区"的要求，滨海新区加快已有功能区的整合提升，按照功能定位和产业发展，设立新功能区。2006年，国务院批复东疆保税港区，天津市成立东疆保税港区管委会。随后成立了滨海旅游区、中心商务区管委会，与科技部共建滨海科技园。2007年，中新天津生态城落户天津，成立了中新天津生态城管委会。2008年，按照天津市双城双港总体发展战略，成立了南港工业区。因此，形成了功能区竞相发展的局面。

为加快建设，滨海新区各功能区都制定了各自的分区规划。2008年，滨海新区空间发展战略和新一轮总规确定"九区支撑"的发展思路。总规要求各功能区加快组织编制各功能区分区规划，使总体规划提出的功能定位和发展规模的规划细则在各分区得到落实。2013年滨海新区实施新一轮行政体制改革，九大功能区加三个小功能区整合为七大功能区。中新天津生态城、滨海旅游区、渔港正在编制整合后的分区规划。临港经济区结合总规修编开展新一

轮分区规划的修编工作。考虑到功能区的重要性和新区统一规划的要求，各功能区分区规划由功能区管委会组织编制完成后，经新区政府审定，上报市政府常务会审批。目前，所有功能区分区规划都是经过市政府批复的，对指导新区全面加快发展、招商引资起到支撑作用。本章重点介绍自滨海新区成立以来，功能区分区规划的编制情况和规划主要内容。

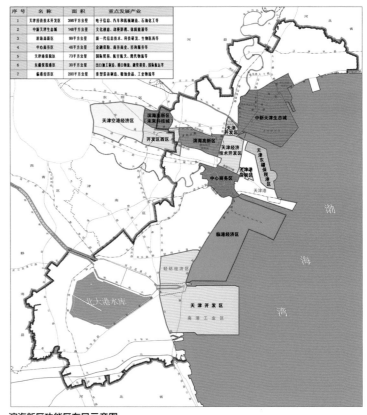

滨海新区功能区布局示意图
图片来源：天津市城市规划设计研究院

第一节　临空经济区分区规划（2005—2020 年）

伴随着经济全球化和区域一体化的进程，大型机场在区域经济中日益显现出强有力的推动作用。以航空城为标志的综合开发，成为一个城市或地区重要的经济增长点。临空经济区分区规划在于发挥天津滨海国际机场和中国民航学院的优势，依托空港物流加工区业已形成的基础，结合空客 A320 飞机总装项目的落户，按照外向型、科技型、服务型的发展方向，建立产业与土地、经济与环境和谐发展框架。扩建天津机场，完善航空服务，发展临空产业，建设航空城，不仅是全面落实科学发展观、加快实施"三步走"战略和五大战略举措、努力实现经济社会全面协调可持续发展生动体现，有利于天津自身发展，而且有利于服务环渤海及整个北方地区，增加对国内外企业的吸引力与辐射力，进一步发挥北方经济中心城市的应有作用。该规划由天津市城市规划设计研究院编制，于 2006 年获市政府批复。

临空产业区（航空城）的规划范围西至外环东路，北至津汉快速路，东至津岐快速路，南至京山铁路和津滨快速路，总规划用地面积102.22 平方千米。其规划定位是天津临空经济发展的核心载体，是滨海新区重要的功能区之一。应该努力建设成为以航空物流、民航产业、临空会展商贸、民航科教为主要功能的现代化生态型产业区。根据规划，到 2020 年，天津临空产业区（航空城）人口规模为 40 ～ 50 万人。可提供就业岗位 38 万个，可容纳常住人口 15 万人。该规划于 2006 年获市政府批复。

在空间结构上，规划以京津塘高速公路、环外快速环路为"十"字轴，将航空城划分为四大区，形成"一心四区"的空间结构。在其空间结构中根据机场的核心辐射半径，发展相应的临空型产业。其中，"一心"是指以天津滨海国际机场为核心的机场地区，由津汉快速路、京津塘高速公路、津滨快速路、外环东路所围合，占地面积 36.6 平方千米，是天津航空城的核心地区。"四区"分别为：① 机场南地区，即津滨快速路公路、环外快速环路、京山铁路、外环东路所围合，占地面积 13.44 平方千米，处于机场核心辐射半径 3—5 千米范围。② 机场以东、环外快速环路以西地区，即现状空港物流加工区一期用地。由津汉快速路、津汕高速公路、京津塘高速公路所围合，占地面积 26.5 平方千米，处于机场核心辐射半径 3—5 千米范围。③ 环外快速环路以东地区，即规划的空港物流加工区二期用地。由津汉快速路、津岐快速路、京津塘高速公路、环外快速环路所围合，占地面积 17.03 平方千米，处于机场核心辐射半径 5 千米以外，是机场外围地区。④ 津滨快速路以南，环外快速环路以西地区，即由京津塘高速公路、津岐快速路、津滨快速路、环外快速环路所围合，占地面积 8.65 平方千米。处于机场核心辐射半径 5 千米以外，是机场外围地区。同时，按照产业特点和区域交通特点规划划分为六个功能分区，即规划机场运营及保障区、航空教学培训与科研区、中国民航科技产业化基地、空港加工区、空港物流区、飞机维修区。

City
Region

Towards Scientific
Development

走向科学发展的城市区域

天津滨海新区城市总体规划发展演进
The Evolution of City Master Plan of Binhai New Area, Tianjin

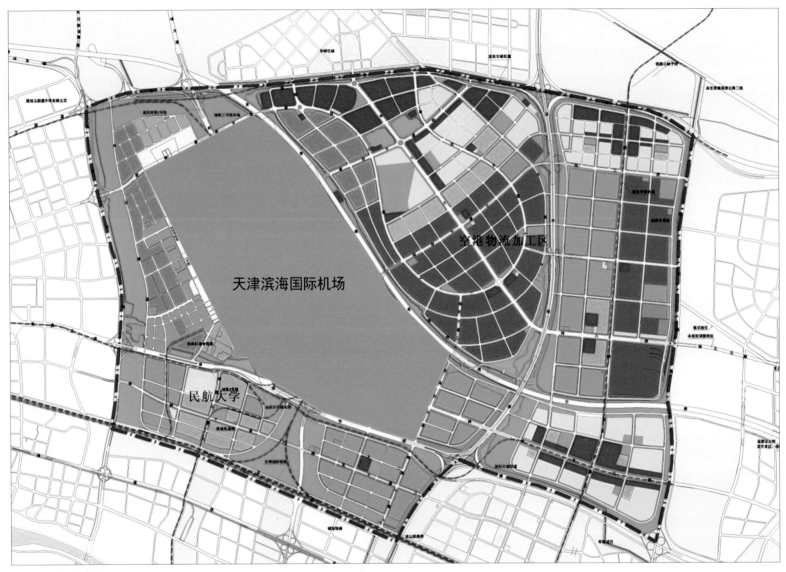

航空城用地布局规划图
图片来源：天津市城市规划设计研究院

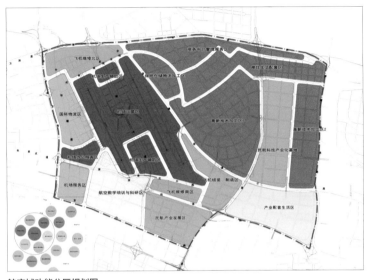

航空城功能分区规划图
图片来源：天津市城市规划设计研究院

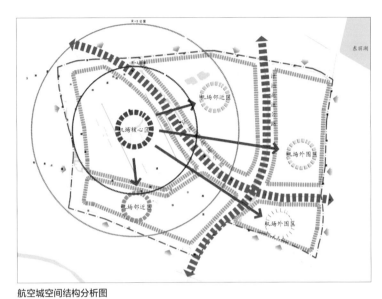

航空城空间结构分析图
图片来源：天津市城市规划设计研究院

滨海机场 T2 航站楼

空客组装照片 1

空客组装照片 2

第二节 东疆保税港区分区规划（2006—2020 年）

东疆保税港区位于天津港港区陆域的东北部，北临永定新河口南治导线，向西与集装箱物流中心衔接形成与陆域的连接部位；南临天津新港主航道；西临规划反"F"港池，与北港池地区相望；东临渤海湾海域。东疆港作为天津港的重要组成部分，依托保税港区发展物流加工、商务贸易功能，发展国际采购、国际配送、保税加工等业务，对于滨海新区进一步扩大开放，建设北方国际航运中心和国际物流中心，建设我国北方对外开放的门户具有重要意义。该规划由天津市城市规划设计研究院编制完成，于 2007 年获市政府批复。

按照《天津港总体规划》东疆港区用地陆域总面积 3190 公顷。其规划定位为东疆港区将建设成为我国开放度最高的 21 世纪碧海蓝天新港区。具体表现为东疆港区是天津市建设北方国际航运中心和国际物流中心、发展港口经济和海洋经济的重要空间载体；是推进天津滨海新区开发开放的桥头堡和重要的改革试验基地；是天津港的重要组成部分、集装箱物流港区的半壁江山，配套服务齐全、富有海滨旅游景观特色的特大型综合性港区。

东疆港空间示意图
图片来源：天津市城市规划设计研究院

在空间结构方面，规划设定东疆港区"三大区域、五大功能"。"三大区域"依次为西部的码头作业区、中部的物流加工区、东部的港口综合配套服务区。"五大功能"依次为集装箱码头装卸功能、集装箱物流加工功能、商务贸易功能、生活居住功能、休闲旅游功能。在用地布局方面，根据最优化使用岸线，集装箱码头作业区和物流加工区分别位于东疆港区的西部和中部，办公、商务、会展、居住、度假、旅游等港口综合配套服务区位于东部。中部商务贸易功能，东南部休闲旅游功能，东北部居住生活功能，组成丰富多彩的港口配套服务带。集装箱码头作业区和物流加工区紧密结合，并设立保税港区，作为海关监管的特定区域。港区南端规划了新的国际客运及邮轮码头和以通勤为主的轮渡码头，并结合需求设置工作船码头、建材码头等。为港口配套的服务功能是东疆港区发展的巨大潜力所在，包括可高价值开发的土地。绿化系统由道路防护绿带、大型主题公园、小型公共绿地等组成，形成点线面结合的绿化系统，有效提升东疆港区的环境品质。在港区东南部，为先行开发的东海岸一期项目，主要为商务展贸、体育休闲旅游功能，形成东疆港区的起步区和形象窗口。出于景观和休闲旅游功能考虑，在东侧岸线探出部分用地伸向海洋，作为旅游娱乐之用。

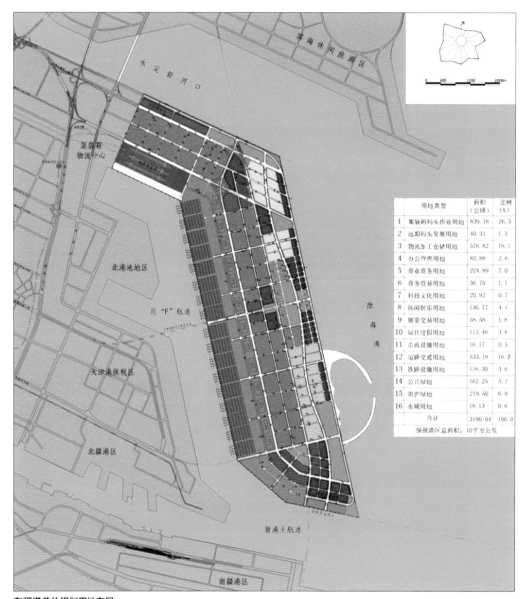

东疆港总体规划用地布局
图片来源：天津市城市规划设计研究院

City
Region
Towards Scientific
Development
走向科学发展的城市区域 | 天津滨海新区城市总体规划发展演进
The Evolution of City Master Plan of Binhai New Area, Tianjin

东疆保税港区规划实施现状照片

第三节　滨海高新技术产业区总体规划（2007—2020 年）

根据滨海新区要实现带动区域经济的发展定位和目标，滨海新区需要进一步强化科技自主创新能力，促进产业结构调整和经济增长方式转变，参与国际高新科技产业竞争，这是构建高水平的现代制造业和研发转化基地的基础。为此，天津市城市总体规划、滨海新区"十一五"发展规划和滨海新区城市总体规划（2005—2020年）提出加快建设滨海高新技术产业区（以下简称滨海高新区），

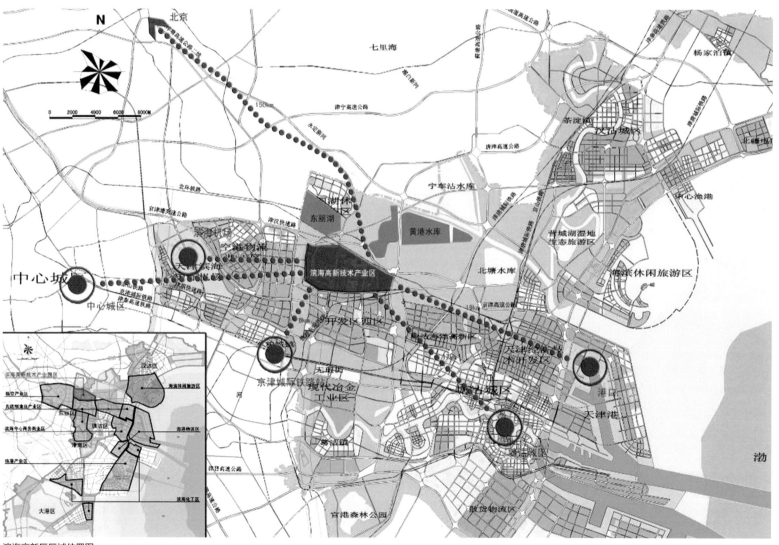

滨海高新区区域位置图
图片来源：天津市城市规划设计研究院

City
Region
Towards Scientific
Development
走向科学发展的城市区域

天津滨海新区城市总体规划发展演进
The Evolution of City Master Plan of Binhai New Area, Tianjin

并提出要通过创新机制和整合资源，吸引京津冀和国内外的科研院所、高等院校、企业集团建立研发机构。重点发展电子信息、生物医药和纳米及新材料和新能源等高新技术产业，成为环渤海区域的自主研发转化、人才和高新技术产业化的聚集区。为提高规划水平，2006年底首先举行了滨海高新区总体概念性城市设计国际征集，在获奖方案的基础上，天津市城市规划设计研究院负责《滨海高新技术产业区总体规划》的编制，并于2007得到市政府批复。

滨海高新区规划范围东至唐津高速公路、南至杨北公路、西至生态廊道控制线东边界、北至北环铁路。规划用地共计249平方千米。

其规划定位为国家高新技术产业区，21世纪我国科技自主创新的领航区；世界一流的高新技术研发转化中心；绿色生态型典范功能区。按照规划定位要求，滨海高新区将通过培育创新创业环境、建立利于创新创业的体制，形成研发机构、科技人才、高新技术企业的聚集，引领科技创新、促进产业化转化。根据规划，2020年就业人口规模约16万人，常住人口约8～10万人。

在空间布局上，滨海高新区采取轴向平行发展模式，保证开发过程中产业空间连贯，满足分期开发在每一阶段包含四类研发产业用地和公共设施用地，规划四类研发产业呈带状平行于公交走廊布

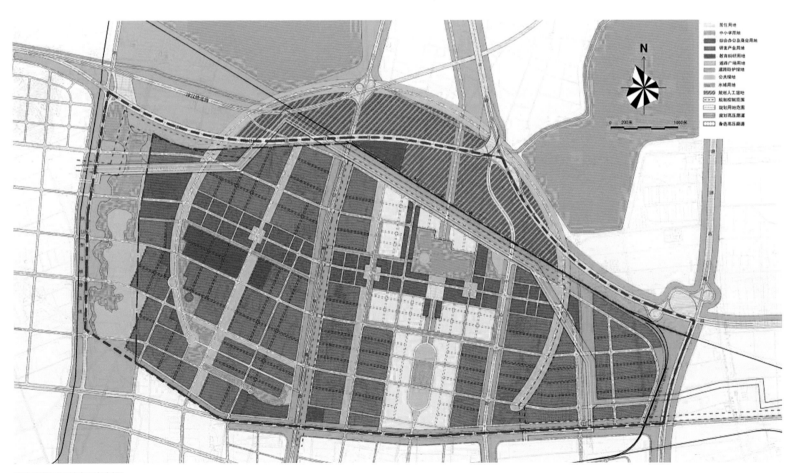

滨海高新区用地布局规划图
图片来源：天津市城市规划设计研究院

置。其中，研发用地是滨海高新区的主体，规划用地 1009.5 公顷，另有 110 公顷的城市型研发用地规划在地区公交走廊上，与公建用地弹性管理。产业区应采用整体规划、精明细分和弹性使用的方式应对企业成长生命周期中的不确定性。用地应充分考虑同类型产业的联系，处理好起步区与后续发展的关系。

在用地功能上滨海高新区规划采用功能混合模式，就地安排一定比例生活配套设施，促进地区活力。其中主要公共设施用地 83 公顷，教育用地 47 公顷。集中在地区公交走廊及其南部，包括商业金融用地、文化娱乐用地、体育用地、医疗卫生用地、教育用地等。

滨海高新区重点地区空间意向图
图片来源：天津市城市规划设计研究院

City
Region

Towards Scientific
Development

走向科学发展的城市区域

天津滨海新区城市总体规划发展演进
The Evolution of City Master Plan of Binhai New Area, Tianjin

滨海高新技术产业区规划实施现状照片

第四节　中新天津生态城总体规划（2008—2020 年）

2007 年 11 月 18 日，温家宝总理与新加坡总理李显龙共同签署了在中国天津建设生态城的框架协定，选址位于天津滨海新区，汉沽和塘沽两区之间，距滨海新区核心区约 15 千米。中新天津生态城管委会委托中国城市规划设计研究院、天津市城市规划设计研究院和新加坡设计组三方团队共同组成中新天津生态城规划联合工作组，编制《中新天津生态城总体规划（2008—2020 年）》。该规划于 2010 年获市政府批复。

中新天津生态城建设是面向世界展示经济蓬勃、资源节约、环境友好、社会和谐的新型城市典范，它对深入贯彻落实科学发展观、建设生态文明、探索城市可持续发展具有重要的创新示范意义；它是落实国家对天津滨海新区战略部署的重要抓手，有利于发挥滨海新区开发开放的示范、带动和辐射作用；它是推动中新经贸合作的新亮点。

中新天津生态城规划范围东至汉北路——规划的中央大道，西至蓟运河，南至永定新河入海口，北至规划的津汉快速路。规划范围约 34.2 平方千米。中新天津生态城的定位为我国生态环保、节能减排、绿色建筑等技术自主创新的平台，国家级环保教育研发、交流展示中心和生态型产业基地，参与国际生态环境发展事务的窗口；生态宜居的示范新城。根据规划，2020 年，规划总建设用地为 25.2 平方千米，常住人口规模控制在 35 万人。

在空间结构上，生态城规划为"一轴三心四片，一岛三水六廊"。其中，"一轴"即"生态谷"，是指沿津滨轻轨延长线集中设置的绿化廊道与两侧绿色建筑围合而成的"谷状"开敞空间，串联 4 个生态片区和生态核，与两侧公共设施紧密联系，承担交通廊道、生活服务、生态景观、休闲观光、防灾避难等综合功能。"三心"即结合轻轨站建设一个城市中心和两个城市次中心。"四片"即 4 个生态片区，分别为南部片区、中部片区、北部片区和东北部片区。各生态片区包括若干生态社区，集居住、商业、产业、环境、休闲等多种功能于一体，是生态城各项功能的载体。"一岛"即在蓟运河故道和营城污水库围合的区域建设生态岛，形成生态城的开敞绿色核心，为创造生态城优美、宜居的生态环境提供保障。"三水"即营城污水库、蓟运河和蓟运河故道三大水系，加强水体循环，构建水系连通、景观优美、循环良好的水生态环境。"六廊"即以蓟运河和蓟运河故道围合区域为中心，构建六条以人工水体和绿化为主的生态廊道，加强与区域生态系统的沟通与联系，构成生态城绿化体系的骨架，形成以景观、环境、休闲等功能为主的城市"绿脉"。

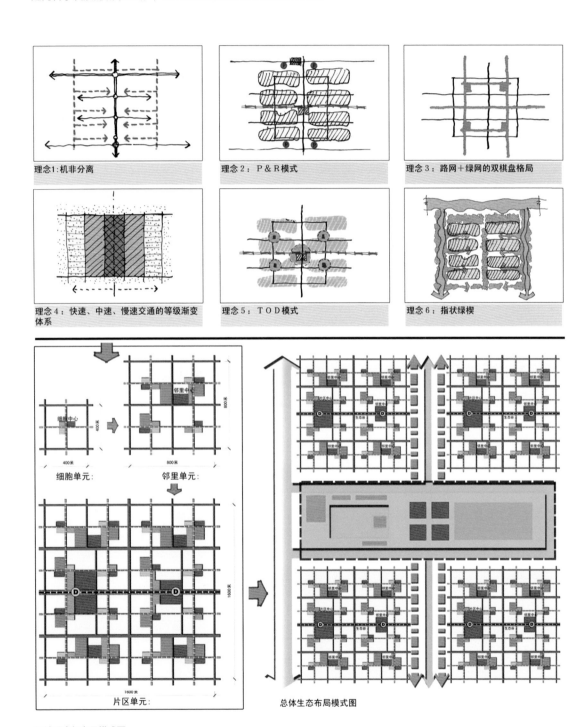

理念1：机非分离

理念2：P＆R模式

理念3：路网＋绿网的双棋盘格局

理念4：快速、中速、慢速交通的等级渐变体系

理念5：TOD模式

理念6：指状绿楔

细胞单元：

邻里单元：

片区单元：

总体生态布局模式图

设计理念与布局模式图
本页图片来源：天津市城市规划设计研究院

图 例

	一类居住用地
	二类居住用地
	行政办公用地
	商业金融用地
	文化娱乐用地
	医疗卫生用地
	教育科研设计用地
	一类工业用地
	仓储用地
	综合用地
	保留用地
	绿地
	高速路
	铁路
	主要道路
	自行车慢行路
	轨道市区线
	机动车停车场
	公交停靠站
	轻轨站
	水域
	规划范围

中新天津生态城用地布局规划图

本页图片来源：天津市城市规划设计研究院

东北部综合片区

北部综合片区

至滨海休闲度假区

滨水生态链

城市生态核

中部综合片区

南部综合片区

中新天津生态城空间结构图

中新天津生态城规划实施现状照片

第五节　滨海旅游区分区规划（2009—2020 年）

滨海旅游区位于滨海新区的北部片区，与中新生态城毗邻，是新区的重要功能区之一。2005 年《天津市城市总体规划（2005 —2020 年）》提出了建设滨海旅游区的要求。2006 年滨海新区组织了滨海新城（滨海旅游区起步区）概念性城市设计国际方案的征集，滨海新区管委会委托天津市城市规划设计研究院在方案征集的基础上，完成了滨海旅游区规划（2006—2020 年），2006 年由市政府批复。2009 年《天津滨海新区城市总体规划（2009—2020 年）》对滨海新区提出了新的功能要求。滨海旅游区的建设是强化滨海新区旅游带动职能、促进区域旅游产业协调发展的需要。滨海旅游区分区规划通过整合滨海旅游区休闲服务资源，走集约高效、优化利用资源、环境友好型的发展之路，形成"海天一色连穹碧"的旅游景观，同时为滨海新区实现新的功能定位，提升其在环渤海地区的服务、辐射和带动能力等方面做出贡献。2009 年，滨海旅游区管委会正式成立，规划局组织天津市城市规划设计研究院对原规划进行修编。滨海旅游区分区规划于 2010 年获市政府批复。

滨海旅游区分区规划范围，北起津汉快速路，南至永定新河北治导线，西至汉北路和中央大道，东至渤海，规划用地规模为 100 平方千米，其中陆域 25 平方千米，海域 75 平方千米。滨海旅游区规划定位为"以旅游产业为主导、二三产业协调发展的综合性城区。要努力建设成为以主题公园、休闲总部、生态宜居、游艇总会为核心功能，京津共享的滨海旅游城。"

规划至 2020 年，可实现地区生产总值 300 亿元、旅游收入50～60 亿元、税收 40～50 亿元。用地规模：规划陆域面积 28平方千米；规划海域面积 71 平方千米，其中填海成陆 54 平方千米。人口规模：常住人口约 20 万，就业岗位 26 万个。据相关预测，本地区旅游设施全部建成开放后，年游客量约 800 万人／天，高峰日可达到 10 万人／天，高峰日休闲度假人口可达 3 万人／天。

在空间结构上，结合滨海旅游区主要功能区构成，规划形成"一心四区"的规划结构。其中，"一心"：为中心岛，位于南湾和北海之间，与生态城中心呈轴线联系，以城市生活和综合服务为主，成为未来城市的交通枢纽和商务中心。"四区"：包括主题公园区，即建设以旅游观光、参与互动、休闲娱乐等活动为主题，能够突出北方海洋特色的国内一流主题公园集群，打造国际级欢乐创意中心。休闲总部区，在内海与外海之间，发展以休闲度假为主要功能的总部区，该区域将建设游艇码头、公共沙滩、体育运动休闲走廊、赛车场、休疗养中心、特色商业街区等旅游休闲为主题的公共设施，为繁忙的现代都市人提供一个闲适、恬然的心灵憩息地。产业南区，结合生态城规划，建设产业研发基地及其配套服务设施；依托港口优势，建设客运码头、游艇保税港及大型商业等。产业北区，规划为绿色产业园，将建设成为以旅游用品为主的研发、制造、加工基地，培育成为我国北方的旅游产品集散地。

规划方案在城市功能方面形成功能复合的主题化海洋城；通过岛屿形态创造了丰富多样的岛居生活体验和城市表情；岛屿使开发分期更灵活；增加岸线提升地区的土地价值；通过自然潮汐实现水体的置换与循环；构建了海陆一体的自然生态架构。

滨海旅游区用地布局图
图片来源：天津市城市规划设计研究院

产业北区

第二启动器

主题公园区

一心：城市中心岛
四区：产业北区、休闲
总部区、主题公园区、
产业南区。

休闲总部区

水上游憩区

城市中心岛

第一启动器

产业南区

重点面向旅游产业，围绕旅游装备制造、旅游
各类用品、旅游产业要素，汇集展示中心、专业市场、4S店、交易会等四种主要业态，形成
中国最集中的旅游装备制造、旅游专用品及产业要素的交易场所，打造永不落幕的中国旅游
产业节。

在主题公园区内重点建设航母主题公园、世博
天津馆、中国国家海洋馆、未来世界馆、俄罗
斯风情园、中国非博园、水魔方主题公园等项
目以及军港之夜大型实景演出，共8个重点项
目。

在休闲总部区内，重点建设妈祖经贸文化园、
国家旅游新业态基地、北方总部会所、内海休
闲中心、滨海休闲走廊等，并开展游艇码头、
公共沙滩、特色商业街区等旅游公共设施和相
关配套设施建设。

建设新型旅游企业总部基地，引进旅游科技、
旅游传媒、旅游信息网络公司、旅游规划咨询
、旅游金融保险、旅游教育培训、大型旅游电
子企业的呼叫中心等新型旅游企业。

结合生态城未来发展，建设产业研发基地及其
配套服务设施，依托港口优势，建设客运码
头、游艇保税港及大型商业等，重点建设第一
启动器、宝龙欧洲主题公园、国际时尚时尚生
活区、主题文化街区、国际创业园等项目。

规划面积：99Km²
陆域：28Km²
海域：71Km²
填海成陆：54Km²
未来总陆域面积为：82Km²
海域：17Km²
其中：城市中心岛：11.45Km²
主题公园区：14.28Km²
休闲总部区：25.10Km²
产业南区：19.30Km²
产业北区：12.54Km²

滨海旅游区功能布局图
图片来源：天津市城市规划设计研究院

滨海旅游区规划示意图

第六节　南港工业区分区规划（2009—2020 年）

南港工业区位于天津市东南部，紧邻渤海湾，距离天津市区 45 千米，距离天津机场 40 千米，距离天津港 20 千米。南港工业区是天津"双城双港"空间发展战略的重要组成部分，是天津经济技术开发区品牌下开发建设的专业化工园区。2008 年市发改委、石化办、开发区管委会委托中国城市规划设计研究院编制南港工业区分区规划。该规划于 2010 年获市政府批复。

南港工业区规划西起津歧公路，向东围海造陆至 4 米等深线，南至青静黄河右治导线，北至独流减河左治导线，规范范围共 230 平方千米，其中陆域面积 40 千米，填海面积 190 平方千米。南港工业区规划定位为"世界级重、化产业和港口综合体"，发展"石化、冶金装备、港口物流、综合产业"四大主导产业及配套现代服务业。预测规划期末，南港工业区内产业发展用地约 130 平方千米，就业规模达到约 30 万人。

南港工业区分区规划的编制在于破解港城矛盾，转移和承载港口运输职能，形成港区联动，提升天津产业发展的竞争力，同时带动产业集聚，辐射中西部腹地。南港工业区规划的意义重大。其发展目标为拓展天津港口资源，整合产业空间布局，打造具有竞争力的重化产业基地。

在空间结构上，南港工业区以产业空间需求预测为基础，以强化产业链集聚、产业和岸线的依托关系为原则，规划形成"一区、一带、五园"的总体发展结构。"一区"：指天津南港工业区世界级港口和重化产业复合体。"两带"：北部"石化—现代物流产业带"和南部"冶金—装备制造—现代物流产业带"，为港区内部由工业集聚所形成的产业发展带。"五园"：生产力服务园（活力中心）、石化产业园、冶金产业园、装备制造园和现代物流园。规划总用地为 224 平方千米，其中陆域 187 平方千米，水域（航道港池）37 平方千米。在陆域 187 平方千米中，规划各类产业用地约 130 平方千米，其余为道路和绿地，约占整个陆域的 30%。

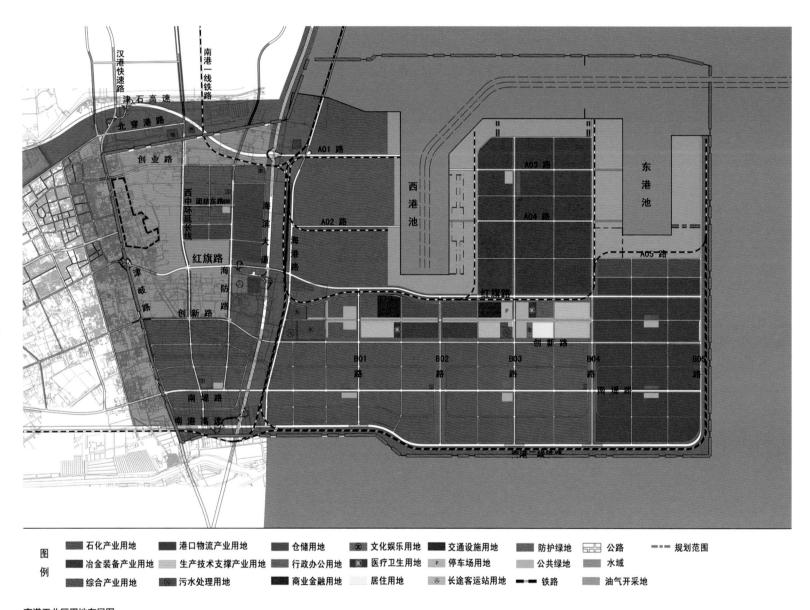

图例

石化产业用地	港口物流产业用地	仓储用地	文化娱乐用地	交通设施用地	防护绿地	公路	规划范围
冶金装备产业用地	生产技术支撑产业用地	行政办公用地	医疗卫生用地	停车场用地	公共绿地	水域	
综合产业用地	污水处理用地	商业金融用地	居住用地	长途客运站用地	铁路	油气开采地	

南港工业区用地布局图
图片来源：中国城市规划设计研究院

南港工业区规划实施现状照片

第七节 临港经济区分区规划（2010—2020 年）

天津临港经济区北与天津港隔大沽沙航道相望，南接南港工业区和轻纺工业区，西为滨海新区中部新城，东临渤海，处于环渤海经济区的中心地带，距离滨海新区中心城区 10 千米、距天津市区 50 千米、距北京 160 千米。临港经济区作为滨海新区九大功能区之一，是滨海新区落实天津市"双城双港"空间发展战略，发挥港口优势，发展临港产业的重要空间载体。2005 年以天津市城市总体规划和滨海新区城市总体规划为契机，新建 80 平方千米临港工业区，包括天碱搬迁化工区，由塘沽区开始实施。2005 年 11 月，天津港集团开始在临港工业区南侧启动临港产业区的规划编制。新区将原临港工业区和临港产业区整合，成立临港经济区管委会。临港经济区分区规划通过对原临港工业区和临港产业区的整合，优化功能定位、明确产业布局、梳理港口集疏运体系，为建设高水平的临港工业集聚区提供规划保障。该规划由天津市城市规划设计研究院编制，于 2011 年获市政府批复。

临港经济区规划范围北至大沽沙航道、南至独流减河口、西至海滨大道、东侧至 -3 米等深线附近。规划面积约 200 平方千米。其功能定位为国家级重型装备制造基地。重点发展轨道交通设备、风电成套设备、核电成套设备、水电成套设备、超高压输变电设备、大型施工与运输装备、石化装备、港口机械、国防关键装备等大型重型成套装备及造修船（含海上油田开采设备）等。按照天津市工业布局规划，到 2020 年，临港经济区将形成近 1 万亿元的工业总产值。

在空间结构上，临港经济区规划为"一带、三区"。其中，"一带"为海滨大道的综合功能带，利用海滨大道和两侧 500 米绿化带，形成集交通、市政、生态景观和配套服务于一体的综合功能带。依托综合功能带，形成南北两个综合服务区。"三区"为结合发展现状，整合原临港工业区和临港产业区规划布局，以对外交通干道和大型生态廊道划分成北中南三个功能分区。产业布局分为北区、中区和南区。其中，北区发展成套装备；中区发展为成套装备配套的配套产品；南区发展通用设备。

临港经济区用地布局图
图片来源：天津市城市规划设计研究院

临港经济区空间结构图
图片来源：天津市城市规划设计研究院

临港经济区规划实施现状照片

第八节　中心商务区分区规划（2010—2020 年）

2005 年滨海新区即将被纳入国家发展战略，按照市委市政府要求，滨海委和市规划局组织了临海新城规划方案国际征集，由天津市城市规划设计研究院和渤海设计院在优胜方案的基础上编制滨海新区中心商务区分区规划，2005 年由市政府批复。为适应新的形势并进一步提高规划水平，2008 年市重点规划编制指挥部组织对上版规划进行了修编。按照新区的规划体系和国外规划建设的实践，将上版"滨海新区中心商务商业区总体规划"的名称调整为"滨海新区中心商务区分区规划"。2010 年初滨海新区完成行政体制改革，新区规划和国土资源管理局组织中心商务区管委会共同优化规划。2011 年 8 月，天津市政府批复滨海新区盐田利用和中部新城规划时，特别明确了滨海新区核心区 190 平方千米的规划结构和布局，

中心商务区空间形态效果图
图片来源：天津市城市规划设计研究院

本次中心商务区分区规划也与滨海核心区规划进行了衔接。该规划由天津市城市规划设计研究院编制，于 2012 年获市政府批复。

规划修编落实天津市空间发展战略和滨海新区核心区规划布局，对 2006 年规划确定的规模与范围进行了调整，将塘沽老城区和开发区生活配套区划出，形成由于家堡金融区和响螺湾商务区构成 5.4 平方千米的硬核，围绕硬核规划商业服务、文化娱乐、行政办公、生活居住等功能的核缘，形成总用地面积 37.5 平方千米的中心商务区规划范围。近期围绕海河两岸起步段紧凑布局，远期则为更大发展留有充足的空间。

中心商务区规划定位为滨海新区的城市中心、中国的金融创新基地、国际一流水准的中心商务区，形成国际金融、现代商务、高端商业、中介服务、河海文化和生态居住等功能，为金融创新、国际航运、物流和现代制造、研发转化提供现代化全方位的服务。规划总用地面积 37.5 平方千米。规划常住人口 50 万人。规划就业岗位 60 万人。规划总建筑面积约 3600 万平方米。其中，公建约 2000 万平方米，居住约 1600 万平方米。

在空间结构上，中心商务区规划为"一河两岸六区片"。其中，"一河"是指海门大桥到海河大桥间 10 千米长的海河；"两岸"是指本段海河南北两岸 300 ~ 400 米左右进深，形成集中展示滨海新区形象的城市服务主轴和景观主轴，规划丰富的功能层次，沿河为公园等开放空间、紧邻的公寓及办公等建筑呈阶梯式退后升高，从而形成优美的沿河天际线；"六区片"是指于家堡金融区、响螺湾商务区、天碱及解放路商业区、大沽生活区、新港生活区、蓝鲸岛及大沽炮台区。"六区片"中于家堡金融区和响螺湾商务区是中心商务区的硬核，是重点发展地区，其他四区是中心商务区的核缘。

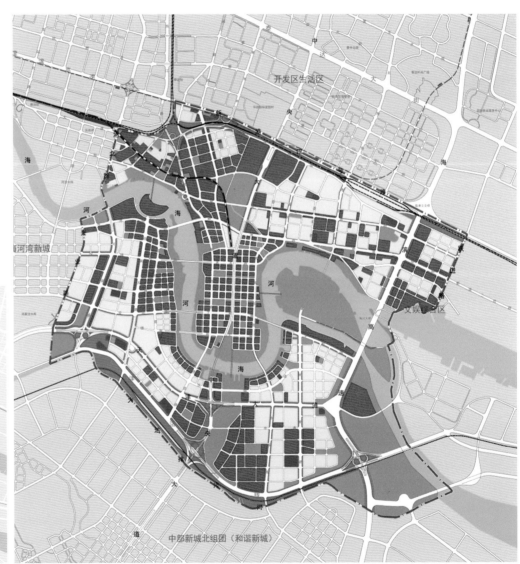

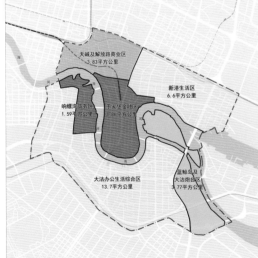

中心商务区功能分区图
图片来源：天津市城市规划设计研究院

中心商务区用地规划图
图片来源：天津市城市规划设计研究院

中心商务区规划实施现状照片

City
Region

Towards Scientific
Development

走向科学发展的城市区域

天津滨海新区城市总体规划发展演进
The Evolution of City Master Plan of Binhai New Area, Tianjin

第九节　滨海新区盐田利用和中部新城规划

滨海新区有大面积的盐田，是"长芦盐"的主要产地，历史有 1000 余年。20 世纪 80 年代，天津经济技术开发区就是在一片盐田上建立起来的。20 多年来，已经有 80 平方千米的盐田被城市占用。而且，随着经济发展，城市建设和大型基础设施建设占用盐田的矛盾越来越突出。因此，合理开发利用盐田对滨海新区实现国家定位要求意义重大。

滨海新区现状盐田共计 294 平方千米，原盐年产量 240 万吨。其中塘沽盐场总面积 160 平方千米，年产原盐约 140 万吨；汉沽盐场总面积 134 平方千米，年产原盐约 100 万吨。现状塘沽盐场和汉沽盐场主要承担着三个职能：一是满足国家每年 15 万吨食用盐指令计划，主要以汉沽盐场生产；二是为渤化集团盐化工企业提供每年 225 万吨原盐；三是消化海水淡化产生的浓盐水。现状汉沽盐场紧邻汉沽老城区，塘沽盐场位于核心区、临港经济区、南港工业区、轻纺经济区、大港城区之间。

预计到 2020 年，滨海新区日需海水淡化水约 80 万吨，每天将产生浓盐水 80 万吨。浓盐水直接排入渤海湾是不可行的，即使全部保留盐田储存浓盐水也不够。因此浓盐水直接工厂化制盐是必然出路。南港工业区公用工程岛结合发电、海水淡化、浓盐水工业制盐实现循环发展，预计精制原盐生产成本约 365 元 / 吨，为其他海水淡化厂提供经验。汉沽盐场保留 75 平方千米盐田，承接现有北疆电厂一期浓盐水排放，北疆电厂二期海水淡化也应该采用浓盐水直接工厂化制盐。塘沽盐场规划采取"一次规划、分步实施"的策略，近期保留 70 平方千米盐田，承纳新泉淡化水厂的浓盐水，远期全部利用，同时研究利用现有海堤，建设海上浓盐水处理池的

可行性，支撑盐田综合开发。

中部新城是利用塘沽盐场建设的生态宜居新城区，是滨海新区城区和大港城区的空间拓展区，是临港经济区、南港工业区、轻纺经济区的生活配套区。规划总面积为 175 平方千米。以津晋高速和津港快速延长线划分三个组团，津晋高速以北区域被纳入滨海新区核心区，共同打造滨海新区城市服务核心区、城市形象标志区、宜居生态城区；津港快速以南区域纳入大港城区，为南港工业区提供生活配套；津港快速与津晋高速之间，延伸官港公园的生态景观资源，形成城市边缘休闲生活组团。以确保区域生态体系的完整性为前提，联通河道、开挖湖面、提升生态功能、保障城市安全，构筑特色生态水系与城市景观。通过开挖三个 3 ~ 4 平方千米的湖面，将生态水系与城市景观河道联通，塑造魅力水城。

规划津晋高速综合疏港通道，实现疏港货运交通从城市组团外围穿过。优化城市道路布局，依托天津大道、津港高速，加强与中心城区快速连接；通过西中环、西外环、中央大道、海滨大道、上高路实现滨海新区核心区及大港城区道路网一体化；规划多条通勤客运通道联系临港经济区和南港工业区。

通过滨海新区盐田利用和中部新城规划，确定了盐田利用的规模、时序与布局，明确了滨海新区核心区的范围与定位，理清了滨海新区布局结构和开发建设思路，为滨海新区落实"双城双港"的空间战略，实现国家定位，建设高水平现代制造业和研发转化基地、生态宜居城区提供了规划保障。滨海新区盐田利用和中部新城规划经 2011 年天津市人民政府第 72 次市政府常务会审议通过。

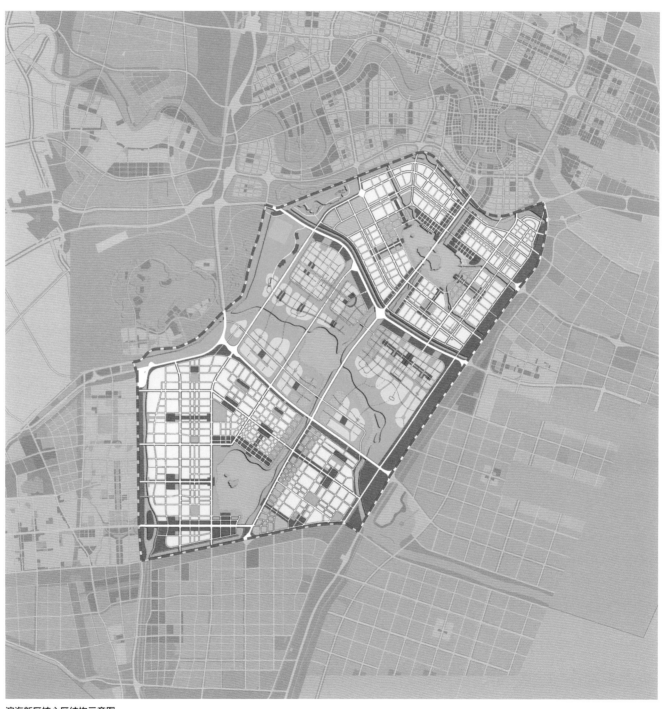

滨海新区核心区结构示意图
图片来源：天津市城市规划设计研究院

中部新城近期规划图
图片来源：天津市城市规划设计研究院

滨海新区核心区鸟瞰图
图片来源：天津市城市规划设计研究院

中部新城北组团鸟瞰图
图片来源：天津市城市规划设计研究院

第十二章　专项规划

在 2008 年市重点规划编制指挥部确定的专项规划基础上，新区已陆续编制一批专项规划。2010 年新区行政体制改革后，新区政府组建了各委办局，新区规国局与各专业委局积极配合，组织开展了一系列专项规划编制工作，为新区各项工作有序推进提供规划保障。专项规划主要包括综合交通规划、轨道交通线网规划、教育设施规划、商业布局规划、医疗设施规划、绿地系统规划等。

第一节　滨海新区住房建设"十二五"规划

为配合"十大战役"，实施滨海新区十大改革之一的住房制度改革，发挥滨海新区"先行先试"的优势，按照新区总体工作部署，结合规划目标、住房体系、房价收入比研究、规划建设规模预测、年度建设计划等方面研究成果，借鉴国内外保障性住房经验，滨海新区规国局组织天津市渤海城市规划设计研究院于 2011 年启动编制了《天津市滨海新区住房建设"十二五"规划》。

一、规划构思

规划针对住房市场出现的新情况、新问题，做出调整策略，坚持以人为本，将保增长与扩内需、调结构、促改革、惠民生相结合。一方面，积极采取双向调控措施，促进房地产市场的健康平稳发展；另一方面，进一步完善住房保障体系，扩大住房保障覆盖范围，针对滨海新区人口特点与住房发展现状，构建符合新区人口发展特色的滨海新区住房体系，明确了各类保障性住房的空间布局。同时，针对住房建设中的政策、规划实施、居住用地规模、社区管理、户型设计与施工建设、社区生态绿地的建设原则与措施、老年社区建设与财政支持保障等内容提出相关建议。

二、规划目标

2010 年新区 GDP 5030 亿，2011 年达到 6206.9 亿。同时，滨海

滨海新区住房体系						
保障性住房			政策性住房		商品住房	
公共租赁房	限价商品房	经济适用房	蓝白领公寓	定单式限价商品住房	普通商品住房	高档商品住房

滨海新区住房体系
图片来源：天津市渤海城市规划设计研究院

滨海新区保障房示意图
图片来源：天津市渤海城市规划设计研究院

新区"十二五"规划内提出 2015 年新区 GDP 将达到 10 000 亿。经济发展需要相应人口规模作为支撑，人口的增加需要住房作为保障。因此，合理的政策引导、充裕适宜的住房，将成为实现新区经济飞跃的关键。

滨海新区住房规划工作目标为：

① 新区内符合天津市保障性住房政策的人群三年内实现 "应保尽保"；② 外来务工人员及刚毕业大学生的住房需求主要通过蓝白领公寓、政府公屋等住房满足；③ 向建筑工人、环卫工人提供建设者之家等定向型的职工之家，并参照蓝白领公寓管理；④ 向随企业入驻滨海新区的各类人才及通勤人口提供定单式限价商品住房，满足其居住需求；⑤ 商品住房主要面对上年总收入高于新区人均劳动报酬 2.4 倍的家庭，高端需求和投资性需求通过高档商品住房满足。

三、规划特点

（一）结合新区特点，建立多层次、多渠道、科学普惠的住房体系

十二五"新区发展定位与特征是成为生态文明示范区、改革开放先进区、和谐社会首善区。结合新区的发展特点，规划在现有天津市保障性住房体系的基础上，形成了包含保障性住房、政策性住房、商品住房在内的滨海新区住房体系，以"低端有保障、中端有供给、高端有市场"为目标，探索房地产市场健康发展新模式。与天津市住房体系相比，滨海新区住房体系增加了政策性住房，主要面对外来务工人员和中等收入的"夹心层"，丰富了保障形式，放宽了保障准入条件，保障对象由户籍人口调整为包括外来人口在内的常住人口，保障范围大大提高，同时，坚持政府主导的市场化模式，保障能力得到提高。

（二）创新住区开发模式，大力建设蓝白领公寓和定单式限价商品住房

在以往住区开发模式基础上有所创新，大力建设蓝白领公寓和定单式限价商品住房。蓝白领公寓是公共租赁住房的一种形式，主要为在新区就业、签订劳动合同的单身职工提供，降低务工人员居住成本，为招商引资创造条件；定单式限价商品住房，主要针对新区未来大量外来常住人口，是一种为解决在新区就业，签订劳动合同的企业职工、机关事业单位职工以及具有新区户籍中等收入家庭住房改善问题而设定的政策性商品住房。与限价商品相比，其准入条件门槛较低，开发建设模式灵活，更加适合外来常住人口的购房需求。"十二五"期间计划建设蓝白领公寓共计 476 ～ 595 万平方米，约满足 122.4 ～ 153 万人住房需求。定单式限价商品房 851 ～ 1063 万平方米，可直接为 51.04 ～ 63.8 万人提供住房保障。

四、规划实施

"十二五"期间，新区住房建设与房地产稳步发展。2010 年到 2013 年，新区开工建设住房共 3481 万，其中，保障房占 24.7%。随着住房建设量增加，人们居住水平得到提升。2013 年滨海新区人均住房面积为 28.70 平方米 / 人（常住人口），为全市最高。2010—2013 年，新区在建和新建各类保障房项目 44 个，新区户籍人口中低收入家庭通过实物补贴与货币补贴已实现住房保障 100% 覆盖。通过蓝白领公寓、定单式限价商品房的大量建设，外来务工人员的居住条件得到改善，控制了房价过快上涨，新区招商引资环境提升，促进了科技人才的引进以及新区经济的不断发展。

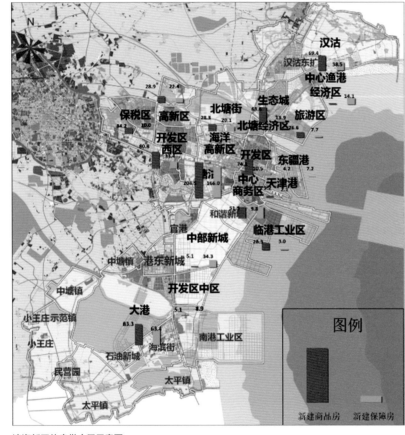

滨海新区住房供应量示意图
图片来源：天津市渤海城市规划设计研究院

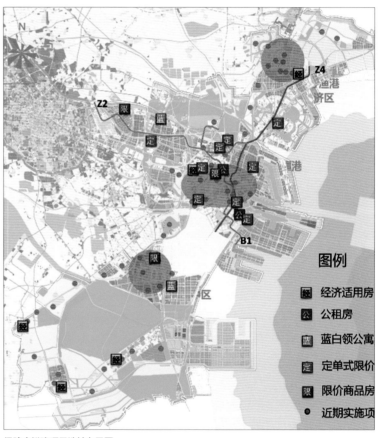

保障房拟建项目选址布局图
图片来源：天津市渤海城市规划设计研究院

第二节　滨海新区轨道交通专项规划

为实现滨海新区"生态宜居"的发展目标，构筑以大运量轨道交通为骨干，以常规公交为主体，以出租车等为补充的公交系统，使中心城区与滨海新区、滨海新区核心区与各功能区组团之间快速通达，滨海新区人民政府组织多家规划设计单位，在天津市轨道交通专项规划的指导下开展了滨海新区轨道交通规划提升工作，形成滨海新区轨道交通规划提升方案。

一、轨道交通规划目标

依据城市总体规划，滨海新区要建设成为体现生态、节能、环保的公交城市，2020 年公共交通占总交通出行的比例达到 40% 以上，其中轨道交通承担新区核心区 60% 以上的公共交通客流；实现新区核心区至中心城及主要多个功能区之间 30 分钟通达；实现滨海核心区 60% 以上居民步行 10 分钟内到达轨道交通车站。

二、规划理念和模式

根据新区城市组团型布局特点，轨道线路分为市域线、城区线两级线网。其中，市域线服务新区及市域内长距离交通出行，运行速度每小时达到 80 千米以上。通过市域骨干线串联各组团、对外交通枢纽及城市中心，带动城市外围地区发展。

城区线主要在滨海核心区布设，规划形成结构完整的线网。通过枢纽与市域线衔接，为骨干网收集客流，并满足城区内居民出行需要。

其他功能区内设置接驳线通过换乘枢纽与市域骨干线衔接，满足城区内居民对外出行需要。区内线根据各片区需求选取地铁、轻轨、有轨电车等多种模式。

根据功能及服务范围，轨道交通枢纽分为二级，其中三条及三条以上轨道线路相交的轨道车站为轨道交通一级枢纽站。

三、市域线布局

规划四条市域线，构成"两横两纵"布局结构。

其中"两横"为 Z1、Z2 线，与城市发展主轴一致，分别位于海河南北两岸；"两纵"为 Z3、Z4 线，Z3 沿城市南北中轴方向布设，拓展城市未来发展空间，Z4 线有效促进沿海城市发展带的发展。

Z1 线：连接南部新城及双城区，形成海河南岸的快速客运主通道，带动沿线发展，在新区内经过响螺湾、于家堡、开发区 MSD 等重点发展区域，线路可实现新区与中心城区天钢柳林副中心、友谊路行政文化中心直达联系，全长 115 千米。

Z2 线：沿京津塘发展主轴布设，串联了双城区之间北侧产业组团，有效促进产业组团中心的发展，新区经过机场、航空城、高新区、开发区西区、滨海西站、滨海海洋高新区、北塘、生态城、滨海旅游区、中心渔港、汉沽新城等重点发展区域，可实现新区与中心城区西站副中心的连通，全长 115 千米。

Z3 线：线路连接了重要的旅游宜居组团、新城与海河中游地区，构成城市中轴线，为城市未来的发展拓展空间，新区内经过东丽湖、航空城、军粮城城际站、大港新城、南港生活区等地区全长 170 千米。

Z4 线：沿海发展带布设的南北向线路，促进南北两翼与滨海核心区之间的协调发展，沿线主要经过北塘、开发区、于家堡、南部盐田新城、大港新城及南港区等重要地区，全长 65 千米。

City
Region Towards Scientific
Development
走向科学发展的城市区域

天津滨海新区城市总体规划发展演进
The Evolution of City Master Plan of Binhai New Area, Tianjin

四、优化核心区线网，合理布局站点，实现核心区 60% 的居民步行 10 分钟到达轨道车站的目标

滨海新区核心区范围内，以市域线及现状津滨轻轨为基础，以于家堡城际站、高铁站、北塘站等综合换乘枢纽为核心，布设核心区区域线网，形成覆盖核心区的轨道交通网络，实现核心区 60% 的居民步行 10 分钟到达轨道车站的目标。

规划方案在核心区范围内轨道线路总规模 220 千米，三线以上的一级换乘枢纽 4 座（分别位于于家堡站、滨海西站、胡家园和东海路站），两线换乘枢纽 24 座，各个换乘枢纽位于核心区各城市功能板块的中心地区。

线路具体走向如下：

B1 线：线路南起临港工业区、北至欣嘉园，是核心区西北至东南的放射线路。线路经过了于家堡、解放路商业中心、塘沽老城区、海洋高新区、南部新城、临港工业区等重点地区，线路全长 30 千米。

B2 线：线路南起南窑、北至海洋高新区，是核心区穿越中心的半环线路。线路经过了胡家园、塘沽老城区、天碱地区、开发区金融中心、开发区、海洋高新区等重点地区，线路全长 29 千米。

B3 线：线路北起滨海西站、东至南疆港，是经过于家堡地区的填充线。线路经过了塘西居住区、胡家园、西沽居住区、响螺湾、于家堡、南疆港等地区，线路全长 22 千米。

B4 线：线路西起海河中游、东至保税港区，是经过开发区金融中心的填充线。线路经过了海河中游、胡家园、塘沽老城区、泰

滨海核心区轨道线网规划图
图片来源：天津市渤海城市规划设计研究院

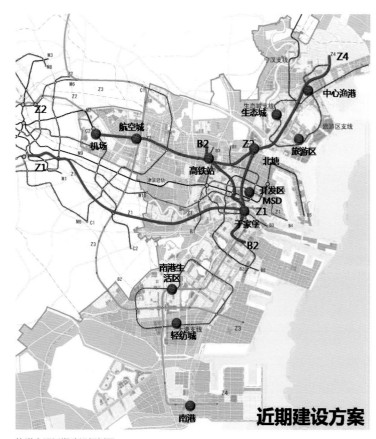

轨道交通近期建设规划图
图片来源：天津市渤海城市规划设计研究院

达站、开发区金融中心、服务外包区及保税港等重要地区，线路全长 30 千米。

B5 线：线路起自东疆港、延伸至临港工业区，是串联核心区外围地区的"C"形半环线。线路经过了开发区、塘沽老城区、西沽及南部新城等重点地区，线路全长 45 千米。

五、区内线布局

随着规划工作的深入，将在生态城、空港经济区、高新区及旅游区等功能区内规划布设区内线路，结合实际情况选取地铁、轻轨、有轨电车及 BRT 等多种模式，通过枢纽车站纳入市域快线和城区线轨道交通网路。

六、近期建设方案

近期，轨道交通线网将承担 100 万人次的轨道客流量，直接服务沿线 130 万的居民及工作岗位。本次轨道交通近期建设规划年限为 2010—2015 年。

根据满足新区城市居民出行需求、支持城市重点地区建设的原则，考虑到轨道交通建设投资大、周期长等特点，安排滨海新区范围内轨道交通近期建设线路，争取在 2015 年形成滨海新区轨道交通基本骨架。主要线路为：

Z1 线：中心城区文化中心至于家堡段，长约 50 千米，沿线经过中心城区文化中心、天钢柳林副中心、双港新家园、海河教育园、津南新城、葛沽、南窑、响螺湾、于家堡等重点地区，建成后可实现双城区 30 分钟通达目标。

Z2 线：滨海机场至汉沽段，长约 60 千米，沿线经过机场、空港经济区、空港物流加工区、高新区、开发区西区、滨海西站、海洋高新区、北塘、生态城、旅游区、中心渔港等重点地区，建成后将强化新区与机场、天津站等枢纽的联系。

Z4 线：于家堡城际枢纽至北塘段，长约 12 千米，沿线经过天碱、开发区、北塘等地区。

B1 线：全线长约 30 千米，沿线经过滨海西站、海洋高新区、塘沽老城区、天碱、于家堡、南部盐田新城等地区，其中于家堡与滨海西站已经按规划正在实施，建成后将极大地缓解核心区地面交通压力，并强化于家堡的辐射带动作用。

区内接驳线：生态城正在组织规划设计团队编制区内轨道环线规划建设方案，将实现与市域 Z4、Z2 线的换乘，确保生态城与滨海核心区和市中心城区的快速通达。

七、综合交通枢纽，实现多种交通方式"零换乘"

在各组团中心设置轨道枢纽，以枢纽组织市域线和城区线，规划了于家堡城际站、滨海西高铁站、胡家园和东海路站等多处综合交通换乘枢纽。结合京津城际延伸线于家堡站的建设，同步编制了站区 3 条轨道交通线路预留工程方案；结合津秦客专高速铁路滨海西站的建设，同步编制了站区 3 条轨道交通线路预留工程方案，实现城市轨道交通与高速铁路、常规公交、出租车等多种交通方式的"零换乘"。

新区轨道的建成投入使用，将改善交通环境，使市民切实享受到轨道交通工作生活的便利，拉近新区各组团空间距离，宜居滨海生活。

于家堡综合交通枢纽
图片来源：天津市渤海城市规划设计研究院

滨海高铁站
图片来源：天津市渤海城市规划设计研究院

第三节　滨海新区骨架路网布局专项规划

滨海新区由于其特殊的空间布局形态，由多个分散的行政区、功能区组成，长期以来，道路网建设各自为政，路网拼贴痕迹明显，系统性不强，区间联系非常不便捷。随着滨海新区开放战略的实施，新区路网急需打破原有的行政限制，强化区间联系，构筑系统性的骨架路网系统。对此在 2006 年编制的《滨海新区综合交通规划（2006-2020）》的基础上，于 2008—2014 年编制完成《滨海新区骨架路网专项规划》。

一、规划构思

针对新区交通基础设施现状建设及运行情况，总结存在的核心问题，以解决现存突出问题、支撑近期城市开发、引导远期空间拓展、构筑终极网络系统为重点，优化新区路网结构，形成路网系统科学合理、路网功能明确清晰、港城交通有效分离、内外交通组织有序、与用地布局衔接紧密、与其他交通方式分工合理的新区骨架路网系统。主要体现以下几个重点：

以 "客货交通分流、港城交通分离、内外交通分行" 为基本原则，以 "道路功能梳理" 为重点，科学优化滨海新区路网系统。主要工作有三个方面：

一是完善结构，形成结构合理、各等级科学配比、适应用地布局的道路网络系统。

二是梳理功能，形成功能明晰，最大效率发挥道路网服务水平的道路分工系统。

三是优化疏港，形成相对独立，对城市交通干扰小、适度分离的疏港道路系统。

二、规划内容

（一）优化集疏港道路系统

为构建客货分离的交通系统，新区利用生态廊道，形成 5 个由高速公路、普通公路与货运铁路组成的集疏港复合通道，其中北部港区：3 条（滨保通道、京津通道、津晋通道），南部港区：2 条（滨石通道、南部通道）。

滨海新区高速公路网络形成 "1 环 11 射" 的路网结构，新区高速公路网络与综合货运廊道紧密结合，形成高速疏港网络，滨保高速位于滨保廊道中，京津高速、京港高速、京津唐高速组成京津廊道，津晋高速位于津晋廊道中，滨石高速位于滨石廊道中，南港高速位于南部廊道，从而形成北进北出、南进南出的高速系统，尽量减少南北转换。

新区普通疏港公路与市干线公路网相连，形成通往市域及周边城市的非收费疏港道路系统。结合规划疏港廊道，津榆公路位于滨保通道中，杨北公路—新杨北路位于京津廊道中，津晋北通道—津文公路位于津晋廊道中，南疏港路—葛万—津王—津大公路位于滨石廊道中，创新路—津淄公路位于南部廊道中。

（二）梳理客运道路系统

规划形成 "3 环 9 连" 的客运骨架路网结构，区区相连、环环相扣，其中，环线上客货混行，承担进出城交通的疏解转换，是各城区外围保护壳；连接线是区间客运主通道，以客运为主。其中：

"3 环"：是在 5 条疏港廊道分割的基础上，结合三个城区布局，形成 3 个城区外围交通保护环，以合理组织内外交通、客货交通。核心区环线由港城大道、西外环辅道、海滨大道辅道、津晋北辅道组成；北片区环线由海滨大道、汉沽快速环线、塘汉快速、津汉高速、京港高速组成；南片区环线由西外环辅道、津港二期辅道、海滨大道西侧辅道、轻纺城路组成；西外环、海滨大道 2 条南北通道将 3 环串联。

"9 连"：强化双城、滨海新区沿海发展带的联系，兼顾中心区对滨海南北片区的辐射。其中：双城之间联系通道，由港城大道、津滨快速、津塘二线、天津大道组成；滨海核心区与南北片区联系通道，由西中环快速、中央大道、塘汉快速组成；南北片区与中心城区联系通道，由津汉快速、津港快速组成。

同时，由于各片区内用地布局的差异性，造成内部道路网络的差异性，专项规划结合各片区用地布局，对各片区的路网系统及结构进行分别优化。其中，滨海核心区呈"环放式"路网结构，西部片区为"方格网"状路网结构，北部片区为组团式布局结构，南部片区为"鱼骨"状路网结构。

三、规划特点

（一）网络优化与功能优化并重

重点从用地适应性、道路网运行效率、区域路网协调发展等方面进行道路网络优化；根据不同地区规划用地布局要求，划分道路网功能，明确客、货运通道，区分交通性、生活性道路，合理安排对外通道的衔接道路。

（二）客运系统与货运系统并重

针对天津市拥有海空两港、扼守京畿重地、连接东北华北的重要资源条件，充分发挥港口优势，科学组织货运交通，打造港城交通协调有序、客货交通有效分离的客货运网络系统。

（三）硬件规划与软件管理并重

在常规的道路交通设施硬件规划的基础上，注重道路交通网络

"3 环 9 连"客运骨架路网结构示意图
图片来源：天津市渤海城市规划设计研究院

集疏港骨架路网结构示意图
图片来源：天津市渤海城市规划设计研究院

组织、道路管理。根据路网结构及功能划分的要求，针对各种等级和功能的道路提出规划管理控制的原则和要求，指导下一个层面的规划管理工作，有助于规划方案有计划、有步骤地实施。

四、规划实施

　　按照滨海新区骨架路网专项规划，指导了新区近期道路建设，先后建成了天津大道、塘汉快速、中央大道等一批区间快速连接通道，极大强化了新区各功能区之间的联系。

环线

连接线

片区内主干路

滨海新区区域路网骨架结构示意图
图片来源：天津市城市规划设计研究院

City
Region Towards Scientific
Development
走向科学发展的城市区域

天津滨海新区城市总体规划发展演进
The Evolution of City Master Plan of Binhai New Area, Tianjin

第四节　滨海新区市政综合设施专项规划

滨海新区市政系统在本专项编制前缺乏统一规划，各自为政，造成资源浪费并存在安全隐患。滨海新区被纳入国家发展战略后，新的发展目标和发展阶段对新区市政基础设施规划建设提出了更高要求，亟须对新区市政基础设施建设进行统筹、引导和调控，为滨海新区又好又快发展奠定坚实基础，带动环渤海区域经济腾飞。按照滨海新区规划和国土资源管理局的要求，天津市城市规划设计研究院开展了滨海新区市政基础设施专项规划编制工作，并于2009年形成阶段成果。

一、规划构思

规划以《滨海新区城市总体规划》为指导，开展市政设施现状分析与评估，归纳总结了滨海新区市政基础建设中存在的问题。结合城市发展分析与基础设施需求预测，进行各专项发展趋势分析并制定各专项的发展目标。通过引导新区建设技术先进、安全可靠、节约高效、可持续发展的现代化市政基础设施体系，增强市政基础设施服务保障能力，为建设生态宜居的滨海新区创造条件。

二、规划内容

（一）水资源综合开发利用

水资源综合利用包括水资源综合配置、供水工程、排水和再生水工程三个专项。针对新区水资源短缺的情况，加大非常规水资源特别是海水的开发利用，满足新区用水需求；另一方面，完善城市排水系统，改善水环境。

（二）能源供应基础设施

能源供应基础设施规划包括电力工程、燃气工程、供热工程和可再生能源利用四个专项。利用情景分析法预测电力、天然气、热力和可再生能源的发展利用趋势和负荷需求，通过大力发展热电联产，积极推动清洁能源和可再生能源发展，优化能源结构，促进清洁生产，提高能源供给的保障能力。

（三）城市服务保障设施规划

城市服务保障设施规划包括消防和环卫两个专项，主要通过建设高效可靠的立体消防体系和安全环保的城市废弃物综合处理体系，全面提升城市综合服务保障水平。

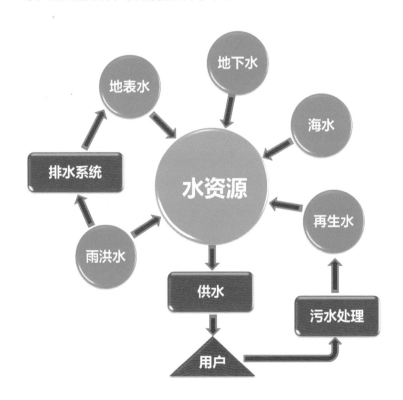

水资源综合开发利用示意图
图片来源：天津市城市规划设计研究院

三、规划特点

（一）突出规划的系统综合性，强调区域协调与统筹建设的规划理念

规划对水系统和能源系统内部各要素之间的关系进行量化研究，并确定其有效的衔接方式及相互转化和可替代关系。通过资源能源系统的统筹和整合实现系统整体最优。针对新区面积大、分布广的特点，规划通过建立区域供水、500千伏双环网、燃气一张网等系统方案，区域统筹考虑供水、供电、供气和供热系统，实现基础设施共建共享，不仅满足各功能区发展需要，而且提供了更加安全的保障。

（二）规划前瞻性和可操作性兼顾，形成多时间节点的规划方案

规划中通过横向比较和纵向分析确定不同发展阶段恰当的规划目标和指标，指导市政建设有序进行，为规划的分阶段有效实施提供保障。

（三）多种水资源的综合配置，优化能源结构降低碳排放

针对新区水资源短缺问题，规划在节水的前提下，积极发展非常规水资源的开发利用，大力发展海水淡化，支撑城市快速发展。通过能源需求情景分析，引导低能源消费。根据新区自然条件和产业特点，确定太阳能、风能、地热、垃圾发电等可再生能源主要利用方向和空间布局，同时明确可再生能源产业重点发展方向。

（四）注重市政系统生态化和资源化，集约利用土地资源

本次规划对各类污废物处理处置从以往简单满足排放要求向进一步资源化利用进行积极探索，通过垃圾综合处理利用、污水再生回用、电厂灰渣物料循环利用等技术手段变废为宝，既减轻环境压力，又增加经济效益。结合道路绿化设置各类市政廊道，针对不同专项间空间需求差异进行立体组合，土地节约效果显著。

四、规划实施

本次专项规划成果作为上位规划直接指导了滨海新区分区规划、控制性详细规划、重点地区专项规划等规划编制工作。保障各层次市政规划建设高效并且有序进行。

在规划的指导下相继建成了北疆电厂国家级循环产业示范区、华能IGCC（Integrated Gasification Combined Cycle）绿色煤电、津滨水厂、新泉海水淡化厂、北环和黄港高压天然气输气管道等示范和重点项目，同时北塘热电厂、北塘污水处理厂、南疆热电厂等一大批市政基础设施项目也在规划指导下有序开展，通过这些项目实施全面提升了新区基础设施承载能力，为新区发展创造了良好的开局。

依据规划新区开工建设了大神堂和马棚口风电场，并已实现并网发电，同时在开发区西区、滨海高新区等功能区形成了以太阳能光伏、风力发电、地热利用为龙头的新能源产业群，推动了区域新能源利用和产业发展。

根据规划要求，新区相继开展了汉沽和大港垃圾填埋场改造、河南污水处理厂和再生水利用、北塘雨洪水利用等项目，实现了垃圾、污废水资源化利用，对其他地区类似项目建设起到示范和带动效应。

北疆电厂

北塘热电厂

大港发电厂

汉沽垃圾焚烧厂

图片来源：天津市城市规划设计研究院

第五节　滨海新区基础教育设施专项规划

随着天津市"双城双港"战略的实施和滨海新区开发开放的推进，滨海新区正在由原有的产业功能区为主的发展模式向综合性城区转型，并将逐步构建"多中心、多组团"城市地区的布局模式。基础教育设施作为城市最重要的服务设施是滨海新区转型期的建设重点。

根据总体规划布局结构、人口发展与分布特征，编制基础教育布局专项规划，是指导基础教育设施科学合理建设的主要保障。2012 年，新区教委委托天津市渤海城市规划设计研究院编制了《滨海新区基础教育设施布局专项规划》，2013 年完成阶段成果，规划编制内容主要包括中学、小学、幼儿园、特殊教育和教师培训设施。

一、规划构思

近几年，新区政府高度重视基础教育设施，全力推进教育资源建设工作，相继出台了《滨海新区中小学校舍安全工作实施意见》《关于加快推进义务教育学校现代化达标建设的实施意见》和《滨海新区学前教育三年行动计划》等政策措施。截止到 2011 年底，滨海新区常住人口 253.66 万，共有高中 23 所、初中 44 所、小学 85 所、幼儿园 97 所、特殊教育学校 2 所。由于经济社会发展水平的差异以及行政事权划分的相对独立性，导致各区在民生设施的建设发展过程中呈现出一些特殊要求。规划应当通过对特殊矛盾的分析，制订规划方案，具体解决各区在实际发展过程中面临的问题。

规划的基本思路是以天津市及滨海新区已有的相关规划成果为技术起点，以相关规范、标准、规程以及规划理论为指导，结合滨海新区发展和基础教育设施现状，以系统优化分析方法为主要手段，以完善新区基础教育设施布局为目的，对老城区、新建区、涉农街镇提出不同的发展策略，制订出目标明确、技术先进、措施落实的规划方案，确保滨海新区基础教育设施布局的可操作性。

二、规划内容

依据基础教育设施现状分析的问题，对老城区、新建区、涉农街镇提出不同的发展策略。

（一）老城区——整合资源、提升水平

老城区学校要因地制宜地进行改扩建，并通过资源整合，提升原有学校的整体水平，发挥示范带动作用。

（二）新建区——统筹协调、同步建设

随着滨海新区开发建设，新建区的学校要开拓创新，高标准规划建设，以政府为龙头，各功能区管委会为主体，推进学校建设试点，最终形成基础教育设施与新建区同步建设，适度集中与分散相结合，能够满足近期资源整合与远期发展相适应。

（三）涉农街镇——均等化布局

涉农街镇结合示范镇规划及街镇体系布局，适当整合、集中各类学校，保留村庄现有学校，原则上不再在乡村地区增加学校数量，远期结合农村城市化逐步迁建，积极推进基础教育均衡发展。

三、规划特点

① 系统梳理了滨海新区基础教育设施布局现状，分析得出各区域基础教育设施分布现状及存在的问题各不相同，提出按照老城区、新建区和涉农街镇分类制定策略，因地制宜的解决基础教育设施布局中存在的问题。

② 结合街道实际情况，按照整体规划、远近结合、分期建设

的原则，将滨海新区分为核心区、北片区、南片区、西片区共四大片区，围绕滨海新区开发建设，有序推进滨海新区基础教育设施的建设工作。

③ 依据城市总体规划，结合相关部门的建设计划，分别确定老城区、新建区和涉农街镇的近期建设方案，统筹解决老城区教育资源不足、新区同步建设、涉农街镇教育水平有待提高的问题，切实保证规划的可实施性。

四、规划实施

按照滨海新区基础教育设施布局专项规划，新区政府对基础教育设施的建设工作已经启动，截至 2016 年，云山道九年一贯制学校、南开中学滨海生态城中学、滨海新区直属欣嘉园中学、滨海新区直属保税区中学、大沽中学、于家堡小学已被纳入滨海新区"十大民生工程"并将陆续开展，项目建成投入使用后将极大提升滨海新区基础教育水平，实现新区教育事业与经济的同步发展。

北片区基础教育设施布局

南片区基础教育设施布局

西片区基础教育设施布局

核心区基础教育设施布局

本页图片来源：天津市城市规划设计研究院

第六节　滨海新区体育设施专项规划

体育事业的发展水平是一个城市综合发展面貌和社会文明程度的重要体现，体育设施建设是体育事业发展的重要基础。为了提升新区发展层次，营造新区宜居城市氛围，按照滨海新区规划提升指挥部的统一安排，滨海新区教育（体育）局组织天津市城市规划设计研究院编制《天津市滨海新区体育设施布局规划（2010—2020年）》，2013年形成阶段成果。

一、规划思路

滨海新区体育设施的规划建设要强化与北京和天津主城的设施共享，在此基础上建设现代化的综合型体育中心，构建全民健身网络；打造若干国内领先的单项训练和比赛基地（如足球、排球、高尔夫等）；突出滨海休闲体育特色品牌（海上／水上项目如游艇、滑水）。

二、规划内容

滨海新区经过长期的努力建设，目前具备了一定的体育设施基础，现有泰达足球场、东丽湖水上运动中心、华纳国际高尔夫俱乐部等多项较高水平的重点体育设施，以及一定规模的社区体育设施。但与新区发展目标相比还存在诸多问题，如体育设施的整体水平较低，历史性欠账多；设施的分布也不够均衡；相互之间水平差异较大等。

本专项规划通过对新区现状体育设施的系统调研后，基于现状存在的问题，结合新区特点和发展目标。其中提出：滨海新区要建设现代化综合型体育中心，打造若干国内领先的单项训练和比赛基地；以上述设施为依托，大力建设群众体育设施，构建全民健身网络；突出滨海休闲体育特色品牌。

本规划将滨海新区的体育设施在内容上分为三大类，包括：竞技训练体育设施、群众体育设施、休闲体育设施；在等级上分为新区级、城区级、社区级。在国家标准基础上，结合新区发展需要，到2020年，新区体育设施用地指标要达到0.7平方米／人。

本规划在现状基础上，根据发展目标和新区特点，将新区的体育设施布局为："两心、四园、四区"，即建设主副两个大型综合体育中心、四个体育休闲公园，新区的四个片区则结合人口分布、服务半径和管理单位，均衡设置城区、社区级体育设施。

结合现状、新区控制性详细规划和体育设施的自身要求，本规划提出了需要重点建设或完善的若干大型体育设施的选址布局，对于中小型尤其是社区级体育设施也提出了布局意向和要求。

在近期建设方面，一是要建设能够支撑新区举办大型体育赛事的竞技训练体育设施，加快建设滨海新区体育中心、青少年体育训练中心；二是要重视社区体育设施的发展，结合近期社区服务中心的建设，打造20多个社区文体活动中心，并开展独立占地的社区体育中心建设，在北塘、生态城等区域进行试点；三是要兼顾各类体育休闲活动设施的建设，突出新区城市特点和形象，重点推进东疆港等三个体育运动休闲公园的建设实施。

三、规划特点

一是系统化、高标准地统筹新区体育设施体系。本规划根据新区特点，梳理出新区的各级公共体育中心空间结构体系。在此基础上形成三大类公共体育设施的布局：① 突出新区竞技体育水平和城市标志形象的竞技训练体育设施；② 保障全民健身运动，体现

City
Region   Towards Scientific
Development
走向科学发展的城市区域

天津滨海新区城市总体规划发展演进
The Evolution of City Master Plan of Binhai New Area, Tianjin

新区宜居城市及和谐社会的群众体育设施；③ 结合新区未来发展的商务配套、休闲度假和旅游功能的休闲体育设施。

二是结合新区发展实际和规划编制现状，将专项规划与控规紧密结合，提出主要体育设施的布局选址方案，有助于专项规划深化落实。

四、规划实施

按照滨海新区体育设施布局规划，新区教育体育委员会开展了一系列的后续工作。一是加强了在规划建设地区中充分融合体育设施内容的工作。如在滨海新区中心商务区的近期建设规划中，按规划增加了多个社区体育场等设施；在规划中部新城中，按规划增加了体育中心，并进一步围绕体育中心完善新城的规划布局；在海洋高新区中，按规划增补了特色型体育设施。二是按规划启动了新区体育中心的规划建设工作。按照高标准规划、高起点建设、高效能管理的要求，拟将滨海新区体育中心建设成为展示滨海新区城市形象的重要名片，世界了解滨海新区的重要窗口以及体现滨海新区城市发展的标志性建筑，从而实现打造全民健身服务中心、体育赛事服务中心和城市体育公共活动中心三个中心的建设目标。目前，已基本完成体育中心规划建设的前期论证工作。此外，新区教育体育委员会还按规划开展了现状体育设施的提升改造工作，并加强了建设项目中体育配套设施的管理监督。

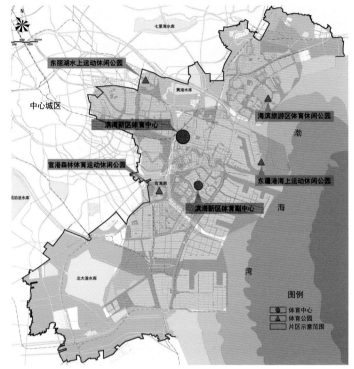

滨海新区体育设施布局结构图

具体地点：津滨轻轨胡家园站北侧	发展目标：滨海新区体育中心，综合性大型体育设施聚集区
用地面积：120公顷	设施内容：6万人的体育场1座、8000座的体育馆1座、4000
规划情况：体育用地	座的游泳馆1座，以及网球馆、训练馆等设施
交通条件：津滨轻轨（胡家园站）、津滨高速	主要指标：建筑面积20万平方米，配套设施20万平方米
现状情况：农用地	

滨海新区体育中心规划选址示意图
本页图片来源：天津市城市规划设计研究院

第七节　滨海新区医疗卫生设施专项规划

医疗卫生是一项维系、增进人民健康的公益事业，是构建社会主义和谐社会的重要组成内容。发展医疗卫生事业，不仅是一个国家社会经济发展的需要，而且是促进经济社会发展，实现人人享有公共卫生和医疗保健的必然要求。滨海新区作为国家战略中的发展重点，更要求其在今后建设中加强医疗卫生设施的规划建设，突出新区的发展形象，努力成为卫生事业科学发展的排头兵。

近几年，随着滨海新区人口的快速增长，对医疗卫生设施的需求不断加强，在这些背景的驱动下，为了提升新区发展层次，营造新区宜居城市氛围，滨海新区卫计委组织天津市城市规划设计研究院编制《滨海新区医疗卫生设施布局规划》，在 2012 年形成阶段成果。

一、规划构思

对应滨海新区的功能定位高标准配置医疗卫生资源；针对滨海新区现状问题，结合滨海新区产业功能、空间结构特色，进行系统性布局，突出城市特色；结合滨海新区的医疗卫生体制改革，优化医疗卫生服务体系。

二、规划内容

（一）规划目标

构建与滨海新区功能定位相匹配的新型医疗卫生服务体系。大力建设疾病预防控制、医疗救治和卫生执法监督体系，建立完善突发应急事件应急机制，形成以综合性医院为核心、专科医院为特色、社区卫生服务中心为基础、民营医院为补充的卫生服务体系，逐步实现居民"小病进社区，大病进医院，康复回社区"的目标，将滨海新区建设成为惠及全体居民、辐射环渤海地区的医疗卫生副中心。

（二）规划结构

规划形成"四大医疗卫生资源集聚区"的医疗设施空间布局结构。即核心区医疗卫生资源集聚区、南部医疗卫生资源集聚区、北部医疗卫生资源集聚区和西部医疗卫生资源集聚区。

（1）核心区医疗卫生资源集聚区。

服务范围为滨海新区核心区，服务人口 260 万人。

（2）北部医疗卫生资源集聚区。

服务范围为北部宜居旅游片区，服务人口 140 万人。

（3）南部医疗卫生资源集聚区。

服务范围为南部石化生态片区，服务人口 120 万人。

（4）西部医疗卫生资源集聚区。

服务范围为西部临空高新片区，服务人口 80 万人。

（三）近期建设

在"十二五"规划期内，滨海新区将加大三甲医院的建设力度，滨海国际医疗城、新区空港国际医院、儿童医院、眼科医院等一批大型的三甲综合医院、特色专科医院将陆续投入建设，努力增加床位数共约 4 000 张，总床位数达到 10 569 张以上；同时，加大社区卫生服务中心的建设进度，以街道为单位，每个街道设置一个社区卫生服务中心。两级医疗卫生服务体系基本成熟。

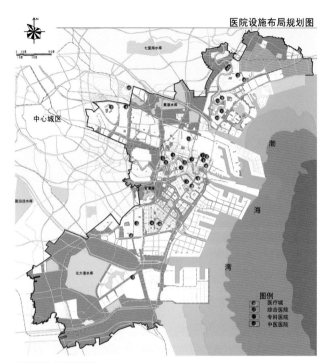

医院设施布局规划图

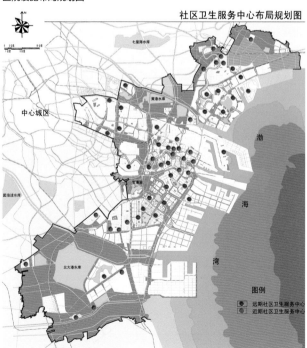

社区卫生服务中心布局规划图

本页图片来源：天津市城市规划设计研究院

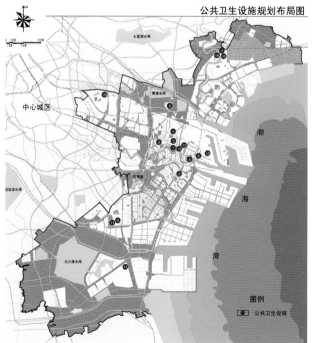

公共卫生设施规划布局图

三、规划创新与特色

特色一：构建与滨海新区功能定位相匹配的新型医疗卫生服务体系。梳理出医院—社区卫生服务机构的两级服务体系，逐步实现居民"小病进社区，大病进医院，康复回社区"的目标。

特色二：结合滨海新区的产业特点，规划预留和设置相应的专科医院。

特色三：鼓励和支持民营医院的建设，鼓励提供特色服务、高端服务等民营医院的引入，在规划设置、用地等方面给予重点考虑。

四、规划实施

按照滨海新区医疗卫生设施布局规划，新区卫生局开展了一系列的后续工作，为医院及公共卫生预留了相应的用地，启动了各项医疗卫生设施的选址和开工建设。如滨海新区的妇女儿童保健中心，该中心位于塘沽海洋高新区厦门路与尧山道交口，总建筑 2.32 万平方米，包含新北街社区卫生服务中心。该中心于 2015 年底竣工并投入使用，项目将有效改善滨海新区妇幼保健中心、社区卫生服务的基础设施条件，实现新区公共医疗卫生资源的整合，提升区域的公共卫生服务能力。如天津医科大学空港医院于 2015 年 7 月建成并投入使用，天津医科大学生态城医院于 2015 年底建成并投入使用，这些医院的建成填补了新建区域医疗卫生的空白。2016 年，新区还将着力于滨海新区肿瘤、中医医院以及天津医科大学总医院滨海医院的建设，进一步提升滨海新区的医疗卫生服务水平。

天津医科大学生态城医院

滨海新区妇女儿童保健中心

天津医科大学空港医院

本页图片来源：天津市渤海城市规划设计研究院

第八节　滨海新区商业布局专项规划

随着社会经济的发展，城市化进程的加快，未来滨海新区需要在尊重城市历史和客观发展规律的基础上，以人为本，以改善人居环境、完善城市功能、健全服务体系、提高生活质量为目标，全面提升商贸流通业的整体水平，加快现代服务业的发展，以功能强大的现代商贸流通业为支撑，促使城市产业活动高效、顺畅地发展，同时满足不同消费层次人们的生活需求，不断提高市民的消费质量。在这一背景下，滨海新区商务委组织天津市城市规划设计研究院编制了《滨海新区商业布局专项规划》，并于 2012 年 11 月获区政府批复。

一、规划思路

以滨海新区城市总体规划为依据，结合新区商业发展现状，重点处理滨海新区与周边地区、滨海新区核心区与中心城区、滨海新区各功能区之间的关系，科学合理布局商业设施，整合商业网点资源，提升增强商业吸引力，扩大商业集聚辐射效应。近期，从经济发展和商业网点建设的实际出发，通过合理控制总量，突出发展重点，逐步建立与城市建设相适应的城市商业网点体系，确保滨海新区商业设施布局的可操作性。

二、规划内容

（一）总体目标

充分考虑天津"双城双港"的空间发展战略，对接滨海新区城市总体规划，体现商业布局规划的空间发展前瞻性，确定新区商业总体目标是：天津时尚消费的标志区，我国北方最具活力和竞争力的现代商业中心，国际与国内重要的商品交易与集散基地。

（二）突出双城双港的城市格局，打造新区多级商业中心体系

在空间布局上构建"1+1+5+9+X"的五级商业中心体系，即 1 个城市标志性商业中心，1 个区域性商业中心，5 个新区级商业中心，9 个功能区级商业中心和多个社区商业中心。规划明确了各级商业中心的范围、规模、定位和业态导向等内容。

（三）突出海空港大进大出的物流优势，强化新区商贸集散功能

为推进新区亿元以上大型商品交易市场建设，打造多个交易量大、辐射范围广的商品交易平台，规划提出建设临港经济区大宗商品交易市场等 8 个生产资料交易市场集群和空港国际汽车园等 7 个生活资料交易市场集群。

（四）突出居民的民生需求，建立健全新区的便民商业设施网络

规划专门明确了新区的便民商业设施布局，对完善农副产品交易市场、菜市场、加油站、二手商品交易市场以及餐饮等便民商业设施进行了规划安排。

三、规划特点

（一）整合——集聚、专业、时尚

以海河为轴线，通过"特色发展、节点衔接、交通串联"，形成网络化组合型的城市标志性商业中心。其中，通过用地和业态调整，强化专业特色，形成各具特色的四个商业区；强化中心内海河沿线的休闲娱乐、开放空间、商业设施三类节点，以节点集聚人流，强化商业联系，将不同板块组合为一个整体；以交通串联各商

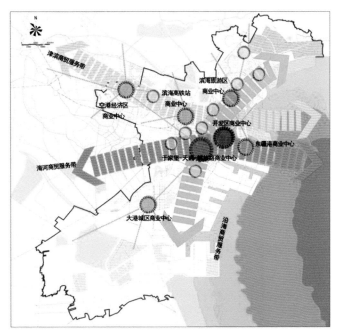

滨海新区商业中心总体布局

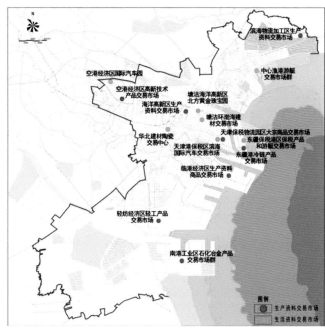

滨海新区商品交易市场布局

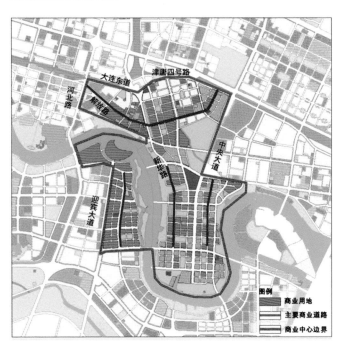

滨海新区城市标志性商业中心

本页图片来源：天津市城市规划设计研究院

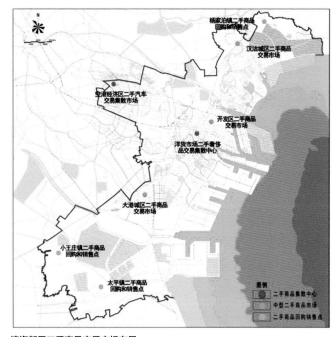

滨海新区二手商品交易市场布局

业区和节点，规划 3 条地铁线、9 个站点汇聚城市标志性商业中心。

（二）外向——贸易、流通、大进大出

依托天津港等交通优势，将商业与工业优势结合，提升大宗生产资料和生活资料服务区域、面向国内外的集散辐射功能。其中，借助产业和港口优势，为先进制造业基地建设服务，规划建设 8 个生产资料交易市场；为进一步提升新区的区域服务能力，规划建设 7 个生活资料交易市场；优化农副产品交易市场布局，满足新区及周边区域的农副产品集散需求，规划建设 10 个农副产品交易市场。

（三）民生——多元、多样、均等化

重视"以人文本"，将社区商业细化为城市居住区、镇区、工业区三类布局，以多元化实现均等化。 提出构建"15 分钟便民消费圈"，形成 5 分钟可达一个便利店、10 分钟可达一个菜市场、15 分钟可达一个综合型商业设施的便民商业格局。同时，将菜市场和早餐店作为必备业态，菜市场（生鲜超市）按照 1 000 ～ 1 500 平方米 / 万人，服务半径 500 ～ 1 000 米的标准建设。

（四）结合——交通、居住、人口

加强商业布局与居住、人口和交通的关系，量化相关要素，作为商业空间布局的依据。一是妥善处理商业与交通的关系，构建"商业 TOD"模式，注重交通对商业发展的引导作用。二是重视商业布局与居住人口的关系。通过现状商业网点与居住人口的叠加进行现状分析。将规划人口的空间分布细化到街道，按照人口空间密度，结合服务半径要求，合理布局区级商业中心、社区级商业中心、菜市场等便民商业。

五、规划实施

规划指导了商业中心和社区商业的规划建设。依据规划，滨海新区已开展了天碱地区商业配套设施建设工程、泰达时尚广场、周大福滨海中心、SM 城市广场等项目开工建设。同时，新区对规划提升的 48 家菜市场进行了集中改造。

本页图片来源：中国网滨海视窗

第九节　滨海新区社区服务中心（站）专项规划

滨海新区自成立以来，随着城市开发建设的推进，变化日新月异。为了适应新的发展环境，新区亟须在社会管理模式特别是基层的社区管理服务体系上寻求创新。滨海新区现状社区服务体系包括街道办事处和居委会两个层次，街道办事处主要承担着社区行政服务职能，居委会主要承担着基层的社区服务职能。通过走访调研，我们发现新区现行的社区服务体系存在着管理结构不清晰，服务功能不完善，设施布局混乱，不同街镇间社区服务条件和水平差异大等一系列问题，迫切需要建立一套科学完整的社区服务中心（站）

专项规划来指导区内社区服务体系的建设，以满足居民对社区服务质和量日益增长的需求，为新区经济建设提供后勤保障。在这一背景下，滨海新区政府组织天津市渤海城市规划设计研究院编制了《滨海新区社区服务中心（站）专项规划》。

一、规划构思

规划以《滨海新区城市总体规划（2008—2020年）》为指导，结合滨海新区行政体系改革，归纳总结了滨海新区现状社区服务中

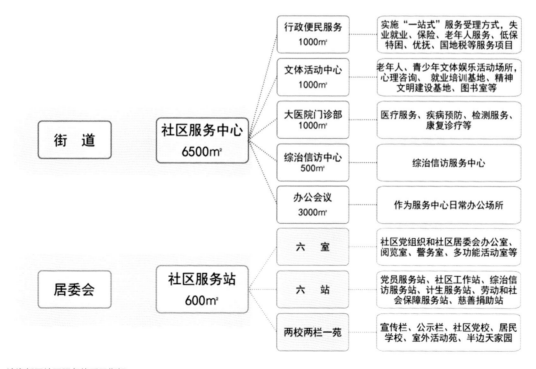

滨海新区社区服务体系及指标
图片来源：天津市渤海城市规划设计研究院

存在的问题。从综合提升新区社区服务的水平出发，本着功能复合、集约建设、循序渐进的原则，合理确定社区服务设施的配置标准并进行布局优化，规划建立覆盖新区社区全体成员、服务主体多元化、服务质量和管理水平较高的社区服务体系，搭建服务功能完善、硬件设施齐备的社区服务平台。

二、规划内容

（一）理顺新区社区服务体系

规划以社区服务中心和社区服务站两级结构对应原有街道办事处和居委会两级管理结构，解决原二级结构与居住用地、居住人口不对应，管理混乱的问题。社区服务中心作为街道层面的行政服务及经济服务主体，规划建筑面积不小于6 500平方米，容纳行政便民服务、文体活动中心、大医院门诊部、综合信访中心、办公会议五大功能，统一由政府划拨用地，独立建设；社区服务站是社区基层服务的主体，由于没有独立用地，依托社区服务设施，每一万人建设一处社区服务站，建筑面积不小于600平方米，统筹建设"六室六站、两校两栏一苑"，可与其他社区服务设施合建，设置单独出入口。社区服务中心（站）设置必须与居住用地、居住人口相对应，尽量选址在居住区附近，道路交通便利的地区，最大限度地方便服务群众。

（二）优化社区服务中心（站）空间布局

结合街道实际情况，按照整体规划、远近结合、分期建设的原则，围绕滨海新区开发建设，有序推进社区服务中心（站）的建设工作。近期规划以现状街镇及居委会为基础，从条件成熟的街道开始，全面展开社区服务站的布局和建设；远期按照社区服务中心（站）与居住用地、居住人口相对应的原则，以10～15万人为单位增设街道，并配置社区服务中心，同时根据居住区人口规模，每1万人设置一处社区服务站，实现新区范围内社区服务中心（站）全面覆盖。

三、规划特点

（一）远近结合，渐进式开发

全区规划社区服务中心共61个，按照近、中、远期分期建设。社区服务中心的建设，近期综合考虑现状街道办事处建筑情况、使用功能需求等条件，分期分批建设。中期与正在开发建设的功能区结合布局，远期结合城市发展同步建设社区服务中心。

（二）统一功能及布局，标准化建设

新建社区服务中心及社区服务站将按照统一规划、统一标准的原则，从建筑功能、建筑体量、建筑立面、建筑色彩、建筑内部装修风格以及导视系统等进行标准化建设，形成鲜明的新区社区服务设施的标志。

（三）结合控规统筹布局，保障可实施性

社区服务中心（站）布局结合控制性详细规划统筹编制，要求控规中必须依据本次专项规划明确社区服务中心（站）的配置标准、服务范围和建议选址，从而以法定规划的形式保证专项规划的可实施性。

（四）对新、旧区实施差异化的社区服务中心（站）建设模式

立足实际，因地制宜地对新、旧区实施差异化的社区服务中心（站）建设模式。对于用地紧张的老区，社区服务中心（站）更新应根据具体情况提出选址建议，充分利用现有资源，同时兼顾环境、卫生、交通、安全等，随着住区的更新改造同步进行原址扩建或置换。必要时社区服务站可以与其他公共设施合建。

新建社区，社区服务站要与小区公园、幼儿园、托老所、生鲜超市等集中建设，形成住区邻里中心。新规划的居住区用地，对社区服务站配套服务设施的配置要求纳入控规的编制中；同时，新建居住区在修规方案中，社区服务站要有单独设置。

四、规划实施

按照滨海新区社区服务中心（站）专项规划，民政局对社区服务中心的建设工作已经启动，截至目前，近期布局的新港街社区服务中心、寨上街社区服务中心、新北街社区服务中心和迎宾街社区服务中心已经投入使用，其余近期社区服务中心选址建设工作正在进行。从实施效果来看，专项规划从总体层面保障了新区社区服务中心（站）均衡分布和可实施性，为下一层次的规划和建设创造了条件。

滨海新区古林街社区服务中心
图片来源：天津市渤海城市规划设计研究院

滨海新区社区服务中心（站）布局规划
图片来源：天津市城市规划设计研究院

第十节　滨海新区绿地系统专项规划

为落实国务院确定的滨海新区"经济繁荣、社会和谐、环境优美的宜居生态型新城区"的功能定位，深入贯彻习近平总书记来津考察提出的"加快打造美丽天津"的重要指示，全面落实天津市委十届三次全会精神和市委、市政府《美丽天津建设纲要》等工作部署，积极创建国家园林城市，响应全市号召，明确滨海新区绿化建设的目标和方向，滨海新区环境局组织天津市城市规划设计研究院编制了《滨海新区绿地系统专项规划》。规划以《滨海新区城市总体规划》为基础，是依托新区空间总体布局的一项专项规划，是新区总体规划及其他相关规划有关绿化体系规划的进一步深化和细化，用于指导分区规划层面的绿地系统专项规划和滨海新区控制性详细规划的编制。

一、规划构思

结合滨海新区的自然生态特征，为统筹生态保护与城市发展，本次规划的绿地系统包括建设区绿地和区域绿地两部分，在区域绿地方面，主要强调与市域绿地系统的有机衔接，建立新区的生态绿地系统框架，突出区域绿地的生态背景功能。在建设区绿地方面，重点是按照生态宜居城市的要求，规划形成合理的城市公园体系以及明确各类城市绿地的建设要求。

二、规划内容

（一）区域绿地

以新区总规确定的城市空间发展格局为依据，坚持可持续发展和大生态战略，形成以生态控制区为主体，生态绿道为纽带，湿地为特色的多层次生态系统。规划至 2030 年，新区陆域范围内，区域绿地共计约 1260 平方千米，约占新区陆域 2270 平方千米的

55%。规划至 2030 年，新区海域范围内，区域绿地共计约 221 平方千米，约占新区海域使用面积 702 平方千米的 31%。湿地覆盖率 20%。

（二）建设区绿地

以达成国家生态园林城市的标准为目标，通过合理布局各类生态用地，形成"51310"的绿化布局结构，切实改善城市人居环境。（"51310"指 500 米内有 4000 平方米以上小区游园，1000 米内有 10 000 平方米以上居住区公园，3000 米内有 20 公顷以上综合公园，10 千米内有大型郊野公园。）规划到 2030 年，建设区绿地达到 317 平方千米，其中公园绿地 75 平方千米，人均公园绿地面积 12.5 平方米，绿地覆盖率 38%，绿化覆盖率 43%。

三、规划特点

（一）城乡统筹，兼顾生态保护与城市发展

结合新区自然生态特征，规划坚持发展与保护并重，将生态控制区（包含湿地）、生态绿道、自然保护区、水源保护区和郊野公园等对城市生态、景观和居民休闲生活具有积极作用、绿化环境较好的区域界定为区域绿地，其主要功能为保护生态环境、培育自然景观、控制城市蔓延、减灾防灾和观光旅游等；将公园绿地、生产绿地、防护绿地和附属绿地等城镇建设用地内的各项绿化用地界定为建设区绿地，其主要功能为提高城市生活质量，增强城市区域竞争力和增加城市经济效益，助力城市健康发展。

（二）多规合一，保证规划的可实施性

规划在滨海新区城市总体规划和滨海新区土地利用总体规划的基础上，结合了天津市造林绿化规划、天津市生态用地保护红线划定方案和滨海新区控制性详细规划全覆盖动态维护的最新成果，

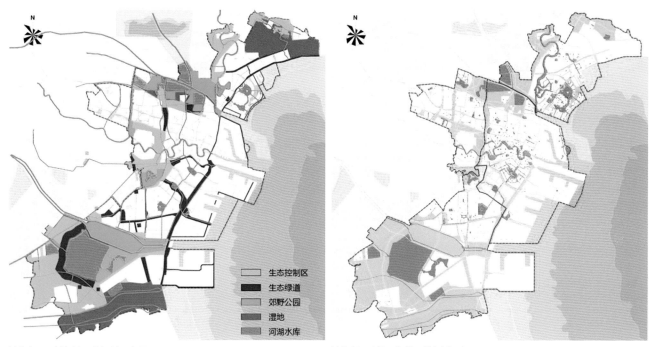

生态控制区
生态绿道
郊野公园
湿地
河湖水库

滨海新区区域绿地系统规划示意图

滨海新区建设区绿地系统规划示意图

官港森林公园空间意向图

本页图片来源：天津市城市规划设计研究院

City
Region Towards Scientific
Development
走向科学发展的城市区域

天津滨海新区城市总体规划发展演进
The Evolution of City Master Plan of Binhai New Area, Tianjin

确保规划绿地的空间落位。

（三）远近结合，有序发展

与滨海新区近期建设规划和滨海新区"十三五"规划相衔接，与滨海新区整体开发建设时序相协调，优先完善城区公园绿地建设和主要道路两侧防护绿地建设，逐步推进生产绿地的建设，加快湿地保护步伐，增强水系连通、加大郊野公园建设力度，进一步完善区域绿地的生态功能。

四、规划实施

依照规划，环境局已经启动郊野公园、城市公园等的建设工作，

截至目前，在郊野公园方面，近期建设重点的官港郊野公园已经基本完成一期建设并投入使用，北三河郊野公园已完成规划及景观设计方案并启动起步区的建设工作；在城市公园方面，结合近期重点开发建设地区，基本完成综合公园、街心公园的选址和方案设计工作。

本次规划是落实滨海新区城市总体规划的系统性专项规划，对于指导新区绿化建设项目的安排、加强新区绿化工作的规划管理、指导新区控制性详细规划的编制均具有十分重要的意义。

官港郊野公园建设效果图
图片来源：天津市城市规划设计研究院

北三河郊野公园建设效果图
图片来源：天津市城市规划设计研究院

第十三章　街镇规划

2013 年底，滨海新区进行新一轮行政体制改革，撤销塘沽、汉沽、大港工委、管委会，整合功能区和街镇，功能区由 12 个整合为 7 个，街镇由 27 个整合为 19 个。在区委区政府的统一部署下，结合新区行政区划的调整，配合街镇改革进程，围绕"强街强镇"的全市战略，为落实《滨海新区城市总体规划（2009—2020 年）》的总体要求，新区规划和国土资源管理局组织有关单位共同开展了滨海新区街镇发展规划工作，18 个街镇的发展规划编制工作已完成

阶段成果。其中城区街道主要针对规划定位、产业发展方向、功能布局、老城改造、近期启动器项目进行了重点研究；涉农街镇根据自身情况，进行了示范镇布局优化、新农村建设及镇区空间详细设计的研究，梳理各街镇主要产业园区布局、规模及定位，初步确定全区 14 个街镇产业园区和 7 个示范农业园区，支撑街镇经济快速发展，提高了规划效率和水平。

第一节　核心区街镇规划

核心区包括塘沽街、泰达街、杭州道街、大沽街、胡家园街、新河街、新北街、北塘街、新城镇共"八街一镇"，规划 2020 年常住人口达到 200 万人，重点打造以金融商务、航运服务、文化科研等现代服务业为核心的生态宜居城区和现代化城市标志区。

一、塘沽街发展规划（2014—2020 年）

塘沽街位于滨海新区核心区，东邻天津港，西接胡家园街，南面大沽街，北与泰达街、向阳街接壤。距天津市中心约 40 千米，距天津机场约 30 千米。塘沽街的行政辖区是中心商务区的一部分，由原于家堡街、新港街和新村街海河北侧部分合并而成，规划总面积约 21.2 平方千米，现状总人口 30.8 万。塘沽街的发展目标是建设成为滨海新区的城市中心，具有国际一流水准的中心商务区。形

成服务中国北方、带动区域发展的国际金融、现代商务、高端商业、信息会展、中介服务、生态居住和文化娱乐等功能，为金融创新、国际航运、物流和现代制造、研发转化提供现代化全方位的服务。

塘沽街发展规划确定了"一轴四片"的总体空间布局，其中，"一轴"是指海河景观发展轴；"四片"分别是指滨海新区商业文化中心区、于家堡金融区、新村生活区和新港生活。滨海新区商业文化中心区规划面积 4.6 平方千米，规划利用良好的商业发展优势和区位优势，打造成为地区级综合商业文化中心，来满足快速增长的文化需求和配套服务需求；于家堡金融区规划面积 4.2 平方千米，规划以商务金融功能为主，打造成包括商业、会展、休闲、文化娱乐等功能的综合性国际型中心商务区；新村生活区（原新村街）规划面积 4.1 平方千米，规划结合第五中心医院升级改造、新河船

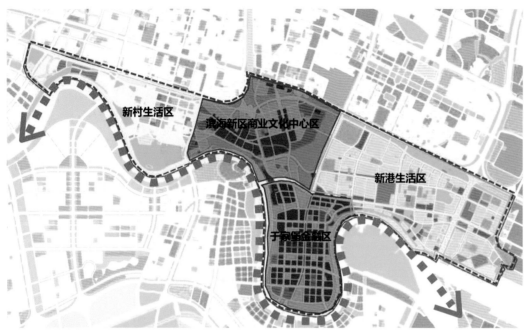

新村生活区

滨海新区商业文化中心区

新港生活区

于家堡金融区

塘沽街空间结构图
图片来源：塘沽街发展规划

塘沽街规划总平面图
图片来源：塘沽街发展规划

厂及其下游企业搬迁改造，完善居住环境，带动片区整体开发，塑造优美的滨河景观岸线；新港生活区规划面积 8.3 平方千米，规划结合滨水区和新港船厂的拆迁改造，将新港地区建成宜居生态住区和港口门户区。

二、杭州道街发展规划（2014—2020 年）

杭州道街位于滨海新区核心区中部，东起洞庭路，西至车站北路，南到京山铁路，北壤京津塘高速公路，由原杭州道街和向阳街合并而成，规划总面积约 7.97 平方千米，街道下辖 28 个居委会，现状总人口 22.4 万人。规划至 2020 年，人口规模控制在 20 万人。

杭州道街的发展定位是：在控制人口总量，提升城市环境的原则下，将杭州道街打造成为配套设施齐全、居住环境良好、交通出行便捷的城市生活区。

在规划布局方面，重点提升洋货大商圈，发展中心北路生活服务功能，依托洋货市场、易买得超市、胜利宾馆等现有商业，规划形成完善的综合商业服务区。在道路交通方面，打通杭州道、广州道，连接开发区和滨海高新区，加强区域交通联系，缓解津塘路交通压力；加快轨道交通建设，规划 7 条轨道线，建成后 600 米出行范围内站点覆盖率将达到 85% 以上。

杭州道街规划总平面图
图片来源：杭州道街发展规划

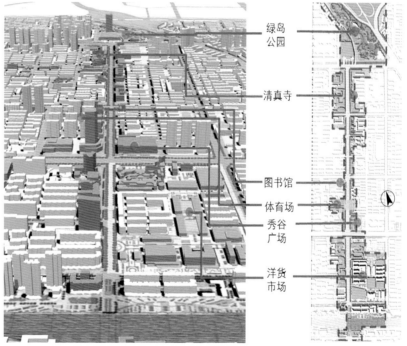

绿岛公园
清真寺
图书馆
体育场
秀谷广场
洋货市场

中心北路生活服务带
图片来源：杭州道街发展规划

City
Region Towards Scientific
Development
走向科学发展的城市区域

天津滨海新区城市总体规划发展演进
The Evolution of City Master Plan of Binhai New Area, Tianjin

三、新河新北街发展规划（2014—2020 年）

新河街、新北街位于天津市滨海新区核心区北部，是滨海高新区的重要组成部分，东部为开发区，北接北塘街，南临塘沽街、杭州道街，西部与胡家园街接壤，规划总面积约 47.65 平方千米，街道下辖 22 个居委会，现状总人口 17.8 万人。规划至 2020 年，人口规模达到 46 万人。

在空间布局上，两街总体可分为五大功能区，分别为津秦高铁站片区、新型产业区、新北宜居生活区、体育新城片区和老城生活

片区。津秦高铁站片区依托滨海高新区，规划定位为滨海新区经济副中心，大型商贸、服务、先进制造产业区及宜居生活区；新型产业区致力于打造成为以先进制造、大型商贸批发市场、商贸服务业和研发为特色的产业区；新北宜居生活区以居住及商住混合建设为主，依托区位优势，着重提升居住品质；体育新城片区规划定位为滨海新区体育新城、生态宜居社区；老城生活片区重点完善配套公共服务设施，逐步进行更新改造，未来建设成为配套齐全的休闲宜居住区。

新河新北街区位图
图片来源：新河新北街发展规划

新河新北街空间结构图
图片来源：新河新北街发展规划

四、北塘街发展规划（2014—2020 年）

北塘街位于滨海核心区北部，东至中新天津生态城，西邻渤海石油街，南邻新河街、新北街、泰达街，北接茶淀镇，距中心城区 50 千米，规划总面积约 131.15 平方千米，现状总人口约 1.5 万人。规划至 2020 年，人口规模控制在 6.5 ~ 10 万人。北塘街规划定位为滨海新区北部的生态休闲区。

北塘街发展规划立足生态，确定了"一区一带"的总体布局结构。"一区"即生态旅游休闲区，规划依托北三河郊野公园建设，完善旅游服务体系，大力发展绿色休闲农业及生态旅游观光；"一带"则指与生态融合发展的城市服务带，拟结合十大民心工程，积极推动基层公共设施建设，形成串联东西的城市公共服务带。

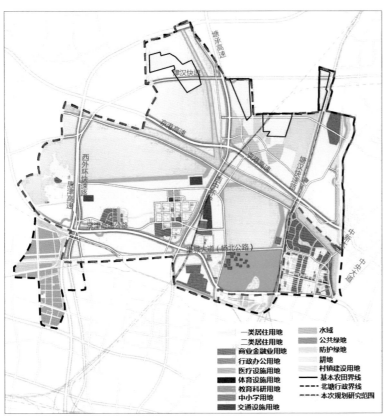

北塘街用地布局规划图
图片来源：北塘街发展规划

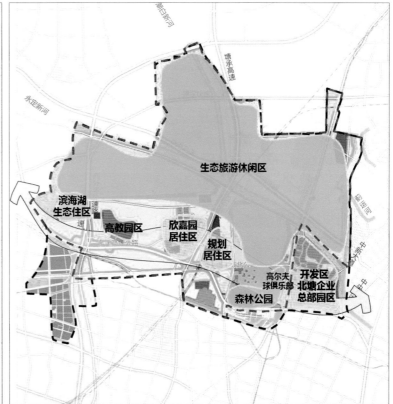

北塘街空间结构图
图片来源：北塘街发展规划

City
Region
Towards Scientific
Development
走向科学发展的城市区域

天津滨海新区城市总体规划发展演进
The Evolution of City Master Plan of Binhai New Area, Tianjin

五、大沽街发展规划（2014—2020 年）

大沽街位于滨海新区核心区和南部石化生态片区内，东邻南疆港和临港经济区，南临轻纺经济区，西接新城镇、官港森林公园和大港城区，北与塘沽街相望，规划面积 199.38 平方千米，街道下辖 16 个居委会，现状总人口约 12 万人。规划至 2020 年，人口规模达到 50 万人。

中心商务区定位为滨海新区的城市中心、中国的金融创新基地、国际一流水准的中心商务区，海河南岸部分主要包括响螺湾商务区、大沽生活区、蓝鲸岛及大沽炮台区三大片区。中部新城定位为生态宜居新城区，是滨海新区中心城区和大港城区的空间拓展区，是临港经济区、南港工业区、轻纺经济区的生活配套区，规划以水系开放空间为核心，形成"多组团、网络化"的空间组织模式。

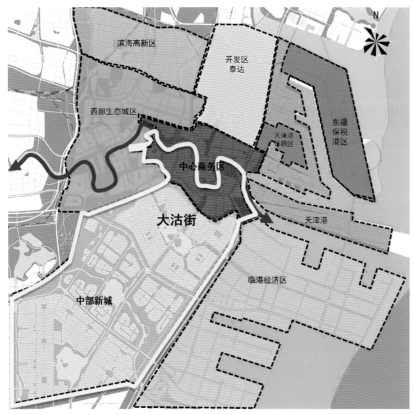

大沽街区位图
图片来源：大沽街发展规划

大沽街用地布局规划图
图片来源：大沽街发展规划

六、胡家园街发展规划（2014—2020 年）

胡家园街位于滨海新区核心区西部，东至新河东干渠，南至海河，西至胡家园行政边界，北至塘黄路，规划总面积约 58.69 平方千米，现状总人口约 12 万人（其中农业人口 3.76 万人）。规划至 2020 年，街域全部实现城镇化，人口规模达到 34 万人。胡家园街的发展定位是：建设成为景色宜人的新区西部宜居新城、都市产业园、农业休闲区一体的城市综合发展区。

胡家园街发展规划确定了"一园两区"的总体空间布局。其中，"一园"为都市产业园，重点发展成为以工业、商贸、物流业为主的产业园区；"两区"为农业休闲区和宜居生态城区，农业休闲区主要引入农业种植、旅游观光、农产品研发等项目，打造以现代农业为主的旅游、研发区；宜居生态城区主要规划作为新区文化体育中心、城市商业副中心和大事件预留区，形成集文化体育、商业办公、创意产业园、展示博览等功能于一体的复合城市生活区。

胡家园街用地布局规划图
图片来源：胡家园街发展规划

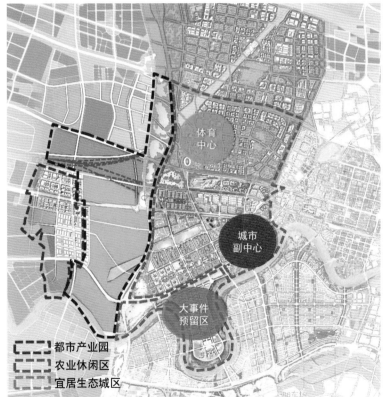

胡家园街空间结构图
图片来源：胡家园街发展规划

City
Region Towards Scientific
Development
走向科学发展的城市区域

天津滨海新区城市总体规划发展演进
The Evolution of City Master Plan of Binhai New Area, Tianjin

七、新城镇发展规划（2014—2020 年）

新城镇位于滨海新区核心区西部，海河以南，与南窑半岛隔河相望。规划范围东至大沽化工厂西边界，南至大沽排河，西至马厂减河，北至海河中心线，总面积约 29.8 平方千米，镇域下辖 6 个行政村，现状总人口 2.87 万。规划至 2020 年，镇域全部实现城镇化，人口规模达到 18 万人。新城镇的发展定位是：生态居住新城及都市农业区。为中心商务区提供配套服务，为新区提供农业休闲功能。主要功能包括生态观光、休闲旅游、科技研发、商贸文化、健康养老等。

在空间结构上，新城镇规划为"一轴、三片区"。其中，"一轴"即指海河景观轴，"三片区"分别为中建新城、海河湾新城和南部农业观光区。中建新城作为核心区向西拓展的中等强度生态社区，主要为南窑半岛大事件预留提供保障服务；海河湾新城定位为中心商务区配套的国际社区，致力于打造成为配套齐全、功能复合的高品质城市生活区；南部农业观光区通过农业与服务业的有机结合，大力发展设施农业区、农业休闲旅游区、农业景观带等，打造新区都市农业及休闲旅游区。

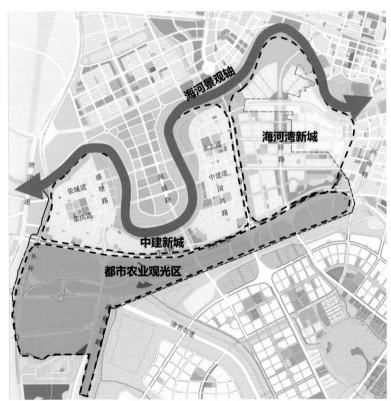

新城镇空间结构图
图片来源：新城镇发展规划

新城镇规划总平面图
图片来源：新城镇发展规划

第二节 北片区街镇规划

北片区包括茶淀街、汉沽街、寨上街、杨家泊镇共"三街一镇"，规划 2020 年常住人口达 46 万人，通过发挥重大旅游项目的引领带动作用，围绕生态宜居的核心资源，重点发展旅游休闲、环保低碳、医疗健康、商贸物流等都市型产业和循环经济，规划建设成为环境优美、产城融合的宜居新城。

一、杨家泊镇发展规划（2014—2020 年）

杨家泊镇位于滨海新区东北部，东邻唐山市，西接宁河县、北与汉沽农场接壤，南侧与汉沽街、寨上街相邻。距天津市中心约 70 千米，距天津机场约 60 千米，距天津港约 30 千米，规划总面积 60.89 平方千米。镇域下辖 13 个行政村，现状总人口 1.7 万。规划至 2020 年，人口规模达到 2.3 万人。杨家泊镇的发展定位是：依托新区北部良好的渔业及生态资源，加快基础设施建设，将杨家泊镇逐步建设成为以水产养殖、加工、研发、集散、贸易和乡野旅游为主导的宜居城镇。

杨家泊镇发展规划确定了"一镇、十二村"的村镇结构体系和"四区联动"的空间布局结构。"四区"分别是指镇区、滨海物流加工区、北部农林种植区和南部水产聚集区。镇区（含镇工业区）在现状杨家泊村的基础上进一步发展壮大，实施村庄整治与改造措施，提升镇区环境品质，完善公共服务设施，进一步实现镇域工业向镇区工业区集聚；滨海物流加工区拟设立企业进驻门槛，重点发展环保新型建筑材料等高附加值、节能环保类的产业，实现传统产业的转型升级；南部水产聚集区拟通过打造现代化水产科技园区，带动现代渔业聚集区标准化生产和产业化经营，实现渔业产业升级和转型发展，构建天津都市型现代渔业发展高地；北部农林种植区则以农业种植、观光农业、生态防护林带为特色，构建滨海新区北部生态屏障，形成具有杨家泊特色的农业示范基地。

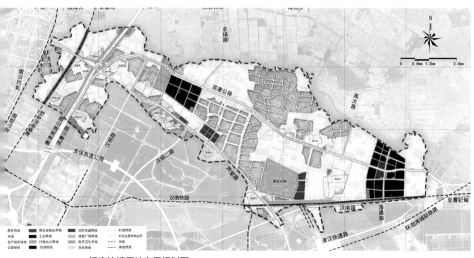

杨家泊镇用地布局规划图
图片来源：杨家泊镇发展规划

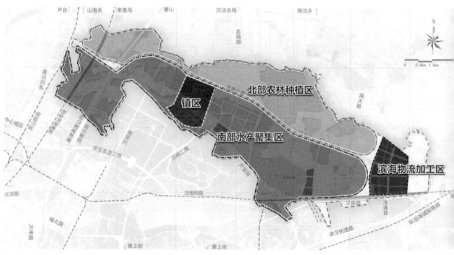

杨家泊镇空间结构图
图片来源：杨家泊镇发展规划

二、茶淀街发展规划（2014—2020 年）

茶淀街位于滨海新区北片区，东邻蓟运河与汉沽街、寨上街相望，西邻清河农场、南接北塘街和生态城，北与宁河县接壤，规划总面积 53.99 平方千米。街道下辖 12 个居委会和 12 个行政村，现状总人口约 6.6 万人。规划至 2020 年，人口规模达到 14.5 万人。茶淀街的发展定位是：致力于建设成为葡萄主题农业休闲旅游基地、科技创新产业与高端技术产业集聚区以及蓟运河西部综合服务中心（商务、商贸、流通、旅游）。

茶淀街发展规划按照人口集中、产业集中的原则，并充分考虑茶淀街的实际情况，确定了"一带、两区、一核心"的总体空间布局。"一带"是指蓟运河生态休闲景观带；"两区"是指城区与葡萄休闲旅游区；"一核心"是指滨海北站站前发展核心。未来茶淀街将借势滨海北站的建设，重点发展葡萄产业链以及科技创新与高端技术产业，做大做强农业休闲旅游产业，引领产业高端化与特色化发展。

茶淀街用地布局规划图
图片来源：茶淀街发展规划

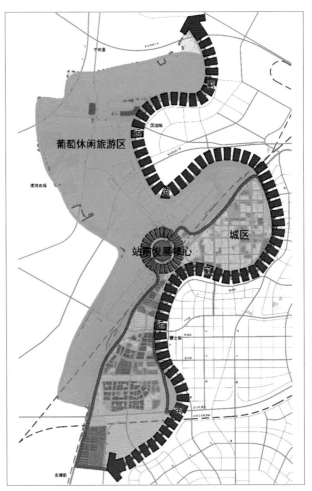

茶淀街空间结构图
图片来源：茶淀街发展规划

三、汉沽街发展规划（2014—2020 年）

汉沽街位于滨海新区北片区，距天津市中心约 55 千米，距天津机场约 42 千米，距滨海新区核心区约 28 千米，距天津港约 30 千米。东接杨家泊镇，西邻蓟运河，南接寨上街，北与宁河县接壤。2013 年，滨海新区进行了行政区划调整，调整后的汉沽街包括原汉沽街、原大田镇及原寨上街大部分盐田区域，规划总面积 95 平方千米。街道下辖 10 个居委会和 10 个行政村，现状总人口约 7.7 万人。规划至 2020 年，人口规模达到 14.5 万人。汉沽街的发展定位是：突出医疗健康与生态资源保育功能，打造"医疗健康、活力宜居、农业休闲"新街镇。

未来汉沽街将按照规划定位，协同寨上街、茶淀街构建滨海北部"三轴五心"的宜居综合城区：以四纬路、和谐大街作为东西向城市发展轴，新开路、汉蔡路作为南北向城市发展轴，蓟运河作为生态景观轴，共同串联汉沽的主要发展节点。突出以医疗、生态为核心的城市发展功能。

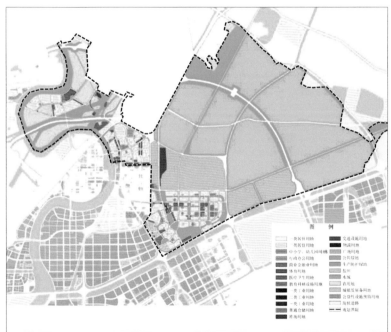

汉沽街用地布局规划图
图片来源：汉沽街发展规划

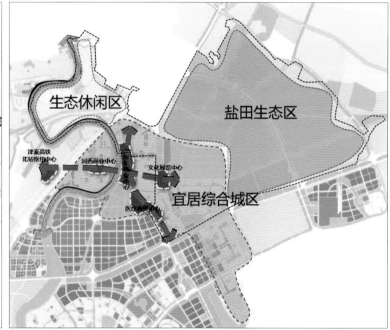

汉沽街空间结构图
图片来源：汉沽街发展规划

City
Region Towards Scientific
Development
走向科学发展的城市区域

天津滨海新区城市总体规划发展演进
The Evolution of City Master Plan of Binhai New Area, Tianjin

四、寨上街发展规划（2014—2020年）

　　寨上街位于滨海新区东北部，东邻唐山市，西接蓟运河，南面渤海湾，北与汉沽街、杨家泊镇接壤，规划总面积113平方千米。街道现状总人口约7.2万人。规划至2020年，人口规模达到14.5万人。寨上街的发展定位是：与汉沽街、茶淀街共同组成宜居城区，同时打造智慧产业及循环经济示范区。

　　未来寨上街将按照规划定位，协同汉沽街、茶淀街重点打造"三区一港"。"三区"分别是指城区、产业区、循环经济及生态区；"一港"即中心渔港。城区包括老城区和城区拓展区，老城区拟通过更新改造，强化寨上街在北片区三街一镇的商业中心地位，沿新

开路打造河东商业发展带；城区拓展区拟通过将天津化工厂向南港搬迁，拓展城区发展用地，沿汉蔡路两侧逐步开发，与东侧医疗城共同建设医疗商贸中心。产业区包括营城工业区与泰达现代产业区，拟通过推动传统产业向研发和智慧装备制造产业转型升级，与西侧的泰达慧谷、南侧中新天津生态城北部产业区实现联动发展。循环经济及生态区主要围绕北疆电厂，做好循环经济产业；保留区内大神堂村原址，将其建设成为具有北方传统渔业特色的历史名村及天津渔家文化民俗旅游区。中心渔港属于寨上街的行政管辖范围，经济发展职能属中新天津生态城，可依托生态城来开发运营，共享收益，通过建设渔港产业区，作为三街一镇的食品加工、物流基地。

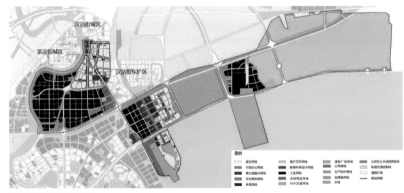

寨上街用地布局规划图
图片来源：寨上街发展规划

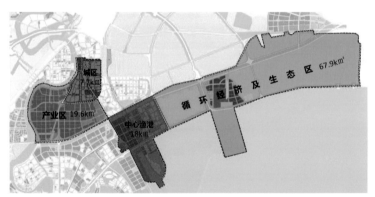

寨上街空间结构图
图片来源：寨上街发展规划

第三节　南片区街镇规划

南片区包括大港街、古林街、海滨街、中塘镇、太平镇、小王庄镇共"三街三镇"，规划 2020 年常住人口达 84 万人，以服务南港及基础型产业为主，统筹南港北区、轻纺经济区、油田新城等功能组团，延伸石化基础产业链条，提高商业商贸服务能力，保护生态环境，发展设施农业，打造滨海新区南翼辐射冀中南的现代化生态城区。

一、大港街发展规划（2014—2020 年）

大港街位于滨海新区南部，由原胜利街与迎宾街合并而成，距天津市中心约 30 千米，距天津机场约 25 千米，距天津港约 25 千米，规划总面积约 45.96 平方千米。街道现状总人口约 23.1 万人，规划至 2020 年，人口规模达到 25.5 万人。大港街的发展定位为滨海南片区配套完善的生态宜居区、天津石化下游产业带上创新发展基地。

在空间结构上，大港街规划为"一城、一区、两带"。其中，"一城"是指城区；"一区"是指产业区；"两带"分别指产城生态防护带和生态湿地景观带。致力于将大港街建设成产城生态安全隔离，产、学、研、居协同发展的生态宜居城区。

大港街用地布局规划图
图片来源：大港街发展规划

大港街空间结构图
图片来源：大港街发展规划

City
Region

Towards Scientific
Development

走向科学发展的城市区域

天津滨海新区城市总体规划发展演进
The Evolution of City Master Plan of Binhai New Area, Tianjin

二、古林街发展规划（2014—2020年）

古林街位于滨海新区南片区，东邻盐田、渤海湾，西接大港街、北与津南区接壤，中部被海滨街分隔，南与河北省黄骅市岐口镇隔河（沧浪渠）相望，距天津市中心约37千米，距天津机场约34千米，规划总面积100.36平方千米。街道现状总人口约10.2万人，规划至2020年，人口规模达到18万人。古林街的发展定位是：滨海新区南部商业商贸中心、特色水产养殖基地、度假、旅游、疗养胜地、生态型宜居社区。

在空间结构上，古林街重点建设"五大板块"，规划将实现南

北生态、东西借势、自身强大的发展模式。其中，"官港森林公园与小镇板块"重点发展"旅游、休闲、疗养、度假"产业；"港东新城板块"重点打造宜居城区，以疏解大港老城人口、服务新区南部产业人口；"古林商贸物流板块"打造商贸、物流两大经济支柱，加强与大乙烯、开发区南区的交通联系；"湿地生态与渔业养殖板块"致力于将马棚口地区建成滨海新区南部水产养殖和休闲渔业中心；"板桥科技研发板块"作为城市新区拓展的预留空间，未来以科技研发为主要功能。

古林街用地布局规划图
图片来源：古林街发展规划

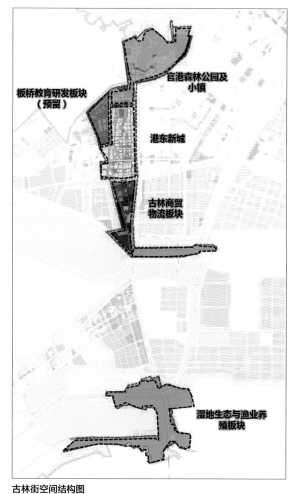

古林街空间结构图
图片来源：古林街发展规划

三、海滨街发展规划（2014—2020 年）

海滨街位于滨海新区南片区，东邻南港工业区，西接太平镇，南与河北省接壤相邻，北和北大港水库相邻，规划总面积 144 平方千米。街道现状总人口约 23.5 万人，规划至 2020 年，人口规模控制在 18 万人。海滨街的发展定位是：南片区现代化宜居新城，石化配套产业聚集区，自然生态保护与利用示范区。

在空间布局上，海滨街总体可分为油田地区和农业生产区两大片区。油田地区重点实现两个转移，即居住生活功能向西转移，建设生态宜居新城区；配套产业功能向东转移，建设石化下游产业聚集区；两者之间通过石油开采及生态保育区相互隔离，避免相互干扰。农业生产区大力发展生态设施农业，提高农业附加值，增加农民收入，带动推进城乡一体化发展。

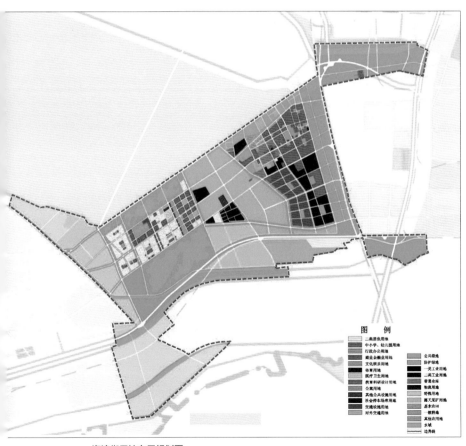

海滨街用地布局规划图
图片来源：海滨街发展规划

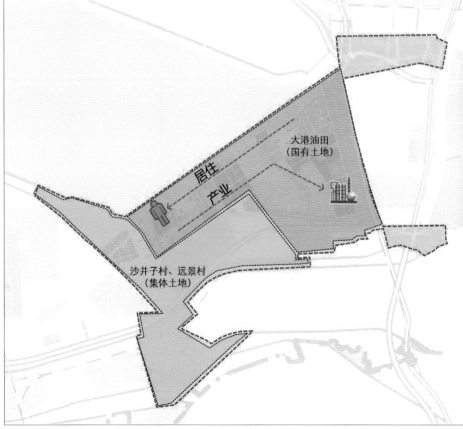

海滨街空间结构图
图片来源：海滨街发展规划

City
Region
Towards Scientific
Development
走向科学发展的城市区域

天津滨海新区城市总体规划发展演进
The Evolution of City Master Plan of Binhai New Area, Tianjin

四、中塘镇发展规划（2014—2020年）

中塘镇位于滨海新区南片区，东邻大港街，西与静海县接壤，北和津南区交界，南与北大港水库、小王庄镇相邻，规划总面积97.36平方千米。镇域下辖24个行政村，现状总人口5.5万，规划至2020年，人口规模达到12万人。中塘镇的发展定位是：滨海新区以都市型工业为基础、休闲旅游和现代农业为主导的产业新市镇。

中塘镇发展规划按照规划定位，确定"一城、一区"的总体空间布局。其中，"一城"是指中塘镇东区，规划建设成为与滨海新区南片区一体化发展的产城融合型新城区，主要包括东区生活区、中塘工业区、安达工业园、河东工业园和万家码头物流园；"一区"是指中塘镇西区，规划建设成为北大港生态区内以现代农业为主要功能的特色化农业区，主要包括西区生活区、日嘉产业园和现代农业区。

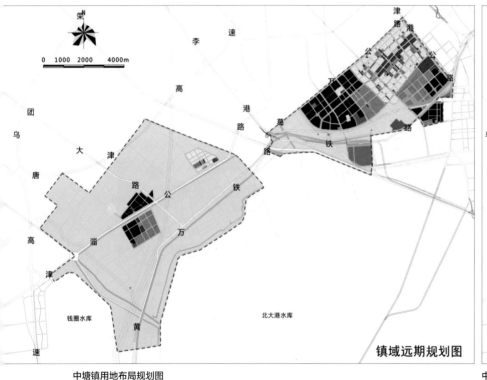

中塘镇用地布局规划图
图片来源：中塘镇发展规划

中塘镇空间结构图
图片来源：中塘镇发展规划

五、小王庄镇发展规划（2014—2020 年）

小王庄镇位于滨海新区西南部，东临北大港水库，西、北与静海县接壤，南与河北省黄骅市交界，规划总面积 128.32 平方千米。镇域下辖 20 个行政村，现状总人口约 3 万，规划至 2020 年，人口规模达到 6 万人。小王庄镇规划将围绕市委提出的"三区联动"科学发展总体战略，立足生态保护，发挥农业和旅游特色，南物流、北新兴产业，南北产业引擎互动，打造"乡野乐园，幸福小镇"。

小王庄镇发展规划按照规划定位，确定"一镇、双园、双区"的总体空间布局。其中，"一镇"是指居民安居乐业的幸福小镇；"双园"是北部的欣园农产品物流园区和南部的新兴产业园区。南北产业互动，作为实现小王庄镇经济发展的重要引擎；"双区"是指依托奥特莱斯而打造的休闲旅游区和以设施农业、精品农业为特色的滨海新区现代农业区。

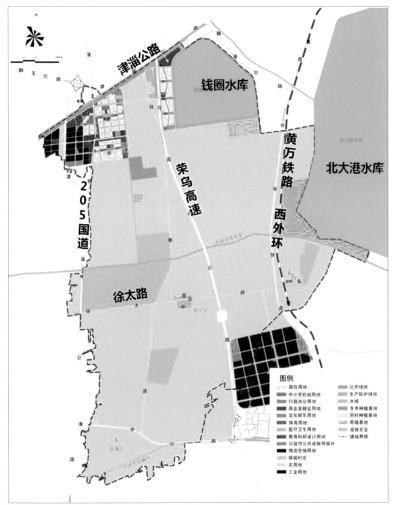

小王庄镇用地布局规划图
图片来源：小王庄镇发展规划

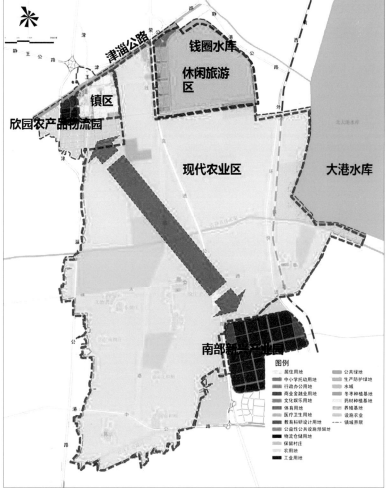

小王庄镇空间结构图
图片来源：小王庄镇发展规划

六、太平镇发展规划（2014—2020 年）

太平镇位于滨海新区南片区，东邻海滨街，西接小王庄镇，北与北大港水库接壤，南侧与河北省黄骅市相邻，规划总面积192 平方千米，是滨海新区的南部门户和重要的农业生态区域。镇域下辖 19 个行政村，现状总人口 4.3 万，规划至 2020 年，人口规模达到 10 万人。太平镇的发展定位是：围绕市委提出的"三区联动"科学发展总体战略，以精品农业为基础，以机械制造产业为支柱，以生态文化休闲旅游为特色，三区联动、城乡统筹发展的田园文化休闲城镇。

太平镇发展规划按照规划定位，确定"镇区乐活，南区兴业，五村闪耀，八园并进"的空间布局，形成"一镇、一区、五村、八园"的规划结构。"一镇"是指田园休闲文化镇区；"一区"是指依托南港的港口优势，延伸开发区的优势产业，重点发展战略性新兴产业、现代制造业、研发转化及现代服务业，打造滨海新区新兴产业集聚区；"五村"是指保留崔庄村、远景二村、红星村、翟庄子村、窦庄子村五村，因地制宜，建设美丽新村庄；"八园"是指重点打造冬枣科技园区、耐盐碱植物产业基地、精品葡萄园区等八个现代农业示范园区。

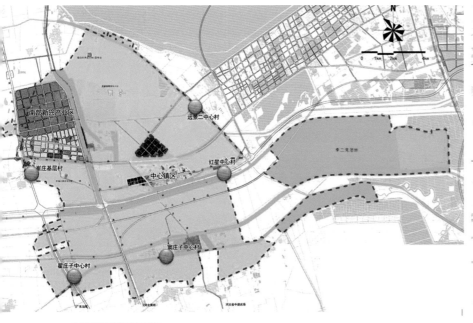

太平镇用地布局规划图
图片来源：太平镇发展规划

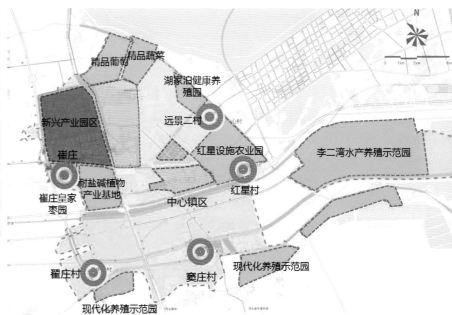

太平镇空间结构图
图片来源：太平镇发展规划

本部分小结

在滨海新区空间发展战略和总体规划的统领下，新区建立起包括分区规划、专项规划、街镇规划的总体规划体系，各层次各片区规划具有各自的作用，不可或缺。分区规划明确了各功能区主导产业和空间布局特色；专项规划明确了各项道路交通、市政和社会事业发展布局；街镇规划明确街镇的发展方向，落实了总体规划和分区规划的发展要求。三个层次的规划以问题和目标为导向，坚持高起点谋划，高标准制定，高水平实施，在推进新区开发开放中发挥着重要的作用，为提升新区发展质量和水平打下了坚实的基础。

第五部分　实施评估与新一轮规划修编

Part 5　Implementation Assessment and Planning Revision

第十四章　滨海新区城市总体规划实施评估

2009 年版总规实施以来，滨海新区开发开放取得了重大成就，滨海新区总体规划的实施环境也发生了较大变化，为把握新形势下滨海新区总规实施基本情况和城市发展动态，新区分别于 2012 年和 2015 年开展了两次总体规划实施评估工作，对城市规划、建设、管理的实施情况进行回顾和审视，总结成绩，查找问题，探索滨海新区发展的规律及模式，为新一轮总体规划的修编提供科学依据与保障。

第一节　滨海新区城市总体规划实施评估（2009—2011 年）

《天津滨海新区城市总体规划（2009—2020 年）》实施滨海新区开发开放取得了重大成就，滨海新区总体规划的实施环境也发生了较大变化，新区的发展站在了新的历史起点。为把握新形势下滨海新区总规实施基本情况和城市发展动态，此次总规实施评估围绕 2009 年版滨海新区总体规划展开，以滨海新区实现国家功能定位为目标，针对 2010 年新区行政体制调整后城市规划、建设、管理的实施情况进行回顾和审视；对平行展开的课题研究成果进行汇总，力图从更广阔的空间、从长远发展、多个角度和途径，研究滨海新区发展的规律及模式，为规划提供科学依据与保障。

总的来说，新区城镇建设用地增长迅速，基础设施建设和功能区开发加快，城市空间进一步拓展，作为新区发展支柱的八大产业势头迅猛，产业围绕"一轴一带"集聚，"多组团、网络化"的空间结构逐渐形成。新区被纳入国家战略以来，加快公路、铁路、轨道交通等交通基础设施建设，区域交通枢纽作用进一步增强。

从城市发展规模来看，随着改革推进及政策的不断引导，滨海新区正处于快速的城市化阶段，城市规模日益扩大。从 2009 年到 2011 年，新区人口从 230 万增加到 253 万，人口增长 10%；已建区从 279.93 平方千米增加到 411.42 平方千米，用地规模增幅达 27.2%；GDP 从 2009 年的 3810.67 亿元增加到 6206.9 亿元，经济总量增长 62.9%。

从城市空间拓展来看，功能区发展迅速，而现状城区拓展速度较慢，"一城双港三片区"空间结构已经基本确立，功能区产业特色基本形成，但同质竞争依然存在，开发时序有待优化，部分建设用地增长突破规划。

从产业发展来看，2011 年滨海新区三次产业结构为 0.1 : 68.9 : 31，第二产业优势明显，工业成为经济增长的主要动力。八大优势产业实现总产值 11 530 亿元，占新区工业总产值的 90%，与 2008 年水平基本持平，行业集中度较高。第三产业比重提升速度较慢；资源密集型产业仍占据重要地位，部分园区出现转型发展的态势；冶金产业布局需做出进一步调整。

从城市生活功能发展来看，与原来居住、工业用地犬牙交错的情况相比较，居住用地以功能区为单位分布，居住用地与工业用地的空间关系逐渐明晰，多数居住用地逐渐与工业用地分离，由"产业居住镶嵌"向"产业居住相间"转型。2009—2011年公共设施主要以改建、扩建为主，新建设施少；部分公共服务设施用地被占用，导致公共服务设施用地数量与人口规模增长未成正比，公共设施紧缺的局面进一步加剧，各项用地人均用地指标或占建设用地的比例与国家标准均有差距。

从城市基础设施来看，一方面，对外、对内交通均得到较快发展，但同时也存在港口集疏运通道不足，港城交通矛盾突出；机场发展受空域资源瓶颈限制；双城长距离通勤问题突出，公共交通发展缓慢等问题。另一方面，市政基础设施建设快速推进，城市安全保障能力得到提高，但区域供水系统尚需完善、电力设施建设滞后城市发展、新的能源政策对能源发展提出更高要求。另外，尽管新区环境质量逐步提高，但生态环境压力不断增大，综合防灾能力仍有待提升。

滨海新区总体规划实施情况指标评估表

模块名称	序号	指标名称	单位	现状	现状（2011年末）	2012年	2020年
对外开放	1	世界500强入驻数	家	109（2010年）	108	180	270
	5	机场旅客吞吐量	万人次	727.7（2010年）	755.42	1000	2500
	6	机场货邮吞吐量	万吨	20.2（2010年）	18.3	40	170
区域带动	9	第三产业占地区生产总值的比重	%	31.6（2010年）	31.0	34.8	48.9
科技创新	16	每十万人口发明专利申请数	件	47（2008年）	50（2010）	60	110
科学发展	18	城镇化水平	%	89.45（2008年）	91.5	95	98
	19	人口密度	人/km²	1014（2009年）	1093	1550	2650
	23	人均住房使用面积	m²/人	28（2009年）	28	30	34
	24	公共交通分担率	%	9.2（2008年）	10.0（核心区）	15	30
	26	万人病床位数	张	47（2009年）	25.9	50	60
	27	人均避难场所用地面积	m²/人	暂无数据	0.16	1	1.5
	28	城镇人均公共绿地面积	m²/人	>19（2008年）	10.01	25	22
	29	受保护地区占国土面积比例	%	30.17（2008年）	16	>30%	>30%
	31	空气质量好于二级以上天数	天	310（2010年）	285	310	310
	33	万元GDP能耗	吨标煤/万元	0.95（2009年）	0.65	0.45	0.34
	34	万元GDP水耗	m³/万元	10.8（2009年）	6.73	<5.9	<5.9
	35	清洁能源使用比例	%	28（2008年）	3	30	50

City
Region Towards Scientific
Development
走向科学发展的城市区域

天津滨海新区城市总体规划发展演进
The Evolution of City Master Plan of Binhai New Area, Tianjin

图例
0.00 至 0.25
0.25 至 0.50
0.50 至 0.75
0.75 至 1.00
大于1.0
车流量

核心区路网饱和度示意图

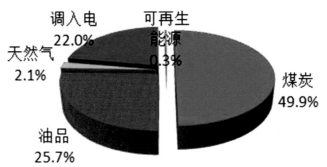

2008 年新区能源消费结构图

调入电 22.0%
可再生能源 0.3%
天然气 2.1%
煤炭 49.9%
油品 25.7%

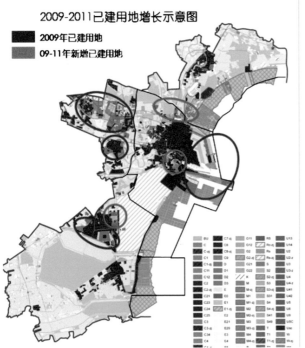

2009-2011已建用地增长示意图
2009年已建用地
09-11年新增已建用地

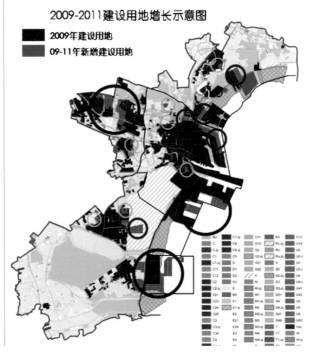

2009-2011建设用地增长示意图
2009年建设用地
09-11年新增建设用地

2009—2011 年已建用地、总建设用地主要增长空间分布示意图
本页图片来源：天津市城市规划设计研究院

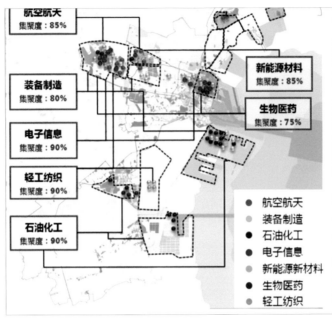

新增八批工业大项目空间分布

2011 年与 2020 年规划工业用地对比图

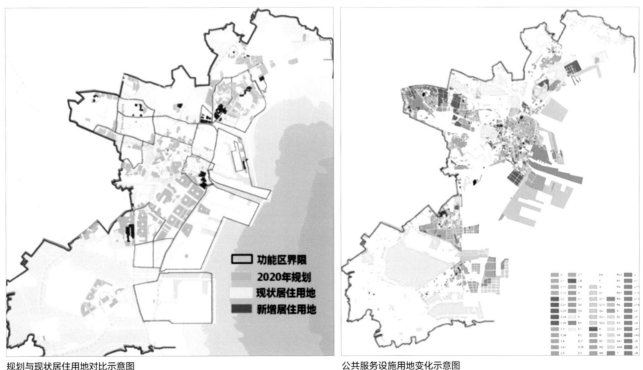

规划与现状居住用地对比示意图

公共服务设施用地变化示意图

本页图片来源：天津市城市规划设计研究院

City
Region Towards Scientific
Development
走向科学发展的城市区域

天津滨海新区城市总体规划发展演进
The Evolution of City Master Plan of Binhai New Area, Tianjin

第二节　滨海新区城市总体规划实施评估（2009—2014 年）

2013 年以来，滨海新区已完成新一轮行政体制改革，取消了塘汉大行政区，形成了 7 大功能区和 19 个街镇的新格局。同时在新区的发展形势下，新区又迎来了滨海新区开发开放、一带一路、京津冀协同发展、自由贸易试验区、国家自主创新示范区等多重国家战略在新区叠加的窗口机遇期，发展机遇前所未有。为了把握新形势下新区总规实施基本情况和城市发展动态，用更宽广的视角和

更长远的眼光谋划新区新一轮发展思路，为新常态发展添加势能，为高效率发展搭好骨架，依据《城乡规划法》《土地管理法》等法律法规，于 2015 年初启动了新区总体规划第二轮实施评估工作，对过去七年的规划工作进行总结，对当前发展形势进行判断，对当前发展存在的问题进行了梳理，结合这些问题在下一步的规划工作中提出了引导应对的思路。

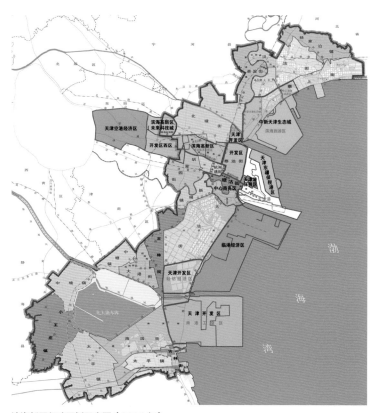

滨海新区行政区划示意图（2014 年）
图片来源：天津市城市规划设计研究院

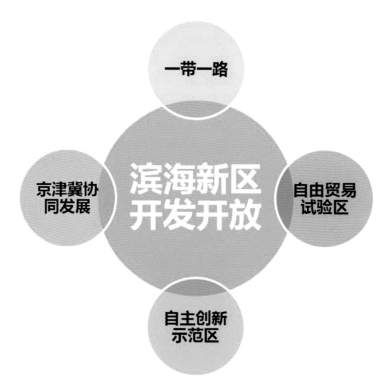

五大战略机遇叠加
图片来源：天津市城市规划设计研究院

一、滨海总规实施成就

依据现行总体规划，围绕新区发展定位，七年来新区城市建设和发展取得显著成绩，主要体现在以下几个方面。

一是综合实力有效提升，带动能力不断增强。2015 年底，滨海新区 GDP 总量 9300 亿元，与规划指标相比，实现程度达到 60%。经济规模总量约为 2005 年的 5.7 倍，年均增速超过 20%，占全市的比重超过 56%。常住人口 300 万，是 2005 年的 2.11 倍。常住人口年均增长约 7.8%，与规划指标相比，实现程度达到 50%。与全国其他国家级新区对比，滨海新区继续领跑。滨海新区 GDP 在全国国家级新区中位列第一，远远超过重庆两江新区、浙江舟山群岛新区。特别是滨海新区核心区，随着中心商务区、开发区 MSD 等区域服务职能的建设，不再仅仅是产业区、功能区，已经提升为"双城"之一。

二是空间结构不断优化，民生设施取得重大进展。滨海新区经历了两轮行政区划调整，第一轮是撤销了塘沽、汉沽、大港行政区，建立滨海新区行政区，第二轮是滨海新区行政区内进行区划调整，9 大功能区调整为 7 大功能区，27 个街镇调整 19 个街镇。随着行政区划调整，滨海新区的空间不断进行整合，2009 年确定"一城三片"空间发展格局，2013 年规划研究提出"一城双港、三片四区"的空间结构。目前，滨海新区核心区作为天津市"副中心"的地位已经明确，三片区的中心初显，"一城三片"的格局初步形成。

城市空间进一步拓展，城镇建设用地增长迅速，基础设施建设

响螺湾商务区
图片来源：天津市城市规划设计研究院

于家堡金融区

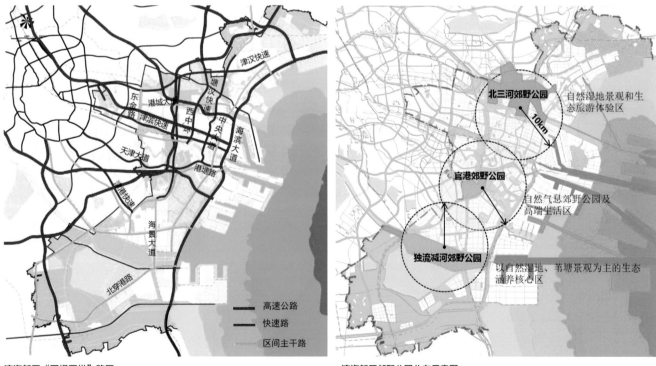

滨海新区"五横五纵"路网

滨海新区郊野公园分布示意图

本页图片来源：天津市城市规划设计研究院

和功能区开发加快。"多中心、多组团、网络化"的空间结构逐渐形成。经过十余年的发展，目前已基本建立了多个发展组团，常住人口大多在 5 万人以上。

三是民生设施取得重大进展。按滨海总规确定的总体布局，新区于 2012 年起启动"十大民生工程"，基本实现社区服务中心（站）全覆盖，高水平基础教育和医疗卫生设施开工建设、投入使用，建设了新区文化中心、国家海洋博物馆等具有重大影响力的文化设施。初步建立了具有特色的滨海新区住房体，形成了说"低端有保障、中端有供给、高端有市场"的房地产市场健康新模式。保障性住房建设加快，人们居住水平得到提升。滨海新区已建设的保障性住房以定单式限价房、蓝白领公寓和经济适用房为主。截止至 2015 年 12 月，新区住宅共建设保障性住房 972 万。

四是港口与基础设施加快建设。新区被纳入国家发展战略以来，加快公路、铁路、轨道交通等交通基础设施建设，区域交通枢纽作用进一步增强。对外交通方面，建成了国际邮轮母港、天津港航道拓宽等多项海港项目，滨海国际机场扩建工程计划已开工建设，津秦客专、京津城际延伸线接近完成，西外环高速、津港高速、海滨大道等全线贯通，新区通达三北、辐射腹地能力得到拓展。双城交通方面，新建、拓宽了天津大道、港城大道、津滨高速等高快速路，实现双城半小时通达，同城效应进一步凸显。区内交通方面，塘汉快速、东金路、西中环中段、中央大道北段等主干道通车，区域路网结构明显优化，保障能力大幅提升。

五是生态建设成效显著。按照总体规划确定的城市绿地系统标准，建设了北三河、官港、独流减河三大郊野公园，实现了城区十千米内有大型郊野公园的规划目标。滨海核心区内燃煤锅炉房全部完成改造或关闭，有效改善新区空气环境质量。生态城起步区基本建成。

六是核心区建设初见成效。按照区委区政府"三步走"战略，滨海核心区城市形象不断提升，目前响螺湾商务区基本建成，于家堡金融区起步区和中央公园正在建设，于家堡高铁站建成通车，B1、Z2、Z4 三条贯穿核心区的轨道线均已开工建设，新区核心标志区已经显现。

二、总结不足之处

现行总体规划制定了城市发展指标体系。通过与指标体系的对比，2009 年版总规在实施七年来，在国际航运中心建设、城市安全、发展规模、城市宜居水平等方面还有一定的差距。

一是要进一步深化城市定位认识。京津冀协同发展对全市"一基地三区"的定位与国家赋予新区的功能定位高度接近，体现了新区在全市乃至京津冀区域中的地位。目前新区三次产业结构还不够合理，以金融业为代表的生产性服务业发展水平偏低，难以支撑新区体现"金融创新运营示范区"的国家要求。

二是港城关系有待优化，交通网络尚需完善。现行总体规划确定了南北双港的发展格局，南港工业区发展空间充足，但散货码头尚未搬迁至南港，南港后方集疏运通道不成体系，双港功能优化没有完全实现，使港城矛盾没有明显的改善。港城界面不清晰、港城交通问题突出。以海滨大道为港城界限，不符合城市发展面海、向海的趋势。港口作业区需进一步确定具体范围。疏港交通量的 88% 穿越滨海新区核心区；京津辅道高峰小时排队 3 千米以上。

区域疏港能力较弱。海港功能布局有待优化：南港建设相对滞后，难以满足北港区散杂货向南转移的要求；东疆、北疆货类中散杂货分别高达 20%、49%，功能提升较慢；航运金融、保险等港航服务业不发达。空港规模与城市地位仍不匹配：2015 年天津机场旅客吞吐量仅居国内第 20 位，吸引力不足。对外运输网络及结构有待完善：铁路运输比例低，缺乏直通通道；公路部分腹地通道缺失，网络存在瓶颈节点及路段。

城市骨架道路衔接不畅，道路微循环不完善，轨道交通建设滞后，进出城困难。表现为双城衔接不畅，新区主要入区口拥堵严重。

京津冀协同发展对天津市城市发展定位

- 全国先进制造研发基地
- 北方国际航运核心区
- 金融创新运营示范区
- 改革开放先行区

国发〔2006〕20号文对滨海新区发展定位

- 高水平的现代制造业和研发转化基地
- 北方国际航运中心和国际物流中心
- 经济繁荣、社会和谐、环境优美的宜居生态型新城区
- 北方对外开放的门户

滨海新区三次产业结构

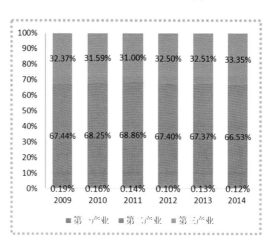

京津冀协同发展对天津市"一基地三区"的定位与国家赋予新区的功能定位对比图

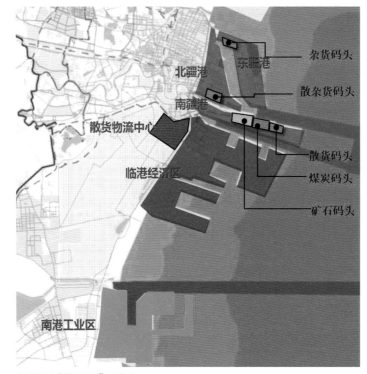

滨海新区"港城关系"示意图

本页图片来源：天津市城市规划设计研究院

滨海新区工业及市政管廊分布图

居住用地
燃气管线
油气管线

区间路网系统性不强，表现为路网分片建设痕迹依旧明显，功能区间衔接有偏差。核心区道路微循环不完善，跨河、跨铁路出行困难。其中，现状过海河通道的平均饱和度为1.05，过铁路通道平均饱和度为0.86。

三是城市安全存在隐患。目前新区产业仍偏重，大沽化工厂、天津化工厂、南疆油库等使用危化产品的企业位于城区附近，对城市安全造成很大隐患。此外，新区范围内工业园区众多，各类工业管廊和市政管廊也存在一定隐患。

城市防灾体系有待完善。生态城、东疆港、南港等地区发展迅速，防洪防风暴潮等防灾设施标准偏低；城市内涝隐患未能有效解决，解决内涝的调蓄能力不足。灾害应对体系不完整，快速反应机制与先进城市还有差距。

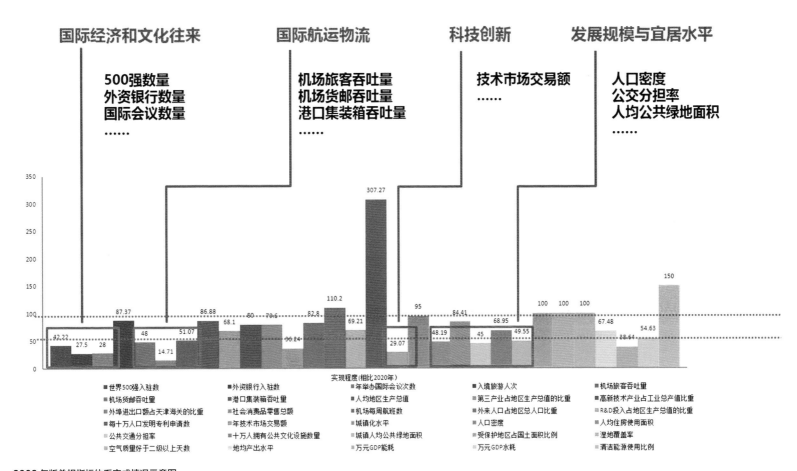

2009 年版总规指标体系完成情况示意图
图片来源：天津市城市规划设计研究院

City
Region   Towards Scientific
Development
走向科学发展的城市区域

天津滨海新区城市总体规划发展演进
The Evolution of City Master Plan of Binhai New Area, Tianjin

城市工业风险威胁人口密集区。新区 920 家危险品企业，重大危险源和 A 类危化企业达 199 家；危化企业与居住区交错分布，工业风险对人口密集区的影响亟须削弱。

四是新区存量房屋去库存和空闲置土地处理形势不容乐观。现行总规规划至 2015 年人口 400 万，实际未达到规划目标，同时，核心区轨道交通设施尚未建成，使得在北塘、中部新城、港东新城、欣嘉园等地均出现一定程度的房屋库存。在土地方面，部分产业园区土地批而未供、供而未建的现象仍有存在，需要通过完善配套设施，加快项目建设和投产。

五是功能区发展思路仍需明确。功能区经整合后，原分区规划存在诸多不适应之处。如开发区多个园区之间如何梯次发展、生态城三区合并后如何统筹、临港经济区三期与南港如何协同发展等问题亟待解决，并对新区总体发展有重大影响。

三、下一步规划修编工作重点建议

结合总规实施评估情况，下一步总规修编除完成确定城市规模、划定重要控制线等法定内容外，重点解决以下五个方面的问题：

一是深化城市定位，加快产业结构优化，吸引人口集聚。重在提高城市定位认识，丰富城市定位内涵，落实航运金融、特色旅游、科技研发等重点行业载体空间布局，积极融入京津冀协同发展大局，做好与北京非首都功能疏解工作的平台对接，吸引首都优质资源落户。

二是加快双港建设，加快南港集聚，提高南港航道利用效率，促进北港区转型升级，发挥天津港在京津冀港口群中的核心作用，

为自贸区发展腾挪空间。构建新区物流体系，完善综合交通体系，特别是疏港交通体系，确保双港集疏运通道得到充分保障。

三是通过全面梳理，摸清现状，划出城市安全区和专业园区，保障城市安全。重点是保障核心区城市安全，加快危化企业和污染企业搬迁，理清现有城市管廊，提出通道优化方案，提升各区域城市环境和城市安全水平。

四是解决房屋去库存问题。重点针对存量房屋去库存的任务要求，与新区轨道线建设和民生设施建设充分结合，科学制定未来一段时期土地供地计划和规划策略，确定重点消化的存量房屋位置与规模，争取在"十三五"期末消化绝大部分库存住房。

五是支撑功能区和街镇发展，明确城市结构，科学划分空间布局。新区总体规划作为功能区分区规划和街镇总体规划的上位规划，需要及时体现各发展主体的要求。为此，各功能区和街镇应尽快启动本地区法定规划编制，将比较成熟的发展设想纳入新区总规，确保在新区层面获得规划和土地保障。

2014 年以来，中央已多次提出要推行"多规合一"，2015 年天津市重点规划指挥部提出开展"三规统筹"工作的总体要求。目前，《天津市滨海新区国民经济和社会发展第十三个五年规划纲要》已获区人大批准，新区规划和国土资源管理局作为大部制局，规划和国土管理工作合一，城市总体规划和土地利用总体规划修编具备紧密结合的条件。下一步，计划以此轮总规实施评估为基础，探索一套适于滨海新区、体现天津特点的"两规合一"体系，将城市总体规划和土地利用总体规划合一编制，真正形成"一套成果，一张图"，为全市规划国土领域改革创新探索有益的管理经验。

第十五章　新一轮总体规划修编的思考

城市的发展有赖于区域的自然资源、经济条件、基础设施等，与区域的发展条件、发展前景密切相关。区域是城市发展的基础，城市是区域的中心。作为京津冀唯一的国家级新区，滨海新区对区域协同发展起着至关重要的作用。总体来看，经过十年的努力奋斗，滨海新区城市规划建设取得了显著的成绩。但是，与国内外先进城市相比，滨海新区目前仍然处在发展的初期，虽然奠定了比较好的基础和骨架，但未来的任务还很艰巨，还有许多课题需要解决，如

滨海新区如何在京津冀协同发展中发挥作用、人口增长相比经济增速缓慢，城市功能还不够完善，港城矛盾问题依然十分突出，化工产业布局调整还没有到位，轨道交通建设刚刚起步，绿化和生态环境建设任务依然艰巨，城乡规划管理水平需进一步提高。新一轮总体规划修编在保持上版规划总体结构不变的基础上，开展了以下六个专题研究作为本次总体规划修编的重点。

第一节　滨海新区发展与京津冀协同发展

一、京津冀协同发展背景研究

2013 年 5 月，习近平总书记在天津考察时提出，要谱写新时期社会主义现代化的京津"双城记"。同年 8 月，总书记在北戴河主持研究河北省发展问题时，对河北发展做出重要批示，提出要推动京津冀协同发展，明确指出要把河北的未来发展，与环渤海地区崛起、京津冀协同发展有机结合起来。此后，总书记就京津冀协同发展多次做出重要批示，为京、津、冀三地加快推进协同发展打下坚实基础。

2014 年 2 月 26 日，习近平总书记在北京主持召开座谈会，专题听取京津冀协同发展工作汇报，强调实现京津冀协同发展是一个重大国家战略。并就推进京津冀协同发展提出 7 点要求：一是要着力加强顶层设计，抓紧编制首都经济圈一体化发展的相关规划，明确三地功能定位、产业分工、城市布局、设施配套、综合交通体系

等重大问题，并从财政政策、投资政策、项目安排等方面形成具体措施。二是要着力加大对协同发展的推动，自觉打破自家"一亩三分地"的思维定式，抱成团朝着顶层设计的目标一起做，充分发挥环渤海地区经济合作发展协调机制的作用。三是要着力加快推进产业对接协作，理顺三地产业发展链条，形成区域间产业合理分布和上下游联动机制，对接产业规划，不搞同构性、同质化发展。四是要着力调整优化城市布局和空间结构，促进城市分工协作，提高城市群一体化水平，提高其综合承载能力和内涵发展水平。五是要着力扩大环境容量生态空间，加强生态环境保护合作，在已经启动大气污染防治协作机制的基础上，完善防护林建设、水资源保护、水环境治理、清洁能源使用等领域合作机制。六是要着力构建现代化交通网络系统，把交通一体化作为先行领域，加快构建快速、便捷、高效、安全、大容量、低成本的互联互通综合交通网络。七是要着

力加快推进市场一体化进程，下决心破除限制资本、技术、产权、人才、劳动力等生产要素自由流动和优化配置的各种体制机制障碍，推动各种要素按照市场规律在区域内自由流动和优化配置。

按照总书记的指示，国家发展和改革委员会牵头，京津冀三地发改委配合，共同编制完成了《京津冀协同发展规划纲要》，并与2015年4月30日由中央政治局审议通过。《京津冀协同发展规划纲要》指出，推进京津冀协同发展是一个重大国家战略，核心是有序疏解北京非首都功能，要在交通一体化、生态环境保护、产业升级转移等重点领域率先实现突破。

《京津冀协同发展规划纲要》中涉及空间方面的内容，主要包括以下几个方面：

第一，功能定位与布局。以解决北京"大城市病"为出发点，京津冀整体定位为"以首都为核心的世界级城市群、区域整体协同发展改革引领区、全国创新驱动经济增长新引擎、生态修复环境改善示范区"。在此基础上，立足各自特色和比较优势，分别明确了京津冀三地的定位，北京定位为全国政治中心、文化中心、国际交往中心、科技创新中心，天津定位为全国先进制造研发基地、北方国际航运核心区、金融创新运营示范区、改革开放先行区，河北定位为全国现代商贸物流重要基地、产业转型升级试验区、新型城镇化与城乡统筹示范区、京津冀生态环境支撑区。在功能定位的指导下，对区域空间格局进行优化，提出"一核、双城、三轴、四区、多节点"的空间架构，引导区域空间有序发展、资源合理布局。

第二，有序疏解北京非首都功能。这是京津冀协同发展的关键环节。基于现实情况，明确以下四类非首都功能进行优先疏解：一般性产业特别是高耗能产业，区域性物流基地、区域性专业市场等部分第三产业，部分教育、医疗、培训机构等社会公共服务功能，部分行政性、事业性服务机构和企业总部。坚持集中疏解和分散相结合，坚持严控增量与疏解存量相结合，逐步、合理疏解。

第三，推动交通、生态环保、产业三个重点领域率先突破。交

通方面，构建以轨道交通为骨干的多节点、网格状、全覆盖的交通网络。建设高效密集轨道交通网，加快构建现代化的津冀港口群，打造国际一流的航空枢纽等。生态环保方面，打破行政区域限制，联防联控环境污染，加强环境污染治理，大力发展循环经济，推进生态保护与建设，谋划建设一批环首都的国家公园和森林公园，积极应对气候变化。

目前，京、津、冀三地均出台了贯彻《京津冀协同发展规划纲要》的意见或方案，深入落实国家要求。北京新机场、津保铁路、首都地区环线高速等基础设施，曹妃甸协同发展示范区、天津滨海—中关村

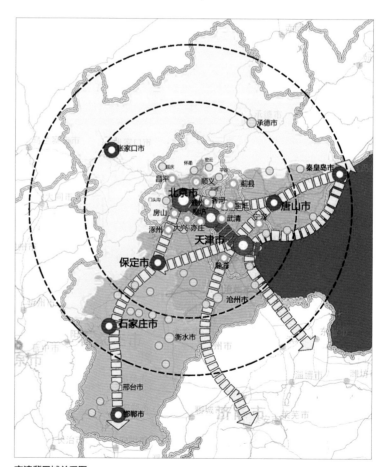

京津冀区域关系图
图片来源：天津市城市规划设计研究院

科技园等重要合作平台，北汽集团黄骅整车项目、北京现代汽车第四工厂等重点项目正在加快建设实施中，京津冀协同发展效果初现。

二、京津冀协同发展下的滨海新区的功能定位研究

作为京津冀地区唯一的国家级新区，滨海新区在京津冀协同发展中得到充分重视，被赋予更多的职能，可以从两个方面得以反映。一是国家给予天津的"一基地三区"定位，是滨海新区城市功能的直接体现。国发〔2006〕20 号文件明确滨海新区功能定位为我国北方对外开放的门户、高水平的现代制造业和研发转化基地、北方国际航运中心和国际物流中心，"一基地三区"与这一功能定位具有极大相似性，延续并强化了这一功能定位，同时赋予了金融创新运营示范区的新功能。这一认知与天津发展实际也是相吻合的。滨海新区是天津市工业经济和重大企业项目的主体，代表着天津市的工业发展水平；海港和空港均位于滨海新区范围内；于家堡是金融创新运营示范区的主要载体。滨海新区是"一基地三区"这一定位的主要承载地。二是国家将滨海新区列为非首都功能的重要承接地之一。滨海新区是京津冀协同发展的 4 个战略合作功能区之一，同时天津滨海—中关村科技园是承接非首都功能的特色园区，因此，滨海新区是天津承接非首都功能的主载体。

"一基地三区"这一定位对滨海新区发展提出更高的要求。"全国先进制造研发基地、金融创新运营示范区"要求滨海新区转型创新发展，以创新引领区域发展；"北方国际航运核心区、改革开放先行区"要求滨海新区强化门户功能，加强与国际对接，提升影响力。创新引领、门户提升，滨海新区将在京津冀发挥更大的作用。作为天津发展的龙头和京津冀重要的出海口岸，滨海新区是构建未来新型首都圈的重要增长极。一方面，发挥滨海新区在京津冀协同发展中的重要引擎作用。当前，滨海新区面临五大战略叠加的重大历史机遇，政策措施最为优惠，是京津冀面向海外的直接门户，是海上

合作战略支点。特别是，天津港作为津冀港口群的核心大港，对于渤海内湾港口起着重要的组织作用，牵动着整个京津冀的海外贸易。中国（天津）自由贸易试验区作为京津冀协同发展高水平对外开放平台，整合京津冀产业、港口等资源优势，通过政策共享，实现资源效益最大化，让京津冀区域通过自贸区共同受益、共谋发展。另一方面，发挥滨海新区在京津冀协同发展中的转型创新枢纽作用。着眼于高端化、高质化、高新化的发展思路，强化产业的"信息化服务"和"智能化制造"，突出关键技术和关键环节，占据京津冀制造业高端，促进北京科技创新资源在天津实现转化以及带动河北省产业发展，与京、冀形成"研发—转化—生产"的创新价值链条。

滨海新区作用的发挥离不开京津冀区域的整体发展。北京的科技研发和创新实力在京津冀处于第一位，在全国甚至全球亦有其相应的地位。滨海新区应主动对接北京，借助北京科技研发优势实现科技成果的产业化。河北省产业发展与天津有很大的相似性，是竞争也是一种支撑，二者可以通过形成差异化分工，补强产业链条，形成区域品牌与合力。天津港国际化发展更离不开河北省港口的支持，与河北省港口合理分工与协作，才能共同打造在世界具有影响力的港口群。因此，滨海新区应强化与区域的对接与合作，依托京津冀谋求自身发展。截至目前，滨海新区与北京市、河北省在产业、交通等方面合作已经取得很大进展。产业方面，推进天津滨海—中关村科技园建设、京津冀产业对接协作和金融合作、旅游合作、医疗合作、教育合作等工作均取得积极进展，一批先进制造业、研发转化机构、高端服务机构落户滨海新区；交通方面，天津港与环渤海港口群合作、京冀无水港建设等正在推进。为进一步落实京津冀协同发展，滨海新区未来应重点做好产业对接、项目对接、创新对接、载体对接、交通对接，实现与区域的交通、产业一体化发展，培育在京津冀中最具活力的增长极。

支撑滨海新区发展，空间上应重点强化以下几个方面：一是优化城市空间结构，攥紧拳头、集聚发展，保障功能定位的落地。明

确滨海新区的核心城区范围，在于家堡金融区、响螺湾商务区、文化中心等重点建设地区，建设一批大型公共设施，建成城市核心标志区，快速提高新区知名度和服务能力。二是调整产业空间，承接区域、自创引领，增强科技创新能力。以七大功能区为主要载体，调整深化产业空间，明确滨海新区产业发展重点与总体布局，各功能区以3～5个产业为主导产业，推进产业链内部、不同产业间的合作发展。同时，以"一带一路"为契机，围绕新区主导产业，对接中亚市场需求，加快装备制造、电子、医药、轻工纺织等产业集聚布局。以自主创新示范区为引擎，加强与北京科创资源对接与承接，推动优势、特色产业的产学研协同发展，建立示范区、功能区、街镇多层次相结合的产业网络体系。三是加快自贸区建设，进一步推进滨海新区开发开放。深化细化自贸区各片区产业发展与布局，形成各有特色的片区；充分发挥自贸区政策、空间优势，依托海港、

空港核心资源，建设航运服务中心区，强化国际航运服务能力，带动区域发展。四是连通区域，构建大综合交通体系。利用北京新机场建设期，天津机场主动承担北京航空客流、分担首都机场压力，未来与首都机场、首都第二机场共同打造京津机场群，发挥城镇群中直辖市机场的作用，共建国际复合型门户枢纽空间。优化南北双港布局，促进双港均衡发展。北港区提升功能，重点发展集装箱运输、航运服务等，南港区加快码头航道建设，提升天津港北方国际航运核心区服务辐射能力。以天津港为中心，着力完善港口群向西、向北、向东北的铁路集疏运网络，特别是要新增津—保—太、津承、津石通道，支撑港口发展。加快落实"轨道上的京津冀"，推动京滨城际铁路等连通滨海核心城区与北京的轨道建设，强化滨海新区与京津冀快速联系。

第二节　港城关系与港城交通

一、港城矛盾与双港战略

（一）天津港发展历程

天津港历史源远流长，最早可以追溯到汉代，唐代以来形成港口（内河），1860 年对外开埠，成为通商口岸。解放以前，港口各种设施损坏严重，港口几乎瘫痪。1949 年新中国成立之后，经过三年恢复性建设，天津新港于 1952 年重新开港。1952 年 10 月 17 日，随着万吨巨轮"长春"号驶入天津新港，嘹亮的汽笛声宣告了天津港的新生。从此，天津港踏上了艰苦创业求生存、改革开放谋发展的不平凡道路，开启了建设世界一流大港、跨越发展的壮丽征程。

纵观天津港的发展历程，自重新开港到今天走过了 60 多个春秋。六十载弹指一挥间，在党和国家领导人的亲切关怀下，在交通运输部和天津市的正确领导下，在广大客户和社会各界朋友的大力支持下，一代又一代天津港人解放思想、艰苦创业、锐意进取、奋力拼搏，港口货物吞吐量由开港初期的 74 万吨，发展到 2015 年的 5.4 亿吨，世界排名第四位；港区面积由不足 1 平方千米，发展到 121 平方千米。回顾天津港这 60 年来的发展历程，大致可分为三个历史阶段。

1. 艰苦创业时期

新中国建立之初，国家百废待兴、百业待举。1949 年和 1950 年，国家对新港采取积极维护方式，1951 年，中央政务院决定修建塘沽新港，成立了以交通部长为主任委员的"塘沽建港委员会"。当家作主的港口工人仅用一年多时间，就圆满完成了第一期建港工程，使几乎淤死的港口重新焕发了生机，并于 1952 年 10 月 17 日正式开港。天津新港重新开港仅一周后，伟大领袖毛泽东主席就来到天津新港视察，并留下了"我们还要在全国建设更大、更多、更好的港口"的历史回音。开港初期，没有大型机械和先进工具，天津港人硬是靠人拉肩扛换来了当年 74 万吨吞吐量的骄人成绩。

1959 年，国家在遭受三年自然灾害、物质物资供应极度匮乏的情况下，开始天津港第二次港口扩建工程。至 1966 年，全港新建万吨级以上泊位 5 个，吞吐量一举突破 500 万吨，结束了天津港不能全天候接卸万吨巨轮的历史。

20 世纪 70 年代初，为了解决全国性的压船压港严重的局面，周恩来总理发出"三年改变港口面貌"的号召，天津港第三期大规模扩建工程拉开帷幕。1974 年，天津港货物吞吐量首次突破 1000 万吨，成为我国北方大港。

1997 年塘沽城区路网现状图
图片来源：天津市城市规划设计研究院

塘沽城区货运系统规划图
图片来源：天津市城市规划设计研究院

2. 改革开放的快速发展时期

党的十一届三中全会以后，天津港乘改革开放的春风，积极推进体制机制改革。1984年6月1日，经党中央、国务院批准，天津港在全国港口中率先实行了"双重领导、地方为主"的管理体制和"以港养港、以收抵支"的财政政策，揭开了新中国港口史上新的一页。天津港积极利用外资、引进新设备新技术，提高港口效率，提升港口现代化水平，成为我国港口对外开放的先行者。1986年8月21日，邓小平同志视察天津港时，看到这里发生的巨大变化，高兴地讲："人还是这些人，地还是这块地，一改革，效益就上来了。"

进入20世纪90年代，天津港直面市场竞争、不断拓展经营空间，先后开创出沿海港口中的数个"第一"：兴建了我国第一家商业保税仓库，开创了我国港口保税贸易业务发展的新模式；合资成立了国内首家中外合营码头公司，开创了国有码头与外商合资合作经营的先河，实现了港口的经营管理与国际接轨；率先进行港口企业股份制改造，"津港储运"成为全国港口第一个家上市公司企业；开通了我国第一港口EDI中心，加快了我国港口信息化发展的进程。

此外，为了适应国际船舶专业化大型化的发展趋势，天津港加快深水航道和码头的建设，陆续建成了专业化的石油化工、煤炭、焦炭、金属矿石和大型集装箱码头，启动了南疆散货物流中心开发建设。自1993年起，天津港货物吞吐量连续每年以千万吨级递增，2001年成为中国北方第一个亿吨大港，跻身世界港口20强之列。

3. 跨越发展时期——也是近十年高速发展时期

进入21世纪后，特别是近十年来，天津港步入了历史上发展速度最快、发展质量最好、各项工作齐头并进的黄金时期。面对经济全球化的发展趋势，天津港主动把自身发展置身于与提高区域经济的国际竞争力的大格局要求紧密结合中考虑，提出并实现了"世界一流大港"的战略构想，完成了由天津港务局向天津港集团公司的整体转制，实现了政企分开，启动了全国规模最大的30平方千米东疆人工港岛建设，加快转变经济发展方式，以发展四大产业为抓手深化调整产业结构，积极推进港口转型升级，逐步完成了由"国内领先"向"世界一流"的跨越，在世界港口的地位和影响力大幅提升，对城市和区域经济发展的辐射力，带动力不断增强。

截至2014年底，建成港口陆域面积160平方千米，建成港口岸线39.6千米，泊位数达158个，其中万吨级以上泊位106个，5万吨级以上泊位63个。建设天津港30万吨级深水航道一期、二期工程、大沽沙10万吨级、大港港区5万吨级航道工程；东疆、南疆一批高等级专业化码头；南港港区开港通航。

（二）天津港城矛盾日趋突出

伴随着天津港的快速发展，带来的是港城矛盾与集疏港交通压力不断加剧。

1. 港区分布 "北重南轻"，造成北部疏港压力大，港城矛盾问题突出

目前，天津港港区依旧延续"北重南轻"分布格局，但随着滨海新区核心城区城市功能不断加强，造成北部港区疏港压力日益增大，疏港交通量的88%穿越滨海核心城区，"客货混行，疏港穿城"造成港城之间相互干扰，城市交通与疏港交通之间的矛盾日益凸显。

客货混行，疏港穿城；

相互干扰，双重煎熬。

疏港交通量的88%穿越滨海新区核心区；
京辅道高峰小时排队3km以上。

通道名称	客车比例	货车比例
京津高速及辅道	32%	68%
泰达大街	49%	51%
港城大道	24%	76%
海滨大道	41%	59%
津沽一线	34%	66%
津晋高速	10%	90%

2. 港城空间"相互挤压"，造成通道侵蚀、用地混杂

随着北部港区周边居住、商业用地范围扩展，城区与港区间缓冲地带逐渐减少，城市发展逐渐影响集疏运通道，新港二号路、四号路等疏港通道先后被侵占。同时由于港口发展空间不足，造成港口用地、城市用地界限不清，一方面核心城区遍布仓储、物流用地；另一方面港区范围内生产与生活用地混杂。港城交界区域管理混乱，安全隐患日益突出。

（三）"双港"战略的提出

针对日益恶化的港城矛盾与集疏港交通问题，2009年天津市空间发展战略提出"双港战略"，将北部的散货向南部港区转移，以缓解北部区域的港城矛盾与疏港压力。

二、优化港区布局，实施北港南移

按照双城双港的战略布局，加快推进南港建设，尽快形成能力，承接北部港区大宗散货南移，同时为集装箱发展预留空间。

现状港城矛盾示意图
图片来源：天津市城市规划设计研究院

（一）由"北重南轻"调整为"南重北轻"

本着"港口功能南重北轻，城市功能北重南轻"的原则，加快南港建设，大力推动北部港区散杂货及部分集装箱功能向南港搬迁，港口、城市空间错位发展，化解港城矛盾。

（二）循序渐进、分步实施

结合城市空间拓展，分期有序实施港区布局调整。近期重点解决南疆油库东迁、杂货南迁、集装箱北移三个主要问题。

1. 油库东迁

现状南疆油库油品主要为成品油与航煤油，成品油为离岸，航煤油为上岸，运输吨位主要为1万吨、3万、5万吨级。本着充分"利用现有港航设施，满足相关规划"的原则，近期将南疆港区西北侧

City
Region Towards Scientific
Development
走向科学发展的城市区域

天津滨海新区城市总体规划发展演进
The Evolution of City Master Plan of Binhai New Area, Tianjin

的油库搬迁至东南侧的预留发展区（1.4平方千米），紧邻最东端的原油及LNG码头区，距离原油的油库区9千米。

2.杂货南迁

北疆港区现有货类与临港已形成运输主体货类具有较大相近性，配备码头设施能力，具备承接部分北疆散货迁移。规划拟将现状北疆港煤炭及相关制品、金属矿石逐步向南疆港区疏解；钢铁及

其他非金属矿石逐步向临港疏解。

3.集装箱北移

规划近期启动碱渣山搬迁，启动反F港北侧集装箱码头建设；结合新港北集装箱中心站建设将集装箱中心北移至进港三线附近；紧邻港口作业区，打通港内南北向通道，疏港通道北移，逐步取消进港二线、泰达大街疏港功能。

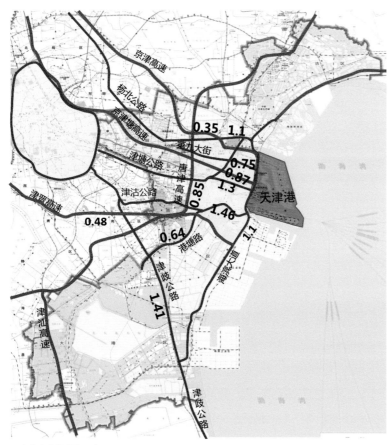

天津港疏港道路饱和度图
图片来源：天津市城市规划设计研究院

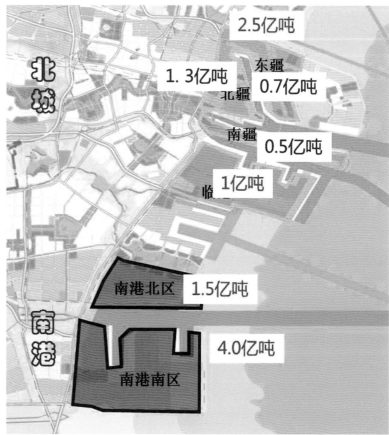

2030年规划港区吞吐量分布
图片来源：天津市城市规划设计研究院

第三节　功能区整合与空间结构优化

一、历史背景

2006 年，滨海新区被纳入国家发展战略，国家也对滨海新区提出了更高的要求。不仅明确了新区的功能定位，发展需求，而且提出了要深化行政管理体制改革，建立统一、协调、精简、高效、廉洁的管理体制。在此宏观背景下，为了破解天津全市中心城区单核集聚、滨海新区职能单一的问题，缓解突出的港城交通矛盾，天津市委市政府委托中国城市规划设计研究院开展了《天津城市空间发展战略研究》，明确提出了"双城双港"的总体空间战略构想。滨海新区作为天津的"双城"之一，规划按照"一核双港、九区支撑、龙头带动"的发展策略，充分发挥滨海新区的引擎、示范、服务、门户和带头作用，在加快天津发展，促进环渤海地区经济振兴，推动全国区域协调发展中发挥了较大作用。以此为基础，《天津滨海新区城市总体规划（2009—2020 年）》结合新区布局模式，按照强化优势、突出特色、产业集聚、城市宜居的原则，整合各街镇和功能区，提出了"一城双港三片区"的总体结构和"南重化、北旅游、西高新、中服务"的发展格局。此后，2010 年、2013 年两次总体规划修编，对空间布局结构进一步优化，通过优化区域生态体系，划分四大生态源区，进一步明确城市规划建设增长边界，实现了空间结构和用地布局的统筹和协调。

总体来看，被纳入国家战略十年以来，滨海新区城市发展取得了巨大成绩。2015 年新区常住人口达到 300 万人，GDP 总量超9 000 亿元，新区"多中心、多组团、网络化"的空间发展骨架基本成型，"城市区域"的特征也得到普遍的共识，其中总体规划对新区城市空间的组织引导发挥了重要作用。然而，随着 2013 年以来国内宏观经济形势的变化和新区行政管理体制"扁平化"调整的完成，滨海新区城市发展的重点也从单纯的"空间拓展"向精细化

的"区域治理"转变，原有基于区块划分的"一城双港三片区"的总体结构已不适应当前新区发展的新形势。在"分区治理"的宏观思路下，如何通过总体规划结构的调整引导分区结构趋于合理、行政管理更加高效，成为当前新区城市空间管控亟须解决的现实需求。

二、当前面临的问题

2010 年滨海新区行政管理体制改革，撤销塘沽、汉沽、大港三个城区的工委和管委会，成立滨海新区政府，成立城区管委会和功能区管委会。学习借鉴浦东新区的经验，新区成立了 19 个委办局组成的精简的新区政府。2013 年滨海新区进行新一轮行政体制调整，按照"行政区统领，功能区支撑，街镇整合提升"的总体思路，撤销塘汉大工委管委会，功能区由 13 个合并为 7 个，街镇由 27 个合并为 19 个。本轮行政区划调整完成后，新区减少了一个行政层级，在新区区委区政府的统一领导下，基本形成了"功能区 + 街镇"两大类次级行政管理区域，行政管理架构更加扁平化，一定程度上实现了"小政府、大社会、强基层"的改革目标。但与此同时，也一定程度上存在着街镇与功能区发展不均衡，边界重叠，人、事、财权不一致；次级行政区覆盖不全等问题，给新区的管理与建设带来了不便。

从 2006 年，滨海新区的五大功能区，到 2009 年新区空间发展战略的九大功能区，到 2012 年新区十二个功能区（九大功能区 + 三大经济区），再到 2014 年《深化滨海新区管理体制改革总体方案》中新区把 12 个功能区整合为 7 个功能区。短短 8 年间，新区的功能区无论从规模、数量，还是产业定位、空间拓展方面都在不断发生变化。期间，有的功能区被整合，有的功能区整合了其他功能区，以功能区为主导的切块分头发展的模式，一定程度上也暴露出功能

区规划管控上的不少问题。

（一）整体空间结构不清，布局松散，缺乏统筹

由于功能区一般是以产业活动的集聚为目的单独规划而成，因此相较于一般市辖区，其在城市体系中的独立性更强，受地方政府的调控更少，这种多元并存、切块分头发展的模式一方面有利于充分发挥次级发展主体的积极性，能够较好地支撑滨海新区经济总量的扩展，但同时也造成了滨海新区整体空间结构不清，布局松散，发展不够集约，许多功能区不够整齐，有许多飞地，如开发区是"一区十园"，高新区也分为三地。管委会本应是小政府，而过多的飞地造成管理的不到位和成本上升，以及与街镇的交叉。新区的开发建设呈现"遍地开花"的特征，以大规模的土地投入、资金投入支撑经济高速增长，延续了以往的粗放型开发模式。致使各开发主体用地拓展方向、产业布局、基础设施建设等诸多方面都是以本区利益最大化为导向，缺乏必要的产业定位和空间布局的协调，滨海新区整体上"统一规划、分区分步实施"的发展策略难以真正得到贯彻，造成了土地资源浪费和环境进一步恶化，从而降低滨海新区的可持续发展能力。

（二）功能区发展职能相似，产业关联度差，集群程度较低

目前滨海新区的七大功能区在产业集群上取得了一定的成就，但仅处于产业集群的初级阶段。现有功能区在产业定位上不够清晰，多数企业是通过政策优势及劳动力成本优势而入园的，有的企业甚至是地方政府直接投资创办的，这种企业的空间聚集不是以其内在机制和产业的关联为基础，所以根植性较差，经济发展后劲不足。另外，现有的七大功能区并没有从根本上解决产业的分工协作问题，相互依存、相互合作的专业化分工协作的机制尚未形成。最为关键的是，功能区各自孤立发展，致使滨海新区企业之间产品关联度不高，产业之间难以形成互动，直接影响集聚效应的发挥。

此外，以往功能区建设过多强调生产职能，造成滨海新区的公共服务设施体系不完善，城市载体功能较弱，许多高端的城市服务职能需依赖中心城区。据不完全统计，每日有20余万人往返于中心城区与滨海新区之间，已经形成了较大的通勤交通压力。此外，由于目前大多数功能区缺乏完善的居住配套和良好的生活环境，难以较好地吸引、留住人口，长远看不利于功能区由单一的产业职能向以研发、服务为主导的综合型功能区转型，一定程度上制约了产业功能区的可持续发展。

长期以来，街镇、功能区"切块分头发展"的模式，造成了两者在行政层级、管理架构、资源配置能力方面差距巨大。一方面，各功能区以经济发展为主要功能，行政级别高，经济实力强，资源配置能力高，但社会管理职能较弱。另一方面，街镇统筹经济和社会发展，但行政级别偏低，经济和资源配置能力较弱，且现有人口绝大部分集中在街镇，包袱比较大，导致经济社会发展偏慢。街镇与功能区发展的不均衡使新区空间发展整合效应被很大程度上削弱，这种方式也许能支撑滨海经济总量的发展，但难以实现滨海发展水平质的提升，也很难实现滨海辐射与带动的目标。国发〔2006〕20号文件指出"统一规划，综合协调，建设若干特色鲜明的功能区，构建合理的空间布局"是推进天津滨海新区开发开放的主要任务之一。从目前来看，如何通过空间规划的控制引导，进一步整合功能区，向综合型城区转型，统筹协调功能区与街镇之间的关系，实现滨海新区内部空间资源的整合与重组，是滨海新区未来发展亟须解决的重要问题。

三、先发地区经验

（一）深圳经验

深圳作为现代城市治理的先行地区，在三十余年的城市发展历程中，始终将行政区划变更作为影响城市空间资源重组与提升的重要手段。为有效控制和引导区划调整，迫切需要城市规划通过空间结构、功能布局、战略节点、预留弹性、超前配置等手段对城市未

1980—1990 年特区行政区划图

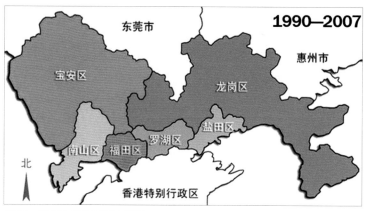

2007—2015 年深圳市行政区划图

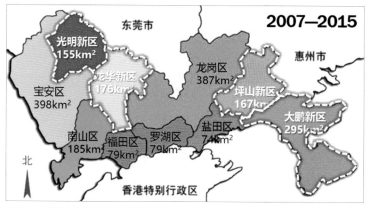

1990—2007 年深圳市行政区划图

本页资料来源：深圳市城市规划设计研究院

来发展的诸多不确定性进行提前布局和引导。城市的快速发展和土地资源的可控为城市规划提供了实践平台，这一阶段的城市规划表现出很强的先导、主导和统筹作用，对后来的城市发展和规划编制起到了"定调"的作用。例如，"1986 年总规"首次提出多中心组团式带状结构，规划了东步、上步、福田、沙河、南头等五个城市组团，极大地适应了当时深圳以设立 5 个独立运行的管理区，采取"政企合一"负责经济、社会管理的城市治理模式，对城市建设初期的超高速发展起到了积极作用，也奠定了深圳规划在中国城市规划的历史地位。"1996 年总规"首次将城市规划区拓展到全市域，在"1986 年总规"基础上将特区组团带状结构进一步完善为轴带结合、梯度推进的全市组团结构，适宜了"宝安县"撤县设区后城市高速增长时期的空间拓展需求，划分六大辖区，基本确立了深圳城市发展的骨架，也为后来特区外新城发展埋下了伏笔。2007 年版总规以"多中心多组团"进行布局，引导行政区划以"新功能区"进行整合，在六大行政辖区的基础上增设四个新型功能区，功能区也是行政区，下辖街道，既负责经济发展，也管社会事务，开启了深圳市"一级政府，三级管理"的行政管理体制改革新篇章，为进一步优化城市治理提供了重要的制度平台。

（二）浦东经验

与深圳相比，浦东新区无论是在行政架构上还是发展历程上都与滨海新区存在更多的共性。对于诸如浦东、滨海这样的历史相对较短的国家级新区来说，在管理机构上，一般是按照城区、开发区、远郊镇分别设置的。管理体制上的分割，一定程度上造成城区、开发区和周边各镇在规划建设、产业发展、社会管理等方面的不衔接，不协调。浦东早期这个问题也比较突出。为解决这一问题，促使城区、开发区、郊区实现"三块合一""二元并轨"。从 2004 年 9 月开始，浦东新区以建立健全功能区域管理体制为主要内容，探索形成职能互补型的行政管理体制。在全区组建了陆家嘴、张江、金桥、外高桥、川沙、三林等 6 个特色鲜明的功能区域，成立功能区党工委、

1992 年版浦东新区城市总体规划
资料来源：中国城市规划设计研究院

管委会，分别作为区委、区政府的派出机构，行使功能主导、统筹发展职能。功能区域管理体制的最大特色在于探索构建了一种互补、高效率的行政管理架构。

与功能区域相对应，浦东区级层面、街镇层面和开发区的职能、事权也进行了调整。区级层面通过部门事务重组，进一步强化公共政策、发展规划、就业保障、社会事业、环境保护等方面的指导、统筹和监督职能，而经济管理、城市管理中一些操作执行层面的事务则下沉到功能区域，以贴近服务对象、提高服务效率。街道层面则通过改革财政保障体制，建立全额财政拨付和部门预算管理制度，使基本公共支出与招商引资脱钩，进一步强化社区管理和公共服务职能，而街道转移出来的经济职能则由功能区域承接。通过建立功能区域，不仅为区域统筹发展提供了体制保障，也为政府转变职能、提高效能创造了新的空间。

2010 年以后浦东发展进入了第三阶段，随着南汇区整体并入新区，原六大功能区域无法涵盖整个城市区域，功能区域撤销，行

政架构回归了区直管功能区、街镇的模式。由浦东新区政府直接管理 12 个街道、24 个镇、8 个功能区，统筹成本高，发展难度大，行政效率受到影响。此外，与滨海新区一样，开发园区大范围飞地扩展的趋势明显，一定程度造成了产业布局分散、管理边界交叉等问题。目前，浦东结合规划空间结构的调整正在进行新一轮制度设计，计划形成十大功能片区，加强区域统筹，未来引导区划变更调整。

总体来看，各副省级城市、国家级新区均为区域发展重心，在体制机制方面不断创新。对于滨海新区而言，虽然目前受直辖市下不能设市的法律限制，但随着经济规模和人口规模的不断扩大，发展的趋势无疑是进一步加强整合，形成若干规模较大、行政层级较高、统筹能力较强的发展主体，带动城乡一体化发展。

四、规划策略

城市总体规划在满足滨海新区经济社会发展需求的同时，也要引导区域行政体制改革的方向。

（一）深化行政体制改革，明确功能区法律地位

功能区即各类开发区，改革开放 30 年来，功能区发挥了巨大作用。但直到目前，我国还没有明确的针对功能区的相关法律法规。虽然有天津市人大颁布的《天津经济技术开发区管理条例》等地方法规，但由于缺少全国人大或国务院等支持，在遇到具体问题，国家部委、最高法院不承认功能区管委会是政府。目前，虽然有一些学者进行了相关研究，但就功能区管委会是政府派出机构，还是法定机构的问题尚没有达成一致意见。滨海新区作为全国综合配套改革配套试验区，针对功能区发展存在的问题，应从自身问题出发，加大行政体制改革力度，明确功能区法律定位，在借鉴深圳、浦东等先发地区经验的基础上，为进一步完善城市治理提供制度平台。

（二）次级行政区域全覆盖

在明确功能区作为一级政府的合法地位的基础上，整合现有功能区及街镇，实现新区范围内次级行政区域全覆盖。其中，港区未

覆盖部分建议划归东疆保税港区统一管辖；IT园填海部分划归寨上街统一管辖；独流减河与北大港水库建议建议成立北大港国家公园管理处进行统一管辖；东丽湖、无暇街、军粮城、葛沽部分近期建议仍由东丽区、津南区管理，远期逐步纳入新区。

（三）明确功能区与街镇管理边界

合理划分街镇与功能区的权责。在现有行政区划基础上适度整合，明确功能区与街镇交叉重叠区域的行政管理主体：原则上功能区与街镇交叉区域由功能区统一负责经济、社会管理；功能区飞地型区域（新兴产业区、慧谷、现代产业区）由功能区配合，街镇统一负责经济、社会管理。

（四）重构空间发展格局

落实全市"双城双港、相向拓展、一轴两带、南北生态"的空间发展战略，积极融入京津冀空间布局，深化新区"一城双港、三片四区"的总体结构和布局，按照中央城市工作会议"统筹生产、生活、生态三大布局，提高城市发展宜居性"的总体要求，统筹产业和生活、统筹城市和乡村、统筹街镇与功能区，构建分工明确、有机联系、功能互补的新型空间与功能体系。目前，正在进行规划方案比选，其中有"一主三辅五区七园"和"一城双港四辅五区三园"两套方案。

1."一主三辅五区七园"的城市总体空间布局方案

（1）"一主三辅，全面提升"。

以原塘沽城区、开发区东区、中心商务区、海洋高新区以及中部新城北组团等为主，建设滨海核心城区，打造与天津市中心城区并列"双城"之一，高标准建设滨海核心标志区，充分发挥其对周边地区的辐射与引领作用。结合行政区划沿革、人口分布、基础设施建设、公共服务设施配套水平，在滨海北翼（生态城、原汉沽城区）、南翼（原大港城区、中塘东区）及空港地区（含华明镇、东丽湖、高新区未来科技城、开发区西区），综合划分生态城——汉沽、大港、空港三大辅城区，重点强化核心区对接，完善公共服务

职能，提升基础设施水平，有序推进新城区建设与旧城区改造，有效承接天津市中心城区人口疏解和功能外溢，尽快形成集聚效应和吸引力，打造环境优美、宜业宜居的活力辅城。

（2）"五区支撑，升级转型"。

以集约、高效、安全为目标，合理划分天津港港区、东疆产业区、临港经济区、南港工业区、大港油田五大产业区，明确港城、产城界面，推动北港搬迁，加快南港聚集，尽快实现重工、石化等企业向工业区集聚，全方位加强安全保障，高标准建设安全滨海。

（3）"生态七园，蓝绿交融"。

全面落实京津冀协同发展构建一批环首都国家公园的要求，在北大港水库、官港森林公园、北三河郊野公园的基础上，成立三大生态园区，以构建国家公园为目标，完善区域生态服务功能，构筑蓝绿交融的生态体系。立足生态保护，发挥农业特色，以小王庄、太平、中塘西区、杨家泊、茶淀等涉农街镇为基础，划分四片田园小镇地区，综合提升农业和农村发展水平，建设美丽镇村，推进城乡统筹协调发展。

2."一城双港四辅五区三园"的城市总体空间布局方案

（1）"一城双港"。

"一城"即"滨海核心城区"，功能定位为新区行政办公、商务金融、航运服务、教育研发、医疗卫生、文化体育等生产和生活服务业高度集聚、富有活力的国际化创新型宜居生态核心城区。"双港"即海、空两港及海港的南、北港，重点围绕"一带一路"、自由贸易试验区、京津冀协同发展三大战略，综合提升区域枢纽功能，打造海空辐射双引擎，建设北方国际航运和国际物流中心。"一城双港"是滨海新区的城市主体和主要特征。

（2）"四辅"。

"四辅"是指在新区南北两翼形成的四个综合城区。北部为生态城、汉沽城，南部为大港城、大港油田城。四个辅城区沿海岸线南北分布，围绕产业定位，加快城市功能建设，带动城乡协同发展，

City
Region
Towards Scientific
Development
走向科学发展的城市区域

天津滨海新区城市总体规划发展演进
The Evolution of City Master Plan of Binhai New Area, Tianjin

与核心城区共同形成"一核集聚，两翼支撑"的总体发展格局。

（3）"三园"。

"三园"指在原北大港水库、官港森林公园、北三河郊野公园的基础上扩区构建三大国家公园，是滨海新区的生态本底空间最主要的构成部分。

（4）"五区"。

"五区"是滨海新区最主要的产业发展地带。规划在目前七大功能区的基础上进行归并整合，形成五个主要的产业功能区，包括空港高新技术区、滨海旅游区、东疆保税港区、临港工业区和南港工业区。

（五）引导未来区划调整方向

结合深圳、浦东经验，为高效、合理利用城市空间资源，滨海一方面要调整现有的分块状的发展模式，协调行政单元和功能分区的合理关系，整合发展要素和资源，改变现状多类型多层级行政区并存的局面，应参照副省级城市地区的管理模式，在新区政府和街镇之间适当增加行政层级，创新管理模式，区划向适度扁平的方向演变。另一方面，应结合城市总体空间格局，以前瞻性的规划布局

作为实现城市空间资源重组和提升的前提，远期逐步引导行政区划变更，实现规划与城市发展之间的良性互动，加强区域整合，带动城乡一体化发展。以适应区域均衡发展及行政管治要求为目标，减少行政区数量，进一步整合行政管理主体，建立公共资源配置与管理服务人口规模相匹配的行政管理体制。远期逐步实现新区由现状功能区、街道、镇多类型多层级管理主体并存的行政架构向"市—功能区 / 生态区—街道 / 镇—街坊（居委会）/ 村"的"一级政府，三级管理"的治理结构演变，通过功能区整合与行政体制改革，最终实现新区行政管理效能的综合提升。按照城市总体空间布局规划结构方案二"一城双港四辅五区三园"，即形成副省级滨海市，下设 16 个分区。其中核心城区面积约为 290 平方千米，下辖开发区、商务区、海洋高新和中部新城四个分区；四个辅城为四个行政区（下辖涉农街镇）；五个产业组团形成以工业、旅游为主要特色的综合型功能区；三个国家公园均以国有土地为主，面积均为 100 平方千米左右，人口相对较少，可以尝试以单一的国家管理处的形式进行管理。

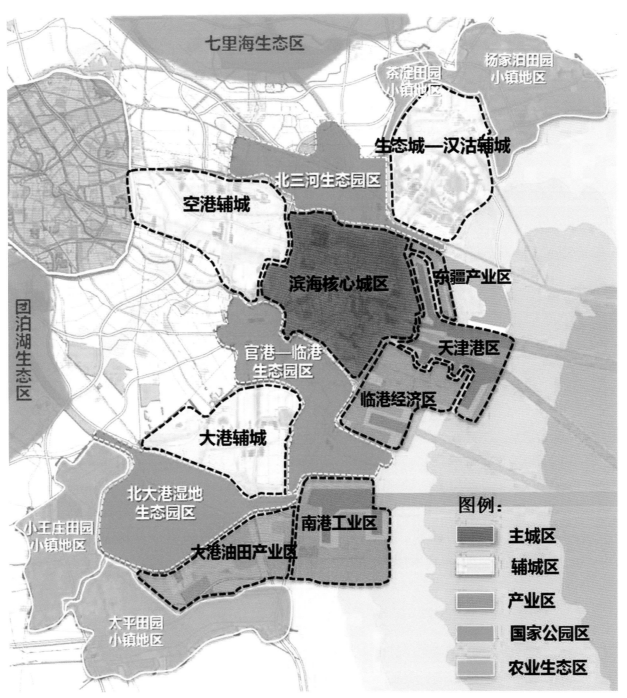

方案一："一主三辅五区七园"空间结构示意图

City
Region
Towards Scientific
Development

走向科学发展的城市区域

天津滨海新区城市总体规划发展演进
The Evolution of City Master Plan of Binhai New Area, Tianjin

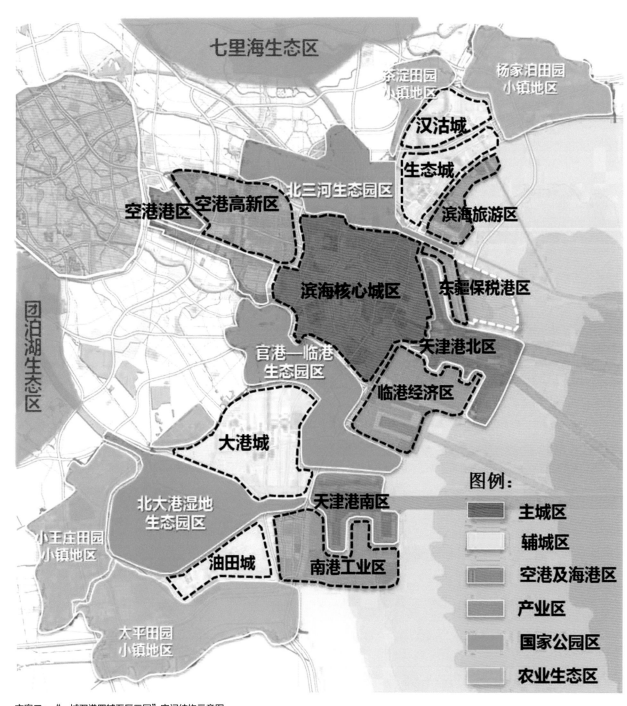

方案二："一城双港四辅五区三园"空间结构示意图

第四节　城市居住生活方式的创新

一、住宅规划设计与生活居住方式和生活质量

人居环境的核心是人，人居环境研究以满足人类居住需要为目的，这是人居环境科学研究的最基本前提之一。改革开放以来，随着经济的不断发展和技术的不断进步，随着住房制度的改革，中国住房建设快速发展，平均每年全国城镇住房建设量达到 5～6 亿平方米，农村住房建设量 8 亿平方米，人民的住房条件和交通工具发生了明显的变化，生活水平进一步提高，生活方式不断变化，带动生活质量的提高。

目前，中国城镇人均住房建筑面积达到 28 平方米，农村人均住房面积达到 34.6 平方米左右。虽然与美国人均居住面积 40 平方米、德国 38 平方米、新加坡 30 平方米相比仍然有差距，但已经超过香港地区的 7.1 平方米和日本的 15.8 平方米，居于世界较高水平。但是，与面积标准不相适应或匹配的是，住房的功能质量与发达国家相比有较大差距。2008 年，中国私人小汽车拥有量是每百人 1.5 辆，预计到 2010 年达到每百人 4 辆。在一些大城市中，每百人已经达到 10 辆。地铁的建设量和投入运营的里程不断增加，公交不断完善，人的出行方式和数量在增加，出行条件在改善。居住条件和交通条件的逐步改善可以说是我们国家社会进步的基础，功劳巨大。但是，认真思考，除住房价格高、质量差、交通拥挤、小汽车停车难等问题外，也产生了非常严重、影响深远的问题，如人的交往减少、城市特色缺失、老人住房缺乏等。

政策和房地产决定着规划设计，同时我们的设计在改变着人们的生活方式，也部分决定着人们的生活质量。世人称道的"美国梦"，由洋房、汽车和体面的工作构成，引导美国社会高水平发展了近百年，形成了目前美国的城市和区域形态，美国人的生活方式。英国人大部分住在地方当局营造的简易住宅（Council Houses），以公

共交通作为主要出行工具，不失绅士的生活方式，恬野宁静。彼得·霍尔经过美国 10 年的生活，认为与美国比起来，英国中产阶层的生活质量不如美国中产阶级的生活质量高。当然美国人的生活也面临许多困惑，如经济危机、医疗保险的难题，包括生活的不方便，所谓买一支牙膏都需要开车的状况，以及人均汽油消耗量是欧洲的 3 倍的事实。但是，美国和英国的经验表明，住宅的规划设计可以在改变人的生活方式上、决定人居环境的生活质量上发挥很大的作用。

住宅是文化，是人居环境，不只是居住的机器。住宅区规划设计是我们的强项，但要认识到，体面的住宅，体面的工作，体面的教育、医疗等，都是我们规划设计必须考虑的问题。下一步，如何进一步提高生活质量、住宅质量，规划设计可以发挥更大的作用，特别是在住房政策制定、住房类型和模式等方面发挥主导作用。

二、住房政策设计和中产阶级住宅

住房政策是影响住房问题的关键因素之一。改革开放以来，住房商品化和分配制度改革，使中国城市住宅建设持续快速发展，居民住房条件总体上有了较大改善。但另一方面，一直没有形成比较完整的国家住房政策和思路，大部分只是一些具体的措施。城镇廉租住房制度建设还相对滞后，经济适用住房制度不够完善，政策措施还不配套。对房地产市场，特别是飞涨的房价，缺少有效的调控手段。现在，解决城镇中低收入家庭住房困难作为政府公共服务的一项重要职责，正在加快建立健全以廉租住房制度为重点、多渠道解决城市低收入家庭住房困难的政策体系。下一步，应该帮助刚参加工作的年轻人、中等收入家庭获得合理价格、质量的政府住房。要建立适宜和体面的住宅模式与住宅政策体系。

对于面最广、量最大、决定了中国大众的居住方式和生活质量

的中产阶级住宅的政策设计，目前存在不同的看法。中国过去完全福利住房分配制度，由于住房供应不足，造成社会住房困难。改革开放后全部市场化，20年的时间，中国大部分中产阶层城市居民的住房条件获得了改善。

对于中产阶级住宅的政策，国际上的做法不同，新加坡、中国香港和日本采取全部政府或信托公司建设，控制售价的住宅产品，住房需求者采取排队和抽签的方式优先购买。新加坡由于比较小，政府计划好，住房需求者一般都能得到机会。中国香港和日本由于住房相对少，暂时没有机会购买的人群通过租房解决居住问题。总体来看，新加坡、中国香港和日本的住房形式相对单一。美国则大部分市场化，住房形式多样，一部分人选择长期租房。英国有许多政府住房形式，如郡议会住房、市议会住房等，可供选择，也保证了住房的多样性。

中国改革开放以来的住房政策应该说是非常成功的，在20年内改善了大部分人的住房条件，是巨大的成就，不能随便改变。学习借鉴国外的经验，可以完善我们的政策。有人提出，不是所有的中国人，中产阶级都要自己购买住房，可以租房。这是一个好的意见，应该在公积金制度设计完善和住宅产业政策上给予支持，鼓励租房人的积极性和保证有合适的出租住房满足需求。有人提出，土地出让金分年度交纳，应该是合理的，但与目前各级政府的财政运作相关，要认真研究决定。有人提出政府应负一部分责任，也是政府必须要做的，但一定要掌握好分寸，决不能回到政府福利住房的老路上去。

中国在全球经济风云变幻下，确保社会稳定、安全健康、百业兴旺、文化科学繁荣、良好的居住是一个重要的保障。只有在这种情况下，才能促使思想进一步解放，科技人文进一步创新，城乡进一步昌繁，广大人民群众诗意地、画意地栖居在大地上。

三、天津滨海新区居住用地和住宅政策的创新

深圳特区在中国土地使用权转让和商品住宅建设等重大问题上取得了历史性的突破，使中国的改革开放前进了一大步。滨海新区作为科学发展观的排头兵，应该在住房制度上进一步进行创新，探索新的居住模式和新的政策，解决当前普遍存在的住宅问题，是历史赋予的责任。

结合自身的实践和目前国内研究的成果，我们正尝试在滨海新区住宅专项规划中进行探索，努力在城市规划和土地管理上改革创新，进一步完善先行的制度和政策。总体来看，改革应该是渐进的，是对目前中国完全住房制度和政策的微调，仍然是完全市场化的住房制度和政策思路，主要是要加强政府的引导。

改变过去规划用地划分标准中单纯按居住形态的所谓一、二、三类居住用地划分，形成与政策相关的居住用地划分，初步设想包括公共住房用地、出租住房用地、商品住房用地等。与之配套，形成土地使用权转让、公积金设计、建设管理等方面的系列改革。

公共（政府主导）住房用地。在每个组团，规划政府主导住房用地，占组团居住总用地的30%左右。以基准地价、建安费用、税费和管理费或称固定收益作为销售价格，随组团开发进度按年度推出，引导组团区片住房价格在合理的范围内变化。建安费用的标准确定要根据当时的各种因素来考虑，中上等水平，保证质量，引导消费。可以是信托国有公司建设，也可以限价招拍挂，由民营企业运作。是对目前限价商品房的改进，体现政府对住房建设和价格的主导作用。目前，在滨海新区的"十大战役"中，由国有公司开发建设的部分住宅准备采用这种形式。

出租（只租不售）住房用地。在市中心等生活方便的地方或组团，规划保留总居住用地的10%作为出租住房用地。土地出让金按年度交纳，可以用公积金进行建设和管理。目的是作为市场出租房的补充，并控制租金价格合理调整，体现政府对住房出租价格的调控作用。

商品（完全商品）住房用地。大部分是完全商品住房用地，土地招拍挂溢价作为政府收益，用于公共事业建设。可突破目前所谓"70，90"限制，在一些风景区周边用地可以建设独立或联排住宅，鼓励多样性。通过税收，对大户型进行调节。完全商品住房建安费用可以选择更高标准，或略低于公共（政府主导）住房的标准，由市场来确定。

以上三大类是在城市组团中的居住用地，改革创新的另一个重点是对三大类居住用地在空间上的定位和保证。同时，考虑社会保障住房的合理布局，规划要求在公共住房用地和商品住房用地中，要有5%的开发量（居住建筑面积）作为社会保障住房。

在以产业用地为主的功能区，除规划具有一定规模、合理的居

滨海新区保障房建设情况
图片来源：天津市城市规划设计研究院

建设公寓
图片来源：天津市城市规划设计研究院

住区用地外，还要考虑就近原则，规划主要是为产业工人、管理人员使用的公寓用地，包括白领公寓、蓝领公寓、建设公寓等。因为本质上没有区别，我们设想把蓝领公寓用地和白领公寓用地统一为产业区居住用地。服务半径以步行和自行车15分钟为分区，每个产业区居住用地规模0.1平方米左右，人均10平方米建筑面积，1.5万人左右。户型有每室6~8人公共卫生间、每室6~8人室内卫生间以及青年夫妇无子女等房型，配套以商业、饮食、网吧、卡拉OK、体育活动等为主，考虑未来转变为一般居住区的可能，包括预留幼儿园、小学等配套设施用地，建筑房型可调整等内容。

建设公寓是一种新的居住类型，主要为建设期间的农民工服务。目前，中新天津生态城已经建设完成了建设公寓一期，农民工的居住环境有很大的改善，安全卫生得到保证，可以洗热水澡。建设公寓与蓝领公寓相比，主要区别在于它的临时性，当一个区域建设完成后，建设公寓即可以拆除。因此，建设公寓用地可以结合预留的配套公共设施用地来建设。

新农村农民住宅用地。滨海新区作为一个城市区域，在新农村建设方面具有优势。目前，以宅基地换房的工作正在全面展开，取得了很大的成绩，既解决了农民向城市化的转变，避免了城中村情况的出现，也为产业发展提供了成片的土地。在不增加农村建设用地指标的情况下，通过集约建设农民住宅，把节约出来的建设用地市场化开发，使整个项目具有经济的可行性。考虑农民的生活习惯和未来就业、收入的保障，规划有经营性房屋等不同于城市居住区配套指标的要求。

特殊类型居住用地，包括老年住宅用地和旅游住宅用地等。随着经济发展和社会进步，会出现许多新的居住需求，这些需求也要不同的配套服务设施，也需要有不同的策略回应。如老年住宅，随着中国老龄化社会的快速到来，老年住宅是必须提前考虑的大问题。老年住宅用地选址一定要在医疗设施周边，或是在风景区周边和疗养设施周边。同时，随着收入的增加，第二套住宅，特别是休闲旅

游地产的发展，其配套设施的要求与城市居住区有很大的区别，应单独规划用地，给出适应的指标。

总之，居住用地的划分和配套政策，特别是在规划、控制性详细规划中把各种居住用地落位是保证住房改革创新的前提，也是实现"住有所居"理想的保证。

四、住宅类型、居住的聚集程度和生活服务配套

居住模式，包括住宅类型。聚集程度、配套形式、社区管理方式等，是决定中国城市发展质量的非常重要的一个问题。

住宅类型的多样化是提高居住水平和生活质量的要求，也是城市文化发展的要求。日本著名建筑师隈研吾在其著作《十宅论》中，将日本住宅分为十类，认为住宅是日本文化的组成部分。中国传统民居的多种多样，造就了各具特色的城市和地区，也成为地方文化的重要代表。目前，在市场的带动下，中国住宅建筑采用了基本统一的建筑类型，越来越多的高层住宅开始流行，特色缺失，造成全国城市的千篇一律和整个人居环境品质的下降。当然，中国人口众多，土地资源紧张，住宅建设要考虑节约土地是事实，但不论城市还是郊区甚至农村，是否都要盖高层住宅，是我们必须认真思考的问题。中国香港、新加坡采取高层高密度住宅，因为它们都是城市国家或地区，土地狭小。即使日本，目前，仍然有45%左右的是独立住宅。事实上，通过合理的规划设计，在一定的密度条件下，我们可以创造一个更好的丰富多样的居住建筑类型和更好的居住环境。

天津是个有住宅建筑类型多样性传统的城市，既有中国传统的院落式住宅，又有从西方引入的独立住宅、联排住宅、花园住宅、公寓住宅等多种形式。开发区生活区在最初的规划时，继承了天津中心城区亲切宜人尺度的优良传统和建筑的多样性。塘沽区老城区历史上也是宜人的尺度，包括街道和建筑。但是随着房地产的发展和房价的快速上升，开发商的影响力不断加大，政府也屈服于土地出让金大幅增加的好处，因此，住宅用地的容积率不断上升，住宅建筑都成为20～30层、100米高的塔式或板式高层，20～30幢

高层住宅堆积在一起，形成了目前典型的居住环境。虽然建筑立面有变化，实际居住建筑的类型简单划一，居住的品质以及城市的品质极度下降。目前，滨海新区面临着居住用地容积率过高的问题，而且趋势越来越严重，包括中新天津生态城，容积率都在2左右，全都是高层居住小区。

我们希望把天津亲切宜人尺度和居住建筑多样性的优良传统延续下去，使人居环境的理念变成现实，这需要一个非常大的改变，关键是要对住宅用地的容积率进行合理的控制。住宅类型的多样性与开发强度有很大的关系。过去，以多层为主、少量高层的居住区的毛容积率在0.8～0.9左右，像华苑居住区等。目前，联排花园住宅小区容积率可以达到1.0，多层为主、少量高层的居住小区的容积率可以达到1.1～1.5左右，要严格限制居住用地容积率超过2，这对城市居住品质非常重要。

有人片面讲中国人多地少，要节约土地，因此，容积率越高越好，不知是认识的片面，还是在为开发商摇旗呐喊。又有人鼓吹"紧凑城市"，实际上，紧凑城市是针对美国的蔓延发展而产生的概念，但我们的问题是现在的城市已经过度的密集，应该适当地疏解，以达到合理的密度。讲TOD的概念，以公交为导向的城市区域，公共交通的经济效益，也是需要合理的密度，而不能过度地聚集，否则也会带来服务水平下降的问题。随着商业服务业和交通方式的快速发展，居住的聚集程度已经不是影响配套水平的主要问题，特别是在大城市边缘的城市区域，商业服务业和社会事业已经不是影响社区发展的主要问题。合理的密度、良好的环境则越来越重要。

中共十七大报告中提出加快推进以改善民生为重点的社会建设："优先发展教育，扩大就业；深化收入分配制度改革，增加城乡居民收入；建立覆盖城乡居民的社会保障体系，健全医疗卫生制度，完善社会管理……。"国家公共政策关注社会公平和社会和谐，提倡构建节约型社会，构建适宜的人居环境，构建多层次住房保障体系，这是人的基本生存条件。随着经济的进一步发展和社会的不断进步，根据马斯洛的需求层次理论，人的基本温饱需求满足后，

就需要更高层次的社会交往和精神需求。因此，住宅的多样化、居住环境的美化和交往空间的创造、生活配套设施的完善和社区的民主管理等是中国住宅建设当前就要主动考虑的问题。合理的聚集程度、完善的社会配套服务、良好的环境和合理多样的居住形式，如城市公寓住宅、合院住宅、联排住宅、花园洋房，包括独立住宅等，是提高我们生活质量的必备条件。

五、滨海新区规划对职住平衡的考虑

马克思指出，劳动力的再生产是经济发展的核心问题。适宜的居住条件是提高劳动力再生产质量的重要因素。而住房质量、区位、配套设施是影响居住条件的三个相互交织的因素，也使得住房的选择成为一个人、一个家庭重要的问题，在不同的阶段会对三个因素有不同的次序要求。个人的需求最终形成复杂的社会需求和问题，规划应该给予足够的重视。

改革开放初期，中国各种各样的开发区涌现，成为城市发展的重点地区。当时，认为开发区应该以工业为主，因此，在规划中生活配套缺乏。农民工绝大部分住在工厂内，条件较差。而城市户口的工人、管理人员大部分仍然住在老城区，造成长距离的通勤。随着城市的进一步扩大，通勤的距离越来越长，缺少合适的住房，成为影响经济发展的共性问题。目前，虽然经济社会发展了，人们的生活水平和居住条件有极大的改善，但我们在规划中对产业工人的居住问题考虑得还是不够。拿曹妃甸首钢新的 1000 万吨炼钢和薄板项目来说明，虽然项目是循环经济，也是成本最节约的规划设计，但由于对职工居住的考虑不足，造成大规模职工住宿舍，每周长时间通勤，必然会影响企业的发展和效益。

天津滨海新区同样面临着这样的问题，而且更加突出。虽然有塘沽城区作为依托，但天津经济技术开发区距中心城区 40 千米，许多管理人员和技术工人仍然住在中心城区，每天约 10 万人长距离通勤成为影响滨海新区企业发展的一个主要问题。交通成本高，

比如，丰田汽车每年的班车费用高达 1 亿元人民币。而且，有时受气候影响，造成高速公路封路或堵车，会严重影响到企业生产线的运转。随着开发区生活区的建设和环境的改善，一些年轻夫妇开始在开发区安家置业，但到了孩子上学的年龄，为了孩子有更好的教育，又搬回了中心城区。同时，由于房价高、经济性住宅建设量少，许多人在开发区买不起住房。特别是一些外来工人，经过多年的努力，已经成为企业的技术骨干，结婚生子。没有合适的住房，成为影响骨干职工稳定的不利因素。

我们在新一轮规划中认真考虑职住平衡问题，力求每个组团内达到就业和居住的基本平衡，完善配套设施。对传统的产业区和产业组团，如开发区、开发区西区、空港加工区、滨海高新区等，在保证产业发展用地、蓝白领住宅用地的前提下，尽可能多地安排居住用地，提高配套标准，营造良好的自然环境。而且在其周边布置城市生活区，与产业区功能互补，弥补住宅量的不足。开发区西区、临空产业区、滨海高新区共同构成临空高新产业组团，与海河南岸的无瑕—葛沽组团、海河中游地区组成的生活带均衡联动发展。对于用地规模巨大、以重型装备制造业为主、区内不适宜规划大面积住宅的临港工业区，规划利用其西侧盐田建设配套城市生活组团，实现生产、生活的均衡发展，也提供城市开发高收益与填海造陆高投入、产业用地低地价的综合平衡。对于以石化产业为主、有一定污染可能的南港工业区，规划结合大港老城区，规划南港生活区，在空间上保证良好隔离的同时，规划快速公交等，保证便捷的通勤需求。另外，在以生活居住用地为主的中新天津生态城和滨海旅游区，规划了一定比例的产业用地，为区域发展提供产业支撑，也取得职住平衡。即使在于家堡、响锣湾中央商务区，也规划了一定比例的住宅和公寓用地，取得职住平衡，也避免晚上形成"鬼城"，保证城市中心夜间的繁华。在天津港东疆保税港区 30 平方千米的范围内，也规划了 10 平方千米的生活配套用地，尽可能做到职住平衡，并且体现滨海城市的特点。

第五节　滨海新区人口、土地、住房发展研究

"人、地、房"是城市规划必须要考虑的内容，对规划人口的预测有传统成熟的方法，但一般很难做到准确，要进一步总结提升。土地是城市的空间载体，合理的人口密度、开发强度决定城市环境的品质，与城市的经济、财政收入、房地产经济关系密切。城市总体规划过去对三者之间的关系考虑不够，特别是对房地产的发展研究不够，做好"人、地、房"规划是研究城市规划深化改革的重要内容。

滨海新区是一个快速发展的新区，处理好"人、地、房"的关系对滨海新区健康持续和高品质发展十分重要。

一、现状

2015 年滨海新区常住人口 297 万，其中户籍人口 124.5 万，外来常住人口 172.5 万，十二五期间人口净增 49 万，年均增长 10 万，低于规划预期。

土地：2010—2013 年，新区共收储土地 152 平方千米（不含填海成陆域与已出让土地），出让土地 18.24 平方千米。年均土地出让 4.6 平方千米。

住房方面 2010 至 2013 年，新区累计开工建设住房 3 481 万平方米、销售 1 008.39 万平方米。住房年均开工建设 870 万平方米，年均销售 252 万平方米。

二、存在问题

（一）人口发展不足，土地与房屋交易遇冷

1. 人口增长低于预期，造成市场总需求下降

《滨海新区城市总体规划（2009—2020 年）》提出"2020 年新区常住人口规模控制在 600 万左右；2015 年规划末期，新区人口达 400 ～ 450 万"的规划目标。年均人口增加 30 ～ 40 万，年增长 10% 左右。

据滨海新区统计年鉴，罗列近 15 年人口统计数据，可以看出近 5 年新区人口增长放缓，与新区总规和住房"十二五"规划相差

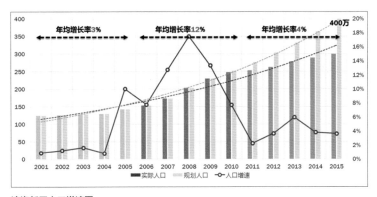

滨海新区人口增速图

本页资料来源：天津市城市规划设计研究院

新区三次产业结构比例（亿元）

年份	第一产业	第二产业	第三产业	比例
2009	7.43	2569.87	1233.37	67.44%
2010	8.17	3432.81	1589.12	68.25%
2011	8.82	4273.81	1924.15	68.86%
2012	9.36	4857.76	2338.05	67.42%
2013	10.07	5403.03	2607.3	67.37%
2014	10.95	5828.43	2920.77	66.53%

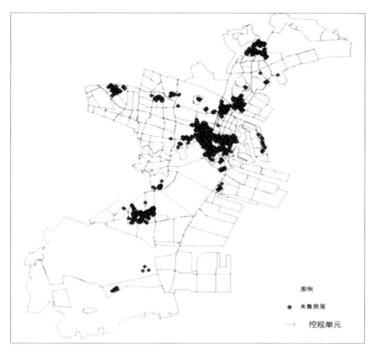

滨海新区新建各类商品房上市分布图

公市场尚处于培育期，库存写字楼主要集中在北塘街，中心商务区，空港和未来科技城等新城区域内，由于人口密度较低，产业集聚尚未完全成型，预计未来商业、办公去库存周期较长。

（二）配套设施建设不完善，制约人口集聚与住房消费

1. 核心服务设施未能满足民生需求

部分地区由于商业、医疗、基础教育等核心生活配套设施规模不足，且远离塘汉大现状公共服务辐射范围，造成人口生活不便利，房屋交易量低。例如医疗方面，滨海新区现状千人床位 5.48 张，

100 万 ~ 150 万人。人口增长未达预期，导致住房总需求规模趋减。

2. 人口素质不高，市场带动力弱

根据滨海新区统计年鉴得，2009—2014 年滨海新区产业结构中，第二产业一直处于 65% 以上，说明目前滨海新区是以第二产业为主。受二产主导影响，区内就业人口以初级工为主的产业工人居多，据调查，目前滨海新区初级工占总工人总数的 72%，中级以上职称不足 30%，购买力与就业带动能力有限。

3. 住房市场库存高、去化周期长

现状住房库存较高，住房库存全区各地均有分布，主要分布在塘沽、汉沽、大港老城和北塘，空港和未来科技城；由于商业与办

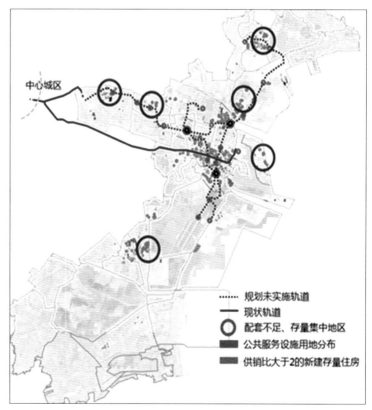

滨海新区待售房屋分布示意图

本页资料来源：天津市城市规划设计研究院

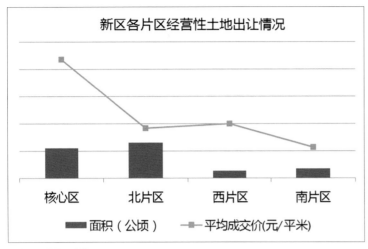

滨海新区土地出让情况

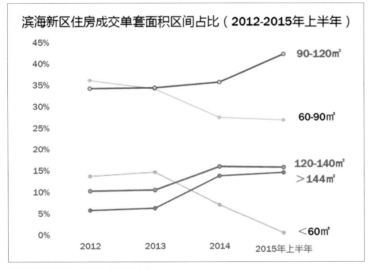

滨海新区住房成交单套面积区间占比

本页资料来源：天津市城市规划设计研究院

与此同时北京为 7.22 张，上海 7.11 张，天津市内六区 7.68 张，由此可见，滨海新区医疗卫生设施配置相对落后。

2. 轨道交通未按规划如期实施

部分新建区配套轨道建设滞后于住房建设，较高的通勤成本（金

钱和时间）进一步削弱了地区吸引力。目前新区轨道线 B1、Z2、Z4 线并未建成，与市区衔接只有 9 号线，相对滞后的轨道线建设影响部分地区的吸引力。

（三）资源供给有效性低，与市场需求衔接不足

1. 可控土地区位偏远，市场吸引力低

土地中心已收储土地主要分布在轻纺经济区、盐田，港东新城，汉沽东扩区及新建或非核心地区，周边配套设施相对滞后，土地价格较低，投入产出率不高，对开发商吸引力低。

2. 住房类型单一，不能适应多样化、高品质需求

房市多项利好政策与开放二胎政策等，改善型、多户型、大户型、豪华型、老少同住户型、养老型需求日趋增多，小户型成交占比下降。据资料显示，滨海新区住宅成交单套面积中，90 ~ 120 平方米户型从 2012 年的 34% 上升为 2015 年的 42%；120 ~ 144 平方米的户型从 2012 年的 10% 上升为 2015 年的 16%，144 平方米以上的户型从 5% 上升为 15%，而 60 ~ 90 平方米的户型从 2012 年 36% 下降到 2015 的 27.%。现状库存中 90 平方米以下的小户型住房占待售面积 26%，占比较高。

三、解决策略

（一）加快人口吸引，构建特色区域

借助京津冀疏解超大城市人口规模契机，加快加强吸纳优质人口。目前京津冀总人口达 1.1 亿人，根据规划 2020 年将达 1.23 亿人口，净增 1300 万人。滨海新区作为天津京津冀协同发展重要引擎，未来将会在产业融合、互动创新方面发挥重要作用。未来滨海新区将成为人口的主要流入地区。

结合产业类型，制订精准化户籍改革和人才吸引方案，至 2020 年吸引 4 类优势人群 90 万，其他养老及随迁人口 10 万，构建中产阶级为主的消费型社会。

① 本科及以上学历年轻人。主要特点：1981—1994 年出生，年龄 22-35 岁，至少完成本科 4 年学业，重点服务现代服务业与八大支柱产业。

② 进城务工年轻人。主要特点：85 后、90 后，完成中等教育，新生代农民工、随上一代农民工进城子女、临近年轻村镇农民，重点服务一般制造业与传统服务业。

③ 高净值人群与国际人士。主要特点：家庭具有一定资产的外籍人士，一般多为企业主或者跨国企业中高层。住房需求：投资需求、改善型需求、高端租赁需求，属于品质敏感型。

④ 养老人群及其他随迁人口。55 或 60 岁以上退休，随子女迁入养老或本地高端养老。住房需求：比邻子女，医疗、环境配套要求较高。

结合人群居住偏好，根据人均建筑面积大小，提供定单式商品房、刚需商品房、改善型商品房、青年公寓、享受型商品房、超豪华公寓、定制别墅和养老住宅 8 大类型住宅。

① 本科及以上学历年轻人。居住偏好：单身共享成长型需求、新婚刚需、改善房、学位房，对房屋性价比比较敏感，注重面积、户型和物业质量等。对此提供定单式商品房、刚需商品房、改善型商品房、青年公寓，以满足居住需求。

② 进城务工年轻人。居住偏好：刚需房、拆迁购房、学位房，属于价格敏感型。对此提供居住面积较小，价格相对低的订单商品房、刚需型商品房。

③ 高净值人群与国际人士。居住偏好：投资型、改善型、高级出租公寓，对住房小区环境、物业和文化较为看重，属于品质敏感型。对此，提供人均建筑面积较大，价位总体较高的享受型商品房、超豪华公寓、定制别墅等。

④ 养老人群及其他随迁人口。比邻子女，对医疗、生活环境与配套要求较高。对比提供专门养老型住宅。

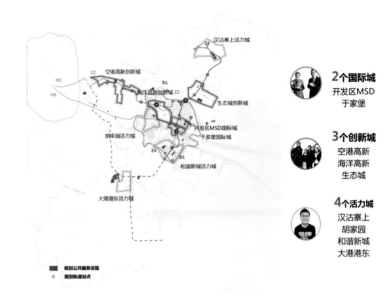

9 个特色区域布局示意图
图片来源：天津市城市规划设计研究院

结合人群区位偏好，构建 3 大类，3 个创新城、4 个活力城、2 个国际城共 9 个特色区域。

① 本科及以上学历年轻人。区位偏好：高密度、高资源聚集、知识高度密集的城市核心区域。借此，选取轨道站周边、临近学校、教育科研机构的地区打造创新城区。

② 进城务工年轻人。区位偏好：临近公路、轨道且具有一定生活休闲娱乐设施的城市边缘地区。借此，选取临近轨道线、一般娱乐场所、专业技术学校的地区打造活力城区。

③ 高净值人群与国际人士。区位偏好：具有高端稀缺资源聚集的城市核心区域。借此，选取近交通枢纽、高品质环境的城市核心地段打造国际城区。

④ 养老人群及其他随迁人口。考虑老年人多与子女同住或比邻而居，建议旧区插建、改建式，近期暂不强调成片集聚的养老布局模式。

City
Region
Towards Scientific
Development
走向科学发展的城市区域
天津滨海新区城市总体规划发展演进
The Evolution of City Master Plan of Binhai New Area, Tianjin

（二）优化供应布局

1. 以市场需求为原则，明确公共服务资源投放等级，提升空间供应有效性

（1）核心区域。

由于高产值、高房价、人口密度大、土地稀缺的特点，在投放土地时，应强化资源投放，确保资源投放的靶向性和有效性。建议：

① 轨道 B1、Z2、Z4 线交通站点半径 1 千米范围内，出让用地面积 80% 做小户型住宅，户均面积小于或等于 90 平方米

② 开发区与商务区每块土地出让至少 20% 户均面积大于或等于 150 平方米。

③ 开发区与商务区交通站点半径 1 千米范围内，开发商须持有 15% 面积作为出租用途，持有时间不低于 10 年。

（2）潜力区域。

对于中等产值、中等房价、人口密度适中、土地储备适量的潜力区域，应适当控制土地出让。结合人群设施偏好，打造特色主题空间，沿京滨发展轴布局特色设施，强化区域特色。

对于产值较低、人口较少、土地存量大、库存较高的控制区域，应控制土地出让，加快产业转型与人口吸引等。

2. 结合城区特色与公共资源投放分布，引导人口集聚，促进存量与新建住房消化

首先明确城市核心区域，确定一心——城市核心区，两轴——中央大道发展轴和海河生活服务轴空间结构。充分利用海河的历史文化资源，提升经济价值和景观价值，形成集文化、商务、娱乐、航运服务、金融、创意产业于一体的海河综合服务轴，同时沿中央大道发展轴汇集高级别公共中心，形成集科技研发、商贸研发、创新服务于一体的商务科技研发轴，体现滨海活力之都。

（三）合理确定土地出让和住房开发建设规模

住房方面，按照新增商品房为主，新增保障房和政策性住房为辅的方式供应。

方法 1：考虑到滨海新区住房政策对房地产市场的干预作用，2014 年和 2015 年的商品房和保障销量按照多项式回归预测对高低两种方案进行预测取平均值，2015—2020 年商品房销量为 1400 万平方米，保障房销量为 200 万平方米。供销比是指新建住房的有效供应和当期销售比值，供销比正常值为 1.5 ~ 2，考虑到滨海新区住房存量较大，供销比取下限 1.5 进行预测，根据 2020 年的预测销售量可预测两年合理的住房新增量在 2400 ~ 3200 万平方米之间。

方法 2：预测 2020 年滨海新区新增人口约 100 万人；按照第六次人口普查数据，滨海新区人均住房面积 28.70 平方米。因此，2020 年新增住房需求为 2870 万平方米。

方法 3：从人的购房需求出发计算如下表：

需求类型	计算过程	结果面积
改善需求	人均改善型住房面积 1 平方米 × 常住人口	300 万平方米
结婚需求	预测登记结婚对数 6 万 × 户均面积 80 平方米/户	480 万平方米
新增人口需求	新增人口 100 万 × 人均面积 15 平方米	1500 万平方米
城市化需求	农转非人口 3.7 万 × 人均 30 平方米	111 万平方米
投资需求	预测商品房销量 200 万 ×5× 比例 6%	60 万平方米
合计	累计求和	2391 万平方米

每种预测方法各有合理性和局限性，造成预测结果有所出入。考虑到新区住房存量较大，住房新增需求取平均值 2694 万平米预测。

住房"十三五"规划保障目标：新区新增人口的 40% 处于保障体系范围内。

"十三五"保障性住房需求规模：2694 万平方米 ×40% = 1078 万平方米。

新区定向安置房主要用于城市棚户区改造和示范小城镇收尾工作的定向安置。十三五期间的定向安置住宅约 156 万平方米。

新区 2015 年底户籍人口约 120 万人，共建设限价商品房 40 万

平方米，已基本满足需求；十三五期间新区户籍人口5年约增长12万人，限价商品房新增需求4万平方米。

参照《滨海新区定单式限价商品住房建设与管理办法》，定单式限价商品住房占新区住房新增需求的30%～50%，为702万平方米。

参照《天津市滨海新区保障性住房建设与管理暂行规定》，蓝领公寓人居建筑面积6平方米，白领公寓人均使用面积不高于25平方米。通过预测2020年蓝白领人数，2020年蓝白领公寓需求162万平方米。

公租房为不可售部分，参照国内类似城市以及地区经验，预测公租房建设量54万平方米。

综上，到2020年滨海新区新增住房需求2696万平方米，在去库存基础上，还需新建住宅1998万平方米，其中商品住房1227万平方米，保障房770万平方米。

用地方面。加速居住与产业相融合，提升生活服务职能，调整布局结构，完善住房体系，由过去的工业区转型为职住平衡、居者有屋的四个综合型生活片区。逐步搬迁与民居接壤的污染工业，提升改造已有城区，在功能区补充增加新的居住用地，将过去产住混杂、分布零散的居住区转型建设为多个以生产、居住、消费为一体的综合性片区。结合人均居住用地指标，至2020年，居住用地由现有的71平方千米，控制在105平方千米左右。

近期重点建设区域方面。主要分布于三条轨道线两侧，以及天碱、于家堡、汉沽东扩区、港东新城等重点建设区域。此外，还有棚户区改造、示范镇建设安置区域。

City
Region
Towards Scientific
Development

走向科学发展的城市区域
天津滨海新区城市总体规划发展演进
The Evolution of City Master Plan of Binhai New Area, Tianjin

第六节 城市安全专题

　　滨海新区作为一个石油化工产业发达的港口城市，历史上形成的许多化工厂和石油化学品仓库，随着城市扩展，毗邻城区，安全问题突出。城市、港口、工业交织，高危行业企业项目多、分布广，安全风险升势明显，2014年，滨海新区纳入《60个危险化学品安全生产重点县（市、区）名单》。依照《危险化学品安全管理条例》，第十一条要求："国家对危险化学品的生产、储存实行统筹规划、合理布局"，有必要结合总体规划编制，组织开展危险化学品企业调查评估，优化行业发展布局。

　　危险化学品是生活、生产必需品。20世纪80年代，环境风险评价（ERA: Environmental Risk Assessment）成为环境评价的一部分。1987年，欧盟通过立法对可能发生化学事故危险的工厂实施环境风险评价。1990，美国消防协会（NFPA: National Fire Protection Association），要求对重大环境污染事故隐患进行环境风险评价。90年代，世行、亚行都提出环评项目必须包含有环境风险评价章节。

　　查清危险源项。从危险化学品企业层面入手，查清危险化学品生产、储存和分布情况。科学评估风险。根据本地区的实际情况，如危险源、敏感源、气象等，科学评估风险影响范围。确定治理措施。采取必要的控项、隔离、搬迁等导控措施，逐片区实施治理，优存量、控增量，规范行业发展。优化行业布局。在城乡规划编制中，按照确保安全的原则，"规划适当区域专门用于危险化学品的生产、储存。"（《危险化学品安全管理条例》，第十一条）与重化工业、生态空间统筹布局。树立良好形象。深刻汲取天津港"8·12"事故教训，提高安全发展的水平，建设美丽新区。

一、危险源调查分析

（一）危险源分类分级及影响半径

　　危险源的分类按照生产、储存、设施和其他来对新区的危险企业分成四类：生产类是指具有火灾、爆炸、中毒危险的生产场所，包括危险建（构）筑物。储存类是包括易燃、易爆、有毒物质的库区（库）、贮罐区（贮罐）以及装有甲、乙、丙类液体以及引燃、助燃气体和液化石油气；可燃材料堆场。设施类以燃气储备、输送管道和各类燃具为主的公共设施和以油库、油储罐和加油站为主的燃料储备和供应系统以及大型城市公用设施和医疗设施，同时还包括室外救援场地、回车场及绿化率等设施配置相关问题。其他主要是指危险品的运输与停运等非固定危险源。

　　国家按照《危险化学品重大危险源辨识》（GB18218）标准对危险化学品重大危险源进行辨识和监管。天津市津安监管三〔2014〕55号《天津市安全监管局关于印发天津市危险化学品企业分类分级监督管理办法（试行）的通知》，对天津市危险化学品企业按照企业的危险性大小分为A、B、C三类。A类企业：具有危险化工工艺或重大危险源的危险化学品企业；B类企业：除A类企业以外的危险化学品生产、使用企业以及带有储存的经营企业；C类企业：纸面办公经营危险化学品的企业。重点关注滨海新区的A类危险化学品企业，并将A类中的重大危险源与其他非重大危险源进行细分研究，结合新区工业结构，通过抓重大危险源和具有危险化工工艺的化学品企业的安全生产，来遏制较大以上危险化学品事故。

危险源影响半径并没有明确的要求，梳理安全距离有关概念，包括外部距离、防火间距、安全防护距离和安全距离等几种，分别在不同的应用范围内提出将危险设施边缘到防护目标边缘作为距离起止点，主要用于保护居住区、工业企业和其他设施等作用。按照《危险化学品企业经营开业条件和技术要求》（GB18265—2000）中提到的"大中型危险化学品仓库应与周围公共建筑物、交通干线（公路、铁路、水路）、工矿企业等距离至少保持1千米"要求，暂以1千米为基本防护距离要求。《天津市城市规划管理技术规定》也提出"石油库与城市居住区、大中型工矿企业和交通线路以及其他设施、场地的安全距离应当符合规定。"

（二）危险化学品企业分布与片区风险分析

设置1千米、2千米、3千米的缓冲区对重大风险源和其他A类企业进行分析，1千米缓冲区覆盖面积达到328平方千米；按汉

沽、西片区、塘沽、临港、大港和南港六大片区解析危险源对敏感目标的影响。敏感目标依据可接受风险程度分类，高敏感场所（如学校、医院、幼儿园、养老院等），重要目标（如党政机关、军事管理区、文物保护单位等）；特殊高密度场所（如大型体育场、大型交通枢纽等）；一般敏感场所包括居住类高密度场所（如居民区、宾馆、度假村等）；公众聚集类高密度场所（如办公场所、商场、饭店、娱乐场所等）。因此确定本次研究的重要保护目标主要为人群集中的居住、学校和医疗场所。新区现状居住用地84.7平方千米，医疗卫生用地1.2平方千米，中小学校用地4.6平方千米。

（三）危险管线分布与分析

危险管线数据来源于近年滨海新区相关规划建设资料和相关部门及企业调查阶段成果。依据《城市工程管线综合规划规范》，确定评价重点为油气管线、高压燃气管线和工业管线等危险管线。调

关于危险源影响半径相关概念与标准列表

相关概念	概念来源	应用范围	距离起止点	防护目的	防护目标
外部距离	GB50089-2007 GB50161-2009	民用爆破器材及烟花爆竹企业	危险设施边缘到防护目标边缘	人员生命财产安全	居住区、工业企业和其他等设施
防火间距	GB50016-2006等工程标准	所有工业企业	危险设施边缘到防护目标边缘	人员生命财产安全	居住区、工业企业和其他等设施
安全防护距离	GB19041-2003	光气及光气化产品企业	危险设施边缘到防护目标边缘	人员生命安全	居住区、交通要道
安全距离	GB50074-2002	石油库企业	危险设施边缘到防护目标边缘	人员生命财产安全	居住区、工业企业和其他等设施

天津市石油库建设安全距离列表

序号	名称	与不同等级石油库的距离				
		一级	二级	三级	四级	五级
1	居住区及公共建筑物	100	90	80	70	50
2	工矿企业	60	50	40	35	30
3	国家铁路线	60	55	50	50	50
4	工业企业铁路线	35	30	25	25	25
5	公路	25	20	15	15	15
6	国家一、二级架空通信线路	40	40	40	40	40
7	架空电力线路和不属于国家一、二级的架空通信线路	1.5倍杆高	1.5倍杆高	1.5倍杆高	1.5倍杆高	1.5倍杆高
8	爆破作业场地	300	300	300	300	300

注：除表中另有规定的，单位为米。

本页资料来源：天津市城市规划设计研究院

City
Region Towards Scientific
Development
走向科学发展的城市区域

天津滨海新区城市总体规划发展演进
The Evolution of City Master Plan of Binhai New Area, Tianjin

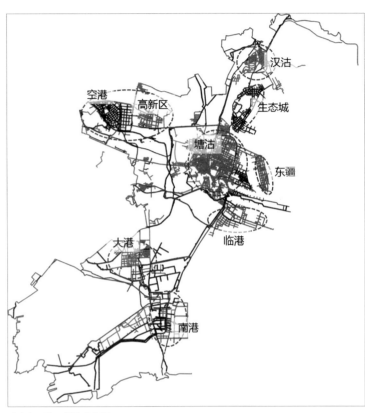

滨海新区地下管线分布图
资料来源：天津市滨海新区规划和国土资源管理局

查资料中还包括 7 类市政管线：给水、中水、排水、电力、电信、燃气、热力管线；4 类工业与长输管线：工业架空、石油及石油气、原水和长输燃气管线。

据统计，滨海新区各类管线长度占全市的约 40%，地下管线较为密集的区域是：汉沽、空港和高新区、生态城、塘沽、临港、大港和海滨街等地区。

选取燃气、油气、工业三类管线，开展地下管线安全性分析；将其他市政工程管线作为城市安全的敏感保护目标。依据搜集案例：四川付纳输气管线（φ720×8）于 1979 年 11 月 25 日发生爆破，爆破时管道压力为 2MPa，距管道 150～200 米远的农舍因室内余火未尽，引爆着火，烧毁民房 8 间，烧死牛 1 头、猪 5 头。1980 年

付纳线整改后，重新试压至 5MPa 时，管子爆破，管沟中 400 毫米 ×400 毫米 ×1000 毫米条石飞出 100 余米。又如，1965 年 4 月美国路易斯安纳州发生一起美国有史以来最严重的输气管道爆破事故，当场炸死 17 人，钢管爆裂 8 米，炸出一条长 8 米、宽 6 米、深 3 米的大坑，把半吨多重的 5 块钢板炸到 100 余米远的地方。因此分析燃气管线时，选取直径大于 600 毫米，压力大于 2.5MPa 的高压管线，两侧做 50 米缓冲区进行分析；油气管线：管线两侧做 50 米缓冲区进行分析。

调查结果显示，滨海新区危险管线密集，高压燃气管线长 446 千米；油气管线长 1 184 千米，占全市管线长度的 90%。新区内危险管线与用地矛盾突出，管线穿现状城区现象严重，汉沽城区、塘沽城区、大港城区及油田生活区均存在管线穿城区的状况。

大港城区危险管线影响较为严重，高压燃气管线穿现状大港城区，且油田生活区油气管线过于密集；地下有作为战略储备作用的油气储备库。

二、安全区划方案设想

在新区内，结合总体规划修编中的重点发展区域、现状用地布局、和敏感保护目标，划定近期重点建设城市安全区 9 片，面积为 228 平方千米。区内不得有重大危险源和 A 类危险化学品企业，区内敏感保护目标具有较高的安全保障。

划定 1 千米城市安全缓冲区，缓冲区内原则上不允许有重大危险源；缓冲区内的 A 类危险化学品企业应具体分析。

（一）安全区划片区保障分析

汉沽片区：安全区内 2 处重大危险源，分别是渤天津化工厂工和万浩化工；缓冲区内有两处 A 类重大危险企业，分别是汉沽高分子化工助剂和长芦盐场。按照安全区与缓冲区的安全要求，针对汉沽片区的安全保障治理措施是：建议搬迁渤天津化工厂工与万浩化工，其他危险化学品企业需进一步到企业层面研究。

高新片区：安全区内无重大危险源和 A 类危险化学品企业。缓冲区内重大危险源是中海油能源发展有限公司，现状危险化学品生产部分停产；缓冲区内 A 类危险化学品企业中海油服化学有限公司，现状停业整顿。依据现状企业情况，采取将高新区现有涉危企业就地转型升级的治理措施，保障高新区 1 千米缓冲区内安全。

塘沽片区：安全区内重大危险源 4 处，分别是：大沽化工、中法供水、东大化工和乐金大沽化学。A 类危险化学品企业 2 处：中储粮直属库和益海嘉里食品工业。针对塘沽片区安全区内的情况，建议停改搬迁重大危险源和 A 类企业。缓冲区内重大危险源 2 处，分别是金汇食品和乐金渤化；A 类危险化学品企业 2 处，分别是：四一家新型建材企业和龙威粮油。要求其搬迁重大危险源，进一步核查液氨储罐、油库等安评报告，加强和临港防护隔离。

大港片区：安全区内无重大危险源，存在的 1 处 A 类危险企业是大港油田浦州油气；规划建议搬迁安全区内 A 类企业。缓冲区内重大危险源 4 处，分别是中石化天津分公司、中石油大港储气库、江东建材和利海石化；A 类危险企业 2 处，分别是天智精细化工和合成科技，针对缓冲区建议进一步论证地下储气库的安全性，缓冲区内的建材与化工企业应加强与周边敏感目标的防护隔离。

（二）安全区与管线分析

经调查，危险管线大部分位于安全区外，仅塘沽和大港安全区内覆盖危险管线。其中塘沽片区的油气管线东西向穿越南部地区；燃气管线南北向穿越于家堡地区；工业管线位于北部的开发区内，具有潜在的毒气泄漏风险。大港城区由南至北有高压燃气管线穿过，且地下油气管线密集分布。

三、风险应对策略

（一）调整化工产业空间

搬迁城区及周边对城市安全有影响的化工企业：西片区强化安全防护，逐步搬迁，部分化工企业近期搬迁；南港片区强化安全防护，部分化工企业近期搬迁；临港、石化三角地化工企业与城区提高防护隔离标准，局部企业搬迁，对城区功能有影响的企业远期搬往南港；以大企业搬迁带动其他企业搬迁。

汉沽片区：现状主要受影响的为汉沽城区和茶淀镇区；搬迁天津化工厂、祥通化工、驰龙化工等城区、镇区及周边化工企业至南港工业区；长芦汉沽盐场向盐田北部地区搬迁，减少对城区的影响。

西片区：搬迁滨海高新区化工企业、开发区西区局部化工企业至南港工业区，强化其他化工企业与职工宿舍、居住小区间的安全防护；涉及职工宿舍安全的化工企业，若职工宿舍为职工固定长期居住，化工企业近期搬迁，否则可逐步远期搬迁；远期西片区化工企业全部搬迁至南港工业。

塘沽片区：现状 1 千米缓冲区内涉及响螺湾商务区以及多个居

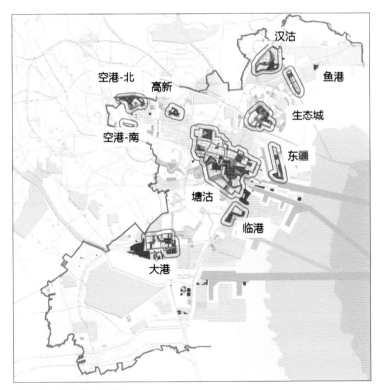

城市安全区与缓冲区布局图
资料来源：天津市城市规划设计研究院

住小区。塘沽片区内化工企业全部搬迁。

大港片区：1千米缓冲区内涉及城区南部、中塘、石化三角地东侧的多个居住小区。搬迁城区南侧、石化三角地东部、中塘对居住区等有影响的石化企业，并提高三角地与大港城区的防护隔离标准；远期可将大港片区石化企业全部搬迁至南港工业区。

南港片区：现状1千米缓冲区内涉及油田生活东北部、东南部居住小区。搬迁中石油大港油库、东南部居住小区，优化油气管线，并提高南港与油田生活区的防护隔离标准。

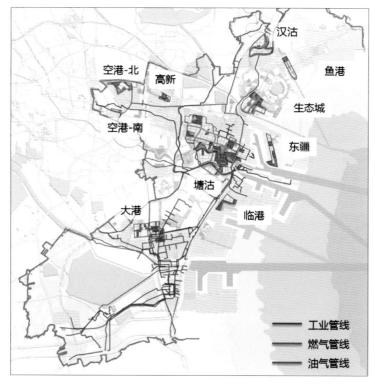

滨海新区安全区与管线布局关系示意图
资料来源：天津市城市规划设计研究院

（二）集中安置危险化学品企业

建立危险化学品企业集中区。一个危险化学品企业集中岛：南港工业区，承接危险化学品企业搬迁转移；严格危险化学品企业入区条件，不满足条件的迁至外埠地区；其他工业区内禁止新建或搬入危险化学品企业。

调整南港布局结构，保障大港生活区的城市安全：石化企业选址在南港工业区的中南部；化工仓储企业选址于南港工业区东南侧；粮油类企业在临港经济区东部粮油产业区布局；盐场向盐田内部迁移，避免干扰城区。

（三）提升化工企业安全等级

提升企业生产工艺和设备、设施的本职安全化水平；加强对危险化学品事故多发品种、多发季节、多发环节的安全监管；完善安全管理制度，建立安全监督管理平台，开展化工企业运行动态监测。严格加强日常管理，保障化工企业正常运营的安全性，降低突发事件的发生概率，确保安全生产。

（四）管线切改与风险规避

针对穿越安全区内的危险管线，探索其下一步切改或降低风险等级的可能性，具备切改条件的要进行线位切改；不具备切改条件的，按照《燃气管道设计规范》等相关规范严格保护控制；同时与专业部门对接，进一步探讨管线风险的规避策略。

城市安全是城市规划的基本内容，体现城市总体规划中防灾专项考虑比较多的是地震、洪涝、风暴潮等自然灾害以及消防、人防等常规内容。除此之外，随着城市发展和社会进步、城乡融合等，城市防灾的形势更加复杂，城市总体规划需要将危险化学品、各类工业管线、加油加气站等潜在的安全隐患纳入防灾专项中加以考虑，进一步提升城市防灾水平和能力。

后　记
Postscript

　　城市总体规划是城市发展和规划建设的龙头，在城市规划体系中占据至高无上的位置，是一个城市乃至一个大都市地区、城市区域整体、综合性规划核心的思想体现。从世界各国城市规划演变，包括天津和滨海新区自身的经验看，一个相对完善稳定的城市总体规划的形成需要一个漫长的演进过程。在城市发展的时间长河中，城市总体规划与城市建设发展交相辉映。在一个特定历史时期中城市的总体规划，或是雄心勃勃，充满对未来大胆美好的憧憬，激励人们在满目荒凉的土地上建设现代化的新城；或是站在巨人的肩膀上，审视着城市发展的轨迹，按部就班地指导城市规划建设。反过来，伴随着城市建设发展，一定会出现一些预想不到的新情况、新问题，又对城市总体规划提出新的要求，需要结合新情况、新形势对规划进行修编。新修编后的城市总体规划比上版有许多方面的提升，由此城市总体规划呈现出螺旋上升的轨迹。

　　天津滨海新区作为国家级新区只有 10 年的时间，实际上，天津滨海地区的汉沽、大港等地区的历史可以回溯到两千年前，塘沽地区退海成陆也有 700 年的历史。从隋元开始，由于漕运的发展，塘沽逐步形成交通要道、海陆中转地和军事要塞。第二次鸦片战争后，天津成为通商口岸，塘沽也成为我国民族工业的发源地之一。许多西方现代技术首先在天津上岸，许多现代制度在天津开风气之先，包括现代城市规划的理论和方法。1930 年，梁思成、张锐参加公开征选，提出了《天津特别市物质建设方案》，包括收回租界，发展港门地区等内容，是我们目前看到的天津和滨海地区最早且比较完整的现代城市规划方案。日本侵略时期，1939 年编制了《大天津都市计划大纲》《塘沽都市计划大纲》，主要目的是为侵略和掠夺资源服务。抗战胜利后，1946 年编制了《扩大天津都市计划》。总体看，这个时期的规划虽然借鉴了当时世界上流行的花园城市等新的规划理论，但规划思路大部分是畅想，也没能实施。新中国成立后，天津城市规划建设进入崭新的历史阶段，一直在进行城市总体规划编制，从二十多版的天津城市总体规划方案中，我们看到对天津未来发展的展望和不断优化。1986 年国务院批准了天津城市总体规划，这是第一个得到正式批准的总体规划，确定"工业东移"战略和"一条扁担挑两头"的城市布局，在天津和滨海新区的城市规划历上是具有划时代的意义和地位。同年，邓小平视察天津开发区并题词："开发区大有希望。"他指出，天津在市区与港口之间，有大量的土地，可以发展得更快一点。1994 年，天津市提出用十年时间基本建成滨海新区，这是市规划局组织编制的第一个滨海新区整体的城市总体规划。2006 年，随着被纳入国家发展战略，滨海新区迎来了真正的发展机遇。经过大量研究和前期准备，借鉴深圳、浦东等城市的先进经验，按照国家赋予滨海新区新的功能定位要求，在天津市空间发展战略的指导下，2009 年编制完成了《滨海新区城市总体规划（2008—2020 年）》，这是滨海新区历史上第一版完整、全覆盖的城市总体规划，是一个较高水平的城市总体规划，为提升滨海新区城市规划的总体水平奠定了基础，指导了滨海新区近十年来的快速高质量的发展建设。在总体规划实施过程中，随着改革发展的新形势、新情况，结合滨海新区新一轮行政体制改革，从 2013 年开始又对滨海新区城市总体规划进行修订完善。从滨海新区一版一版的城市总体规划中我们可以看到滨海新区跨越式发展的巨大进步，也可以看到滨海新区城市总体规划的发展演变。

可以肯定地讲，滨海新区总体规划是各方面智力的汇集和几代规划人辛勤奋斗的结晶，需要我们继承和不断地总结提升。

本书《走向科学发展的城市区域——天津滨海新区城市总体规划的演进》是对滨海新区城市规划总体的、系统的介绍，重点是滨海新区近10年来城市总体规划工作和规划内容的汇集，其中包括对城市总体规划的历史沿革的简单回顾，也包括对现状存在问题不足的思考。作为第一部对滨海新区城市总体规划系统总结的书，撰写本书的目的有三：一是为总结经验。清华大学前校长梅贻琦说过，一项工作完成后如果不进行总结，等于只完成了工作的一半。总结对于进一步提高工作水平至关重要，可以为新区未来发展和规划修编的进一步提升夯实基础。二是交流学习研究之用。滨海新区作为国家级新区和综合配套改革试验区，在许多领域先行先试，有许多好的经验和做法，希望可以为国内外城市提供经验借鉴。三是为未来不断的深化研究打好基础，也为新一轮城市总体规划修编提供参考。本书分为五部分内容，第一部分是对滨海新区发展历程与规划演进的简要回顾；第二部分是本书的重点，展现了2008年版滨海新区城市总体规划的成果，包括前期研究成果；第三部分是对滨海新区城市总体规划理论和实践创新的重点和特色内容的总结；第四部分是城市总体规划层次的规划成果，包括对功能区分区规划、专项规划、街镇规划进行介绍；第五部分是规划实施评估与2013年以来新一轮修编工作的回顾总结，以及对正在开展的新一轮规划修编的思考。

整书编撰历时三年，在编委会各个单位及成员的共同努力下，终于成册。历史上，专门针对滨海新区规划研究的资料很少，而近些年来的规划和研究成果众多，却缺少整理，所以本书编写起来很有难度。值得欣慰的是，随着本书的编撰，收集整理留存下了大量的资料和素材，将成为滨海新区城市规划的宝贵财富。虽然聚沙成塔地写就了这数百页文字，但由于本书涉及的内容较多，时间跨度较大，疏漏和差错在所难免，恳请谅解并指正，我们期待在未来的修订版中有机会加以完善和补充。在这里，对参与和为本书编写提供帮助的各方表示衷心的感谢！对没有能够一一详尽列出具体文章撰写者、规划编制和参与单位和人员的名字，在此表示歉意。目前，经过十年的孕育，在京津冀协同发展战略的大背景下，滨海新区开发开放取得了重大成绩，迎来了第一个十年，本书的出版也恰逢其时。希望通过阅读本书，大家对滨海新区的城市总体规划有深入的了解，也希望大家到滨海新区实地考察，提出宝贵的意见和建议。

城市总体规划是城市发展的蓝图，除指导城市社会经济发展和城市建设外，其最主要的作用是城市美的塑造。从城市规划诞生那天起，建设美的城市是城市规划的最高追求和境界。虽然，伴随着现代城市的发展，城市越来越复杂，规划时要考虑的问题也越来越多，但不能因此忽视了城市总体规划最根本的目的和内容。我们在滨海新区的规划工作中，特别是在新区城市总体规划中，一直强调滨海新区优美人居环境的创造，遗憾的是本书这方面还是欠缺。好在我们是一套丛书，本书作为滨海新区城市规划设计丛书的首册，不是孤立的，与其他9本书组成一个整体，从其它书中我们可以看到滨海新区城市规划的整体面貌，看到滨海新区城市总体规划的思想在贯彻落实，看到对城市美的追求。

以此为记。

参考文献
Bibliography

[1] 霍兵. 走向一个科学发展的城市区域——天津滨海新区人居环境规划建设的思路 [J]. 城市与区域规划研究，2010，3 (3):15-56.

[2] 霍兵. 比较城市规划——21世纪中国城市规划建设的沉思 [M]. 北京：科学出版社，2014.

[3] 霍兵. 中国战略空间规划的复兴和创新——以天津和京津冀为例 [D]. 北京：清华大学，2006.

[4] 贾长华. 图说滨海 [M]. 天津：天津古籍出版社，2008.

[5] 编辑委员会. 滨海两千年 [M]. 天津人民出版社滨海新区出版中心，2011.

[6] 曹苏. 天津近代工业遗产——北洋水师大沽船坞研究初探 [C]. 天津：天津大学，2009.

[7] 天津市滨海新区统计局. 天津市滨海新区统计年鉴2015[J]. 中国统计出版社，2015.

[8] 谢忠强，李云. 1939年海河流域水灾述论 [J]. 河海大学学报，2011，13 (1).

[9] 天津地方志编修委员会. 天津通志水利志 [M]. 天津：天津社会科学院出版社，2005.

[10] 陈阿江. 治水新解：对历史上若干治水案例的分析 [J]. 河海大学学报，2009，11 (3).

[11] 肖一平. 中国共产党抗日战争时期大事记 [M]. 北京：人民出版社，1988.

[12] 魏宏运. 华北抗日根据地纪事 [M]. 天津：天津人民出版社，1986.

[13] 顾浩. 中国治水史鉴 [M]. 北京：中国水利水电出版社，1997.

[14] 魏宏运. 1939年华北大水灾述评 [J]. 史学月刊，1998，47 (5).

[15] 朱汉国，王印焕. 1928—1937年华北的旱涝灾情及成因探析 [J]. 河北大学学报，2003，43 (4).

[16] 郭洪寿. 我国潮灾灾度评估初探 [J]. 南京大学学报，1991，32(2).

[17] 国家海洋局. 中国海洋灾害公报 [Z]. 北京：国家海洋局，2003.

[18] 高庆华，张业成. 自然灾害灾情统计标准化研究 [M]. 北京：海洋出版社，1997.

[19] 张鹰，丁贤荣. 中国风暴潮灾害与沿海城市防潮 [J]. 海洋预报，1996，13 (4).

[20] 广东省城乡规划设计研究院. 低碳生态视觉下的市政工程规划新技术 [M]，北京：中国建筑工业出版社，2012

[21] 刘星，高斌，彭晨蕊. 生态型市政基础设施内涵研究及指标体系构建 [J]，2012中国城市规划学会工程规划暨城市与工程安全防灾规划年会论文集，2012.

[22] 钱易，刘昌明，邵益生. 中国城市水资源可持续开发利用 [M]. 北京：中国水利水电出版社，2002.

[23] 沈清基，可再生能源与城市可持续发展 [J]，城市规划，2006，30 (7).

[24] 李健，张春梅，李海花. 智慧城市及其评价指标和评估方法研究 [J]，电信网技术，2012，(1).

[25] 叶彭姚，陈小鸿. 功能组团格局城市道路网规划研究 [J]，城市交通，2006.1.

[26] 陆锡明. 亚洲交通模式研究 2009

[27] 叶茂，过秀成，王谷. 从单核到组团式结构：带形城市的交通模式演化与选择—以镇江为例. 现代城市研究，2010.1.

[28] 何枫鸣 滨海新新区总体规划交通专项（阶段成果）2010.3

[29] 梁昊光. 环京津地区的生态补偿与生态协同机制 [J]. 科技导报，2014，26:44-46.

[30] 吴明红，张欣. 经济发展与环境保护关系研究——基于天津市的面板数据 [J]. 求是学刊，2012，3:2-7.

[31] 姚海燕，赵蓓，刘娜娜. 天津滨海新区的生态环境特征及其对区域经济发展的影响 [J]. 海洋通报.2012，3:42-45.

[32] 周锐，苏海龙，钱欣，等. 城市生态用地的安全格局规划探索 [J]. 城市发展研究，2014，6:19-22.

[33] 张晓春，马春，陈卫平，等. 天津滨海新区湿地生态恢复需水量评估 [J]. 南水北调与水利科技，2012，5:12-15.

[34] Coffman L S, Low Impact Development creating a storm of controversy[J]. Water resource Impact, 2001，3 (6): 7-9.

[35] 马晓冬. 基于ESDA的城市化空间格局与过程比较研究 [M]. 南京：东南大学出版社，2007.

图书在版编目（CIP）数据

走向科学发展的城市区域 ：天津滨海新区城市总体
规划发展演进 / 《天津滨海新区规划设计丛书》编委会
编 ；霍兵主编 . —— 南京 ：江苏凤凰科学技术出版社，
2017.3
　（天津滨海新区规划设计丛书）
　ISBN 978-7-5537-8390-1

　Ⅰ . ①走　 Ⅱ . ①天　 ②霍　 Ⅲ . ①城市规划 - 建
筑设计 - 研究 - 滨海新区 Ⅳ . ①TU984.221.3

中国版本图书馆CIP数据核字(2017)第133162号

走向科学发展的城市区域——天津滨海新区城市总体规划发展演进

编　　　者	《天津滨海新区规划设计丛书》编委会	
主　　　编	霍　兵	
项 目 策 划	凤凰空间/陈　景	
责 任 编 辑	刘屹立　赵　研	
特 约 编 辑	单　爽	

出 版 发 行	江苏凤凰科学技术出版社
出版社地址	南京市湖南路1号A楼，邮编：210009
出版社网址	http://www.pspress.cn
总 经 销	天津凤凰空间文化传媒有限公司
总经销网址	http://www.ifengspace.cn
印　　　刷	上海雅昌艺术印刷有限公司

开　　　本	787 mm×1 092 mm　1 / 12
印　　　张	43
字　　　数	620 000
版　　　次	2017年3月第1版
印　　　次	2017年3月第1次印刷

标 准 书 号	ISBN 978-7-5537-8390-1
定　　　价	528.00元

图书如有印装质量问题，可随时向销售部调换（电话：022-87893668）。